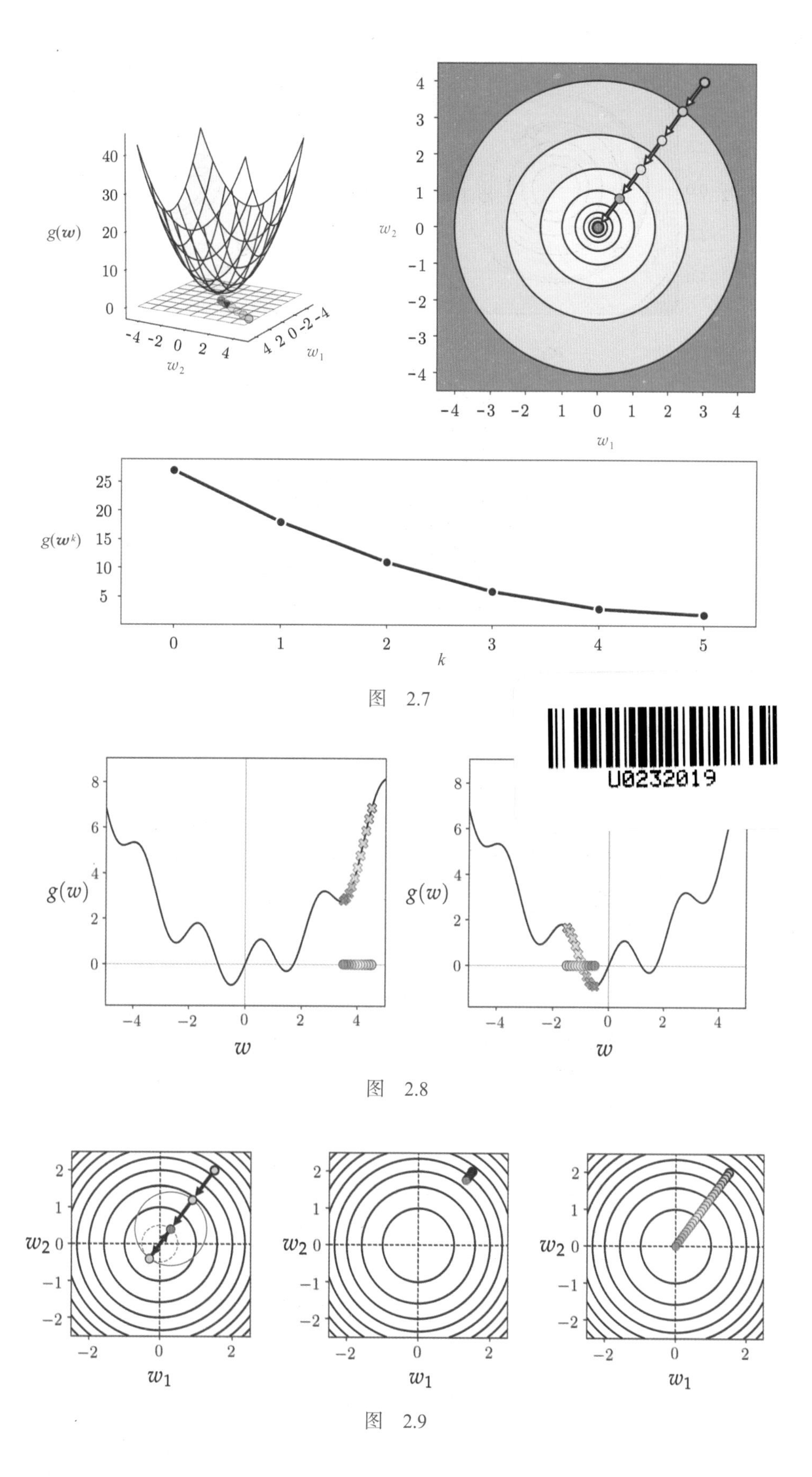

图 2.7

图 2.8

图 2.9

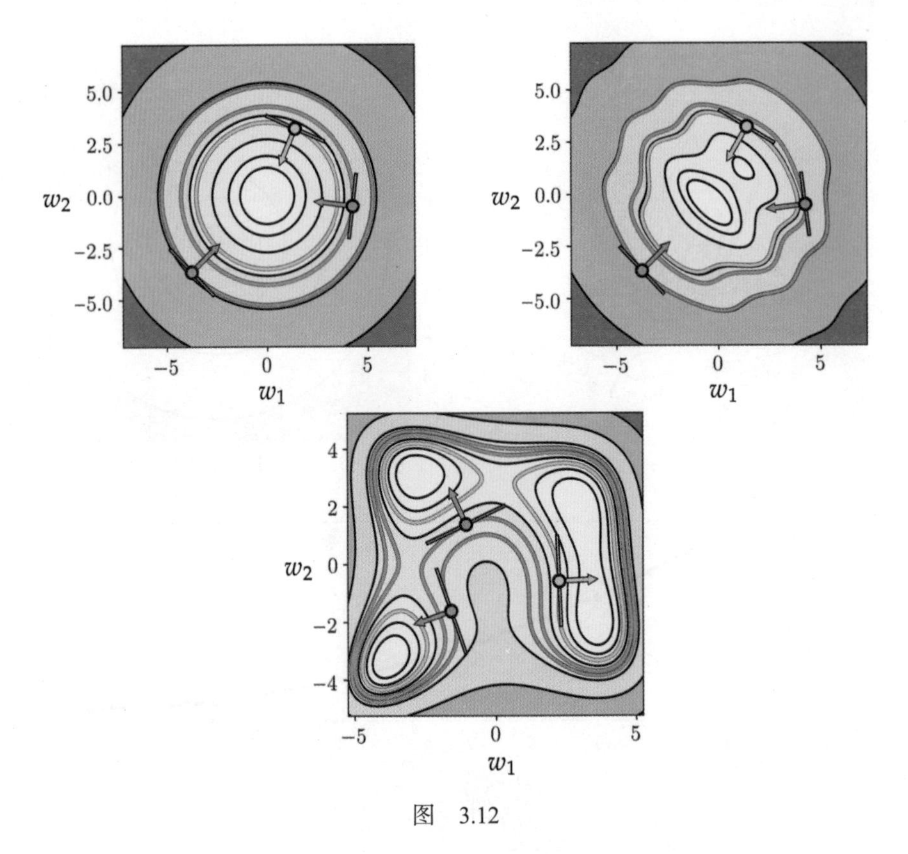

图 3.12

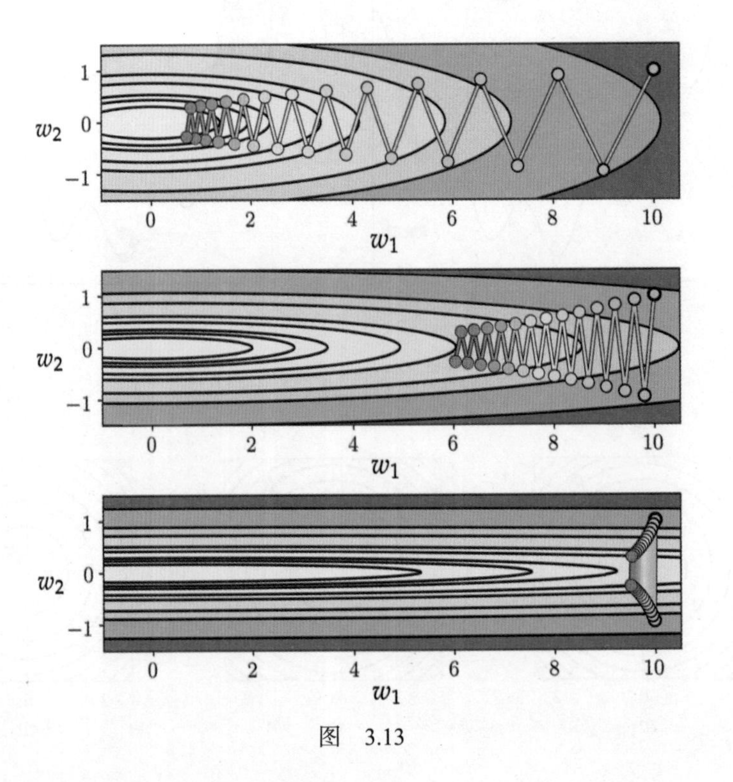

图 3.13

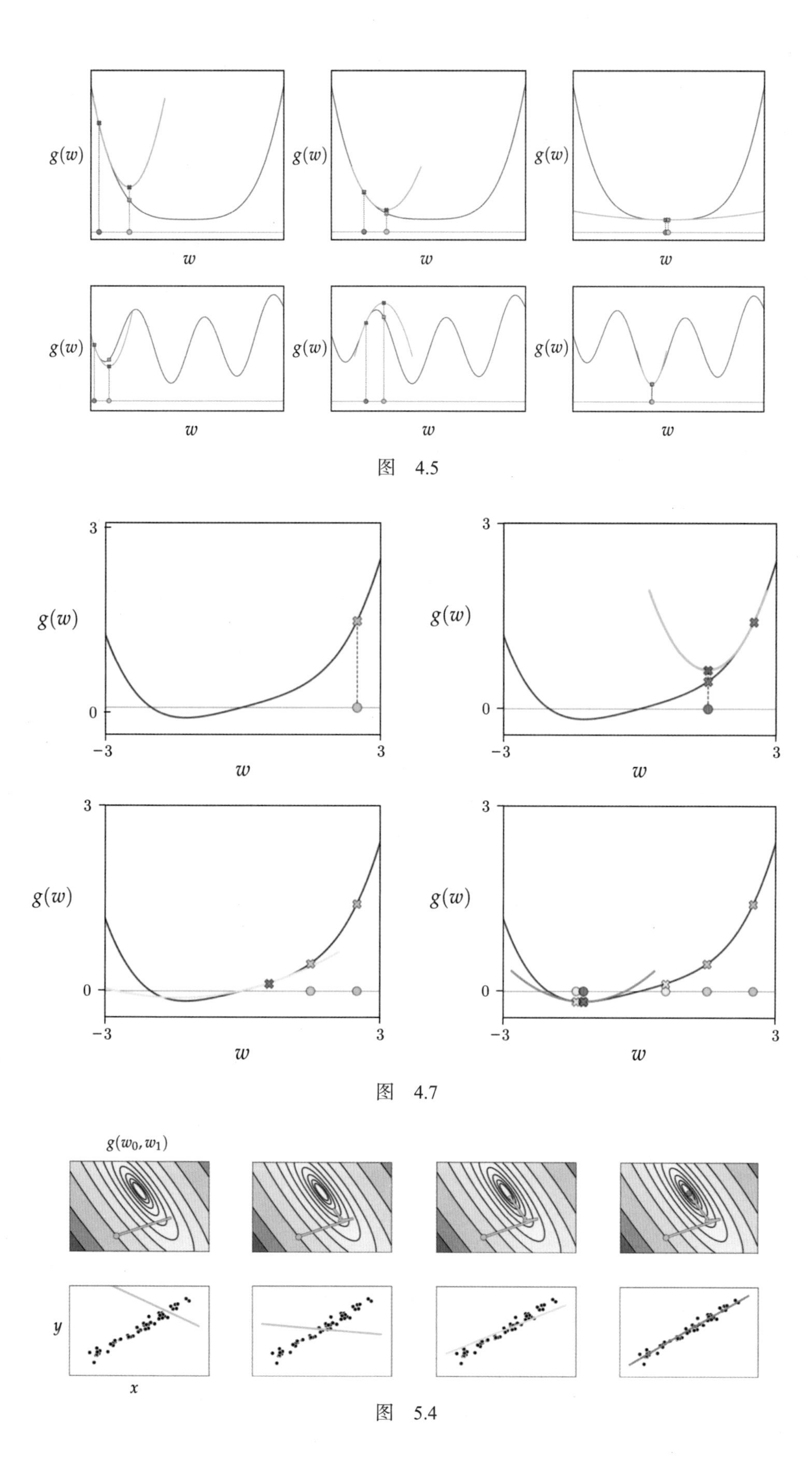

图 4.5

图 4.7

图 5.4

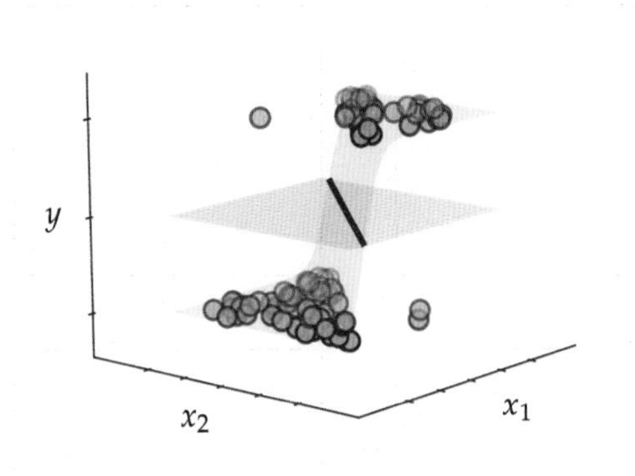

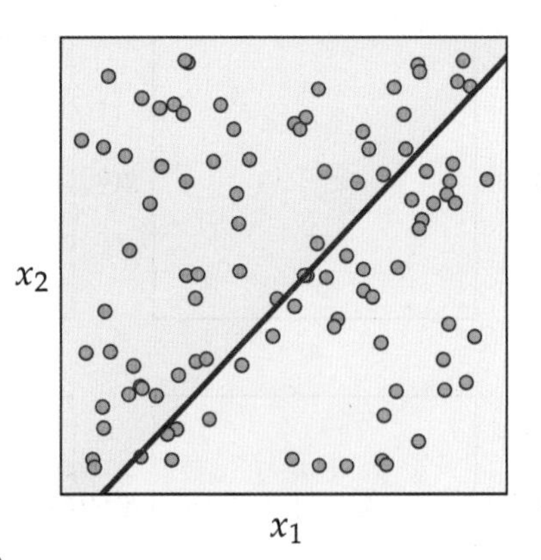

图 6.10

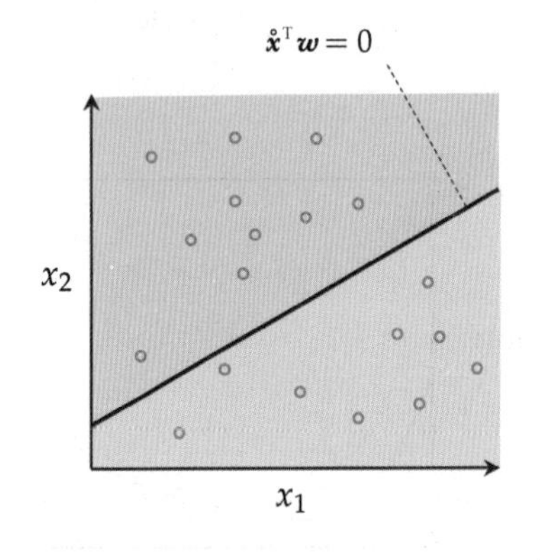

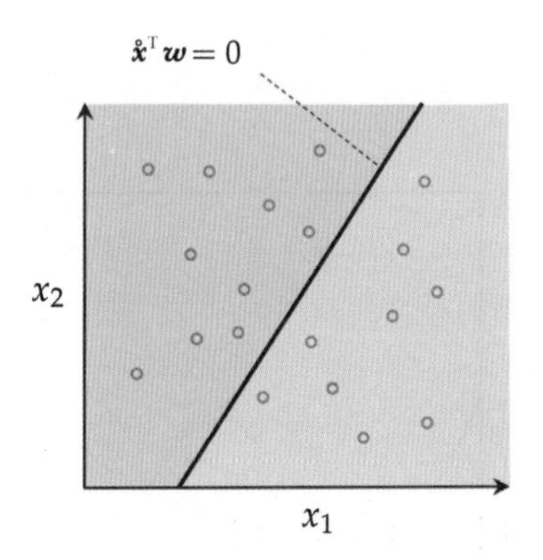

图 6.11

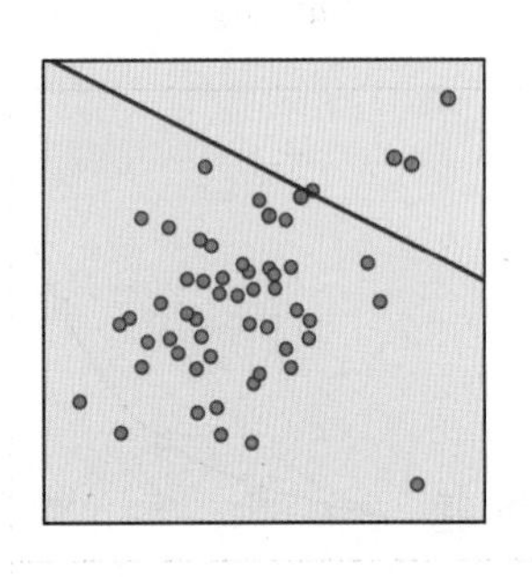
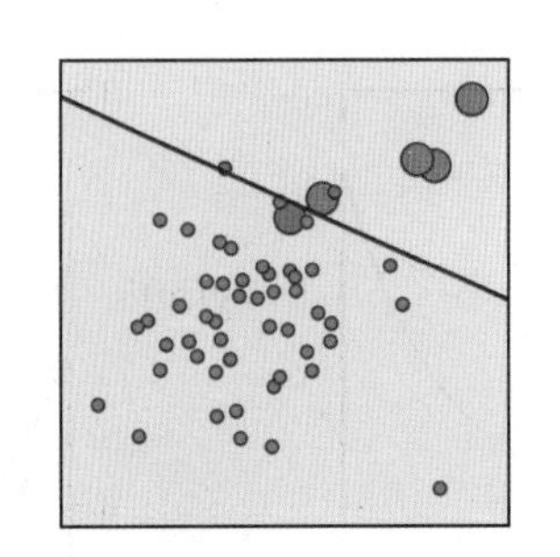
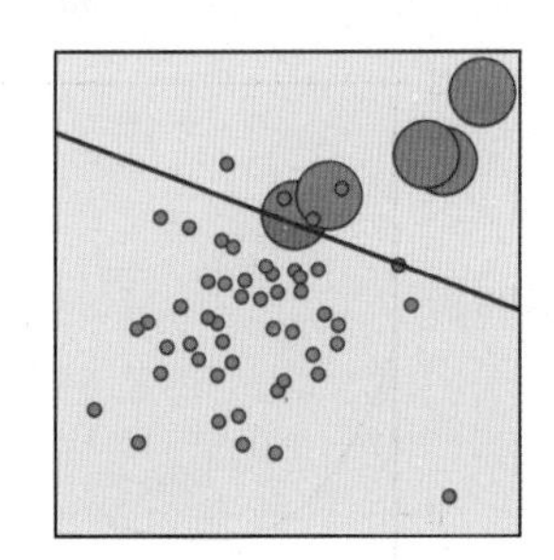

图 6.25

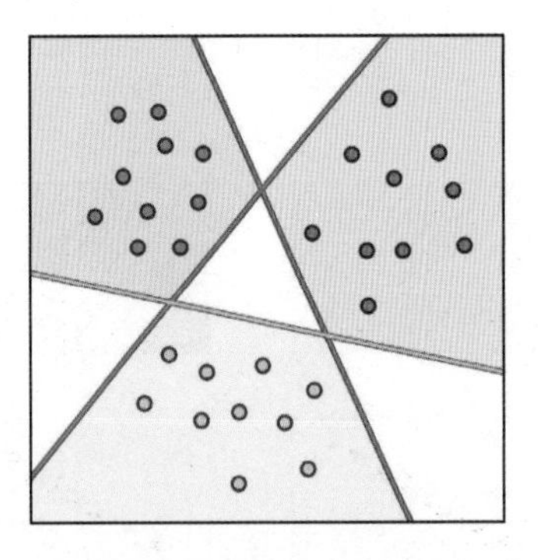

图 7.3

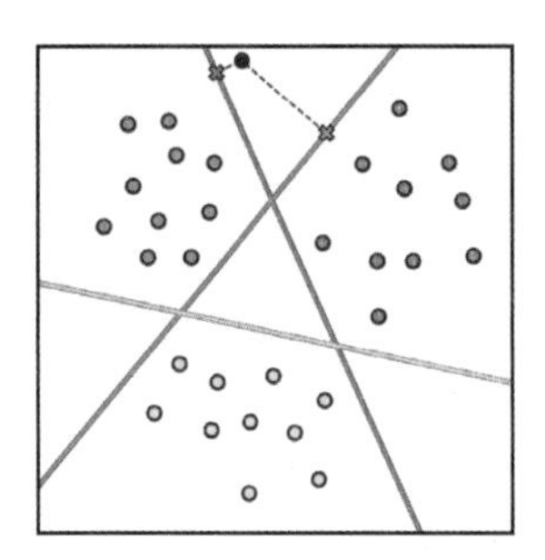
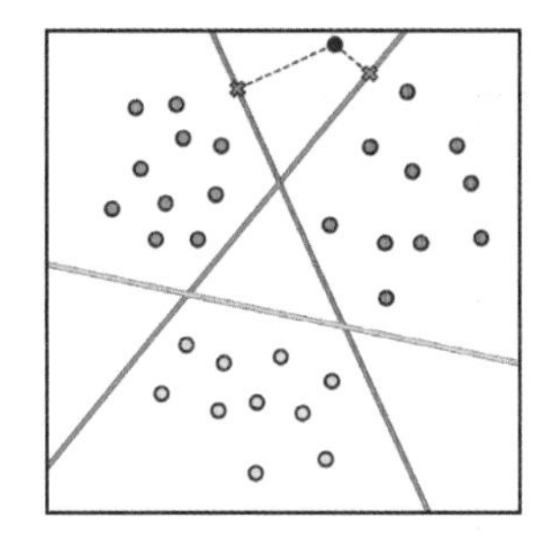
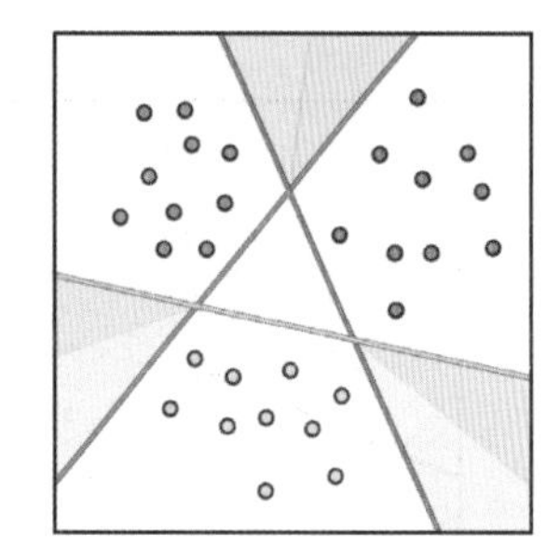

图 7.4

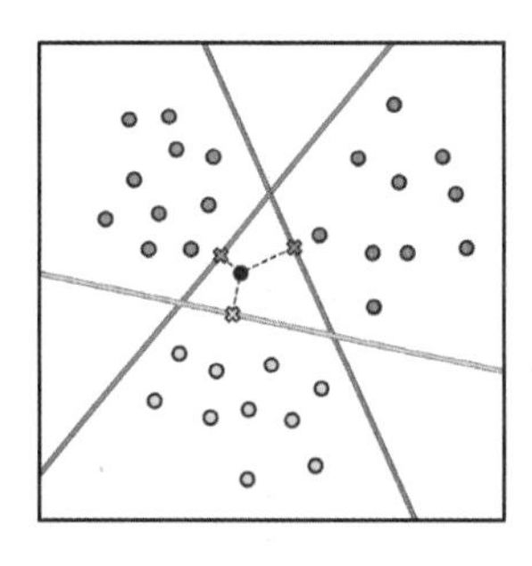
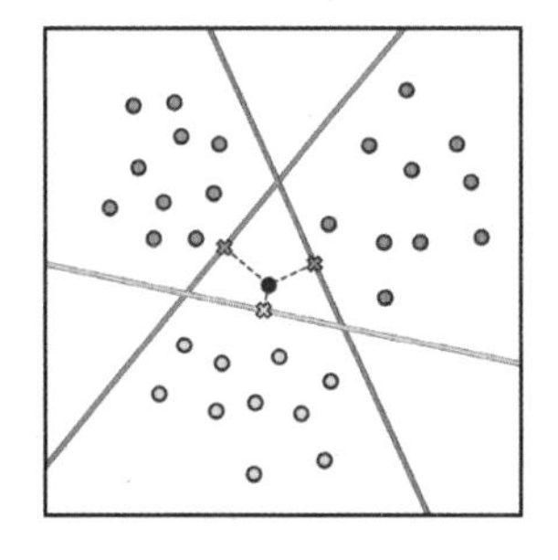
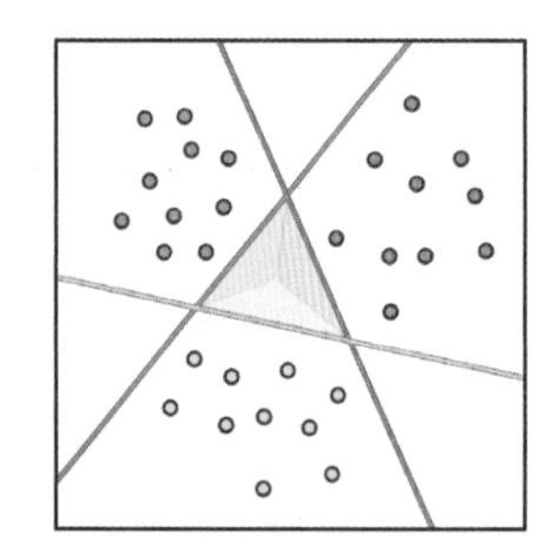

图 7.5

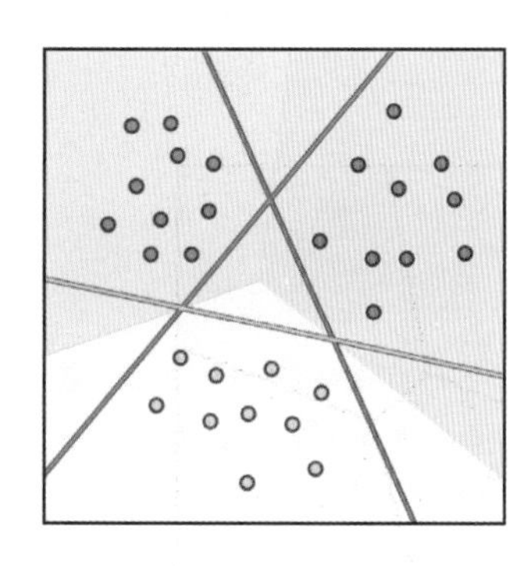
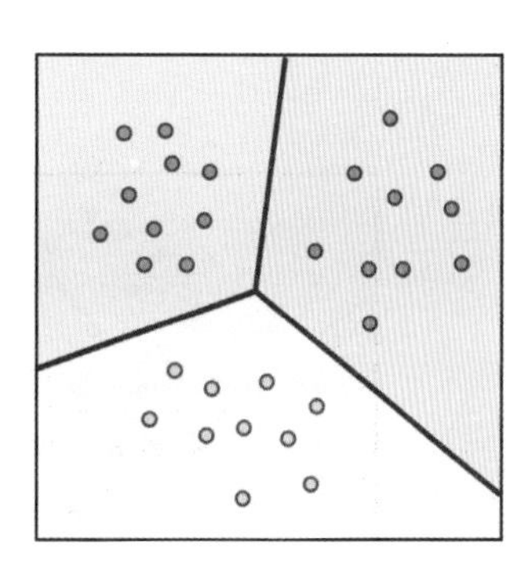

图 7.6

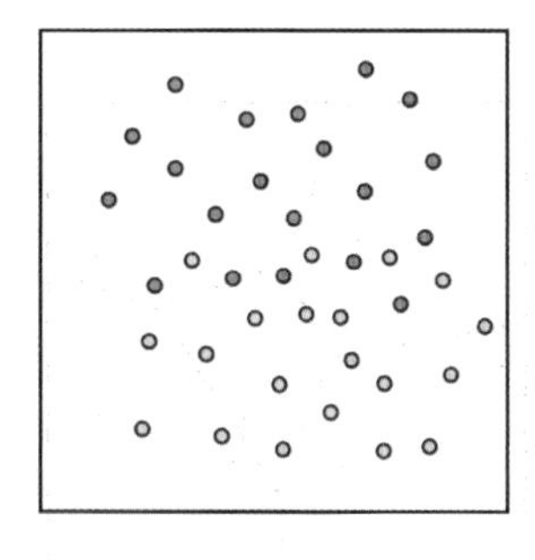
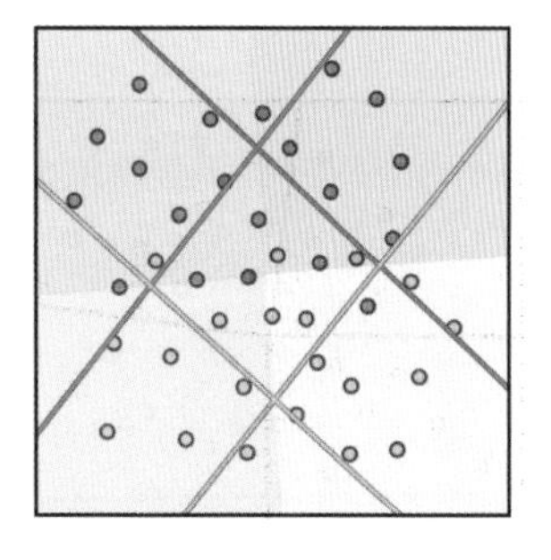
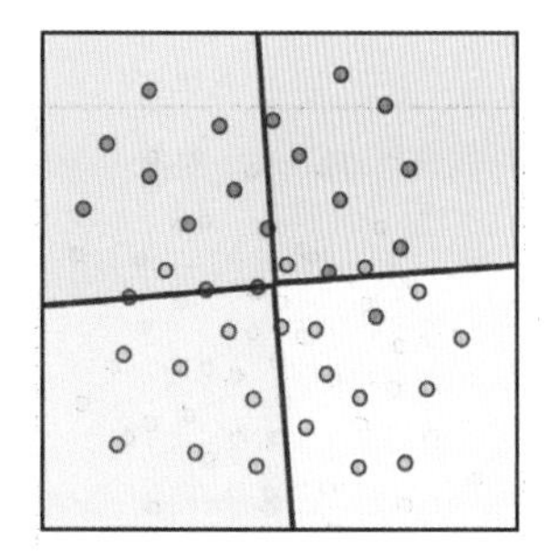

图 7.7

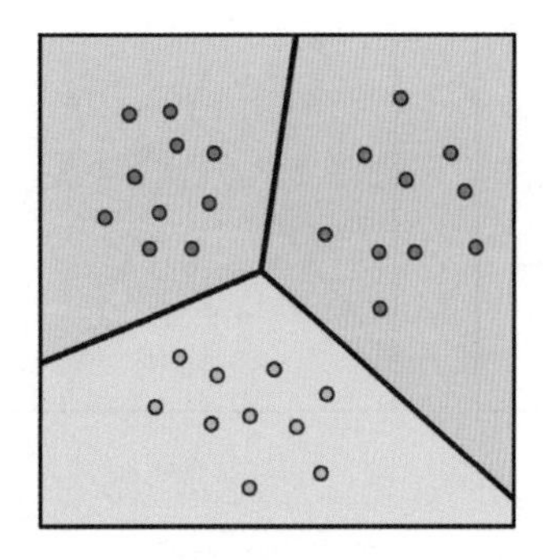
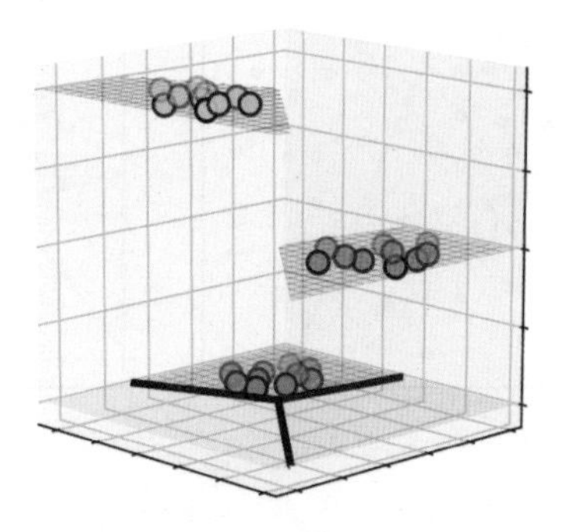

图 7.8

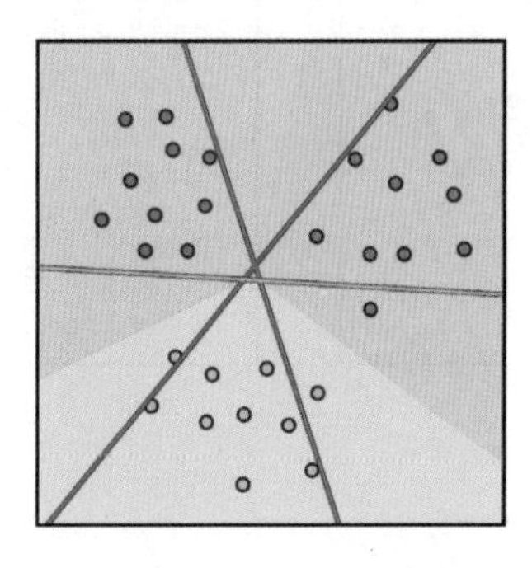
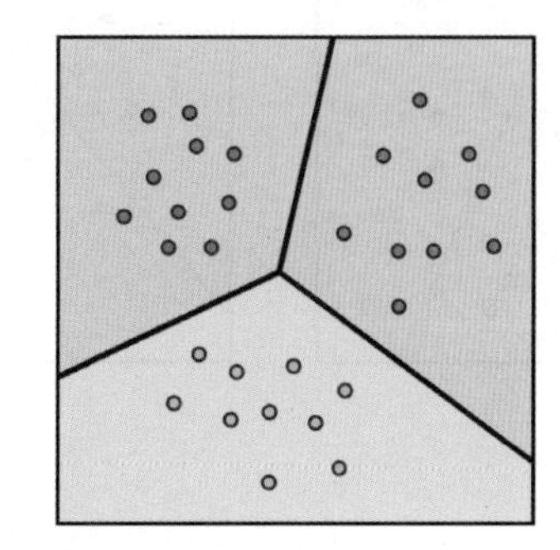

图 7.9

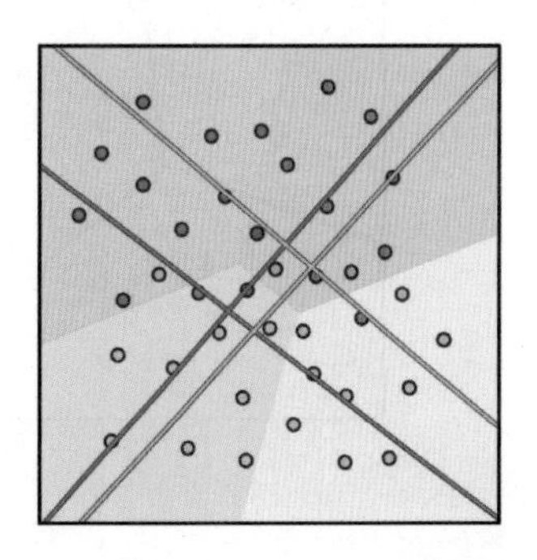
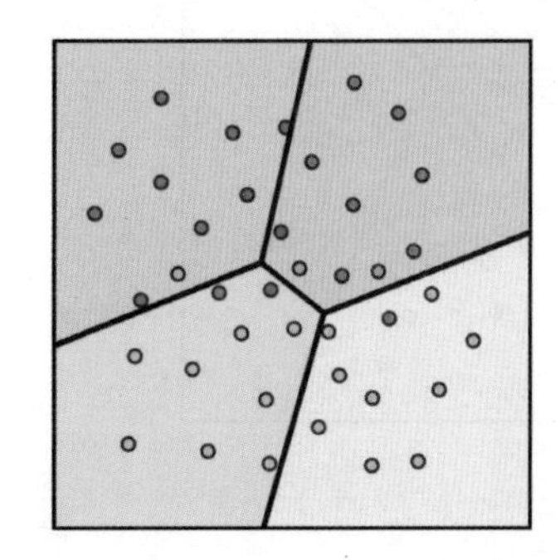

图 7.10

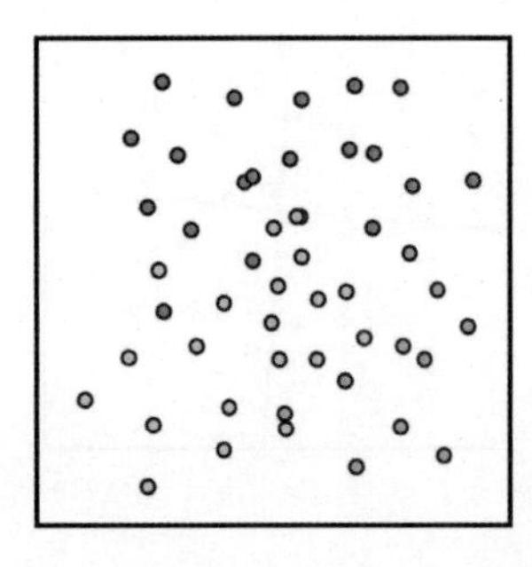
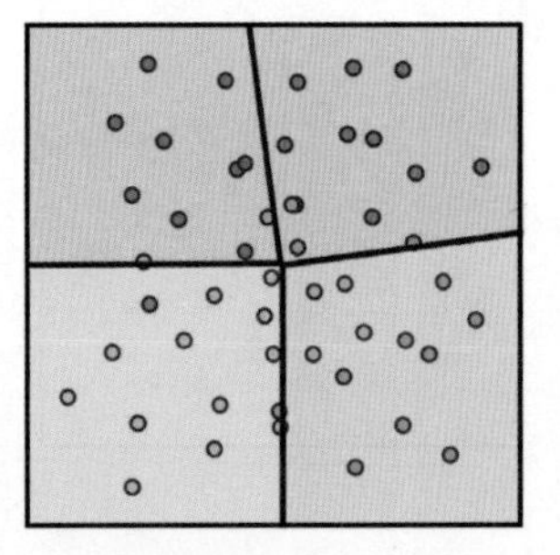
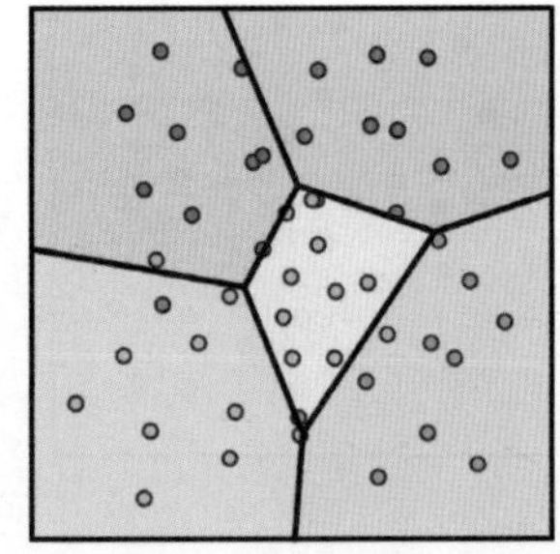

图 7.11

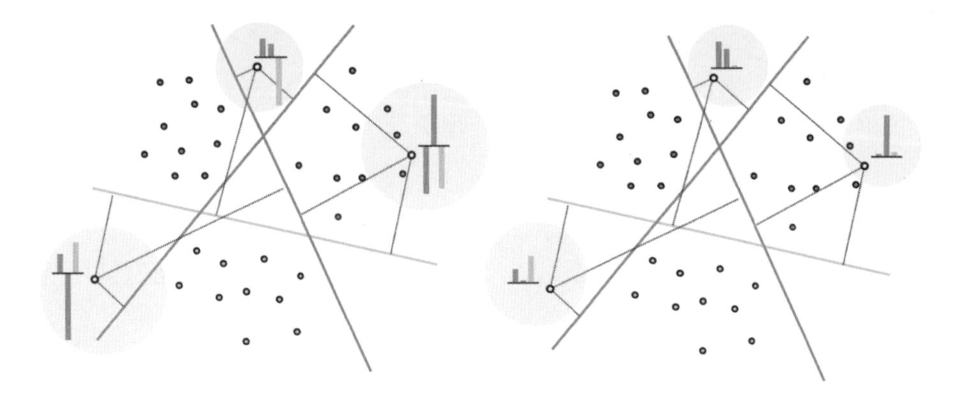

图 7.14

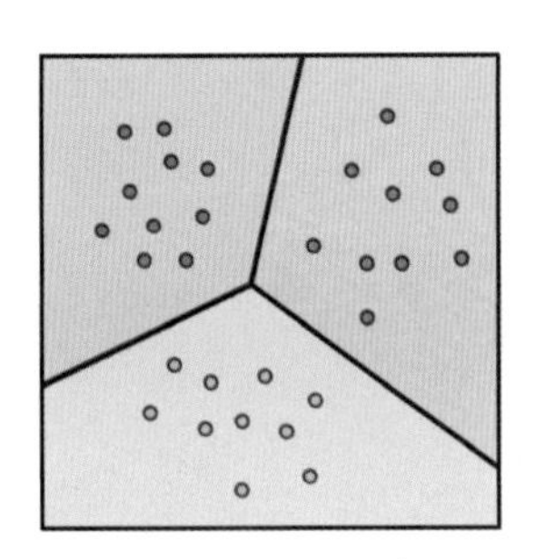

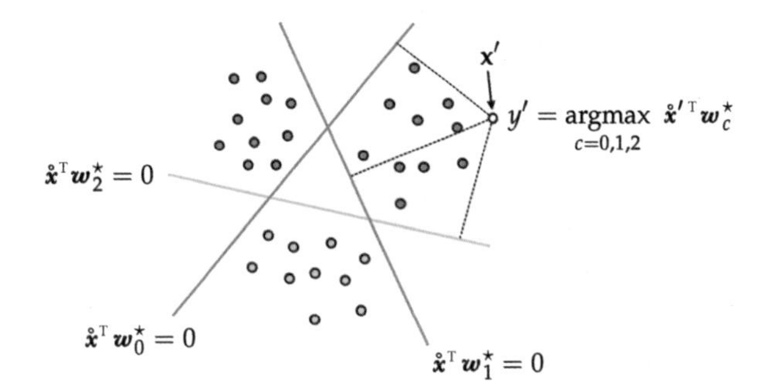

图 7.15

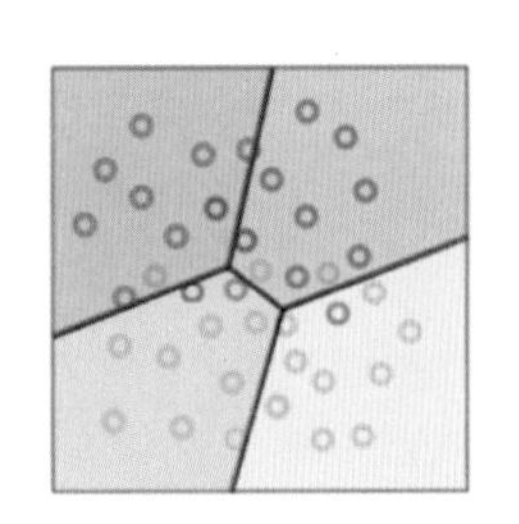

	红	蓝	绿	黄
红	8	1	1	0
蓝	1	7	1	1
绿	1	1	7	1
黄	0	1	1	8

图 7.17

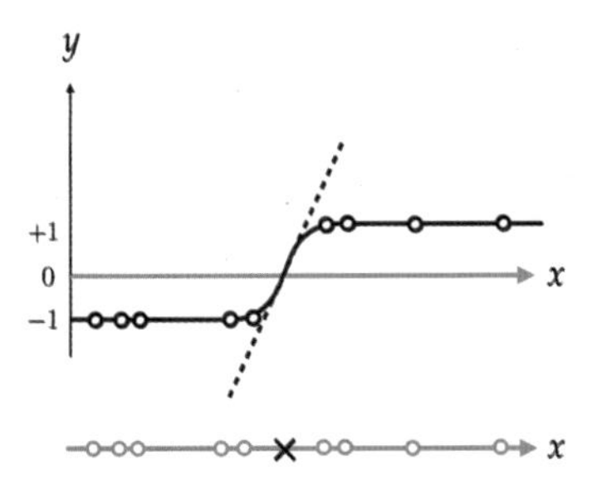

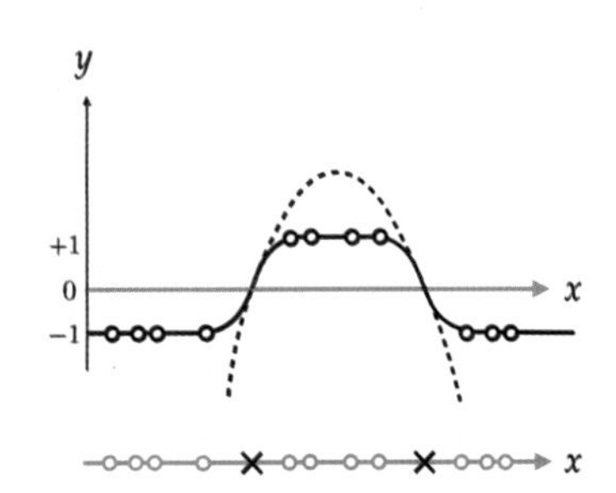

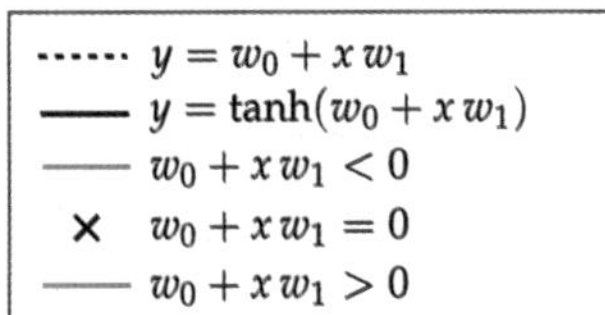

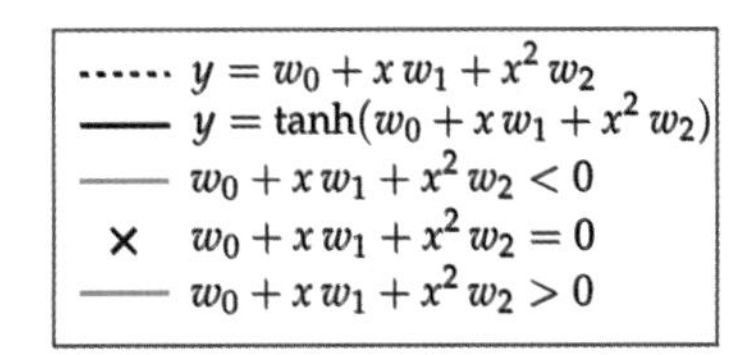

图 10.9

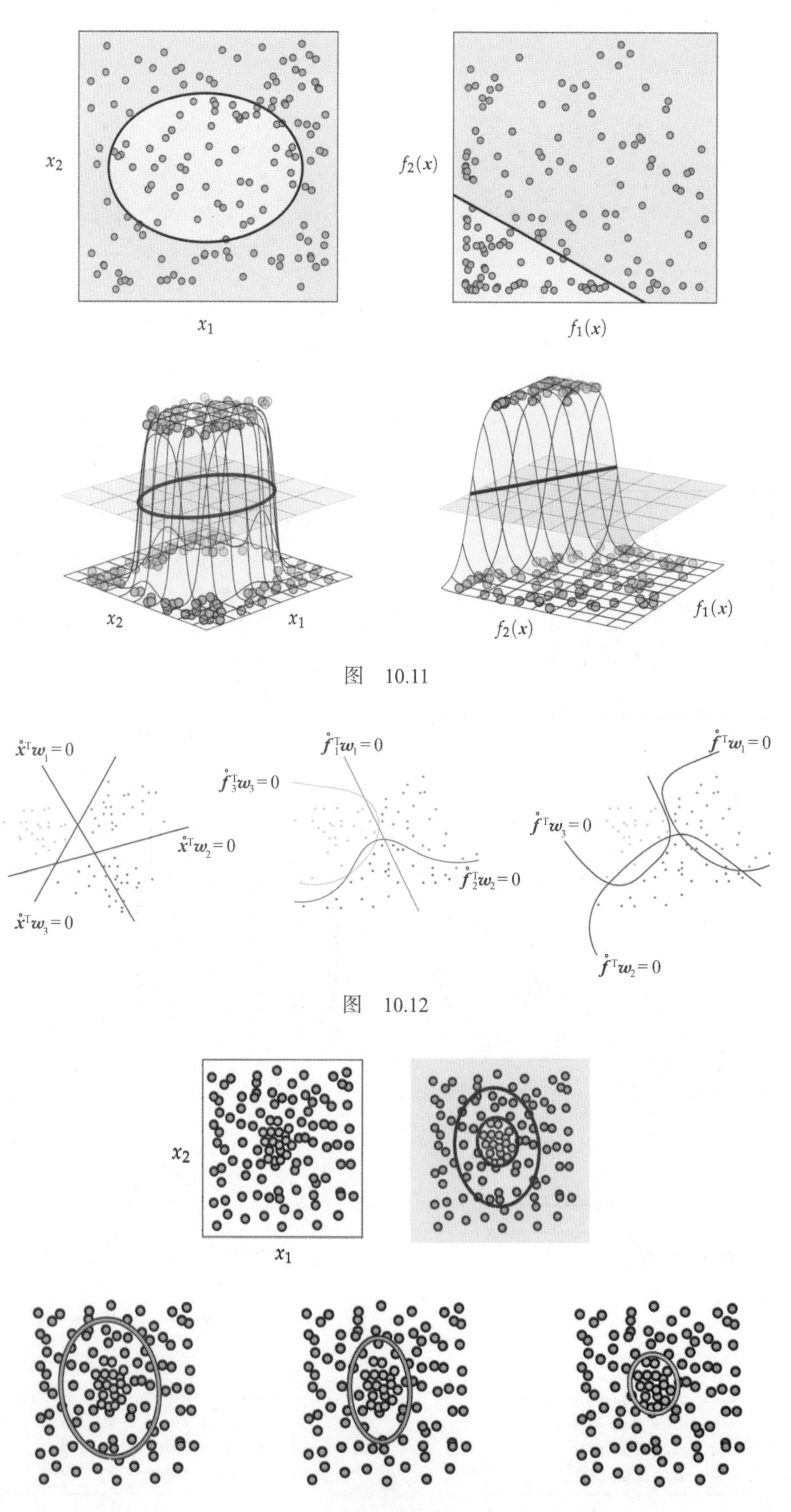

图 10.11

图 10.12

图 10.13

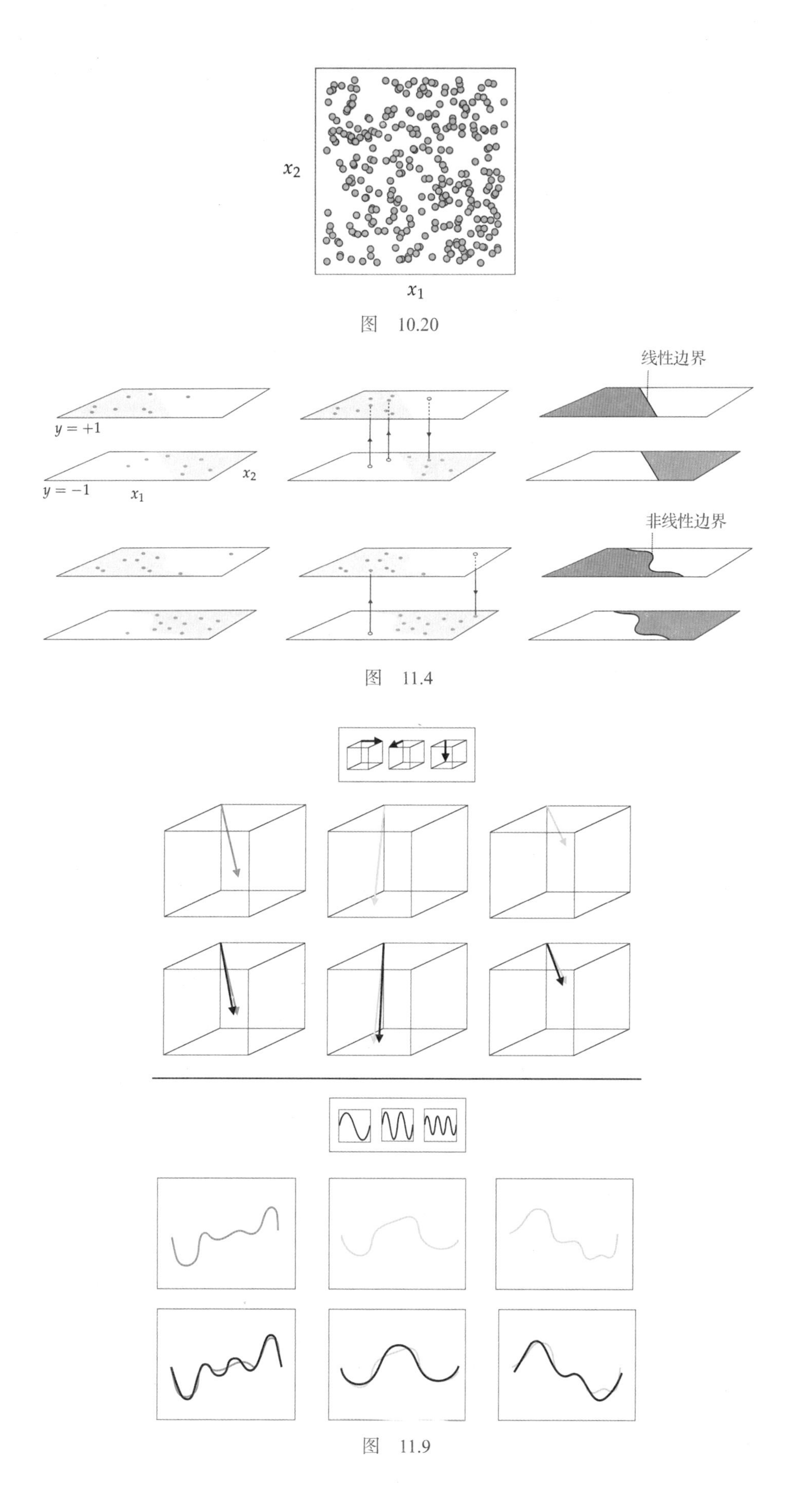

图 10.20

图 11.4

图 11.9

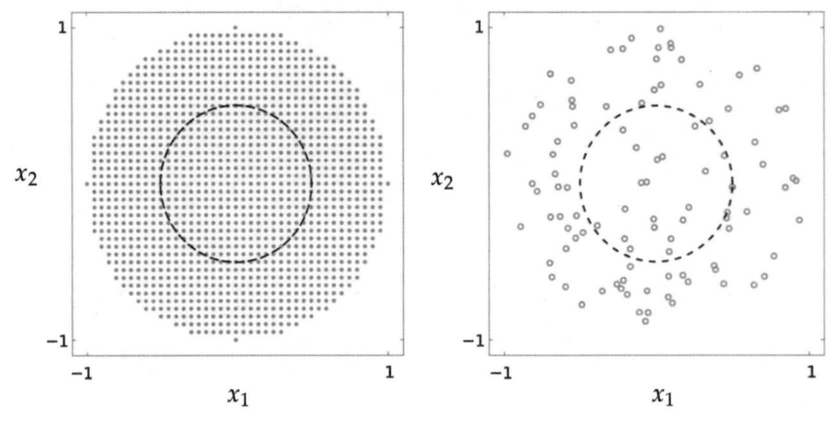

1
−1
−1
1
x_2
x_1
1
−1
−1
1
x_2
x_1

图 11.19

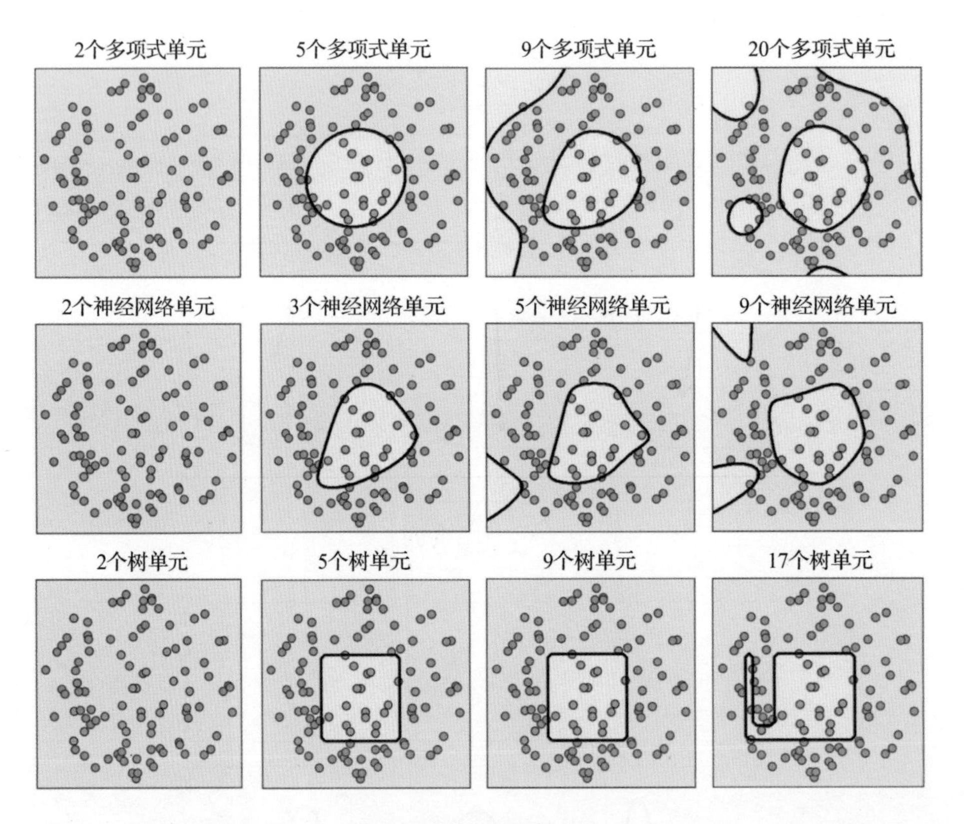

2个多项式单元
5个多项式单元
9个多项式单元
20个多项式单元
2个神经网络单元
3个神经网络单元
5个神经网络单元
9个神经网络单元
2个树单元
5个树单元
9个树单元
17个树单元

图 11.20

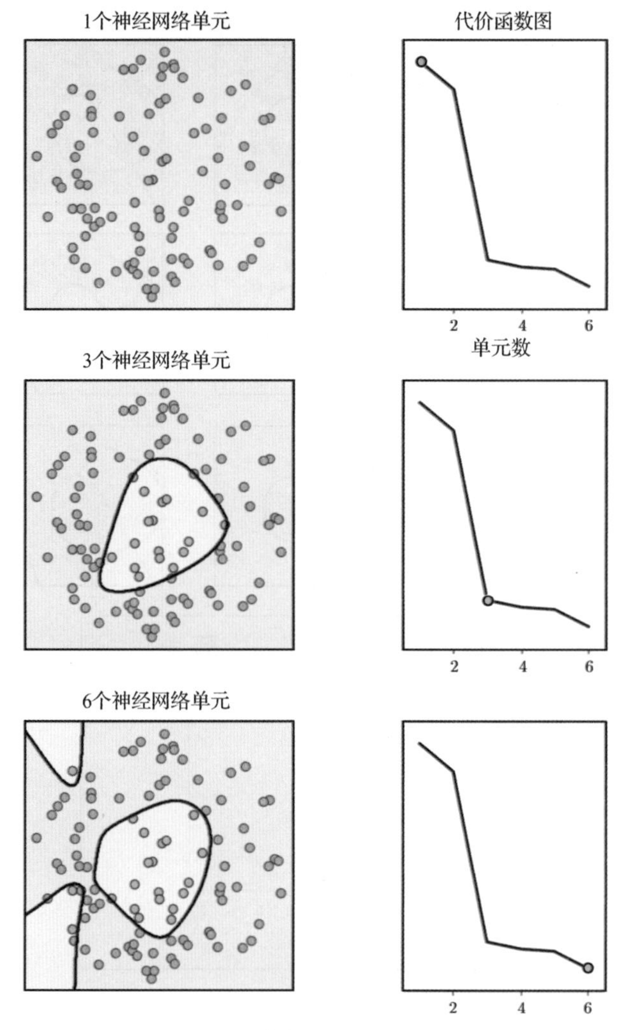
1个神经网络单元
代价函数图
2
4
6
单元数
3个神经网络单元
2
4
6
6个神经网络单元
2
4
6

图　11.21

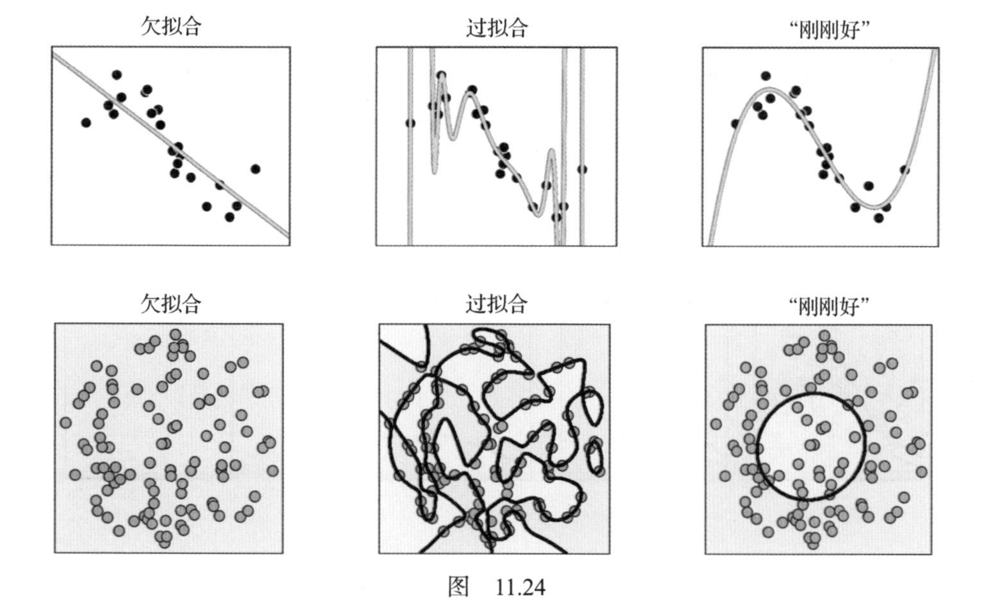
欠拟合
过拟合
“刚刚好”
欠拟合
过拟合
“刚刚好”

图　11.24

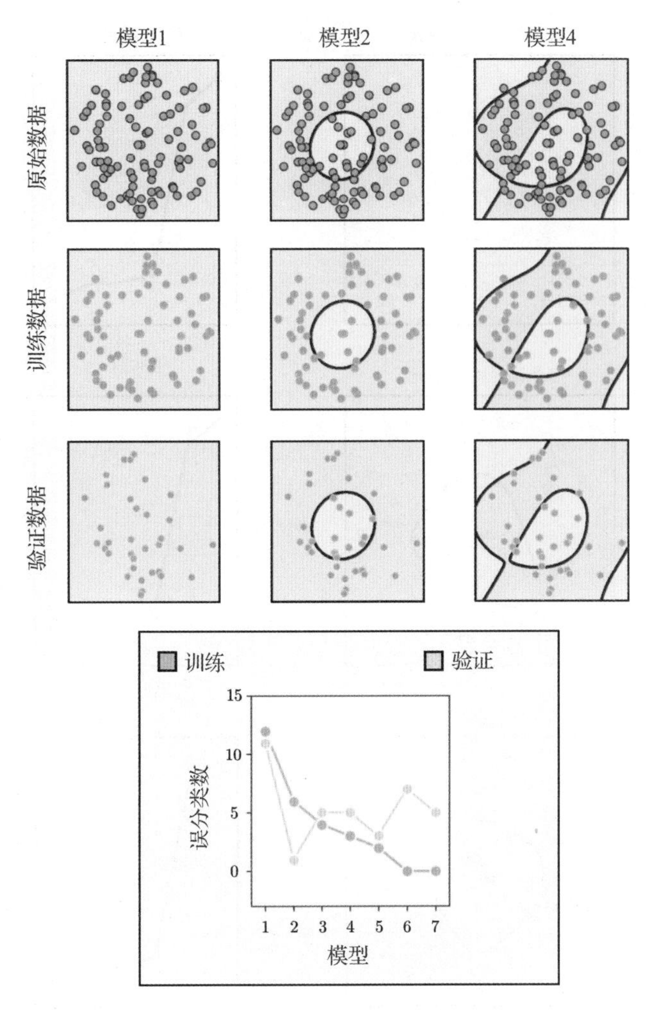
模型1
模型2
模型4
原始数据
训练数据
验证数据
训练
验证
误分类数
模型
15
10
5
0
1 2 3 4 5 6 7

图 11.28

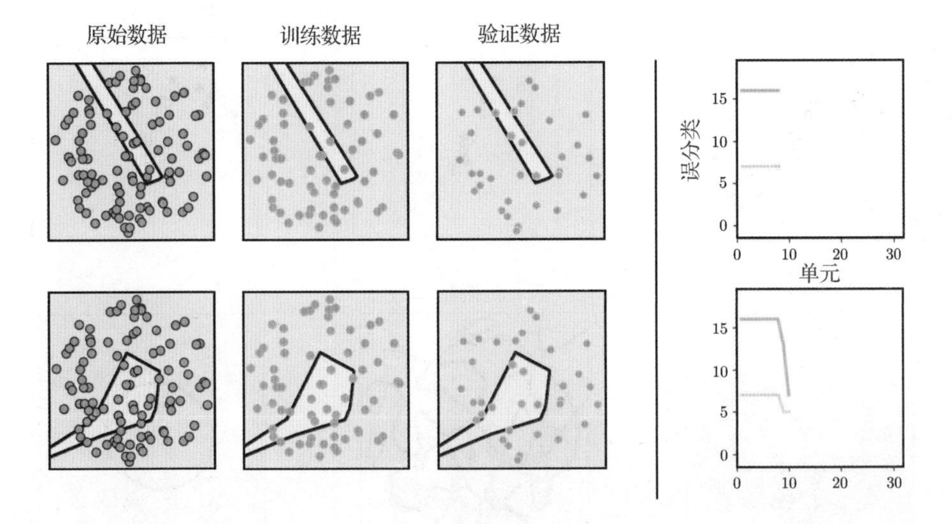
原始数据
训练数据
验证数据
误分类
单元
15
10
5
0
0 10 20 30

图 11.32

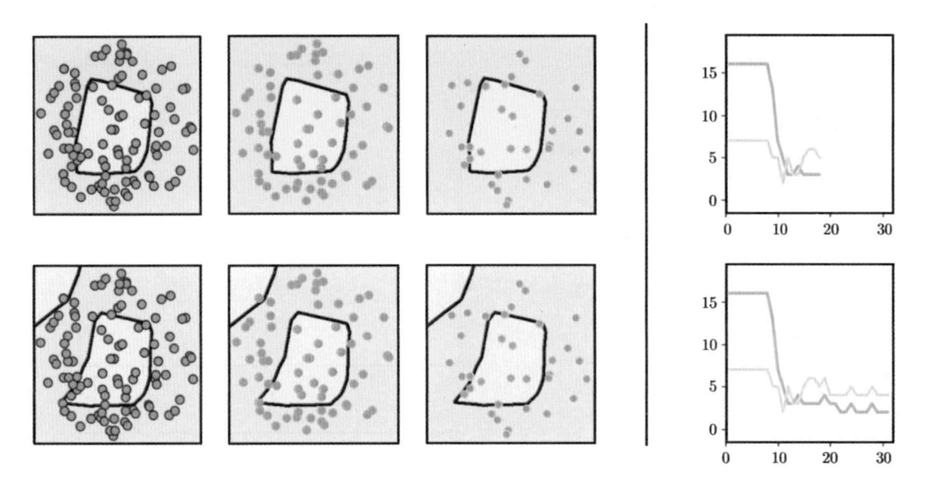

图 11.32 （续）

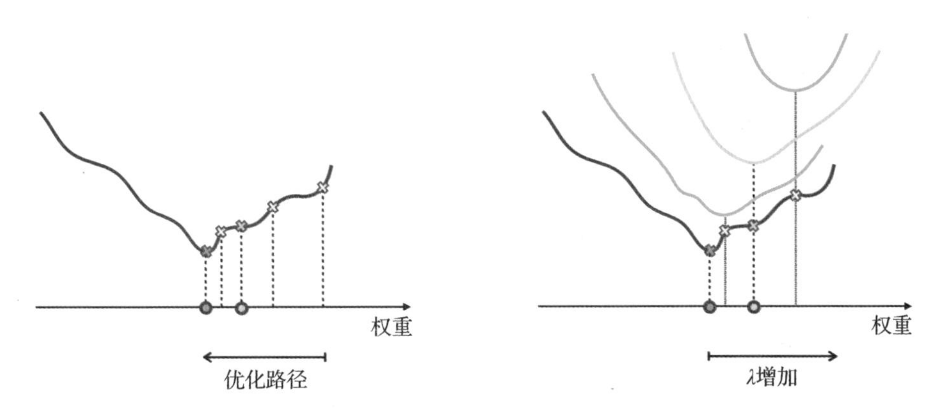

图 11.35

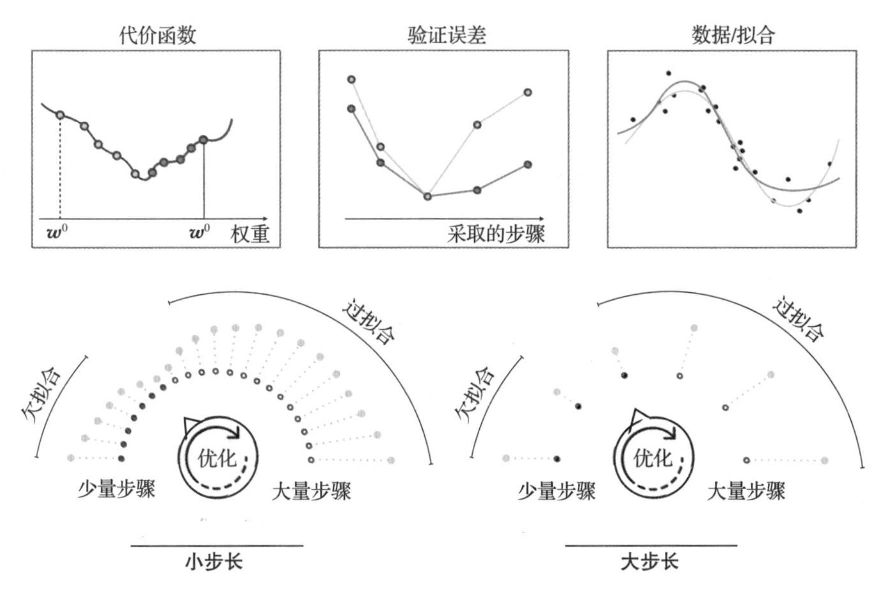

图 11.37

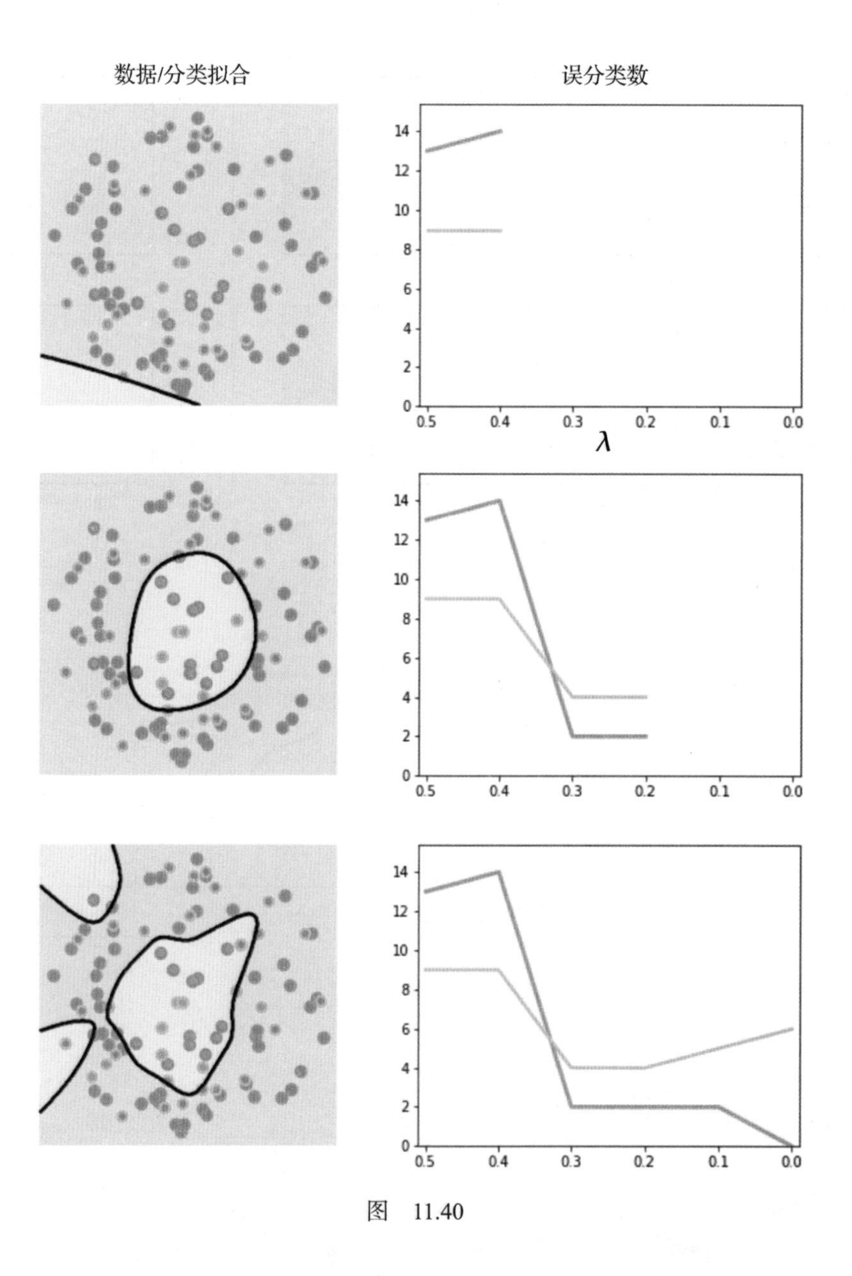

图 11.40

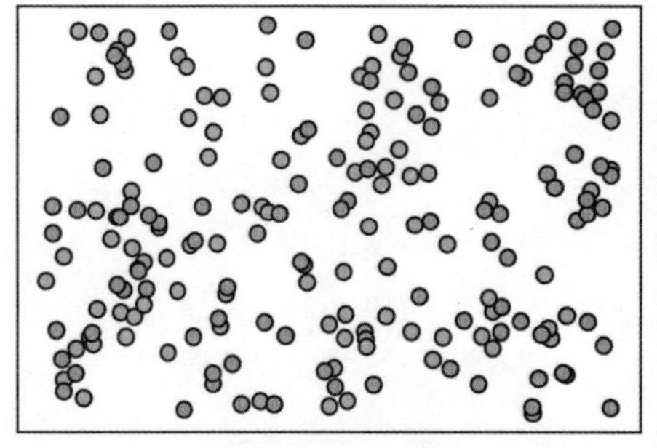
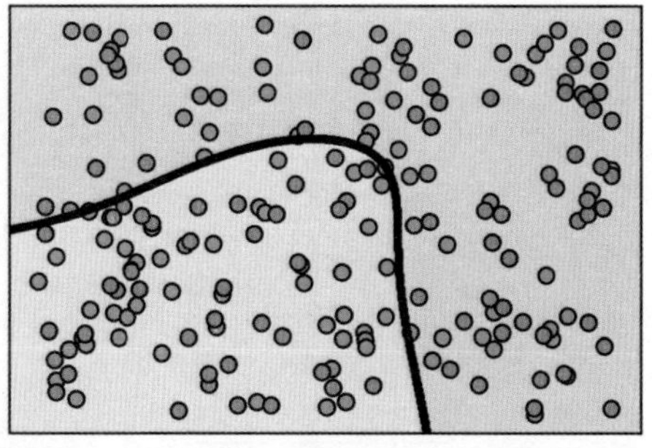

图 11.41

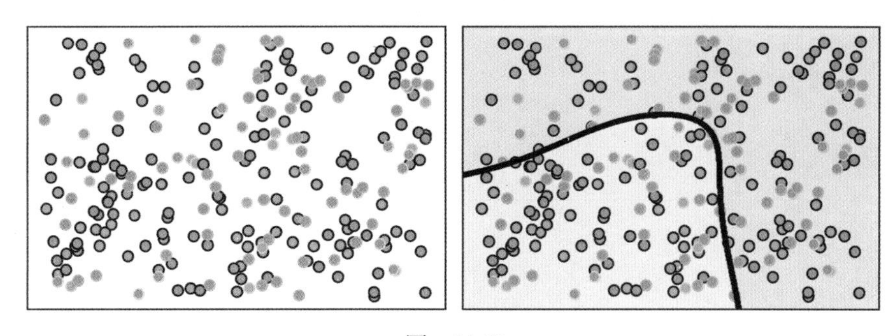

图 11.43

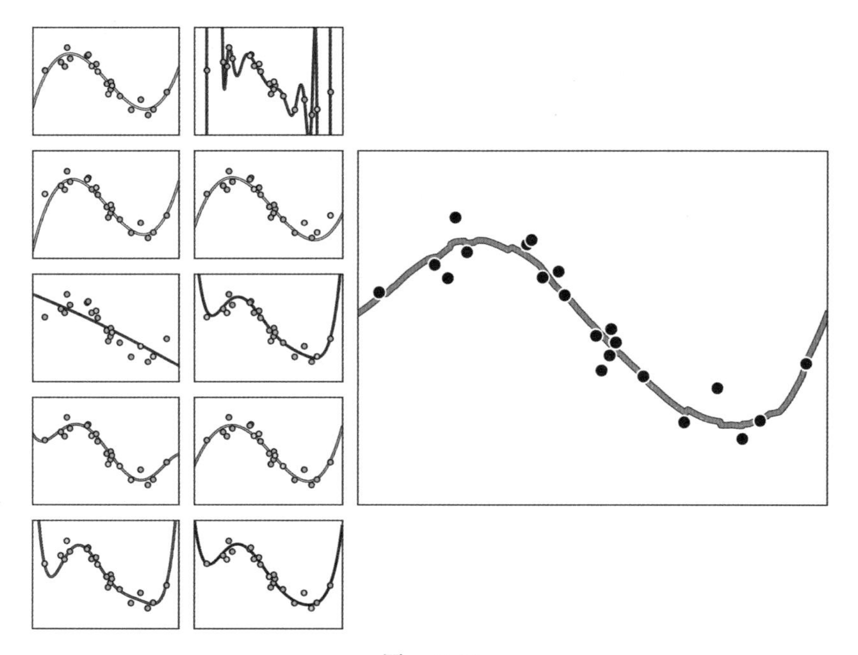

图 11.44

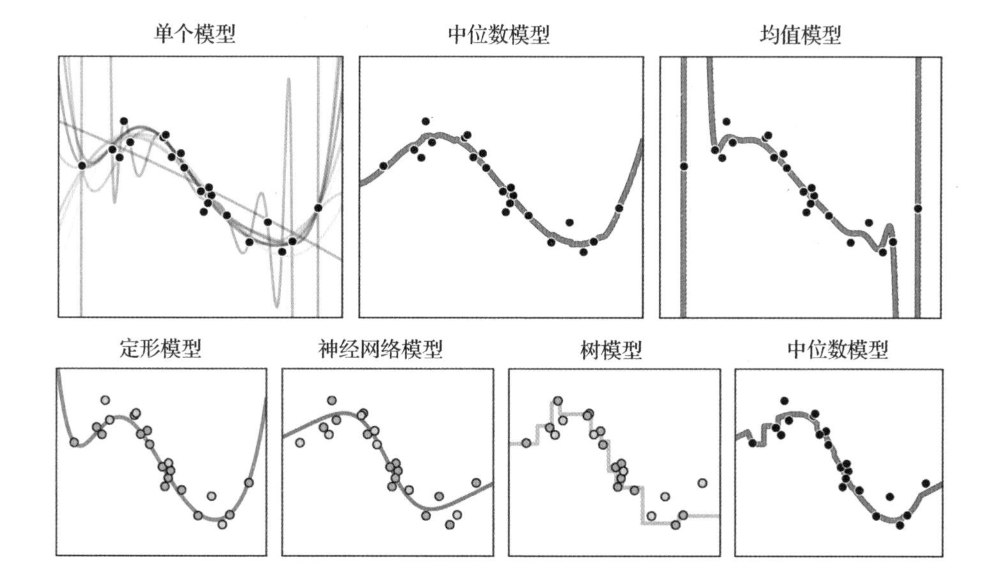

图 11.45

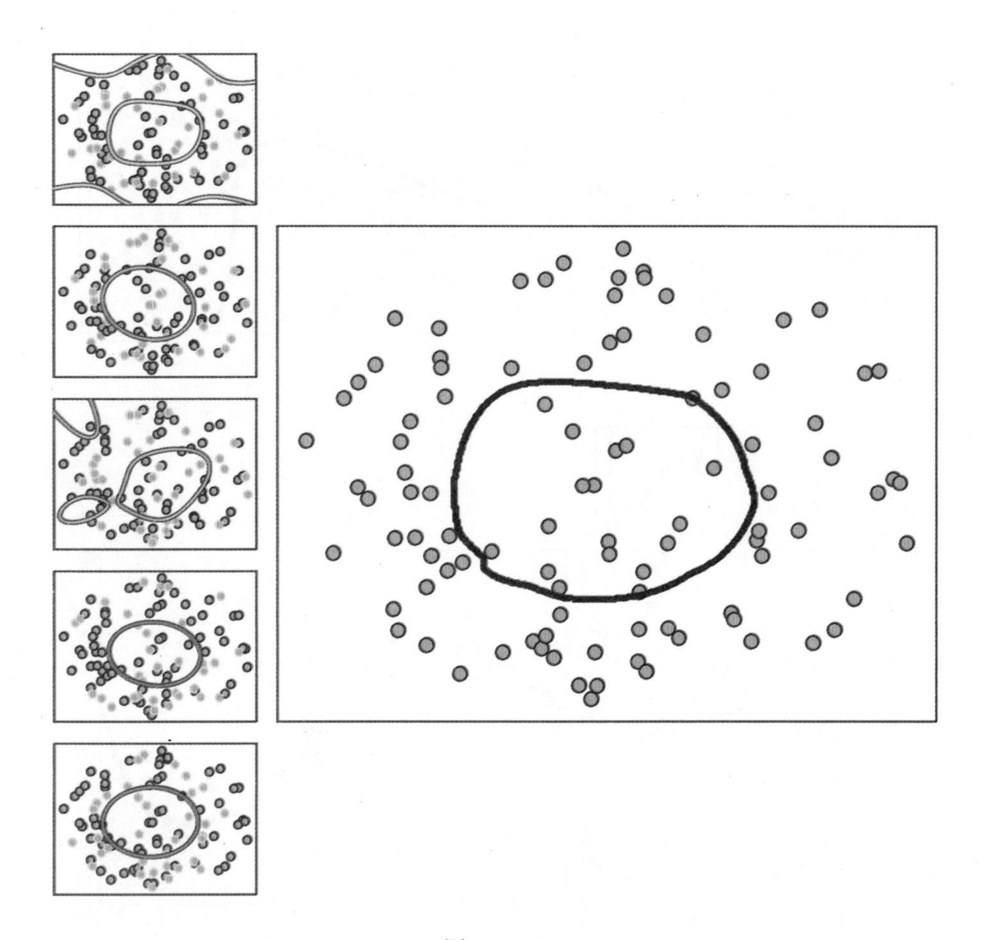

图 11.46

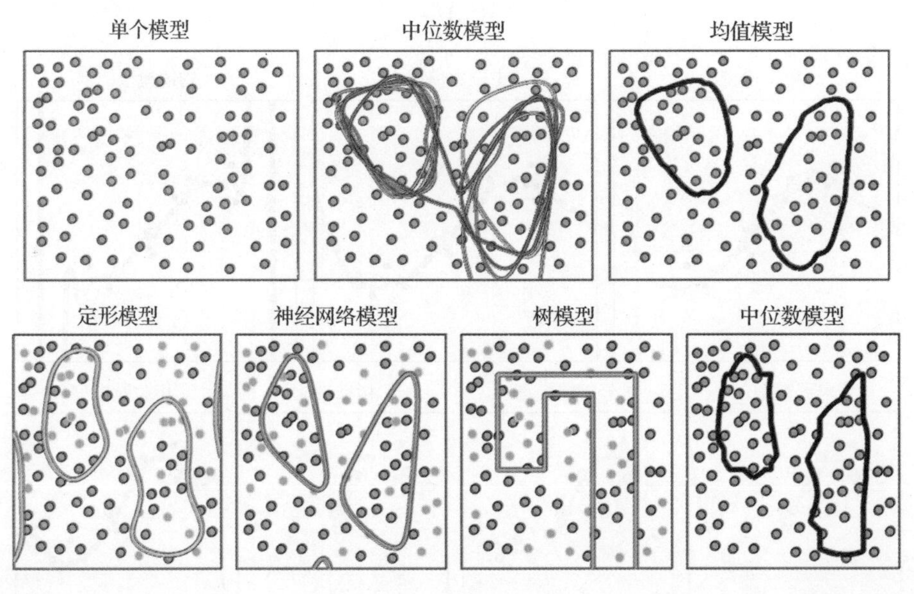

图 11.47

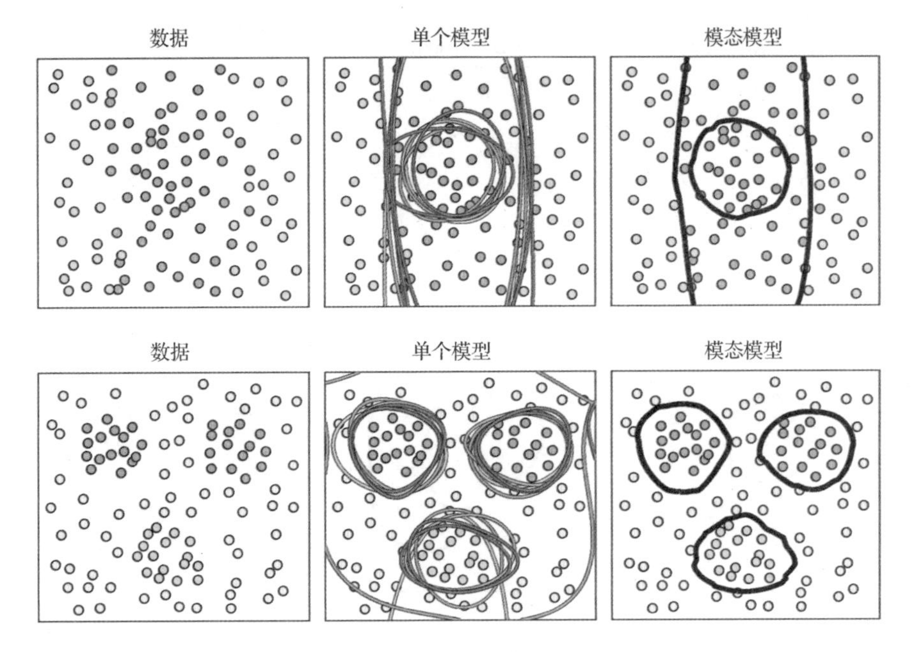

图 11.48

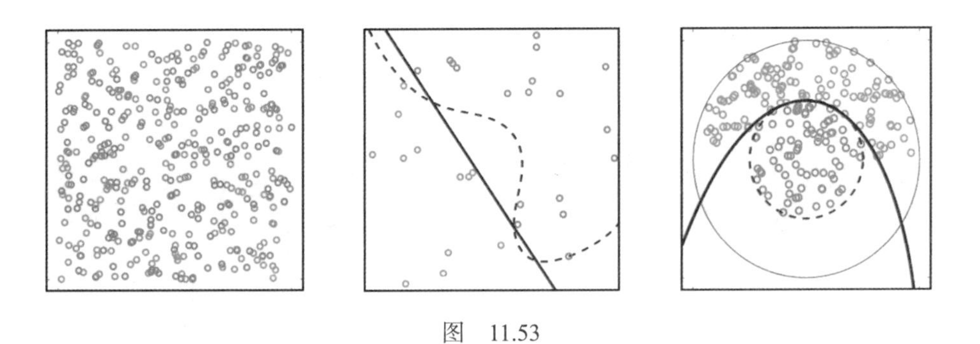

图 11.53

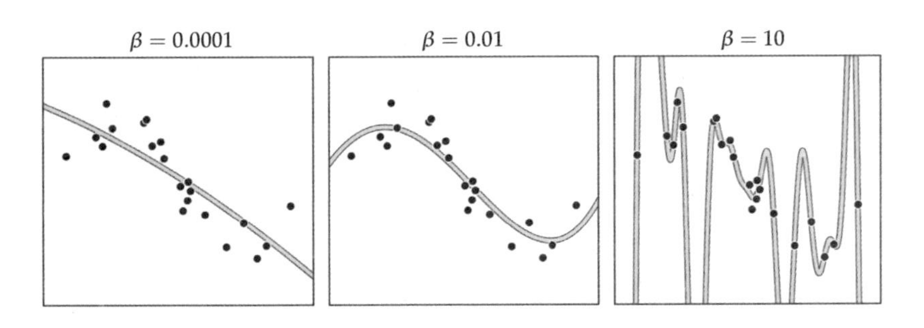

图 12.3

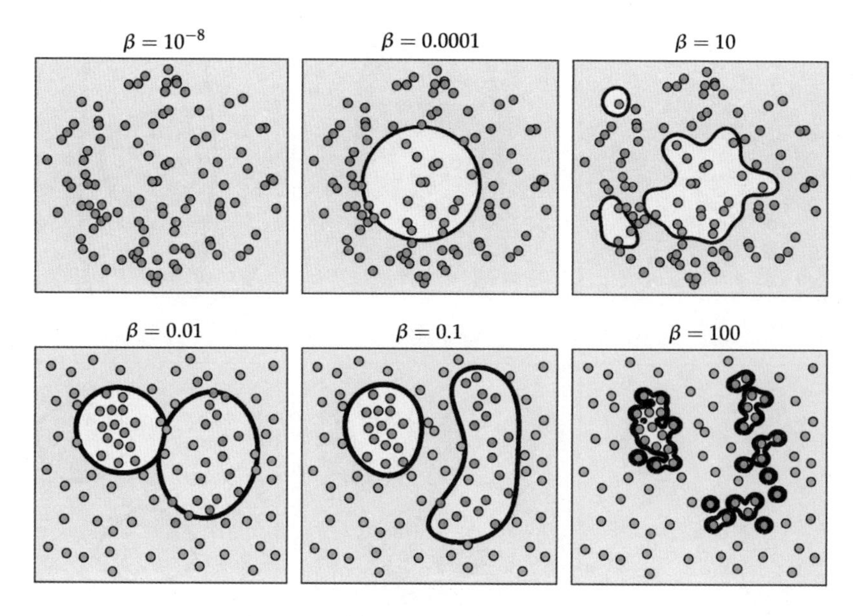

图 12.3 （续）

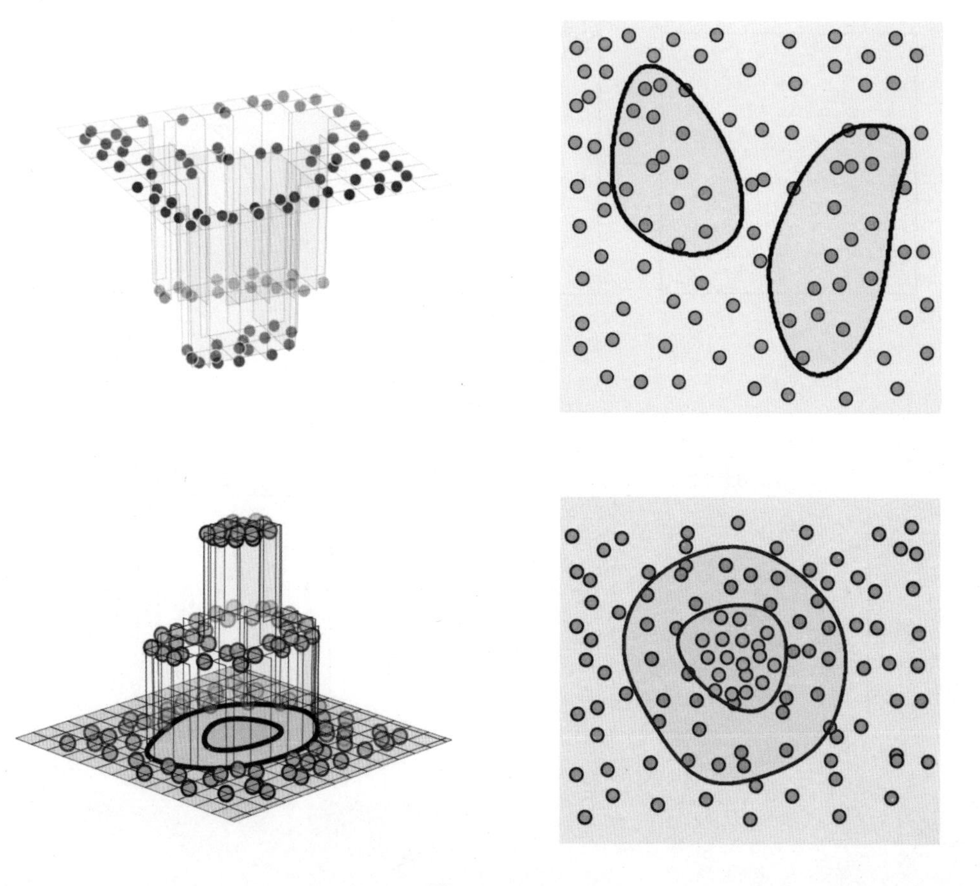

图 13.9

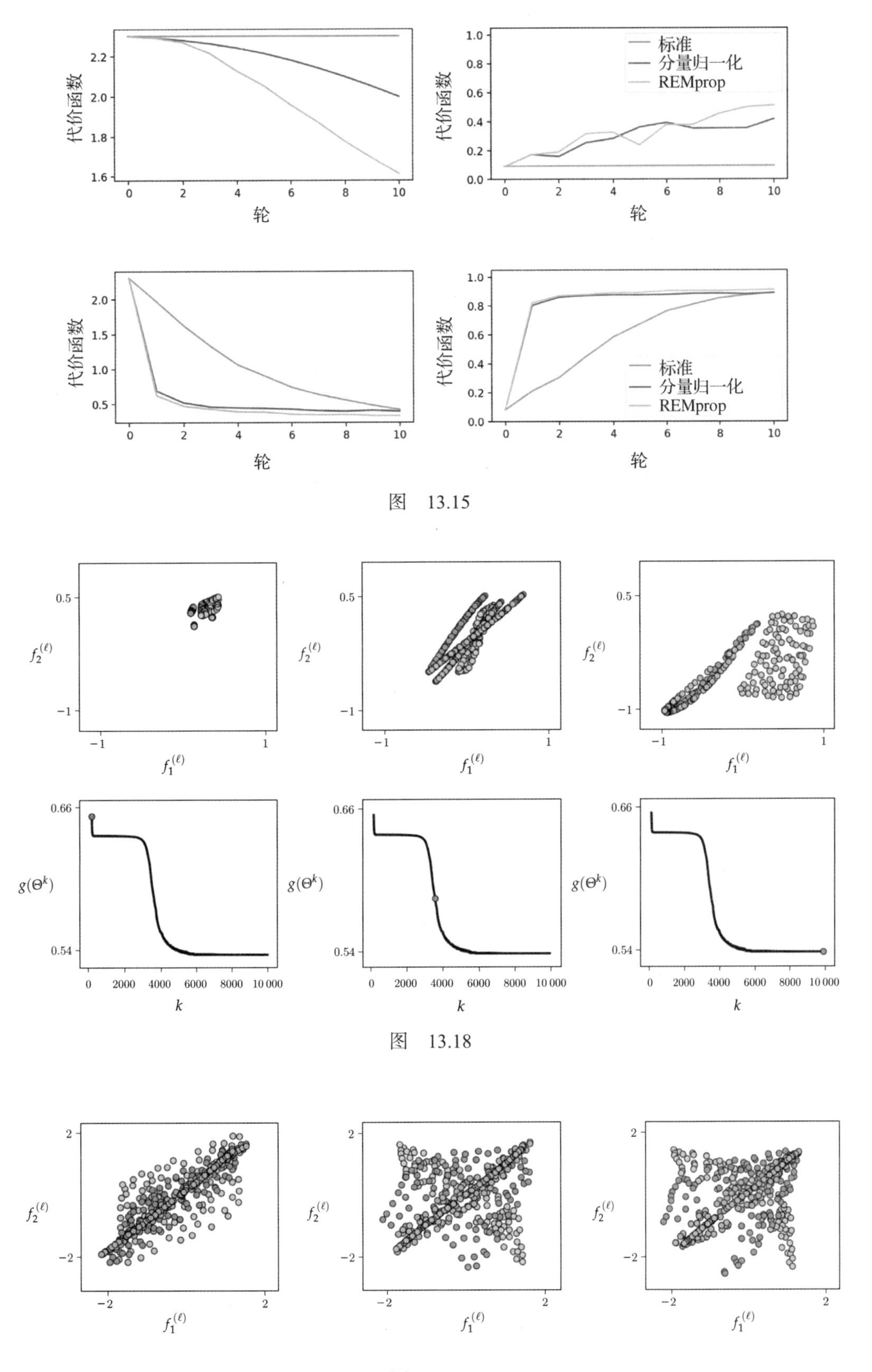

图 13.15

图 13.18

图 13.19

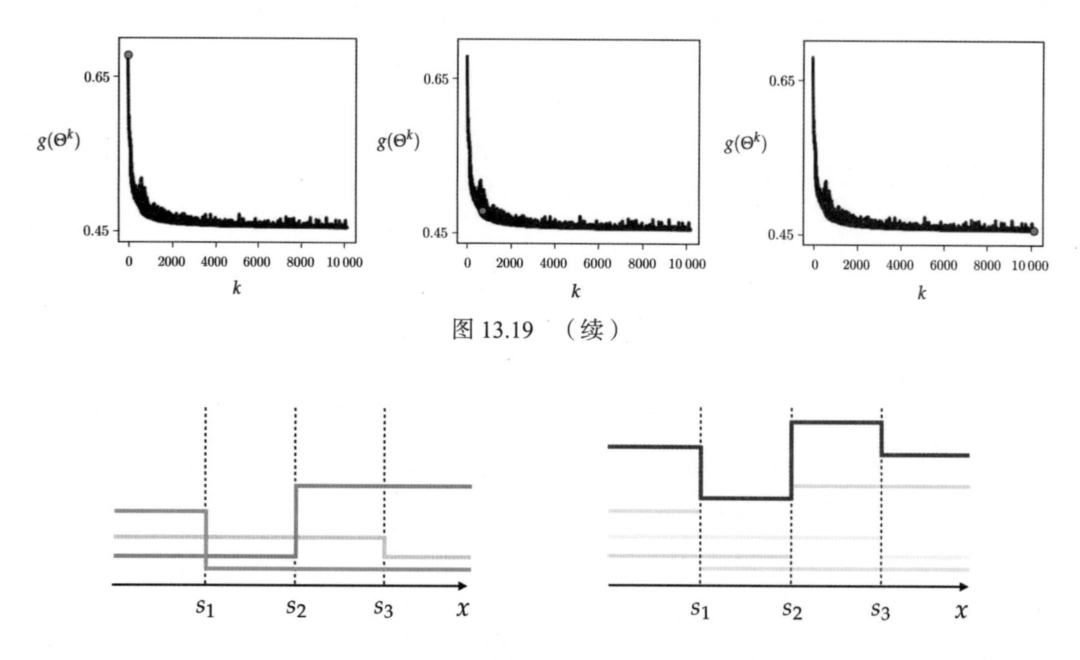

图 13.19 （续）

图 14.3

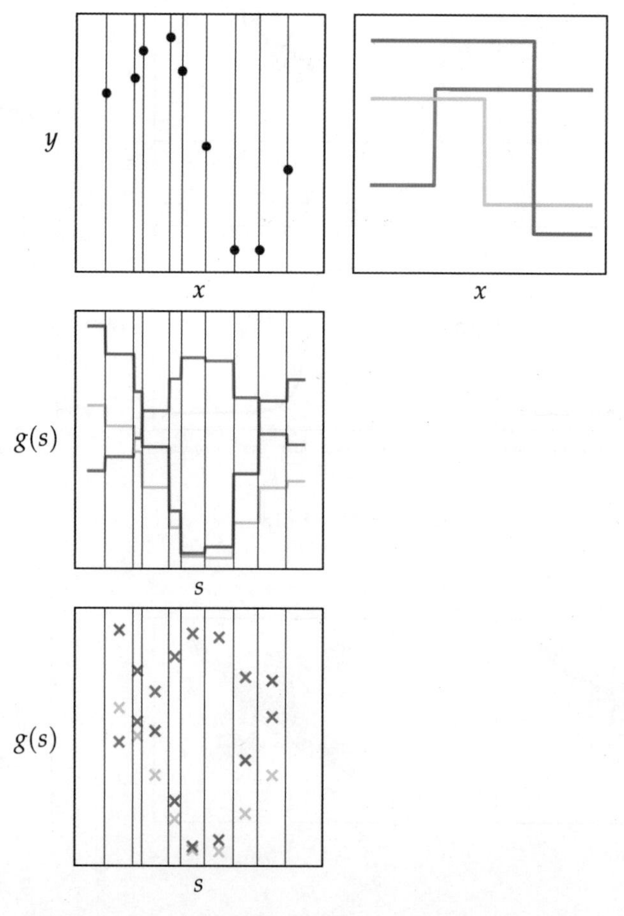

图 14.4

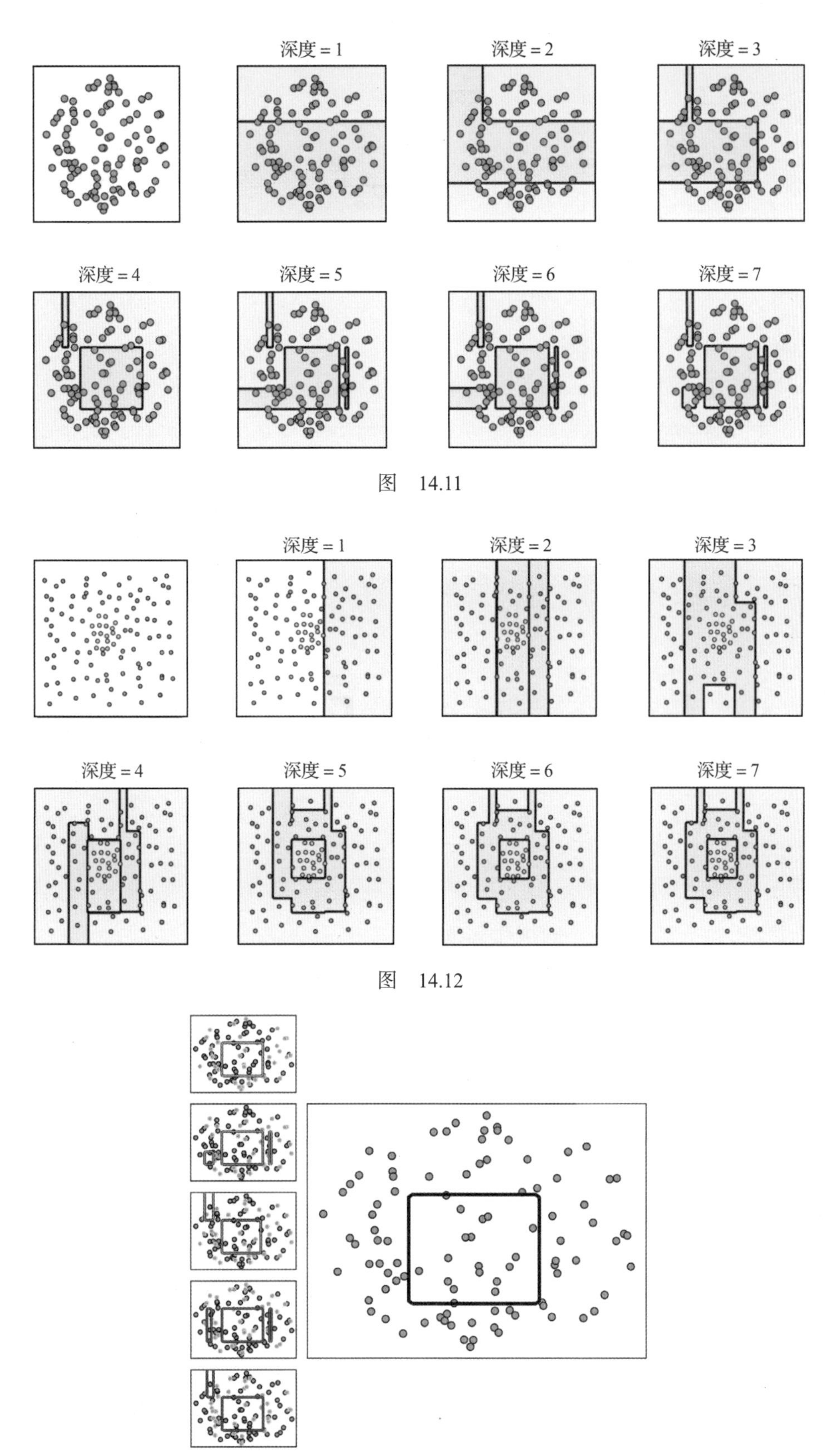

图 14.11

图 14.12

图 14.15

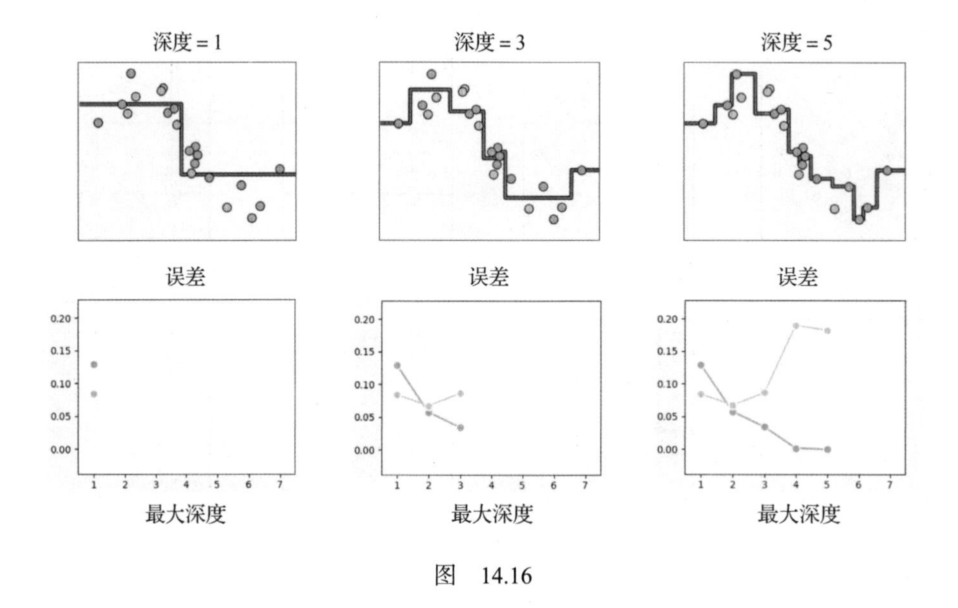

深度 = 1
深度 = 3
深度 = 5
误差
误差
误差
最大深度
最大深度
最大深度

图 14.16

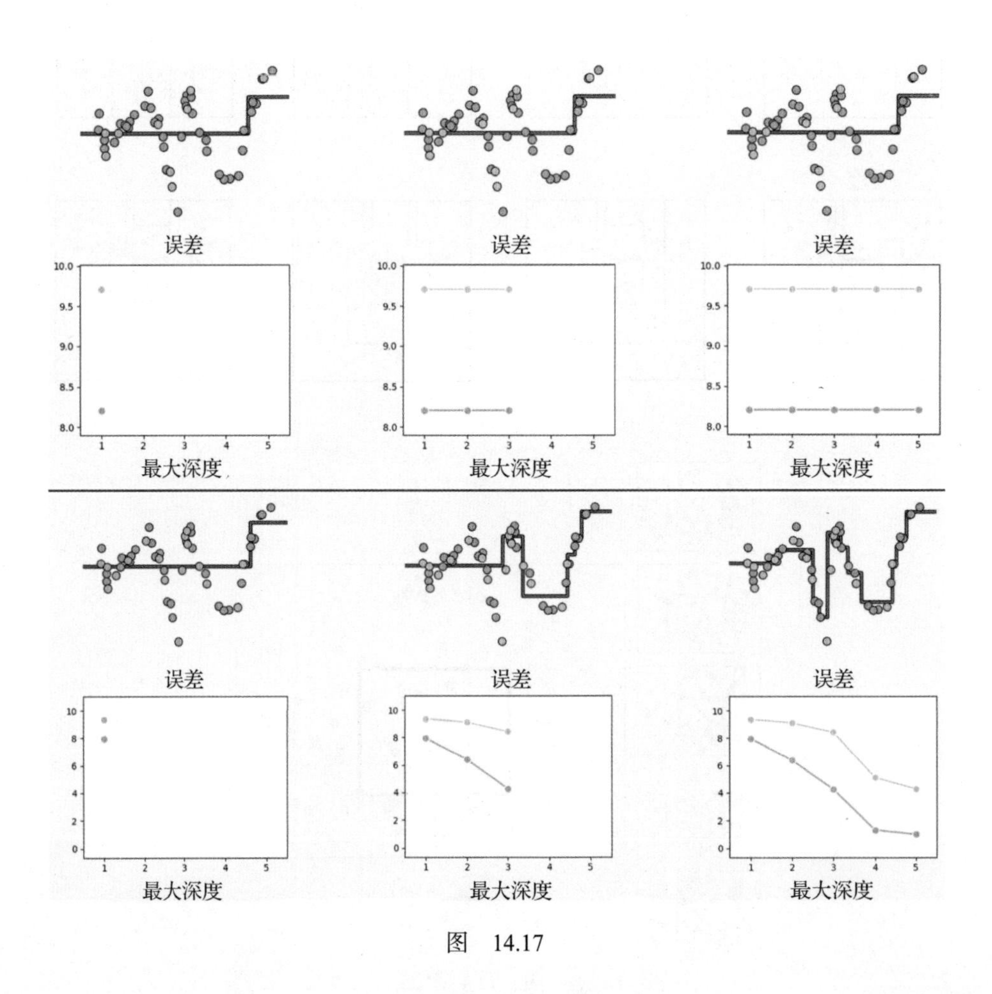

误差
误差
误差
最大深度
最大深度
最大深度
误差
误差
误差
最大深度
最大深度
最大深度

图 14.17

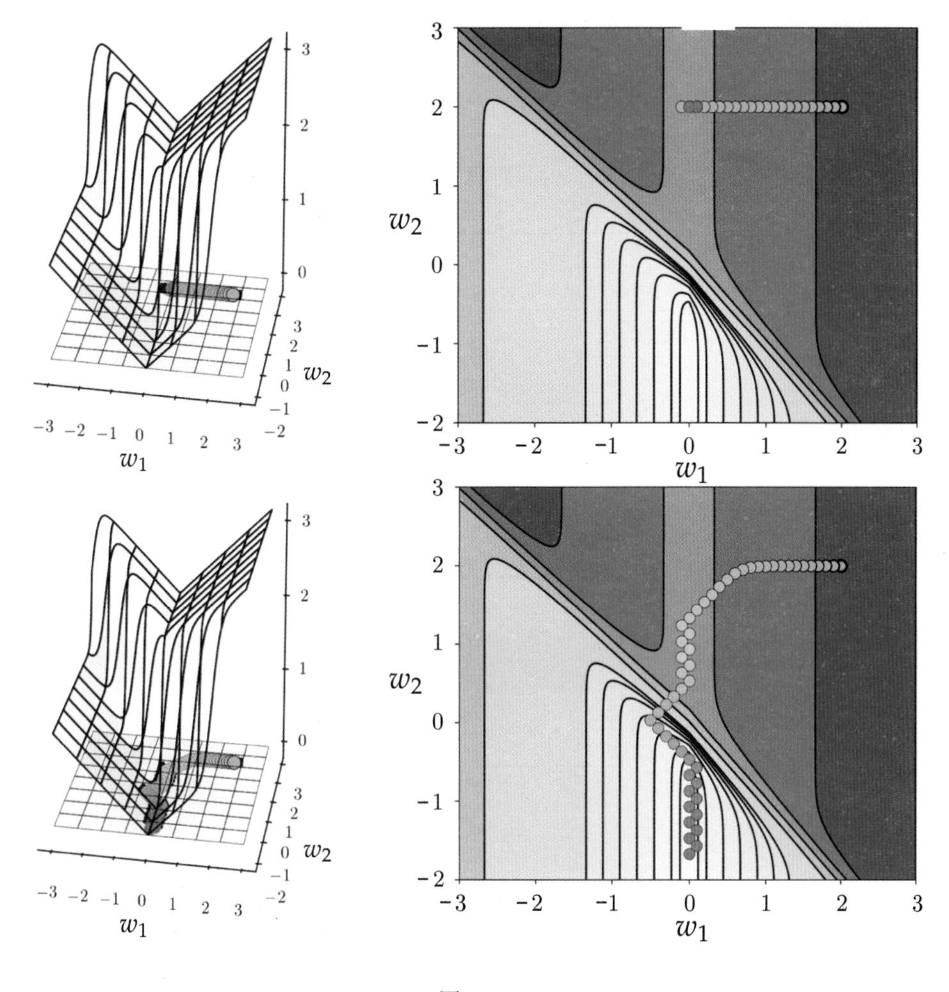

图 A.6

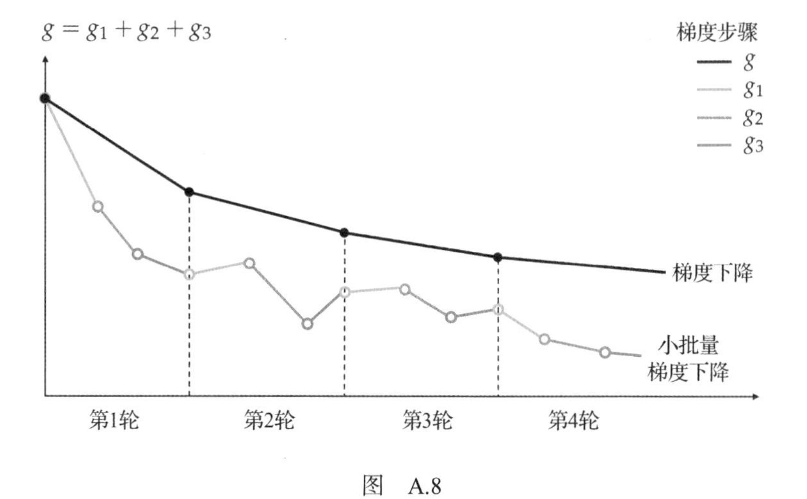

图 A.8

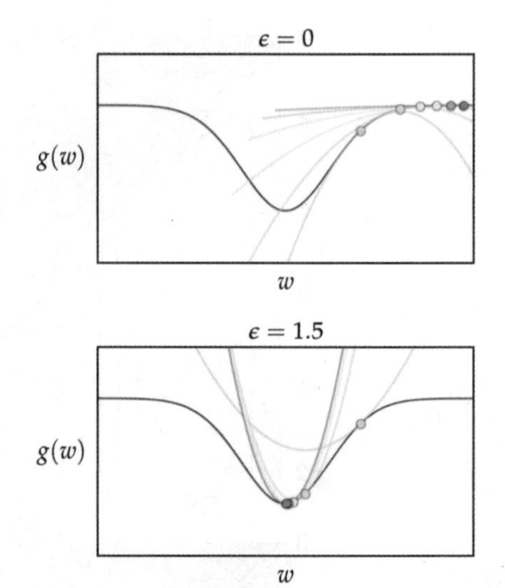

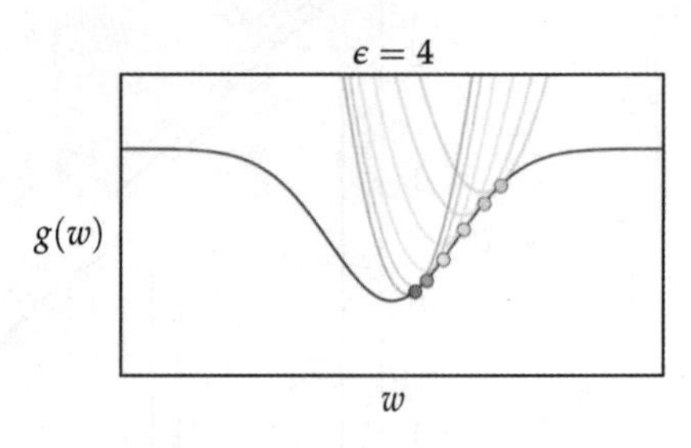

$\epsilon = 4$

$g(w)$

w

图 A.13

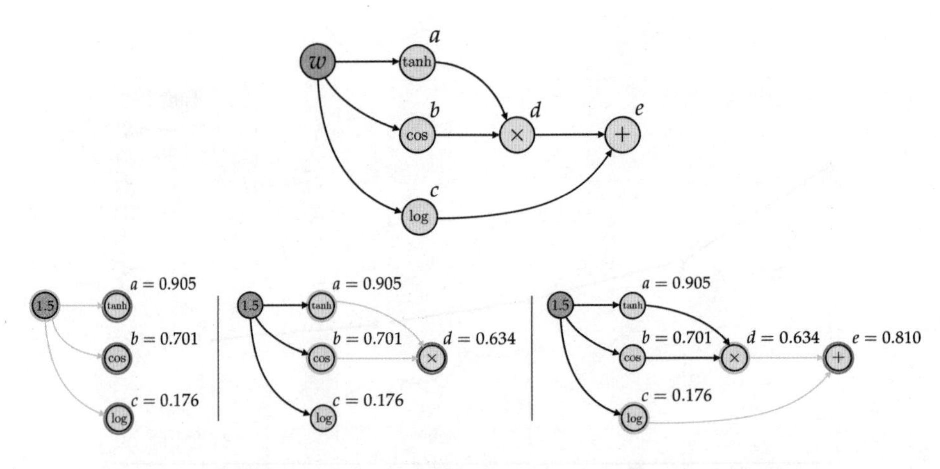

图 B.3

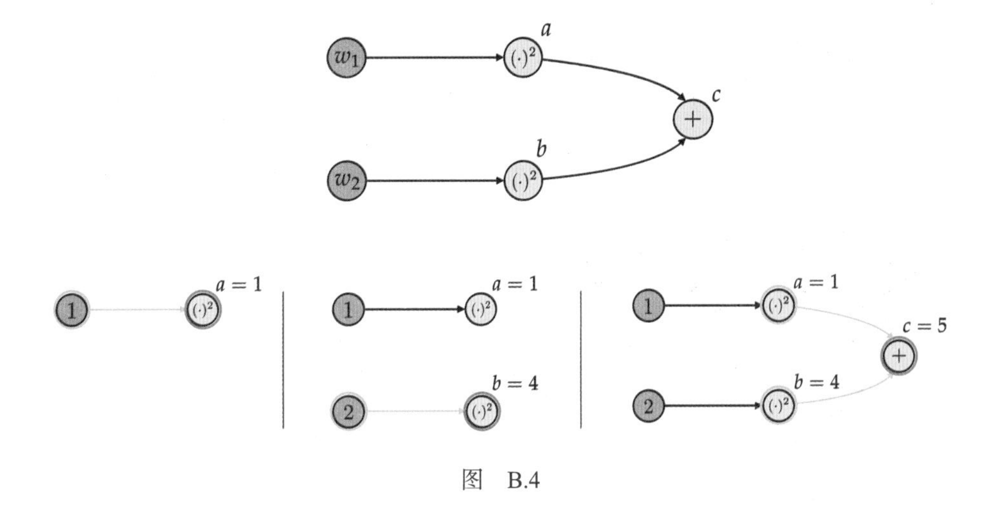

w_1
$(\cdot)^2$
a
c
$+$
b
w_2
$(\cdot)^2$
$a=1$
$b=4$
$c=5$
1
2

图 B.4

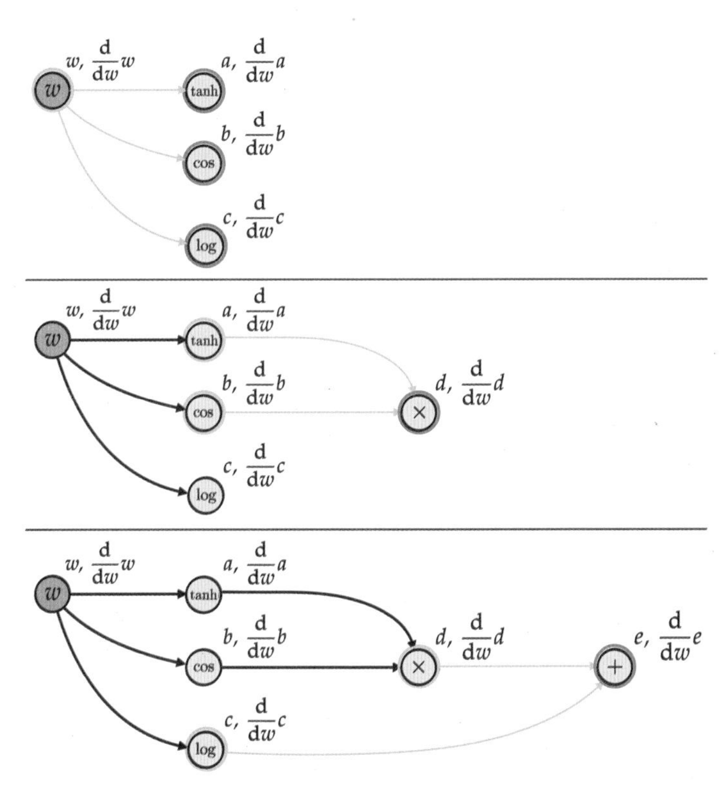

$w,\ \frac{\mathrm{d}}{\mathrm{d}w}w$
$a,\ \frac{\mathrm{d}}{\mathrm{d}w}a$
$b,\ \frac{\mathrm{d}}{\mathrm{d}w}b$
$c,\ \frac{\mathrm{d}}{\mathrm{d}w}c$
$d,\ \frac{\mathrm{d}}{\mathrm{d}w}d$
$e,\ \frac{\mathrm{d}}{\mathrm{d}w}e$
tanh
cos
log
$\times$
$+$

图 B.5

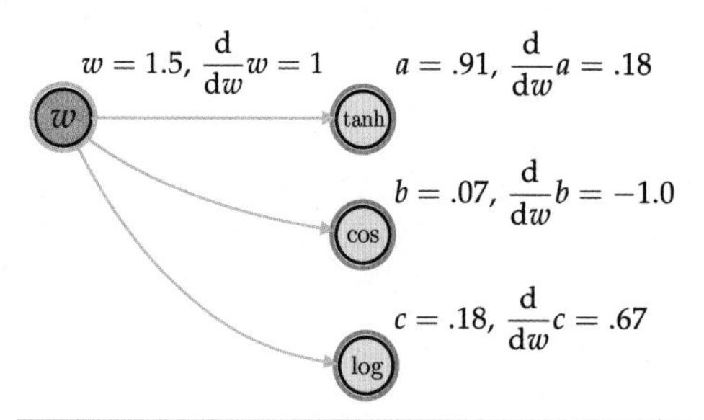

$w = 1.5, \frac{d}{dw}w = 1$
$a = .91, \frac{d}{dw}a = .18$
$b = .07, \frac{d}{dw}b = -1.0$
$c = .18, \frac{d}{dw}c = .67$
w
tanh
cos
log

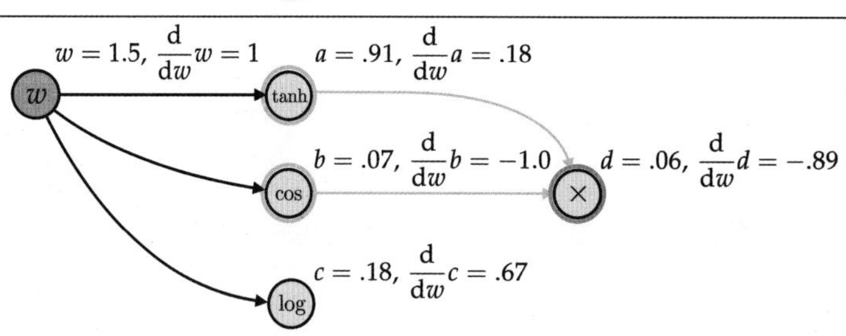

$w = 1.5, \frac{d}{dw}w = 1$
$a = .91, \frac{d}{dw}a = .18$
$b = .07, \frac{d}{dw}b = -1.0$
$d = .06, \frac{d}{dw}d = -.89$
$c = .18, \frac{d}{dw}c = .67$
w
tanh
cos
log
×

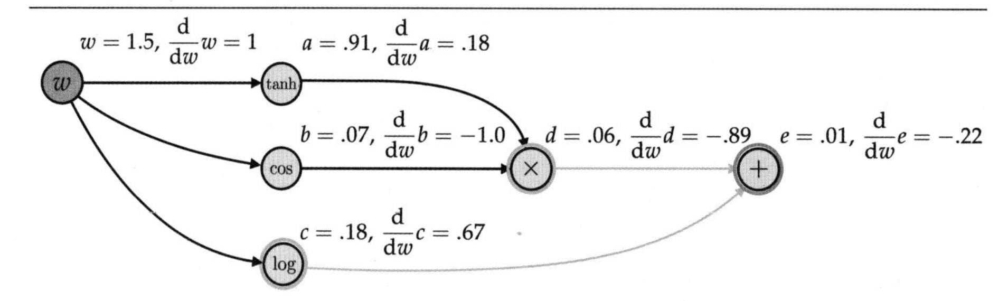

$w = 1.5, \frac{d}{dw}w = 1$
$a = .91, \frac{d}{dw}a = .18$
$b = .07, \frac{d}{dw}b = -1.0$
$d = .06, \frac{d}{dw}d = -.89$
$e = .01, \frac{d}{dw}e = -.22$
$c = .18, \frac{d}{dw}c = .67$
w
tanh
cos
log
×
+

图 B.6

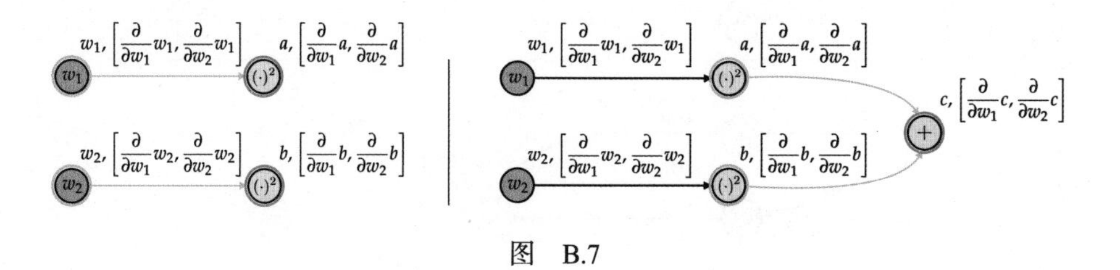

$w_1, \left[\frac{\partial}{\partial w_1}w_1, \frac{\partial}{\partial w_2}w_1\right]$
$a, \left[\frac{\partial}{\partial w_1}a, \frac{\partial}{\partial w_2}a\right]$
$w_2, \left[\frac{\partial}{\partial w_1}w_2, \frac{\partial}{\partial w_2}w_2\right]$
$b, \left[\frac{\partial}{\partial w_1}b, \frac{\partial}{\partial w_2}b\right]$
$c, \left[\frac{\partial}{\partial w_1}c, \frac{\partial}{\partial w_2}c\right]$
$(\cdot)^2$
+

图 B.7

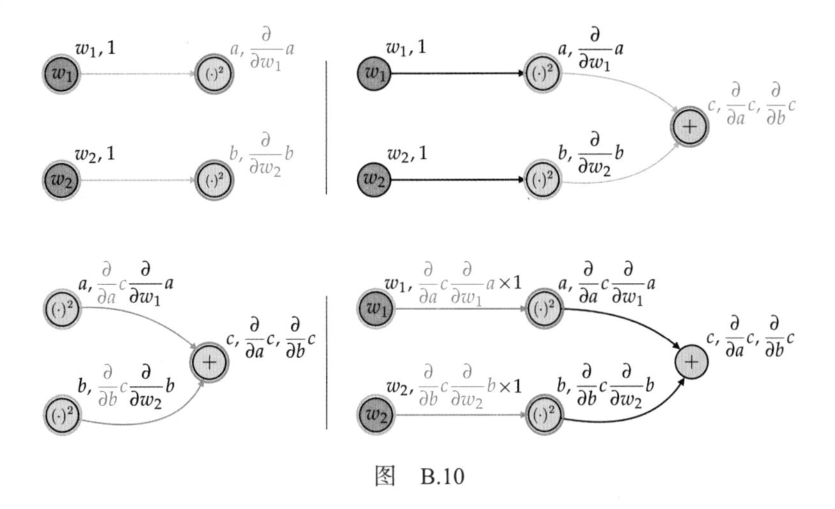

图　B.10

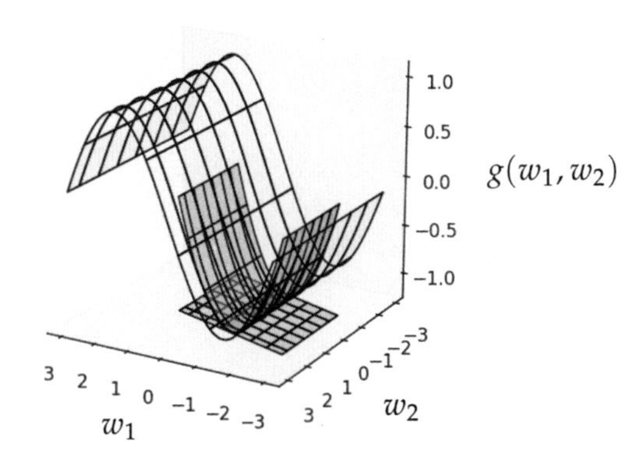

图　B.12

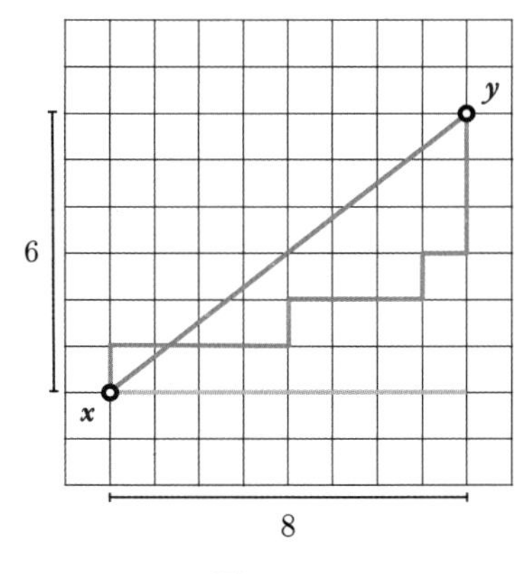

图　C.7

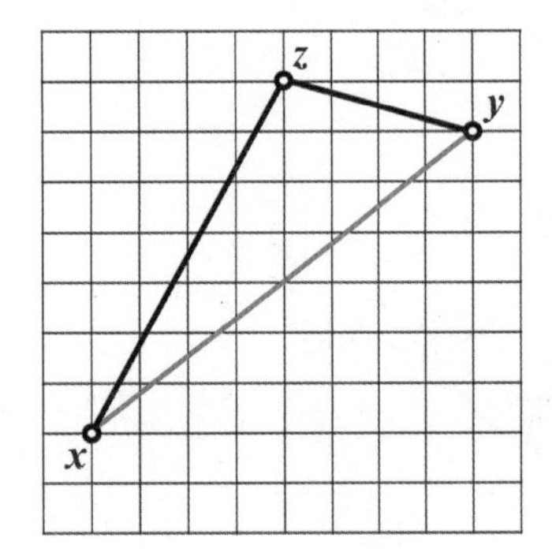

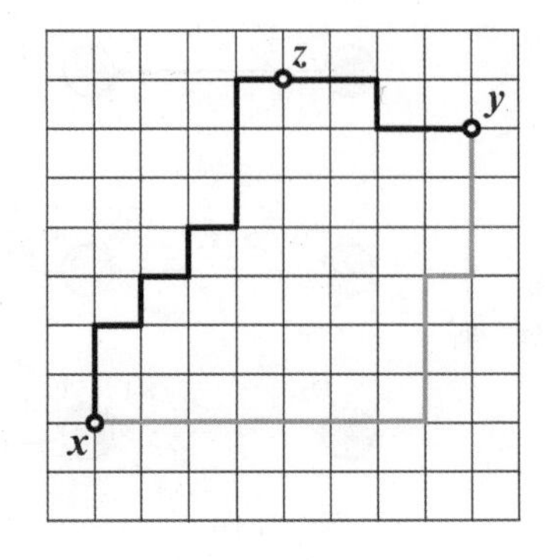

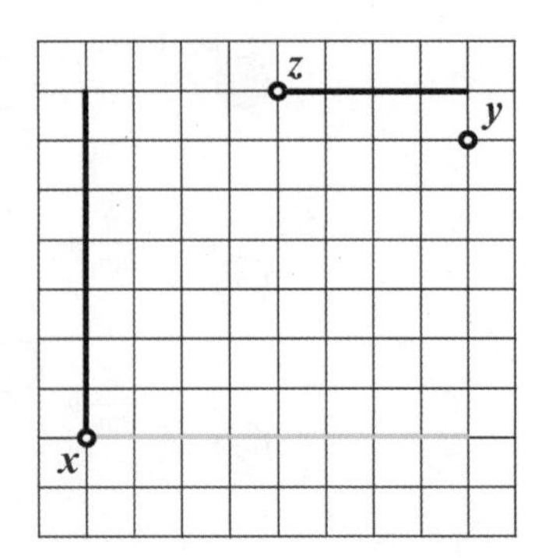

图 C.8

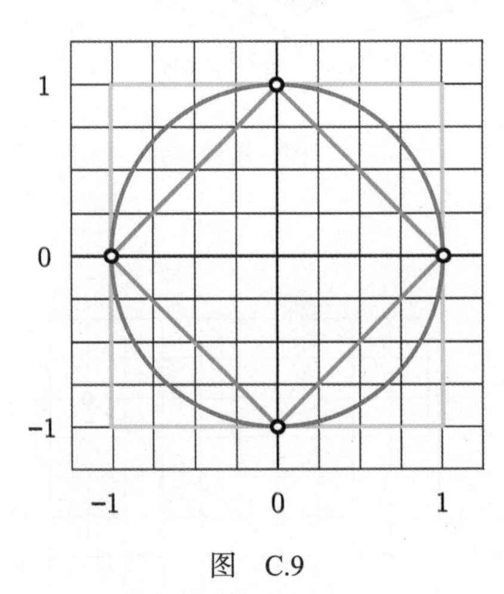

图 C.9

智能科学与技术丛书

机器学习精讲

基础、算法及应用

（原书第2版）

[美] 杰瑞米·瓦特 (Jeremy Watt)
[美] 雷萨·博哈尼 (Reza Borhani) 著
[美] 阿格洛斯·K. 卡萨格罗斯 (Aggelos K. Katsaggelos)

谢刚 杨波 任福佳 译

MACHINE LEARNING REFINED

Foundations, Algorithms, and Applications, Second Edition

机械工业出版社
China Machine Press

图书在版编目（CIP）数据

机器学习精讲：基础、算法及应用：原书第 2 版 /（美）杰瑞米・瓦特（Jeremy Watt），（美）雷萨・博哈尼，（美）阿格洛斯・K. 卡萨格罗斯著；谢刚，杨波，任福佳译 . -- 北京：机械工业出版社，2022.1

（智能科学与技术丛书）

书名原文：Machine Learning Refined: Foundations, Algorithms, and Applications, Second Edition

ISBN 978-7-111-69940-8

I. ①机… II. ①杰… ②雷… ③阿… ④谢… ⑤杨… ⑥任… III. ①机器学习 IV. ①TP181

中国版本图书馆 CIP 数据核字（2022）第 003473 号

本书版权登记号：图字 01-2020-6460

本书通过阐述直观且严谨的机器学习方法，为学生提供了研究和构建数据驱动产品所需的基本知识和实用工具。本书首先介绍几何直觉和算法思维，为学生提供新颖和直观的学习方法。书中强调将机器学习与实际应用相结合，案例涉及计算机视觉、自然语言处理、经济学、神经科学、推荐系统、物理学和生物学等领域。作者精心设计了上百张插图，让读者能够直观地理解技术和概念；书中还配有上百个编程练习，帮助读者理解关键的机器学习算法。本书配套网站提供了一系列在线教辅资源，包括示例代码、数据集、幻灯片和习题解答，既可用于机器学习课程教学，又可用于自学。

出版发行：机械工业出版社（北京市西城区百万庄大街 22 号 邮政编码：100037）

责任编辑：赵亮宇　李忠明　　责任校对：马荣敏

印　刷：北京市兆成印刷有限责任公司　　版　次：2022 年 1 月第 1 版第 1 次印刷

开　本：185mm × 260mm 1/16　　印　张：27.5（含 1.75 印张彩插）

书　号：ISBN 978-7-111-69940-8　　定　价：149.00 元

客服电话：(010) 88361066 88379833 68326294　　投稿热线：(010) 88379604

华章网站：www.hzbook.com　　读者信箱：hzjsj@hzbook.com

译者序

机器学习的应用越来越广泛，本书从统一的视角对机器学习进行介绍，深入浅出、条理清楚，并辅以丰富的实例，非常通俗易懂。无论你是计算机科学和人工智能领域的专业人员，还是对机器学习感兴趣的本科生和研究生，本书都能使你受益匪浅。

本书由贵州师范大学谢刚教授、贵阳学院杨波教授和贵州师范大学任福佳副教授共同翻译。感谢邱伟剑、项梦、刘乐、曹琳和冯鹏程等同学对本书翻译所做的大量工作，还要感谢吉林大学杨博教授为本书的翻译奠定了坚实的基础。

在本书出版之际，我们感谢所有曾经给予我们帮助的人！

在翻译本书的过程中，我们时刻如履薄冰，唯恐因才疏学浅而无法正确再现原著的风范。我们一直努力保证翻译质量，但是无论如何尽力，错误和疏漏在所难免，敬请广大读者批评指正。如果你在阅读中遇到问题，可随时与我们联系(48263091@qq.com)，我们将尽力提供帮助。最后，感谢阅读本书的每一位读者！

本书配套网站提供了一系列在线教辅资源，包括示例代码、数据集、幻灯片和习题解答，可用于机器学习课程教学。需要使用本书作为教材的教师可以向剑桥大学出版社北京代表处申请(solutions@cambridge.org)教辅资源，或者在网上(www.cambridge.org/watt)申请。

前　　言

千百年来，人类一直在寻找能准确描述客观世界中的重要系统(如农业系统、生物系统、物理系统、金融系统等)如何运转的规则或模式。这么做是因为这样的规则可以让我们更好地理解某个系统，准确地预测它未来的行为，并最终掌控它。然而，对于某个给定的系统，找到决定其运行方式的"正确"规则并非易事。一方面，是由于历史数据(即一个给定系统运行时的状态记录)非常稀缺；另一方面，人工计算的能力终归是有限的，我们没有很强大的计算能力来通过反复试验挑选出最能准确表达系统中某一现象的规则。这两个因素自然地限制了前人研究工作的范围，且不可避免地使得他们运用哲学或直观可见的方法来寻找规则。然而，今天我们生活在一个被数据环绕的世界之中，并且很容易获得巨大的计算能力。因此，与前人相比，我们这些幸运的后辈才能够解决更广泛的问题，并采取更多的实证方法来寻找规则。本书的主题是机器学习，这一术语用于描述一类广泛且不断增长的模式识别算法。这些算法利用潜在的海量数据和强大算力，采用经验式的方式识别出描述系统运行的恰当规则。

在过去的十年里，机器学习的用户群急剧增长。最初的用户只限于计算机科学系、工程系和数学系等小圈子内的研究人员，现在则包含了来自各个不同学术领域的学生和研究人员，以及工业界成员、数据科学家、企业家和机器学习爱好者。本书将标准的机器学习课程内容分解为若干基本模块，经过精心打磨和组织后将它们重新组合。我们认为，这对于越来越多的学习者而言是最为适宜的。书中对机器学习的基本概念进行了新颖、直观且严谨的描述，这些概念对于指导研究、构建产品及修复漏洞都是必需的。

本书概览

本书在第 1 版的基础上进行了完全修订，几乎重写了第 1 版中每一章的内容，同时增加了 8 章内容，这使得本书的篇幅较第 1 版多出一倍。本书对第 1 版中的梯度下降、One-versus-All(一对多)分类和主成分分析等内容进行了修订，同时增加了无导数优化、加权监督学习、特征选择、非线性特征工程、基于提升法的交叉验证等新主题。

虽然篇幅增加了，但我们的初衷并没有改变：用尽可能简单的术语介绍机器学习的相关内容——从基本原理到最终实现。下面先对全书各部分内容进行概要介绍。

第一部分：数学优化(第 2～4 章)

数学优化是机器学习的底层基础，它不仅可用于对单个机器学习模型(见第二部分)进行优化，也是我们通过交叉验证来确定适当模型的方法框架(见第三部分)。

第一部分对数学优化进行了完整描述，第 2 章介绍基本的零阶(无导数)优化方法，第 3 章和第 4 章分别介绍一阶优化方法和二阶优化方法。更具体地说，第一部分包括对局部优化、随机搜索法、梯度下降和牛顿法的完整介绍。

第二部分：线性学习(第 5～9 章)

第二部分描述了基于代价函数的机器学习的基本内容，重点介绍线性模型。

第 5～7 章详细介绍监督学习(包括线性回归、二分类和多分类)。在每一章，我们都对各种相关观点和构建监督学习器时的主流设计选择进行阐述。

第 8 章以类似方式介绍无监督学习，第 9 章描述基础的特征工程实践，包括常用的直方图特征、各种输入归一化方案以及特征选择范式。

第三部分：非线性学习(第 10～14 章)

第三部分将第二部分的基础范式扩展到非线性情形。

第 10 章对非线性监督学习和无监督学习进行基础而详细的介绍，包括非线性学习的动机、常用术语和符号，这些内容是本书剩余章节的基础。

第 11 章讨论如何自动选择合适的非线性模型。从介绍通用逼近开始，然后过渡到交叉验证的详细介绍，以及 boosting(提升法)、正则化、集成法和 K-折交叉验证等。

掌握了这些基本思想之后，第 12～14 章中我们依次介绍机器学习中三种常用的通用逼近器——定形核、神经网络和树，对每种通用逼近器的优缺点、技术特性和使用方法都进行了讨论。

为了充分理解本书的这一部分，我们强烈建议在阅读第 12～14 章之前，先学习第 11 章。

第四部分：附录

附录部分对高级优化技术进行完整描述，并对读者需要了解的一系列主题进行全面介绍，以便读者能充分地理解本书的内容。

附录 A 延续第 3 章和第 4 章中的讨论，描述高级的一阶和二阶优化技术，包括对梯度下降的常见扩展的讨论，如 mini-batch(小批量)优化、动量加速、梯度归一化以及各种形式的组合(如 RMSProp 和 Adam 一阶算法)，还包括牛顿法——正则化方法和无 Hessian 优化方法。

附录 B 回顾与微积分计算相关的内容，包括导数/梯度、高阶导数、Hessian 矩阵、数值微分、前向和反向(反向传播)自动微分以及泰勒级数近似。

附录 C 介绍线性代数和矩阵代数的基础知识，内容包括向量/矩阵算法、生成集和正交性的概念，以及特征值和特征向量。

读者：如何使用本书

本书不仅适合机器学习领域的初学者阅读，也适合那些已经掌握了机器学习相关知识，但希望对其有更直观的理解的读者阅读。为了充分利用本书，读者需要对向量代数(函数、向量运算等)和计算机程序设计语言(如 Python 这样的动态类型语言)有基本的了解。本书的附录中给出了其他一些前导知识的入门介绍，包括线性代数、向量运算和自动微分。图 0.1～图 0.4 所示的示例“路线图”基于不同的学习目标和大学课程给出了学习本书的建议路径(从机器学习的核心基础课程到特定主题——如下文“教师：如何使用本书”部分所述)。

我们认为，直观地理解机器学习比从理论上理解更容易，因此本书没有从概率和统计的视角去介绍机器学习，而是以一种新颖、一致的几何视角贯穿全书。我们认为这种视角不仅能让读者更直观地理解本书中的各个概念，而且能帮助读者在通常认为完全不同的思想之间建立联系，比如逻辑回归和支持向量机分类器、核和全连接神经网络等。我们主要强调数学优化在机器学习中的重要性。如前所述，优化是机器学习的核心基础，并且是许多层级的关键——从单个模型的优化到利用交叉验证选择合适的非线性模型都是如此。如果希望深入理解机器学习并实现基本的算法，必须对数学优化有深刻的认识。

为此，我们在书中特别强调了算法的设计和实现，给出了基本算法的 Python 实现。这些基础例子可以用作基本构建模块以帮助读者动手完成本书的编程练习，通过实践掌握本书的基本概念。虽然原则上任何程序设计语言都可用于完成本书的编程练习，但我们强烈建议使用 Python，因为它易用且拥有强大的社区支持。我们还建议使用开源 Python 库 NumPy、autograd 和 matplotlib，以及 Jupyter notebook 编辑器来简化代码的实现和测试。完整的安装说明、数据集以及入门练习的相关资料参见 https://github.com/jermwatt/machine_learning_refined。

教师：如何使用本书

本书各章节的幻灯片、数据集和一系列描述了本书各种概念的交互式 Python 小程序参见 https://github.com/jermwatt/machine_learning_refined。

该网站还包含 Python 的安装文档和大量帮助学生完成本书习题的免费软件包。

本书一直被美国西北大学的许多机器学习课程用作基础教材，既用于本科生的机器学习入门课程，也用于研究生的侧重优化和深度学习的高级课程。本书对机器学习基础、应用程序和算法都有讲解，也可作为下列课程的主要资源或主要内容。

机器学习导论：适用于本科生的关于机器学习基本内容的入门课程。在一些采用季度学制的大学中，由于时间限制，不可能对本书进行深入学习。这类课程的内容包括：梯度下降、逻辑回归、支持向量机、一对多和多分类逻辑回归、主成分分析、K-均值聚类、特征工程与特征选择、交叉验证、正则化、集成法、装袋法、核方法、全连接神经网络和树。图 0.1 给出了这类课程的推荐学习路线图，包括推荐学习的章节和相关主题。

机器学习全讲：基于本书的标准的机器学习课程。与前述导论课程相比，该课程在广度和深度方面都进行了扩展。除了导论课程中包含的主题外，教师可以选择增加牛顿法、最小绝对法偏差、多输出回归、加权回归、感知器、分类交叉熵损失函数、加权二分类和多分类、在线学习、推荐系统、矩阵分解技术、基于提升法的特征选择、通用逼近、梯度提升、随机森林，以及全连接神经网络的更深入研究，包括批量归一化和基于早停法的正则化等主题。图 0.2 给出了这一课程的推荐学习路线图，包括推荐学习的章节和相关主题。

机器学习和深度学习的数学优化：该课程将全面介绍本书第一部分及附录 A 中的零阶、一阶和二阶优化技术，内容包括：坐标下降法、梯度下降法、牛顿法、拟牛顿法、随机优化法、动量加速、固定和自适应步长规则，以及高级归一化梯度下降方法（如 Adam 和 RMSProp）。接下来可以深入描述特征工程过程（特别是标准归一化和 PCA 白化），这些过程可以加快（尤其是一阶）优化算法。所有的学生，特别是那些学习机器学习优化课程的学生，都应该认识到优化在识别“正确的”非线性特性时所起的重要作用，这一识别过程是通过基于提升法和正则化的交叉验证来完成的，其原理在第 11 章中介绍。同时该课程还覆盖第 13 章和附录 B 中的内容，包括反向传播、批量归一化、自动微分前向/反向模式。图 0.3 给出了这一课程的推荐学习路线图，包括推荐学习的章节和相关主题。

深度学习导论：该课程适用于已对机器学习的基本概念有一定了解的学生。课程先介绍一阶优化技术，其中重点介绍随机优化和小批量优化、动量加速，以及像 Adam 和 RMSProp 这样的归一化梯度方案。根据读者的知识水平，可能需要对本书第二部分介绍的机器学习基本内容进行简要回顾。可使用本书第 11、13 章以及附录 A 和附录 B 的内容对全连接网络进行完整介绍，内容包括反向传播、前向/反向自动微分模式，以及批量归一化和基于早停法的交叉验证等主题。图 0.4 给出了这一课程的推荐学习路线图，包括推荐学习的章节和相关主题。为便于读者完整地理解深度学习，本书的 GitHub 资源库提供了一些相关主题(如卷积网络和循环网络)的学习资料。

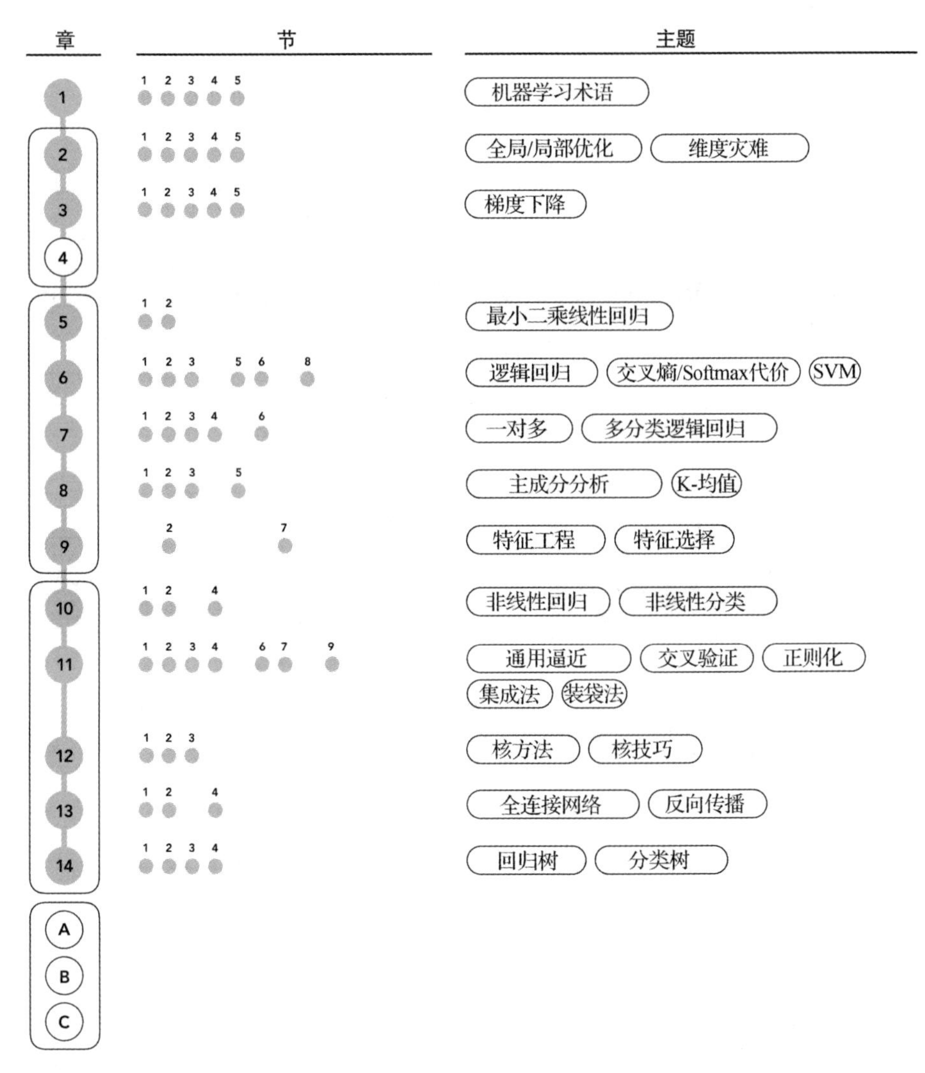

图 0.1 “机器学习导论”课程推荐学习路线图，包括章(左列)、节(中间列)，以及相应主题(右列)。本计划适用于(采用季度学制的大学中)时间有限的课程或自学，其中机器学习并不是唯一的内容，而是作为一些更宽泛课程的关键部分。注意各章是根据“本书概览”部分的详细布局可视化地组合在一起的，更多细节请参阅“教师：如何使用本书”部分

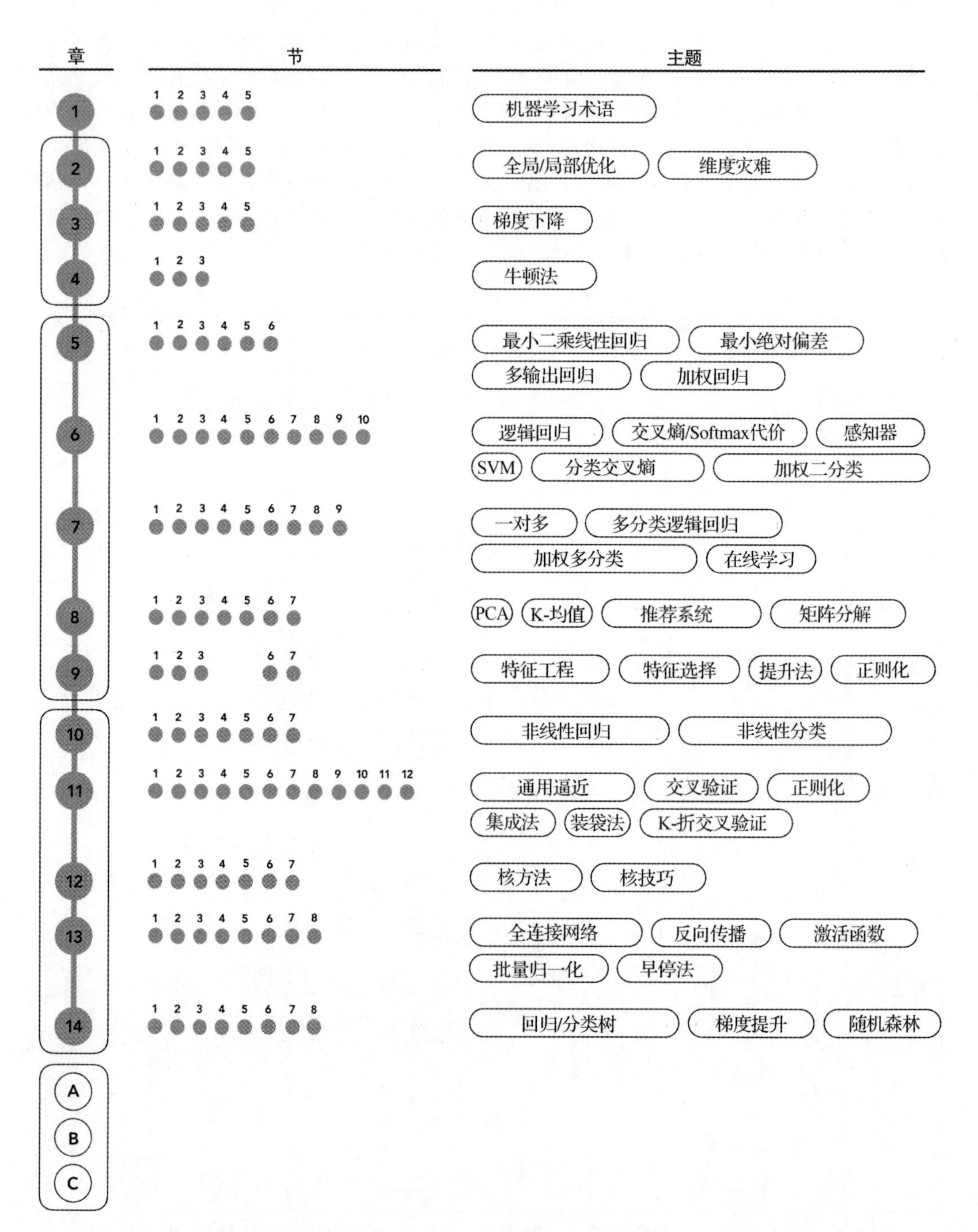

图 0.2 “机器学习全讲”课程推荐学习路线图，包括章、节及相应主题。本计划比图 0.1 的学习路线覆盖的内容更深入，适用于高年级本科生、低年级研究生的学期课程以及对机器学习感兴趣的读者。更多细节请参阅“教师：如何使用本书”部分

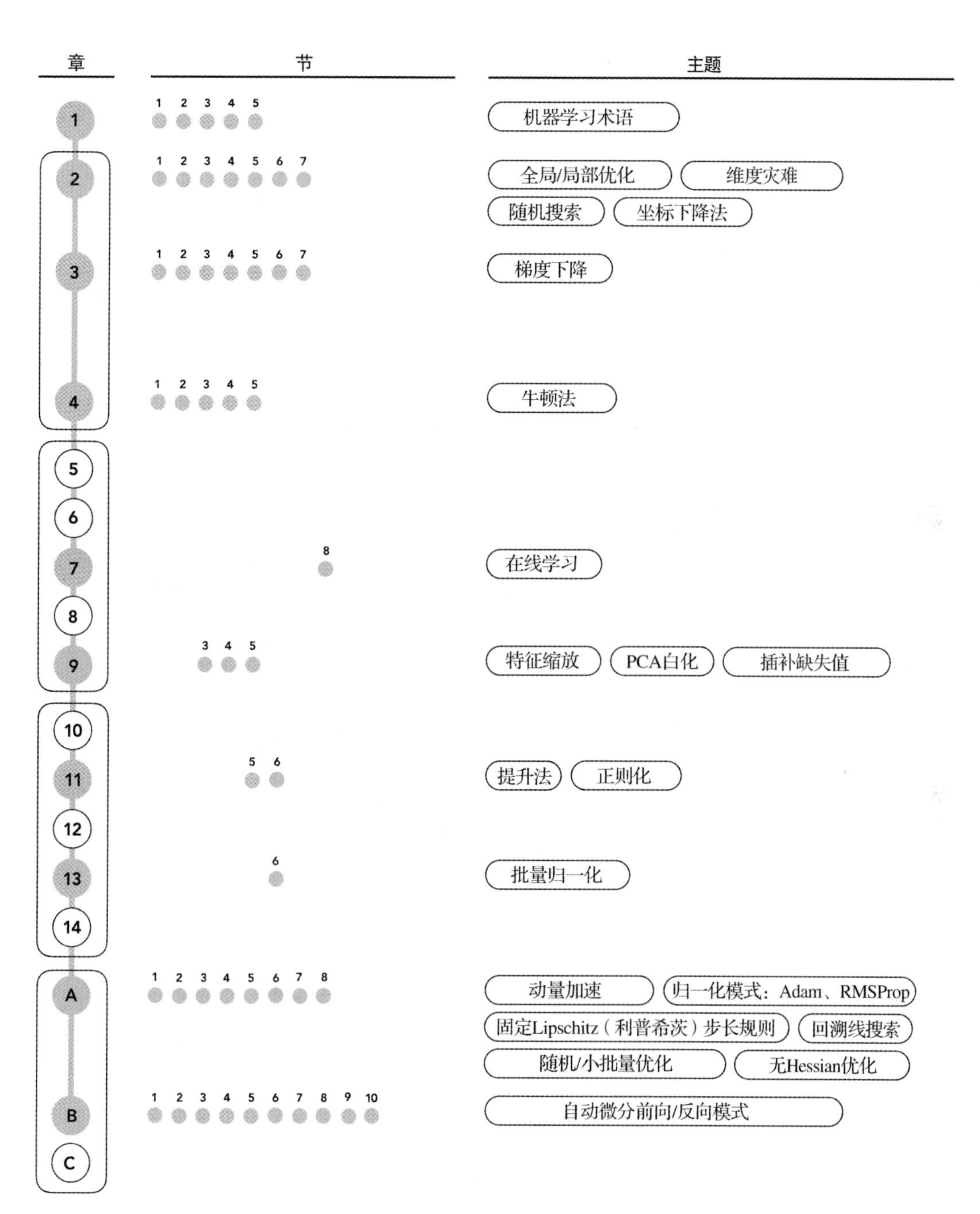

图 0.3 “机器学习和深度学习的数学优化”课程推荐学习路线图，包括章、节以及相应主题。更多细节请参阅“教师：如何使用本书”部分

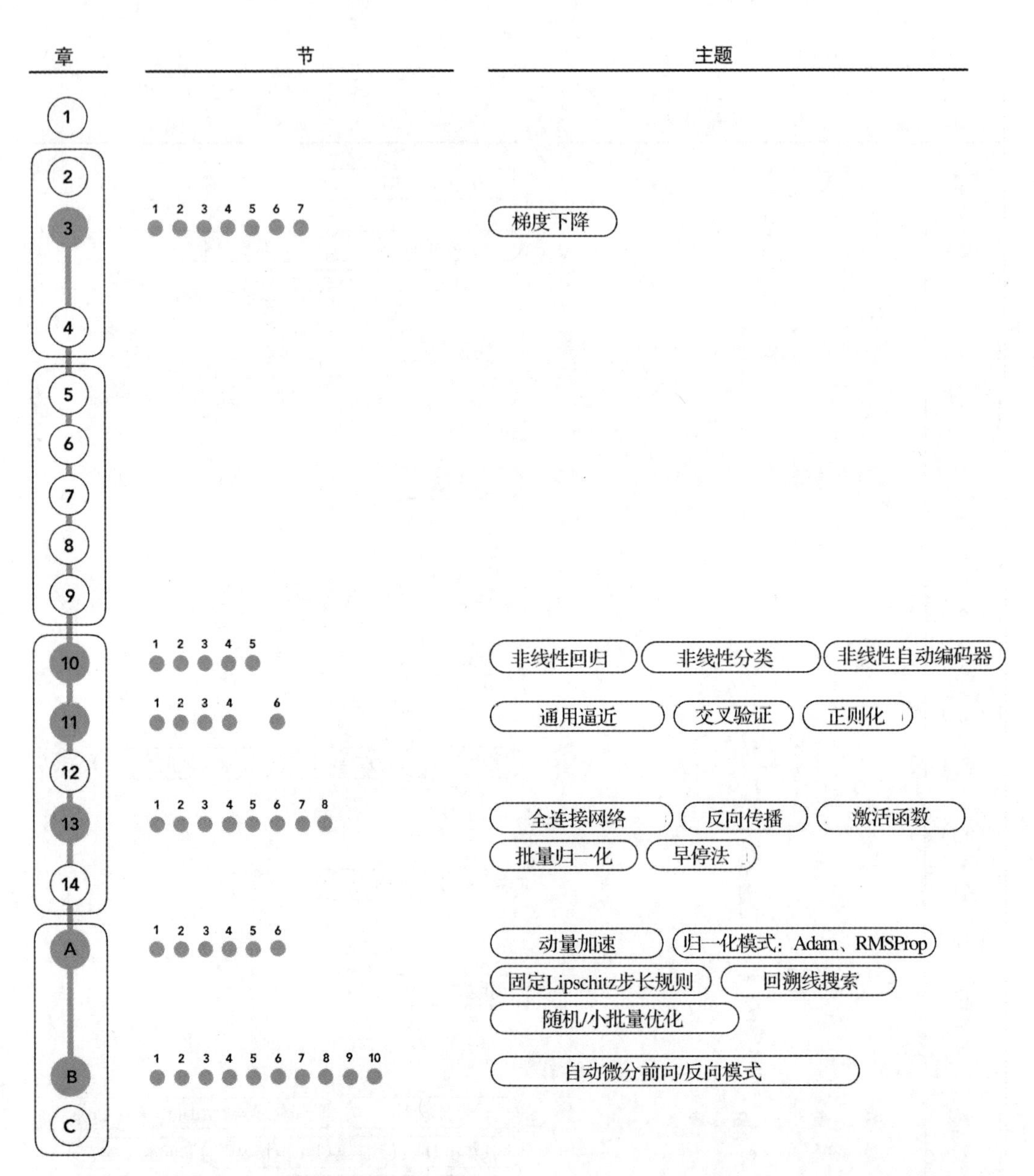

图 0.4 “深度学习导论”课程推荐学习路线图，包括章、节以及相应主题。更多细节请参阅“教师：如何使用本书”部分

致 谢

如果没有 Python 开源社区中默默付出的人们，尤其是 NumPy、Jupyter 和 matplotlib 的作者与贡献者的辛勤工作，本书不可能以现在的形式呈现。我们特别感谢自动微分的作者和贡献者，包括 Dougal Maclaurin、David Duvenaud、Matt Johnson 和 Jamie Townsend，因为自动微分让本书中大量的新想法得以实践和迭代升级，希望这能为读者提供良好的学习体验。

我们也非常感谢多年来对本书内容提供宝贵建议的许多学生，其中特别感谢 Bowen Tian，他对本书早期的书稿提供了大量有见地的反馈。

最后要感谢 Mark McNess Rosengren 和 Standing Passengers 团队的全部成员在本书编写过程中对我们的激励与帮助。

作者简介

杰瑞米·瓦特(Jeremy Watt)拥有美国西北大学电气工程专业博士学位，现在在西北大学教授机器学习、深度学习、数学优化和强化学习等课程。

雷萨·博哈尼(Reza Borhani)拥有美国西北大学电气工程专业博士学位，现在在西北大学教授机器学习和深度学习相关课程。

阿格洛斯·K. 卡萨格罗斯(Aggelos K. Katsaggelos)是美国西北大学计算机科学与电气工程系 Joseph Cummings 名誉教授、图像和视频处理实验室负责人。他是 IEEE、SPIE、EURASIP 和 OSA 会员，并于 2000 年获得了 IEEE 第三枚千年奖章。

译者简介

谢刚，贵州师范大学大数据与计算机科学学院教授，贵州大学"计算机软件与理论"专业工学博士，贵州省"千层次"创新型人才。长期从事人工智能等领域的研究工作，参与国家级项目十余项，发表论文二十余篇，指导学生参加比赛并多次获奖。

杨波，贵阳学院数学与信息科学学院教授，贵州大学"计算机软件与理论"专业工学博士。主要研究方向为软件形式化、知识表示与推理、数据挖掘，在国内外学术刊物及会议上发表研究论文十余篇。

任福佳，贵州师范大学大数据与计算机科学学院副教授。主要研究方向为计算机图像处理、深度学习，在国内外学术刊物及会议上发表研究论文十余篇。

目　录

第三部分 非线性学习

第 12 章 核方法 ………………… 260

第 13 章 全连接神经网络 ………… 273

机器学习概论

1.1 引言

机器学习作为一种统一的算法框架，其目的在于发现能准确描述经验数据及其相关现象的计算模型，且这一发现过程几乎或完全不需要人力参与。作为一门未知多于已知的新兴学科，机器学习已被广泛用于教会计算机执行一系列有用的任务，如图像目标检测、语音识别、医学领域中的知识发现、预测分析等，这些任务分别在驾驶辅助或自动驾驶汽车技术、声控技术、复杂疾病认识、商业与经济形势预判领域具有决定性的作用。以上列出的仅是机器学习的几种典型应用，实际上远不止于此。

1.2 利用机器学习方法区分猫和狗

要大体上了解机器学习的原理，我们不妨先讨论一个简单的问题：教会计算机如何从一堆图片中区分出猫和狗的图片？通过对这个问题的描述，我们可以对典型的机器学习问题中涉及的术语和过程有一个初步的直观认识。

你还记得第一次学习区分猫和狗以及了解它们之间的区别的经历吗？对这个问题的回答多半是否定的，因为大多数人都是在他们人生历程的早期学习处理这类简单的认知任务的。但有一件事是确定的：幼童并不需要正式的科学训练或具备*猫科和犬科*动物的知识就能学会区分猫和狗。事实上，他们是通过实例来学习如何区分的。只需要一个*指导者*（父母或看护人之类）向他们展示一些猫和狗的图片并说明哪些是猫哪些是狗，他们就能自然而然地学会区分猫狗，且最终能完全理解这两个概念。我们怎么判断一个孩子是否已能成功地区分猫和狗呢？直观上说，如果他们再看到新的猫或狗（的图片）也能正确进行区分，或者说，如果他们能将所学到的知识*推广运用*于识别出之前未见过的猫狗个体，则可以说这个孩子具备了区分猫和狗这两类动物的能力。

1

和人类的学习过程一样，也可采用类似的方式教会计算机完成这一类型的任务。这类任务旨在教会计算机区分不同类型或*类别*的事物（如上文提到的猫和狗），按机器学习的术语，我们称这类任务为分类问题。下面详细说明解决这类问题的一系列步骤。

1）**数据采集**。像人类一样，计算机必须通过学习许多实例来进行训练，正确认知猫、狗这两类动物的区别。这些用于学习的实例称为*训练数据集*。图1.1给出了这样一个训练集，其中包含一些不同的猫和狗的图片。直观上，训练集越大、越多样，计算机（或人）就能更好地完成学习任务。这是由于学习者能从一个更宽范围的实例集中学习到更多的经验。

2）**特征设计**。先考虑我们人类是如何区分猫、狗图片的。我们根据颜色、大小、耳朵和鼻子的形状或这些特征的组合来判别二者间的差异。换句话说，我们并不是将图片简单地视为许多小方块像素的集合。我们从图片中挑选一些明显的细节或特征用以识别所看到的是什么对象。对计算机而言也是这样的过程。为了成功地训练一台计算机执行这一任务（以及任何其他更一般的机器学习任务），我们需要向其提供适当设计的特征，或者更理想一点，让它能自己发现或学会这些特征。

2

图1.1　一个包含6张猫的图片和6张狗的图片的数据集。这个数据集用于训练一个机器学习模型，该模型能对新的猫和狗的图片进行区分。图中的图像来自文献[1]

设计有质量的特征通常并不是一个简单的小任务，因为这相当依赖于实际应用。例如，在辨别猫和狗时，由于许多猫和狗毛色相似，因此颜色这一特征并无太大用处。但在区分灰熊和北极熊时，颜色特征却很重要。再者，从训练数据集中提取特征也可能是一件颇具挑战性的工作。例如，如果一些训练图像比较模糊，或是从不适于观察这些动物的视角拍摄的，我们设计的特征可能就不能被正确地提取出来。

但是，出于简洁性考虑，对于这个简单问题，我们假定能方便地从训练集的每张图片中抽取以下两个特征：动物的*鼻子尺寸*(相对于其头部尺寸)，按从小到大排列；动物的*耳朵形状*，从圆形到尖形排列。

观察图1.1中的训练图像，我们可以发现，所有的猫都是小鼻子、尖耳朵，而狗通常都有较大的鼻子和圆形耳朵。注意到按当前的特征选择，每个图像都可仅由两个数表示：一个数表示鼻子的相对尺寸，另一个数则表示耳朵是尖形还是圆形的。换句话说，我们可以在一个二维的特征空间中表示训练集中的每个图片，其中横坐标轴和纵坐标轴分别表示*鼻子尺寸*和*耳朵形状*这两个特征，如图1.2所示。

3

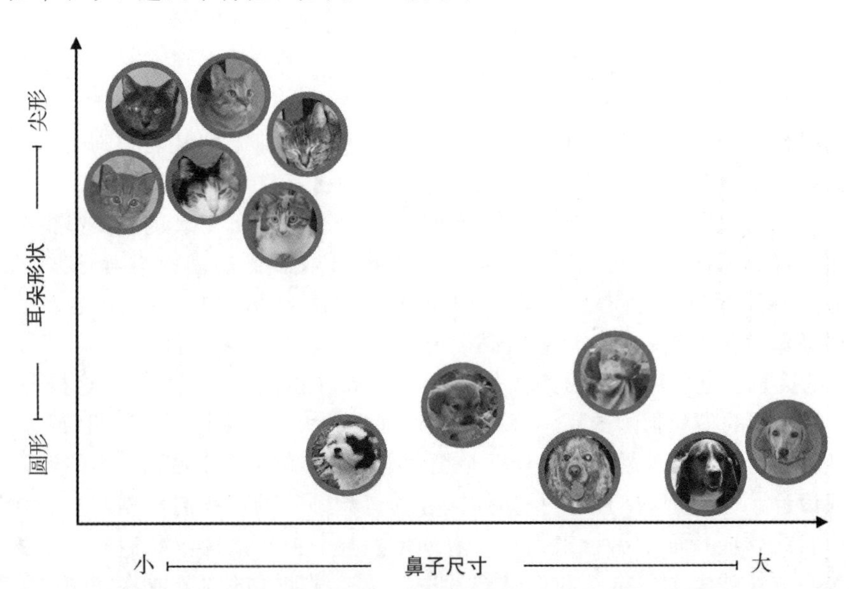

图1.2　图1.1中训练集的特征空间表示，其中横坐标轴和纵坐标轴分别表示*鼻子尺寸*特征和*耳朵形状*特征。训练集中猫和狗的图片落在了特征空间的不同区域，这说明我们选择的特征是合适的

3)**模型训练**。在得到训练集的特征表示后，区分猫和狗这一机器学习问题就变成一个简单的几何问题：让机器在我们精心设计的特征空间中找到一条划分直线或曲线，将猫和狗的图片分隔开。出于简洁性考虑，假定使用一条直线，我们必须找到这条直线的两个正确的参数值——斜率和截距，它们决定了直线在特征空间中的方位。确定这两个参数值的过程依赖于一组称为数学优化的工具，详见本书第 2～4 章。针对某个训练集，反复调整这些参数(以找到最合适的值)的过程即为模型训练。

图 1.3 给出了一个经训练得到的线性模型(图中粗斜线)，这条线将特征空间分为猫区域和狗区域。这一模型提供了一个区分猫和狗的简单计算规则：若一幅未知类别图片的特征表示落在这条线上方，则认为这是一幅猫的图片；同样，若某一图片的特征表示落在线的下方，则认为是狗的图片。

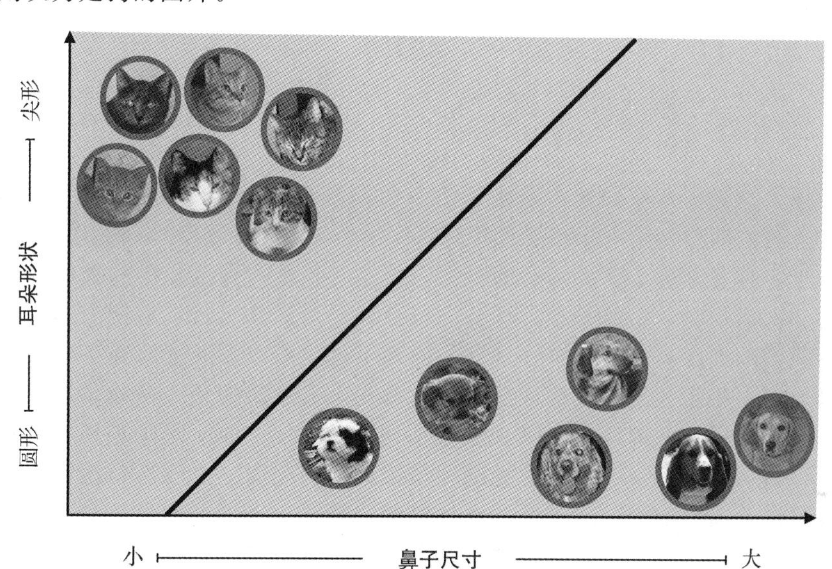

图 1.3　经训练得到的线性模型(粗斜线)提供了一个区分猫和狗的计算规则。对任一新的未知类别图片，若其特征表示落在直线上方，则将其识别为猫的图片。若其特征表示位于直线下方，则被识别为狗的图片

4

4)**模型验证**。为检测之前训练所得分类器的有效性，我们向计算机展示大量未见过的猫和狗的图片(这通常称为验证数据集)，然后观察它是否能很好地识别出每张图片中的动物是猫还是狗。在图 1.4 中，我们展示了当前问题的一个简单的验证集，其中包含新的猫和狗的图片各三张。为进行验证，我们从每张新图片中抽取我们所设计的特征(即鼻子尺寸和耳朵形状)，只需检查特征表示落在直线(或分类器)的哪一边。从图 1.5 中也可看出，在这个例子中，验证集中所有新的猫的图片和除波士顿梗犬外其他新的狗的图片都能被我们的模型正确识别。

图 1.4　一个猫和狗图片的验证集(来自文献[1])，学习者并不知道每张图片的真实分类。同时，注意到位于右下角的波士顿梗犬既有小鼻子也有尖耳朵。由于我们所选择的特征表示，计算机将会认为这是一只猫

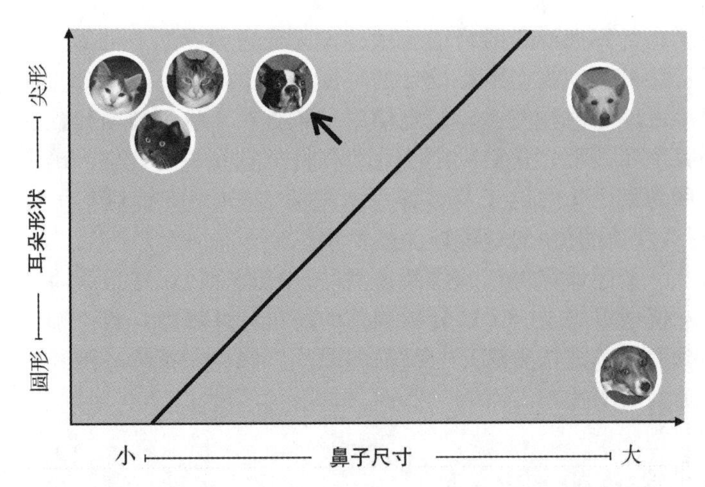

图 1.5　使用线性模型识别验证图片的特征表示。波士顿梗犬(箭头所指处)由于和训练集中的猫一样具有尖耳朵和小鼻子，被误判为猫

波士顿梗犬这张图片被误判，主要是由于我们基于图 1.1 中的训练集进行特征选择，且某种程度上我们期望使用一个线性模型(而不是一个非线性模型)。波士顿梗犬的图片被误判只是由于它具有小鼻子、尖耳朵的特征，而这些正好与训练集中的猫的特征相符。这样，当它第一次出现时，小鼻子和尖耳朵的特征就导致计算机将其识别为猫。从验证结果可以看出，我们的训练集可能太小，且其多样性不足，难以保证选取到完全有效的特征。

我们可通过一些步骤进一步改进学习器。首先，最重要的是应该收集更多的数据，构成一个更大更具多样性的训练集。其次，我们可考虑设计/加入具有更多辨别信息的特征(可能是眼睛颜色、尾巴形状等)，这能进一步帮助我们利用一个线性模型区分猫和狗。最后，我们也可试验(训练并验证)一些非线性模型，确认一个更复杂的分类规则是否可以更好地区分猫和狗。图 1.6 简要概括了解决猫狗分类问题的四个步骤。

5

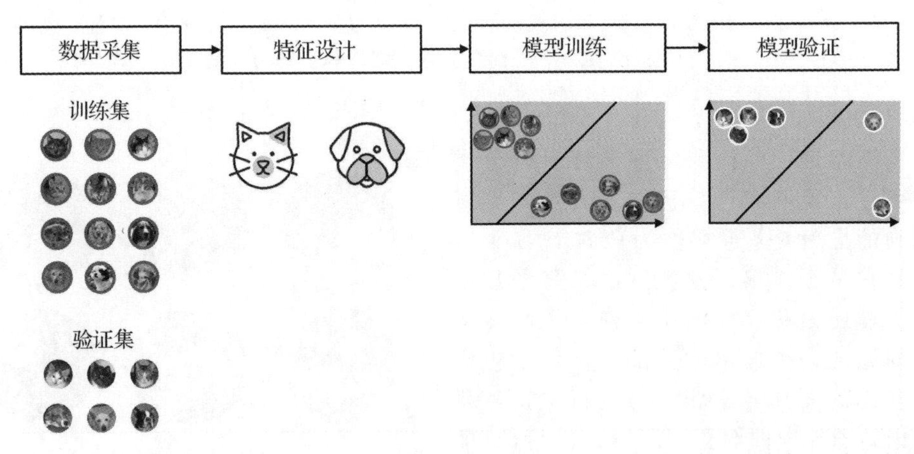

图 1.6　猫狗分类问题的简略流程图。基本上所有的机器学习问题都可沿用类似的通用流程

1.3　机器学习问题的基本体系

6

机器学习有两种计算规则：监督学习和无监督学习，接下来我们分别讨论。

1.3.1　监督学习

监督学习(如 1.2 节中讨论的原型问题)是指自动学习涉及输入输出关系的计算规则的过程。这类学习方法广泛应用于各类场景和数据类型，根据其输出的数值形式，通常分为回归和分类两种形式。

1. 回归

假设我们要预测一家即将上市的公司的股票价格。按照 1.2 节中给出的基本流程，首先需要采集一个训练数据集，这一数据集最好是来自同一行业中许多股价已知的公司。接下来，需要设计与股票预测任务相关的特征。其中，一个可能的特征是公司的收入情况，因为我们知道，通常公司收入越高，则其股票价格也会越高。通过在训练数据上学习一个简单的线性模型或回归线，我们可在股价(输出)与公司收入(输入)之间建立起联系。

图 1.7 的上排显示了 10 家公司的小型数据集，包含它们的股价与收入信息，以及用于拟合这些数据分布的线性模型。模型训练完成后。就可根据一家新公司的收入情况来预测其股价，如图 1.7 的下排所示。最后，利用验证数据集对模型预测的股价与实际股价进行比较，我们可评估训练所得的线性回归模型的性能，并根据需要对其进行相应调整，比如再设计新的特征(如总资产、总股本、员工人数、活跃年限等)或尝试更复杂的非线性模型。 7

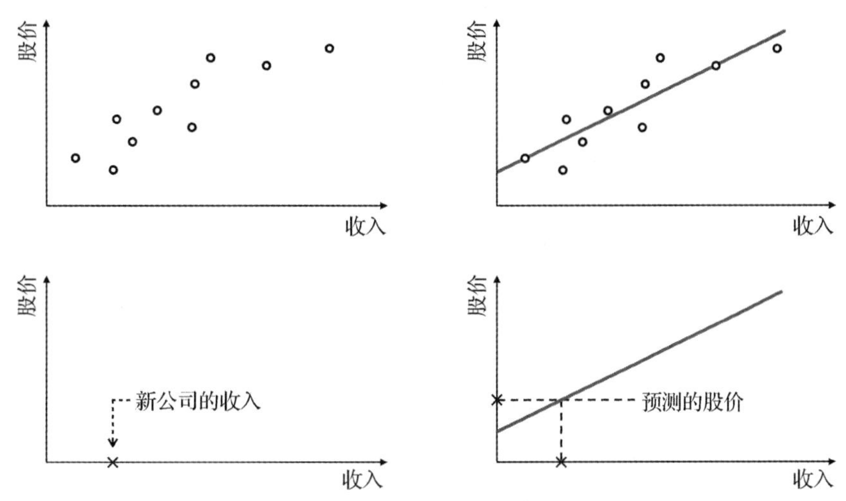

图 1.7　(左上图)由 10 家公司股价和收入组成的小型训练集。(右上图)拟合数据的线性模型。这条趋势线是对所有数据点的轨迹变化建模，用于预测未来的变化趋势，如左下和右下图所示

本例通过对训练数据拟合建模，利用所得模型预测一个连续值的输出(本例为股价)，这类任务称为回归。我们将在第 5 章中详细讨论线性回归问题。从第 10 章开始讨论非线性模型，第 11～14 章继续对其进行深入介绍。为巩固对回归概念的理解，接下来再举几个回归任务的例子。

例 1.1　美国学生贷款债务的上升

图 1.8(数据来自文献[2])以季度为单位显示了美国民众的学生贷款(用于支付大学学费、食宿费等)债务总额在 2006 年至 2014 年间的变化情况。从图中可以看出，在这 8 年期间，学生债务几乎增长了三倍。到 2014 年底，总额超过 1 万亿美元。回归线很好地拟合了该数据集，其陡峭的斜率突显了学生贷款债务的急剧上升。如果这样的趋势继续下去，我们可使用

回归线预测学生总债务将在 2026 年超过 2 万亿美元(我们将在习题 5.1 中再讨论该问题)。

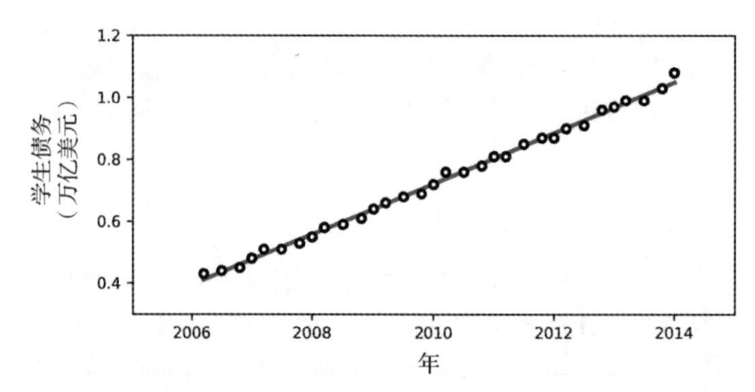

图 1.8　例 1.1 中，2006 年到 2014 年美国民众各季度学生贷款债务的变化情况。图中趋势线是对数据的拟合，其斜率反映了债务的增长率。由图可见，学生债务增长非常迅速。详细内容参见正文

8

例 1.2　克莱伯(Kleiber)定律

自然科学中的许多定律都采用回归模型来表示。例如，20 世纪初的生物学家 Max Kleiber，在对收集到的大量动物体重与代谢率(静止能量消耗的度量)的数据进行对比后，发现这两个量的对数值是线性相关的。从图 1.9 中将数据集可视化后的结果可以看到这样的线性关系。Kleiber 对另一个相似数据集分析后发现回归线的斜率近似等于 3/4，也就是说，动物代谢率与其体重的 3/4 成正比。

这种次线性关系说明与体量小的物种(比如鸟类)相比，体量大的物种(比如海象)代谢率更低，这个结论与它们具有较低心率和更长寿命是一致的(我们将在习题 5.2 中再次讨论该问题)。

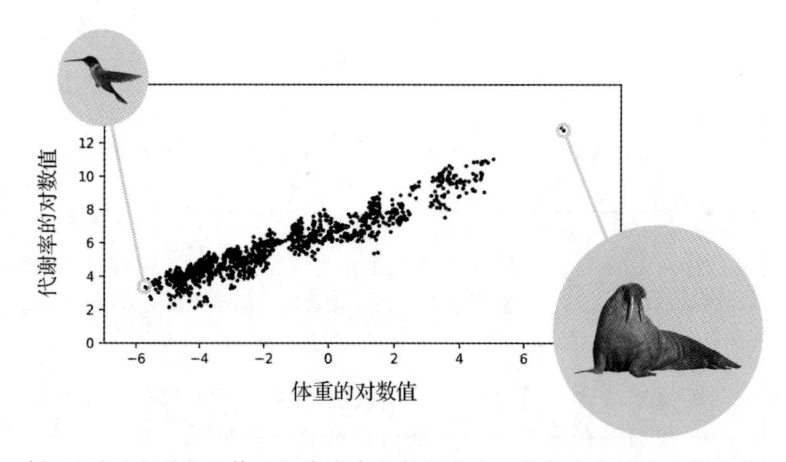

图 1.9　例 1.2 中大量动物的体重与代谢率的数据分布，数据点表示为在较大范围内变化的动物体重的对数值。详细内容参见正文

例 1.3　票房预测

1983 年，奥斯卡编剧奖得主威廉·高德曼(William Goldman)在 *Adventures in the Screen Trade* 一书中提出“结果无人知晓”这一说法，他认为在当时任何人都不可能预测一部好莱坞电影的成功与失败。然而，在互联网时代，借助网络上收集的数据，如用户对电影预告片的搜索量，以及在社交网络上用户对该电影的评论(如文献[3-4]中所述)等数据，

就可能实现这一预测。机器学习能够准确地预测某些电影的票房收入。使用回归可以对一大类产品/服务(如票房收入等)的销售进行预测，因为需要预测的输出值本质上是(近似)连续的。

9

例 1.4　商业和工业应用

商业和工业应用中包含了大量的回归案例。例如，使用回归对消费品(电子产品、汽车、房屋等)价格进行准确的预测，这对相关行业具有巨大的价值(例 5.5 中将进一步讨论)。在工业应用中，回归也常被用于更好地理解一个给定系统，例如，探索汽车的内部结构设计是如何影响其性能的，进而优化这一过程(参见例 5.6)。

2. 分类

机器学习中的分类任务在原理上类似于回归，两者之间的主要区别在于回归用于预测连续值的输出，而分类的输出是离散值或类别。分类问题有许多形式。例如，目标识别问题是指从包含不同对象的一组图片中区分出不同的对象(比如，手写数字识别用于邮件自动分拣，街牌标志识别用于辅助驾驶和自动驾驶)。目标识别是常见的分类问题，1.2 节中讨论的猫狗分类的问题即属于这一类分类任务。其他常见的分类问题包括语音识别(识别不同的语音用于语音识别系统)，社交网络的用户群体情感分析(如 Twitter 用户对某一特定产品或服务的评价)，以及判断某人做出的手势属于一组约定的可能手势中的哪一种(这可用于在没有鼠标的情况下控制计算机)。

从几何的角度看，通常将二维平面上的分类问题看作找到一条分隔直线(或者更一般地，是一条分隔曲线)，用以准确地划分两类数据[⊖]。这也正是我们在 1.2 节的猫狗分类问题上所持的观点。在那个例子中，我们使用一条直线来分隔从猫和狗的图片中抽取的特征。对于验证集中的新数据，通过判断其位于分隔线的哪一侧来自动对其分类。图 1.10 解释了在一个二维的小型数据集上用于分类的线性模型或分类器的概念。

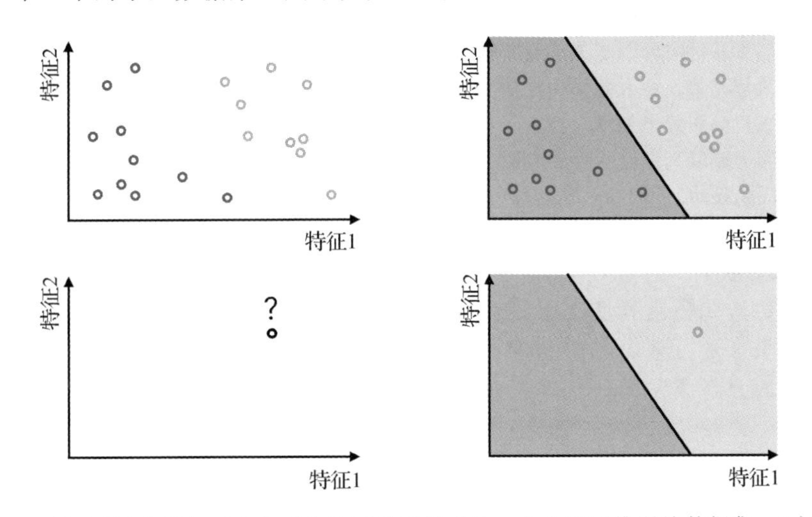

图 1.10　(左上图)由深色和浅色两个不同类别组成的一个小型二维训练数据集。(右上图)一个训练好的用于分隔两个类的线性模型。(左下图)一个未知分类的验证数据。(右下图)由于验证数据点位于线性分类器浅色的一边，被分类为浅色类

⊖ 在更高的维度上，我们同样需要确定一个分隔线性超平面(或者，更一般地，一个非线性的流形)。

许多分类器问题(如下文将要讨论的手写数字识别)通常都可分出两个以上类别。在第6章介绍了线性二分类问题之后，我们将在第7章详细介绍线性多分类问题。以上两类问题的非线性扩展内容将在第10章和第11至14章中描述。下面我们简单介绍分类问题中的一些案例，以进一步理解这些概念。

10

例 1.5　目标检测

目标检测是一种常见的分类问题(参见文献[5-7])，指在一组图像或视频中自动识别出特定的目标。常见的目标检测应用包括用于组织结构目的和相机聚焦的人脸图像检测，用于自动驾驶汽车的行人检测，以及用于电子产品质量自动控制的缺陷部件检测。这一类机器学习框架(这里我们重点关注人脸检测)可用于解决许多类似的检测问题。

在一组包含人脸和其他图像的数据集上训练得到一个(线性)分类器之后，要在新的验证图像上检测到人脸，通常使用一个矩形窗口在整幅图像上滑动，并检测滑动窗口在不同位置时其内部的图像属于分类器分隔出的哪部分区域，如图1.11所示。如果图像(特征)位于分类器中包含人脸的一侧，则认为图像中存在人脸，反之则认为不存在。

图1.11　例1.5对应的图。为了判断输入图像中是否出现人脸(示例图片中为飞机的发明者莱特兄弟，两人并排坐在他们于1908年发明的第一个机动飞行器上)，一个小窗口在整幅图片上扫描。检查每个位置上小窗口内图像的特征位于分类器划分的哪一侧区域以判断是否存在人脸。如图中所示，位于分类器上方和下方区域(以浅色和深色显示)分别表示是出现人脸和没有出现人脸。详细内容参见正文

例 1.6　情感分析

社交媒体的兴起很大程度上为消费者提供了表达意见的渠道，消费者可在社交媒体平台上对产品和服务进行评论、讨论和打分(如文献[8]所述)。为此，许多公司都在寻求基于密集型数据的分析方法来评估客户对最新发布的产品、广告活动等的感受。通过对文本内容(如产品介绍、推文、用户评论)进行分析，从而推断大量客户的总体感受，该过程通常称为情感分析。分类模型常常被用于学习识别消费者的正面或负面情绪，完成情感分析任务。我们将在例9.1中进一步讨论该问题。

11

例 1.7　计算机辅助医疗诊断

在医疗领域中自然地存在着许多二分类问题，比如医护人员判断患者是否患有某种特定疾病，或医学研究人员探求这一疾病的基本区分特征，希望针对这些症状特征研发出治愈该疾病的药物。这类研究会处理各种不同形式的数据，如受感染部位的统计测量数据(比如活检肿瘤组织的形状和面积，参见习题6.13)、生化标识信息、放射影像数据、基因

数据等(例11.18中将进一步探讨)。

例如，通过与机器学习的分类算法相结合，脑部功能性磁共振成像(fMRI)在神经系统疾病的诊断中起到越来越重要的作用，这些疾病包括自闭症、阿尔茨海默症和注意缺陷多动障碍(ADHD)等。要完成分类任务，需要分别提取患有上述认知障碍的患者和一个受控健康群体的fMRI大脑扫描统计学特征，构成一个训练数据集。在患者执行像用眼睛追踪一个小型物体这类简单的活动时，fMRI图像捕获大脑中不同区域神经元的活动信息。图1.12出自文献[9]，展示了应用分类模型对ADHD患者进行诊断的结果。这部分内容将在例11.19中进一步讨论。

12

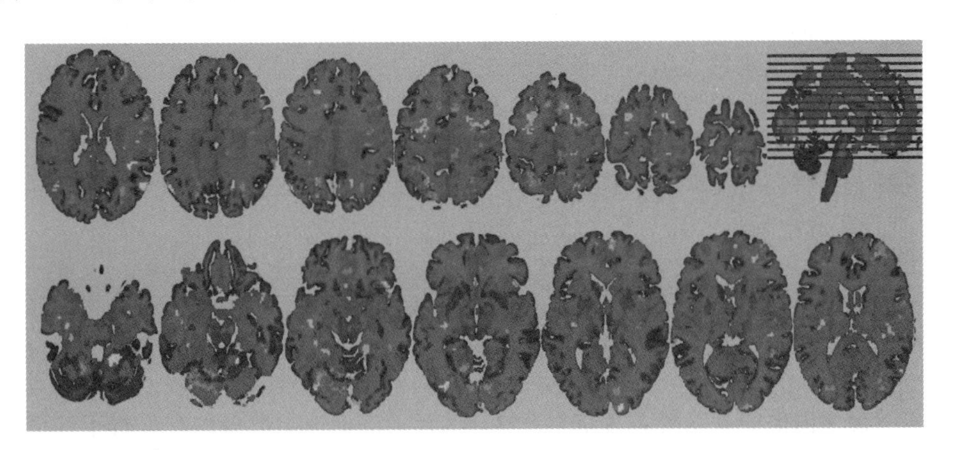

图1.12 例1.7对应的图。详细内容参见正文

例1.8 垃圾邮件检测

垃圾邮件检测是一类标准的基于文本的二分类问题，大多数邮件系统都具有这一功能。垃圾邮件检测系统自动识别用户想要看的邮件，标示不想看的信息(如广告)为垃圾。一旦分类器训练完成，无须用户干预，垃圾邮件检测器就能够自动移除用户不想看到的信息，极大地提升了用户体验。我们将在例6.10和例9.2中进一步详细讨论该问题。

例1.9 金融应用

在各类金融应用中，二分类问题也不断涌现。在商业借贷业务中，常常根据借贷者的历史财务状况，确定是否向其发放商业贷款、信用卡等。是否“借款”，这是一个标准的二分类问题，我们将在例6.11和例9.7中进一步详细讨论，后一个例子出现在特征选择部分。

欺诈检测是金融领域另一个广受关注的二分类问题。金融欺诈交易(如信用卡欺诈)检测本质上就是二分类问题，需要对合法交易和欺诈性交易这两个类别进行区分。解决此类问题的难点在于，与合法交易相比，欺诈性交易的数据记录数量非常少，导致数据集中这两类样本的数量高度失衡，这一问题将在6.8.4节和6.9节中进一步讨论。

13

例1.10 识别问题

识别问题是多分类任务的一种常见形式，旨在训练分类器自动地区分一组事物中的不同对象，如是否为人类姿势(姿势识别)，区分各种视觉对象(目标识别)或语音(语音识别)。

例如，手写数字识别是一种常见的目标识别问题。除了用于传统的自动柜员机，通常也内置在手机银行应用软件中，使得用户可方便地自动处理纸质支票。在这类应用中，每类数据由0～9这十个数字中每个数字的几种手写体图片组成，共得到10个分类(如图1.13所示)。

手写数字识别问题将在后文中分几处(如例7.10)进一步详细讨论。此外，将在9.2.4节和9.2.3节中分别介绍更一般意义上的目标识别和语音识别问题。

1.3.2 无监督学习

与之前概述的监督学习问题不同，无监督学习讨论如何自动学习只含输入数据的计算规则。一般而言，学习这类规则是为了简化数据集，从而更容易进行后续的监督学习或人工分析和解释。两类基本的无监督问题——降维和聚类，通过两种方法简化数据集的表示：一是降低输入数据的维度(降维)，二是提取出一个足以代表大数据集多样性的较小代表数据集(聚类)。无监督学习的这两种子类将在第8章开始介绍(重点介绍线性模型)，进一步讨论将在第10～14章展开(非线性扩展部分)。

14

图1.13 例1.10对应的图。数字的不同手写体图片，详细内容参见正文

1. 降维

当前的数据，如图像、视频、文本和基因信息等，在用于预测建模和分析时，通常由于数据维度过高而效率低下。例如，按照今天的标准，即使是一幅中等分辨率的百万像素图像，也是一个一百万维的数据。这还只是一个像素对应一维数据的灰度图像而言，一幅彩色的百万像素图像的维度则高达300万维。因此，降低这类数据的维度对于许多机器学习算法的有效应用至关重要，降维也是预测和分析任务中常见的预处理步骤。

从几何角度看，对数据集降维意味着将数据压缩或投影到合适的较低维直线或曲线上(或者更一般意义上是一个线性超平面或非线性的流形)，重点是尽可能多地保留原始数据内部的主要特征。

图1.14在两个小型数据集上解释了降维的一般思想，其中左图包含两个特征，右图包含三个特征，数据集分别被压缩(或投影)到合适的一条直线和一个二维超平面上，两个示例中都保留了原始数据的主要形状结构，而缩减了数据的一个次要维度。在实际应用中，对于当前的大数据集，降维幅度要远大于图中的示例。

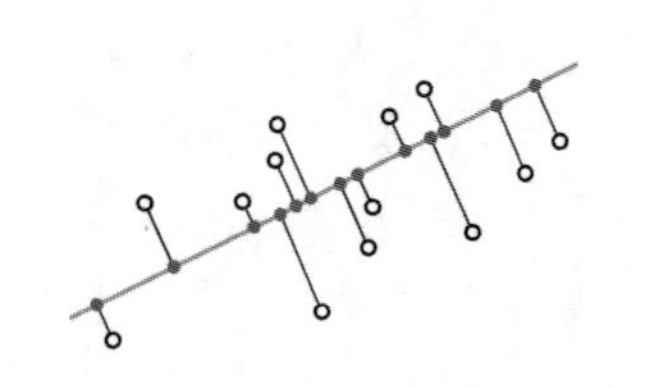

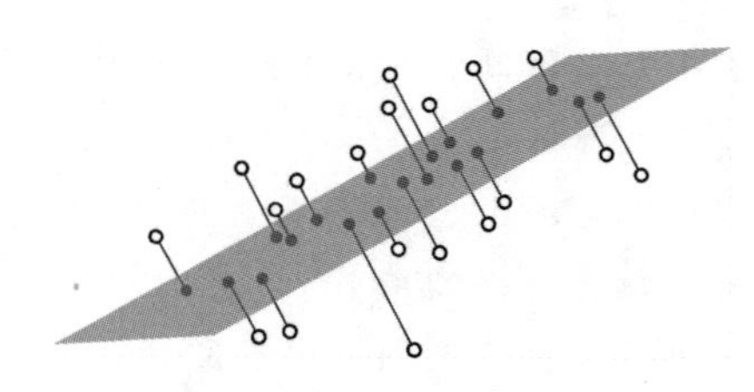

图1.14 两个小型数据集(黑圈代表输入数据点)，分别包含二维特征(左图)和三维特征(右图)。数据点被投影到低维子空间中，在保留原始数据的主要结构的同时，有效降低了数据的维度

2. 聚类

聚类用于识别输入数据集的总体基本结构，具有共同结构特征(比如，在特征空间中彼此靠近)的数据被分为一组，这有助于更好地组织或汇总训练数据，进而方便人类或机器进行分析。数据内部结构会有很大的不同，有些数据会形成球状簇或落入非线性流形上，如图1.15所示。

15

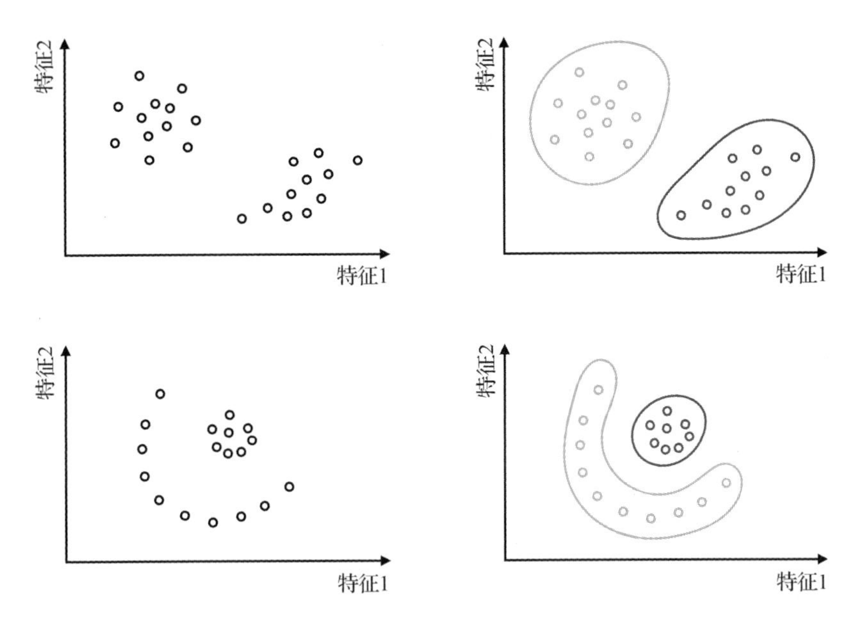

图 1.15　两个用于聚类的数据的小型示例。聚类算法用于发现这些不同结构的类别。每个示例中原始数据的不同簇(左侧)可视化着色后结果如其右侧图所示

1.4　数学优化

正如本书的其余章节所述，可以利用适当定义的数学函数来对搜索学习模型参数的过程进行形式化表示。这些函数通常称为代价函数或损失函数，它们接受一组特定的模型参数，返回值为一个分数，该分数代表使用前述选定的参数来完成学习任务的效果评分。较高的分数值说明选择的模型参数将导致较差的性能，而低分值则说明模型性能更好。例如，在图 1.7 中给出的股价预测例子中，目标是学习一条回归线，要求根据公司的年收入来预测公司的股价变化。学习过程实质是优化调整直线模型的两个参数：斜率和截距。从几何上看，该过程对应于寻找一组能最小化二维代价函数的参数(称为最小值)，如图 1.16 所示。这个概念在分类(甚至所有机器学习问题)中也起着类似的基本作用。在图 1.10 中，我们详细介绍了训练一般线性分类器的方法，其中参数的理想设置对应于代价函数取最小值之处，如图 1.17 所示。 16

因为代价函数的低分值对应于较高性能的回归和分类模型(在无监督学习问题中也是同样的情况)，我们总是希望通过最小化代价函数去找到模型的理想参数。因此，在研究最小化形式定义的数学函数的计算方法时，数学优化的工具在全书中具有重要的基础地位。此外，正如我们将在第 11 章开始部分所看到的，对于任何数据集，优化算法在交叉验证或自动学习适当的非线性模型时，也起着基础性的作用。由于数学优化算法在机器学习中起着至关重要的作用，因此我们将在第 2～4 章对优化算法的基本工具进行非常详细的介绍。 17

1.5　小结

在本章中，我们对机器学习进行了全面的概述，强调了机器学习中的重要概念。这些概念将会在后面的章节中反复出现。1.2 节描述了典型的机器学习问题，以及解决该问题通常采取的步骤(如图 1.6 所示)。1.3 节介绍了机器学习的两个基本体系——监督学习与无监督学习，并详细描述了两者的具体应用。最后，在 1.4 节，我们给出了使用数学优化工具寻找最优参数的直观解释，这对应于几何上求解关联的代价函数取得最小值点时的参数(如图 1.16 和图 1.17 所示)。 18

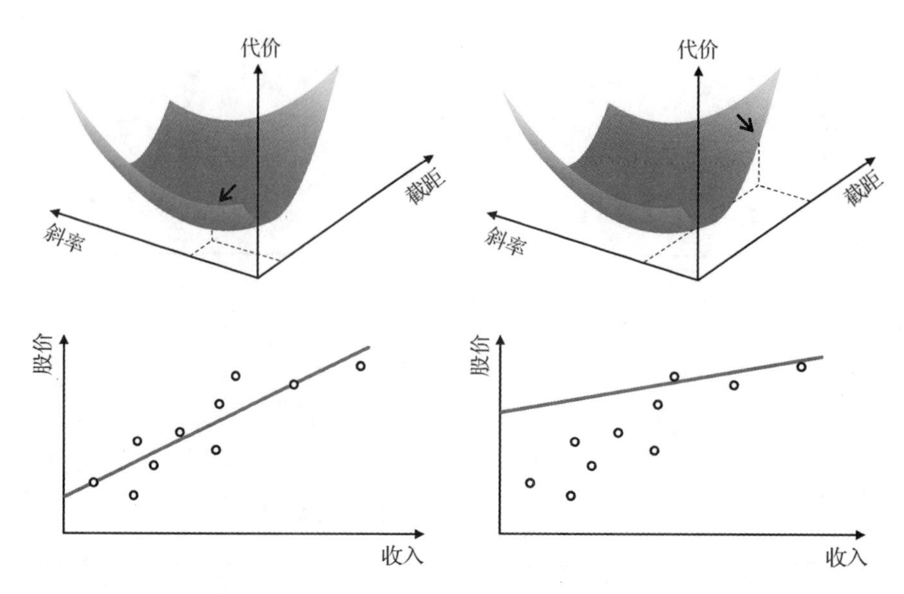

图 1.16　(上排)线性模型学习过程中二维代价函数与斜率和截距参数之间关系的示意图。该线性模型表示了前面小节中讨论的股价预测回归问题，见图 1.7。这里还显示了两组不同的参数值，(左边)一组位于代价函数取最小值点，(右边)一组为代价函数值取较大值点。(下排)与上排代价函数中参数相对应的线性回归模型表示。得到最佳拟合效果的参数值对应于代价函数取最小值处

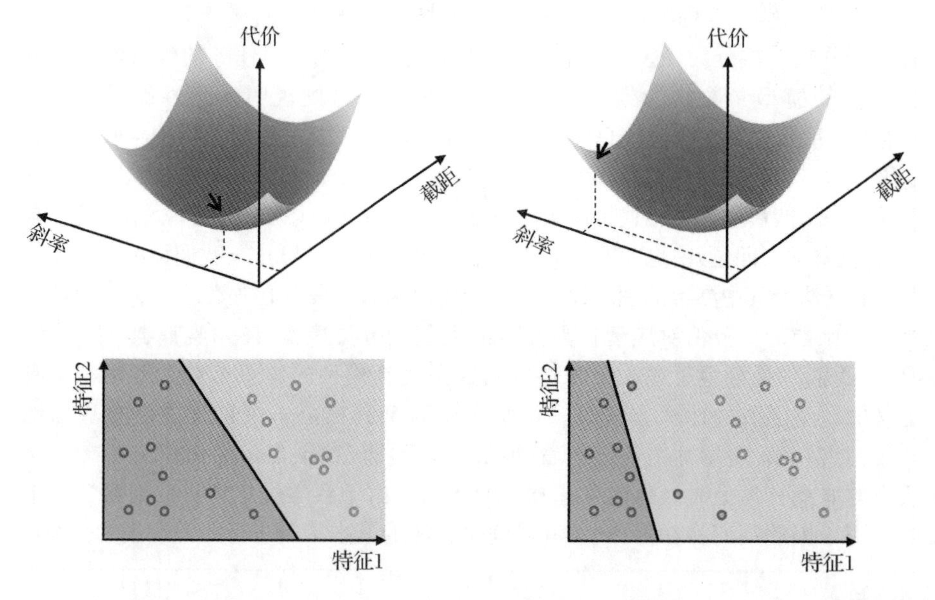

图 1.17　(上排)线性分类模型学习过程中二维代价函数与斜率和截距参数之间关系的示意图。该线性分类模型分隔了图 1.10 中的一个小型数据集上的两类数据。这里还给出了两组不同的参数值，(左边)一组位于代价函数取最小值点，(右边)一组为代价函数值取较大值点。(下排)线性分类器使用了上排代价函数中的参数表示。在代价函数取最小值时的参数集最优，对应的分类模型给出了最好的分类效果

第一部分

数学优化

零阶优化技术

2.1 引言

确定一个函数的最小(或最大)值问题，是指找到其全局最小(或全局最大)值，长久以来，这一问题在科学和工程领域中都有非常多的应用。本章从零阶优化技术(也称为无导数优化技术)出发，开启对数学优化的学习。尽管零阶优化不一定是最强大的优化工具，但却是我们可用的最简单的工具，只需要最少量的知识结构和术语就能描述清楚。因此，讨论零阶优化方法让我们能在简单的假设下认识一系列重要的概念。这些概念在后续章节中会出现在一些更复杂的假设中，包括最优性、局部最优、下降方向、步长等概念。

可视化最小值和最大值

当一个函数只有一个或两个输入时，我们可尝试以一种可视化的方法找出其最小值或最大值，这需要在其输入空间的一个较大范围内绘制出该函数的图形。若函数有三个或以上的输入，则不再易于可视化地呈现其输入输出关系。尽管如此，我们仍然从一些低维实例入手，以便从直观上理解找到最小值或最大值的一般方法。

例 2.1 通过函数图像获取单输入函数的最小值和最大值

图 2.1 的左上图绘出了以下二次函数的图像：

$$g(w) = w^2 \tag{2.1}$$

图中仅给出了其输入空间的一小部分(以 0 为中心的，w 的取值范围是 -3 到 3)，同时标出了函数在 $w=0$ 处的全局最小值，即点$(0,g(0))$处(图中灰色点)，此时 $g(0)=0$。注意，若沿正负两个方向向外移动，函数 g 的值逐渐增大，这意味着全局最大值出现在 $w=\pm\infty$处。

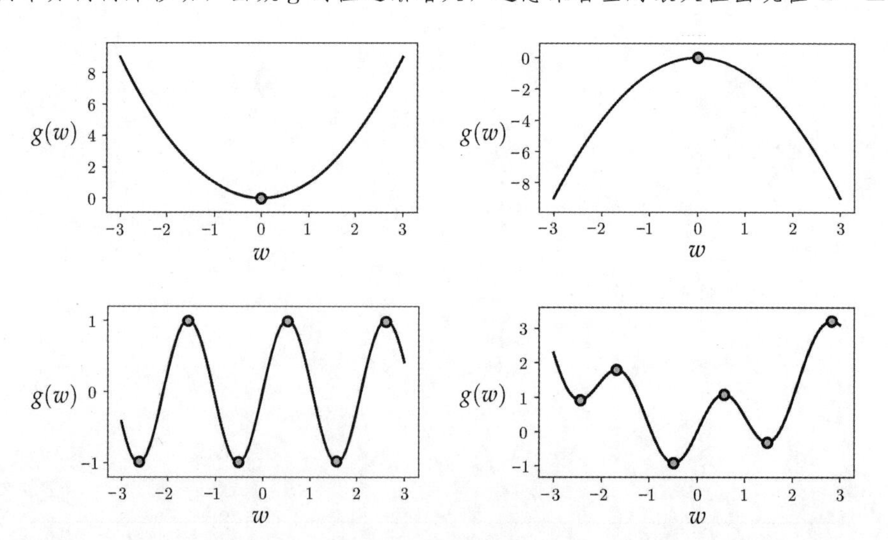

图 2.1　例 2.1 对应的图。图中绘出了 4 个示例函数的最小值和最大值(灰色点)。详细内容参见正文

图 2.1 的右上图展示了前述二次函数乘以−1 的结果，得到下面的二次函数：

$$g(w) = -w^2 \tag{2.2}$$

这么做使得原来的二次函数上下翻转，其**全局最小值**出现在 $w=\pm\infty$ 处，而之前产生 g 的全局最小值的 $w=0$ 处这时则返回全局最大值(图中灰色点)。

图 2.1 的左下图绘出了以下正弦函数的图像：

$$g(w) = \sin(3w) \tag{2.3}$$

此处可清楚看出在之前的输入值范围上出现了三个全局最小值和三个全局最大值(均于图中标示为灰色点)。若将输入值范围扩到更大范围，将会出现无穷多个这样的全局最小值和最大值(出现在$\frac{\pi}{6}$的奇数倍处)。

22

图 2.1 的右下图展示了一个正弦函数与一个二次函数的叠加，其代数形式为：

$$g(w) = \sin(3w) + 0.3w^2 \tag{2.4}$$

观察以上函数在图中输入值范围内的图像，其在 $w=-0.5$ 处有全局最小值，在其他几处也有**局部最优**的最小值和最大值，所谓局部最优是指这些值只是关于其邻域局部最小或最大，而不是在函数全部范围内最优。比如，g 在 $w=0.6$ 附近有一个局部最大值，在 $w=1.5$ 附近有一个局部最小值。函数在图中输入范围内的最大值和最小值如图中各灰色点所示。

2.2 零阶最优性条件

在理解以上对最小值和最大值的图解说明后，我们可对其作形式化的定义。对有 N 个输入 $w_1, w_2, \cdots, w_N$ 的函数 g，确定其全局最小值的任务可形式化地表示为如下最小化问题：

$$\underset{w_1, w_2, \cdots, w_N}{\text{minimize}} \quad g(w_1, w_2, \cdots, w_N) \tag{2.5}$$

通过将各输入统一合并到一个 N 维向量 $\mathbf{w}$ 中，可将上式更紧凑地表示为：

$$\underset{\mathbf{w}}{\text{minimize}}\, g(\mathbf{w}) \tag{2.6}$$

求解这样一个最小化问题，我们是希望找到一个 $\mathbf{w}^\star$，满足：

$$g(\mathbf{w}^\star) \leqslant g(\mathbf{w}) \qquad \text{对所有 } \mathbf{w} \tag{2.7}$$

这正是全局最小值的零阶定义。一般而言，一个函数可有多个甚至无穷多个全局最小值(如式(2.3)中的正弦函数)。

类似地，我们可以描述使得函数 g 取全局最大值的点 $\mathbf{w}^\star$，这样的点可表示为：

$$g(\mathbf{w}^\star) \geqslant g(\mathbf{w}) \qquad \text{对所有 } \mathbf{w} \tag{2.8}$$

这正是全局最大值的零阶定义。我们可用下式表示求解一个函数的全局最大值：

$$\underset{\mathbf{w}}{\text{maximize}}\, g(\mathbf{w}) \tag{2.9}$$

23

值得注意的是，通过与−1 相乘，一个函数的最小值和最大值的概念总是相互关联的。也就是说，函数 g 的全局最小值总是函数 $-g$ 的全局最大值，反之亦然。这样，我们就能用最小化问题表示式(2.9)中的最大化问题，其形如：

$$\underset{\mathbf{w}}{\text{minimize}} - g(\mathbf{w}) \tag{2.10}$$

类似于式(2.7)和式(2.8)中全局最小值和最大值的零阶定义，也可给出局部最小值和最大值的零阶定义。例如，若以下条件满足，我们可以说一个函数 g 在点 $\mathbf{w}^\star$ 处有局部最小值：

$$g(\boldsymbol{w}^{\star}) \leqslant g(\boldsymbol{w}) \qquad \text{对所有 } \boldsymbol{w}^{\star} \text{ 附近的 } \boldsymbol{w} \tag{2.11}$$

“对所有 $\boldsymbol{w}^{\star}$ 附近的 $\boldsymbol{w}$”这一表述是相对的，是对 $\boldsymbol{w}^{\star}$ 周围(无论有多小)的邻域必然存在这一事实的简单表述。在此邻域内的每个点上对函数求值，可得到函数 g 在 $\boldsymbol{w}^{\star}$ 处的最小值。对局部最大值，也可以通过类似方式给出其形式化零阶定义，只需将式(2.11)中的≤替换为≥。

综合来看，以上对最小值和最大值(统称为最优值)的零阶定义通常称为最优性的零阶条件。这里零阶这一术语是指在每种情形下，函数的最优值由函数自身来定义，而不借助其他。在后面章节中我们将会遇到最优点的高阶定义，特别是在第3章中介绍的涉及函数一阶导数的一阶定义，以及在第4章中介绍的涉及函数二阶导数的二阶定义。

2.3 全局优化方法

本节将介绍第一种方法，该方法可用于近似求解任意函数的最小值。其做法为：使用大量输入值对函数求解，将得到最小函数值的输入值作为函数的近似全局最优。这种方法之所以称为一种全局优化方法，是因为它能够(在假定可生成足够大量的函数值的条件下)近似得到函数的全局最优。

这类优化方法最重要的问题在于：对一个一般函数，如何选择其若干输入值？显然不可能针对所有输入值进行计算，因为即使是只有一个输入的连续函数，也有无穷多个输入值。

此时可采用两种方法选择(有穷的)输入值集合：1)在一个等距网格上对这些输入值进行采样(即猜测)，即作均匀采样；2)随机地选取同样多数量的输入值，即作随机采样。例2.2对两种方法都作了描述。

24

例2.2　最小化一个二次函数

本例中通过两种采样方法找到以下二次函数的全局最小值：

$$g(w) = w^2 + 0.2 \tag{2.12}$$

该函数在 $w=0$ 处有一个全局最小值。简单起见，我们将输入值范围限制在区间$[-1,+1]$内。在图2.2中的第一排，我们给出了分别采用均匀采样与随机采样得到4个输入值的结果，见每个图中横坐标的点，对应的函数值为函数曲线上的点。可以看到，与均匀采样相比，随机采样(偶然)能得到一个略小的函数值。但是，若使用足够多的样本，两种采样方法都能让我们得到一个与函数真实的全局最小值非常接近的输入。图2.2的下面一排图给出了分别使用均匀采样和随机采样得到20个样本的结果。可以看出，通过增加样本点，使用两种方法都能更精确地近似得到函数的全局最小值。

注意，在例2.2讨论的两种全局优化方法中，我们都只利用了零阶最优性条件，这是由于从选定的大小为 K 的输入值集合$\{\boldsymbol{w}^k\}_{k=1}^K$中，我们选择了使得如下代价函数最小的一个输入 $\boldsymbol{w}^j$：

$$g(\boldsymbol{w}^j) \leqslant g(\boldsymbol{w}^k) \qquad k = 1,2,\cdots,K \tag{2.13}$$

这实际是前面一节中介绍的零阶最优性条件的一个近似。

尽管对于具有低维度输入的函数而言，上述方法易于实现且已完全足够，但正如我们后面将会遇到的情形，当输入值的维度增长到一定规模后，这种自然的零阶框架将完全不适用。

维度灾难

这里讨论的基于函数的零阶求值的全局优化方法对于低维度的函数而言很有效，但对

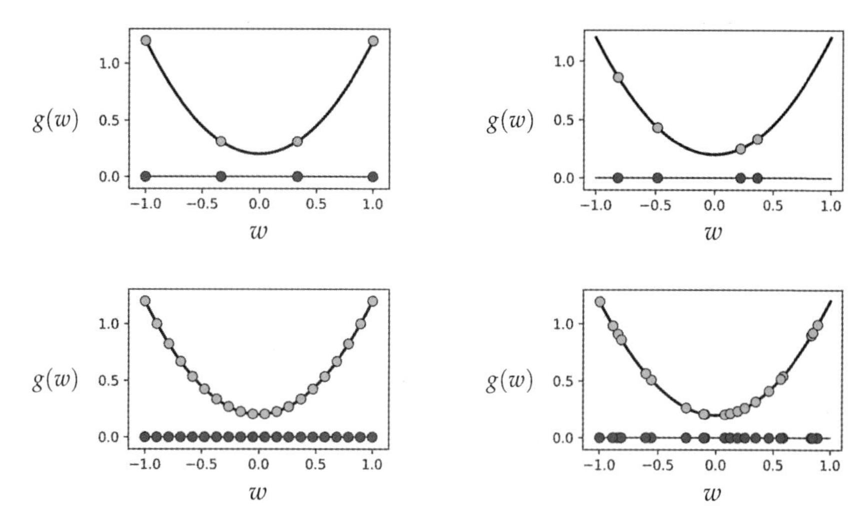

图2.2　例2.2对应的图。通过采样(或“猜测”)求一个简单函数的最小值。上排两个图分别对函数的输入以均匀方式(左上图)和随机方式(右上图)进行4次采样。下排两个图则分别以均匀方式(左下图)和随机方式(右下图)进行20次采样。采样值越多，我们越有可能利用这两种采样方法找到接近于全局最小值的点。详细内容参见正文

25

于更大的输入值集合却不适用。也就是说，这类方法对于具有N维(N很大)输入$\boldsymbol{w}$的函数无效。这就使得这类方法在当前的机器学习领域中基本不可用，因为我们通常遇到的输入值的维度都在几百到几十万，甚而几百万的范围内。

为了理解为何这类全局优化方法随输入维度增加而很快变得不适用，假定对一个单输入函数的输入空间上的点进行均匀采样。为便于讨论，不妨假设先取3个点，每个点到前一个点的距离为d，如图2.3左上图所示。现在假定函数的输入空间增加1，且每个输入的取值范围与原来单输入函数的输入值范围完全一致，如图2.3中第一排的中间图所示。我们希望从空间中均匀取值，且有足够的样本使得每个输入与其前后最近的相邻点的距离都是d。注意，为了在现在的二维空间中达到这一目的，我们需要采样$3^2=9$个输入值。类似地，如果我们以同样方式再次将输入空间增加1，为了能对输入空间进行均匀采样，以使得每个输入与其各个维度上相邻点的距离都是最大距离d，我们将需要$3^3=27$个输入点，如图2.3中右上图所示。延续这一思路，对一个一般的N维输入，我们将需要3^N个输入点。即使是对一个中等大小的N，这也是一个很大的数值。这正是维度灾难的一个简单例子。一般说来，维度灾难描述了在处理函数的输入维度增加时遇到的计算复杂度呈指数级增长的情形。

即使我们决定采用随机采样方法，维度灾难也仍然是一个需要考虑的问题。为了弄清楚这一点，考虑与前述同样的假设情况。现在我们假设不再要求每个样本到其相邻点的距离固定为d，而是将随机选择的样本的总数取为固定值，然后观察它们在输入维度增加时能否很好地分布于输入空间中。从左到右观察图2.3的第二排，我们可看到分别在$N=1$，$N=2$和$N=3$情形下如何随机选取了10个点。这里我们再次遇到了维度灾难。当我们增加输入空间的维度时，每个单位超立方体中的平均样本数呈指数级减少，使得越来越多的空间区域没有输入样本或其对应的函数值。要解决这一问题我们需要按指数量级采样，这又导致了我们在均匀采样方法中遇到的相同问题。

26

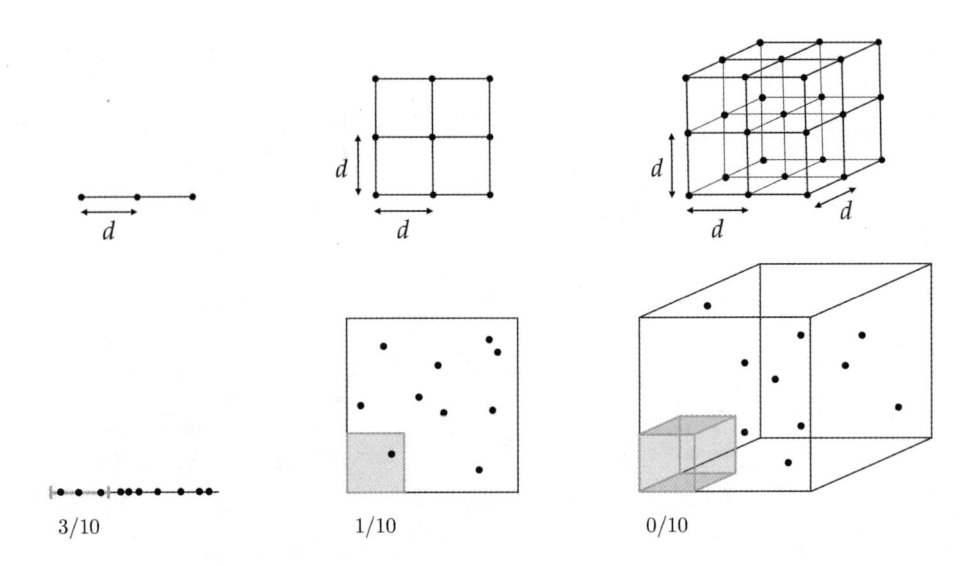

图 2.3 (第一排)当函数的输入的维度增加时，若希望每个输入与其相邻点的距离都是 d，则我们需要采样的输入点数呈指数级增长。以此方法，若使用 3 个输入值覆盖一个单输入的空间(左图)，二维情况下则需要$3^2=9$ 个输入值，三维情况下需要 $3^3=27$ 个输入值，且以此趋势递增。随机采样(第二排)也不能避开这一问题。详细内容参见正文

2.4 局部优化方法

2.3 节介绍的全局优化技术需要同时采样大量的输入值，然后取使函数值最小的一个作为近似的全局最小值。与此相反，*局部优化方法*从单个输入值开始，然后对其进行连续精化，使之越来越趋向于一个近似的最小值。局部优化方法是机器学习中使用最广泛的数学优化方法之一，也是本书第二部分后续章节的讨论主题。尽管我们后面将讨论的各种局部优化方法间存在一些基本差异，但它们都无一例外地具有同一种框架，本节即对此框架进行介绍。

27

2.4.1 概览

前述所谓从一个采样输入值开始，通常是指针对一个*初始点*(在本书中表示为 $\boldsymbol{w}^0$)，局部优化技术对其做连续精化，使其在函数上的所得值越来越小，最终达到一个最小值，该过程如图 2.4 中的单输入函数所示。更明确地说，从 $\boldsymbol{w}^0$ 开始沿函数曲线一直向下拉到一个更低的点 $\boldsymbol{w}^1$，即此时 $g(\boldsymbol{w}^0)>g(\boldsymbol{w}^1)$。将 $\boldsymbol{w}^1$ 继续向下拉到一个新的点 $\boldsymbol{w}^2$。重复这一过程 K 次，将得到一个含 K 个输入点的序列(除起始的初值点外)：

$$\boldsymbol{w}^0,\ \boldsymbol{w}^1,\ \cdots,\ \boldsymbol{w}^K \tag{2.14}$$

(通常说来)其中每个后继点处于函数曲线上越来越低的部分，即，

$$g(\boldsymbol{w}^0) > g(\boldsymbol{w}^1) > \cdots > g(\boldsymbol{w}^K) \tag{2.15}$$

2.4.2 一般框架

通常这个连续精化过程是由一个局部优化方法实现的。第一步从初始点 $\boldsymbol{w}^0$ 到其第一个更新值 $\boldsymbol{w}^1$，需要在 $\boldsymbol{w}^0$ 处找到一个*下降方向*。这是一个输入空间上的方向向量 $\boldsymbol{d}^0$，它由 $\boldsymbol{w}^0$ 出发指向一个新的点 $\boldsymbol{w}^1$，$\boldsymbol{w}^1$ 使得函数得到更小的求解值。当找到这样一个方向后，第一次更新值 $\boldsymbol{w}^1$ 由下式给出：

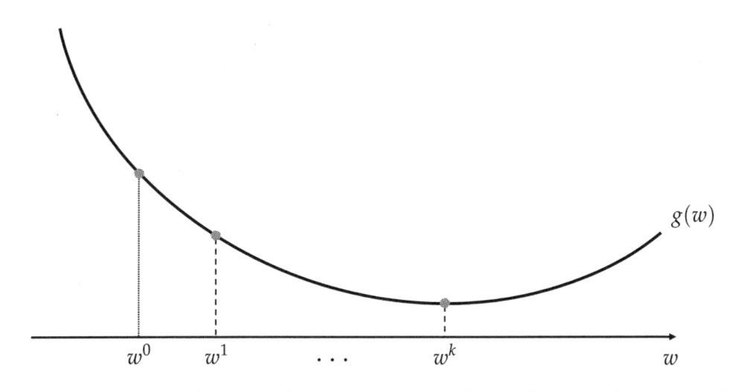

图 2.4　局部优化方法通过一序列连续步骤最小化目标函数。图中展示了应用一般局部优化方法最小化一个单输入函数的情形。从初始点 $\boldsymbol{w}^0$ 开始，逐渐向代价函数上一个更低的点靠近，就像一个球向下滚动的过程

28

$$\boldsymbol{w}^1 = \boldsymbol{w}^0 + \boldsymbol{d}^0 \tag{2.16}$$

为对 $\boldsymbol{w}^1$ 做进一步精化，我们需要找到一个新的下降方向 $\boldsymbol{d}^1$，该向量从 $\boldsymbol{w}^1$ 出发继续趋向更小的函数值。当找到这样一个方向时第二个更新值 $\boldsymbol{w}^2$ 由下式给出：

$$\boldsymbol{w}^2 = \boldsymbol{w}^1 + \boldsymbol{d}^1 \tag{2.17}$$

重复该过程，则生成一个输入值序列：

$$\begin{aligned}
&\boldsymbol{w}^0 \\
&\boldsymbol{w}^1 = \boldsymbol{w}^0 + \boldsymbol{d}^0 \\
&\boldsymbol{w}^2 = \boldsymbol{w}^1 + \boldsymbol{d}^1 \\
&\boldsymbol{w}^3 = \boldsymbol{w}^2 + \boldsymbol{d}^2 \\
&\quad\vdots \\
&\boldsymbol{w}^K = \boldsymbol{w}^{K-1} + \boldsymbol{d}^{K-1}
\end{aligned} \tag{2.18}$$

其中 $\boldsymbol{d}^{k-1}$是第 k 步中确定的下降方向，它将第 k 步定义为 $\boldsymbol{w}^k = \boldsymbol{w}^{k-1} + \boldsymbol{d}^{k-1}$，这样最终使式(2.15)中的不等式得到满足。图 2.5 第一排的图针对一个有两个输入的一般函数描述了以上过程。图中将这个双输入函数绘制为一个等值线图，这是一种常用的将函数投影到其输入空间上的可视化工具。图中颜色越深的区域所对应的点使得函数值越大(即函数曲线上更高的位置)。颜色越浅的区域则对应使得函数值更小的点(函数曲线上更低的位置)。

式(2.18)中的下降方向可能通过多种方法找到。在本章的后续各节中我们将讨论其中的零阶方法，后面的章节再依次介绍所谓一阶和二阶方法，即利用函数的一阶和二阶导数来确定下降方向。各种主要局部优化方法之间的差异，就在于它们确定下降方向的方法不同。

29

2.4.3　步长参数

在局部优化方法中，我们可通过检查一个步骤的一般形式来计算每一步的步长值。通过这样的测度可看出，在式(2.18)定义的第 k 步，点移动的距离等于对应的下降方向的长度

$$\|\boldsymbol{w}^k - \boldsymbol{w}^{k-1}\|_2 = \|\boldsymbol{d}^{k-1}\|_2 \tag{2.19}$$

这意味着即使下降向量确实是指向一个向下的下降方向，它们的长度仍可能存在问题。例如，如果它们都太长，如图 2.5 中间的图所示，则会导致一个局部优化方法在每个更新步骤出现大幅振荡的情况，从而不能达到一个近似的最小值。同样，如果它们的长度太小，则会造成局部优化方法趋近于最小值的速度极为缓慢，这就需要非常多步骤才能达到一个近似最小值，如图 2.5 底部的图所示。

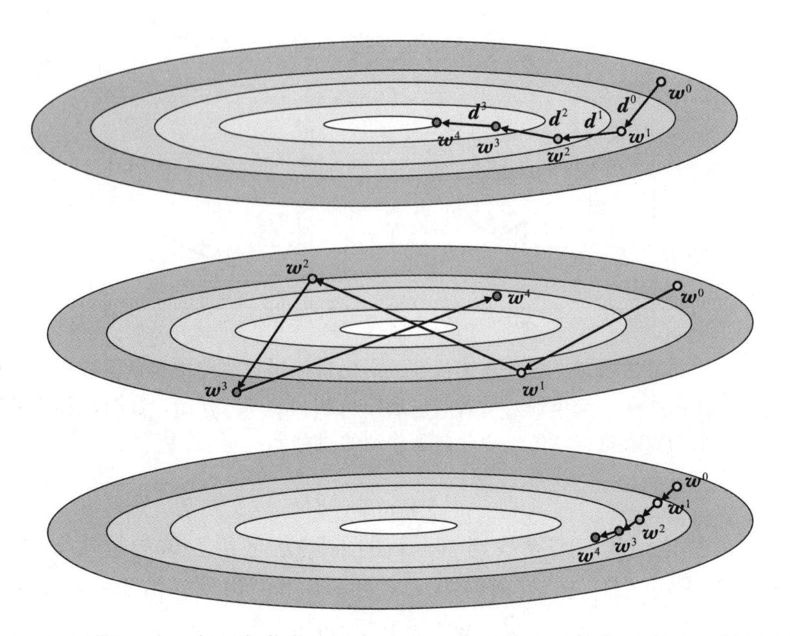

图 2.5　(上图)利用一个一般局部优化方法最小化一个双输入函数的示意图，详细内容参见正文。(中图)方向向量太大，导致在最小值点附近的大幅振荡。(下图)方向向量太小，需要非常多步骤才能达到最小值

30

由于这一潜在问题，许多局部优化方法需要设置一个步长参数，在机器学习中也称为学习率。利用这一参数使我们能控制每个更新步骤的长度(因而得名步长参数)，通常表示为希腊字母 α。这样，一般的第 k 个更新步骤表示为：

$$\boldsymbol{w}^k = \boldsymbol{w}^{k-1} + \alpha \boldsymbol{d}^{k-1} \tag{2.20}$$

K 个步骤的全部序列可类似地表示为：

$$\begin{aligned}
&\boldsymbol{w}^0 \\
&\boldsymbol{w}^1 = \boldsymbol{w}^0 + \alpha \boldsymbol{d}^0 \\
&\boldsymbol{w}^2 = \boldsymbol{w}^1 + \alpha \boldsymbol{d}^1 \\
&\boldsymbol{w}^3 = \boldsymbol{w}^2 + \alpha \boldsymbol{d}^2 \\
&\quad\vdots \\
&\boldsymbol{w}^K = \boldsymbol{w}^{K-1} + \alpha \boldsymbol{d}^{K-1}
\end{aligned} \tag{2.21}$$

注意第 k 步的这种表示形式与原始形式之间唯一的不同在于对下降方向 $\boldsymbol{d}^{k-1}$ 使用了步长参数 $\alpha>0$ 进行缩放。加入这个参数后，计算一个局部优化方法的第 k 步跨越的距离：

$$\| \boldsymbol{w}^k - \boldsymbol{w}^{k-1} \|_2 = \| (\boldsymbol{w}^{k-1} + \alpha \boldsymbol{d}^{k-1}) - \boldsymbol{w}^{k-1} \|_2 = \alpha \| \boldsymbol{d}^{k-1} \|_2 \tag{2.22}$$

换句话说，第 k 步的长度与下降向量的长度成比例，我们可通过适当地设定 α 的值来精准调节在此方向上希望移动的长度。一种常见的做法是对 K 个步骤中的每一步将 α 设定为一个固定的较小值。但是，正如局部优化方法自身一样，设定步长参数的方法也有很多种，我们将在本章和后续章节中继续讨论。

2.5　随机搜索

本节将介绍第一种局部优化算法：随机搜索。在这个一般的局部优化框架的实例中，我们通过检查从当前点产生的一些随机方向来寻找每一步的下降方向。这种确定下降方向

的方式与 2.3 节中描述的全局优化方法颇为相似，随着输入值的维度增加，计算代价也大幅增长，这也将使得随机搜索方法不能适用于当前的大规模机器学习问题。但是，作为前面介绍的一般框架的一个简单例子，局部优化的零阶方法极为有用，它使得我们可给出一个简单且具体的算法示例，从而对下降方向、步长参数的不同选择、收敛问题等形成一定认识。

31

2.5.1 概览

与其他各种主要的局部优化方法一样，随机搜索的典型特征在于如何在第 k 个局部优化更新步骤 $\boldsymbol{w}^k=\boldsymbol{w}^{k-1}+\boldsymbol{d}^{k-1}$ 中选择下降方向 $\boldsymbol{d}^{k-1}$。

在随机搜索法中，为了找到下降方向，我们可能在所有做法中采取“最懒惰”的一种：从 $\boldsymbol{w}^{k-1}$ 出发采样一定数量的随机方向，对每一个候选的更新点求值，然后选择给出最小函数值的那一个点，且该点在函数图像上的位置确实低于当前点。换句话说，我们只在当前点的邻近进行局部搜索，从特定数量的随机方向中找出具有更低函数值的一个，若找到，则向此点移动。

更精确地说，在第 k 步我们生成 P 个随机方向 $\{\boldsymbol{d}^p\}_{p=1}^P$ 来做测试，每一个都是从前一步骤 $\boldsymbol{w}^{k-1}$ 出发，且生成候选的更新点 $\boldsymbol{w}^{k-1}+\boldsymbol{d}^p$，这里 $p=1,2,\cdots,P$。

在对所有 P 个候选点求值后，我们选出使得函数值最小的一个，即满足下式的某一个 $\boldsymbol{d}^p$：

$$s=\underset{p=1,2,\cdots,P}{\operatorname{argmin}}\ g(\boldsymbol{w}^{k-1}+\boldsymbol{d}^p) \tag{2.23}$$

最后，若找到的最佳点较当前点能使得函数值更小，即：若 $g(\boldsymbol{w}^{k-1}+\boldsymbol{d}^s)<g(\boldsymbol{w}^{k-1})$，则可移动到新的点 $\boldsymbol{w}^k=\boldsymbol{w}^{k-1}+\boldsymbol{d}^s$，反之，要么终止，要么尝试另外 P 个随机方向。

图 2.6 中通过一个二次函数描述了随机搜索方法。出于易于观察的考虑，其中的随机方向的个数设置得较小，取 $P=3$。

2.5.2 步长控制

为了能更好地控制随机搜索过程，我们可对每个随机选择的方向做归一化处理，使其由一致的单位长度表示，即 $\|\boldsymbol{d}\|_2=1$。这种方法通过引入一个步长参数 α，可将每一步骤的步长控制在我们想要的任何长度(见 2.4.3 节)。这种更一般化的步骤 $\boldsymbol{w}^k=\boldsymbol{w}^{k-1}+\alpha\boldsymbol{d}$ 的长度恰好等于步长参数 α，即：

$$\|\boldsymbol{w}^k-\boldsymbol{w}^{k-1}\|_2=\|\alpha\boldsymbol{d}\|_2=\alpha\|\boldsymbol{d}\|_2=\alpha \tag{2.24}$$

32

例 2.3　使用随机搜索方法最小化一个简单的二次函数

在本例中，对以下二次函数，我们执行随机局部搜索的 5 个步骤($K=5$)，每一步骤中取 $\alpha=1$，且需检查的随机方向个数为 $P=1000$：

$$g(w_1,w_2)=w_1^2+w_2^2+2 \tag{2.25}$$

图 2.7 的左上图给出了该函数的三维图像，以及算法的步骤集合。每一步骤依次由绿色(算法开始时在 $\boldsymbol{w}^0=[3\quad 4]^{\mathrm{T}}$ 进行初始化)渐变到红色(算法终止)。带方向的箭头标识了所选择的每个下降方向，将每个步骤与其前一步骤连接起来，同时也标识了算法所经过的总体路径。右上图中是从正上方观察此函数得到的等值线图。

注意，若输入值的维度 N 大于 2，则我们无法做出图中所示的任何图形以说明任何局部优化算法(这里是随机搜索)的某次运行的效果好坏。将一个局部优化方法进行可视化表示的一种更一般的方法是绘出函数求值顺序和步骤数的对应关系，即，对 $k=1,2,\cdots,K$，绘出数值对$(k,g(\boldsymbol{w}^k))$，如图 2.7 下图所示。这使得我们可表述算法的执行效果以及是否

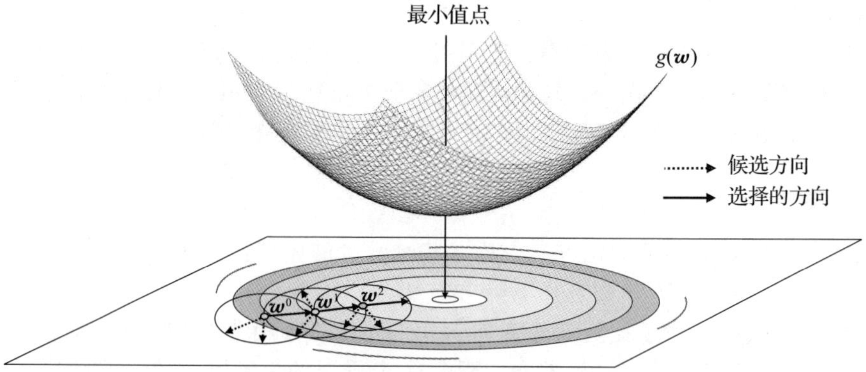

图 2.6　在随机搜索方法的每一步，通过检查若干随机方向来找到一个下降方向。每一步，在所有被检查的方向中，我们选择指向一个具有最小函数值的新点的方向作为下降方向。重复此过程，直到找到一个接近局部最小值的点。这里我们给出了随机搜索过程中的 3 个典型步骤，在每个步骤中检查了 3 个随机方向。每一步中找到的最佳下降方向标识为黑色实线箭头，另外两个较差的方向则由黑色虚线箭头标识

33

需要调整其中参数(如步骤 K 的最大值，或 α 的值)，而不需考虑函数的输入维度 N。这样的可视化方法称为**代价函数历史图**。这种图的一个额外好处是我们能在算法执行过程中更容易地说明函数每次求值的准确结果。

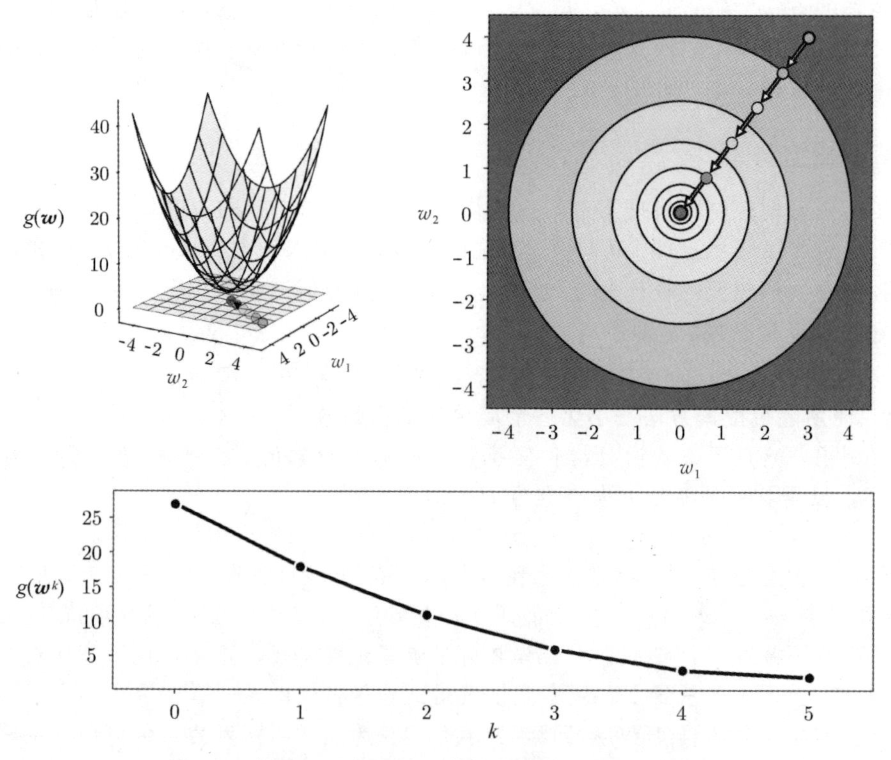

图 2.7　例 2.3 对应的图，详细内容参见正文(见彩插)

例 2.4　最小化含多个局部最小值的函数

在本例中我们展示如何利用一个随机搜索的局部优化方法找到一个函数的全局最小

值。为便于可视化，我们考虑如下单输入函数：

$$g(w)=\sin(3w)+0.3w^2 \tag{2.26}$$

我们从不同的初始点运行两次，一次从 $w^0=4.5$ 开始，另一次从 $w^0=-1.5$ 开始。两次运行都执行 10 个步骤($K=10$)，每个步骤的步长都固定为 $\alpha=0.1$。如图 2.8 所示，由于初始出发点不同，我们可能终止于一个局部最小值附近(左图)，也可能终止于一个全局最小值附近(右图)。这里我们将每次运行的步骤绘制为沿输入轴分布的小圆圈，其对应的函数值则为函数图像上以相同颜色标识的"x"标记。每次运行的起始阶段的步骤标记为绿色，终止时的步骤标记为红色。

34

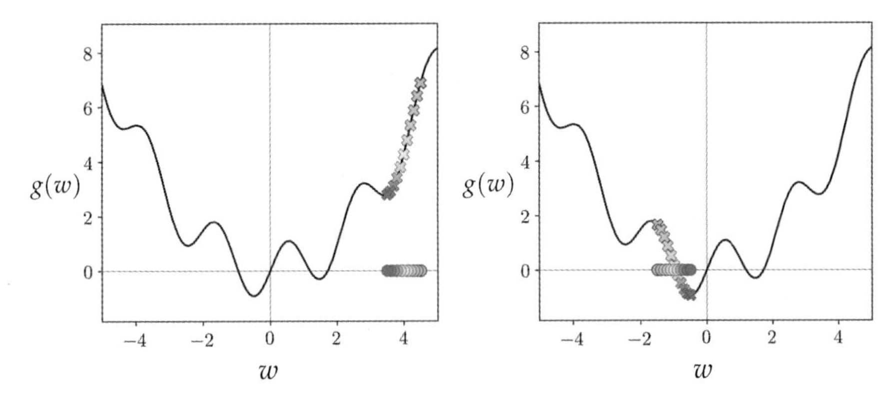

图 2.8 与例 2.4 对应的图。使用局部优化方法对如图所示的这样一个非凸函数进行合适的最小化，需要多次运行算法。详细内容参见正文(见彩插)

2.5.3 基本步长规则

在例 2.3 和例 2.4 中，对每次运行的所有步骤，步长参数 α 都是固定的，这被称为固定步长规则。一般而言局部优化方法中通常采用这样的固定步长参数设置。也可采用可调步长规则在两个步骤间改变步长参数 α 的值。在具体讨论机器学习中一种常用的可调步长规则(递减步长规则)前，我们先通过一个简单例子来认识步长调整的重要性。

例 2.5 收敛失败

本例中采用随机搜索方法对以下二次函数进行最小化：

$$g(w_1,w_2)=w_1^2+w_2^2+2 \tag{2.27}$$

这里采用步长 $\alpha=1$(与例 2.3 中相同)，初始出发点为 $\mathbf{w}^0=[1.5 \quad 2]^{\mathrm{T}}$。但是，从这个初始点出发，从图 2.9 左图中函数的等值线图可以看出，算法在一个非优化点(红色点)卡住了，该点离位于原点的全局最小值点还较远，这里为便于更好地观察，等值线图没有染色。图中也绘出了一个以最终的红色点为圆心的单位圆(蓝色圆)，这个圆上的所有点是如果算法从停止的红色点再执行一步可能到达的位置。注意这个蓝色圆是如何围住二次函数的一条等值线(红色虚线)的，最后的红色点正在这条线上。这意味着其周围每个可能方向都导致函数值上升而不是下降，因而算法只能在此处停止。

对这样一个简单的二次函数以及其他任何函数，我们都需要仔细为算法选择步长值。如图 2.9 中图的情形，如果我们将步长减小到 $\alpha=0.1$ 后再重复一次实验，则在同样多步数内不能找到一个接近于全局最小值的点。

35

若在所有步骤中将步长参数设置为比 $\alpha=0.1$ 大一点，我们得到图 2.9 右图所示的运行结果，此时算法收敛于一个与函数在原点处的最小值接近得多的点。

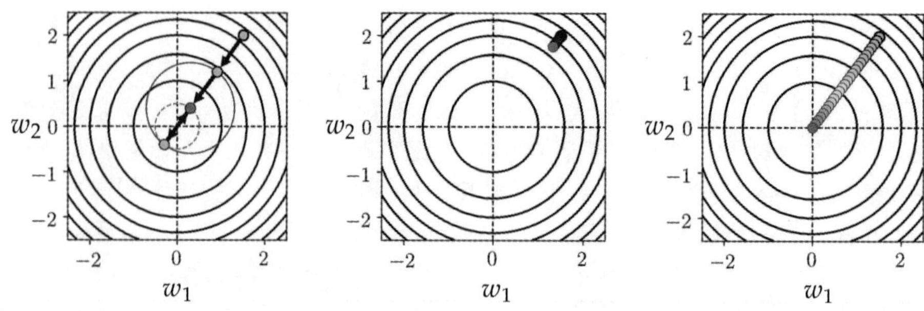

图 2.9 与例 2.5 图对应的图。对随机搜索方法和许多其他局部优化算法而言，确定一个合适的步长对得到好的优化性能至关重要。本例中选择的步长太大，导致算法停止于一个次优点(左图)；若将步长设置得太小，又会导致找到函数最小值的过程收敛太慢(中图)；一个设置得“刚好合适”的步长才能导致一个到接近函数最小值的点的理想收敛过程(右图)。详细内容参见正文(见彩插)

通常情况下，最好是综合考虑步长值的组合和算法的最大迭代次数。这里要进行的折中是显而易见的：一个较小步长值与较大的迭代执行步数将保证收敛到一个局部最小值，但计算代价较大。反之，一个较大步长值与较小的最大迭代次数可能执行代价较低，但不一定能找到最优值。实践中常采用的方法是对一个算法选择多种步长和步数设置来运行多次，然后绘出各种选择对应的代价函数，以确定最优的参数设置。

2.5.4 递减步长规则

不同于固定步长规则，另一种常用的步长设置方法称为递减步长规则。在这种规则下，我们在局部优化方法的每一步缩减步长值。生成一个递减的步长规则的常见方法是设置第 k 步的步长值为 $\alpha=\frac{1}{k}$。这样做的好处是可以在算法执行过程中逐步减小后续步骤间的距离，使用这样的步长选择和一个单位长度的下降方向向量，我们得到：

36

$$\| \boldsymbol{w}^{k}-\boldsymbol{w}^{k-1} \|_{2}=\alpha \| \boldsymbol{d}^{k-1} \|_{2}=\frac{1}{k} \tag{2.28}$$

同时，如果我们对算法在所有 K 个步骤中经过的距离求和(假定在每一步都移动了一定距离)，则有：

$$\sum_{k=1}^{K} \| \boldsymbol{w}^{k}-\boldsymbol{w}^{k-1} \|_{2}=\sum_{k=1}^{K} \frac{1}{k} \tag{2.29}$$

像这样递减步长的优点在于随着 k 的增加，步长 $\alpha=\frac{1}{k}$ 会逐渐减小到 0，算法经过的总距离趋于无穷⊖。这就是说，一个采用这类递减步长规则的局部优化算法在采取越来越

⊖ 求和式 $\sum_{k=1}^{\infty} \frac{1}{k}$ 通常称为调和级数，一种常用的证明其发散的方法是将连续的项进行如下归并：

$$\begin{aligned}\sum_{k=1}^{\infty} \frac{1}{k} &= 1+\frac{1}{2}+\left(\frac{1}{3}+\frac{1}{4}\right)+\left(\frac{1}{5}+\frac{1}{6}+\frac{1}{7}+\frac{1}{8}\right)+\cdots \\ &\geqslant 1+\frac{1}{2}+2\left(\frac{1}{4}\right)+4\left(\frac{1}{8}\right)+\cdots \\ &= 1+\frac{1}{2}+\frac{1}{2}+\frac{1}{2}+\cdots\end{aligned} \tag{2.30}$$

换句话说，调和级数由一个无穷个 $\frac{1}{2}$ 的和划定了下界，因而它是发散的。

小的步骤搜索一个最小值时，理论上会移动无穷大的距离，这使得它可以搜索到函数的每一个最小值可能所处的位置。

2.5.5 随机搜索和维度灾难

与 2.3 节中讨论的全局优化方法一样，随着函数输入维度的增加，维度灾难也是随机搜索算法在实际应用中需要面对的问题。也即是说，对大多数函数而言，当其输入的维度增加时，要从任一给定点随机找到一个下降方向的难度将以指数级增长。

以一个单输入的二次函数 $g(w)=w^2+2$ 为例，假定我们以初始点 $w^0=1$ 和步长 $\alpha=1$ 让随机搜索算法执行一个步骤。如图 2.10 上图所示，由于此时输入维度是 $N=1$，要去确定一个下降方向我们只需要考虑两个方向：从当前初始点出发的负方向和正方向。这两个方向中的一个将指出下降方向(此处是负方向)。换句话说，如果随机选择一个的话，我们有 50%的机会找到下降方向。

现在考虑一个类似的二次函数 $g(\boldsymbol{w})=\boldsymbol{w}^{\mathrm{T}}\boldsymbol{w}+2$，此时函数的输入 $\boldsymbol{w}$ 是一个维度为 $N=2$ 的向量，考虑从初始点 $\boldsymbol{w}^0=[1\quad 0]^{\mathrm{T}}$ 出发执行随机搜索的一个步骤(这一初始点可类比于一维情形中的初始点)。如图 2.10 下图所示，我们有无穷多个单位方向可供选择，但只有其中的一部分(小于 50%)是下降方向。也即是说，在二维情形下随机选到一个下降方向的机会比一维情形下要低。随着二次函数输入维度 N 的增加，随机选到一个下降方向的概率以指数级递减。对当前二次函数及任意输入维度 N，若算法随机从以下点出发：

$$\boldsymbol{w}^0=\begin{bmatrix}1\\0\\\vdots\\0\end{bmatrix}_{N\times 1} \tag{2.31}$$

37 ~ 38

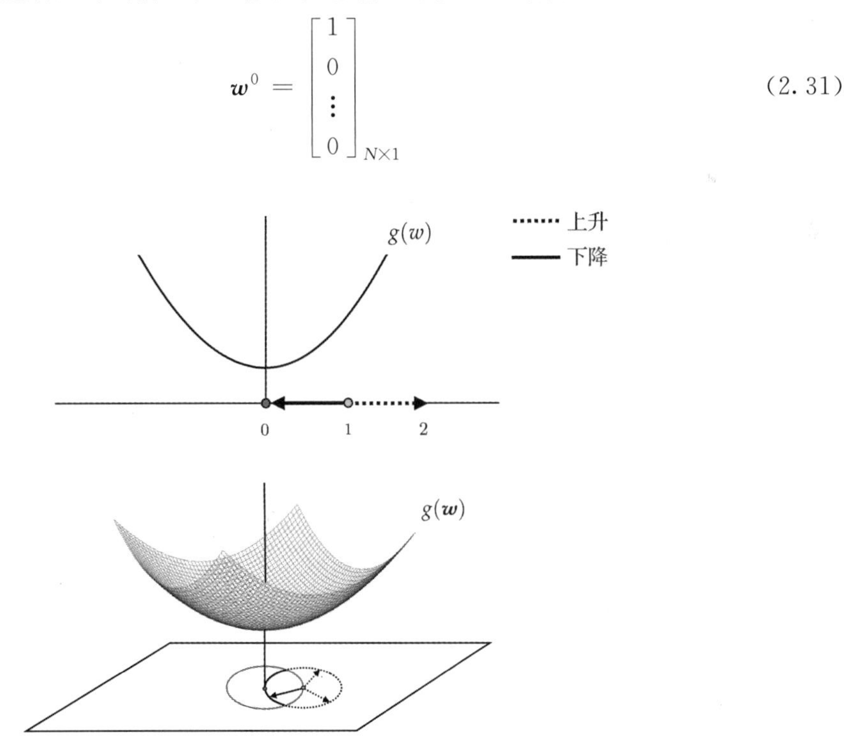

图 2.10 (上图)输入维度为 $N=1$ 时，只有两个单位方向可以移动，其中一个(实线箭头标示)是下降方向。(下图)输入维度为 $N=2$ 时，存在无穷多个单位方向可供选择。所有方向中，只有终点落在单位圆内(圆弧上实线部分上的点)的那一小部分方向是下降方向

可以计算出选到一个下降方向的概率的下界是$\frac{1}{2}\left(\frac{\sqrt{3}}{2}\right)^{N-1}$（见习题2.5）。也就是说，例如在$N=30$时，选出下降方向的概率将低于1%，这就使得随机搜索算法即使在处理一个简单的二次函数最小化问题时也变得十分低效。

2.6　坐标搜索和下降法

坐标搜索和下降法是另一类零阶局部优化方法。这种方法通过限制对输入空间坐标轴的搜索方向来规避随机搜索算法中棘手的维度灾难问题。其想法很简单，既然随机搜索算法在对函数做最小化时需要同时考虑函数$g(w_1,w_2,\cdots,w_N)$的所有参数，在分坐标算法中我们可以每次只考虑一个坐标或参数，而保持其他坐标或参数不变。更一般地，可以每次针对坐标或参数的一个子集对函数进行最小化。

尽管以上方法限制了可能找到的下降方向的多样性，且通常需要执行更多步骤才能找到近似的最小值，但这类算法比随机搜索算法针对输入维度具有更好的可扩展性。

2.6.1　坐标搜索

图2.11左图给出了一个典型的二维实例，**坐标搜索法**通过随机搜索输入空间的坐标轴来找到下降方向。这意味着，通常情况下对一个输入维度为N的函数，我们只查找集合$\{\pm\boldsymbol{e}_n\}_{n=1}^{N}$中的$2N$个方向，这里$\boldsymbol{e}_n$是一个**标准基础向量**，其中的元素除第$n$项设置为1外，其他项都设置为0。

坐标搜索法中我们要找到一个受限的方向集合，而随机搜索法中每个步骤的方向集合包含了所有随机方向。尽管坐标轴多元化的缺少可能限制了能找到的可能下降方向数目，但这种受限的搜索使得坐标搜索比随机搜索方法有更好的可扩展性，因为在每一步中只需要测试$2N$个方向。

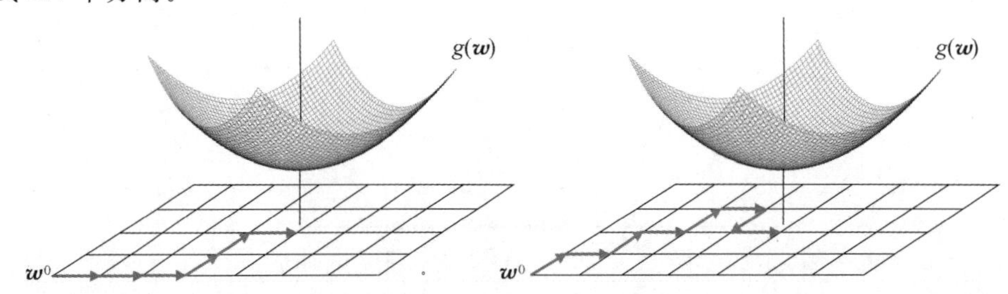

图2.11　（左图）在**坐标搜索法**中，我们只沿坐标轴找下降方向：在每一步骤中，为便于观察，用实色和虚色交替标识，我们沿着两个坐标轴（$N=2$）尝试$2N=4$个方向，然后挑选出使得函数值减小最大幅度的那个方向。（右图）使用**坐标下降法**，在检查每个坐标的正向和负向后，理想情况下我们可立即执行下一步骤

2.6.2　坐标下降

对坐标搜索法稍做改进可得到**坐标下降法**，该方法比前者更为有效且计算代价完全相同。我们不再考虑每个坐标方向（及其负方向），然后从整个集合中选择最好的一个方向，而只是简单地每次只检查一个坐标方向（及其负方向），若此方向使得函数值下降，则前进一步。图2.11右图描述了这一思路。

在坐标搜索法中，每一步骤需对代价函数进行$2N$次求值（每个坐标求两次），而在坐标下降法中只需移动 N 步就能执行相同次数的函数求值。换句话说，坐标下降法对函数进行最小化要比坐标搜索法快得多，但二者所需的代价相同。确实，在本章介绍的所有零阶优化法中，坐标下降法是最具有实用价值的。

例 2.6 坐标搜索法和坐标下降法

本例中我们对坐标搜索和坐标下降法的效果进行比较。考虑下面这个简单的二次函数：

$$g(w_1, w_2) = 0.26(w_1^2 + w_2^2) - 0.48 w_1 w_2 \tag{2.32}$$

在图 2.12 中，我们对坐标搜索法(左图)和坐标下降法(右图)的 20 个步骤进行比较，每个算法运行时都采用递减步长。对于坐标搜索法执行的每一个步骤，在坐标下降算法中实则都对应执行了两个步骤，因此，经过同样多次数的函数求值，坐标下降算法能得到更接近函数最小值的结果。

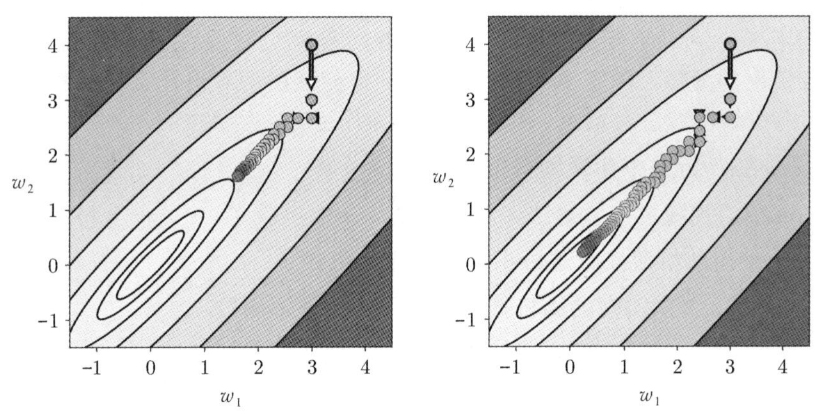

图 2.12 与例 2.6 对应的图。针对同一函数进行最小化，坐标搜索法的一次运行(左图)和坐标下降法的一次运行(右图)。尽管两次运行所耗费的代价相同，坐标下降法的执行进程要好得多。详细内容参见正文

2.7 小结

本章为一系列与数学优化方法相关的基本思想(见 1.4 节)奠定了基础，这些内容不仅会在接下来的两章中反复出现，在本书后面的部分也会经常用到。

40

首先我们介绍了数学优化的概念，旨在通过数学或计算的方法找到一个函数的最小值或最大值。在 2.2 节中，我们将一个函数的最小值或最大值的非形式化定义用数学语言进行表述，这一形式化的描述称为*最优性零阶条件*。利用这一定义，我们在 2.3 节中描述了全局优化方法(本质上是在输入点的精细网格上对函数求值)，由于维度灾难，该方法对于输入维度的扩展性非常差，因而通常实用性不强。2.4 节介绍了另一种*局部优化方法*，这种方法包含本章剩余部分以及接下来两章介绍的一大类算法。最后，2.5 节和 2.6 节给出了许多零阶局部优化算法的例子，包括随机搜索法、坐标搜索法和坐标下降法。尽管后两种方法在某些特定实际应用中很有用，但通常这些零阶局部优化方法在机器学习中应用得并不广泛。不同于零阶方法那样直接搜索下降方向，后面的章节将介绍的一些方法则利用函数的一阶或二阶导数来更快地找到下降方向。但零阶方法相对较简单，有利于我们从中认识局部优化方法的一系列关键概念。在后续章节中，我们会看到这些概念将在一个相对简洁的背景下多次出现，包括下降方向、步长/学习率、递减步长方案以及代价函数历史图等。

41

2.8　习题

完成下列习题所需的数据可从本书的 GitHub 资源库下载，链接为：github. com/jermwatt/machine_learning_refined。

习题 2.1　最小化二次函数与维度灾难

考虑下面这个简单的二次函数

$$g(\mathbf{w}) = \mathbf{w}^{\mathrm{T}}\mathbf{w} \tag{2.33}$$

不论输入维度 N 是多少，其最小值总是在原点处。

(a)从输入维度 $N=1$ 到 $N=100$，构造一系列这样的二次函数，在有 N 个面的超立方体$[-1,1]\times[-1,1]\times\cdots\times[-1,1]$上对输入空间进行 $P=100$ 次均匀采样，绘出对应于不同输入维度 N 的每个二次函数的值。

(b)分别用 $P=100$，$P=1000$ 和 $P=10\,000$ 次采样重复(a)，在同一个图中绘出全部三种情况的图像。随着 N 和 P 的增加，你能从图中看出什么样的趋势？

(c)采用随机采样方法，重复(a)和(b)中的操作。

习题 2.2　在 Python 中实现随机搜索

在 Python 中实现随机搜索算法，重复例 2.4 中的实验。

习题 2.3　使用随机搜索算法最小化一个非凸函数

使用你在习题 2.2 中实现的随机搜索算法最小化以下函数：

$$g(w_1, w_2) = \tanh(4w_1 + 4w_2) + \max(0.4w_1^2, 1) + 1 \tag{2.34}$$

最多执行 8 个步骤，在每个步骤中搜索 $P=1000$ 个方向，步长为 $\alpha=1$，初始出发点为 $\mathbf{w}^0=[2\quad 2]^{\mathrm{T}}$。

习题 2.4　带递减步长的随机搜索

42

在这个习题中使用随机搜索法和一个递减步长对 RosenBrock 函数进行最小化：

$$g(w_1, w_2) = 100(w_2 - w_1^2)^2 + (w_1 - 1)^2 \tag{2.35}$$

该函数在点 $\mathbf{w}^\star=[1\ 1]^{\mathrm{T}}$ 处有一个全局最小值，点 $\mathbf{w}^\star$ 位于一个非常狭窄且弯曲的区域。

取 $P=1000$ 运行随机搜索算法两次，初始出发点为 $\mathbf{w}^0=[-2\quad -2]^{\mathrm{T}}$，执行 $K=50$ 个步骤。第一次运行采用固定步长 $\alpha=1$，第二次运行采用如 2.5.4 节中所述的递减步长。绘制两次运行的代价函数等值线图(运行次数标示在图的上部)或代价函数历史图，比较两次运行的结果。

习题 2.5　随机下降概率

考虑二次函数 $g(\mathbf{w})=\mathbf{w}^{\mathrm{T}}\mathbf{w}+2$，我们希望使用随机搜索方法对其进行最小化，出发点如式(2.31)中定义的 $\mathbf{w}^0$，且 $\alpha=1$，$\|\mathbf{d}^0\|_2=1$。

(a)当 $N=2$ 时，给出其下降概率(即，对随机选择的单位方向 $\mathbf{d}^0$，$g(\mathbf{w}^0+\alpha\mathbf{d}^0)<g(\mathbf{w}^0)$)的上界是$\frac{\sqrt{3}}{4}$。提示：参阅图 2.13。

(b)对你在(a)中所做的论证进行扩展，使得对任意的 N 都可找到下降概率的一个上界。

习题 2.6　维度灾难再讨论

本例中将针对简单的二次函数 $g(\mathbf{w})=\mathbf{w}^{\mathrm{T}}\mathbf{w}+2$，以经验方式证实 2.5.5 节所述的维度灾难问题。

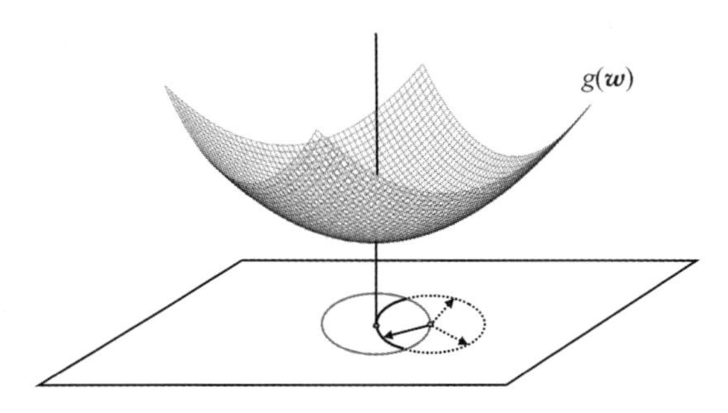

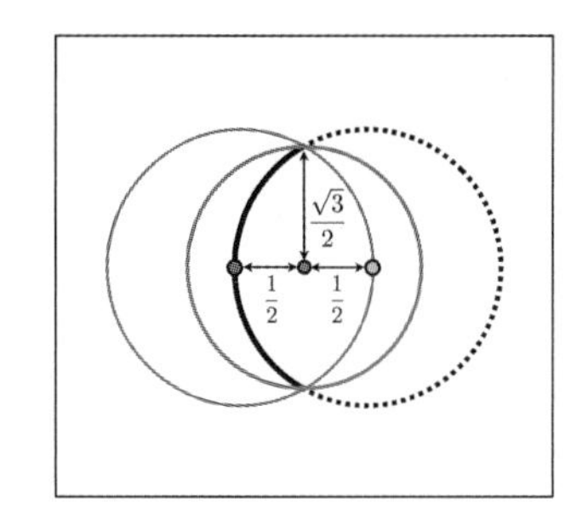

图 2.13 与习题 2.5 对应的图

从式(2.31)定义的 N 维输入点 $\boldsymbol{w}^0$ 开始，构建 P 个随机的单位方向 $\{\boldsymbol{d}^p\}_{p=1}^{P}$（其中 $\|\boldsymbol{d}^p\|_2=1$），然后对所有 p 求解二次函数在点 $\boldsymbol{w}^0+\boldsymbol{d}^p$ 的值。

接下来，针对 $N(N=1,2,\cdots,25)$ 和三种 P 值($P=100,P=1000$ 和 $P=10\ 000$)，绘图描述采样方向中使得函数值减小的那部分方向的占比(即下降方向数目与 P 的比值)，并对图中趋势进行解释。

43

习题 2.7　坐标搜索算法的伪码

对 2.6.1 节描述的坐标搜索算法，试给出其伪代码。

习题 2.8　应用坐标搜索算法最小化一个简单的二次函数

对以下二次函数：

$$g(w_1,w_2)=w_1^2+w_2^2+2 \tag{2.36}$$

试比较对其采用随机搜索算法的 5 个步骤(其中每个步骤尝试 $P=1000$ 个随机方向)和采用坐标搜索算法的 7 个步骤，出发点都为 $\boldsymbol{w}^0=[3\quad 4]^{\mathrm{T}}$，且步长参数都固定为 $\alpha=1$。绘制两种算法运行结果的函数图，解释两次运行中的不同之处。

习题 2.9　坐标搜索法和递减步长

实现 2.6.1 节中描述的坐标搜索算法，并用其对以下函数进行最小化：

$$g(w_1,w_2)=0.26(w_1^2+w_2^2)-0.48w_1w_2 \tag{2.37}$$

要求从一个随机的初始点开始使用递减步长规则。这个函数的全局最小值位于原点。运行你的算法，测试其是否确实能从不同随机初始点出发，到达一个与原点非常接近的点(比如差距小于10^{-2})。

习题 2.10　坐标搜索法与坐标下降法

实现坐标搜索算法和坐标下降算法，重复习题 2.6 中的实验。

44

一阶优化技术

3.1 引言

本章中我们将介绍几种利用函数的一阶导数或梯度的基本优化算法。这些技术统称为一阶优化方法，是当前最常用的处理机器学习问题的局部优化算法中的一类。我们首先讨论一阶最优性条件，这个条件说明了一个函数的导数是如何特征化其最小值的。然后介绍与超平面相关的一些基本概念，特别是一阶泰勒级数逼近。我们将看到，利用一个函数的一阶导数可以构建一类局部优化方法，这其中最著名的是使用极为广泛的梯度下降算法，这种算法能很自然地找到高质量的下降方向，其所需的代价甚至通常小于前一章介绍的分坐标处理的方法。

3.2 一阶最优性条件

图3.1给出了两个简单的二次函数，分别出现在二维坐标(左图)和三维坐标(右图)中，每个函数的全局最小值标记为灰色点。两个图中在函数的最小值处都绘出了函数曲线/超平面的正切线/平面，这正是其一阶泰勒级数逼近(若对泰勒级数的概念不熟悉，参见B.9节)。注意，两个图中的正切线/平面都是水平的。这种情况对于(可微分函数)是很常见的，与函数形式或其输入维度无关。也就是说，一个函数的最小值通常自然位于一个谷底，函数的正切线/平面在此位置是水平的，其斜率为0。

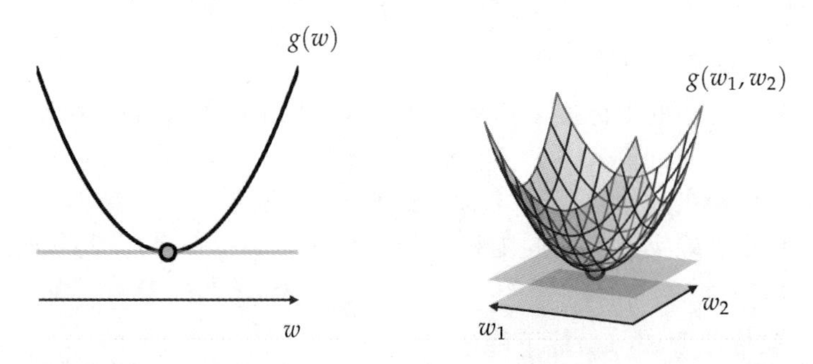

图3.1 一阶最优性条件描述了函数的导数或梯度为0的点的特征，也即是函数的正切线或正切平面斜率为0的点的特征。斜率为0的正切线或正切平面是完全水平且与输入空间平行的。对一个简单的凸函数，一阶最优性条件能识别出其全局最小值。图中绘出了单输入(左图)和多输入(右图)二次函数的情形

由于一个单输入函数在某个点的导数(见B.2节)和一个多输入函数在某个点的梯度(见B.4节)准确给出了斜率，一阶导数的值提供了一种方便的对函数 g 的最小值进行特征化的方法。当 $N=1$ 时，单输入函数 $g(\boldsymbol{w})$ 的任意点 v 若满足下式：

$$\frac{\mathrm{d}}{\mathrm{d}w}g(v) = 0 \tag{3.1}$$

则点 v 是一个可能的最小值点。类似地，对于多输入函数，任一 N 维的点 v，若 g 的每一个偏导都等于0，即

$$\begin{aligned}\frac{\partial}{\partial w_1}g(\boldsymbol{v})&=0\\ \frac{\partial}{\partial w_2}g(\boldsymbol{v})&=0\\ &\vdots\\ \frac{\partial}{\partial w_N}g(\boldsymbol{v})&=0\end{aligned} \tag{3.2}$$

则点 v 是一个可能的最小值点。这一由 N 个等式构成的方程组很自然地被称为一阶方程组。该方程组也可更紧凑地表示为梯度形式：

$$\nabla g(\boldsymbol{v}) = \mathbf{0}_{N\times 1} \tag{3.3}$$

这一非常有用的最小值的特征化是2.2节中讨论的最优性零阶条件的一阶形式，因此也称其为一阶最优性条件(或简称一阶条件)。但是，最小值的一阶特征化还有两个问题需要考虑。

46

首先，除极少数例外情况(将在3.2.1节中详细给出一些有趣的例子)，实际上几乎不可能手工求解一个任意函数的一阶方程组(即以代数方法求解方程组的闭合解)。另一个问题是，尽管一阶条件只定义了如图3.1所示的这类凸函数的全局最小值，但通常该条件不仅能找到函数的最小值，也能找到其他的点，比如最大值和非凸函数的鞍点(详见下面的例子)。总体上，最小值、最大值和鞍点通常称为函数的驻点或临界点。

例3.1 单输入函数的驻点的图形表示

在图3.2的上面一排我们绘制了以下函数：

$$\begin{aligned}g(w)&=\sin(2w)\\ g(w)&=w^3\\ g(w)&=\sin(3w)+0.3w^2\end{aligned} \tag{3.4}$$

下面一排则是它们各自对应的导数。每个函数中都用灰色标出了其导数为0的点(同样也在各函数的导数上标记了这些点)，同时也将这些点各自对应的正切线标示为灰色。

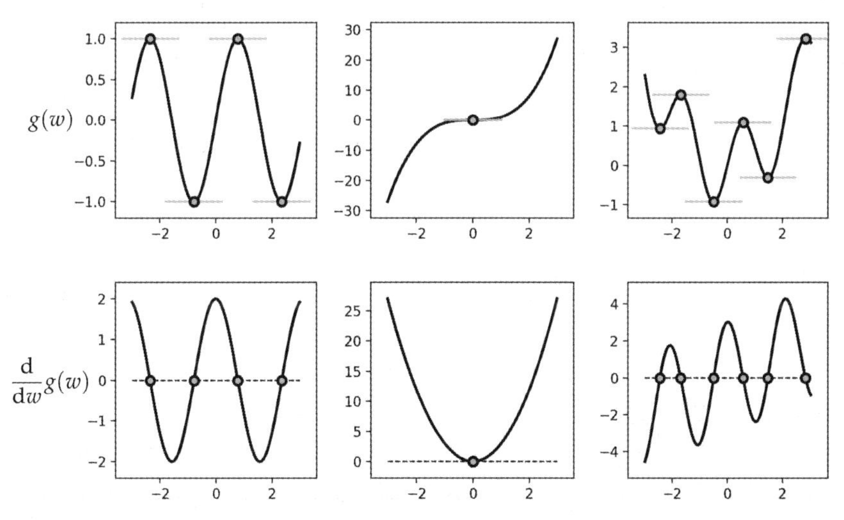

图3.2 与例3.1对应的图。第一排从左至右分别是函数 $g(w)=\sin(2w)$、$g(w)=w^3$ 和 $g(w)=\sin(3w)+0.3w^2$ 的图像，它们各自的导数见第二排。详细内容参见正文

观察这些点我们可发现不仅是**全局最小值**处导数为0，还有其他各类点处也是如此。

这些点包括：①局部最小值或那些关于其直接邻点是最小的点，如右上图中在输入值 $w=-2.5$ 附近的那个点；②局部(以及全局)最大值或那些关于其直接邻点是最大的点，如右上图中在输入值 $w=0.5$ 附近的那个点；③鞍点，如第一排中间图中那个关于其直接邻点既非最大也非最小的点。

47

3.2.1 可手工求解的一阶方程组的特例

原则上，使用一阶条件的好处是它使得我们能将寻找全局最小值的任务转换为求解一个方程组，要完成后一任务有许多基于算法的方法可用。这里要强调的是算法的这一关键词语，因为手工求解一个(可能非线性的)方程组通常是非常困难的(如果其有解)。

但是，也存在少量相对简单但是重要的特例，我们可以手工求解其一阶方程组，或至少可用代数方法将其归约为一个线性方程组后再进行简单的数值求解。其中最为重要的是多输入二次函数(见例 3.4)和与其高度相关的瑞利商(Rayleigy quotient)(见习题 3.3)。机器学习领域中很多地方都会使用到这些函数，从线性回归的基本模型到二阶算法设计，以及算法的数学分析等。

例 3.2 利用一阶条件寻找单输入函数的驻点

本例中我们利用一阶最优性条件计算以下函数的驻点：

$$\begin{aligned} g(w) &= w^3 \\ g(w) &= \mathrm{e}^w \\ g(w) &= \sin(w) \\ g(w) &= a + bw + cw^2 \ (c > 0) \end{aligned} \tag{3.5}$$

- $g(w)=w^3$：一阶条件中给出了 $\frac{\mathrm{d}}{\mathrm{d}w}g(v)=3v^2=0$，这是我们可识别的在 $v=0$ 处的一个鞍点(见图 3.2 第一排中间图)。
- $g(w)=\mathrm{e}^w$：一阶条件给出了 $\frac{\mathrm{d}}{\mathrm{d}w}g(v)=\mathrm{e}^v=0$，这只有当 v 趋于 $-\infty$ 时才能满足，此时得到一个最小值。
- $g(w)=\sin(w)$：一阶条件给出了所有 $\frac{\mathrm{d}}{\mathrm{d}w}g(v)=\cos(v)=0$ 处的驻点，这些点出现在 $\frac{\pi}{2}$ 的奇次整数倍的位置，即最大值出现在 $v=\frac{(4k+1)\pi}{2}$ 处，最小值出现在 $v=\frac{(4k+3)\pi}{2}$ 处，k 为任一整数。

48

- $g(w)=a+bw+cw^2$：一阶条件给出 $\frac{\mathrm{d}}{\mathrm{d}w}g(v)=2cv+b=0$，在 $v=\frac{-b}{2c}$ 处有一个最小值(假定 $c>0$)。

例 3.3 一个看上去简单的函数

如前所述，绝大部分的一阶方程组不能通过手工方式按代数方法求解。为了对这个困难有一个基本认识，我们以一个看上去足够简单的函数为例，其全局最小值不能通过手工方式直接计算得到。

考虑下面的 4 次多项式

$$g(w) = \frac{1}{50}(w^4 + w^2 + 10w) \tag{3.6}$$

图3.3中给出了上式在输入空间的一小部分上的图像，其中包含了它的全局最小值。

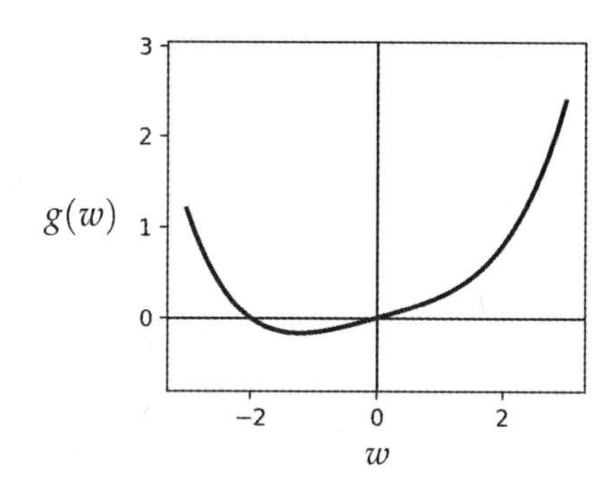

图3.3　与例3.3对应的图，详细内容参见正文

这时易于计算出其一阶方程组为：

$$\frac{\mathrm{d}}{\mathrm{d}w}g(w)=\frac{1}{50}(4w^3+2w+10)=0 \tag{3.7}$$

化简为：

$$2w^3+w+5=0 \tag{3.8}$$

上式只有一个实数解：

$$w=\frac{\sqrt[3]{\sqrt{2031}-45}}{\sqrt[2]{36}}-\frac{1}{\sqrt[3]{6(\sqrt{2031}-45)}} \tag{3.9}$$

以上求解过程需利用专为这类问题设计的、历史悠久的方法在经过大量的辛苦计算后才能完成。实际上，若式(3.6)中的多项式是6次或更高次数，我们就不能保证能找到其闭合形式的驻点了。

49

例3.4　多输入二次函数的驻点

考虑以下一般形式的多输入二次函数：

$$g(\boldsymbol{w})=a+\boldsymbol{b}^{\mathrm{T}}\boldsymbol{w}+\boldsymbol{w}^{\mathrm{T}}\boldsymbol{C}\boldsymbol{w} \tag{3.10}$$

其中 $\boldsymbol{C}$ 是一个 $N\times N$ 的对称矩阵，$\boldsymbol{b}$ 是一个 $N\times 1$ 的向量，a 是一个标量。计算 g 的梯度得到：

$$\nabla g(\boldsymbol{w})=2\boldsymbol{C}\boldsymbol{w}+\boldsymbol{b} \tag{3.11}$$

令上式等于0，可得到一个对称的线性方程组，如下所示：

$$\boldsymbol{C}\boldsymbol{w}=-\frac{1}{2}\boldsymbol{b} \tag{3.12}$$

该式的解即为原函数的驻点。这里应注意，我们并未明确地直接求解它的驻点，而只是给出了其一阶方程组，事实上这在本例中正是最容易进行数值求解的方式(见例3.6)。

3.2.2　坐标下降和一阶最优性条件

尽管通常不可能同时求解式(3.2)中的一阶方程组，但有时对这样的方程组可以进行顺序求解。也就是说，在一些(相当重要的)情况下，对一阶方程组，可每次求解一个方程，其中第 n 个的形式是 $\frac{\partial}{\partial w_n}g(\boldsymbol{v})=0$。这一想法也是坐标下降方法的一种形式，这在每个方程都可求出其闭合解时特别有效(比如，当要最小化的函数是一个二次函数时)。

为了对一阶方程组进行顺序求解，首先从输入点 $\boldsymbol{w}^0$ 出发，然后通过求解下式：

$$\frac{\partial}{\partial w_1} g(\boldsymbol{w}^0) = 0 \tag{3.13}$$

得到最优的第一个权值 $w_1^\star$，进而更新第一个坐标。特别注意在求解这一等式得到 w_1 值时，所有其他权值都保持初值不变。接着利用其解 $w_1^\star$ 更新向量 $\boldsymbol{w}^0$ 的第一个坐标，称更新后的权值的集合为 $\boldsymbol{w}^1$。重复相同步骤，更新第 n 个权值时需求解

$$\frac{\partial}{\partial w_n} g(\boldsymbol{w}^{n-1}) = 0 \tag{3.14}$$

50

得到 $w_n^\star$。同样，求解这一方程时所有其他权值保持各自的当前值。然后利用 $w_n^\star$ 更新第 n 个权值，得到更新后的权值集合 $\boldsymbol{w}^n$。

在对全部 N 个权值更新一次后，我们可以再次对它们进行更新以使求解更为精化(与任何其他按坐标处理的方法一样)。在第 k 次迭代时我们更新第 n 个权值，这需要求解方程

$$\frac{\partial}{\partial w_n} g(\boldsymbol{w}^{N(k-1)+n-1}) = 0 \tag{3.15}$$

以更新 $\boldsymbol{w}^{N(k-1)+n-1}$ 的第 n 个权值，以此类推。

例 3.5 利用坐标下降方法最小化凸二次函数

本例中我们使用坐标下降法最小化下面的凸二次函数：

$$g(w_1, w_2) = w_1^2 + w_2^2 + 2 \tag{3.16}$$

它的最小值位于原点。我们选择从点 $\boldsymbol{w}^0 = [3\ 4]^{\mathrm{T}}$ 处开始执行算法，这里只需要单次扫描一个坐标(即两个步骤)就能完美地找到函数的最小值。图 3.4 的左图绘出了该执行过程所经过的路径，图中还给出了函数的等值线图。我们可很容易地发现在这种情况下的一阶方程是线性的和平凡的，从而以封闭的形式求解。

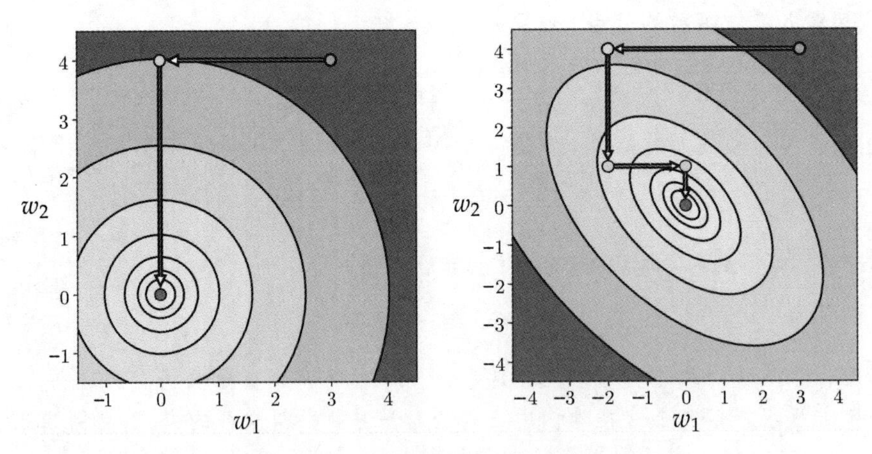

图 3.4 与例 3.5 对应的图。详细内容参见正文

接下来使用坐标下降法对下面的凸函数作最小化：

51

$$g(w_1, w_2) = 2w_1^2 + 2w_2^2 + 2w_1 w_2 + 20 \tag{3.17}$$

图 3.4 的右图中绘出了该函数的等值线图。这里算法对两个(输入)变量都进行了完全扫描以找到函数的全局最小值，它仍然位于原点处。

例 3.6　求解对称的线性方程组

在例 3.4 中我们已知道一个多输入二次函数的一阶方程组形如：

$$\boldsymbol{C}\boldsymbol{w} = -\frac{1}{2}\boldsymbol{b} \tag{3.18}$$

其中 $\boldsymbol{C}$ 是一个对称矩阵（详见例 3.4）。我们可以使用坐标下降法来求解这个方程组，进而对其所对应的二次函数进行最小化。撇开二次函数的概念，我们可以在一个更宽泛的背景中将坐标下降法视为一种求解更一般的对称线性方程组的方法。实践中对称线性方程组的求解很常见，比如，在牛顿法的每一个步骤中都要用到（详见第 4 章）。

3.3　一阶泰勒级数的几何图形

本节将对超平面的重要特征进行介绍，包括最陡上升方向和最陡下降方向的概念。我们会学习一种特殊的超平面：一个函数的一阶泰勒级数逼近，这种超平面正是极为常见的梯度下降算法的精髓，详见 3.5 节。

3.3.1　超平面

一个一般的 N 维超平面可特征化表示为：

$$h(w_1, w_2, \cdots, w_N) = a + b_1 w_1 + b_2 w_2 + \cdots + b_N w_N \tag{3.19}$$

其中 a 和 b_1 到 b_N 都是标量参数。我们可使用向量方式将 h 更紧凑地表示为：

$$h(\boldsymbol{w}) = a + \boldsymbol{b}^{\mathrm{T}}\boldsymbol{w} \tag{3.20}$$

其中

52

$$\boldsymbol{b} = \begin{bmatrix} b_1 \\ b_2 \\ \vdots \\ b_N \end{bmatrix} \quad 和 \quad \boldsymbol{w} = \begin{bmatrix} w_1 \\ w_2 \\ \vdots \\ w_N \end{bmatrix} \tag{3.21}$$

当 $N=1$ 时，式(3.20)简化为：

$$h(w) = a + bw \tag{3.22}$$

这是我们熟悉的一条（一维的）直线的表达式。注意，尽管处于一个二维空间中，$h(w)=a+bw$ 却是一维的，它的输入空间（由 w 特征化表示）本身也是一维的。

当 N 为普通值时也是如此。也就是说，$h(\boldsymbol{w})=a+\boldsymbol{b}^{\mathrm{T}}\boldsymbol{w}$ 是一个处于 $N+1$ 维空间中的 N 维的数学对象，其输入空间（特征化表示为 $w_1, w_2, \cdots, w_N$）是 N 维的。

3.3.2　最陡上升与最陡下降方向

前面我们已经看到，一个一维的超平面的输入空间也是一维的，这意味着在输入空间的任意点 $\boldsymbol{w}^0$ 处，只有两个方向可以移动：向点 w^0 的左边或右边移动。如图 3.5 的左图所示。这时从 w^0 出发向其右边移动（趋于 $+\infty$）使得 h 的值增加，因而这是一个上升方向。反过来，若向左边移动（趋于 $-\infty$）则使得 h 的值减小，因而这是一个下降方向。

但当 $N>1$ 时，可向无穷多个方向移动（不同于 $N=1$ 时只有两个方向的情形），有些方向是上升的，有些是下降的，有些则保持 h 的值，图 3.5 的右图给出了 $N=2$ 时的情形。因此我们很自然会问：是否可找到导致最大上升（或下降）的方向？这样的方向通常称为最陡上升方向（或最陡下降方向）。

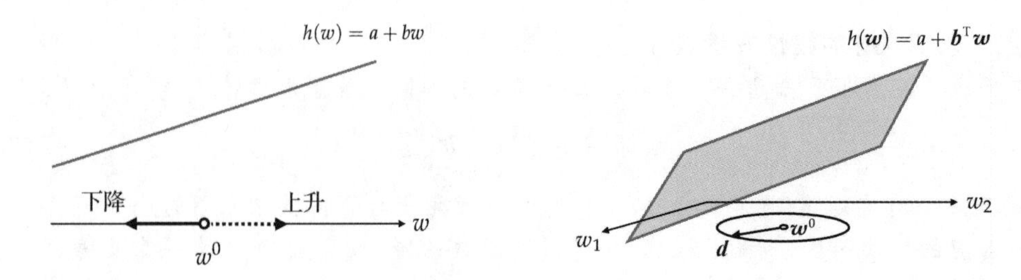

图 3.5　(左图)在一个一维超平面 h 的输入空间的任意给定点 w^0 处，可前进的方向只有两个：一个使得 h 的值增加(或称为一个上升方向)，另一个则使 h 的值减小(或称为一个下降方向)。(右图)对更高维的情况(这里 $N=2$)，从一个给定的 N 维的输入点 $\boldsymbol{w}^0$ 出发，可向无穷多个(单位)方向 $\boldsymbol{d}$ 移动。我们可发现在这种情况下，所有这些方向的终止点构成了一个以 $\boldsymbol{w}^0$ 为中心的单位圆

在给定点 $\boldsymbol{w}^0$ 处对最陡上升方向的搜索过程做形式化描述，我们需要找到使得 $h(\boldsymbol{w}^0+\boldsymbol{d})$ 的值最大的单位方向 $\boldsymbol{d}$。也即是说，需要对所有单位长度的向量 $\boldsymbol{d}$，求解下式：

$$\underset{\boldsymbol{d}}{\operatorname{maximize}}\, h(\boldsymbol{w}^0 + \boldsymbol{d}) \tag{3.23}$$

注意根据式(3.20)，$h(\boldsymbol{w}^0+\boldsymbol{d})$可写作：

$$a + \boldsymbol{b}^{\mathrm{T}}(\boldsymbol{w}^0 + \boldsymbol{d}) = a + \boldsymbol{b}^{\mathrm{T}}\boldsymbol{w}^0 + \boldsymbol{b}^{\mathrm{T}}\boldsymbol{d} \tag{3.24}$$

53　其中等式右边前两项是关于 $\boldsymbol{d}$ 的常量。

这样求 $h(\boldsymbol{w}^0+\boldsymbol{d})$的最大值相当于求 $\boldsymbol{b}^{\mathrm{T}}\boldsymbol{d}$ 的最大值，后者利用内积规则(见附录 C)可写为：

$$\boldsymbol{b}^{\mathrm{T}}\boldsymbol{d} = \|\boldsymbol{b}\|_2 \|\boldsymbol{d}\|_2 \cos(\theta) \tag{3.25}$$

再次说明，$\|\boldsymbol{b}\|_2$(即 $\boldsymbol{b}$ 的长度)并不会随 $\boldsymbol{d}$ 变化，且 $\|\boldsymbol{d}\|_2=1$。这样式(3.23)中的问题归结为：

$$\underset{\theta}{\operatorname{maximize}} \cos(\theta) \tag{3.26}$$

其中 θ 是向量 $\boldsymbol{b}$ 和 $\boldsymbol{d}$ 间的夹角。

现在可清楚地看出，在所有单位方向中，$\boldsymbol{d}=\frac{\boldsymbol{b}}{\|\boldsymbol{b}\|_2}$是最陡上升方向(其中 $\theta=0$ 且 $\cos(\theta)=1$)。类似地，也能说明 $\boldsymbol{d}=\frac{-\boldsymbol{b}}{\|\boldsymbol{b}\|_2}$是最陡下降方向(其中 $\theta=\pi$ 且 $\cos(\theta)=-1$)。

3.3.3　梯度和最陡上升/下降方向

一个多输入函数 $g(\boldsymbol{w})$在给定点 $\boldsymbol{w}^0$ 处可由一个超平面 $h(\boldsymbol{w})$局部逼近：

$$h(\boldsymbol{w}) = g(\boldsymbol{w}^0) + \nabla g(\boldsymbol{w}^0)^{\mathrm{T}}(\boldsymbol{w} - \boldsymbol{w}^0) \tag{3.27}$$

为了与前一节的表示符号匹配，上式可重写为 $h(\boldsymbol{w})=a+\boldsymbol{b}^{\mathrm{T}}\boldsymbol{w}$，其中：

$$a = g(\boldsymbol{w}^0) - \nabla g(\boldsymbol{w}^0)^{\mathrm{T}}\boldsymbol{w}^0 \quad 和 \quad \boldsymbol{b} = \nabla g(\boldsymbol{w}^0) \tag{3.28}$$

这一超平面是 g 在点 $\boldsymbol{w}^0$ 处的一阶泰勒级数逼近，也是 g 在这一点的正切值(见附录 B)。

54　由于 h 是用于在点 $\boldsymbol{w}^0$ 附近逼近 g，它的最陡上升和最陡下降方向也反映了函数 g 的值在点 $\boldsymbol{w}^0$(或其附近)增大或减小的前进方向。

3.4　梯度的高效计算

现在回顾一下你是如何做基本的算术运算的(比如将两个数相乘)？如果两个乘数比较

小，比如 35 乘以 21，你可能利用在小学时所学的乘法性质和简单的相乘结果来完成这一乘法运算。例如，你可能利用乘法的分布律来将 35×21 的计算分解为：

$$(30+5)\times(20+1)=(30\times 20)+(30\times 1)+(5\times 20)+(5\times 1) \tag{3.29}$$

然后利用乘法表来计算 30×20、30×1 等各式的结果。在日常所需的一些快速估算中，如计算贷款/投资的利率或计算饭店小费，我们常采用这样的策略。

但是，尽管无论相乘的是哪两个数，乘法规则都相当简单且有效，我们却不可能用这种方法去计算两个任意大的数(比如 140 283 197 和 2 241 792 431)的乘积。我们多半会使用一个计算器来方便地计算两个任意大小的数的乘积。计算器能让计算更快更准，让我们可直接将算术运算的结果运用到更重要的其他任务中。

对于导数和梯度的计算我们也是这样的思路。也许对一个像 $g(w)=\sin(w^2)$ 这样相对简单的数学函数，可以很容易地利用*微分规则*和特定*初等函数*(如正弦函数和多项式函数，见附录 B)的导数来计算其导数。在这种特定情形下，可使用*链式法则*将 $\frac{\mathrm{d}}{\mathrm{d}w}g(w)$ 写为：

$$\frac{\mathrm{d}}{\mathrm{d}w}g(w)=\left(\frac{\mathrm{d}}{\mathrm{d}w}w^2\right)\cos(w^2)=2w\cos(w^2) \tag{3.30}$$

与乘法运算一样，尽管无论需求导的函数是什么，微分规则都相当简单且有效，你也不可能用它以手工方式计算一个任意的复杂函数，比如：

$$g(w_1,w_2)=2^{\sin(w_1^2+w_2^2)}\tanh(\cos(w_1w_2))\tanh(w_1w_2^4+\tanh(w_1+w_2^2)) \tag{3.31}$$

这么做极为耗时且易于弄得一团糟(正如将两个非常大的数相乘时的情形)。按同样的思路，我们希望有一个所谓的*梯度计算器*来更快更准地计算导数和梯度，让我们可将梯度计算的结果直接用于更重要的任务，比如，用于本章主要介绍的在机器学习中广泛使用的一阶局部优化方法。因此，在本书的后续部分，读者将会看到，我们将使用一个*梯度计算器*，而不是采用手工计算的方式。

55

梯度计算器分为若干种，有些可提供数值近似，也有一些可逐个自动处理初等函数和操作的简单导数规则。附录 B 中列出了这些不同的方法。我们建议 Python 用户使用开源的自动微分函数库 autograd[10-13] 或 JAX(autograd 在 GPU 和 TPU 上运行的一种扩展)。这是一个高品质的易用的专业级梯度计算器，使得用户可很容易地计算由标准数据结构和 autograd 操作构成的 Python 函数的梯度。在 B.10 节中我们简短说明如何使用 autograd，并展示了它的一些核心功能。

3.5　梯度下降

在 3.3 节中我们已经看到函数 $g(\boldsymbol{w})$ 在一个特定点的负梯度 $-\nabla g(\boldsymbol{w})$ 总是定义了在该点的一个合理的下降方向。我们可能很自然会关心一个局部优化方法的效能，这类方法中所含的步骤可表示为通式 $\boldsymbol{w}^k=\boldsymbol{w}^{k-1}+\alpha\boldsymbol{d}^k$(见 2.4 节)，这里使用了负梯度方向 $\boldsymbol{d}^k=-\nabla g(\boldsymbol{w}^{k-1})$。这样一连串步骤都具有如下形式：

$$\boldsymbol{w}^k=\boldsymbol{w}^{k-1}-\alpha\nabla g(\boldsymbol{w}^{k-1}) \tag{3.32}$$

这似乎与直觉相符，至少在开头部分是这样，因为每一个方向都确保是下降的(假定我们对 α 做了合适的设置，这正是在使用任一局部优化方法时必须要做的)。执行这样的步骤将使我们最终找到一个与函数 g 的局部最小值邻近的点。式(3.32)中这一相当简单的更新步骤正是一种使用极为广泛的局部优化方法，我们称之为*梯度下降算法*。之所以这样命名是由于该方法中使用了(负)梯度作为下降方向。

图 3.6 中绘出了梯度下降算法在一个一般的单输入函数上经过的典型路径。在这个局部优化方法的每一步骤，我们可考虑绘出函数的一阶泰勒级数逼近，然后取这个正切超平面的下降方向(即函数在这个点的负梯度)作为算法的下降方向。

56

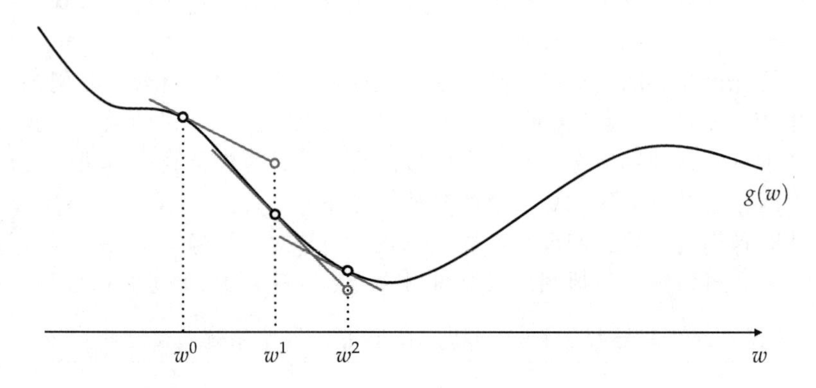

图 3.6 梯度下降算法示意图。对函数 $g(w)$，从初始点 w^0 出发，我们在函数上的点(w^0，$g(w^0)$)处(图中函数曲线上的中空黑色点)对函数做第一次逼近。这里使用的一阶泰勒级数逼近在图中以线段绘出。沿着这一逼近的负梯度方向移动，我们到达点 $w^1=w^0-\alpha\frac{\mathrm{d}}{\mathrm{d}w}g(w^0)$。接着在 w^1 处重复此过程，沿着那个点的负梯度方向，将到达点 $w^2=w^1-\alpha\frac{\mathrm{d}}{\mathrm{d}w}g(w^1)$，如此等等

在本章和后续很多章节我们都会看到，梯度下降算法通常比前一章介绍的零阶方法好得多。确实，梯度下降算法和它的扩展(见附录 A)可以说是当前机器学习中使用得最为广泛的局部优化算法。这在很大程度上是由于(经由梯度得到的)下降方向几乎总是更易于计算(特别是在输入维度增加时)，而在 2.4～2.6 节描述的零阶方法中，需要随机找出一个下降方向则不是那么容易。换句话说，由于负梯度方向给出了函数的一个局部下降方向，且梯度易于计算(特别是在使用一个自动微分器时)，这两个原因使得梯度下降算法成为一种极佳的局部优化方法。

例 3.7 利用梯度下降算法最小化一个非凸函数

要利用梯度下降算法(或任一局部优化方法)找到一个普通非凸函数的全局最小值，我们可能需要以不同的初始位置或步长设置来多次运行算法。对以下非凸函数

$$g(w)=\sin(3w)+0.3w^2 \tag{3.33}$$

57

图 3.7 的上排两个图描绘了利用梯度下降算法对其进行最小化的过程。例 2.4 中我们曾运用随机搜索算法对此函数进行过最小化。现在我们分别从初始点 $w^0=4.5$(左上图)和 $w^0=-1.5$(右上图)出发，运行梯度下降算法两次，两次运行都使用固定步长 $\alpha=0.05$。从结果可以看出，由于初始点不同，我们可能终止于函数的一个局部最小值或全局最小值附近(算法的执行过程中从最初到结束的各个步骤见实心圆圈)。

例 3.8 使用梯度下降算法最小化一个多输入的凸函数

本例中将梯度下降算法运用于以下多输入的二次凸函数：

$$g(w_1,w_2)=w_1^2+w_2^2+2 \tag{3.34}$$

58

之前在例 2.3 中也讨论过该函数。在算法执行的全部 10 个步骤中，我们将步长参数都固

定为 $\alpha=0.1$。在图 3.7 下排的图中，我们在函数的输入空间中绘出了梯度下降算法的运行所经过的路径，同样，各步骤从开始到结束用实心圆圈表示。左下图中展示了函数的三维视图，右下图则展示了函数在其输入空间上的等值线顶视图。

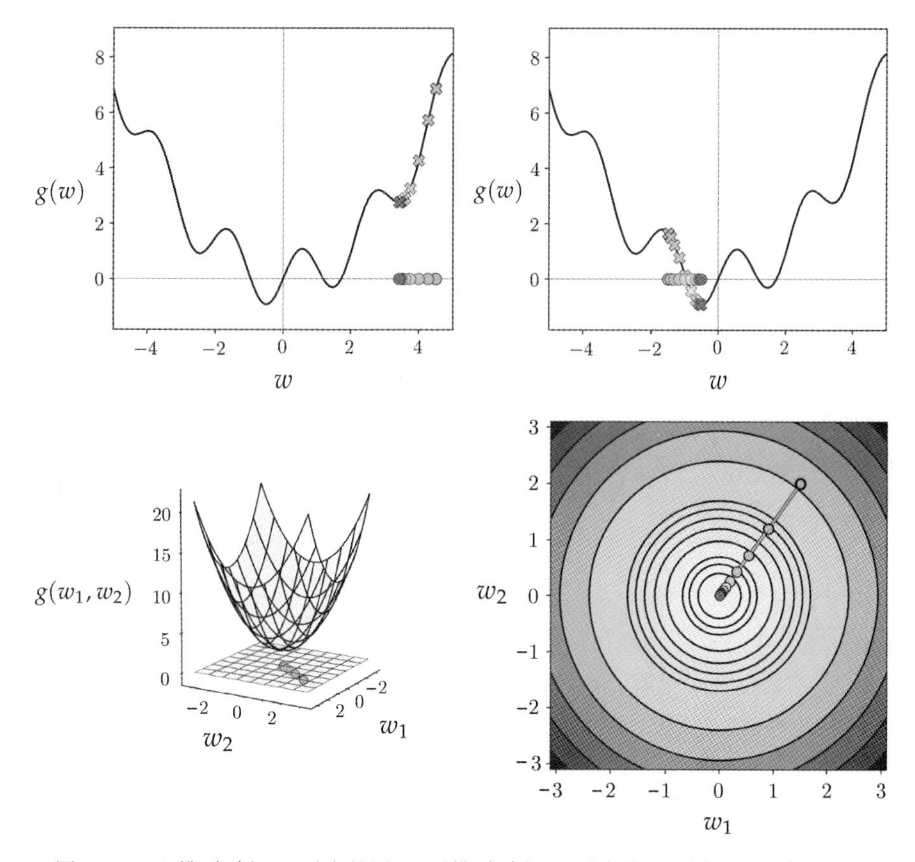

图 3.7　(上排)与例 3.7 对应的图。(下排)与例 3.8 对应的图。详细内容参见正文

3.5.1　梯度下降法的基本步长选择

与所有的局部优化方法一样，梯度下降法中也需要很仔细地选择步长或学习率参数 α。尽管对于梯度下降法而言可以用很多复杂巧妙的方法来选择 α，但在机器学习领域中，最常用的还是那些在零阶方法的简单情形下使用的方法(见 2.5 节)。这些方法包括：①在梯度下降法一次运行的每个步骤中都采用固定的 α 值，出于简单性考虑，通常 α 取为 10^{γ} 的形式，这里 γ 是一个(通常为负的)整数；②在一次运行中使用递减的步长值，如在第 k 个步骤采用步长值 $\alpha=\frac{1}{k}$。

以上两种方法中我们都期望在梯度下降法的每个步骤能选择一个合适的步长值 α，这其实也反映了其他局部优化方法的意图：α 值的选择应使得最小化过程尽可能缩短。对于固定的步长值，这通常意味着 α 的值应尽可能最大以保证合适的收敛。

例 3.9　梯度下降法中的固定步长选择

在梯度下降法的每个步骤，我们总是有一个下降方向，这是由负梯度的形式显式定义的。但是，当执行一个梯度下降步骤时，是否真正得到一个减小的函数值完全取决于我们在负梯度方向上移动多长的距离，这一距离正是由步长参数控制的。如果步长设置不合适，可能下降的过程会极其缓慢，甚至得到一个**增大**的函数值。

图 3.8 中，我们借助一个简单的单输入二次函数 $g(w)=w^2$ 描述了这一问题。图中给出了以 3 种不同的固定步长值分别运行算法的结果，每次运行执行 5 个梯度下降步骤，且都从点 $w^0=-2.5$ 出发。上排图展示了函数图像及其在各次运行中每个步骤的函数值(各次运行中使用的步长值 α 标识在各图的顶部)。从左到右各图对应的运行所采用的 α 值逐次以较小增幅增大。左边图中的步长非常小，以至于函数值根本没有下降多少。但在右边的图中，若把 α 值设置得太大，算法的执行只能使得函数值增大(进而最终**发散**)。

59

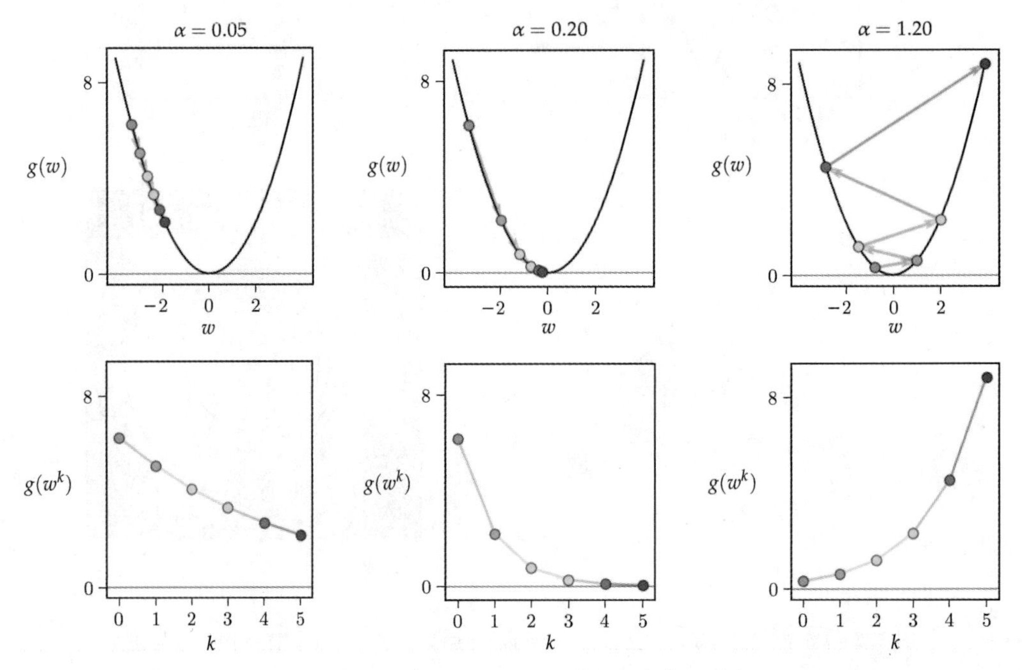

图 3.8　与例 3.9 对应的图。详细内容参见正文

图 3.8 的下排图显示了对应于上排图中每次运行的代价函数历史图。

例 3.10　固定步长与递减步长的比较

图 3.9 展示了固定步长和递减步长方案在最小化以下函数时的不同：

$$g(w)=|w| \tag{3.35}$$

注意该函数在 $w=0$ 处有一个唯一的全局最小值。我们运行梯度下降算法两次，每次运行执行 20 个步骤，初始点都是 $w^0=2$。第一次运行中每个步骤都采用固定步长值 $\alpha=0.5$(如左上图所示)，第二次运行则使用递减步长规则，在第 k 步取 $\alpha=\frac{1}{k}$(如右上图所示)。

从图 3.9 中可以看出，采用固定步长的运行过程陷入了困境，不能再朝着函数最小值的方向下降。而采用递减步长的运行则非常好地停止于全局最小值处(下图中的代价函数历史图也印证了这一情形)。这是由于函数的导数(除 $w=0$ 点外，处处有定义)形如：

60

$$\frac{\mathrm{d}}{\mathrm{d}w}g(w)=\begin{cases}+1 & w>0\\ -1 & w<0\end{cases} \tag{3.36}$$

这使得采用任一固定步长方案都存在问题，因为算法总是在每一步骤移动一个固定长度的距离。在所有局部优化方法中我们都要面对这一问题(事实上在例 2.5 中，我们已在零阶方法中遇到过该问题)。

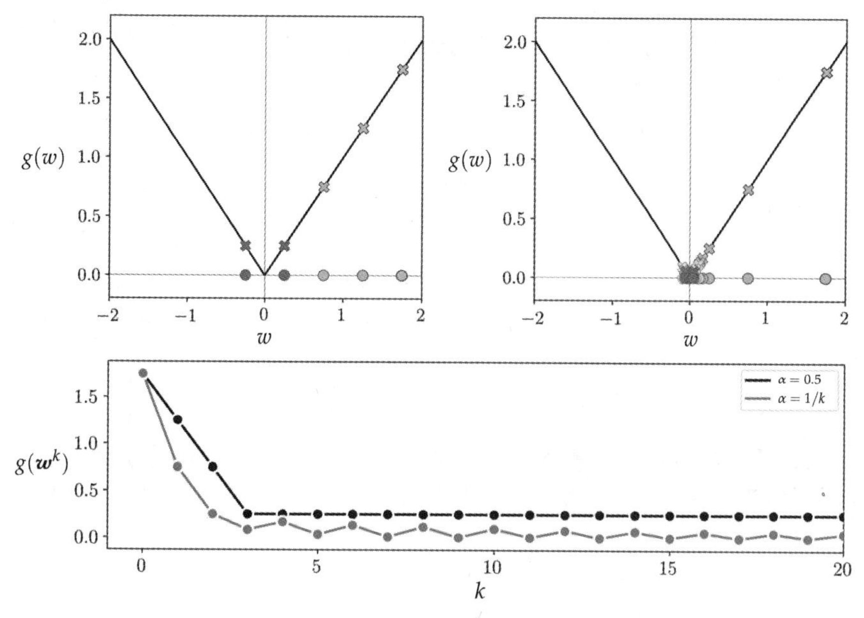

图 3.9　与例 3.10 对应的图。详细内容参见正文

3.5.2　代价函数历史图中的振荡：不一定总是坏事

由于通常要处理接受非常多输入的代价函数，因此实践中我们使用代价函数历史图(见 2.5.2 节)对步长参数 α 的值进行调节，也用其调试算法的实现。

注意，在使用代价函数历史图来选择一个合适的步长值时，并不要求梯度下降法(或任一局部优化方法)的一次运行对应的图严格递减(即算法在每个步骤都是下降的)。关键是找到一个合适的 α 值使得梯度下降法能找到尽可能最小的函数值，即使这个 α 值不能使得每个步骤都保持下降。也即是说，对某一特定的最小化任务，α 的最佳选择可能会导致梯度下降算法的执行过程反复横跳，忽上忽下，而不是在每一步骤都保持下降。下面我们将给出一个描述这种情况的例子。

61

例 3.11　代价函数历史图中的振荡和单调递减

本例中我们展示利用梯度下降法对下面函数进行三次最小化的结果：

$$g(\boldsymbol{w}) = w_1^2 + w_2^2 + 2\sin(1.5(w_1 + w_2))^2 + 2 \tag{3.37}$$

图 3.10 绘出了其等值线。可以看到在点 $[1.5\quad 1.5]^{\mathrm{T}}$ 附近有一个局部最小值，在点 $[-0.5\quad -0.5]^{\mathrm{T}}$ 附近有一个全局最小值。三次运行都从初始点 $\boldsymbol{w}^0=[3\quad 3]^{\mathrm{T}}$ 出发且都执行 10 个步骤。第一次运行(如左上图所示)采用一个固定步长参数 $\alpha=10^{-2}$，第二次运行(如上排中间图所示)采用步长 $\alpha=10^{-1}$，第三次运行(如右上图所示)时 $\alpha=10^{0}$。

图 3.10 的下图绘出了算法每次运行对应的代价函数历史图。从图中可以看出，第一次运行时我们选择的 α 值太小(也如左上图所示)，第二次运行选择的 α 值则使得算法收敛到局部最小值(也如上排中间图所示)，最后一次运行尽管忽上忽下，且每一步骤并不是严

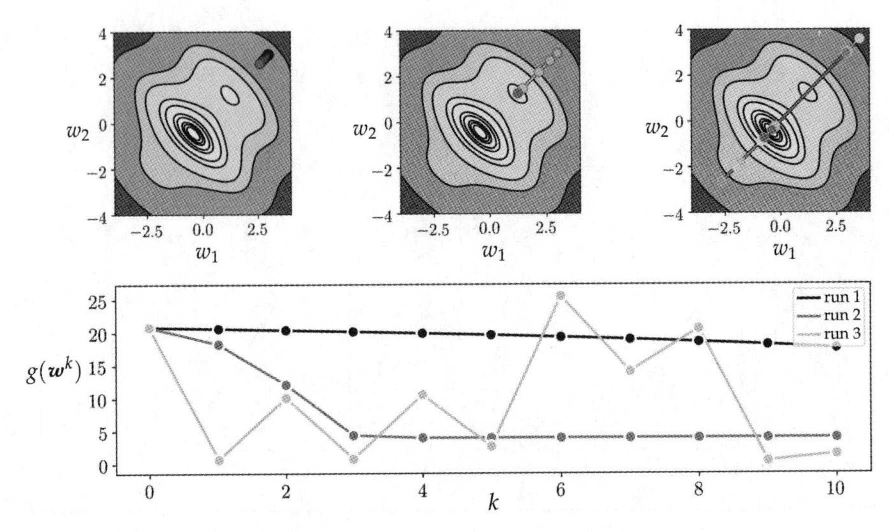

图 3.10 与例 3.11 对应的图。详细内容参见正文

格递减，却找到了三次运行中的最低点。因此尽管最后这次运行使用了最大的步长值 $\alpha=10^0$，且显然导致了振荡情形(这也许最终会导致发散)，但它确实找到了三次运行中的最小函数值。

62

尽管上述函数是专为本例设计的，但是，实践中梯度下降法(或任一更普通的局部优化算法)的一次运行的代价函数常常是上下振荡，而不是完全平滑且单调递减的。

3.5.3 收敛准则

梯度下降法的一次运行何时停止？技术上讲，若步长选择得非常合适，算法将在函数的驻点(特别是最小值或鞍点)附近停止。为什么这么说？这是由梯度下降法自身的形式确定的。如果步骤 $\boldsymbol{w}^k=\boldsymbol{w}^{k-1}-\alpha\nabla g(\boldsymbol{w}^{k-1})$ 并没有从前一个点 $\boldsymbol{w}^{k-1}$ 产生显著的移动，则可能只意味着一件事：我们所要移动的方向趋近于 0，即 $-\alpha\nabla g(\boldsymbol{w}^{k-1})\approx\boldsymbol{0}_{N\times 1}$。根据定义，这是函数的一个驻点(详见 3.2 节)。

这样，原则上梯度下降法可以足够接近函数的一个驻点，这可通过确保梯度的幅值 $\|\nabla g(\boldsymbol{w}^{k-1})\|_2$ 足够小来达到。其他的形式化收敛准则还包括：①当某一步骤不再产生足够大的移动距离时算法即停止(即当 $\frac{1}{N}\|\boldsymbol{w}^k-\boldsymbol{w}^{k-1}\|_2$ 小于某一 ε 时)；②当对应的函数值不再有大幅变化时(比如，当 $\frac{1}{N}|g(\boldsymbol{w}^k)-g(\boldsymbol{w}^{k-1})|$ 小于某一 ε 时)。最后，一种实用的使得梯度下降算法(以及任何其他局部优化方法)停止的简单方法是设置一个固定的最大迭代次数。在机器学习的各类应用中常采用后一种方法，可单独使用，也可与前面的一种形式化停止条件结合使用。

那么我们如何设置最大的迭代次数呢？与任何局部优化方法一样，可以通过手工或启发式方法设置。设置最大迭代次数时需要考虑计算资源、待最小化的函数的情况，还有更重要的是，需要考虑步长参数 α 的值的选择。α 值选得越小，尽管越容易使得每一步都是下降的，这常常要求算法执行更多的步骤才能得到足够大的移动距离。相反，若 α 值设置得太大，算法可能会不断振荡，而不能定位到一个合适的解。

3.5.4 Python 实现

本节中我们给出梯度下降算法的基本的 Python 实现。实践中有大量的变型，包括各种不同的停止条件(如前所述)，以及各种不同的计算梯度的方法。算法的输入包括待最小化的函数 g，步长值 alpha，最大迭代次数 max_its(这是我们采用的默认停止条件)，以及一个通常随机选择的初始点 w。算法的输出包括一系列的权值更新和对应的代价函数值的历史(后者用于生成一个代价函数历史图)。算法 16 行中梯度函数的计算默认使用开源的自动微分库函数 autograd(详见 3.4 节和 B.10 节)，当然也可替换为任意其他计算梯度函数的方法。

63

```
# import automatic differentiator to compute gradient module
from autograd import grad

# gradient descent function
def gradient_descent(g, alpha, max_its, w):

    # compute gradient module using autograd
    gradient = grad(g)

    # gradient descent loop
    weight_history = [w]  # weight history container
    cost_history = [g(w)] # cost function history container
    for k in range(max_its):

        # evaluate the gradient
        grad_eval = gradient(w)

        # take gradient descent step
        w = w - alpha*grad_eval

        # record weight and cost
        weight_history.append(w)
        cost_history.append(g(w))

    return weight_history, cost_history
```

假定函数 g 的输入是 N 维的，随机的初始点通常可利用 NumPy 函数 random.randn 由标准正态分布(均值 0，单位标准方差)生成。由一些小常量(比如 0.1 或更小的数)缩放生成初始点也是常见的方法。

```
# a common random initialization scheme
import numpy as np
scale = 0.1
w = scale*np.random.randn(N,1)
```

64

3.6 梯度下降法的固有缺陷

如我们在前一节所了解的，梯度下降法是一种每一步都采用负梯度的局部优化方法。由于算法以负梯度方向的形式给出了真正的下降方向，且梯度通常很容易计算(不论是否使用自动微分器)，这意味着我们并不需要在每一步都搜寻一个合理的下降方向，而前一章中介绍的零阶方法则需要这样做。这是极有优势的，也是梯度下降法在机器学习中得到广泛应用的基本原因。

但是，任何基础的局部优化方法都有其缺点。比如，前一章中我们已看到随机搜索法有其与生俱来的缺点，这一缺点限制了它在实践中只能用于低维输入的函数。尽管梯度下降法没有这一缺陷，但负梯度作为下降方向也有其不足，我们将在本节中逐一说明。

3.6.1 (负)梯度方向的缺陷是如何产生的

缺陷来源于何处？对任何一个向量，其负梯度本质上总是由方向和幅值(大小)构成的(如图 3.11 所示)。当使用负梯度作为下降方向时，根据所要最小化的函数不同，方向和幅值这两个属性中的任一个(或两者都)可能产生问题。

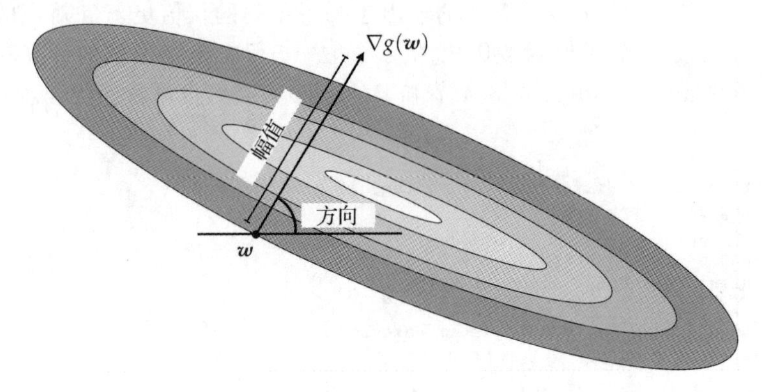

图 3.11 任一函数在任一点的梯度向量由幅值和方向组成

65

在梯度下降法的一次运行过程中，负梯度的方向可能会快速地摇摆不定，因而常常形成各步骤呈之字形前进，这会使得算法需要相当可观的时间才能到达一个最小值。负梯度的幅值可能会在驻点附近快速消减，导致梯度下降法在最小值和鞍点附近进展非常缓慢。这也会减缓算法在驻点附近的进程。这两个问题尽管不是在每一个函数的最小化过程中都会出现，但在机器学习领域中却总是无法避免。这是由于我们要进行最小化的许多函数都有着狭长的谷底——函数的等值线变得越来越平行时的长而平滑的区域。这两个问题或来源于负梯度的方向，或来源于其幅值，下面我们做进一步的探讨。

3.6.2 (负)梯度方向

(负)梯度方向的一个基本性质是它总是指向函数等值线的垂线。这一性质具有普遍性，对任何(可微)函数和其所有输入都是成立的。也就是说，在输入点 $\boldsymbol{w}^0$ 处梯度上升/下降方向总是垂直于等值线 $g(\boldsymbol{w})=g(\boldsymbol{w}^0)$。

例 3.12 负梯度方向

图 3.12 中分别展示了函数 $g(\boldsymbol{w})=w_1^2+w_2^2+2$(左上图)、$g(\boldsymbol{w})=w_1^2+w_2^2+2\sin(1.5(w_1+w_2))^2+2$(右上图)和 $g(\boldsymbol{w})=(w_1^2+w_2-11)^2+(w_1+w_2^2-6)^2$(下图)的等值线图。

每个图中也给出了在三个随机点定义的负梯度方向。为便于观察，我们所选择的每个点都以一种独有的颜色突出显示，它们所在函数的等值线也以同样的颜色标识。梯度在每一点定义的下降方向由一个箭头标识，每个输入点处还绘出了等值线的正切线，都与各自对应的点的颜色相同)。

在每一个实例中都可看出梯度下降方向总是垂直于它所在的等值线，特别地，是垂直于等值线上每个点的正切线。由于梯度上升方向正是图中显示的下降方向的反方向，它们也是垂直于等值线的。

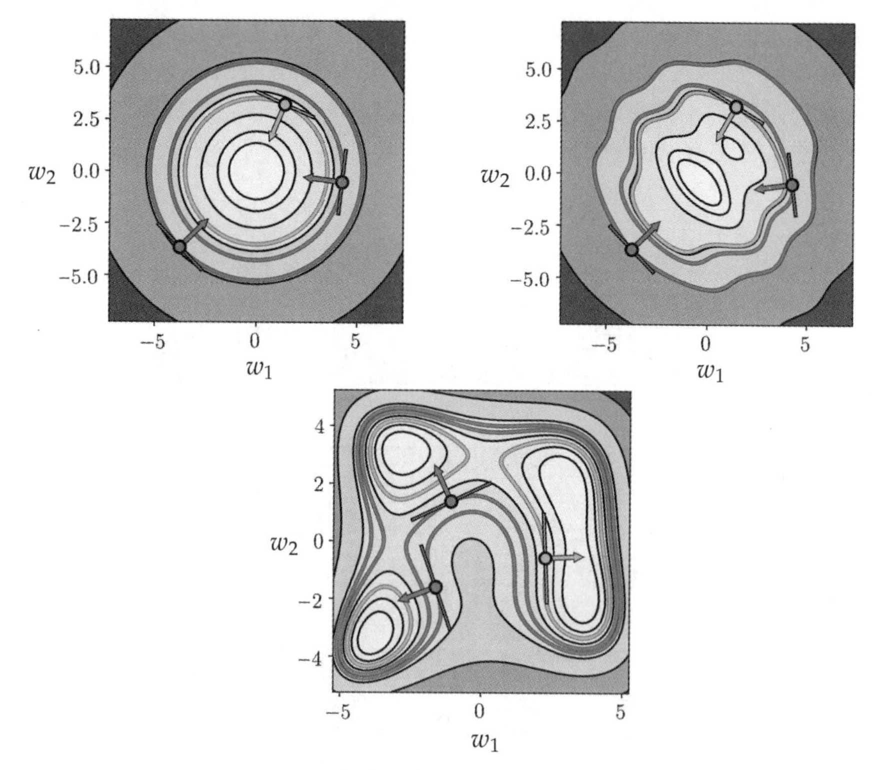

图 3.12　与例 3.12 对应的图。无论是什么函数，其负梯度方向总是垂直于函数的等值线。详细内容参见正文(见彩插)

3.6.3　梯度下降法的之字形走向

实践中负梯度总是指向垂直于函数等值线的方向，对于某些函数，这将导致在梯度下降法的运行过程中负梯度方向的快速摇摆，或者说形成之字形走向。这反过来又导致梯度下降法的步骤也成为之字形的。过多的之字形来回摇摆将使最小化过程变得非常缓慢。这种情况出现时，就需要执行非常多的步骤才能对函数进行充分的最小化。下面将用一组简单的例子来说明这一现象。

66

感兴趣的读者可以关注 A.2 节，我们在其中描述了解决之字形走向问题的一种常用方法，称为动量加速的梯度下降法。

例 3.13　梯度下降法的之字形走向问题

图 3.13 中针对三个 2 维的二次函数(一般形式为 $g(\mathbf{w})=a+\mathbf{b}^{\mathrm{T}}\mathbf{w}+\mathbf{w}^{\mathrm{T}}\mathbf{C}\mathbf{w}$)描述了梯度下降法的之字形走向问题。每种情形下 a 和 $\mathbf{b}$ 都设置为 0，矩阵 $\mathbf{C}$ 的设置使得每个二次函数逐步变窄：

67

$$
\begin{aligned}
\mathbf{C}&=\begin{bmatrix}0.50 & 0\\ 0 & 12\end{bmatrix} \quad (\text{图 3.13 的上图})\\
\mathbf{C}&=\begin{bmatrix}0.10 & 0\\ 0 & 12\end{bmatrix} \quad (\text{图 3.13 的中图}) \qquad (3.38)\\
\mathbf{C}&=\begin{bmatrix}0.01 & 0\\ 0 & 12\end{bmatrix} \quad (\text{图 3.13 的下图})
\end{aligned}
$$

这样，这三个二次函数的不同之处仅在于如何设置矩阵 $\boldsymbol{C}$ 左上角元素的值。三个二次函数的等值线分别展示在图 3.13 的上、中、下图中，它们的全局最小值都位于原点。但是，若改变各函数的矩阵 $\boldsymbol{C}$ 中那个单独的值(左上角元素)，将使得它们的等值线沿水平轴产生较大的拉伸效应，第三种情形中的等值线在初始点附近几乎完全相互平行了(**狭长谷底**的一个例子)。

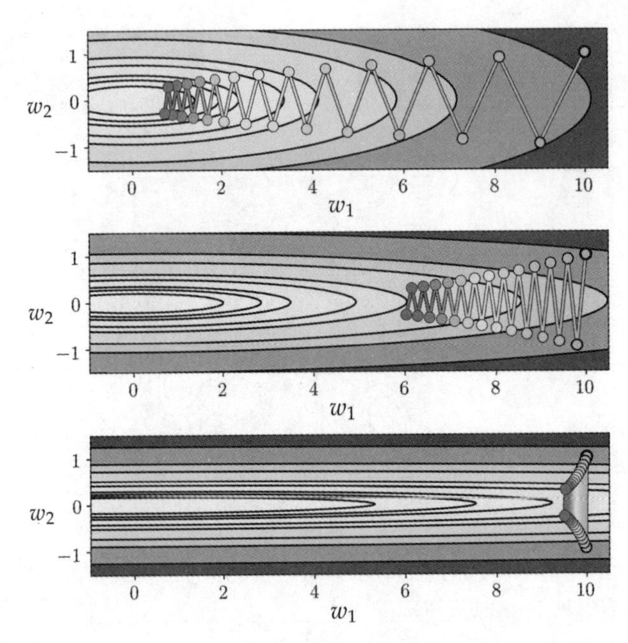

图 3.13 与例 3.13 对应的图。描述了梯度下降法的之字形走向问题。详细内容参见正文(见彩插)

然后我们分别对每个函数运行梯度下降算法，各执行 25 个步骤，初始点都是 $\boldsymbol{w}^0=[10\quad 1]^{\mathrm{T}}$，步长值都为 $\alpha=10^{-1}$。在每种情形下将每一步找到的权重绘制在等值线图上，开始运行时用绿色标识，到达最大迭代次数时用红色标识。依次观察图中第一到第三个例子，可以看出每种情形下梯度下降法的之字形走向非常明显。第三个函数的执行进展并不大，因为其中包含了大量的之字形走向。

68

我们也可从图中发现这些之字形走向的原因：负梯度方向一直指向函数等值线的垂直方向，对于非常窄的函数，这些等值线变得几乎相互平行。尽管我们可通过减小步长值来缓解之字形走向问题，但并不能解决导致其产生的根本原因，只能使得收敛变慢。

3.6.4 梯度下降法中的“慢爬”现象

从 3.2 节对一阶最优性条件的讨论中我们已经知道，(负)梯度(的幅值)在驻点处完全消失。也即是说，若 $\boldsymbol{w}$ 是一个最小值/最大值或鞍点，则有 $\nabla g(\boldsymbol{w})=\mathbf{0}$。注意这也意味着梯度的幅值在驻点消失，即 $\|\nabla g(\boldsymbol{w})\|_2=0$。更进一步说，在驻点附近的点处，(负)梯度方向不为 0 而幅值逐渐消失，即 $\|\nabla g(\boldsymbol{w})\|_2\approx 0$。

负梯度的幅值在驻点附近消失，所产生的直接后果是使得梯度下降法的步骤在驻点附近的执行非常缓慢(可称为“爬行”)。这是因为与 2.5、2.6 节中讨论的零阶方法(其中对每个下降方向的幅值进行了归一化处理)不同，梯度下降法的每个步骤所经过的距离不完全由步长值 α 决定。实际上我们可很容易地由下式计算一个梯度下降法步骤所经过的距离：

$$\| \boldsymbol{w}^k - \boldsymbol{w}^{k-1} \|_2 = \| (\boldsymbol{w}^{k-1} - \alpha \nabla g(\boldsymbol{w}^{k-1})) - \boldsymbol{w}^{k-1} \|_2 = \alpha \| \nabla g(\boldsymbol{w}^{k-1}) \|_2 \quad (3.39)$$

也就是说，一个通常的梯度下降法步骤的长度等于步长参数的值 α 与下降方向幅值的乘积。

由此得到的结果很易于阐明。由于梯度的幅值 $\| \nabla g(\boldsymbol{w}^{k-1}) \|_2$ 离驻点很远，并且实践中我们通常随机选择梯度下降法的初始点，从而使得初始点通常远离函数的任何驻点。梯度下降法运行时的开头几个步骤通常步长比较大，以较大的步长向最小值方向移动。反之，在接近某一驻点时梯度的幅值变小，使得一个步骤所经过的长度也变小。这意味着在接近驻点时梯度下降法的步骤向着最小值方向移动的长度变得非常小。

69

简言之，梯度下降法每一步的长度与梯度的幅值成正比，这意味着梯度下降法在开始执行时的步骤通常经过较大的距离，而在最小值和鞍点附近移动距离很快变小，我们将此过程称为“慢爬”。对某些特定函数这种慢爬现象不仅意味着需要很多步骤才能得到满意的最小值，而且也能使得梯度下降法在非凸函数的驻点附近完全停止。

感兴趣的读者可参阅 A.3 和 A.4 节，我们在其中描述了解决慢爬现象的一种常用方法，称为归一化梯度下降法。

例 3.14　梯度下降法的慢爬现象

图 3.14 的左图中绘出了以下函数：

$$g(w) = w^4 + 0.1 \quad (3.40)$$

其最小值在原点。我们将对其做最小化。梯度下降法执行 10 个步骤，步长参数 $\alpha = 10^{-1}$。我们给出了算法在函数上的运行结果。这里可以明显看出梯度下降法在开始执行时的步骤经过的距离较大，而在接近最小值时开始慢爬。这两种表现都相当正常，因为梯度的幅值在远离全局最小值时很大，而在接近它时趋近于 0。

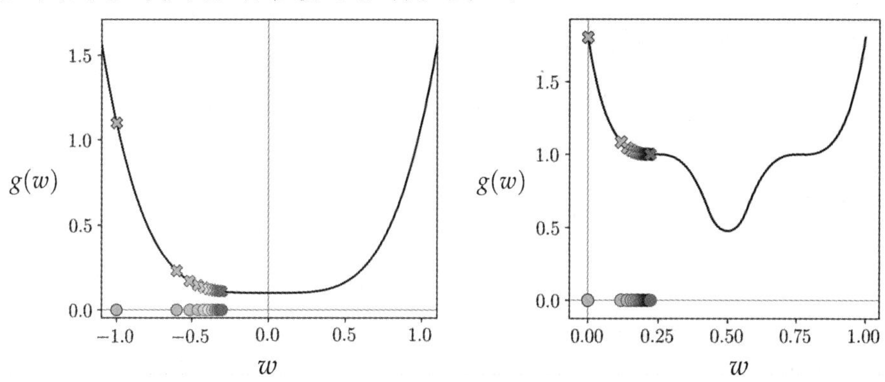

图 3.14　与例 3.14 对应的图。详细内容参见正文

在图 3.14 的右图中，我们描述了梯度下降法在下面非凸函数鞍点附近的慢爬现象：

$$g(w) = \max^2(0, 1 + (3w - 2.3)^3) + \max^2(0, 1 + (-3w + 0.7)^3) \quad (3.41)$$

70

这一函数的最小值在点 $w = \frac{1}{2}$ 处，鞍点在 $w = \frac{7}{30}$ 和 $w = \frac{23}{30}$ 处。我们在此函数上运行梯度下降法，执行 50 个步骤，步长值为 $\alpha = 10^{-2}$，初始点为原点。

从图 3.14 的右图中可以看出，按此次运行的设定(初始点和步长参数)，梯度下降法的步骤在最左边的鞍点附近停止。算法在接近这一鞍点时开始慢爬很正常，这是因为梯度的幅值在此处开始消失。这一现象阻止了算法找到全局最小值。

3.7　小结

本章介绍了利用函数的一阶导数生成有效的下降方向的局部优化方法，或称为一阶方法。或许可以说这类方法构成了机器学习中最常用的优化工具集。

3.2 节首先探讨了一个函数的一阶导数是如何借助一阶最优性条件对函数的最小值、最大值和鞍点(统称为驻点)进行特征化描述的。作为讨论一阶局部优化方法的准备，接下来介绍了一个超平面的上升方向和下降方向，3.3 节还介绍了与一阶泰勒级数逼近相关联的正切超平面的方向。在 3.5 节中，我们看到如何在一个局部优化框架中使用这样的下降方向，从而自然地得到一种常用的局部优化方法，我们称其为梯度下降法。

梯度下降算法在机器学习领域的使用非常广泛，因为由负梯度给出的下降方向几乎总是很容易得到，这样就不需要像零阶方法(见第 2 章)一样刻意去搜寻一个下降方向。但是，由于自身特性，负梯度方向在用于局部优化方法时也存在两个固有缺陷——之字形走向问题和慢爬问题，详见 3.6 节。这两个问题降低了算法的效率。这两个问题以及它们各自对应的解决办法(统称为高级一阶优化方法)在本书的附录 A 中进行了详尽的讨论。

3.8　习题

完成下列习题所需的数据可从本书的 GitHub 资源库下载，链接为：github.com/jermwatt/machine_learning_refined。

71

习题 3.1　一阶最优性条件

利用一阶条件找出函数 g 的所有驻点(采用手工计算)。然后绘出 g 的图像并标出你找到的点，通过肉眼观察判断每个驻点是最小值、最大值还是鞍点。注意：可能有无穷多个驻点！

(a) $g(w)=w\log(w)+(1-w)\log(1-w)$，其中 w 在 0 和 1 之间

(b) $g(w)=\log(1+e^{w})$

(c) $g(w)=w\tanh(w)$

(d) $g(\boldsymbol{w})=\frac{1}{2}\boldsymbol{w}^{\mathrm{T}}\boldsymbol{C}\boldsymbol{w}+\boldsymbol{b}^{\mathrm{T}}\boldsymbol{w}$，其中 $\boldsymbol{C}=\begin{bmatrix}2 & 1\\ 1 & 3\end{bmatrix}$ 且 $\boldsymbol{b}=\begin{bmatrix}1\\ 1\end{bmatrix}$

习题 3.2　简单二次函数的驻点

在很多应用中都会用到一个简单的多输入函数：

$$g(\boldsymbol{w})=a+\boldsymbol{b}^{\mathrm{T}}\boldsymbol{w}+\boldsymbol{w}^{\mathrm{T}}\boldsymbol{C}\boldsymbol{w} \tag{3.42}$$

其中矩阵 $\boldsymbol{C}=\frac{1}{\beta}\boldsymbol{I}$。这里 $\boldsymbol{I}$ 是一个 $N\times N$ 的单位矩阵，且 $\beta>0$ 是一个正的标量。找出函数 g 的所有驻点。

习题 3.3　瑞利商(Rayleigh quotient)的驻点

一个 $N\times N$ 矩阵 $\boldsymbol{C}$ 的瑞利商定义为如下的归一化函数：

$$g(\boldsymbol{w})=\frac{\boldsymbol{w}^{\mathrm{T}}\boldsymbol{C}\boldsymbol{w}}{\boldsymbol{w}^{\mathrm{T}}\boldsymbol{w}} \tag{3.43}$$

其中 $\boldsymbol{w}\neq\boldsymbol{0}_{N\times 1}$。计算该函数的驻点。

习题 3.4　作为一种局部优化方案的一阶坐标下降法

(a)将 3.2.2 节中描述的坐标下降法表示为一种局部优化方案，即用一系列形如 $\boldsymbol{w}^k=\boldsymbol{w}^{k-1}+\alpha\boldsymbol{d}^k$ 的步骤表示。

(b)针对一个二次函数的特定情形，编写在其上执行坐标下降法的代码，然后重复例 3.5 中的实验。

习题 3.5　梯度下降法实验

72

使用梯度下降法最小化下面的函数：

$$g(w)=\frac{1}{50}(w^4+w^2+10w) \tag{3.44}$$

初始点为 $w^0=2$，迭代次数为 1000 次，分别使用三个不同的步长值 $\alpha=1$、$\alpha=10^{-1}$ 和 $\alpha=10^{-2}$ 运行三次。手工计算该函数的导数，然后在 Python 中利用 `Numpy` 实现对函数及其导数的计算。

将每次运行的代价函数历史图各绘制在一个图中，比较其性能。对于此函数和选定的初始点，哪一个步长值产生的结果最好？

习题 3.6　针对一个简单的例子比较固定步长值和递减步长值的效果

重复例 3.10 中描述的比较实验，生成图 3.9 下图中显示的代价函数历史图。

习题 3.7　代价函数历史图中的振荡现象

重复例 3.11 中的实验，生成图 3.10 下图中显示的代价函数历史图。

习题 3.8　调整梯度下降法的固定步长值

对如下代价函数：

$$g(\boldsymbol{w})=\boldsymbol{w}^{\mathrm{T}}\boldsymbol{w} \tag{3.45}$$

其中 $\boldsymbol{w}$ 是一个 $N=10$ 维的输入向量，g 是在 $\boldsymbol{w}=\mathbf{0}_{N\times 1}$ 处有唯一全局最小值的凸函数。编码实现梯度下降法，从初始点 $\boldsymbol{w}^0=10\cdot\mathbf{1}_{N\times 1}$ 出发，使用三个不同的步长值 $\alpha_1=0.001$、$\alpha_2=0.1$ 和 $\alpha_3=1$ 分别运行三次，每次运行中执行 100 个步骤。生成代价函数历史图，对三次运行进行比较，并找出性能最优的一次运行。

习题 3.9　编码实现动量加速梯度下降法

编码实现 A.2.2 节中描述的动量加速梯度下降法，并用其重复例 A.1 中描述的实验，使用一个代价函数历史图，得到从图 A.3 的等值线图中得出的相同结论。

习题 3.10　梯度下降法中的慢爬现象

在本习题中你需要通过最小化下面的函数来比较标准的梯度下降法和完全归一化的梯度下降法：

$$g(w_1,w_2)=\tanh(4w_1+4w_2)+\max(1,0.4w_1^2)+1 \tag{3.46}$$

73

从初始点 $\boldsymbol{w}^0=[2\quad 2]^{\mathrm{T}}$ 出发分别运行标准梯度下降法和完全归一化梯度下降法，各执行 1000 个步骤，步长值都为 $\alpha=10^{-1}$。通过一个代价函数历史图对两次运行进行比较，标明每种方法的执行过程。

习题 3.11　比较不同的归一化梯度下降方案

编码实现完全归一化梯度下降法和分坐标归一化梯度下降法，重复例 A.4 中的实验，利用一个代价函数历史图得到从图 A.6 中得到的相同结果。

习题 3.12　利普希茨(Lipschitz)梯度的另一种形式化定义

对于带利普希茨连续梯度的函数 g，可由另一种形式定义其利普希茨常量(见式(A.49))：

$$\|\nabla g(\boldsymbol{x})-\nabla g(\boldsymbol{y})\|_2\leqslant L\|\boldsymbol{x}-\boldsymbol{y}\|_2 \tag{3.47}$$

利用导数的极限定义(见 B.2.1 节)证明这一定义与式(A.49)等价。

习题 3.13　带利普希茨梯度的函数的复合

假定 f 和 g 是两个带利普希茨梯度的函数，两个梯度的常数分别是 L 和 K。利用练习 3.12 中给出的利普希茨连续梯度的定义证明复合函数 $f(g)$ 也有利普希茨连续梯度。这个复合函数的利普希茨常数是多少？

74

二阶优化技术

本章介绍利用函数的一阶和二阶导数(也分别称为函数的梯度和海森(Hessian))的基本优化算法。这些技术统称为*二阶优化方法*，在当前机器学习的一些特定应用中有广泛的应用。与前一章类似，我们先讨论二阶最优性条件。然后介绍二次函数和由二阶导数定义的曲率的概念，以及二阶泰勒级数展开。利用一个函数的一阶和二阶导数，我们可构造强有力的局部优化方法，包括常见的*牛顿法*及其扩展(通常称为*无 Hessian 优化器*)。

4.1 二阶最优性条件

我们在讨论一个普通数学函数的凹凸性时通常是指它在*某一个点*的凹凸性。为了确定一个普通的单输入函数 $g(w)$在点 v 是*凸函数*还是*凹函数*，我们需要检查函数在该点的曲率或二阶导数(假定它在此处至少是二次可微的)：若$\frac{\mathrm{d}^2}{\mathrm{d}\omega^2}g(v)\geqslant 0$(或$\leqslant 0$)，则称 g 在点 v 处是凸函数(或凹函数)。

对有多维输入的函数 g，可以给出类似的描述：如果在点 $\mathbf{v}$ 处的 Hessian 矩阵(记为$\nabla^2 g(\mathbf{v})$)的全部特征值是非负的(或非正的)，则称 g 在点 $\mathbf{v}$ 处是凸函数(或凹函数)，对应的 Hessian 矩阵被称为半正定的(或半负定的)。

基于这样按点定义的凹凸性，若函数 $g(w)$的二阶导数$\frac{\mathrm{d}^2}{\mathrm{d}w^2}g(w)$总是非负的，则称 $g(w)$处处是凸函数。同样，若$\nabla^2 g(\mathbf{w})$的特征值总是非负的，则称 $g(\mathbf{w})$处处是凸函数。这通常称为*凸性的二阶定义*。

例 4.1　单输入函数的凸性

本例中我们利用凸性的二阶定义验证图 4.1 中给出的每个函数是否是凸函数。

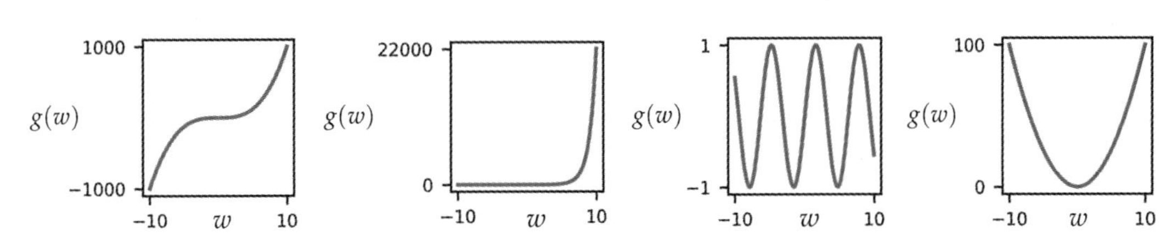

图 4.1　与例 4.1 对应的图。从左到右分别是函数 $g(w)=w^3$、$g(w)=\mathrm{e}^w$、$g(w)=\sin(w)$ 和 $g(w)=w^2$ 的图像

- $g(w)=w^3$的二阶导数是$\frac{\mathrm{d}^2}{\mathrm{d}w^2}g(w)=6w$，这并不总是非负的，因此 g 不是凸函数。
- $g(w)=\mathrm{e}^w$的二阶导数是$\frac{\mathrm{d}^2}{\mathrm{d}w^2}g(w)=\mathrm{e}^w$，这对任意的 w 都是正的，因此 g 是凸函数。

- $g(w)=\sin(w)$的二阶导数是$\frac{\mathrm{d}^2}{\mathrm{d}w^2}g(w)=-\sin(w)$，由于这不是总为非负的，则 g 不是凸函数。
- $g(w)=w^2$ 的二阶导数是$\frac{\mathrm{d}^2}{\mathrm{d}w^2}g(w)=2$，则 g 是凸函数。

例 4.2 多输入二次函数的凸性

多输入二次函数

$$g(\boldsymbol{w})=a+\boldsymbol{b}^{\mathrm{T}}\boldsymbol{w}+\boldsymbol{w}^{\mathrm{T}}\boldsymbol{C}\boldsymbol{w} \tag{4.1}$$

的 Hessian 矩阵为$\nabla^2 g(\boldsymbol{w})=2\boldsymbol{C}$(假定$\boldsymbol{C}$是对称的)，因而该函数的凸性由$\boldsymbol{C}$的特征值确定。

从几个简单的例子我们可以很容易得到一些重要结论，这些结论揭示了如何通过二阶导数找到函数驻点。图 4.2 中绘出了我们在例 3.1 中讨论过的三个单输入函数(见式(3.4))以及它们的一阶和二阶导数(分别如图中的上、中、下图所示)。在上图中我们标识了所有驻点的函数值(空心圆，横线为该点的正切线)。中图和下图分别给出了一阶和二阶导数的值，同样也以空心圆标识。

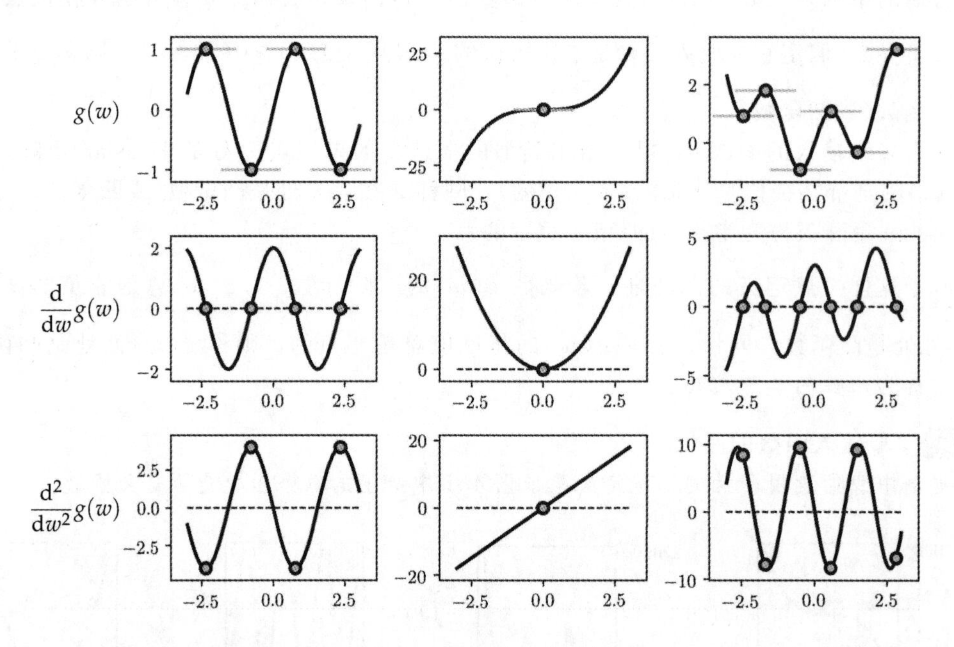

图 4.2 三个单输入函数及它们的一阶和二阶导数，分别如上、中、下图所示。详细内容参见正文

通过研究图 4.2 中这几个简单的例子，我们可以发现某些驻点的表现是一致的。特别是我们能够看出一个函数在驻点 v 的二阶导数值是如何帮助我们识别该点是否是一个局部最小值、局部最大值或鞍点的。一个驻点 v 是：

76

- 一个局部(或全局)最小值，若$\frac{\mathrm{d}^2}{\mathrm{d}w^2}g(v)>0$(因为这发生在函数的凸出部分)。
- 一个局部(或全局)最大值，若$\frac{\mathrm{d}^2}{\mathrm{d}w^2}g(v)<0$(因为这发生在函数的凹入部分)。

- 一个鞍点，若$\frac{\mathrm{d}^2}{\mathrm{d}w^2}g(v)=0$且$\frac{\mathrm{d}^2}{\mathrm{d}w^2}g(w)$在$w=v$处变号（因为这发生在函数的一个拐点，即，函数图像从凹变凸或反过来从凸变凹的那个位置）。

更一般地，二阶导数的这些性质对任一单输入函数都成立，进而形成单输入函数的二阶最优性条件。

对于多输入函数，类似的二阶最优性条件同样成立。正如凹凸性和二阶导数矩阵（即 Hessian）中的情形，多输入函数的二阶最优性条件表示为 Hessian 的特征值。更准确地说，一个多输入函数$g(\boldsymbol{w})$的一个驻点$\boldsymbol{v}$是：

- 一个局部（或全局）最小值，若$\nabla^2 g(\boldsymbol{v})$的所有特征值是正值（因为这发生在函数的凸出部分）。
- 一个局部（或全局）最大值，若$\nabla^2 g(\boldsymbol{v})$的所有特征值是负值（因为这发生在函数的凹入部分）。
- 一个鞍点，若$\nabla^2 g(\boldsymbol{v})$的所有特征值是混合值，即一些是正值一些是负值（因为这发生在函数的一个拐点）。

77

注意到当输入维度N等于 1 时，这些规则约简为单输入函数的规则，这是由于此时 Hessian 矩阵降维成一个单独的二阶导数。

4.2　二阶泰勒级数的几何形状

正如我们将在本章中看到的，在讨论二阶优化问题时，二次函数自然就出现了。本节中我们首先讨论如何确定二次函数的总体形状，它们是凸函数还是凹函数？或者是否具有更复杂的几何形状？接下来我们将讨论由二阶泰勒级数逼近（参见 B.9 节）生成的二次函数，特别是这些基本的二次函数是如何从本质上描述了一个二次可微函数的局部曲率的。

4.2.1　单输入二次函数的一般形状

一个单输入函数的二次函数的基本形式为：

$$g(w)=a+bw+cw^2 \tag{4.2}$$

其中a、b和c都是常量，它们决定了函数的形状。特别地，常量c决定了函数是凸的还是凹的，或者换言之，该二次函数是开口向上还是向下的。当c的值非负时，无论其他参数如何取值，该二次函数是凸函数且开口向上。反之，若c的值非正，该函数是凹函数且开口向下。当$c=0$时，该函数降为一个线性函数（这样的函数既可看作是凸函数也可视为凹函数）。

图 4.3 的左边一列中绘出了两个简单二次函数的图像：凸二次函数$g(w)=6w^2$（左上图）以及凹二次函数$g(w)=-w^2$（左下图），从图中可以看出c的值是如何决定一个普通二次函数的形状和凹凸性的。

4.2.2　多输入二次函数的一般形状

多输入二次函数的形式可完全由单输入情形一般化得到，通常写作：

$$g(\boldsymbol{w})=a+\boldsymbol{b}^{\mathrm{T}}\boldsymbol{w}+\boldsymbol{w}^{\mathrm{T}}\boldsymbol{C}\boldsymbol{w} \tag{4.3}$$

78

其中输入$\boldsymbol{w}$是N维的，a仍然是一个常量，$\boldsymbol{b}$是一个$N\times 1$的向量，$\boldsymbol{C}$是一个$N\times N$的矩阵（假定它是对称的）。由于这样一个二次函数是定义在多个维度上的，与单输入函数相比，它具有更多不同的形状。例如，它可能在一些特定输入维度上是凸的，而在另一些维度上是凹的。

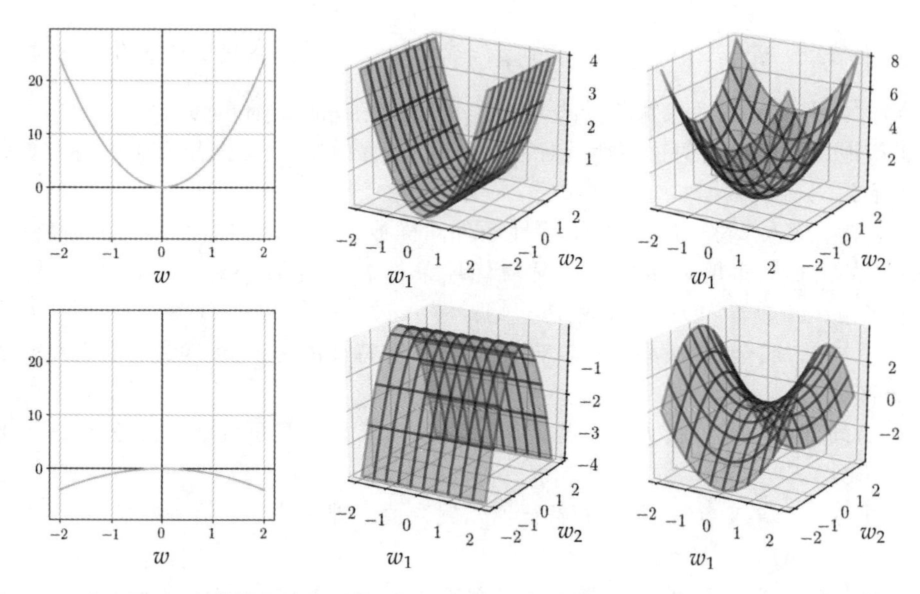

图 4.3　(左上图)一个单输入的凸函数。(左下图)一个单输入的凹函数。(上排中间图和右上图)两个输入维度为 2 的凸二次函数。(下排中间图)一个输入维度为 2 的凹二次函数。(右下图)一个输入维度为 2 的二次函数，既非凸函数也非凹函数

单输入函数凹凸性的确定需要由 c 值的正负确定，推广到多输入情形时，则需要由 $\boldsymbol{C}$ 的特征值的正负确定(见 C.4.3 节)。若矩阵 $\boldsymbol{C}$ 的特征值全部非负，则函数为凸函数；若全部非正，则函数为凹函数；若都等于 0 则降为一个线性函数，可同时视为凸函数或凹函数；否则(即特征值有些为正有些为负)，函数既非凹函数也非凸函数。

在图 4.3 的中间列和右边列，我们给出了几个多输入二次函数的例子，其输入维度 $N=2$。所有例子中我们都将 a 和 $\boldsymbol{b}$ 设置为 0，仅改变 $\boldsymbol{C}$ 的值。为简单起见，四种情形下 $\boldsymbol{C}$ 都是一个对角矩阵，这样其特征值正是对角线上的元素。

$$\boldsymbol{C}=\begin{bmatrix}1 & 0\\ 0 & 0\end{bmatrix} \qquad \text{(图 4.3 上排中间图)}$$

$$\boldsymbol{C}=\begin{bmatrix}1 & 0\\ 0 & 1\end{bmatrix} \qquad \text{(图 4.3 右上图)}$$

$$\boldsymbol{C}=\begin{bmatrix}0 & 0\\ 0 & -1\end{bmatrix} \qquad \text{(图 4.3 下排中间图)}$$

$$\boldsymbol{C}=\begin{bmatrix}1 & 0\\ 0 & -1\end{bmatrix} \qquad \text{(图 4.3 右下图)}$$

4.2.3　局部曲率和二阶泰勒级数

考虑一个二次函数 g 在点 v 的凹凸性的另一种方法是利用它在该点的二阶泰勒级数逼近(见 B.9 节)。这个基本的逼近形如：

$$h(w)=g(v)+\left(\frac{\mathrm{d}}{\mathrm{d}w}g(v)\right)(w-v)+\frac{1}{2}\left(\frac{\mathrm{d}^2}{\mathrm{d}w^2}g(v)\right)(w-v)^2 \tag{4.4}$$

这正是一个由函数的(一阶和)二阶导数构成的二次函数。在函数 g 的定义域的每个点 v 处，这个二阶逼近的曲率与函数 g 的曲率是完全一致的。进而，若函数在点 $\boldsymbol{v}$ 是凸的(由于其二阶导数是非负的)，则二阶泰勒级数处处是凸的。同样，若函数在点 v 是凹的，则

该泰勒级数逼近处处是凹的。

79

这一思想对于多输入函数也是成立的。一个有 N 维输入的函数在点 $\boldsymbol{v}$ 处的二阶泰勒级数逼近由下式给出：

$$h(\boldsymbol{w}) = g(\boldsymbol{v}) + \nabla g(\boldsymbol{v})^{\mathrm{T}}(\boldsymbol{w}-\boldsymbol{v}) + \frac{1}{2}(\boldsymbol{w}-\boldsymbol{v})^{\mathrm{T}}\nabla^2 g(\boldsymbol{v})(\boldsymbol{w}-\boldsymbol{v}) \tag{4.5}$$

同样，若函数 g 在点 $\boldsymbol{v}$ 处是凸的，则对应的二次函数逼近处处是凸的。若函数 g 在点 $\boldsymbol{v}$ 处是凹的(或既非凸也非凹)，则对应的二次函数逼近也是处处是凹的(或既非凸也非凹)。

例 4.3　局部凹凸性和二阶泰勒级数

图 4.4 中我们将函数

$$g(w) = \sin(3w) + 0.1w^2 \tag{4.6}$$

的图像标识为黑色，同时将其二阶泰勒级数逼近函数标识为蓝绿色，并标出了三个示例点(每张图中一个)。从图中可以看出，函数对应的二次逼近的形状完美地反映了该函数的局部凹凸性。也即是说，在局部为凸的那些点处(如图中第一、三两个图所示)，对应的二次逼近处处是凸的。相反，在局部为凹的那些点处(如图中第二个图所示)，对应的二次逼近处处是凹的。

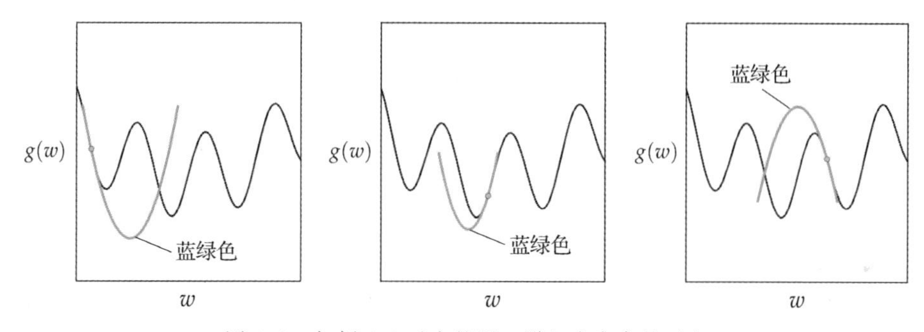

图 4.4　与例 4.3 对应的图。详细内容参见正文

4.3　牛顿法

由于可从一个函数的一阶泰勒级数逼近得到梯度下降法这种局部优化框架(见 3.5 节)，直觉上似乎也可从更高阶的泰勒级数逼近类似地得到基于梯度的算法。本节中我们介绍一种基于二阶泰勒级数逼近的局部优化方案，称为牛顿法(以其提出者艾萨克·牛顿命名)。由于使用了二阶导数，牛顿法相比于梯度下降法具有天然的优势和不足。总之，我们将会看到，一般说来这些优缺点的累积效应是，牛顿法特别适用于最小化那些取中等数目的输入值的凸函数。

4.3.1　下降方向

在讨论梯度下降法时，我们看到一阶泰勒级数逼近本身是一个超平面，这使得我们能方便地找到下降方向(见 3.3 节)。相比较而言，一个二次函数若是凸函数，则其驻点是全局最小值，若是凹函数，则其驻点是全局最大值。我们可使用一阶最优性条件(见 3.2 节)很容易地计算得到一个二次函数的驻点。

对于单输入的情形，式(4.4)给出了以点 v 为中心的二阶泰勒级数逼近。使用一阶最优性条件求解这个二次函数的驻点 $w^\star$ (见例 3.2)，需要设其导数为 0 然后求解，我们

81 得到：

$$w^{\star} = v - \frac{\frac{\mathrm{d}}{\mathrm{d}w}g(v)}{\frac{\mathrm{d}^2}{\mathrm{d}w^2}g(v)} \tag{4.7}$$

式(4.7)说明，为了求得点 $w^{\star}$，我们需从点 v 向 $-\frac{\frac{\mathrm{d}}{\mathrm{d}w}g(v)}{\frac{\mathrm{d}^2}{\mathrm{d}w^2}g(v)}$ 给出的方向移动。

对于式(4.5)中给出的多输入二阶泰勒级数逼近，也可做类似的计算。将二次逼近的梯度设置为0(如例3.4所示)然后求解，得到以下驻点：

$$\boldsymbol{w}^{\star} = \boldsymbol{v} - (\nabla^2 g(\boldsymbol{v}))^{-1} \nabla g(\boldsymbol{v}) \tag{4.8}$$

这是由式(4.7)中的单输入情形的解直接类比得到的，且当 $N=1$ 时确实归约为式(4.7)。这同样说明为了求得驻点 $\boldsymbol{w}^{\star}$，我们需要从点 $\boldsymbol{v}$ 向 $-(\nabla^2 g(\boldsymbol{v}))^{-1}$ 给出的方向移动。什么时候这个方向是下降方向？让我们先通过一个简单的例子来直观考虑一下。

例 4.4 逼近二次函数的驻点

在图4.5的上排图中，我们将凸函数

$$g(w) = \frac{1}{50}(w^4 + w^2) + 0.5 \tag{4.9}$$

标识为黑色，并将三个二阶泰勒级数逼近标识为浅蓝色(每个图中一个)，分别以一个不同的输入点为中心。每个图中一个输入点及其对应的在函数上的值分别由红色的圆圈和一个红色的 x 标识，二阶泰勒级数的驻点 $w^{\star}$ 则标识为绿色圆圈，其对应的二次逼近值和函数值分别标识为蓝色和绿色的 x。

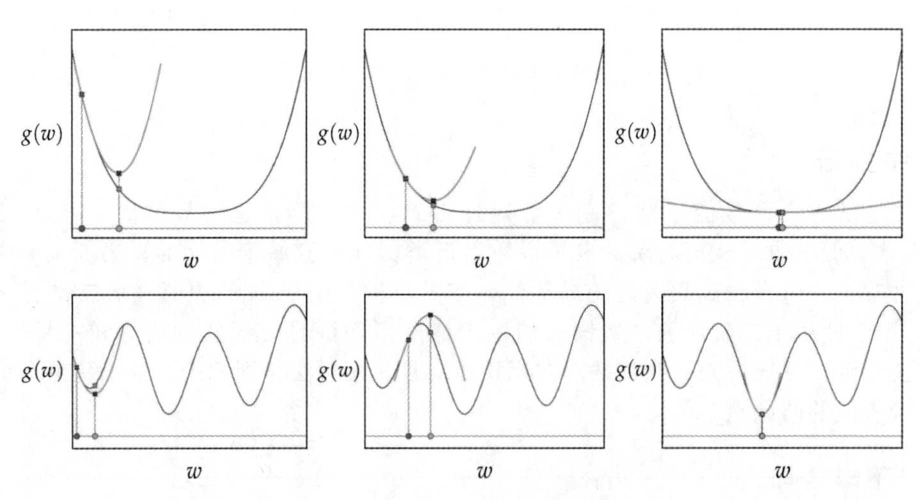

图 4.5 与例4.4相关的图。详细内容参见正文(见彩插)

由于函数 g 本身是处处为凸的函数，其二次逼近不仅在每个点上与 g 的曲度匹配，且它总是凸的且开口向上。这样它的驻点就总是一个全局最小值。特别注意，由二次逼近的最小值 $w^{\star}$ 总是得到函数图像上一个比点 v 处的值更低的点，即 $g(w^{\star}) < g(v)$。

图4.5的下排图类似于上排图，但对应的是一个非凸函数

$$g(w) = \sin(3w) + 0.1w^2 + 1.5 \tag{4.10}$$

但是，这时的情形显然不同，主要原因就在于函数的非凸性。特别是在函数凹入的部分(如中间图所示)，由于二次函数也是凹的，二次逼近的驻点 w^* 是这个逼近器的一个全局最大值，且往往会导向使得函数值增加的点(而不是使其下降)。

82

从这两个简单的例子，我们已可粗略地得到一个局部优化方案的直观想法：反复向二阶泰勒级数的驻点所定义的点移动(以寻求最小值)。对于凸函数，其二次逼近的驻点似乎使得函数的初始求值变小，根据这一想法可能得到一个可最小化代价函数的有效算法。事实也是这样，我们将最后得到的这一算法称为*牛顿法*。

4.3.2 算法

牛顿法是一种局部优化算法，它需要对一个函数的二阶泰勒级数逼近的驻点执行重复的操作。对于一个单输入函数，在此过程的第 k 步，我们以点 w^{k-1} 为中心生成二阶泰勒级数逼近：

$$h(w) = g(w^{k-1}) + \left(\frac{\mathrm{d}}{\mathrm{d}w}g(w^{k-1})\right)(w - w^{k-1}) + \frac{1}{2}\left(\frac{\mathrm{d}^2}{\mathrm{d}w^2}g(w^{k-1})\right)(w - w^{k-1})^2 \tag{4.11}$$

83

求解其驻点将生成如下的 w^k：

$$w^k = w^{k-1} - \frac{\frac{\mathrm{d}}{\mathrm{d}w}g(w^{k-1})}{\frac{\mathrm{d}^2}{\mathrm{d}w^2}g(w^{k-1})} \tag{4.12}$$

更一般的情况下，对于含 N 维输入的多输入函数，在第 k 步我们生成二阶二次函数逼近

$$h(\mathbf{w}) = g(\mathbf{w}^{k-1}) + \nabla g(\mathbf{w}^{k-1})^{\mathrm{T}}(\mathbf{w} - \mathbf{w}^{k-1}) + \frac{1}{2}(\mathbf{w} - \mathbf{w}^{k-1})^{\mathrm{T}}\,\nabla^2 g(\mathbf{w}^{k-1})(\mathbf{w} - \mathbf{w}^{k-1}) \tag{4.13}$$

求解此逼近函数的一个驻点，得到如下的 $\mathbf{w}^k$[㊀]：

$$\mathbf{w}^k = \mathbf{w}^{k-1} - (\nabla^2 g(\mathbf{w}^{k-1}))^{-1}\,\nabla g(\mathbf{w}^{k-1}) \tag{4.15}$$

这一局部优化方法正好就是我们在前两章中已见过的一般形式，即：

$$\mathbf{w}^k = \mathbf{w}^{k-1} + \alpha\mathbf{d}^k \tag{4.16}$$

其中，对于牛顿法，$\mathbf{d}^k = -(\nabla^2 g(\mathbf{w}^{k-1}))^{-1}\nabla g(\mathbf{w}^{k-1})$ 且 $\alpha = 1$。根据前面的推导，这里将步长参数隐式地设置为1。

注意，式(4.15)中牛顿法的迭代公式需要我们将一个 $N \times N$ 的Hessian矩阵转置(其中 N 是输入维度)。但是，实践中 $\mathbf{w}^k$ 一般通过求解[㊁]以下等价的对称方程组来得到：

㊀ 从一阶优化的角度来看，将式(4.12)中牛顿法的第 k 步应用于一个单输入函数，该步骤也可视为一个带自调节步长参数的梯度下降步骤，其步长参数为：

$$\alpha = \frac{1}{\frac{\mathrm{d}^2}{\mathrm{d}w^2}g(w^{k-1})} \tag{4.14}$$

该参数基于函数的曲度对此步骤移动的长度进行调节，这与A.3节中讨论的归一化梯度法步骤中的自调节步长的做法类似。尽管这一理解并不是直接可一般化到式(4.15)中的多输入情形，通过丢弃Hessian矩阵非对角线上的元素，可以得到多输入情形下的一般化形式。详见A.8.1节。

㊁ 可使用3.2.2节中描述的坐标下降法求解这一方程组。当有多个解时，通常取尽可能最小的一个解(比如，从 ℓ_2 的意义上看)。这也称为 $\nabla^2 g(\mathbf{w})$ 的*伪逆*。

$$\nabla^2 g(\boldsymbol{w}^{k-1})\boldsymbol{w} = \nabla^2 g(\boldsymbol{w}^{k-1})\boldsymbol{w}^{k-1} - \nabla g(\boldsymbol{w}^{k-1}) \tag{4.17}$$

与通过式(4.15)找它的封闭形式的解相比，式(4.17)的求解更为高效。

如图4.6上图所示，对于一个单输入函数，从初始点 w^0 出发，牛顿法将生成一个由点构成的序列 w^1，w^2，…，在这些点上重复同样的操作：构造函数 g 的二阶泰勒级数逼近并向此逼近的驻点移动，即能完成对 g 的最小化。由于牛顿法在每一步骤使用二次函数而不是线性函数作为原函数的逼近，而二次函数对原函数的模拟更为接近，因而牛顿法通常比梯度下降法有效得多，达到收敛所需要的步骤也少得多[14-15]。但是，由于牛顿法对二次函数的依赖，这使得较难将该方法用于非凸函数，因为在这种函数的凹入部分算法会达到一个局部最大值(如图4.6的下图所示)，或者产生振荡以致无法收敛。

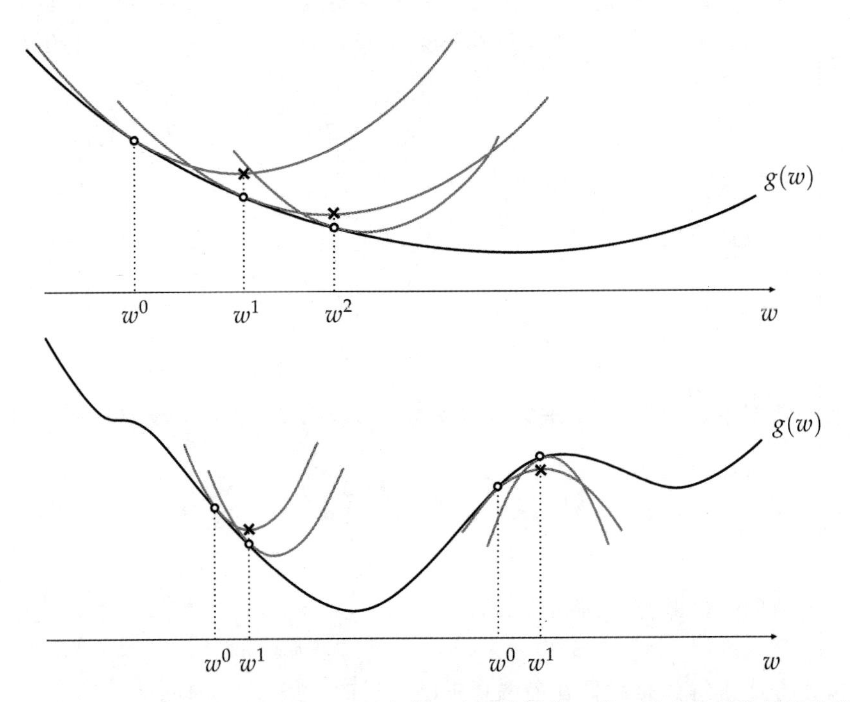

图4.6 牛顿法示意图。为找到函数 g 的最小值，牛顿法沿着 g 的二阶泰勒级数逼近的驻点依次下跳。(上图)对于凸函数，它们的二次逼近本身也总是凸函数(其唯一驻点是最小值)，且由这些逼近可得到原函数的最小值。(下图)对于非凸函数，它们的二次逼近可能是凹的也可能是凸的(取决于这些二次逼近的构造点)，这使得算法可能收敛到一个最大值

84
~
85

例4.5 使用牛顿法最小化一个凸函数

在图4.7中，我们绘出了牛顿法对以下函数进行最小化的过程：

$$g(w) = \frac{1}{50}(w^4 + w^2 + 10w) + 0.5 \tag{4.18}$$

从点 $w^0=2.5$ 出发，在图4.7的左上图中将其标识为绿色，其对应的函数值标识为一个绿色的 x。右上图描述了牛顿法的第一步，图中函数的二次逼近标识为绿色，其最小值标识为紫红色小圈，该最小值对应的二次逼近函数值则标识为一个蓝色的 x。图中下排的两个图描述了牛顿法的下一次迭代。

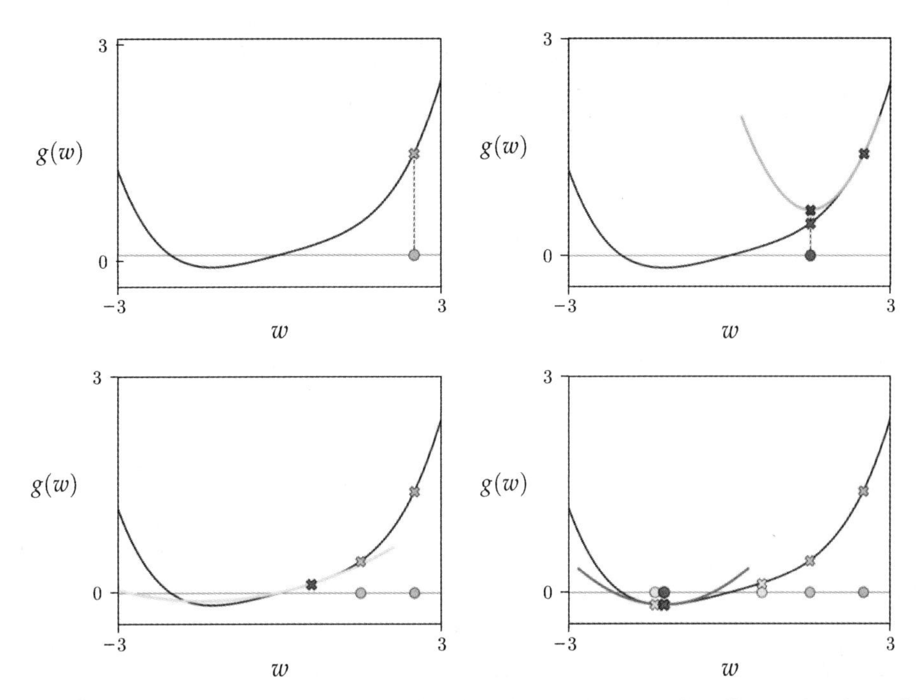

图 4.7 与例 4.5 对应的图，动态描绘了将牛顿法应用于式(4.18)中函数的一次运行。详细内容参见正文(见彩插)

例 4.6 与梯度下降法的比较

如图 4.8 中右图所示，牛顿法中一个单步骤即能完全地最小化下面的凸二次函数：

$$g(w_1, w_2) = 0.26(w_1^2 + w_2^2) - 0.48 w_1 w_2 \tag{4.19}$$

之所以使用一个单步骤就能做到，是因为一个二次函数的二阶泰勒级数逼近本身也是一个二次函数。这样牛顿法就归约为求解一个二次函数的一阶线性方程组。我们可比较牛顿法单步骤(如图 4.8 右图所示)的执行结果和对应的梯度下降法执行 100 步的结果(如图 4.8 左图所示)。 86

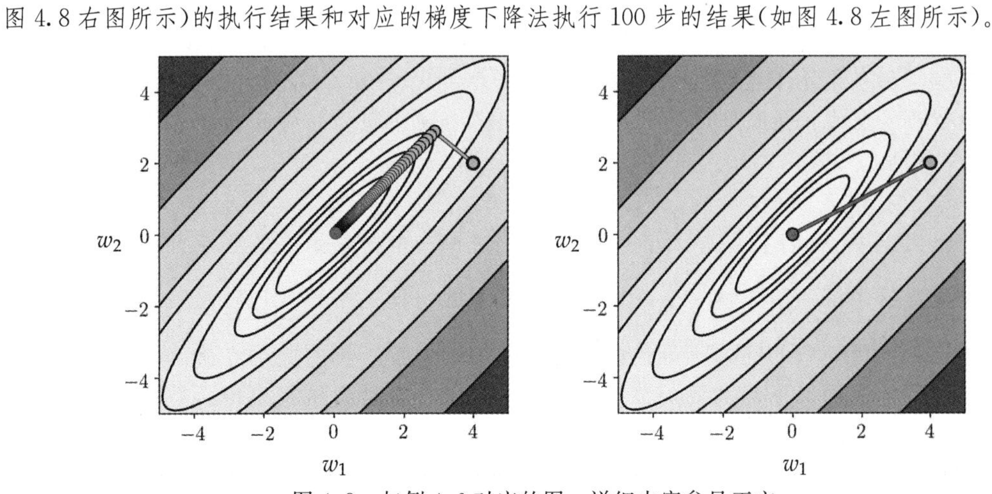

图 4.8 与例 4.6 对应的图，详细内容参见正文

4.3.3 确保数值稳定性

在函数的平坦部分，式(4.12)中单输入牛顿迭代式中的分子$\frac{\mathrm{d}}{\mathrm{d}w}g(w^{k-1})$和分母$\frac{\mathrm{d}^2}{\mathrm{d}w^2}g(w^{k-1})$

都有在 0 附近的很小的值。若二者(特别是分母)缩小到机器精度以下，即小于计算机能识别的非 0 最小值，这将导致严重的数值问题。

一种简单的常用方法可用于避免这一可能的被零除问题：或者当分母小于某个特定值时，或者在所有迭代中，将分母中加一个很小的正数 ε。经这样正规化后的牛顿法步骤形如

$$w^k = w^{k-1} - \frac{\frac{\mathrm{d}}{\mathrm{d}w}g(w^{k-1})}{\frac{\mathrm{d}^2}{\mathrm{d}w^2}g(w^{k-1}) + \varepsilon} \tag{4.20}$$

正规化参数 ε 的值通常设置为一个很小的正数㊀(比如，10^{-7})。

对一般的多输入函数的牛顿法迭代式也可进行类似的调整，将 $\varepsilon \boldsymbol{I}_{N\times N}$(一个 $N\times N$ 的恒等矩阵乘以一个很小的正数 ε)加到式(4.15)的 Hessian 矩阵上，得到㊁

$$\boldsymbol{w}^k = \boldsymbol{w}^{k-1} - (\nabla^2 g(\boldsymbol{w}^{k-1}) + \varepsilon \boldsymbol{I}_{N\times N})^{-1} \nabla g(\boldsymbol{w}^{k-1}) \tag{4.21}$$

在 Hessian 矩阵中增加这一项后可保证矩阵 $\nabla^2 g(\boldsymbol{w}^{k-1}) + \varepsilon \boldsymbol{I}_{N\times N}$ 总是可逆的，只要 ε 的值足够大。

4.3.4　步长选择

尽管我们已经在牛顿法的推导中看到，(作为一种局部优化方法)它需要一个步长参数 α，通常隐含地设置为 $\alpha=1$，这就使得步长似乎是“不可见的”。但是，原则上我们可以显式地引入一个步长参数 α 且使用可调节方法(比如 A.4 节中介绍的回溯线搜索)对其进行调整。一个显式的加权牛顿法步骤形如

$$\boldsymbol{w}^k = \boldsymbol{w}^{k-1} - \alpha(\nabla^2 g(\boldsymbol{w}^{k-1}))^{-1} \nabla g(\boldsymbol{w}^{k-1}) \tag{4.22}$$

若 $\alpha=1$，这正是标准牛顿法的步骤。

4.3.5　牛顿法作为一种 zero-finding 算法

牛顿法最初并不是作为一种局部优化算法提出的，而是一种 zero-finding 算法。换句话说，牛顿法最初是用于找到函数 f 的零点，即，满足 $f(\boldsymbol{w})=\boldsymbol{0}_{N\times 1}$ 的点。一般而言函数 f 是某种多项式函数。在局部优化问题中，我们将牛顿法视为一种迭代地求解以下一阶方程组的方法(见 3.2 节)：

$$\nabla g(\boldsymbol{v}) = \boldsymbol{0}_{N\times 1} \tag{4.23}$$

考虑输入维度 $N=1$ 时的情形。一般说来，找到一个任意函数的零点并不很容易。我们并不需要直接求解一阶方程 $\frac{\mathrm{d}}{\mathrm{d}w}g(v)=0$，而是尝试构建一个迭代过程，我们利用该过程通过求解一系列更简单的问题来寻找该方程的一个近似解。按照此前在推导梯度下降法和牛顿法时使用的逻辑，不是求解函数本身的一个零点，而是尝试找出由函数的一阶泰勒级数逼近给出的正切线的零点。找出一条线或一个超平面(后者更为常见)等于 0 的那些点相对比较容易。

㊀ 当待最小化的函数是凸函数时，需要进行这样的调整，因为这种情形下对所有 w 都有 $\frac{\mathrm{d}^2}{\mathrm{d}w^2}g(w)\geqslant 0$。

㊁ 与式(4.15)中原本的牛顿法步骤一样，通过求解关于 $\boldsymbol{w}$ 的线性方程组 $(\nabla^2 g(\boldsymbol{w}^{k-1}) + \varepsilon \boldsymbol{I}_{N\times N})\boldsymbol{w} = (\nabla^2 g(\boldsymbol{w}^{k-1}) + \varepsilon \boldsymbol{I}_{N\times N})\boldsymbol{w}^{k-1} - \nabla g(\boldsymbol{w}^{k-1})$，实质上总是能更有效地计算迭代式。

为构造这一方案的第一个步骤，首先最重要的是将该方法视为一种应用于导数函数$\frac{\mathrm{d}}{\mathrm{d}w}g(w)$的迭代方法。这意味着从点 w^0 出发，导数函数的一阶线性泰勒级数逼近如下：

$$h(w)=\frac{\mathrm{d}}{\mathrm{d}w}g(w^0)+\frac{\mathrm{d}^2}{\mathrm{d}w^2}g(w^0)(w-w^0) \tag{4.24}$$

其中自然包含了函数 g 的二阶导数(毕竟它是函数的导数的一阶逼近)。通过假设上面的方程等于 0 然后求解，我们可以容易找出这条线与输入轴的交点。按此方式计算 w^1，我们有：

$$w^1=w^0-\frac{\frac{\mathrm{d}}{\mathrm{d}w}g(w^0)}{\frac{\mathrm{d}^2}{\mathrm{d}w^2}g(w^0)} \tag{4.25}$$

仔细查看后我们可发现这确实是牛顿法的一个步骤。由于我们只找出了$\frac{\mathrm{d}}{\mathrm{d}w}g(w)$的线性逼近的零点，而不是这个函数自身的线性逼近的零点，很自然地可以重复此过程对逼近进行精化。在第 k 个这样的步骤，迭代式形如：

$$w^k=w^{k-1}-\frac{\frac{\mathrm{d}}{\mathrm{d}w}g(w^{k-1})}{\frac{\mathrm{d}^2}{\mathrm{d}w^2}g(w^{k-1})} \tag{4.26}$$

这正是式(4.12)中牛顿法步骤的形式。准确地说，出于以迭代方式求解一阶方程组的考虑，对多输入函数(即输入维度 $N>1$)应用类似推理，即推导出式(4.15)中的多输入牛顿法步骤。

4.3.6 Python 实现

本节中我们使用 autograd 自动微分和 NumPy 库函数(见 3.4 节和 B.10 节)，给出牛顿法在 Python 中的简单实现。特别地，我们使用 autograd 中的 grad 和 hessian 模块来自动计算一个常规输入函数的一阶和二阶导数。

87~89

```
1  # import autograd's automatic differentiator
2  from autograd import grad
3  from autograd import hessian
4
5  # import NumPy library
6  import numpy as np
7
8  # Newton's method
9  def newtons_method(g, max_its, w):
10
11     # compute gradient/Hessian using autograd
12     gradient = grad(g)
13     hess = hessian(g)
14
15     # set numerical stability parameter
16     epsilon = 10**(-7)
17     if 'epsilon' in kwargs:
18         epsilon = kwargs['epsilon']
19
20     # run the Newton's method loop
21     weight_history = [w]  # container for weight history
22     cost_history = [g(w)] # container for cost function history
23     for k in range(max_its):
24
25         # evaluate the gradient and hessian
```

```
26            grad_eval = gradient(w)
27            hess_eval = hess(w)
28
29            # reshape hessian to square matrix
30            hess_eval.shape = (int((np.size(hess_eval))**(0.5)),int((np.
                  size(hess_eval))**(0.5)))
31
32            # solve second-order system for weight update
33            A = hess_eval + epsilon*np.eye(w.size)
34            b = grad_eval
35            w = np.linalg.solve(A, np.dot(A,w)-b)
36
37            # record weight and cost
38            weight_history.append(w)
39            cost_history.append(g(w))
40
41        return weight_history,cost_history
```

注意，若我们使用极大迭代收敛标准，牛顿法的每个步骤可能产生较高的计算代价，这就使得我们使用更正规的收敛标准(比如，在梯度的范数小于某个预先定义的阈值时)。这也使得我们引入检查点对牛顿法的运行过程进行估量和调整，以避免在函数的平坦部分附近会出现的问题。此外，对牛顿法的这一实现，其初始化可采用与梯度下降法的初始化(见3.5.4节)相同的方法。

4.4 牛顿法的固有缺陷

牛顿法是一种强有力的算法，其每一步骤都朝着函数最小值有相当大的进展。相比之下，零阶和一阶方法则可能需要非常多的步骤才能取得相同的进展。由于同时使用了一阶和二阶导数(即曲率)的信息，牛顿法也存在其特有的缺陷——对非凸性的处理和对输入维度的扩展，本节将讨论这两个问题。尽管这两个缺点并不影响牛顿法成为机器学习中广泛使用的算法，它们(至少)还是值得注意的。

90

4.4.1 最小化非凸函数

正如前一节所讨论的，牛顿法用于最小化非凸函数时表现得十分糟糕。这是由于每个步骤都是基于一个函数的二阶逼近，如果从一个凹入的点/区域出发，算法很自然地将执行一个上升的步骤。图4.6的下排图针对一个典型的非凸函数描述了这一情形。感兴趣的读者可参阅A.7节，其中我们给出了一种简单而常用的方法，对牛顿法进行调整以处理这一问题。

4.4.2 扩展的限制

由于牛顿法中使用的二次逼近与原函数在局部匹配得非常好，它能以(比一阶方法)少得多的步骤收敛到一个全局最小值，特别是当处于一个最小值附近时。但是，牛顿法的一个步骤所需的计算代价比一个一阶方法的步骤要高很多，所需要存储和计算的不仅是一个梯度，还有二阶导数的整个 $N \times N$ 的 Hessian 矩阵。即使对于中等规模的输入，仅是存储牛顿法一个步骤中的 Hessian 矩阵的 N^2 个元素，计算代价就很快剧增。例如，若一个函数的输入维度为 $N=10\ 000$，相应的 Hessian 矩阵有 100 000 000 个元素。机器学习应用中函数的输入维度很容易就达到数万、数十万甚至数百万这样的数量级，这就使得要完整地存储关联的 Hessian 矩阵变得不可能。

在A.8节的稍后部分，我们将讨论改进这一问题的基本方法。该方法对牛顿法的基本步骤做了调整，将 Hessian 矩阵替换为其某种逼近，从而避免了规模扩展这一固有问题。

4.5 小结

本章中我们结束了本书第一部分对数学优化方法的讨论，介绍了二阶优化技术，这些技术中利用了函数的一阶和二阶导数来寻找下降方向。

91

4.2 节中我们首先回顾了二阶最优性条件。然后简述了 4.1 节中由函数的二阶导数定义的函数曲率，进而在 4.3 节中利用此概念详细介绍了重要的二阶局部优化方法——牛顿法。

之后在 4.4 节中，我们讨论了牛顿法的两个固有问题——其对非凸函数的最小化以及对高维输入函数的处理。感兴趣的读者请参见 A.7、A.8 两节，我们在其中详述了对标准牛顿法的常用调整方法(称为无 Hessian 优化法)，从而使以上两个问题得到改进。

4.6 习题

完成下列习题所需的数据可从本书 GitHub 资源库下载，链接为 github.com/jermwatt/machine_learning_refined。

习题 4.1　确定一个对称矩阵的特征值

本练习中我们探讨一种替换方法，用以检查一个 $N\times N$ 对称矩阵 $\boldsymbol{C}$(比如，一个 Hessian矩阵)的特征值是否全为负值。这种方法并不需要显式地计算特征值本身，实践中非常易于运用。

(a)令 $\boldsymbol{C}$ 为一个 $N\times N$ 的对称矩阵。证明：若 $\boldsymbol{C}$ 的所有特征值都是非负的，则对所有 $\boldsymbol{z}$ 都有 $\boldsymbol{z}^{\mathrm{T}}\boldsymbol{C}\boldsymbol{z}\geqslant 0$。提示：使用 $\boldsymbol{C}$ 的特征值分解(见 C.4 节)

(b)证明(a)中结果的逆命题。即，若一个 $N\times N$ 的对称矩阵 $\boldsymbol{C}$ 对所有 $\boldsymbol{z}$ 满足 $\boldsymbol{z}^{\mathrm{T}}\boldsymbol{C}\boldsymbol{z}\geqslant 0$，则 $\boldsymbol{C}$ 的所有特征值都是非负的。

(c)利用这一方法验证凹凸性的二阶定义对以下二次函数成立：

$$g(\boldsymbol{w})=a+\boldsymbol{b}^{\mathrm{T}}\boldsymbol{w}+\boldsymbol{w}^{\mathrm{T}}\boldsymbol{C}\boldsymbol{w} \tag{4.27}$$

其中 $a=1$，$\boldsymbol{b}=[1\quad 1]^{\mathrm{T}}$，$\boldsymbol{C}=\begin{bmatrix}1 & 1\\ 1 & 1\end{bmatrix}$。

92

(d)证明 $\boldsymbol{C}$ 的特征值与 $\lambda\boldsymbol{I}_{N\times N}$ 的和可以全为正值，只要 λ 值足够大。要满足 $\boldsymbol{C}$ 的特征值与 $\lambda\boldsymbol{I}_{N\times N}$ 的和全为正值，允许的最小 λ 值是多少？

习题 4.2　外积矩阵的特征值全为非负

(a)使用练习 4.1 中的方法验证对任意 $N\times 1$ 向量 $\boldsymbol{x}$，$N\times N$ 的外积矩阵 $\boldsymbol{x}\boldsymbol{x}^{\mathrm{T}}$ 的所有特征值非负。

(b)类似地，证明对任意由长度为 N 的向量 $\boldsymbol{x}_1,\boldsymbol{x}_2,\cdots,\boldsymbol{x}_P$ 构成的集合 P，外积矩阵的和 $\sum_{p=1}^{P}\delta_p\boldsymbol{x}_p\boldsymbol{x}_p^{\mathrm{T}}$ 的所有特征值都是非负的，如果每个 $\delta_p\geqslant 0$。

(c)证明矩阵 $\sum_{p=1}^{P}\delta_p\boldsymbol{x}_p\boldsymbol{x}_p^{\mathrm{T}}+\lambda\boldsymbol{I}_{N\times N}$ 的所有特征值都是正值，其中 $\delta_p\geqslant 0$ 且 $\lambda>0$。

习题 4.3　检查凸性二阶条件的另一种方法

回顾一下，多输入函数 $g(\boldsymbol{w})$ 的凹凸性的二阶定义要求我们验证 $\nabla^2 g(\boldsymbol{w})$ 的特征值对于每个输入 $\boldsymbol{w}$ 都是非负的。但是，这一验证需要显式地计算 Hessian 矩阵的特征值，这是一个复杂困难甚至不可能的任务，对几乎所有函数而言都是如此。这里我们利用习题 4.1 的结果来表示凹凸性的二阶定义，实践中这种方法通常更易于使用。

(a)利用习题 4.1 的结果，推断$\nabla^2 g(\mathbf{w})$的特征值在每个输入 $\mathbf{w}$ 处都是非负的这一说法，可等效地表述为不等式 $\mathbf{z}^{\mathrm{T}}(\nabla^2 g(\mathbf{w}))\mathbf{z}\geqslant 0$ 在每个 $\mathbf{w}$ 处对所有 $\mathbf{z}$ 都成立。

(b)利用这种表述凹凸性二阶定义的方法验证：对一般二次函数 $g(\mathbf{w})=a+\mathbf{w}^{\mathrm{T}}\mathbf{w}+\mathbf{w}^{\mathrm{T}}\mathbf{C}\mathbf{w}$，只要 $\mathbf{C}$ 是对称的且特征值全为非负，$g(\mathbf{w})$就总是一个凸函数。

(c)对于函数 $g(\mathbf{w})=-\cos(2\pi\mathbf{w}^{\mathrm{T}}\mathbf{w})+\mathbf{w}^{\mathrm{T}}\mathbf{w}$，通过证明其不满足凹凸性的二阶定义说明它是非凸的。

习题 4.4　牛顿法Ⅰ

93

重复例 4.5 中的实验，不需要画出图 4.7 中的牛顿法经过的路径，而是绘制一个代价函数历史图并确认算法恰当地收敛于函数全局最小值附近的一个点。可能需要以 4.3.6 节中描述的牛顿法的实现作为基础。

习题 4.5　牛顿法Ⅱ

(a)利用一阶最优性条件(见 3.2 节)确定函数 $g(\mathbf{w})=\log(1+\mathrm{e}^{\mathbf{w}^{\mathrm{T}}\mathbf{w}})$的唯一驻点，这里 $\mathbf{w}$ 是二维的(即 $N=2$)。

(b)利用凹凸性的二阶定义验证 $g(\mathbf{w})$是凸函数即意味着(a)中找到的驻点是一个全局最小值。提示：使用习题 4.2 检查二阶定义。

(c)使用牛顿法找出(a)中函数 $g(\mathbf{w})$的最小值。算法初始点在 $\mathbf{w}^0=\mathbf{1}_{N\times 1}$处，绘出牛顿法执行 10 次迭代的代价函数历史图，以验证算法能正常工作且是收敛的。可能需要以 4.3.6 节中给出的算法实现作为基础。

(d)再次运行(c)中实现的牛顿法的代码，初始点为 $\mathbf{w}^0=4\cdot\mathbf{1}_{N\times 1}$。尽管这一初始点与(c)中初始点相比，离 $g(\mathbf{w})$的唯一最小值更远，但算法从此点出发可更快地收敛。初看之下这一结果似乎很违反直觉，因为我们自然觉得一个离最小值更近的初始点将使得算法更快地收敛！请解释为什么对于这里要最小化的函数 $g(\mathbf{w})$，以上结果是成立的。

习题 4.6　寻找平方根

利用牛顿法计算 999 的平方根。简要说明你是如何设置需要最小化的代价函数以得到平方根的。同时说明如何利用零阶或一阶优化法(详见第 2 章和第 3 章)来计算平方根。

习题 4.7　使用牛顿法进行非凸函数的最小化

使用(正规的)牛顿法最小化函数

94

$$g(w)=\cos(w) \tag{4.28}$$

初始点为 $w=0.1$。注意确保在每一步骤都能得到下降的函数值。

习题 4.8　牛顿式下降

(a)证明当 $g(\mathbf{w})$是凸函数时，式(4.15)中的牛顿法步骤确实使得 g 的值下降，即 $g(\mathbf{w}^k)\leqslant g(\mathbf{w}^{k-1})$。

(b)证明：无论需要最小化的 g 是什么函数，式(4.21)中的 ϵ 可设置得足够大以使得牛顿法的步骤能导向函数值更低的部分，即 $g(\mathbf{w}^k)\leqslant g(\mathbf{w}^{k-1})$。

习题 4.9　将牛顿法视为一种自调节的梯度下降法

实现 A.8.1 节和式(A.78)中描述的子采样牛顿法步骤，忽略 Hessian 矩阵中的所有非对角线元素，对于以下测试函数，比较此方法与梯度下降法的效果：

$$g(\boldsymbol{w}) = a + \boldsymbol{b}^{\mathrm{T}}\boldsymbol{w} + \boldsymbol{w}^{\mathrm{T}}\boldsymbol{C}\boldsymbol{w} \tag{4.29}$$

其中 $a=0$，$\boldsymbol{b}=\begin{bmatrix}0\\0\end{bmatrix}$，且 $\boldsymbol{C}=\begin{bmatrix}0.5 & 2\\1 & 9.75\end{bmatrix}$。

从初始点 $\boldsymbol{w}^0=[10\quad 1]^{\mathrm{T}}$ 出发，运行每种局部优化算法各一次，每次运行执行 25 个步骤，梯度下降法中使用最大固定步长值 10^{γ}(其中 γ 是一个整数)。绘制测试函数的等值线图并在其上部绘出各次运行的步骤，以便于观察每个算法的效果。

习题 4.10　Broyden-Fletcher-Goldfarb-Shanno(BFGS)方法

从与例 A.12 中同样的假设(即，一个基于 $\boldsymbol{S}^k$ 及其前驱元素之间秩 2 差值的递归)入手，使用拟牛顿条件(secant condition)推导出一个 $\boldsymbol{S}^k$ 的递归迭代式，该迭代式由 $\boldsymbol{S}^{k-1}$、$\boldsymbol{a}^k$ 和 $\boldsymbol{b}^k$ 表示。接下来，使用 Sherman-Morrison 公式将迭代重写为由 $\boldsymbol{S}^k$ 的逆 $\boldsymbol{F}^k$ 表示的形式。

95～96

第二部分

Machine Learning Refined: Foundations, Algorithms, and Applications, Second Edition

线 性 学 习

97
~
98

线性回归

5.1 引言

本章将介绍线性回归这一监督学习问题，即如何用一条有代表性的线(或高维空间中的超平面)拟合输入/输出数据点集合(详见1.3.1节)。采用线性回归的原因通常有：通过生成一条趋势线(或如后文所称的曲线)来帮助我们直观地总结数据；深入理解所研究的数据中的某一特定点；学习一个模型用以对未来的输入值进行精准预测。这里我们将介绍几种设计线性回归的代价函数的方法，包括最小二乘法和最小绝对偏差损失，以及用于评价一个已经训练好的回归器(即参数已完全优化的回归器)的质量的各种指标，最后介绍基本回归概念的一些常见的扩展(包括加权回归和多输出回归)。

5.2 最小二乘法线性回归

本节正式介绍线性回归问题，即如何得到一条代表性的线(或更高维空间中的超平面)，以更好地拟合一组输入/输出数据点。同时，还将介绍当前流行的最小二乘代价函数，该函数通常用于调整回归器的参数。

5.2.1 符号和建模

回归问题的训练数据集由 P 个输入/输出对组成，即

$$(\boldsymbol{x}_1, y_1), (\boldsymbol{x}_2, y_2), \cdots, (\boldsymbol{x}_P, y_P) \tag{5.1}$$

99

或者简写为 $\{(\boldsymbol{x}_p, y_p)\}_{p=1}^{P}$，其中 $\boldsymbol{x}_p$ 和 y_p 分别表示第 p 个输入和输出。每个输入 $\boldsymbol{x}_p$ 通常是长度为 N 的列向量：

$$\boldsymbol{x}_p = \begin{bmatrix} x_{1,p} \\ x_{2,p} \\ \vdots \\ x_{N,p} \end{bmatrix} \tag{5.2}$$

每个输出 y_p 是一个标量值(5.6节中将讨论向量值输出)。从几何角度讲，线性回归问题是用一个超平面拟合 $N+1$ 维空间中若干离散的数据点。

在最简单的例子中，输入值也是标量值(即 $N=1$)，此时线性回归是用一条线来拟合二维空间中离散的数据点。二维空间中的一条线是由 y 轴的截距 w_0 和斜率 w_1 这两个参数决定的。我们必须设置这些参数的值，使得输入/输出数据间存在以下近似的线性关系：

$$w_0 + x_p w_1 \approx y_p, \quad p = 1, \cdots, P \tag{5.3}$$

注意，因为不能保证所有数据都完全在这条直线上，所以在式(5.3)中使用约等号。通常情况下，在处理 N 维输入数据时，我们可适当调整一个偏置权重和 N 个相关的斜率权重来确定一个拟合超平面，并将类似的线性关系写成如下形式：

$$w_0 + x_{1,p} w_1 + x_{2,p} w_2 + \cdots + x_{N,p} w_N \approx y_p, \quad p = 1, \cdots, P \tag{5.4}$$

线性回归的单输入和多输入的情形如图5.1所示。按机器学习的说法，输入值的每个维度

称为一个特征或输入特征。因此，通常将参数 $w_1, w_2, \cdots, w_N$ 称为特征相关权重，唯一与特征无关的权重称为偏置 w_0。

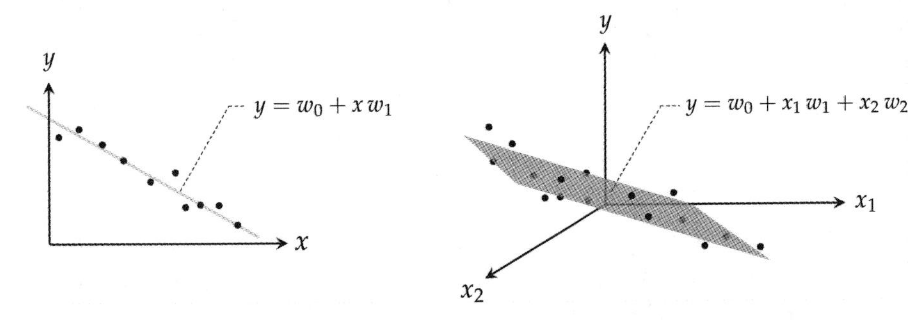

图 5.1　(左图)二维空间中的模拟数据集以及一条拟合良好的直线。二维空间中的一条直线被定义为 $w_0 + xw_1 = y$，其中 w_0 表示偏置，w_1 表示斜率，如果点 (x_p, y_p) 满足 $w_0 + x_p w_1 \approx y_p$，则该点就很接近这条直线。(右图)三维空间中的模拟数据集和一个拟合良好的超平面。通常将超平面定义为 $w_0 + x_1 w_1 + x_2 w_2 + \cdots + x_N w_N = y$，其中 w_0 表示偏置，$w_1, w_2, \cdots, w_N$ 表示超平面在各坐标上的斜率，如果点 $(\boldsymbol{x}_p, y_p)$ 满足 $w_0 + x_{1,p} w_1 + x_{2,p} w_2 + \cdots + x_{N,p} w_N \approx y_p$，则该点就接近于该超平面。这里 $N=2$

式(5.4)中的线性关系可以写为更紧凑的形式：

$$\mathring{\boldsymbol{x}}_p = \begin{bmatrix} 1 \\ x_{1,p} \\ x_{2,p} \\ \vdots \\ x_{N,p} \end{bmatrix} \tag{5.5}$$

其中，$\mathring{\boldsymbol{x}}$ 表示输入向量 $\boldsymbol{x}$ 的第一个元素为 1。即对于所有 $p=1,\cdots,P$，将每个 $\boldsymbol{x}_p$ 的第一个元素都设置为 1。现在将所有参数放置到一个列向量 $\boldsymbol{w}$ 中： 100

$$\boldsymbol{w} = \begin{bmatrix} w_0 \\ w_1 \\ w_2 \\ \vdots \\ w_N \end{bmatrix} \tag{5.6}$$

可以把式(5.4)的线性关系表示为如下紧凑形式：

$$\mathring{\boldsymbol{x}}_p^{\mathrm{T}} \boldsymbol{w} \approx y_p \qquad p = 1, \cdots, P \tag{5.7}$$

5.2.2　最小二乘代价函数

为找到最适合回归数据集的超平面参数，首先必须构造一个代价函数，该函数用于度量特定线性模型对数据集的拟合程度。最常见的方法是构造一个最小二乘代价函数。对向量 $\boldsymbol{w}$ 中给定的一组参数，该代价函数计算超平面和数据之间的总平方误差，如图 5.2 所示。显然，最佳拟合超平面是一个能使误差达到最小化的超平面。

对于式(5.7)中的第 p 次近似，我们理想地希望 $\mathring{\boldsymbol{x}}_p^{\mathrm{T}} \boldsymbol{w}$ 尽可能接近或等于第 p 次的输出值 y_p，以使 $\mathring{\boldsymbol{x}}_p^{\mathrm{T}} \boldsymbol{w}$ 与 y_p 的差 $(\mathring{\boldsymbol{x}}_p^{\mathrm{T}} \boldsymbol{w} - y_p)$ 尽可能小。将 $\mathring{\boldsymbol{x}}_p^{\mathrm{T}} \boldsymbol{w} - y_p$ 求平方(这样大小相同的 101

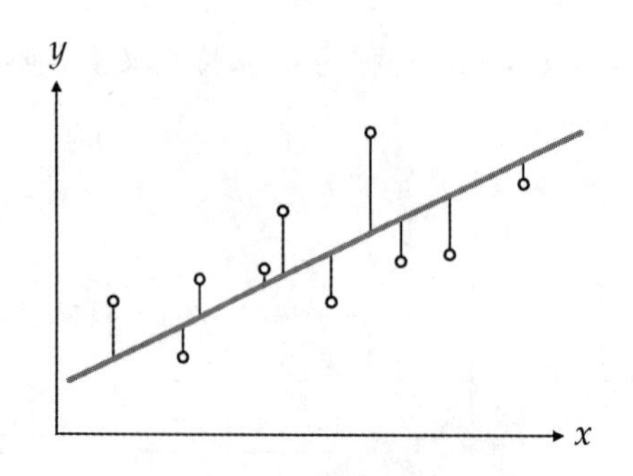

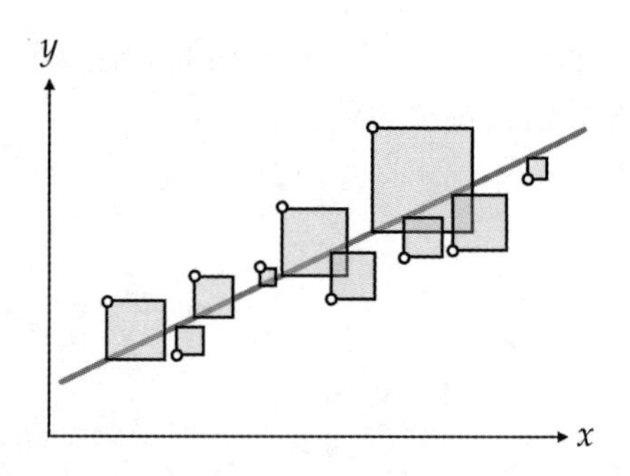

图 5.2 (左图)最小二乘框架下一个典型的二维度据集和一条对其拟合的直线，其目的是确定一个使得实心误差线的总平方长度最小的线性模型。(右图)方块的总面积表示最小二乘误差，黑色实线边表示误差。代价函数被称为最小二乘是因为我们通过确定一组参数使得其所对应的线能最小化这些平方误差之和

负误差和正误差都能被同等看待)，我们可以定义

$$g_p(\boldsymbol{w}) = (\mathring{\boldsymbol{x}}_p^{\mathrm{T}}\boldsymbol{w} - y_p)^2 \tag{5.8}$$

为逐点代价函数，该函数能度量(此处的线性)模型在单个点$(\boldsymbol{x}_p, y_p)$上的误差。现在，由于我们希望所有的 P 对应的值同时很小，因此可在整个数据集中取各 $g_p(\boldsymbol{w})$的平均值，形成线性回归的最小二乘代价函数⊖。

$$g(\boldsymbol{w}) = \frac{1}{P}\sum_{p=1}^{P} g_p(\boldsymbol{w}) = \frac{1}{P}\sum_{p=1}^{P}(\mathring{\boldsymbol{x}}_p^{\mathrm{T}}\boldsymbol{w} - y_p)^2 \tag{5.9}$$

注意，最小二乘代价值越大，相应的线性模型与数据之间的平方误差就越大，该线性模型对给定数据集的拟合程度就越差。因此，我们希望找到最小化 $g(\boldsymbol{w})$的最优参数向量 $\boldsymbol{w}$，或者采用第 2、3 和 4 章中介绍的局部优化工具，形式化表示为如下的无约束优化问题：

$$\underset{\boldsymbol{w}}{\text{minimize}}\ \frac{1}{P}\sum_{p=1}^{P}(\mathring{\boldsymbol{x}}_p^{\mathrm{T}}\boldsymbol{w} - y_p)^2 \tag{5.10}$$

5.2.3 最小二乘代价函数的最小化

可以证明，式(5.9)中线性回归的最小二乘代价函数对于任何数据集都是凸的(见 5.9 节)。在例 5.1 中，我们使用一个小型线性回归数据集来说明这个性质。

例 5.1 通过图示观察验证凸性

图 5.3 顶部子图给出了一个小型线性回归数据集，这个数据由从 $y=x$ 的直线上随机选择的 50 对($P=50$)输入/输出组成，并在每个输出中添加了少量随机噪声。左下子图中绘出了与这个数据集相关的最小二乘代价函数的三维表面，右下子图显示了其二维的等值线图。根据左下子图中代价函数曲面的上凸弯曲形状或右下子图中等值线的椭圆形状，可以知道，对于这个特定的数据集，最小二乘代价函数确实是凸的。

⊖ 从技术上讲，最小二乘代价函数 $g(\boldsymbol{w})$是关于权值 $\boldsymbol{w}$ 和数据的函数。然而，为了简化符号，我们通常选择不明确表示数据依赖关系。否则，我们将不得不将代价函数写为

$$g(\boldsymbol{w}, \{(\mathring{\boldsymbol{x}}_p, y_p)\}_{p=1}^{P})$$

这样情况就开始变得复杂了。另外，对于给定的数据集来说，需要对权值 $\boldsymbol{w}$ 进行调优才能得到一个好的拟合，$\boldsymbol{w}$ 就是该函数的重要输入。从优化的角度来看，数据集本身也是固定的。对于今后要研究的机器学习的代价函数来说，我们也将进行这样的符号简化。

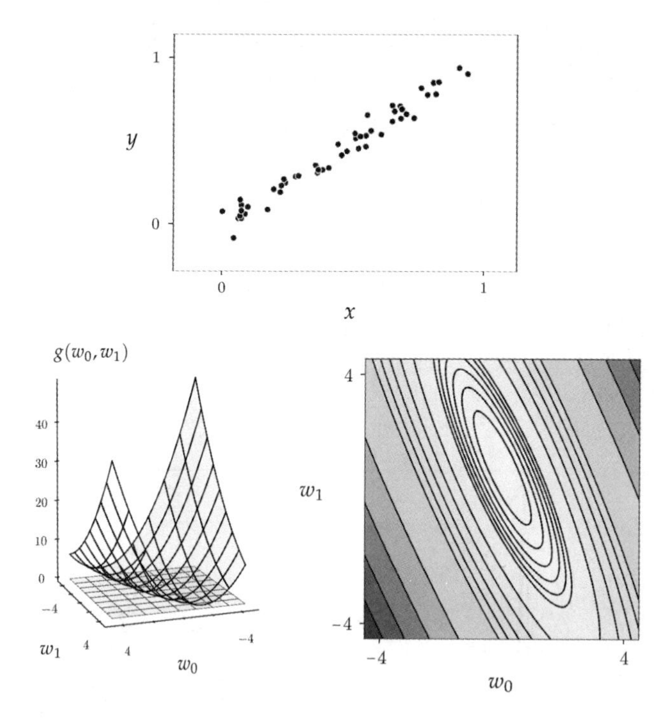

图 5.3 与例 5.1 对应的图。详细内容参见正文

由于最小二乘代价函数是凸的且无限可微，所以可以应用任一局部优化方法对其进行适当的最小化。但是，每个局部优化方法都有需要注意的现实考虑：零阶和二阶方法的扩展性并不好，对于梯度下降，我们必须选择一个固定的步长值，或选择一个递减步长方案，或选择一个像回溯线搜索这样的可调整方法(参见第 3 章)。由于最小二乘代价函数是一个凸二次函数，单个牛顿步骤就可以完美地最小化它。有时这是指通过求解最小二乘代价函数的正规方程来对其进行最小化(进一步讨论见习题 5.3)。

例 5.2 使用梯度下降

图 5.4 给出了使用例 5.1 中的小型数据集最小化最小二乘代价函数的结果。我们采用梯度下降法，且在全部 75 个步骤中都使用一个固定的步长值 $\alpha=0.5$，直到近似达到函数的最小值为止。

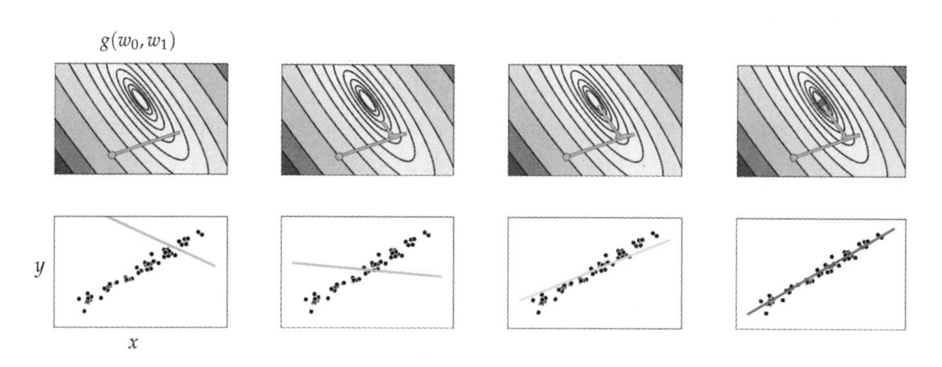

图 5.4 与例 5.2 对应的图。详细内容参见正文(见彩插)

102
~
104

图 5.4 中显示了梯度下降法的过程(从左到右)，包括最小二乘代价最小化表示(上排

子图)和由对应的权值得到的直线(下排子图)。在上排子图中，运行开始时的步骤标识为绿色(最左子图)，运行结束时的步骤标识为红色(最右子图)。线性模型的颜色标识方法与梯度下降法的步骤的标识方法相同(从开始到结束逐渐由绿色变为红色)。从图5.4可知，当梯度下降步骤接近代价函数的最小值时，对应的参数提供了越来越好的数据拟合，在最接近于最小二乘代价函数最小值的点处运行结束，得到最佳的拟合效果。

每当使用像梯度下降这样的局部优化方法时，必须合适地调整步长参数 α(如3.5节所述)。在图5.5中，我们显示了两条采用不同步长值的代价函数历史曲线：$\alpha=0.01$ 和 $\alpha=0.5$，这用于图5.4所示的运行过程。这说明了(在机器学习中)步长参数之所以也称为学习率，是由于这个值确实决定了在线性回归模型(或任何机器学习模型)中学习到合适参数的速度。

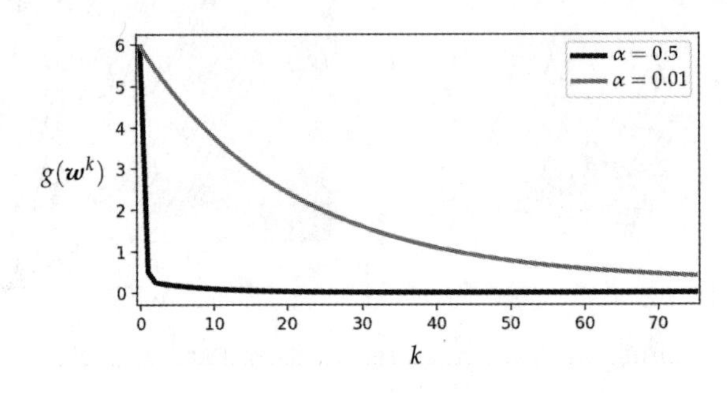

图5.5　与例5.2对应的图。详细内容参见正文

5.2.4　Python 实现

以模块化的方式思考有助于实现像最小二乘这样的代价函数，这样做的目的是通过将代价函数拆解为几个不同的分量来减轻心理“记账”所需的工作量。这里我们将代价函数拆解为两个主要部分：输入与权值的线性组合模型和代价本身(即平方误差)。

将(线性)模型表示为一个能用自身表示的函数，如：

$$\text{model}(\boldsymbol{x}_p, \boldsymbol{w}) = \mathring{\boldsymbol{x}}_p^{\mathrm{T}} \boldsymbol{w} \tag{5.11}$$

如果使用新的建模符号，则可将式(5.7)中权值的理想设置重写为：

$$\text{model}(\boldsymbol{x}_p, \boldsymbol{w}) \approx y_p \tag{5.12}$$

同样，式(5.9)中的最小二乘代价函数也可以重写为：

$$g(\boldsymbol{w}) = \frac{1}{P}\sum_{p=1}^{P}(\text{model}(\boldsymbol{x}_p, \boldsymbol{w}) - y_p)^2 \tag{5.13}$$

这种对最小二乘代价的简单拆解使其实现具有结构化、模块化和易扩展的特点。从模型看，可以通过将原始输入向量 $\boldsymbol{x}_p$ 的第一个元素设置为1，从而更为简洁和方便地以数学形式书写线性组合 $\mathring{\boldsymbol{x}}_p^{\mathrm{T}} \boldsymbol{w}$，在实现它时我们可以更容易地计算这一线性组合，这需要将偏置和特征相关权值分开表示：

105

$$\mathring{\boldsymbol{x}}_p^{\mathrm{T}} \boldsymbol{w} = w_0 + \boldsymbol{x}_p^{\mathrm{T}} \boldsymbol{\omega} \tag{5.14}$$

其中向量 $\boldsymbol{\omega}$ 包含所有特征相关权值：

$$\boldsymbol{\omega}=\begin{bmatrix} w_1 \\ w_2 \\ \vdots \\ w_N \end{bmatrix} \tag{5.15}$$

注意 w_0 被称为偏置，是因为它决定线性模型在 y 轴上的截距；$w_1, w_2, \cdots, w_N$ 称为特征相关权值，因为它们与输入值的每个维度(在机器学习中称为特征)相关。

利用 NumPy 的 `np.dot` 中的高效操作[⊖]，实现线性模型的代码如下：

```
1 | a = w[0] + np.dot(x_p.T,w[1:])
```

上述代码实现了式(5.14)的右边，其中 `w[0]`表示偏置 w_0，`w[1:]`表示 $\boldsymbol{\omega}$ 中剩下的 N 个特征相关权值。将其封装到 Python 函数中，线性模型可按以下方法实现：

```
1 | # compute linear combination of input point
2 | def model(x_p,w):
3 |     # compute linear combination and return
4 |     a = w[0] + np.dot(x_p.T,w[1:])
5 |     return a.T
```

然后使用它来构建相关联的最小二乘代价函数：

```
1  | # a least squares function for linear regression
2  | def least_squares(w,x,y):
3  |     # loop over points and compute cost contribution from each input/
   |         output pair
4  |     cost = 0
5  |     for p in range(y.size):
6  |         # get pth input/output pair
7  |         x_p = x[:,p][:,np.newaxis]
8  |         y_p = y[p]
9  |
10 |         ## add to current cost
11 |         cost += (model(x_p,w)  - y_p)**2
12 |
13 |     # return average least squares error
14 |     return cost/float(y.size)
```

这里要注意，我们显式给出了代价函数的所有输入，而不只是$(N+1)\times 1$ 个权值 $\boldsymbol{w}$(在 Python 中用变量 `w` 表示)。最小二乘代价还包含所有输入 $\mathring{\boldsymbol{x}}_p$(每个点的第一个元素为 1)，我们用$(N+1)\times P$ 个 Python 变量 `x` 表示 $\mathring{\boldsymbol{x}}_p$，用 $1\times P$ 个变量 `y` 表示对应的整个输出集。

还需注意，这实际上是式(5.13)中代价的代数形式的直接实现，其中代价被视为输入线性模型(`model`)与其对应输出的平方误差和。但是，由于 Python 的特点，用 Python 编写的显式的 for 循环(包括链表解析)执行起来相当缓慢。

通过用 NumPy 中的等效操作替换显式的 for 循环，可以在很大程度上避免低效执行。NumPy 软件包是一个用 C 语言编写的 API，能对向量/矩阵进行高效的操作。广义地说，当需要大量使用 NumPy 函数来表示这种 Python 形式的函数时，通常尝试将计算的每个步骤封装成整个数据集的实现，而这在之前是对于每个数据点顺序实现的。这意味着取消了对于 P 个点使用显式的 for 循环逐一处理，而是同时对每个点进行相同的

⊖ 一般来说，只要有向量化的实现，就必须避免在 Python 中显式地使用 for 循环以逐个处理元素的方式计算代数表达式。

(数值)计算。接下来，我们给出一种通过大量 NumPy 函数实现的最小二乘代价函数，与之前相比它更高效。

注意，当使用这些函数时，输入变量 x(包含整个由 P 个输入构成的输入集)的大小为 $N\times P$，输出变量 y 的大小为 $1\times P$。这里，我们编写以下代码以尽可能地接近于其各自对应的公式，特别是对于模型函数：

```
1  # compute linear combination of input points
2  def model(x,w):
3      a = w[0] + np.dot(x.T,w[1:])
4      return a.T
5
6  # an implementation of the least squares cost function for linear
       regression
7  def least_squares(w):
8      # compute the least squares cost
9      cost = np.sum((model(x,w) - y)**2)
10     return cost/float(y.size)
```

106
~
107

还需注意，出于简洁性考虑，我们在使用 Python 编写最小二乘代价函数时使用 least_squares(w)，而不是 least_squares (w,x,y)，后者需要显式地列出其他两个参数：输入 x 和输出 y。这么做是为了符号表示的简洁性，最小二乘代价函数的数学表示也是采用 $g(\boldsymbol{w})$而不是 $g(\boldsymbol{w},\boldsymbol{x},\boldsymbol{y})$。但实践中使用这两种格式中的哪一种都没问题，因为 autograd(见 B.10 节)能正确区分这两种形式(因为默认情况下，autograd 仅根据第一个输入来计算 Python 函数的梯度)。在介绍之后的机器学习代价函数时，我们也将使用这种简化的 Python 表示法。

虽然我们建议大多数用户使用自动微分函数库 autograd(见 3.4 节)在机器学习代价函数上运行梯度下降法和牛顿法，但这里由于此代价函数足够简单，可“手动”对梯度进行“硬编码”(使用 B.3 节中介绍的导数法则)。这样做可以以封闭形式计算最小二乘代价函数的梯度：

$$\nabla g(\boldsymbol{w})=\frac{2}{P}\sum_{p=1}^{P}\mathring{\boldsymbol{x}}_p(\mathring{\boldsymbol{x}}_p^{\mathrm{T}}\boldsymbol{w}-y_p) \tag{5.16}$$

此外，在运行牛顿法时，可以手动计算最小二乘代价函数的 Hessian 矩阵。由于代价函数是一个凸二次函数，只需一个牛顿法步骤就能将其最小化。这种牛顿法单步骤求解通常被称为利用其正规方程最小化最小二乘代价函数。采用牛顿法单步骤求解的方程组等效于最小二乘代价函数的一阶系统(见 3.2 节)：

$$\left(\sum_{p=1}^{P}\mathring{\boldsymbol{x}}_p\mathring{\boldsymbol{x}}_p^{\mathrm{T}}\right)\boldsymbol{w}=\sum_{p=1}^{P}\mathring{\boldsymbol{x}}_p y_p \tag{5.17}$$

5.3　最小绝对偏差

本节讨论最小二乘代价函数的一种变形，它是线性回归中代价的另一种表示，称为*最小绝对偏差*。与原始最小二乘法相比，这种代价函数对于数据集中的离群点具有更好的鲁棒性。

5.3.1　最小二乘对离群点的敏感性

最小二乘代价函数中使用平方误差作为最小化度量对象，用以找到最优的线性回归参数。但它有一个缺点，即对误差求平方放大了较大误差的重要性。特别是，对长度大于 1 的误差求平方会使它们变得相当大。当数据集中存在离群点时，这就使得由最小二乘代价函数学到的权值所生成的线性拟合会特别着重于最小化这些大的误差。换句话说，最小二乘代价函数生成的线性模型会倾向于过拟合数据集中的离群点。我们将通过例 5.3 中的一

108

个简单数据集来说明这一点。

例 5.3　最小二乘对离群点的过拟合

本例中使用图 5.6 中绘制的数据集，该数据集基本可由一个合适的线性模型表示，有一个离群点除外。图 5.6 中显示了线性回归的最小二乘代价函数是怎样倾向于生成一个过拟合离群点的线性模型的。我们利用梯度下降法最小化最小二乘代价函数(见 3.5 节)，调整这个数据集的线性回归参数，并在数据上部绘制了相关联的线性模型。这一拟合(以点标识)不能很好地拟合大多数数据点，而是明显地向上弯曲，以期最小化单个离群点上的较大平方误差。

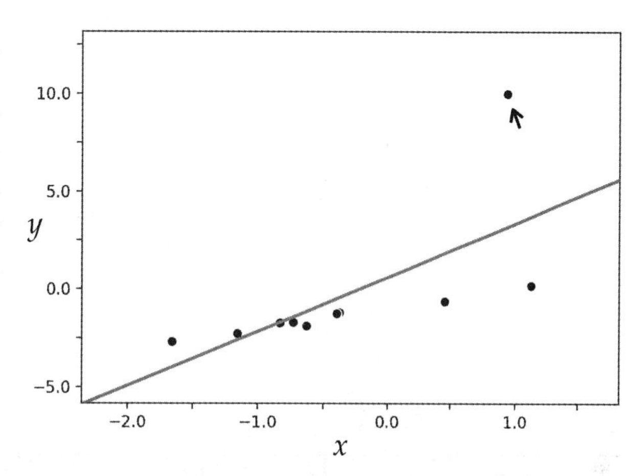

图 5.6　与例 5.3 对应的图。详细内容参见正文

5.3.2　用绝对误差代替平方误差

5.2 节中最初推导的最小二乘代价函数旨在学习得到一组理想的权值，这样对于一个有 P 个点的数据集$\{(\boldsymbol{x}_p, y_p)\}_{p=1}^{P}$，就有：

$$\mathring{\boldsymbol{x}}_p^{\mathrm{T}}\boldsymbol{w} \approx y_p \qquad p=1,\cdots,P \tag{5.18}$$

109

我们对约等号两边之差进行平方，得到：

$$g_p(\boldsymbol{w}) = (\mathring{\boldsymbol{x}}_p^{\mathrm{T}}\boldsymbol{w} - y_p)^2 \qquad p=1,\cdots P \tag{5.19}$$

再对这 P 个平方误差项求平均，就得到完整的最小二乘代价函数。

式(5.19)中使用了平方误差来表示各点的代价，我们也可以用式(5.18)中约等号两边的绝对误差来表示：

$$g_p(\boldsymbol{w}) = |\mathring{\boldsymbol{x}}_p^{\mathrm{T}}\boldsymbol{w} - y_p| \qquad p=1,\cdots,P \tag{5.20}$$

使用绝对误差代替平方误差仍然能同等对待负误差和正误差，但没有放大大于 1 的误差的重要性。对各点的绝对误差求平均值，则得到最小二乘的变形，即所谓的最小绝对偏差代价函数：

$$g(\boldsymbol{w}) = \frac{1}{P}\sum_{p=1}^{P} g_p(\boldsymbol{w}) = \frac{1}{P}\sum_{p=1}^{P} |\mathring{\boldsymbol{x}}_p^{\mathrm{T}}\boldsymbol{w} - y_p| \tag{5.21}$$

我们采用绝对误差代替平方误差的唯一代价是技术上的：尽管此代价函数也总是凸的，与输入数据集无关，但因为其二阶导数(几乎处处)为零，所以我们只能使用零阶方法和一阶方法(而不是二阶方法)对其进行最小化。

例 5.4　最小二乘与最小绝对偏差代价函数

在图 5.7 中，针对例 5.3 中的数据集，我们比较了分别通过最小化最小二乘代价函数和最小绝对偏差代价函数来调整线性模型的结果。在这两种情况下，我们都采用梯度下降法执行了相同的步骤数，并使用相同的步长参数。图 5.7 的右图中显示了两次运行的代价函数历史记录，其中用深色标识最小二乘代价函数的历史记录，用浅色标识最小绝对偏差代价函数的历史记录。通过观察，我们可以发现最小绝对偏差代价函数值远低于最小二乘代价函数值。这就足以说明最小绝对偏差法的拟合度比最小二乘法的拟合度好得多。

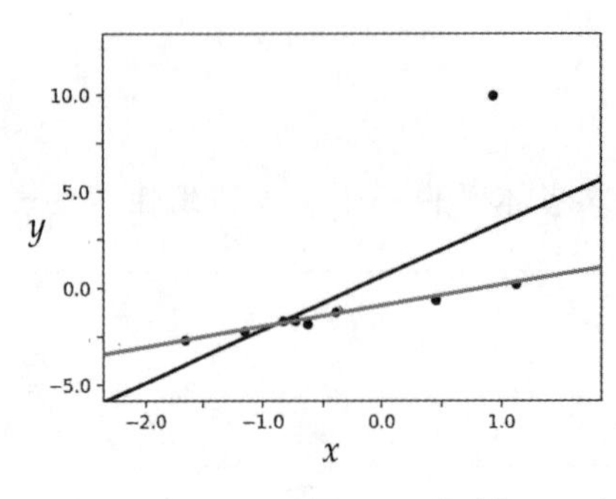

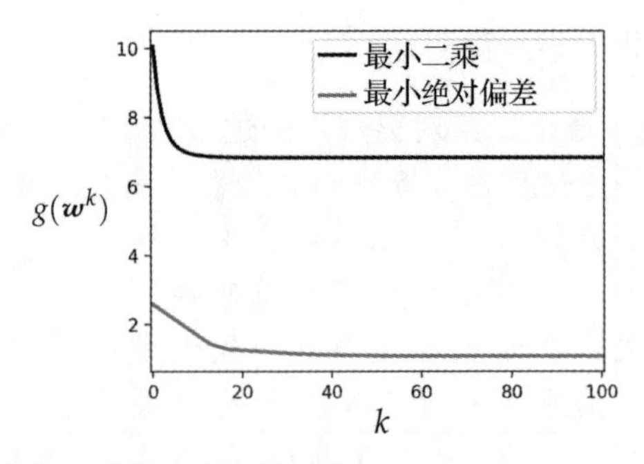

图 5.7 与例 5.4 对应的图。详细内容参见正文

从图 5.7 的左图中也可以看出这一优势。在该图中，我们绘制并比较了每次运行生成的最佳拟合线。最小二乘拟合标识为深色，最小绝对偏差拟合标识为浅色。后者的拟合度好得多，这是由于它没有放大单个离群点产生的较大误差。

110

5.4 回归质量度量

本节先介绍如何使用训练得到的回归模型进行预测，然后再介绍评估这类模型质量的度量指标。

5.4.1 使用训练得到的模型进行预测

如果使用 $\boldsymbol{w}^{\star}$表示通过最小化回归代价函数得到的最优权值集，那么最终训练模型可写成如下形式：

$$\text{model}(\boldsymbol{x},\boldsymbol{w}^{\star}) = \mathring{\boldsymbol{x}}^{\mathrm{T}}\boldsymbol{w}^{\star} = w_0^{\star} + x_1 w_1^{\star} + x_2 w_2^{\star} + \cdots + x_N w_N^{\star} \tag{5.22}$$

无论我们是对最小二乘代价函数还是对最小绝对偏差代价函数进行最小化来确定最佳参数 $\boldsymbol{w}^{\star}$，都可以用相同的方式使用得到的线性模型进行预测。也即是说，给定一个输入 $\boldsymbol{x}_0$(无论它是来自我们的训练数据集还是一个全新的输入)，我们只需将它连同训练得到的权值一起传递给模型，即可预测其输出 y_0，如下所示：

$$\text{model}(\boldsymbol{x}_0,\boldsymbol{w}^{\star}) = y_0 \tag{5.23}$$

图 5.8 针对一个典型的线性回归数据集描述了这一过程。

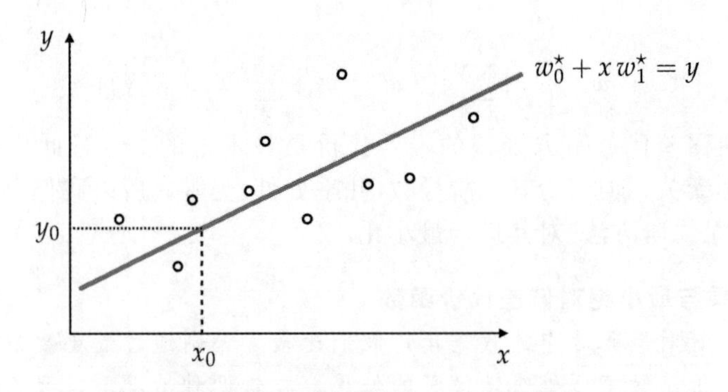

图 5.8 一旦通过最小化适当的代价函数找到回归线的最优参数 $w_0^{\star}$和 $w_1^{\star}$，就可以将它们代入式(5.22)来预测任一输入 x_0 对应的输出值。此处 $N=1$

5.4.2 判断训练模型的质量

一旦成功地对线性回归代价函数进行了最小化，则很容易评价回归模型的质量：只需使用最佳权值对代价函数求值即可。例如，在训练模型的过程中使用最小二乘代价函数时，可以很自然地使用它来评估训练模型的质量。为此，我们将学习到的模型参数与数据一起插入最小二乘代价函数中，得到所谓的均方误差(简称 MSE)： 111

$$\mathrm{MSE}=\frac{1}{P}\sum_{p=1}^{P}\left(\mathrm{model}(\boldsymbol{x}_p,\boldsymbol{w}^{\star})-y_p\right)^2 \tag{5.24}$$

这种回归质量度量指标的名称准确描述了最小二乘代价计算的内容，即均方误差。为了减少离群值和其他较大值的影响，通常将此值的平方根用作回归质量度量指标，即均方根误差(简称 RMSE)。

同样，我们可以使用最小绝对偏差代价函数来评价训练所得模型的质量。将学到的模型参数与数据一起插入最小绝对代价函数中，即可计算出平均绝对偏差(简称 MAD)，这正是代价函数的计算内容：

$$\mathrm{MAD}=\frac{1}{P}\sum_{p=1}^{P}\left|\mathrm{model}(\boldsymbol{x}_p,\boldsymbol{w}^{\star})-y_p\right| \tag{5.25}$$

这两种指标的差异恰恰体现了它们各自的代价函数的差异(比如，MSE 指标对离群点更为敏感)。通常，(通过适当调整模型权值)使得一个指标的值越小，则其对应的训练模型质量越好，反之亦然。但是，“良好”或“出色”的区分标准可能取决于个人偏好、由业界或机构设定的标准或一些与问题相关的其他因素。 112

例 5.5 预测房价

如例 1.4 所述，线性回归具有大量的商业应用。预测给定商品的价格是一种特别常见的应用。波士顿住房数据集[16]是该类问题中一个比较容易获取的示例数据集。该数据集由一组基本统计数据(特征)和对应的价格(以美元为单位)组成，这些数据反映了美国波士顿市的 506(即 $P=506$)栋房屋的情况。输入特征的维度是 $N=13$，特征包括：城镇人均犯罪率(特征 1)，每间住宅的平均房间数(特征 6)，到 5 个波士顿就业中心的加权距离(特征 8)以及城镇“底层”人口的占比(特征 13，简写为 LSTAT)。从该数据集可以容易地得到 RMSE 和 MAD 分别约为 4500 和 3000(见习题 5.9)。稍后我们将深入研究此数据集，并在例 9.6 和例 9.11 中通过一个称为特征选择的过程来确定其关键特征。

例 5.6 预测汽车的每加仑汽油行驶里程

如例 1.4 所述，线性回归具有大量的工业应用，例如，准确预测一个特定系统的行为。汽车每加仑汽油行驶里程数据集(简称为 Auto-MPG)[17]正是用于此类应用的常见数据集，它由 $P(P=398)$辆汽车的一组基本数据组成。$N(N=6)$个特征用于预测每辆汽车的 MPG。该数据集的输入特征包括：汽车发动机缸体中的气缸数(特征 1)，总发动机排量(特征 2)，汽车电动机的马力(特征 3)，汽车重量(特征 4)，汽车从静止状态加速到基准速度的加速能力(特征 5，以秒为单位)，以及汽车的生产年份(特征 6)[⊖]。利用该数据集就可以得到 RMSE 和 MAD 分别约为 3.3 MPG 和 2.5 MPG(见习题 5.9)。稍后我们将深入研究此数据集，并在习题 9.10 中通过特征选择的过程确定其关键特征。

⊖ 原始数据集(称为“来源”)的最终特征已删除，因为从中找不到有意义的描述。

5.5 加权回归

由于可以将回归代价函数分解为单个数据点，本节中我们将看到也可以对这些点进行加权，加强或减弱它们对回归模型的重要程度。这种做法称为加权回归。

5.5.1 处理副本

假如我们有一个线性回归数据集，其中包含同一个点的多个副本，这些副本不是因为错误产生的，而是在对输入特征进行必要的量化(或合并)以便进行人为介入分析或数据建模时产生的。因此，这种情形下的“重复”数据点不应被丢弃。

例 5.7 输入特征的量化可能产生重复点

在图 5.9 中，我们展示了重现著名的伽利略斜面实验所产生的原始数据集，其中，为了量化重力的影响，反复地将球滚下斜面，以确定距离和球到达地面所需时间之间的关系。此数据集中包含了同一实验的多次试验记录，其中每个输出的数值已四舍五入到小数点后两位。对输出进行这种自然的数值舍入(有时称为量化)会产生多个重复的数据点，我们在图像中利用大小不同的点来直观地表示数据集中的每个点。图中点的半径越大，它代表的重复点就越多。

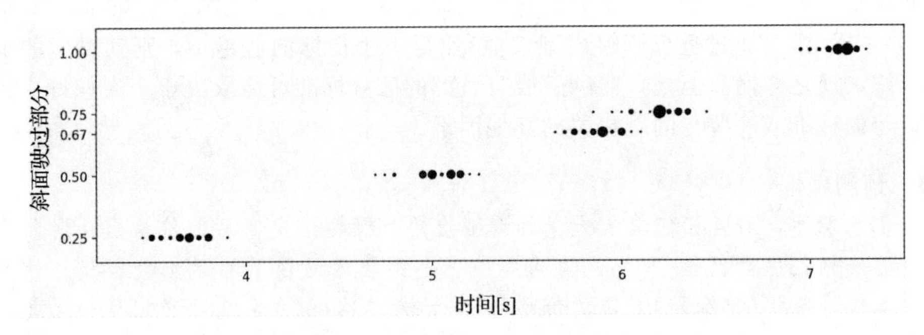

图 5.9 与例 5.7 对应的图。详细内容参见正文

现在让我们观察当数据集包含重复的数据点时，一个回归代价函数(比如最小二乘代价函数)会发生什么。具体来说，假设数据中存在输入/输出对$(\boldsymbol{x}_p, y_p)$的β_p版本。对于我们已经见过的回归数据集(除了图 5.9 中给出的数据集)，所有$p=1,\cdots,P$，始终有$\beta_p=1$。使用符号 `model` 表示线性模型(见 5.4.1 节)，我们可以将所有逐点误差的总和写为

113 ~ 114

$$\begin{aligned}&\underbrace{(\text{model}(\boldsymbol{x}_1,\boldsymbol{w})-y_1)^2+\cdots+(\text{model}(\boldsymbol{x}_1,\boldsymbol{w})-y_1)^2}_{\beta_1}\\&+\underbrace{(\text{model}(\boldsymbol{x}_2,\boldsymbol{w})-y_2)^2+\cdots+(\text{model}(\boldsymbol{x}_2,\boldsymbol{w})-y_2)^2}_{\beta_2}\\&\vdots\\&+\underbrace{(\text{model}(\boldsymbol{x}_P,\boldsymbol{w})-y_P)^2+\cdots+(\text{model}(\boldsymbol{x}_P,\boldsymbol{w})-y_P)^2}_{\beta_P}\end{aligned}\tag{5.26}$$

式(5.26)中的自然分组有助于整体上将最小二乘代价函数表示为

$$g(\boldsymbol{w})=\frac{1}{\beta_1+\beta_2+\cdots+\beta_P}\sum_{p=1}^{P}\beta_p(\text{model}(x_p,\boldsymbol{w})-y_p)^2\tag{5.27}$$

正如上式所示，最小二乘代价函数自然地成为一个加权形式，其中可将加数进行合并，这样数据集中的重复点在代价函数中就表示为单个加权加数。由于权值 $\beta_1, \beta_2, \cdots, \beta_P$ 对于任何给定数据集都是固定的，因此我们完全可以像最小化其他任何回归代价函数一样对加权回归代价进行最小化(仅需调整 $\boldsymbol{w}$ 即可)。最后应注意，在式(5.27)中设置 $\beta_p=1$(对于所有 p)即是式(5.13)中原始的(未加权)最小二乘代价函数。

5.5.2 置信度加权

当我们希望基于对每个数据点的置信度的信心对每个点进行加权时，也可以使用加权回归。例如，如果数据集分为两批，一批是可信赖数据集，另一批是不可信赖数据集(其中一些数据点可能有噪声或错误值)，则希望最后得到的回归模型能对可信赖数据集的数据点赋予更高的权值。这可以轻易地使用前面介绍的加权回归范式做到，只需我们根据每个点的置信度自行设置权值 $\beta_1, \beta_2, \cdots, \beta_P$。如果我们相信一个数据点具有很高的置信度，则可以将其相应的权值 β_p 设置得很高，反之亦然。注意，在极端情况下，权值 $\beta_p=0$ 会从代价函数中移除其对应的数据点，这意味着我们根本不信任该点。 115

例 5.8 调整单个数据点的权值以反映置信度

图 5.10 显示了在加权线性回归方式下，调整单个数据点关联的权值是如何影响最终学习到的模型的。该图所示的小型回归数据集有一个数据点，其直径与权值成比例。随着权值(可理解为"置信度")逐渐增加(从左到右)，回归器越来越偏重于这个数据点。如果我们将权值增加到足够大，最后训练出的回归模型自然就只拟合到这个单一数据点，而忽略所有其他的点，如图 5.10 最右边子图所示。

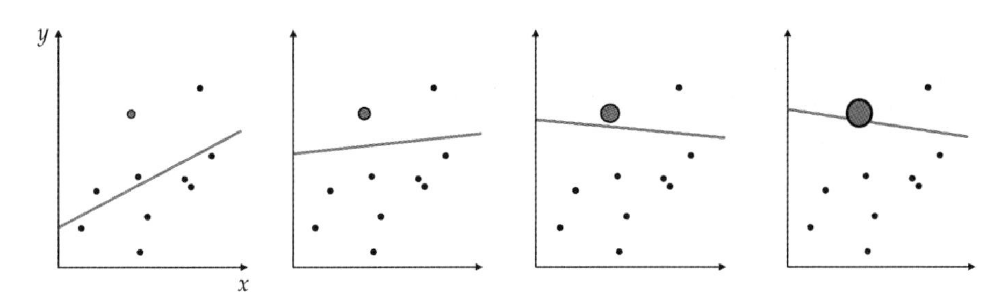

图 5.10 与例 5.8 对应的图。详细内容参见正文

5.6 多输出回归

到目前为止，我们假设线性回归的数据点由向量值输入和标量值输出组成。换句话说，一个典型的回归数据点形如一个输入/输出对($\boldsymbol{x}_p, y_p$)，其中输入 $\boldsymbol{x}_p$ 是一个 N 维向量，输出 y_p 是一个标量。尽管实践中可能遇到的绝大多数回归任务都是这种形式，但(线性)回归也可能应用于输入和输出均为向量值的情况。这通常称为多输出回归。

5.6.1 符号和建模

假设回归数据集由 P 个输入/输出对组成：

$$(\boldsymbol{x}_1, \boldsymbol{y}_1), (\boldsymbol{x}_2, \boldsymbol{y}_2), \cdots, (\boldsymbol{x}_P, \boldsymbol{y}_P) \tag{5.28}$$

116

其中每个输入 $\boldsymbol{x}_p$ 是 N 维向量，每个输出 $\boldsymbol{y}_p$ 是 C 维向量。虽然原则上可以将 $\boldsymbol{y}_p$ 视为一个含 $C\times1$ 个元素的列向量，但是为了使下述公式看起来与在标量情况下类似，我们将输入

视为一个含 $N\times1$ 个元素的列向量，而将输出视为一个含 $1\times C$ 个元素的行向量[⊖]：

$$\boldsymbol{x}_p=\begin{bmatrix}x_{1,p}\\x_{2,p}\\\vdots\\x_{N,p}\end{bmatrix}\qquad \boldsymbol{y}_p=[y_{0,p}\quad y_{1,p}\quad\cdots\quad y_{C-1,p}] \tag{5.29}$$

假设输入 $\boldsymbol{x}_p$ 与输出的第 c 维 $y_{c,p}$之间保持线性关系，则利用以前的回归框架，可以写为

$$\mathring{\boldsymbol{x}}_p^{\mathrm{T}}\boldsymbol{w}_c\approx y_{c,p}\qquad p=,1\cdots,P \tag{5.30}$$

其中 $\boldsymbol{w}_c$ 是一组权值

$$\boldsymbol{w}_c=\begin{bmatrix}w_{0,c}\\w_{1,c}\\w_{2,c}\\\vdots\\w_{N,c}\end{bmatrix} \tag{5.31}$$

$\mathring{\boldsymbol{x}}_p$ 由在 $\boldsymbol{x}_p$ 的顶部增加一个 1 得到。如果进一步假设输入与输出的所有 C 个元素之间保持线性关系，则可将每个权值向量 $\boldsymbol{w}_c$ 放入一个$(N+1)\times C$ 的权值矩阵 $\boldsymbol{W}$ 的第 c 列中，得到

$$\boldsymbol{W}=\begin{bmatrix}w_{0,0}&w_{0,1}&\cdots&w_{0,c}&\cdots&w_{0,C-1}\\w_{1,0}&w_{1,1}&\cdots&w_{1,c}&\cdots&w_{1,C-1}\\w_{2,0}&w_{2,1}&\cdots&w_{2,c}&\cdots&w_{2,C-1}\\\vdots&\vdots&&\vdots&&\vdots\\w_{N,0}&w_{N,1}&\cdots&w_{N,c}&\cdots&w_{N,C-1}\end{bmatrix} \tag{5.32}$$

并利用一个向量-矩阵乘积将 C 个线性模型构成的完整集写为

$$\mathring{\boldsymbol{x}}_p^{\mathrm{T}}\boldsymbol{W}=[\mathring{\boldsymbol{x}}_p^{\mathrm{T}}\boldsymbol{w}_0\quad\mathring{\boldsymbol{x}}_p^{\mathrm{T}}\boldsymbol{w}_1\quad\cdots\quad\mathring{\boldsymbol{x}}_p^{\mathrm{T}}\boldsymbol{w}_{C-1}] \tag{5.33}$$

这使我们能够将 C 个线性关系构成的完整集表示为非常紧凑的形式

$$\mathring{\boldsymbol{x}}_p^{\mathrm{T}}\boldsymbol{W}\approx\boldsymbol{y}_p\qquad p=1,\cdots,P \tag{5.34}$$

5.6.2　代价函数

推导多输出回归代价函数的过程几乎完全对应于 5.2 节和 5.3 节中讨论的标量输出的情况。例如，为了推导出最小二乘代价函数，我们首先(采用与 5.2 节相同的方式)计算公式(5.34)两边的差，但是，现在与第 p 个点相关联的误差$(\mathring{\boldsymbol{x}}_p^{\mathrm{T}}\boldsymbol{W}-\boldsymbol{y}_p)$是一个 C 维向量。因此，要对这个误差求平方，我们必须使用 ℓ_2 向量范数的平方(如果不熟悉此向量范数，可参阅 C.5 节)。则在这种情况下，最小二乘代价函数为各点误差的 ℓ_2 范数平方的平均，写为

$$g(\boldsymbol{W})=\frac{1}{P}\sum_{p=1}^{P}\|\mathring{\boldsymbol{x}}_p^{\mathrm{T}}\boldsymbol{W}-\boldsymbol{y}_p\|_2^2=\frac{1}{P}\sum_{p=1}^{P}\sum_{c=0}^{C-1}(\mathring{\boldsymbol{x}}_p^{\mathrm{T}}\boldsymbol{w}_c-y_{c,p})^2 \tag{5.35}$$

注意，当 $C=1$ 时，上式归约为在 5.2 节中介绍的原始最小二乘代价函数。

同样，本例中若采用最小绝对偏差代价(度量每个误差的绝对值而不是其平方)，也具有类似的形式：

⊖ 注意，与输入不同，我们从 0 开始对输出进行索引。这样做是因为最终我们会在每个输入 $\boldsymbol{x}_p$ 的顶部放置一个元素 1(就像我们在 5.2 节中对标准回归所做的那样)，该新增的元素的索引为 0。

$$g(\boldsymbol{W})=\frac{1}{P}\sum_{p=1}^{P}\|\mathring{\boldsymbol{x}}_p^{\mathrm{T}}\boldsymbol{W}-\boldsymbol{y}_p\|_1=\frac{1}{P}\sum_{p=1}^{P}\sum_{c=0}^{C-1}|\mathring{\boldsymbol{x}}_p^{\mathrm{T}}\boldsymbol{w}_c-y_{c,p}| \tag{5.36}$$

其中 $\|\cdot\|_1$ 是 ℓ_1 向量范数，它是向量的绝对值函数的一般化(如果不熟悉此向量范数，请参阅 C.5.1 节)。

就像在标量值情形中一样，无论使用什么样的数据集，这些代价函数总是凸函数。它们还会分解与每个输出相关的权值 $\boldsymbol{w}_c$。例如，我们可以通过交换 P 和 C 上的加数，将式(5.36)中最小绝对偏差代价的右边重写为

$$g(\boldsymbol{W})=\sum_{c=0}^{C-1}\left(\frac{1}{P}\sum_{p=1}^{P}|\mathring{\boldsymbol{x}}_p^{\mathrm{T}}\boldsymbol{w}_c-y_{c,p}|\right)=\sum_{c=0}^{C-1}g_c(\boldsymbol{w}_c) \tag{5.37}$$

其中 $g_c(\boldsymbol{w}_c)=\frac{1}{P}\sum_{p=1}^{P}|\mathring{\boldsymbol{x}}_p^{\mathrm{T}}\boldsymbol{w}_c-y_{c,p}|$。由于来自 C 个子模型中的每个权值不会相互影响，因此，如果需要，我们可以最小化每个 g_c，以得到各个 $\boldsymbol{w}_c$ 的最优设置，然后对它们求和得到完整的代价函数 g。

117～118

例 5.9　对多输出回归数据集的线性模型进行拟合

在图 5.11 中，我们针对一个小型数据集展示了一个多输出线性回归的示例，其中输入维度 $N=2$，输出维度 $C=2$，在两个子图中绘出了输入和一个输出值。

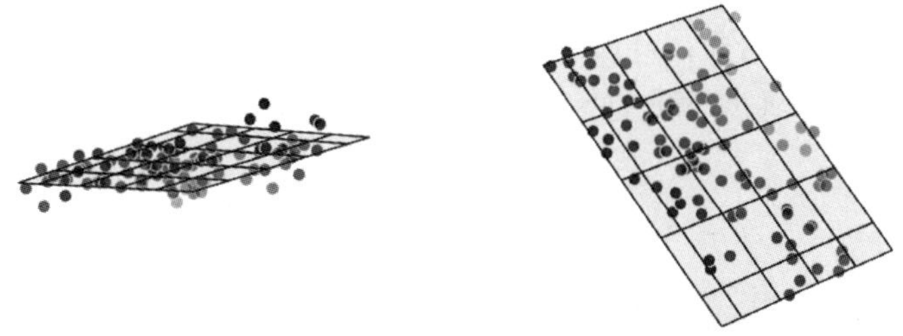

图 5.11　与例 5.9 对应的图。详细内容参见正文

这里使用梯度下降法最小化最小二乘代价函数，从而得到合适的线性模型的参数，然后在数据集的输入区域利用数据点的细网格来表示最终训练出的模型。

5.6.3　Python 实现

由于 Python 和 NumPy 的语法都很灵活，因此我们可以用与标量输出情形(见 5.2.4 节)完全相同的方式来实现线性模型

$$\text{model}(\boldsymbol{x},\boldsymbol{W})=\mathring{\boldsymbol{x}}^{\mathrm{T}}\boldsymbol{W} \tag{5.38}$$

在实现此线性组合时，无须构造调整后的输入 $\mathring{\boldsymbol{x}}_p$(在原始输入 $\boldsymbol{x}_p$ 的顶部增加一个元素 1)，就可以通过列出偏差从而更轻松地计算这一线性组合：

$$\mathring{\boldsymbol{x}}_p^{\mathrm{T}}\boldsymbol{W}=\boldsymbol{b}+\boldsymbol{x}_p^{\mathrm{T}}\mathcal{W} \tag{5.39}$$

这里偏差 $\boldsymbol{b}$ 和特征相关权值 $\mathcal{W}$ 分别表示为

$$b=\begin{bmatrix}w_{0,0}\\w_{0,1}\\w_{0,2}\\\vdots\\w_{0,C-1}\end{bmatrix}\qquad \mathcal{W}=\begin{bmatrix}w_{0,1}&w_{0,2}&\cdots&w_{0,C-1}\\w_{1,1}&w_{1,2}&\cdots&w_{1,C-1}\\w_{2,1}&w_{2,2}&\cdots&w_{2,C-1}\\\vdots&\vdots&&\vdots\\w_{N,1}&w_{N,2}&\cdots&w_{N,C-1}\end{bmatrix} \tag{5.40}$$

该符号用于匹配 Python 的切片操作(如下面给出的实现所示)，该操作在 Python 中的

119

类似实现如下：

```
a = w[0] + np.dot(x_p.T,w[1:])
```

也就是说，$\boldsymbol{b}$=w[0]表示偏差，$\mathcal{W}$=w [1:]表示余下的特征相关权值。以这种方式实现的另一个原因是特定的线性组合 $\boldsymbol{x}_p^{\mathrm{T}}\mathcal{W}$非常高效(利用 np.dot 以 np.dot(x_p.T,w[1:])形式实现了模型)，因为 NumPy 的 np.dot 操作比在 Python 中使用显式的 for 循环构造一个线性组合高效得多。

多输出回归代价函数也可在 Python 中以与之前相同的方式实现。例如，我们的线性模型和最小二乘代价函数可以写成如下代码。

```
1 # linear model
2 def model(x,w):
3     a = w[0] + np.dot(x.T,w[1:])
4     return a.T
5
6 # least squares cost
7 def least_squares(w):
8     cost = np.sum((model(x,w) - y)**2)
9     return cost/float(np.size(y))
```

注意，由于多输出回归的任一代价函数都包含一个参数矩阵，因此在优化过程中使用 autograd 时，首先将选中的代价函数扁平化(如 B. 10.3 节所述)，再进行最小化，这会非常方便。这样就避免了局部优化过程中在权值上进行显式的循环，让我们可以直接使用基本的 Python 实现，比如梯度下降(见 3.5.4 节)和牛顿法(见 4.3.6 节)，而无须进行任何修改。

5.7 小结

本章描述了线性回归，这是最简单的监督学习问题。

具体来说，5.2 节介绍了重要的符号、线性模型的形式化表述，以及回归的最小二乘代价函数。5.3 节介绍了最小绝对偏差代价函数，它对离群值的敏感度要低得多，但缺点是不可二次微分(因此不能使用二阶方法直接对其进行最小化)。在本书第一部分描述了数学优化方法后，我们接着讨论了最小化线性回归的代价函数的问题。5.5 节描述了加权回

120

归，这是标准方法的一种变形，它可以完全控制回归过程中各数据点的重要程度。5.6 节介绍了用于量化评价训练回归模型质量的各种度量指标。

5.8 习题

完成下列习题所需的数据可以从本书的 GitHub 资源库中下载，链接为 github. com/jermwatt/machine_learning_refined。

习题 5.1 学生贷款数据的回归线性拟合

针对美国学生贷款数据集，使用牛顿法单步骤(也称为求解正规方程)最小化关联的线性回归最小二乘代价函数，得到图 1.8 中美国学生贷款数据集的线性拟合模型。如果这种线性趋势持续下去，到 2030 年学生贷款总额将是多少？

习题 5.2 克莱伯(Kleiber)定律和线性回归

在收集并绘制了各种动物的体重与新陈代谢率(一种度量静止能量消耗的指标)的大量对比数据之后，二十世纪初的生物学家 Max Kleiber 注意到这两个值之间的有趣关系。用

x_p 和 y_p 分别表示给定动物的体重(kg)和新陈代谢率(kJ/天)，将体重作为输入特征。Kleiber 观察到这两个值的自然对数值是线性相关的。即

$$w_0 + \log(x_p)w_1 = \log(y_p) \tag{5.41}$$

图 1.9 中展示了大量的经变换后的数据点

$$\{(\log(x_p), \log(y_p))\}_{p=1}^{P} \tag{5.42}$$

其中每个点代表一种动物，范围从左下角的黑颏小蜂鸟到右上角的大型海象。

(a)用线性模型拟合图 1.9 中所示的数据。

(b)使用在(a)部分中找到的最优参数和对数函数的属性，写出体重 x 与代谢率 y 之间的非线性关系。

(c)用拟合线确定体重 10kg 的动物需要多少卡路里(注意，每卡路里等于 4.18J)。

121

习题 5.3　最小二乘代价函数和牛顿法单步骤

如 5.2.3 节所述，牛顿法单步骤可以完美地对线性回归的最小二乘代价函数进行最小化。使用牛顿法的一个单步骤最小化图 5.12 中数据集的最小二乘代价函数。该数据集大致位于一个超平面上，因此由最小化的最小二乘代价函数给出的模型应该有很好的拟合度。使用代价函数历史图确认你已经对线性模型中的参数进行了合适的调整。

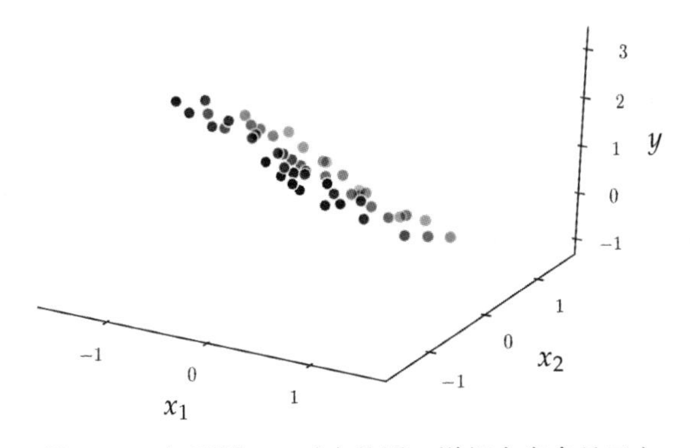

图 5.12　与习题 5.3 对应的图。详细内容参见正文

习题 5.4　求解正规方程

如 5.2.4 节所述，利用式(5.17)中的方程组(也称为正规方程)，可以使用牛顿法单步骤(见 4.3 节)对线性回归的最小二乘代价函数进行完美的最小化。你认为在什么情况下这不是最小化最小二乘代价函数的好方法？为什么？提示：参见 4.4.2 节。

习题 5.5　最小二乘代价函数的利普希茨常数

计算最小二乘代价函数的利普希茨常数(参见 A.6.4 节)。

习题 5.6　比较最小二乘代价函数和最小绝对偏差代价函数

重复例 5.4 中的实验，你需要实现最小绝对偏差代价函数，可以采用与 5.2.4 节中介绍的最小二乘代价函数的实现类似的方法。

习题 5.7　通过经验确认小型数据集的凸性

根据经验确认，对于 5.3 节中给出的小型数据集，其最小绝对偏差代价函数是凸函数。

122

习题 5.8　最小绝对偏差代价是凸函数

使用下面给出的凹凸性的零阶定义，证明最小绝对偏差代价函数是凸函数。

一个无约束函数 g 是凸的当且仅当连接 g 的图上两个点的任意线段位于图上方。图 5.13 描述了凸函数的定义。

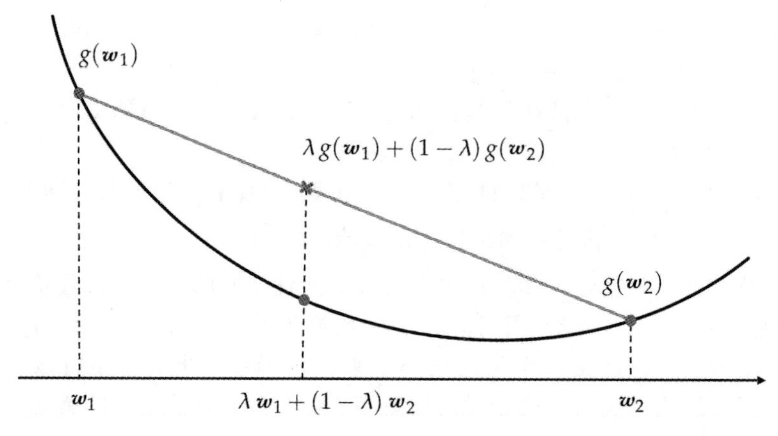

图 5.13　与习题 5.8 对应的图

用代数法表示这一几何描述，g 是凸的当且仅当对于 g 的定义域中所有 $\mathbf{w}_1$ 和 $\mathbf{w}_2$ 以及所有 $\lambda\in[0,1]$，有

$$g(\lambda\mathbf{w}_1+(1-\lambda)\mathbf{w}_2)\leqslant\lambda g(\mathbf{w}_1)+(1-\lambda)g(\mathbf{w}_2) \tag{5.43}$$

习题 5.9　房价和汽车每加仑汽油行驶里程预测

验证例 5.5 和例 5.6 中给出的波士顿房屋和每加仑汽油行驶里程数据集的质量指标。由于这些数据集的输入值差异很大，因此在优化之前，应该对每个数据集的输入特征进行标准归一化处理(见 9.3 节)。

习题 5.10　不当调整与加权回归

假设有人提出通过最小化式(5.27)中关于 $\beta_1,\beta_2,\cdots,\beta_P$ 和 $\mathbf{w}$(即线性模型的权值)的加权最小二乘代价函数来调整逐点权值 $\beta_1,\beta_2,\cdots,\beta_P$，同时保持 $\beta_1,\beta_2,\cdots,\beta_P$ 均为非负值(代价函数的最小值为零)。假设能够进行优化并完成优化，对一个通用数据集上的最终模型而言，其功效会有什么问题？通过图示解释你的想法。

123

习题 5.11　多输出回归

重复例 5.9 中的实验。可使用 5.6.3 节中描述的实现作为基础。

5.9　尾注

证明最小二乘代价函数总是凸的

这里我们证明线性回归的最小二乘代价函数始终是一个凸二次函数。仅检验最小二乘代价函数的第 p 个加数，我们有

$$(\mathring{\mathbf{x}}_p^{\mathrm{T}}\mathbf{w}-y_p)^2=(\mathring{\mathbf{x}}_p^{\mathrm{T}}\mathbf{w}-y_p)(\mathring{\mathbf{x}}_p^{\mathrm{T}}\mathbf{w}-y_p)=y_p^2-2\mathring{\mathbf{x}}_p^{\mathrm{T}}\mathbf{w}y_p+\mathring{\mathbf{x}}_p^{\mathrm{T}}\mathbf{w}\mathring{\mathbf{x}}_p^{\mathrm{T}}\mathbf{w} \tag{5.44}$$

其中各项按其次数递增排列。

现在，由于 $\mathring{\mathbf{x}}_p^{\mathrm{T}}\mathbf{w}=\mathbf{w}^{\mathrm{T}}\mathring{\mathbf{x}}_p$，我们调换上式右边第三项的第一个内积，得到

$$y_p^2 - 2\mathring{\boldsymbol{x}}_p^{\mathrm{T}}\boldsymbol{w}y_p + \boldsymbol{w}^{\mathrm{T}}\mathring{\boldsymbol{x}}_p\mathring{\boldsymbol{x}}_p^{\mathrm{T}}\boldsymbol{w} \tag{5.45}$$

这只是第 p 个加数。将所有点进行求和，得到

$$\begin{aligned} g(\boldsymbol{w}) &= \frac{1}{P}\sum_{p=1}^{P}(y_p^2 - 2\mathring{\boldsymbol{x}}_p^{\mathrm{T}}\boldsymbol{w}y_p + \boldsymbol{w}^{\mathrm{T}}\mathring{\boldsymbol{x}}_p\mathring{\boldsymbol{x}}_p^{\mathrm{T}}\boldsymbol{w}) \\ &= \frac{1}{P}\sum_{p=1}^{P}y_p^2 - \frac{2}{P}\sum_{p=1}^{P}y_p\mathring{\boldsymbol{x}}_p^{\mathrm{T}}\boldsymbol{w} + \frac{1}{P}\sum_{p=1}^{P}\boldsymbol{w}^{\mathrm{T}}\mathring{\boldsymbol{x}}_p\mathring{\boldsymbol{x}}_p^{\mathrm{T}}\boldsymbol{w} \end{aligned} \tag{5.46}$$

从这里我们可以看出，最小二乘代价函数确实是一个二次函数，因为由

$$\begin{aligned} a &= \frac{1}{P}\sum_{p=1}^{P}y_p^2 \\ \boldsymbol{b} &= -\frac{2}{P}\sum_{p=1}^{P}\mathring{\boldsymbol{x}}_p y_p \\ \boldsymbol{C} &= \frac{1}{P}\sum_{p=1}^{P}\mathring{\boldsymbol{x}}_p\mathring{\boldsymbol{x}}_p^{\mathrm{T}} \end{aligned} \tag{5.47}$$

我们可将最小二乘代价函数等价地表示为

$$g(\boldsymbol{w}) = a + \boldsymbol{b}^{\mathrm{T}}\boldsymbol{w} + \boldsymbol{w}^{\mathrm{T}}\boldsymbol{C}\boldsymbol{w} \tag{5.48}$$

此外，由于矩阵 $\boldsymbol{C}$ 是由外积矩阵之和构成的，因此它也是凸的，因为这样一个矩阵的特征值始终是非负的(有关此形式的凸二次函数的详细介绍，参见 4.1 节和 4.2 节)。 124

线性二分类问题

6.1 引言

本章中我们讨论线性二分类问题，它是另一类监督学习问题(如 1.3.1 节所述)。最初分类问题和回归问题(如第 5 章所述)的区别相当微小：若一个监督学习问题中数据集输出只有两个离散值，则称其为二分类问题，这类问题的两个输出值通常称为两个类别。许多常见的机器学习问题都属于二分类问题，如人脸检测(图像类别分为人脸和非人脸两类)和通用的目标检测、基于文本的情感分析(书面的产品评价分为正面评价和负面评价两类)、自动诊断病情(患者的医学数据分为患者具有或不具有某种疾病两类)等。

这一区别尽管细微却很重要，新的更适合处理这类数据的代价函数正是由此生成的。这些新的代价函数是从大量的激发性角度进行表述的，这些角度包括逻辑回归、感知机和支持向量机，我们将一一讨论这些角度。虽然这些视角表面上有很大的不同，但正如我们将看到的，它们实际上都归约为本质相同的二分类问题。与上一章一样，本章我们也将研究确定训练分类器质量的度量指标，以及基本概念的各种扩展(包括类别和加权二分类)。

6.2 逻辑回归和交叉熵代价函数

在本节中我们描述一个称为逻辑回归的线性二分类基本框架，该框架采用所谓的交叉熵代价函数。

125

6.2.1 符号和建模

二分类问题是回归问题的一种特例，在这类问题中，数据仍然以 P 个输入/输出对$\{(x_p, y_p)\}_{p=1}^{P}$的形式出现，并且每个输入 x_p 是一个 N 维向量。但是，相应的输出 y_p 不再是连续的，而是只有两个离散的数字。虽然这些数字的实际值理论上是任意的，但是出于推导的目的，采用特定的数值对更为有用。因此，在本节中我们假设数据的输出值为 0 或 $+1$，即 $y_p \in \{0, +1\}$。通常在分类问题中，输出值 y_p 被称为标签，所有具有相同标签的点被称为一类数据。因此，带有标签值 $y_p \in \{0, +1\}$的点的数据集被称为由两个类别构成的数据集。

这样一个数据集最简单的分布方式是在一组相邻的阶梯上，如图 6.1 的上排子图所示，其中左、右子图分别是 1 维和 2 维的情形。这里底阶是包含类别 0 的空间区域，即所有标签值 $y_p=0$ 的点。同样，顶阶包含类别 1，即所有标签值 $y_p=+1$ 的点。从这个角度来看，可以自然地将二分类问题视为非线性回归的一种情形，我们的目标是回归(或拟合)一个针对数据的非线性阶梯函数，我们称其为分类的回归视角。

或者可以改变视角，直接从“上方”观察数据集，即想象我们从 y 轴的高处俯视数据，就好像它被投射到 $y=0$ 平面上一样。从这一视角，如图 6.1 底部子图所示，我们忽略了数据在 y 轴维度上的信息，只用其输入来直观地表示数据集。通过将每个点标识为两种特定的颜色来表示其输出值：标签 $y_p=0$ 的点标识为浅色，标签 $y_p=+1$ 的点标识为深色。从第二种视角(我们称为感知机视角，如图 6.1 底部子图所示)来看，当投射到输入空间上

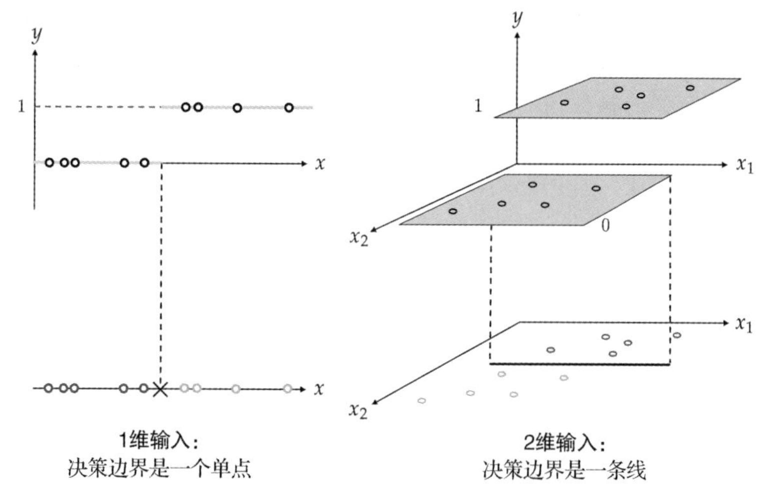

图 6.1　从回归和感知机视角看小型的一维度据集（左列子图）和二维度据集（右列子图）的分类。上排子图展示的回归视角与下排子图展示的感知机视角是等效的，此时我们都是从“上方”查看各数据集。在感知机视角下我们还标注了决策边界，这正好处于阶梯函数从底阶到顶阶的变化位置。详细内容参见正文

时，分隔两个阶梯的边线（以及其上的数据点），在 $N=1$ 时是单点的形式（如左下子图所示），在 $N=2$ 时是一条直线（如右下子图所示）。对于一般的 N，分隔两类数据的是一个超平面[⊖]，在分类问题中超平面也称为一个决策边界。

在本节和下一节中，我们只着眼于二分类的回归视角。感知机视角详见 6.4 节。　126

6.2.2　拟合一个非连续阶梯函数

采用二分类问题的回归视角，一开始我们可能试图简单地应用第 5 章介绍的线性回归框架来拟合这样的数据。例 6.1 中正是这样做的。

例 6.1　对分类数据的线性回归进行拟合

图 6.2 展示了一个简单的二分类数据集，我们已通过线性回归（灰色部分）将该数据集拟合成一条线。由于这条线的输出只取两个离散值，所以它本身对这些数据的表示能力很差。即便我们将调整好的线性回归器的输入传递给一个离散的阶梯函数，后者将前者所有大于 0.5 的输出值赋予标签 +1，将所有小于 0.5 的输出值赋予标签 0，这样的阶梯函数（图中虚线所示）给出的数据表示仍然不够理想。这是由于在将结果模型传递给阶梯函数之前，（灰色）线的参数已先被调整，导致最终的阶梯模型不能正确识别顶阶上的两个点。在分类的术语中，这类数据点被称为误分类点，简称误分类。　127

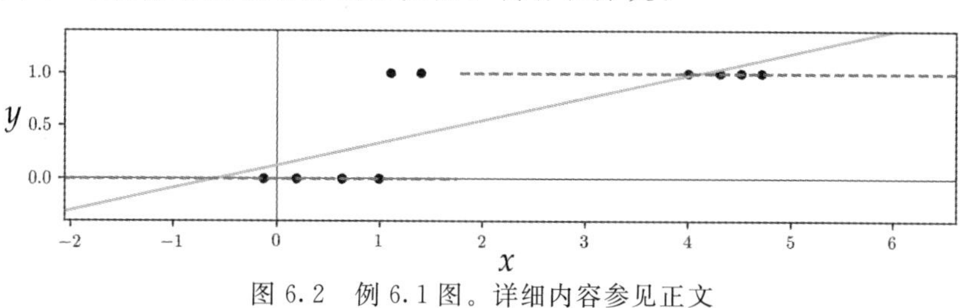

图 6.2　例 6.1 图。详细内容参见正文

⊖　点和线都是超平面的特殊低维实例。

例 6.1 暗示了这样一个事实：直接使用线性回归来表示分类数据并不是好的思路。即使用一个阶梯函数来调整得到的线性模型，结果仍然没有找到示例数据所在的实际阶梯函数。与其调整线性模型的参数(执行线性回归)，然后再将结果传递给一个阶梯函数，不如在传递给阶梯函数之后再调整线性模型的参数，原则上这可以得到更好的结果。

为了更形式化地描述这种回归，首先回顾我们表示以下 N 维输入的一个线性模型的符号(见 5.2 节)

$$\mathring{\boldsymbol{x}}^{\mathrm{T}} \boldsymbol{w} = w_0 + x_1 w_1 + x_2 w_2 + \cdots + x_N w_N \tag{6.1}$$

其中

$$\boldsymbol{w} = \begin{bmatrix} w_0 \\ w_1 \\ w_2 \\ \vdots \\ w_N \end{bmatrix} \quad 且 \quad \mathring{\boldsymbol{x}} = \begin{bmatrix} 1 \\ x_1 \\ x_2 \\ \vdots \\ x_N \end{bmatrix} \tag{6.2}$$

接下来，我们以代数方式表示一个阶梯函数[㊀]

$$\operatorname{setp}(t) = \begin{cases} 1 & t > 0 \\ 0 & t < 0 \end{cases} \tag{6.3}$$

将式(6.1)中的线性模型带入上式，即得到一个阶梯函数[㊁]

$$\operatorname{setp}(\mathring{\boldsymbol{x}}^{\mathrm{T}} \boldsymbol{w}) \tag{6.4}$$

其低阶和高阶之间有一个线性决策边界，由满足 $\mathring{\boldsymbol{x}}^{\mathrm{T}} \boldsymbol{w} = 0$ 的所有点 $\mathring{x}$ 定义。任何正好位于决策边界上的输入都可以被随机分配一个标签。

为了对权值向量 $\boldsymbol{w}$ 进行合适的调整，我们可以通过在数据集的输入和输出之间找到合适的关系来设置一个最小二乘代价函数(见第 5 章中的线性回归)。理想情况下，我们希望点(x_p, y_p)落在最优决策边界的正确一侧，换句话说，输出 y_p 位于正确的阶梯上。这一想法可以以代数形式表示为：

$$\operatorname{setp}(\mathring{\boldsymbol{x}}_p^{\mathrm{T}} \boldsymbol{w}) = y_p \qquad p = 1, \cdots, P \tag{6.5}$$

为了找到满足这 P 个等式的权值，首先对每个等式两边之差求平方，然后取它们的平均值，最后得到下面的最小二乘代价函数：

$$g(\boldsymbol{w}) = \frac{1}{P} \sum_{p=1}^{P} (\operatorname{step}(\mathring{\boldsymbol{x}}^{\mathrm{T}} \boldsymbol{w}) - y_p)^2 \tag{6.6}$$

理想的权值就对应于这个代价函数的最小化结果。

不幸的是，由于最小二乘代价函数要求在每一个点上都是局部完全平坦的(见例 6.2)，所以使用局部优化对其进行最小化是非常困难的(如果可以最小化的话)。这个问题是由于使用了阶梯函数造成的，它使得梯度下降法和牛顿法失效，因为这两种方法在代价函数的平坦区域都会立即停止。

例 6.2 分类代价函数的直观认识

在图 6.3 的左子图中，我们针对图 6.2 中的数据集绘制了式(6.6)中的最小二乘代价

㊀ 就我们的目的而言，step(0)要么设为任意固定值，要么不作定义。

㊁ 技术上讲，$\operatorname{step}(\mathring{\boldsymbol{x}}^{\mathrm{T}} \boldsymbol{w} - 0.5)$是将 $\mathring{\boldsymbol{x}}^{\mathrm{T}} \boldsymbol{w}$ 的值映射到{0, 1}的函数，如果 $\mathring{\boldsymbol{x}}^{\mathrm{T}} \boldsymbol{w}$ 大于 0.5，则函数值为 1，否则为 0。然而，我们可将常量 −0.5 融合到偏差权值 ω_0 中，重写为 $\omega_0 \leftarrow \omega_0 - 0.5$(毕竟它是一个需要学习的参数)，这样阶梯函数可更紧凑地表示为式(6.4)中的形式。

函数在其两个参数 ω_0 和 ω_1 范围内的图像。这个最小二乘代价函数的表面由许多不同层级上的离散阶梯组成，并且每阶都是完全平坦的。正是由于这一点，不能使用局部优化方法(见第 2～4 章)对其进行有效的最小化。

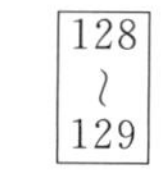

在图 6.3 的中间子图和右子图中，我们绘制了同一数据集中两个相关代价函数的曲面。下面我们介绍中间子图和右子图所示的代价函数。从我们最小化代价函数的能力来看，相比于左子图中基于阶梯的最小二乘代价函数，对中间子图和右子图中的代价函数进行合适的最小化要容易得多。

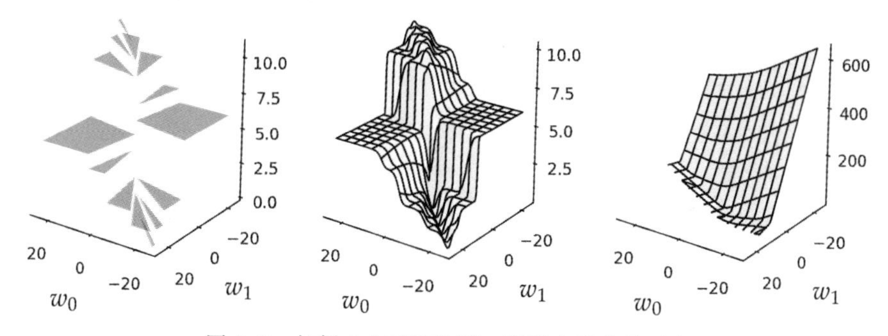

图 6.3　与例 6.2 对应的图。详细内容参见正文

6.2.3　逻辑 sigmoid 函数

为了能对最小二乘代价函数进行最小化，我们可将式(6.6)中的阶梯函数替换为一个与之紧密匹配的连续的近似函数。逻辑 sigmoid 函数正是这样一个近似函数

$$\sigma(x)=\frac{1}{1+\mathrm{e}^{-x}} \tag{6.7}$$

在图 6.4 中，我们绘制了这个函数(左子图)以及它的几个内部加权版本(右子图)的图像。可以看到，在正确设置内部权值的情况下，逻辑 sigmoid 函数看上去与阶梯函数可以有任意的相似程度。

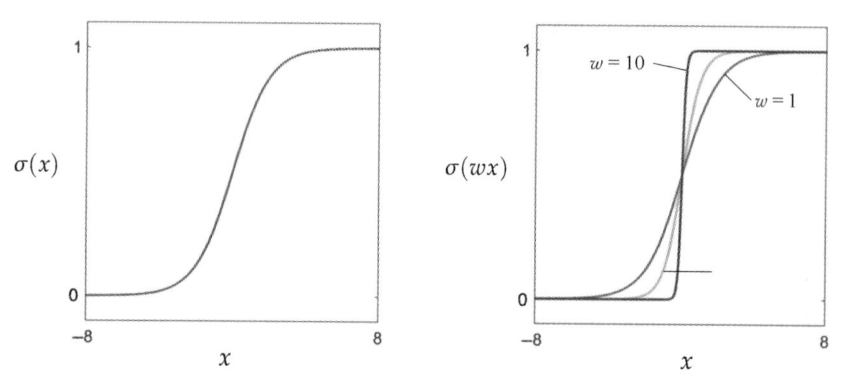

图 6.4　(左子图) sigmoid 函数 $\sigma(x)$的图像。(右子图)逐渐增大函数 $\sigma(wx)$中的权值 w 的值，从 $w=1$ 到 $w=2$，最后到 $w=10$，所得到的加权后的函数图像越来越逼近阶梯函数

130

6.2.4　使用最小二乘代价函数的逻辑回归

在式(6.5)中，将阶梯函数替换为其 sigmoid 近似函数，则可得到我们希望的相关近似等式集

$$\sigma(\mathring{\boldsymbol{x}}_p^{\mathrm{T}}\boldsymbol{w}) \approx y_p \qquad p=1,\cdots,P \tag{6.8}$$

以及相应的最小二乘代价函数

$$g(\boldsymbol{w}) = \frac{1}{P}\sum_{p=1}^{P}(\sigma(\mathring{\boldsymbol{x}}^{\mathrm{T}}\boldsymbol{w}) - y_p)^2 \tag{6.9}$$

通过对此代价函数进行最小化将分类数据拟合到一个逻辑 sigmoid 函数的过程通常称为执行逻辑回归[㊀]。尽管所得到的代价函数通常是非凸的，但还是可以使用很多局部优化技术对其进行合适的最小化。

例 6.3　使用归一化梯度下降法

图 6.5 描述了使用归一化梯度下降法在图 6.2 中的数据集上对式(6.9)中的最小二乘代价函数进行最小化的过程。归一化梯度下降法是第 3 章中介绍的标准梯度下降算法的一种变型，详见 A.3 节。图 6.5 中显示了归一化梯度下降法的一次执行，初始点为 $w_0=-w_1=20$。左子图为对最小二乘代价进行合适最小化后得到的 sigmoid 拟合。右子图为代价函数的等值线图，图中随着运行过程向代价函数的最小值接近，(归一化)梯度下降路径由浅色变为深色。图 6.3 的中间子图显示了该代价函数的(三维)曲面图。虽然这个代价函数在很多地方是非常平坦的，但是归一化梯度下降法擅于处理这样的代价函数(见 A.3 节)。

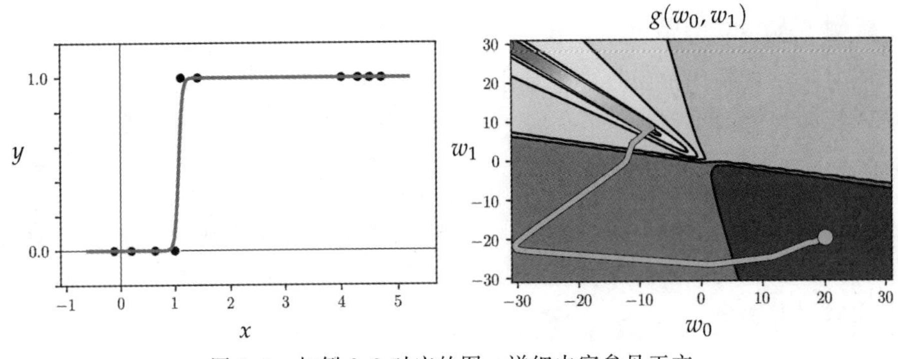

图 6.5　与例 6.3 对应的图。详细内容参见正文

6.2.5　使用交叉熵代价函数的逻辑回归

在构建式(6.9)中的最小二乘代价函数时，我们对数据集中所有 P 个点的平方误差逐点代价 $g_p(\boldsymbol{w})=(\sigma(\mathring{\boldsymbol{x}}_p^{\mathrm{T}}\boldsymbol{w})-y_p)^2$ 求平均值，$g_p(\boldsymbol{w})$是处处有定义的，与 y_p 的输出值无关。然而，在二分类问题中要处理的输出是限定于离散值 $y_p\in\{0, 1\}$的，因此，我们自然想知道能否创建一个更合适的代价函数以更好地处理这样的值。

我们将这类逐点代价函数称为对数误差，定义如下

$$g_p(\boldsymbol{w}) = \begin{cases} -\log(\sigma(\mathring{\boldsymbol{x}}_p^{\mathrm{T}}\boldsymbol{w})) & y_p = 1 \\ -\log(1-\sigma(\mathring{\boldsymbol{x}}_p^{\mathrm{T}}\boldsymbol{w})) & y_p = 0 \end{cases} \tag{6.10}$$

首先，注意到这个逐点代价函数总是非负的(与输入和权值无关)，其最小值[㊁]为 0。

其次，应注意相比于平方误差，在我们期望的式(6.8)中的约等式不成立时，对数误差对真实标签值偏差的惩罚远大于平方误差，图 6.6 中给出了两者的情形以便于比较。

㊀ 因为本质上是使用逻辑函数执行回归。

㊁ 技术上讲，是一个下确界。

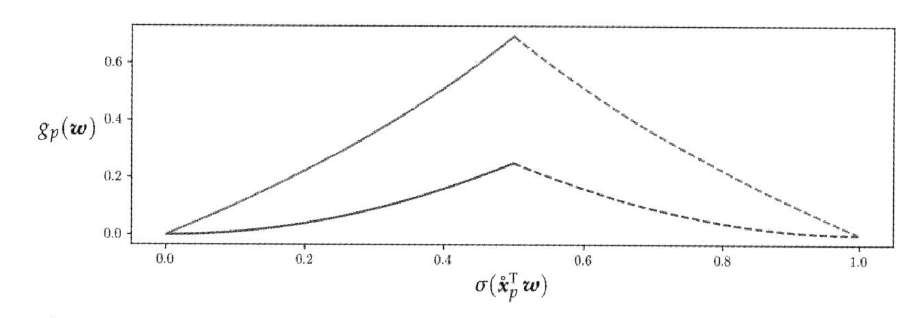

图 6.6　平方误差(下面的线)和对数误差(上面的线)在 $y_p=0$(实线曲线)和 $y_p=1$(虚线曲线)两种情况下的直观比较。在这两种情况下，对数误差对真实标签值偏差的惩罚远大于平方误差

最后请注意，由于使用标签值 $y_p\in\{0,1\}$，我们可将式(6.10)中的对数误差等价地表示为：

$$g_p(\boldsymbol{w})=-y_p\log(\sigma(\mathring{\boldsymbol{x}}_p^{\mathrm{T}}\boldsymbol{w}))-(1-y_p)\log(1-\sigma(\mathring{\boldsymbol{x}}_p^{\mathrm{T}}\boldsymbol{w})) \tag{6.11}$$

这种等价形式允许我们将总体代价函数(所有 P 个数据点的逐点代价函数的平均值)表示为：

$$g(\boldsymbol{w})=-\frac{1}{P}\sum_{p=1}^{P}y_p\log(\sigma(\mathring{\boldsymbol{x}}_p^{\mathrm{T}}\boldsymbol{w}))+(1-y_p)\log(1-\sigma(\mathring{\boldsymbol{x}}_p^{\mathrm{T}}\boldsymbol{w})) \tag{6.12}$$

这被称为逻辑回归的交叉熵代价函数。

6.2.6　最小化交叉熵代价函数

图 6.3 的右子图显示了图 6.2 中数据集上的交叉熵代价函数的曲面。图的曲面看上去是凸的，这不是偶然的。事实上，不同于最小二乘法，无论使用什么样的数据集，交叉熵代价函数总是凸的(见本章习题)。这意味着，相比于一般非凸的基于 sigmoid 的最小二乘代价函数，可以使用更多的局部优化方案来对交叉熵代价函数进行合适的最小化。可以使用的局部优化方法包括标准的梯度下降法(见 3.5 节)和二阶牛顿法(见 4.3 节)。所以，实践中常使用交叉熵代价函数来进行逻辑回归。

例 6.4　最小化交叉熵逻辑回归

在本例中我们使用交叉熵代价函数和标准梯度下降法重复例 6.3 中的实验，初始点取 $w_0=3$ 和 $w_1=3$。图 6.7 的左子图显示了通过最小化交叉熵代价函数得到的 sigmoid 拟合。右子图为代价函数的等值线图，当运行过程接近代价函数的最小值时，梯度下降法中路径的颜色由浅色渐变为深色。图 6.3 的右子图中绘出了该代价函数的曲面图。

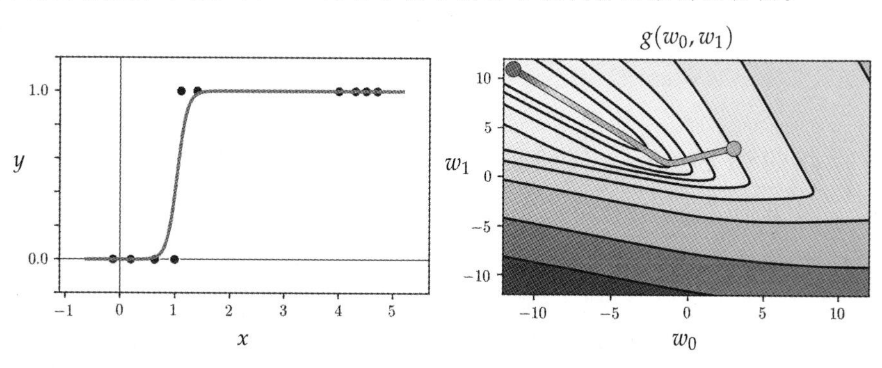

图 6.7　与例 6.4 对应的图。详细内容参见正文

6.2.7 Python 实现

我们采用与实现线性回归的最小二乘代价函数一样的方法（见 5.2.4 节）来实现交叉熵代价函数，可将实现分解为线性模型的实现和误差函数的实现两部分。线性模型同时接受输入点 $\mathring{\boldsymbol{x}}_p$ 和一组权值 $\boldsymbol{w}$。

$$\text{model}(\boldsymbol{x}_p, \boldsymbol{w}) = \mathring{\boldsymbol{x}}_p^{\mathrm{T}} \boldsymbol{w} \tag{6.13}$$

我们仍可按以下方式实现：

```
1  # compute linear combination of input point
2  def model(x,w):
3      a = w[0] + np.dot(x.T,w[1:])
4      return a.T
```

然后，利用式(6.10)中的对数误差按以下方式实现交叉熵代价：

```
1  # define sigmoid function
2  def sigmoid(t):
3      return 1/(1 + np.exp(-t))
4
5  # the convex cross-entropy cost function
6  def cross_entropy(w):
7      # compute sigmoid of model
8      a = sigmoid(model(x,w))
9
10     # compute cost of label 0 points
11     ind = np.argwhere(y == 0)[:,1]
12     cost = -np.sum(np.log(1 - a[:,ind]))
13
14     # add cost on label 1 points
15     ind = np.argwhere(y==1)[:,1]
16     cost -= np.sum(np.log(a[:,ind]))
17
18     # compute cross-entropy
19     return cost/y.size
```

为了对此代价函数进行最小化，我们可使用第 2～4 章中介绍的任意一种局部优化方法。对于一阶方法和二阶方法（比如，梯度下降法和牛顿法），可使用 `autograd`（见 3.4 节）自动计算其梯度和 Hessian 矩阵。

或者，我们可以以封闭形式计算交叉熵代价函数的梯度和 Hessian 矩阵，并直接实现它们。使用 B.3 节中介绍的简单导数法则，梯度计算方法如下：

134

$$\nabla g(\boldsymbol{w}) = -\frac{1}{P}\sum_{p=1}^{P}\left(y_p - \sigma(\mathring{\boldsymbol{x}}_p^{\mathrm{T}}\boldsymbol{w})\right)\mathring{\boldsymbol{x}}_p \tag{6.14}$$

除了以“手工”方式使用牛顿法外，还可以手动计算交叉熵函数的 Hessian 矩阵：

$$\nabla^2 g(\boldsymbol{w}) = \frac{1}{P}\sum_{p=1}^{P}\sigma(\mathring{\boldsymbol{x}}_p^{\mathrm{T}}\boldsymbol{w})\left(1-\sigma(\mathring{\boldsymbol{x}}_p^{\mathrm{T}}\boldsymbol{w})\right)\mathring{\boldsymbol{x}}_p\mathring{\boldsymbol{x}}_p^{\mathrm{T}} \tag{6.15}$$

6.3 逻辑回归和 Softmax 代价函数

在前一节中我们了解了在使用标签值 $y_p \in \{0,1\}$ 时如何进行逻辑回归。但是，如前所述，这些标签值是任意的，我们也可以使用不同的标签值（比如，$y_p \in \{-1,+1\}$）来进行逻辑回归。接下来，我们采用和之前完全相似的步骤，构建一个新的用于逻辑回归的 Softmax 代价函数。尽管 Softmax 代价函数具有不同的代数形式，但实际上它与交叉熵代价函数是等价的。但从概念上讲，Softmax 代价函数相当有价值，因为它使得我们能够将二分类问题的许多不同视角合并到一个统一的想法中，正如我们将在下面各节中所见。

6.3.1　不同的标签，同样的故事

如果我们将标签值从 $y_p \in \{0,1\}$ 改为 $y_p \in \{-1,+1\}$，之前的大部分故事也在这里以同样的方式展开。也就是说，数据所在的阶梯函数的底阶和顶阶不是分别取值 0 和 1，而是分别取值 -1 和 $+1$，如图 6.8 所示的典型情形，其中 $N=1$(左子图)和 $N=2$(右子图)。

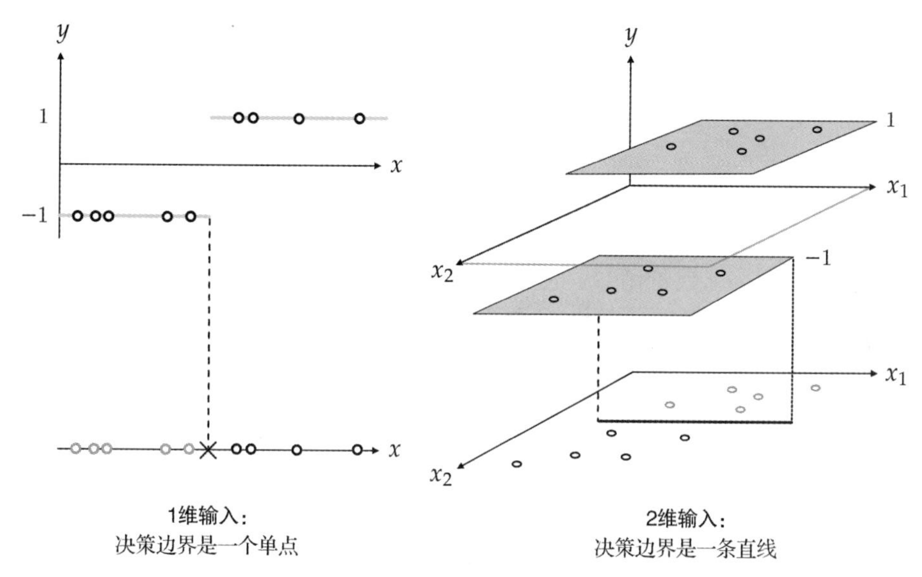

图 6.8　与图 6.1 类似的设置，只是这里使用的标签值为 $y_p \in \{-1,+1\}$

这个特殊的阶梯函数称为符号函数，因为它返回其输入的数值符号。

$$\operatorname{sign}(x)=\begin{cases}+1 & x>0\\ -1 & x<0\end{cases} \tag{6.16}$$

将一个线性模型传递给符号函数，得到一个阶梯函数。

$$\operatorname{sign}(\mathring{\boldsymbol{x}}^{\mathrm{T}}\boldsymbol{w}) \tag{6.17}$$

两个阶梯之间的线性决策边界由满足 $\mathring{x}^{\mathrm{T}}\boldsymbol{w}=0$ 的全部点 $\mathring{x}$ 定义。任何正好位于决策边界上的输入点都可以被随机分配一个标签。当一个点的真实标签被正确预测时，即当 $\operatorname{sign}(\mathring{\boldsymbol{x}}_p^{\mathrm{T}}\boldsymbol{w})=y_p$ 时，该点被正确分类。否则，该点就被误分类了。

135

与使用标签值 $y_p \in \{0,1\}$时一样，我们可以再次尝试使用符号函数构造最小二乘代价函数。但是，就像式(6.6)中基于阶梯的最小二乘代价函数一样，这也几乎是处处完全平坦的，很难适当地最小化。

类似于之前的做法，我们可以将这个不连续的 sign(・)替换为一个平滑的近似函数：一个稍作调整的 sigmoid 函数，使得其值在 -1～1 之间(而不是在 0～1 之间)。这个缩放过的 sigmoid 函数称为双曲正切函数，写作

$$\tanh(x)=2\sigma(x)-1=\frac{2}{1+\mathrm{e}^{-x}}-1 \tag{6.18}$$

假定 sigmoid 函数 $\sigma(\cdot)$在 0 和 1 之间是平滑的，则很容易看出为什么 tanh(・)在 -1 和 $+1$ 之间也是平滑的。

类似于式(6.9)中的最小二乘代价函数，我们可以用 tanh(・)函数构造一个最小二乘

代价函数，用于计算最佳模型权值。

136

$$g(\boldsymbol{w})=\frac{1}{P}\sum_{p=1}^{P}(\tanh(\mathring{\boldsymbol{x}}_p^{\mathrm{T}}\boldsymbol{w})-y_p)^2 \tag{6.19}$$

该函数同样是非凸的，其中存在我们并不希望的平坦区域，这就要求我们使用特定的局部优化方法对其进行合适的最小化（见例 6.3 ）。

与 0/1 标签一样，这里也可以采用逐点对数误差代价函数。

$$g_p(\boldsymbol{w})=\begin{cases}-\log(\sigma(\mathring{\boldsymbol{x}}_p^{\mathrm{T}}\boldsymbol{w})) & y_p=+1\\ -\log(1-\sigma(\mathring{\boldsymbol{x}}_p^{\mathrm{T}}\boldsymbol{w})) & y_p=-1\end{cases} \tag{6.20}$$

然后可以用它来构造所谓的逻辑回归的 Softmax 代价。

$$g(\boldsymbol{w})=\frac{1}{P}\sum_{p=1}^{P}g_p(\boldsymbol{w}) \tag{6.21}$$

类似交叉熵代价函数，更常见的是通过将对数误差等价地按下面的方式重写，从而以不同的方法表示 Softmax 代价函数。首先，注意到由于 $1-\sigma(x)=\sigma(-x)$，式(6.20)中的逐点代价函数可以等价地重写为$-\log(\sigma(\mathring{x}^{\mathrm{T}}\boldsymbol{w}))$，因此逐点代价函数可以写作

$$g_p(\boldsymbol{w})=\begin{cases}-\log(\sigma(\mathring{\boldsymbol{x}}_p^{\mathrm{T}}\boldsymbol{w})) & y_p=+1\\ -\log(\sigma(-\mathring{\boldsymbol{x}}_p^{\mathrm{T}}\boldsymbol{w})) & y_p=-1\end{cases} \tag{6.22}$$

此时应注意，由于这里选择使用特殊的标签值，即 $y_p\in\{-1,+1\}$，所以我们可以将每种情况下的标签值移到最里面的括号内，并将两种情况合并写成

$$g_p(\boldsymbol{w})=-\log(\sigma(y_p\mathring{\boldsymbol{x}}_p^{\mathrm{T}}\boldsymbol{w})) \tag{6.23}$$

最后，由于$-\log(x)=\log(1/x)$，我们可以将式(6.23)中的逐点代价函数(利用 sigmoid 的定义)等价地写成

$$g_p(\boldsymbol{w})=\log(1+\mathrm{e}^{-y_p\mathring{\boldsymbol{x}}_p^{\mathrm{T}}\boldsymbol{w}}) \tag{6.24}$$

将这种形式的逐点对数误差函数代入式(6.21)中，就得到逻辑回归的 Softmax 代价函数的一个更常见的形式。

$$g(\boldsymbol{w})=\frac{1}{P}\sum_{p=1}^{P}\log(1+\mathrm{e}^{-y_p\mathring{\boldsymbol{x}}_p^{\mathrm{T}}\boldsymbol{w}}) \tag{6.25}$$

与前节介绍的交叉熵代价函数一样，这个代价函数无论对于什么数据集总是凸的(见本章习题)。此外，从它的推导过程可以看出，Softmax 代价函数和交叉熵代价函数是完全等价的(在改变标签值 $y_p=-1$ 为 $y_p=0$ 后，反之亦然)，因为它们是使用相同的逐点对数误差代价函数构建的。

137

例 6.5　使用标准梯度下降法最小化 Softmax 逻辑回归

本例中我们重复例 6.4 的实验，将标签 $y_p=0$ 换成 $y_p=-1$ 以构成 Softmax 代价函数，并使用梯度下降法(初始点、步长参数和迭代次数与例 6.4 相同)对其进行最小化。结果如图 6.9 所示。

6.3.2　Python 实现

如果我们使用对数误差来表示 Softmax 代价函数，如式(6.21)所示，则可以用 6.2.7 节中与交叉熵代价函数完全相同的方式来实现它。

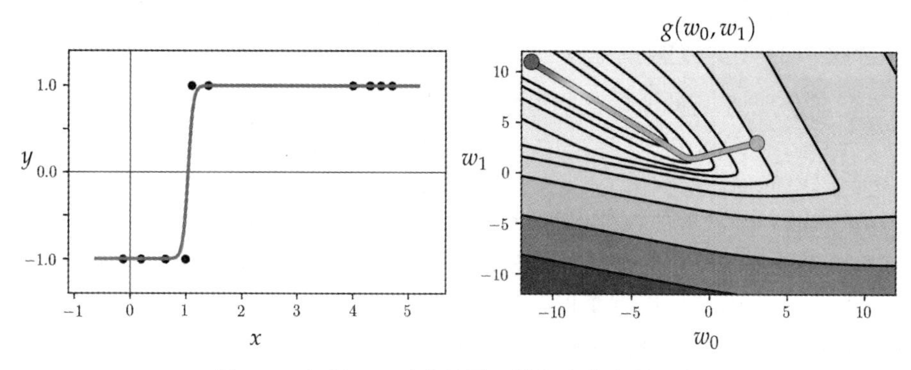

图 6.9 与例 6.5 对应的图。详细内容参见正文

为实现式(6.25)中的 Softmax 代价函数，首先实现线性模型，它同时接受一个输入点 $\mathring{x}_p$ 和一组权值 $\boldsymbol{w}$。

$$\text{model}(\boldsymbol{x}_p,\boldsymbol{w}) = \mathring{\boldsymbol{x}}_p^{\mathrm{T}}\boldsymbol{w} \tag{6.26}$$

得到模型的这一表示后，对应的 Softmax 代价函数可表示为

$$g(\boldsymbol{w}) = \frac{1}{P}\sum_{p=1}^{P}\log(1+\mathrm{e}^{-y_p\text{model}(\boldsymbol{x}_p,\boldsymbol{w})})$$

这样我们可以按分块方式实现代价函数——首先实现下面的模型函数，它与线性回归中的方法完全一样：

138

```
1  # compute linear combination of input point
2  def model(x,w):
3      a = w[0] + np.dot(x.T,w[1:])
4      return a.T
```

然后按以下方式实现 Softmax 代价函数：

```
1  # the convex softmax cost function
2  def softmax(w):
3      cost = np.sum(np.log(1 + np.exp(-y*model(x,w))))
4      return cost/float(np.size(y))
```

除了通过 autograd(默认)使用自动微分器(见 3.4 节)外，我们还能通过手工计算 Softmax 代价函数的梯度和 Hessian 矩阵来运行梯度下降法和牛顿法。使用 B.3 节中介绍的简单导数法则，梯度的计算方法为[⊖]

$$\nabla g(\boldsymbol{w}) = -\frac{1}{P}\sum_{p=1}^{P}\frac{\mathrm{e}^{-y_p\mathring{\boldsymbol{x}}_p^{\mathrm{T}}\boldsymbol{w}}}{1+\mathrm{e}^{-y_p\mathring{\boldsymbol{x}}_p^{\mathrm{T}}\boldsymbol{w}}}y_p\mathring{\boldsymbol{x}}_p \tag{6.27}$$

除了“手动”运行牛顿法外，还可以手动计算 Softmax 函数的 Hessian 矩阵：

$$\nabla^2 g(\boldsymbol{w}) = \frac{1}{P}\sum_{p=1}^{P}\left(\frac{1}{1+\mathrm{e}^{y_p\mathring{\boldsymbol{x}}_p^{\mathrm{T}}\boldsymbol{w}}}\right)\left(1-\frac{1}{1+\mathrm{e}^{y_p\mathring{\boldsymbol{x}}_p^{\mathrm{T}}\boldsymbol{w}}}\right)\mathring{\boldsymbol{x}}_p\mathring{\boldsymbol{x}}_p^{\mathrm{T}} \tag{6.28}$$

⊖ 梯度有多种数学表示。然而，像这样表示梯度可以避免现代计算机中由指数函数引起的数值问题。较大指数(如 e^{1000})会产生指数溢出。由于这些数值太大而不能存储在计算机中，因而将它们表示为∞。这在计算 $\frac{\mathrm{e}^{1000}}{1+\mathrm{e}^{1000}}$ 就出现了问题，尽管其实际值约等于 1，但在计算机中却被视为 NaN(不是一个数字)。

6.3.3　含噪声的分类数据集

分类问题的输出是离散的，这使得线性分类问题中噪声和含噪数据的概念不同于第 5 章中的线性回归。在第 5 章中介绍的线性回归情形下，噪声使得数据不能精确地落在一条线上(或更高维空间的超平面上)。对于线性二分类问题，噪声表现为我们无法找到一条直线(或更高维空间中的超平面)来分隔两类数据。图 6.10 显示了这样一个由 $P=100$ 个点组成的含噪分类数据集，其中的两类数据可由一条线进行不完美的分隔。该图的左子图显示了(从回归角度看到的)三维度据集以及训练所得的分类器：一个三维的双曲正切函数。右子图则(从感知机的角度)显示了同一数据集的二维图像以及所学到的线性决策边界。这里，决策边界所分隔出的两个半空间也根据其类别分别着色为浅蓝色和浅红色。如图所示，有三个点(两个蓝色点和一个红色点)看上去被分在了错误的类中。这样的噪声点通常会被训练所得的分类器误判，这意味着它们的真实标签值没有被正确地预测。二分类数据集中通常含有这样的噪声，因此往往无法由一个线性决策边界进行完美的分隔。

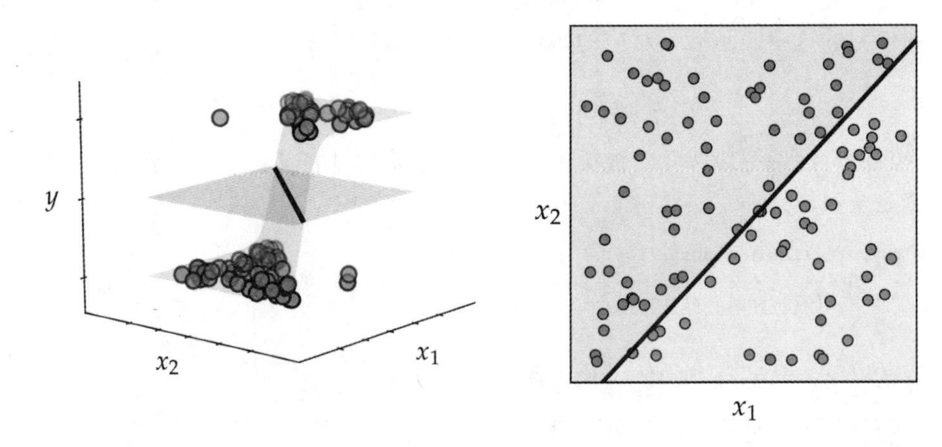

图 6.10　从回归角度(左子图)和从感知机角度(右子图)观察到的二分类数据集，小箭头所指的三个点是噪声数据点。详细内容参见正文(见彩插)

6.4　感知机

如前所述，我们将分类问题视为非线性回归的一种特殊形式(采用了 tanh 非线性和标签值 $y_p \in \{-1,+1\}$)。这就需要学习一个合适的非线性回归模型，以及一个对应的线性决策边界

$$\mathring{\boldsymbol{x}}^{\mathrm{T}} \boldsymbol{w} = 0 \tag{6.29}$$

不同于非线性回归中需要学习一个决策边界，本节介绍的感知机推导旨在直接确定这个理想的线性决策边界。虽然我们将看到，这种直接的方法实际上又回到了 Softmax 代价函数，且感知机和逻辑回归常常需要学习相同的线性决策边界，但感知机着眼于直接学习决策边界，这为二分类过程提供了一种有价值的新视角。特别是(正如我们将看到的)感知机为引入正则化这一重要概念提供了一个简单的几何背景(本书后续部分我们将看到，正则化这一概念将以各种不同的形式出现)。

139 ~ 140

6.4.1　感知机代价函数

如前节对逻辑回归的讨论所述(其中输出标签值 $y_p \in \{-1,+1\}$)，在最简单的例子中，两类数据基本上由线性决策边界分隔开，该边界是由满足 $\mathring{x}^{\mathrm{T}}\boldsymbol{w}=0$ 的一组输入 x 给出的，每个类(大部分)都分散在两边。当输入维度 $N=1$ 时，决策边界是一个点；当 $N=2$ 时，决策边界是一条线。一般情况下，若 N 为任意值，决策边界是一个定义在数据集输入空间上的超平面。

当 $N=2$ 时最适合观察分类场景，此时我们可以“从上往下”观察分类问题，对数据集中的输入进行着色以标识其所属的类。默认的着色方案与前节采用的方案相同，将标签为 $y_p=-1$ 的点标识为蓝色，将 $y_p=+1$ 的点标识为红色。这里的线性决策边界是一条能将 $y_p=-1$ 的点与 $y_p=+1$ 的点进行最佳划分的线，如图 6.11 所示。

141

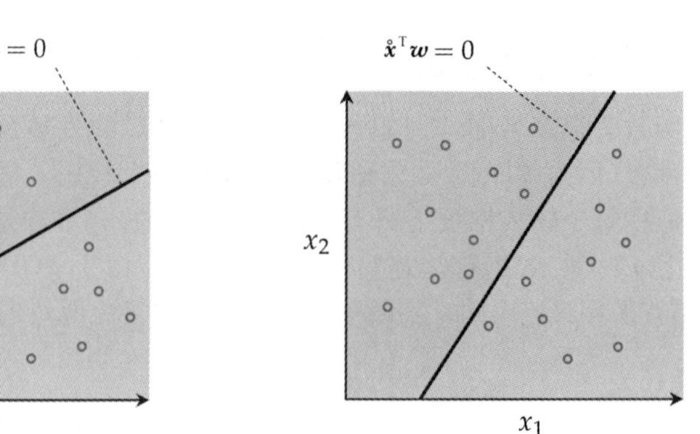

图 6.11 利用感知机直接学习得到线性决策边界 $\mathring{x}^{\mathrm{T}}\boldsymbol{w}=0$(图中黑色线段)，它通过将输入空间划分为 $\mathring{x}^{\mathrm{T}}\boldsymbol{w}>0$ 的红色半空间和 $\mathring{x}^{\mathrm{T}}\boldsymbol{w}<0$ 的蓝色半空间，使得数据分为两个类：$+1$ 类标识为红色，-1 类标识为蓝色。左子图为一个可线性分离的数据集，可以学习到一个超平面来将其完美地分为两个类。右子图为一个有两个类重叠的数据集。尽管数据的分布使得无法进行完美的线性分离，但感知机的目标仍然是找到一个能最大限度地减少错误分类点数量的超平面(见彩插)

线性决策边界将输入空间分割成两个半空间，一个位于超平面的“上方”(即 $\mathring{x}^{\mathrm{T}}\boldsymbol{w}>0$)，另一个位于超平面的“下方”($\mathring{x}^{\mathrm{T}}\boldsymbol{w}<0$)。注意，如图 6.11 所示，合适的权值 $\boldsymbol{w}$ 的集合定义了一个线性决策边界，该边界能尽可能完美地分隔一个二分类数据集，其中一个类的成员尽可能多地位于其上方，同样，另一个类的成员尽可能多地位于其下方。由于可以通过乘以 -1 来翻转一个理想超平面的方向(或者类似地，我们总是可以交换两个标签的值)，因此通常可以说，当一个超平面的权值经过适当调整后，$y_p=+1$ 类的成员(大部分)位于它的“上方”，而 $y_p=-1$ 类的成员(大部分)位于它的“下方”。换句话说，我们期望的权值集定义了一个超平面，其中尽量多的点满足

$$\begin{aligned}\mathring{\boldsymbol{x}}_p^{\mathrm{T}}\boldsymbol{w}>0 \quad y_p=+1\\ \mathring{\boldsymbol{x}}_p^{\mathrm{T}}\boldsymbol{w}<0 \quad y_p=-1\end{aligned} \tag{6.30}$$

由于我们对标签值的选择，可以将上面的理想条件统一到下式中

$$-y_p\mathring{\boldsymbol{x}}_p^{\mathrm{T}}\boldsymbol{w}<0 \tag{6.31}$$

我们可以作这种特别处理的原因是选择的标签值为 $y_p\in\{-1,+1\}$。同样，通过取 $-y_p\mathring{\boldsymbol{x}}_p^{\mathrm{T}}\boldsymbol{w}$ 和零的最大值，我们可以写出这个理想条件，它说明一个超平面正确地对点 x_p 进行了分类，相当于构造了一个逐点代价函数

$$g_p(\boldsymbol{w})=\max(0,-y_p\mathring{\boldsymbol{x}}_p^{\mathrm{T}}\boldsymbol{w})=0 \tag{6.32}$$

注意，表达式 $\max(0,-y_p\mathring{\boldsymbol{x}}_p^{\mathrm{T}}\boldsymbol{w})$ 总是非负的。若 x_p 分类正确，则其返回值为 0；若分类不正确，则返回一个正值。由于历史原因，这个逐点代价函数 max(0，·)的函数形式通常称为一个线性整流函数(见 13.3 节)。因为这些逐点代价函数是非负的，当正确地调整了权值时，其值为 0，我们可以取它们在整个数据集上的平均值来构建一个合适的代价函数。

$$g(\boldsymbol{w})=\frac{1}{P}\sum_{p=1}^{P}\max(0,-y_p\mathring{\boldsymbol{x}}_p^{\mathrm{T}}\boldsymbol{w}) \tag{6.33}$$

当适当地对该代价函数进行最小化后，可以利用它来得到尽可能满足上述期望等式的理想权值。

142

6.4.2 最小化感知机代价函数

该代价函数有很多名称，例如感知机代价函数、线性整流函数(简称 ReLU 代价函数)和铰链代价函数(因为 ReLU 函数图像看上去像一个铰链，见图 6.12)。此代价函数始终是凸函数，但在每个输入维度上只有一个(不连续的)导数。这意味着我们只能使用零阶和一阶局部优化方法(牛顿法除外)进行最小化。注意，由于 $g(\mathbf{0})=0$，所以感知机代价函数在 $\boldsymbol{w}=\mathbf{0}$ 处总是有平凡解，因此，实践中我们可能需要避免偶然遇到它(或离它很近的点)。

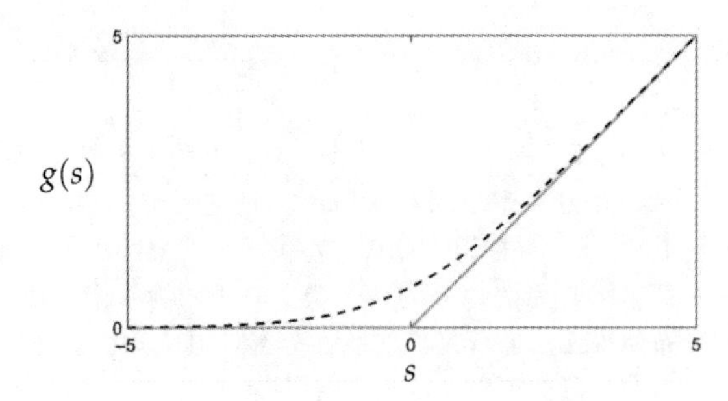

图 6.12 感知机 $g(s)=\max(0,s)$图像(实线)及其 Softmax 平滑近似函数 $g(s)=\text{soft}(0,s)=\log(1+e^s)$(虚线)的图像

6.4.3 感知机的 Softmax 近似

对于上述感知机代价函数的优化问题，这里我们介绍一种常见的改进方法。与在前几节中用一个平滑的近似 sigmoid 函数替换离散阶梯函数有些类似，这里我们将感知机代价的 max 函数替换为一个与其处处匹配的平滑(或至少二次可微)函数。我们需要使用如下定义的 Softmax 函数。

$$\text{soft}(s_0,s_1,\cdots,s_{C-1})=\log(e^{s_0}+e^{s_1}+\cdots+e^{s_{C-1}}) \tag{6.34}$$

其中 $s_0,s_1,\cdots,s_{C-1}$是 C 个任意的标量值，这是对 max 函数的通用平滑近似，即

$$\text{soft}(s_0,s_1,\cdots,s_{C-1})\approx\max(s_0,s_1,\cdots,s_{C-1}) \tag{6.35}$$

为了弄清为什么 Softmax 是 max 函数的近似，让我们考虑 $C=2$ 时的情况。暂时假设 $s_0\leqslant s_1$，则 $\max(s_0,s_1)=s_1$。这样，$\max(s_0,s_1)$可写作 $\max(s_0,s_1)=s_0+(s_1-s_0)$，或等价地写作 $\max(s_0,s_1)=\log(e^{s_0})+\log(e^{s_1-s_0})$ 。所以 $\log(e^{s_0})+\log(1+e^{s_1-s_0})=\log(e^{s_0}+e^{s_1})=\text{soft}(s_0,s_1)$ 总是大于 $\max(s_0,s_1)$ 的，但不会大很多，特别是当 $e^{s_1-s_0}\gg1$ 时。由于 $s_0\geqslant s_1$ 时可做同样的证明，因此可以认为 $\text{soft}(s_0,s_1)\approx\max(s_0,s_1)$ 。更一般的情况也是如此。

回到式(6.33)中的感知机代价函数，我们用 Softmax 近似地替换其第 p 个加数，得到

如下逐点代价函数

$$g_p(\boldsymbol{w}) = \text{soft}(0, -y_p\mathring{\boldsymbol{x}}_p^{\mathrm{T}}\boldsymbol{w}) = \log(\mathrm{e}^0 + \mathrm{e}^{-y_p\mathring{\boldsymbol{x}}_p^{\mathrm{T}}\boldsymbol{w}}) = \log(1 + \mathrm{e}^{-y_p\mathring{\boldsymbol{x}}_p^{\mathrm{T}}\boldsymbol{w}}) \tag{6.36}$$

进而得到整体的代价函数

$$g(\boldsymbol{w}) = \sum_{p=1}^{P}\log(1 + \mathrm{e}^{-y_p\mathring{\boldsymbol{x}}_p^{\mathrm{T}}\boldsymbol{w}}) \tag{6.37}$$

143

这就是我们之前看到的由二分类问题的逻辑回归视角得到的 Softmax 代价函数。这也是这个代价函数称为 Softmax 的原因，因为它从一般的 Softmax 近似函数推导得到 max 函数。

注意，像感知机代价函数一样，Softmax 代价函数也是凸函数。但是，与感知机代价不同的是，Softmax 代价有无限多的导数，因此可使用牛顿法对其进行最小化。此外，它不像感知机代价函数那样在 0 点有一个平凡解。尽管如此，Softmax 代价函数与感知机代价函数如此接近只表明逻辑回归和感知机在分类的视角是多么紧密地一致。从实践角度讲，它们的不同之处在于，对于一个特定的数据集，我们可以在多大程度上优化其中任意一个代价函数，以及每个代价函数的决策边界的质量差异(通常很细微)。当然，当从感知机的视角采用 Softmax 时，感知机和逻辑回归之间完全没有本质区别。

6.4.4 Softmax 代价函数和线性可分离数据集

假设我们有一个可由一个超平面完美地分为两类的数据集，并且选择了一个合适的代价函数来对其进行最小化，进而确定模型的合适权值。进一步假设，我们极为幸运，且初值 $\boldsymbol{w}^0$ 生成了一条能完美分离的线性决策边界 $\mathring{\boldsymbol{x}}^{\mathrm{T}}\boldsymbol{w}=0$。这意味着根据式(6.31)，对于 P 个数据点中的每个点，都有 $-y_p\mathring{\boldsymbol{x}}_p^{\mathrm{T}}\boldsymbol{w}^0<0$，同样，式(6.33)中每个点的逐点感知机代价函数为零，即 $g_p(\boldsymbol{w}^0)=\max(0, -y_p\mathring{\boldsymbol{x}}_p^{\mathrm{T}}\boldsymbol{w}^0)=0$，因此式(6.33)中的感知机代价函数就等于零。

由于感知机代价已经是零(也就是它的最小值)，所以任何用于对其进行最小化的局部优化算法都会立即停止(也就是说，我们永远不会执行任何一个优化步骤)。然而，若对于相同的初值，采用 Softmax 代价函数而不是感知机代价函数，就不会是这种情形了。

144

因为总是有 $\mathrm{e}^{-y_p\mathring{\boldsymbol{x}}_p^{\mathrm{T}}\boldsymbol{w}^0}>0$，所以 Softmax 逐点代价函数总是非负的，即 $g_p(\boldsymbol{w}^0)=\log(1+\mathrm{e}^{-y_p\mathring{\boldsymbol{x}}_p^{\mathrm{T}}\boldsymbol{w}^0})>0$，因此 Softmax 代价函数也是这样。这意味着，在使用任何局部优化方案(比如，梯度下降法)时，我们确实会从初值 $\boldsymbol{w}^0$ 开始执行步骤，使得 Softmax 代价函数的值越来越小，最后都趋近于最小值零。事实上，对于确实可以线性分离的数据，只有当权值的大小增长到无穷大时，Softmax 代价函数才会达到这个下限。这一点从以下事实中可以清楚地看出：只有当 $C\to\infty$ 时，每个独立项 $\log(1+\mathrm{e}^{-C})=0$。事实上，如果我们将初值 $\boldsymbol{w}^0$ 乘以任何大于 1 的常数 C，就可以降低任何包含一个数据点的负指数的值，这是因为 $\mathrm{e}^{-C}<1$，进而 $\mathrm{e}^{-y_p\mathring{\boldsymbol{x}}_p^{\mathrm{T}}C\boldsymbol{w}^0}=\mathrm{e}^{-C}\mathrm{e}^{-y_p\mathring{\boldsymbol{x}}_p^{\mathrm{T}}\boldsymbol{w}^0}<\mathrm{e}^{-y_p\mathring{\boldsymbol{x}}_p^{\mathrm{T}}\boldsymbol{w}^0}$。

同样，这也降低了 Softmax 代价函数的值，且只有当 $C\to\infty$ 时达到最小值。然而重要的是，无论涉及的标量值 $C>1$ 是多少，由初始权值 $\mathring{\boldsymbol{x}}^{\mathrm{T}}\boldsymbol{w}^0=0$ 定义的决策边界不会改变位置，这是因为 $C\mathring{\boldsymbol{x}}^{\mathrm{T}}\boldsymbol{w}^0=0$ 一直成立(事实上对任何非零标量 C 都是如此)。因此，尽管分离超平面的位置不需要改变，但由于(在完全线性可分离数据的情况下)它的最小值在无穷大处，所以对于 Softmax 代价函数，我们仍需执行越来越多的最小化步骤。对于在每个步骤中移动较大距离的局部优化方案，这一事实可能会导致出现严重的数值不稳定问题，特别是对于牛顿法(见 4.3 节)，因为它们将快速地发散到无穷大[⊖]。

例 6.6　完全可分离数据和 Softmax 代价函数

在应用牛顿法最小化完全线性可分数据的 Softmax 代价函数时，很容易出现数值不稳定问题，这是由于代价函数的全局最小值从技术上说是无穷大的。这里我们使用图 6.9 中的单输入数据集来观察这种情况的一个简单实例。图 6.13 的上排绘出了从点 $\boldsymbol{w}=\begin{bmatrix}1\\1\end{bmatrix}$处开始执行的 5 个牛顿法步骤的执行过程。在 5 个步骤内，我们已经达到了一个拟合度非常好的点(在左上子图中，从逻辑回归的视角绘出了 Softmax 代价函数的 tanh(・)拟合)，该点的拟合度已经相当大了(从右上子图中给出的代价函数的等值线图可看出)。从右子图中各步骤的轨迹可以看出，这些步骤朝着点$\begin{bmatrix}-\infty\\\infty\end{bmatrix}$处的最小值线性移动，线性决策边界(此处是一个点)的位置在第一步或第二步之后并没有改变。换句话说，在最初的几步之后，随后的每一步都只是将前一步乘以一个标量值 $C(C>1)$。

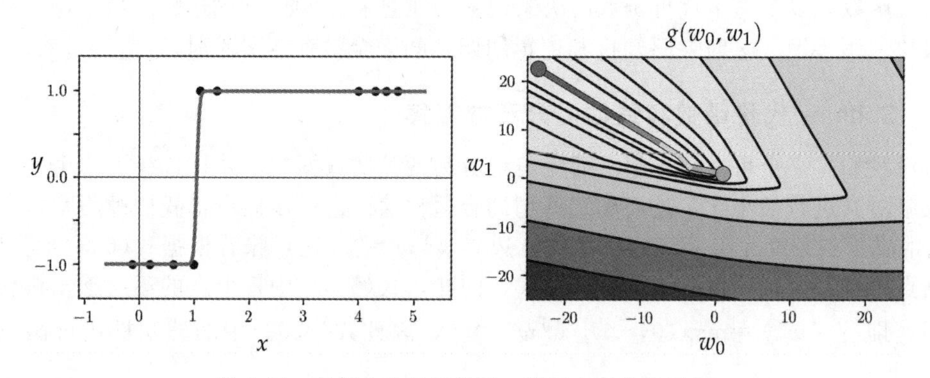

图 6.13　与例 6.6 对应的图。详细内容参见正文

注意，如果我们只是简单地翻转其中一个标签——即使这个数据集不再是完全线性可分离的——则对应的代价函数在无穷大处没有全局最小值，如图 6.13 底排的等值线图所示。

6.4.5　归一化特征相关权值

对于完全线性可分离的数据，当使用 Softmax 代价函数或交叉熵代价函数时，由局部优化方法(尤其是牛顿法)学到的权值会趋向于无穷大，我们如何才能防止出现这一潜在的问题？一个简单的方法就是更仔细地使用局部优化——减少执行步骤或在权值大小的增长大于一个预先定义的大常数时立即停止优化。另一种方法是在优化过程中控制权值的大小。这两种方法在机器学习中通常称为正则化策略(详见 11.6 节)。前一种策略(称为早停法)比较直接，需要对使用局部优化法的方式进行轻微的调整，但后一种方法较为复杂，需进一步解释。

145~146

控制 $\boldsymbol{w}$ 的大小意味着我们要控制它所包含的 $N+1$ 个单权值的大小。

⊖ 注意：由于 Softmax 代价函数和交叉熵代价函数是等价的，所以在使用交叉熵代价函数时，这一问题也存在。

$$\boldsymbol{w}=\begin{bmatrix}w_0\\w_1\\\vdots\\w_N\end{bmatrix}\tag{6.38}$$

为此，我们可以直接控制这些权值中的 N 个权值的大小，使用最后的 N 个特征相关权值$(w_1,w_2,\cdots,w_N)$可以很方便地做到这一点，这是由于这些权值定义了线性决策边界 $\mathring{\boldsymbol{x}}^{\mathrm{T}}\boldsymbol{w}=0$ 的法向量。为了更容易地介绍下面的几何概念，我们使用在 5.2.4 节中介绍的 $\boldsymbol{w}$ 的偏置/特征权值符号。这给出了如下分别表示偏置和特征相关权值的符号：

$$(\text{偏置})\text{：}b=w_0\quad(\text{特征相关权值})\text{：}\boldsymbol{\omega}=\begin{bmatrix}w_1\\w_2\\\vdots\\w_N\end{bmatrix}\tag{6.39}$$

有了这个符号，我们可以将线性决策边界表示为

$$\mathring{\boldsymbol{x}}^{\mathrm{T}}\boldsymbol{w}=b+\boldsymbol{x}^{\mathrm{T}}\boldsymbol{\omega}=0\tag{6.40}$$

要想知道为什么这个符号是有用的，首先要知道(从几何学上讲)特征相关权值 $\boldsymbol{\omega}$ 是如何定义线性决策边界的法向量的。对于一个超平面(比如决策边界)，其法向量总是垂直于它，如图 6.14 所示。我们总能用法向量 $\boldsymbol{\omega}$ 计算点 $\boldsymbol{x}_p$ 到线性决策边界的误差——这也称为符号距离。

要了解这是如何做到的，首先假定我们有一个位于线性决策边界“上方”的点 $\boldsymbol{x}_p$，它在决策边界的平移线 $b+\boldsymbol{x}^{\mathrm{T}}\boldsymbol{\omega}=\beta>0$ 上，如图 6.14 所示(如果点 $\boldsymbol{x}_p$ 在决策边界的“下方”，可进行同样的简单论证)。为了计算 $\boldsymbol{x}_p$ 到决策边界的距离，假设我们知道它在决策边界上的垂直投影的位置，称为 $\boldsymbol{x}'_p$。为了计算期望误差，就要计算 $\boldsymbol{x}_p$ 和它的垂直投影之间的符号距离，即向量 $\boldsymbol{x}'_p-\boldsymbol{x}_p$ 的长度乘以 $\operatorname{sign}(\beta)$，这里 $\operatorname{sign}(\beta)$的值为$+1$(因为假设该点位于决策边界之上)，即 $d=\|\boldsymbol{x}'_p-\boldsymbol{x}_p\|_2\operatorname{sign}(\beta)=\|\boldsymbol{x}'_p-\boldsymbol{x}_p\|_2$。现在，由于这个向量也垂直于决策边界(因而它平行于法向量 $\boldsymbol{\omega}$)，所以由内积法则(见 C.2 节)有

$$(\boldsymbol{x}'_p-\boldsymbol{x}_p)^{\mathrm{T}}\boldsymbol{\omega}=\|\boldsymbol{x}'_p-\boldsymbol{x}_p\|_2\|\boldsymbol{\omega}\|_2=d\|\boldsymbol{\omega}\|_2\tag{6.41}$$

147

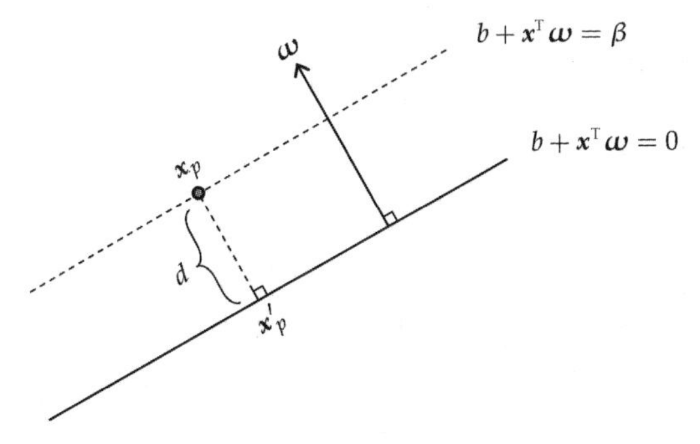

图 6.14 写作 $b+\boldsymbol{x}^{\mathrm{T}}\boldsymbol{\omega}=0$ 的线性决策边界有一个由其特征相关权值定义的法向量 $\boldsymbol{\omega}$。为了计算一个点 $\boldsymbol{x}_p$ 到边界的符号距离，我们将经过这个点的决策边界的平移表示为 $b+\boldsymbol{x}^{\mathrm{T}}\boldsymbol{\omega}=\beta$，并记 $\boldsymbol{x}_p$ 到决策边界上的投影为 $\boldsymbol{x}'_p$

现在如果计算决策边界和它的平移分别在点 $\boldsymbol{x}'_p$和 $\boldsymbol{x}_p$ 处的差值，得到：

$$\beta-0=(b+(\boldsymbol{x}'_p)^{\mathrm{T}}\boldsymbol{\omega})-(b+\boldsymbol{x}_p^{\mathrm{T}}\boldsymbol{\omega})=(\boldsymbol{x}'_p-\boldsymbol{x}_p)^{\mathrm{T}}\boldsymbol{\omega}\tag{6.42}$$

由于式(6.41)和式(6.42)都等于$(\boldsymbol{x}'_p-\boldsymbol{x}_p)^{\mathrm{T}}\boldsymbol{\omega}$，令其相等，得到：

$$d\,\|\boldsymbol{\omega}\|_2=\beta \tag{6.43}$$

即$\boldsymbol{x}_p$到决策边界的符号距离d为：

$$d=\frac{\beta}{\|\boldsymbol{\omega}\|_2}=\frac{b+\boldsymbol{x}_p^{\mathrm{T}}\boldsymbol{\omega}}{\|\boldsymbol{\omega}\|_2} \tag{6.44}$$

注意，如果特征相关权值$\boldsymbol{\omega}$全部为零，则无须担心除零问题，这就意味着偏置$b=0$，且根本没有决策边界。同时应注意，该分析意味着如果特征相关权值的单位长度$\|\boldsymbol{\omega}\|_2=1$，则一个点$\boldsymbol{x}_p$到决策边界的符号距离$d$只由$b+\boldsymbol{x}_p^{\mathrm{T}}\boldsymbol{\omega}$的值确定。最后，如果$\boldsymbol{x}_p$位于决策边界之下，且$\beta<0$，则上面推导所得的公式没有任何改变。

图6.15中把这个点到决策边界的距离标记在点上。这里输入维度$N=3$，且决策边界是一个真正的超平面。

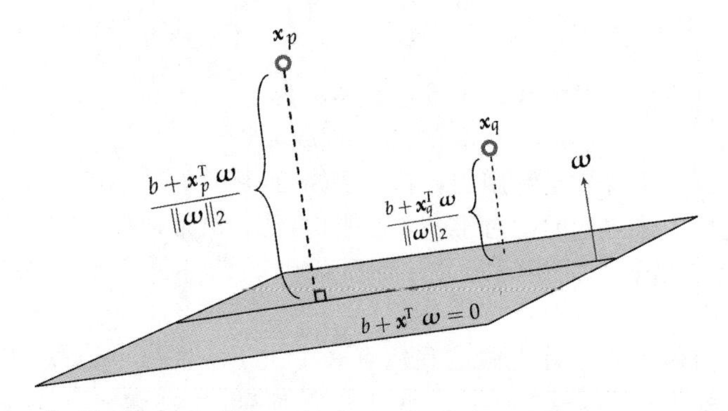

图6.15　位于超平面$b+\boldsymbol{x}^{\mathrm{T}}\boldsymbol{\omega}$上方的两个点$\boldsymbol{x}_p$和$\boldsymbol{x}_q$到超平面距离的图形表示

148

注意，如上所述，可以用一个非零的标量C对任意的线性决策边界进行缩放，而且它仍然定义了同一个超平面。因此，如果乘以$C=\frac{1}{\|\boldsymbol{\omega}\|_2}$，就得到

$$\frac{b+\boldsymbol{x}^{\mathrm{T}}\boldsymbol{\omega}}{\|\boldsymbol{\omega}\|_2}=\frac{b}{\|\boldsymbol{\omega}\|_2}+\boldsymbol{x}^{\mathrm{T}}\frac{\boldsymbol{\omega}}{\|\boldsymbol{\omega}\|_2}=0 \tag{6.45}$$

我们并不改变决策边界的性质，且特征相关权值的单位长度$\left\|\frac{\omega}{\|\omega\|_2}\right\|_2=1$。也就是说，无论权值$w$的初值是多少，我们总可以通过除以$\boldsymbol{\omega}$的值来对它们进行归一化。

6.4.6　二分类问题的正则化

由于一个能完全分离两类数据的决策边界可进行特征-权值归一化，以防止其权值增长过大(然后发散到无穷大)，所以从技术角度考虑，前面描述的归一化方案在Softmax和交叉熵中特别有用。当然，我们不希望等到运行局部优化方法之后再执行这一归一化操作(因为这不能防止权值发散)，而是希望在优化过程中进行归一化。可以通过对Softmax代价函数和交叉熵代价函数进行约束来实现在优化过程中进行归一化，这样特征相关权值的长度总是1，即$\|\boldsymbol{\omega}\|_2=1$。形式上，这个最小化问题(利用Softmax代价函数)可以表述为

$$\begin{aligned}&\underset{b,\omega}{\text{minimize}}\quad \frac{1}{P}\sum_{p=1}^{P}\log\left(1+\mathrm{e}^{-y_p\left(b+\boldsymbol{x}_p^{\mathrm{T}}\omega\right)}\right)\\&\text{其中}\quad \|\omega\|_2^2=1\end{aligned} \tag{6.46}$$

149

通过求解这个带约束的 Softmax 代价函数，我们仍可学习到一个可完全分离两类数据的决策边界，但是我们通过保持权值大小的特征-权值归一化来避免权值的大小发散。确实可以通过第 2～4 章中介绍的局部优化方法的简单扩展来求解上述公式表示。然而，机器学习界比较流行的方法是“松弛”这种带约束的公式，转而求解与原 Softmax 代价函数高度相关的无约束正则化版本。这个问题的松弛形式包括最小化一个代价函数，这个代价函数是原 Softmax 代价函数和特征权值大小的线性组合。

$$g(b,\boldsymbol{\omega})=\frac{1}{P}\sum_{p=1}^{P}\log(1+\mathrm{e}^{-y_p(b+\boldsymbol{x}_p^{\mathrm{T}}\boldsymbol{\omega})})+\lambda\parallel\boldsymbol{\omega}\parallel_2^2 \tag{6.47}$$

我们可以使用任意一种熟悉的局部优化方案对上式进行最小化。这里将 $\parallel\boldsymbol{\omega}\parallel_2^2$ 称为正则化项，参数 $\lambda\geqslant 0$ 称为正则化参数。参数 λ 用于对 $g(b,w)$ 进行最小化时平衡两项的比例大小。在最小化第一项(即 Softmax 代价函数)时，我们仍然要学习一个好的线性决策边界。同时，在最小化第二项(特征相关权值的大小)时，激发起对小权值的学习。这阻止了它们的值发散，因为如果它们的大小开始增大，整个代价函数也会逐渐变大。因此，在实践中尽管一些微调可能是有用的，但 λ 通常设置为一个很小的正值。

例 6.7　正则化的 Softmax 代价函数

这里重复例 6.6 中的实验，但像式(6.47)一样，在 Softmax 代价函数中加入了一个正则化项 $\lambda=10^{-3}$。在图 6.16 的右子图中，我们绘出了正则化的代价函数的等值线，可以看到它的全局最小值不再是无穷大。我们也通过一个紧密拟合的 tanh(·)函数学习到一个完美的决策边界，如图中左子图所示。

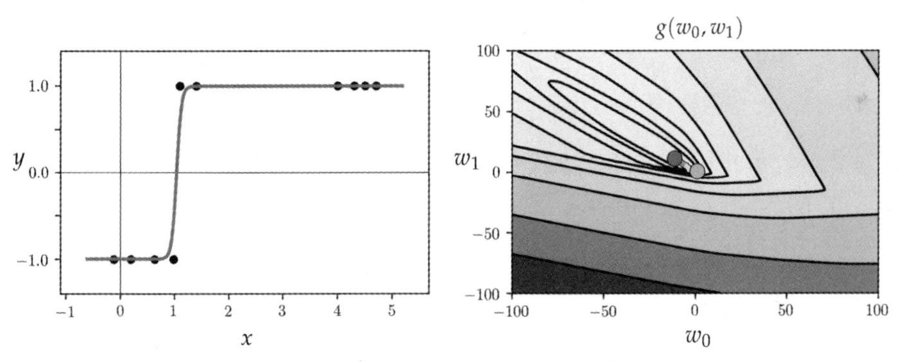

图 6.16　与例 6.7 对应的图。详细内容参见正文

6.5　支持向量机

本节将介绍支持向量机[18](简称 SVM)。这种方法为二分类过程提供了有趣的理论解释，特别是在假设数据是完全线性可分的情况下。然而，在数据不是完全线性可分的现实情况下，支持向量机并不能给出一个与逻辑回归或感知机所提供的决策边界有本质差异的边界。

150

6.5.1　边界-感知机

再次假设我们有一个包含 P 个点 $\{(x_p,y_p)\}_{p=1}^{P}$ 的二分类训练数据集，标签为 $y_p\in\{-1,+1\}$。另外假设要处理的是一个可由线性决策边界 $\mathring{\boldsymbol{x}}^{\mathrm{T}}\boldsymbol{w}=0$ 进行完全线性分离的二分类数据集，如图 6.17 所示。

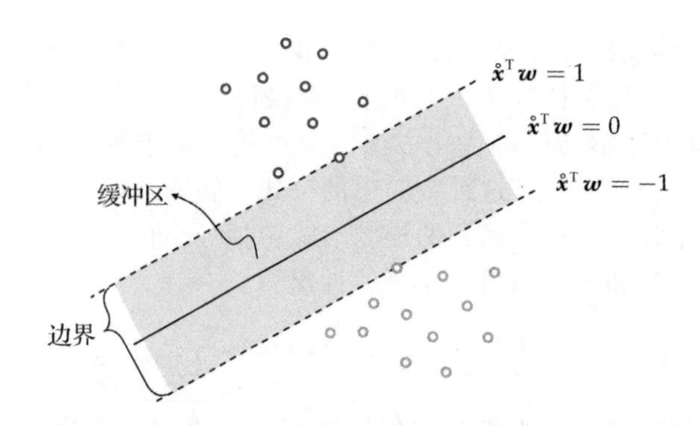

图 6.17 对线性可分离的数据来说，缓冲区宽度（灰色部分）限于分离超平面的两个等间隔分布的平移之间，这两个超平面的平移刚好接触到各自对应的类，这定义了该分离超平面的边缘。

这个分离超平面在其两个等间隔（等距）平移间构造了两个类间的一个缓冲区：一个平移位于分离超平面正侧，形如 $\mathring{x}^{T}w=+1$，且刚好接触到标签为 $y_p=+1$ 的类（左上）；另一个平移位于分离超平面的负侧，形如 $\mathring{x}^{T}w=-1$，且刚好接触标签为 $y_p=-1$ 的类（右下）。分离超平面的上下平移更一般地分别定义为 $\mathring{x}^{T}w=+\beta$ 和 $\mathring{x}^{T}w=-\beta$，其中 $\beta>0$。然而，通过将两个方程的两边同时除以 β，并将变量重新赋值为 $w\leftarrow\frac{w}{\beta}$，我们可以去掉多余的参数 β，并得到两个平移为 $\mathring{x}^{T}w=\pm1$。

151

+1 类的所有点正好位于 $\mathring{x}^{T}w=+1$ 上或其正侧，而 −1 类的所有点正好位于 $\mathring{x}^{T}w=-1$ 上或其负侧，这可以形式化地表示为以下条件：

$$\begin{cases}\mathring{x}^{T}w\geqslant 1 & y_p=+1\\ \mathring{x}^{T}w\leqslant -1 & y_p=-1\end{cases}\tag{6.48}$$

这是对式(6.30)中推导出感知机代价函数的条件的一般化。

可将这些条件组合成一个单式，这需要将每个条件乘以各自的标签值，得到单个不等式 $y_p\mathring{x}^{T}w\geqslant 1$，它可以等价地写成逐点代价函数：

$$g_p(w)=\max(0,1-y_p\mathring{x}^{T}w)=0\tag{6.49}$$

再次说明，这个值总是非负的。将上述形式的所有 P 个等式相加，就得到边界-感知机代价函数：

$$g(w)=\sum_{p=1}^{P}\max(0,1-y_p\mathring{x}^{T}w)\tag{6.50}$$

注意，前一节中的原始感知机代价函数和上面的边界-感知机代价函数非常相似：只是在每个加数的 max 函数的非零输入上“加了一个 1”。然而，这个额外的 1 防止了前面讨论的原始感知机中的出现平凡零解的问题，这里并不会出现零解。

如果数据确实是完全线性可分的，任何经过两类之间的超平面都会有满足 $g(w)=0$ 的参数 w。但是，即使数据不是线性可分的，边界-感知机仍然是一个有效的代价函数。唯一不同的是，对于这样的数据集，上述标准不能对数据集中的所有数据点都成立。因此，第 p 个点不满足上述标准则会给代价函数增加一个正值 $1-y_p\mathring{x}^{T}w$。

6.5.2 与 Softmax 代价函数的关系

与感知机一样，我们可以通过将 max 函数替换为 Softmax 代价函数来平滑边界-感知机函数(见 6.4.3 节)。在边界-感知机的一个加数中这样做，可得到相关的加数：

152

$$\text{soft}(0,1-y_p\mathring{\boldsymbol{x}}^{\mathrm{T}}\boldsymbol{w})=\log(1+\mathrm{e}^{1-y_p\mathring{\boldsymbol{x}}^{\mathrm{T}}\boldsymbol{w}})\tag{6.51}$$

如果此时马上对所有的 P 求和，就可得到一个类似于 Softmax 的代价函数，它与边界-感知机函数非常匹配。但是要注意，在上面边界感知机的推导中，在代价函数的分量 $1-y_p\mathring{\boldsymbol{x}}^{\mathrm{T}}\boldsymbol{w}$ 中使用的 1 是如何设置为我们想要的任何数字的。事实上，我们只是出于方便选择了 1 这个值而已。当然，我们可以选择任何值 $\varepsilon>0$，在这种情况下，式(6.48)中所述的一组 P 个条件将等价地表示为

$$\max(0,\varepsilon-y_p\mathring{\boldsymbol{x}}^{\mathrm{T}}\boldsymbol{w})=0\tag{6.52}$$

对于所有 p，边界-感知机代价函数等价地表示为

$$g(\boldsymbol{w})=\sum_{p=1}^{P}\max(0,\varepsilon-y_p\mathring{\boldsymbol{x}}^{\mathrm{T}}\boldsymbol{w})\tag{6.53}$$

最后，此处一个加数的 softmax 版本是

$$\text{soft}(0,\varepsilon-y_p\mathring{\boldsymbol{x}}^{\mathrm{T}}\boldsymbol{w})=\log(1+\mathrm{e}^{\varepsilon-y_p\mathring{\boldsymbol{x}}^{\mathrm{T}}\boldsymbol{w}})\tag{6.54}$$

当 ε 相当小时，就有 $\log(1+\mathrm{e}^{\varepsilon-y_p\mathring{\boldsymbol{x}}^{\mathrm{T}}\boldsymbol{w}})\approx\log(1+\mathrm{e}^{-y_p\mathring{\boldsymbol{x}}^{\mathrm{T}}\boldsymbol{w}})$，即 Softmax 代价函数中出现的相同加数。因此，粗略地讲，我们可以将 Softmax 代价函数解释为边界-感知机代价函数的平滑版本。

6.5.3　最大边距决策边界

当两类数据是完全线性可分时，将数据完美分割的超平面可有无穷多个。图 6.18 中，我们展示了一个典型的完全可分数据集上的两个这样的超平面。假定这两个分类器(以及任何其他能完美分割数据的决策边界)都能很好地对这个数据集进行分类，那么有没有一个最好的分离超平面呢？

判断这些超平面质量的一个合理标准是它们的边长，即正好接触每个类的等间隔分布的平移之间的距离。这个距离越大，超平面分离整个空间的效果就越好(对于特定的数据分布)。这一思想在图中得到了形象的说明。在该图中绘出了两个分离超平面和它们各自的边距。虽然两者都完美地区分开两类数据，但边距较小的超平面以一种相当笨拙的方式划分空间，因此更易于对之后的新数据点进行误分。

153

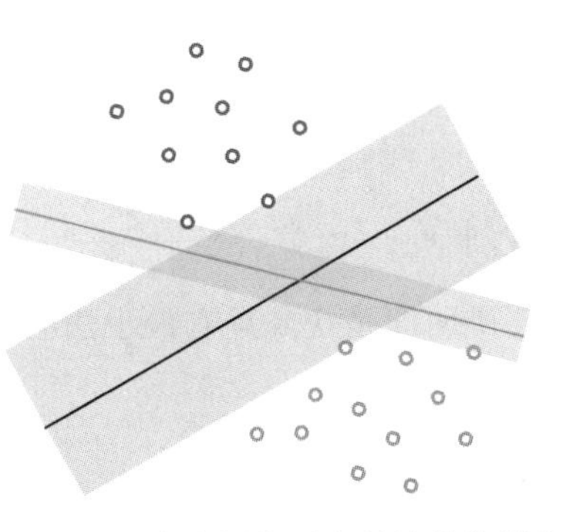

图 6.18　无穷多的线性决策边界可以完美划分图中所绘的数据集，其中两个线性决策边界以边距大小来区分。直观上看，具有较大边距的决策边界是最佳选择。详细内容参见正文

另一方面，具有较大边距的超平面对于给定的数据能更均匀地划分空间，并更倾向于

准确地对之后的新数据点进行分类。

在尝试找到最大边距分离决策边界的过程中，使用偏置和特征相关权值的符号(比如，6.4.5 节中使用的符号)会非常方便：

$$(\text{偏置}):b = w_0 \quad (\text{特征相关权值}):\quad \boldsymbol{\omega} = \begin{bmatrix} w_1 \\ w_2 \\ \vdots \\ w_N \end{bmatrix} \tag{6.55}$$

使用这种符号我们可以将线性决策边界表示为

$$\mathring{\boldsymbol{x}}^{\mathrm{T}} \boldsymbol{w} = b + \boldsymbol{x}^{\mathrm{T}} \boldsymbol{\omega} = 0 \tag{6.56}$$

为了找到具有最大边距的分离超平面，我们的目标是找到一组参数，使得由 $b+\boldsymbol{x}^{\mathrm{T}}\boldsymbol{\omega}=\pm 1$ 定义的、且每个平移刚好接触到两类中的任一类的区域具有尽可能大的间隔。如图 6.19 所示，通过计算超平面的两个平移上任意两个位于法向量 $\boldsymbol{\omega}$ 上的点间的距离，可以确定它们之间的间隔。用 $\boldsymbol{x}_1$ 和 $\boldsymbol{x}_2$ 表示法向量 $\boldsymbol{\omega}$ 上分别属于超平面的正、负平移上的两个点，间隔可以简单地计算为连接 $\boldsymbol{x}_1$ 和 $\boldsymbol{x}_2$ 的线段的长度，即 $\| \boldsymbol{x}_1 - \boldsymbol{x}_2 \|_2$。

154

利用 $\boldsymbol{x}_1$ 和 $\boldsymbol{x}_2$ 处的两个平移之差，可将边距的计算公式更方便地写成

$$(w_0 + \boldsymbol{x}_1^{\mathrm{T}} \boldsymbol{w}) - (w_0 + \boldsymbol{x}_2^{\mathrm{T}} \boldsymbol{w}) = (\boldsymbol{x}_1 - \boldsymbol{x}_2)^{\mathrm{T}} \boldsymbol{\omega} = 2 \tag{6.57}$$

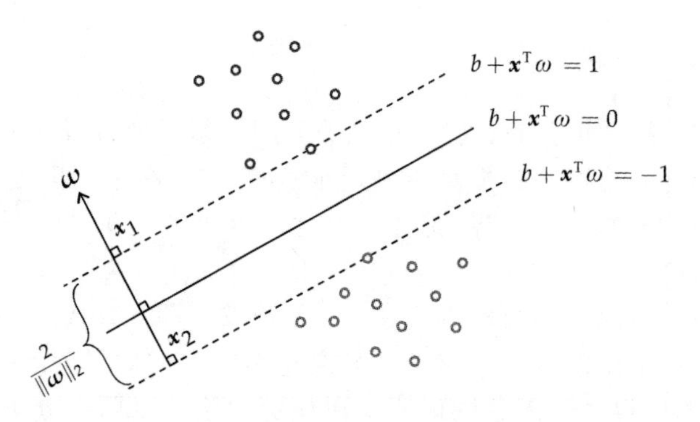

图 6.19　法向量 $\boldsymbol{\omega}$ 与超平面的两个等距平移的两个交点之间的距离即为超平面的边距。这个距离的值为 $\frac{2}{\| \boldsymbol{\omega} \|_2}$(详细内容参见正文)

利用内积法则[⊖]，以及 $\boldsymbol{x}_1 - \boldsymbol{x}_2$ 和 $\boldsymbol{\omega}$ 这两个向量相互平行的事实，可以直接以 $\boldsymbol{\omega}$ 来求解边距：

$$\| \boldsymbol{x}_1 - \boldsymbol{x}_2 \|_2 = \frac{2}{\| \boldsymbol{\omega} \|_2} \tag{6.58}$$

因此找到边距最大的分离超平面即是找到具有最小法向量 $\boldsymbol{\omega}$ 的那个超平面。

6.5.4　硬边界和软边界 SVM 问题

为了找到一个具有最短法向量的分离超平面，可以在(由边界-感知机定义的)约束条件下最小化 $\| \boldsymbol{\omega} \|_2^2$，该约束下超平面应完美地分离(由上述边界标准给出的)数据。这就产

⊖ 使用内积规则(见 C.2 节)，根据式(6.57)，可得 $2=(\boldsymbol{x}_1-\boldsymbol{x}_2)^{\mathrm{T}}\boldsymbol{w}=\|\boldsymbol{x}_1-\boldsymbol{x}_2\|_2\|\boldsymbol{\omega}\|_2$，整理后即为式(6.58)中的表达式。

生了所谓的硬边界支持向量机问题

$$\begin{aligned}&\underset{b,\omega}{\text{minimize}} \quad \|\boldsymbol{\omega}\|_2^2 \\ &\text{其中} \quad \max(0, 1-y_p(b+\boldsymbol{x}_p^{\mathrm{T}}\boldsymbol{\omega}))=0, \quad p=1,\cdots,P\end{aligned} \tag{6.59}$$

这一约束保证了我们要找的超平面能够完美地分离数据。虽然已经有一些带约束的优化算法可以解决这类问题(见参考文献[14,15,19])，但也可以通过放松约束条件，构造一个无约束的公式(可用我们熟悉的算法最小化它)来解决硬边界问题。这正是 6.4.6 节描述的正则化方法。为此，我们只需去除约束，构造一个单一的代价函数并对其进行最小化即可：

$$g(b,\boldsymbol{\omega})=\sum_{p=1}^{P}\max(0,1-y_p(b+\boldsymbol{x}_p^{\mathrm{T}}\boldsymbol{\omega}))+\lambda\|\boldsymbol{\omega}\|_2^2 \tag{6.60}$$

这里把参数 $\lambda \geqslant 0$ 称为一个惩罚参数或正则化参数(见 6.4.6 节)。当 λ 被设置为一个较小的正数时，说明对代价函数施加了更多的“压力”，以确保约束条件成立，(理论上)当 λ 被设置得非常小时，上面的公式与原来约束形式的公式相匹配。所以，在实践中，λ 通常被设置为相当小的数(最佳值是使式(6.59)中的原约束得到满足的值)。

边界-感知机代价函数的这种正则化形式称为软边界支持向量机代价函数㊀。

例 6.8　SVM 决策边界

在图 6.20 的左子图中，我们展示了通过最小化边界-感知机代价(见式(6.50))学到的三个边界，三次学习过程随机地使用了不同的初始点。右子图中的决策边界是通过对式(6.60)中的软边界 SVM 代价进行合适的最小化得到的(正则化参数 $\lambda=10^{-3}$)。

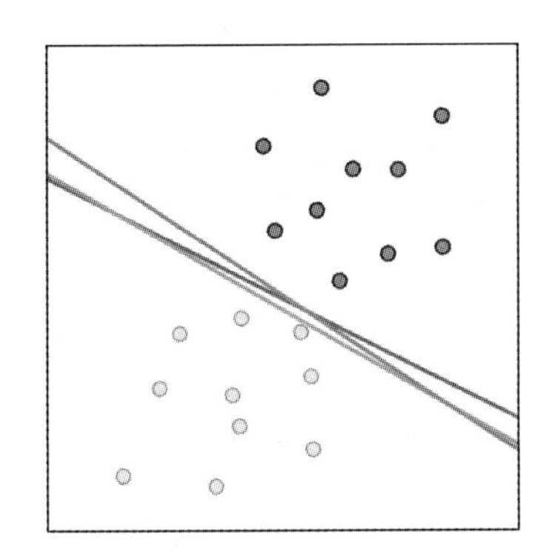
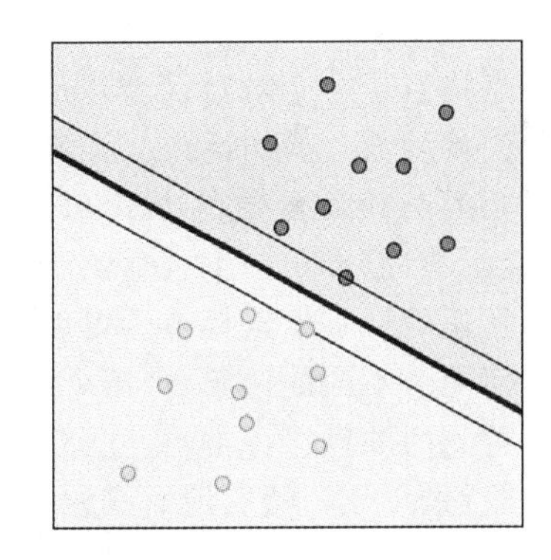

图 6.20　与例 6.8 对应的图。详细内容参见正文

左子图中显示的每个决策边界都能完美地分离两个类，但右子图中的 SVM 决策边界具有最大边距。注意在右子图中决策边界的平移如何经过两个类别中(与 SVM 线性决策边界等距的)点。这些点被称为支持向量，此即为支持向量机的命名来源。

6.5.5　SVM 和含噪数据

式(6.60)中的软边界 SVM 问题在实践中具有很大益处，它使得我们能够处理含噪声的非完全(线性)可分的数据——实践中这类数据集远比完全线性可分数据集更为常见。含

㊀ 实际应用中有很多针对硬边界 SVM 问题放松的方法(见参考文献[20])，但对这里提出的问题，那些方法并没有理论和实践上的优势[21,22]。

噪数据中的“噪声”使得式(6.59)中的硬边界问题的约束条件至少有一个无法满足(这样，技术上该问题是不可解决的)，而软边界松弛总是可以被合适地最小化，因此在实践中使用得更频繁。

6.6　哪种方法能产生最好的结果

一旦放弃完全(线性)可分这一强制(且不现实的)假设，由于不再有一个起始边界，所以 SVM 提供的“最大边距超平面”的附加价值就没有了。这样，对于实践中的许多数据集来说，软边界问题并不能提供一个与感知机或逻辑回归有明显区别的解决方案。确实，对于非线性可分的数据集来说，SVM 返回的结果与感知机或逻辑回归给出的结果完全相同。

此外，考虑式(6.60)中的软边界 SVM 问题，使用 6.5.2 节中的 Softmax 函数对边界-感知机的代价函数进行平滑，得到一个平滑化的软边界 SVM 代价函数，形如

$$g(b,\boldsymbol{\omega})=\sum_{p=1}^{P}\log\left(1+\mathrm{e}^{-y_p\left(b+\boldsymbol{x}_p^{\mathrm{T}}\boldsymbol{\omega}\right)}\right)+\lambda\|\boldsymbol{\omega}\|_2^2 \tag{6.61}$$

尽管这是从 SVM 的角度来解释的，但也可以直接识别为一个正则化的 Softmax 代价函数(即作为一个正则化的感知机或逻辑回归[⊖])。因此可以发现，我们已知的三种线性二分类方法(逻辑回归、感知机和 SVM)之间具有很紧密的联系，且对于现实的(线性不可分)数据集，它们往往得出相同的结果。

6.7　分类交叉熵代价函数

6.2 和 6.3 节中讨论了对于两种不同的标签值($y_p\in\{0,1\}$或 $y_p\in\{-1,+1\}$)，通过交叉熵代价函数或 Softmax 代价函数最小化后，得到完全相同的二分类。在种情形下，我们为每个数据点构造了一个对数误差代价函数，然后对所有 P 个点的这个值求平均，得到一个合适的凸代价函数。换句话说，标签对的数值主要用于简化这些代价函数的表示。给定推导逻辑回归的凸代价函数的方式和任意两个数值标签 $y_p\in\{a,b\}$，可直接由对数误差(如逐点代价函数)推导出一个合适的凸代价函数。

但是，真正的标签值选择范围可以更为广泛，甚至可以不是两个数值。事实上我们也可以使用任何两个不同的对象(即两个无序值)作为标签。但无论如何定义标签，最终还是要建立之前看到的那种二分类器——对熟悉的代价函数(比如，交叉熵代价函数或Softmax 代价函数)进行最小化，然后调整其权值。

为了弄明白这一点，本节中我们讨论如何利用类别标签而不是数值标签推导出与 6.2 节中相同的交叉熵代价函数。以下过程即所谓分类交叉熵代价函数的推导，这种代价函数与交叉熵代价函数是等价的。

6.7.1　采用 one-hot 编码的分类标签

假定我们从一个具有 N 维输入的二分类数据集$\{(\boldsymbol{x}_p,\boldsymbol{y}_p)\}_{p=1}^{P}$开始，用如下形式的 one-hot 编码向量对原来的数字标签值 $\boldsymbol{y}_p\in\{0,1\}$进行变换：

$$y_p=0\leftarrow\boldsymbol{y}_p=\begin{bmatrix}1\\0\end{bmatrix}\quad y_p=1\leftarrow\boldsymbol{y}_p=\begin{bmatrix}0\\1\end{bmatrix} \tag{6.62}$$

每个向量表示都唯一地标识了其对应的标签值，但现在标签值不再是有序的数值，且

⊖ 确实，这一软边界 SVM 代价函数有时也称为 log-loss SVM(见文献[21])。

数据集形如$\{(\boldsymbol{x}_p,\boldsymbol{y}_p)\}_{p=1}^P$，其中 $\boldsymbol{y}_p$ 由式(6.62)定义。但是，我们的目标仍然是对一组 $N+1$ 个权值 $\boldsymbol{w}$ 进行合适的调整，从而由输入得到数据集的输出。

6.7.2　非线性度的选择

155～158

基于新的类别标签，我们的分类任务(若视为回归问题时)是多输出回归的一种特殊情况(如 5.6 节所述)。在多输出回归中，我们的目标是使用线性组合 $\mathring{\boldsymbol{x}}_p^{\mathrm{T}}\boldsymbol{w}$ 的非线性函数对 N 维输入和二维类别标签进行回归。因为类别标签的长度为 2，所以需要使用这个线性组合的一个非线性函数以得到两个输出。由于标签是 one-hot 编码的，且我们熟悉 sigmoid 函数(见 6.2.3 节)，所以对每个输入点 $\boldsymbol{x}_p$ 使用下面的非线性函数是合理的：

$$\sigma_p=\begin{bmatrix}\sigma(\mathring{\boldsymbol{x}}_p^{\mathrm{T}}\boldsymbol{w})\\1-\sigma(\mathring{\boldsymbol{x}}_p^{\mathrm{T}}\boldsymbol{w})\end{bmatrix}\tag{6.63}$$

为什么合理？因为假设对某一特定的点有 $\boldsymbol{y}_p=\begin{bmatrix}1\\0\end{bmatrix}$，且调整 $\boldsymbol{w}$ 以满足$\sigma(\mathring{\boldsymbol{x}}_p^{\mathrm{T}}\boldsymbol{w})\approx1$。根据 sigmoid 的定义，可得 $1-\sigma(\mathring{\boldsymbol{x}}_p^{\mathrm{T}}\boldsymbol{w})\approx0$，所以对这个点有 $\boldsymbol{\sigma}_p\approx\begin{bmatrix}1\\0\end{bmatrix}=\boldsymbol{y}_p$，这正是我们期望的。当然，如果 $\boldsymbol{y}_p=\begin{bmatrix}1\\0\end{bmatrix}$，这一结论也是成立的。

因此，通过这种非线性变换，设置一个理想的权值 $\boldsymbol{w}$ 将使得以下公式对尽可能多的点成立：

$$\sigma_p\approx\boldsymbol{y}_p\tag{6.64}$$

6.7.3　代价函数的选择

与数值标签一样，我们也可以由回归部分(比如，最小二乘法)的经验提出一个标准的逐点代价函数：

$$g_p(\boldsymbol{w})=\|\sigma_p-\boldsymbol{y}_p\|_2^2\tag{6.65}$$

然后对所有 P 个点的代价的平均值进行最小化来调整 $\boldsymbol{w}$。但是，与数值标签的情形一样，由于类别标签正是二进制形式，所以我们最好采用对数误差(见 6.2 节)来更好地激发学习(生成一个凸代价函数)。符号 $\log\boldsymbol{\sigma}_p$ 表示对 $\boldsymbol{\sigma}_p$ 的每个元素求 log(・)所得到的向量，这里对数误差形如：

$$g_p(\boldsymbol{w})=-\boldsymbol{y}_p^{\mathrm{T}}\log\sigma_p=-y_{p,1}\log(\sigma(\mathring{\boldsymbol{x}}_p^{\mathrm{T}}\boldsymbol{w}))-y_{p,2}\log(1-\sigma(\mathring{\boldsymbol{x}}_p^{\mathrm{T}}\boldsymbol{w}))\tag{6.66}$$

159

注意这里 $\boldsymbol{y}_p=\begin{bmatrix}y_{p,1}\\y_{p,2}\end{bmatrix}$。通过取这些 P 个逐点代价函数的平均值，就可以得到所谓的二分类问题的分类交叉熵代价函数。名称中的“分类”是指标签是 one-hot 编码的类别(即无序的)向量。

但是，容易看出，这个代价函数正是在 6.2 节中出现的对数误差。也即是说，利用原来的数值标签，上面的逐点代价可表示为：

$$g_p(\boldsymbol{w})=-y_p\log(\sigma(\mathring{\boldsymbol{x}}_p^{\mathrm{T}}\boldsymbol{w}))-(1-y_p)\log(1-\sigma(\mathring{\boldsymbol{x}}_p^{\mathrm{T}}\boldsymbol{w}))\tag{6.67}$$

因此，尽管采用了原来的数字标签的类别形式，但我们为得到合适的 $\boldsymbol{w}$ 值而要最小化的代价函数正是之前采用数字标签的交叉熵代价函数或 Softmax 代价函数。

6.8　分类质量指标

本节将介绍评价一个经训练的二分类模型的质量的简单指标，以及如何使用模型进行预测。

6.8.1　使用训练好的模型进行预测

如果我们用 $\boldsymbol{w}^{\star}$ 表示通过最小化一个分类代价函数得到的最优权值集，且默认采用标签 $\boldsymbol{y}_p \in \{-1,+1\}$，则可以将完全调优的线性模型表示为：

$$\text{model}(\boldsymbol{x},\boldsymbol{w}^{\star}) = \mathring{\boldsymbol{x}}^{\mathrm{T}}\boldsymbol{w}^{\star} = w_0^{\star} + x_1 w_1^{\star} + x_2 w_2^{\star} + \cdots + x_N w_N^{\star} \tag{6.68}$$

这个训练好的模型为训练数据集定义了一个最优决策边界，其形如：

$$\text{model}(\boldsymbol{x},\boldsymbol{w}^{\star}) = 0 \tag{6.69}$$

为了预测输入 x' 的输出标签 y'，可以利用一个合适的阶梯来处理这个模型。默认情况下，使用标签值 $y_p \in \{-1,+1\}$，这个阶梯函数可以由 sign(・)函数定义(见 6.3 节)，x' 的预测标签如下：

$$\text{sign}(\text{model}(\boldsymbol{x}',\boldsymbol{w}^{\star})) = y' \tag{6.70}$$

如果 x' 不是正好位于决策边界上(这种情况下，从 ± 1 中随机指派一个值)，则上式的值总为 ± 1，它简单地指出了输入 x' 位于决策边界的哪一边。如果 x' 位于决策边界的“上方”，那么 $y'=+1$；如果位于“下方”，那么 $y'=-1$。图 6.21 针对一个典型的数据集描述了这一情形。

160

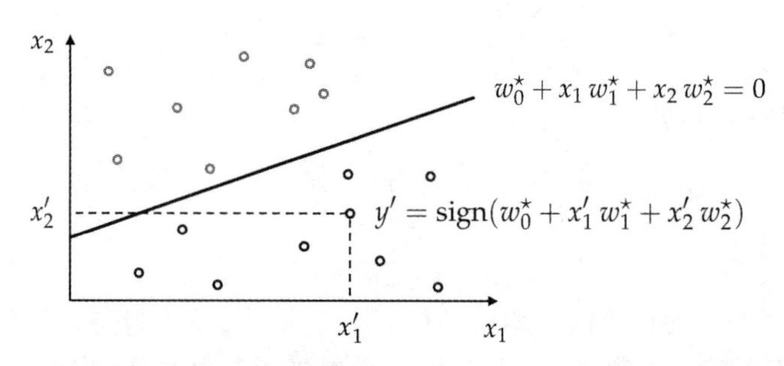

图 6.21　一旦为训练数据集学到了一个带最优参数 $\omega_0^{\star}$ 和 $\boldsymbol{w}^{\star}$ 的决策边界，对于一个新数据点 x，通过简单地检查它位于边界的哪一边，就可以预测它的标签 y。图中 x 位于学习到的超平面下方，因此给出的标签 $\text{sign}(\mathring{\boldsymbol{x}}'^{\mathrm{T}}\boldsymbol{w}^{\star})=-1$

6.8.2　置信度评分

一旦学习到一个合适的决策边界，我们就可以基于一个任意点到决策边界的距离来评价该点的置信度。对于位于决策边界上的点，我们说分类器的置信度为零，因为这时边界无法准确地判断这样的点属于哪一类(这也是我们需要对它进行分类预测时给其随机分配一个标签值的原因)。同样，在决策边界附近，分类器的预测结果的置信度小。为什么会这样呢？试想一下，我们对决策边界进行一个小的改动，即稍微改变它的位置。一些非常接近原始边界的点最终会出现在新边界的另一侧。反过来，这也是我们对那些远离决策边界的点的预测结果有高置信度的原因——稍微改变决策边界的位置，这些预测标签并不会改变。

通过 sigmoid 函数(见 6.2.3 节)应用于点到边界的距离，可将“置信度”这一概念精确化和规一化，并使其具备普适性。这样就可以得到一个点属于+1类的置信度。

一个点到训练模型给出的到决策边界的符号距离 d 可以按下式计算(见 6.4.5 节)：

$$d=\frac{b^{\star}+\boldsymbol{x}_{p}^{\mathrm{T}}\boldsymbol{\omega}^{\star}}{\|\boldsymbol{\omega}^{\star}\|_{2}} \tag{6.71}$$

161

其中

$$(\text{偏置}):b^{\star}=w_{0}^{\star} \quad (\text{特征相关权值}):w^{\star}=\begin{bmatrix} w_{1}^{\star} \\ w_{2}^{\star} \\ \vdots \\ w_{N}^{\star} \end{bmatrix} \tag{6.72}$$

使用 sigmoid 函数求解 d 的值，我们将其平滑地缩小到区间[0，1]上，得到一个"置信度"评分：

$$\text{一个点 } \boldsymbol{x} \text{ 的预测置信度为 } x=\sigma(d) \tag{6.73}$$

当这个值等于 0.5 时，该点位于边界上。如果该值大于 0.5，则该点位于决策边界的正侧，因此我们对其预测结果为+1有较大的置信度。如果该值小于 0.5，则该点位于分类器的负侧，因此对其预测结果为+1的置信度较小。采用 sigmoid 进行归一化，将 $(-\infty,+\infty)$ 压缩到区间 $[0,1]$，这个置信度的值通常被解释为概率。

6.8.3 利用准确率评价训练模型的质量

一旦对线性二分类问题的代价函数成功地进行了最小化，就要仔细考虑对训练所得模型的质量评价。评价一个完全训练好的模型质量的最简单的指标是统计它在的训练数据集上产生的误分类的数量。这是对其真实标签 $\boldsymbol{y}_p$ 被训练模型错误预测的点 $\boldsymbol{x}_p$ 的数量所作的一个粗略统计。

为了比较点 $\boldsymbol{x}'_p$ 的预测标签 $\boldsymbol{y}'_p=\text{sign}(\text{model}(\boldsymbol{x}_p,\boldsymbol{w}^{\star}))$ 和其真实标签 $\boldsymbol{y}_p$，我们使用以下标识函数 $\mathcal{I}(\cdot)$

$$\mathcal{I}(\hat{y}_p,y_p)=\begin{cases}0 & \hat{y}_p=y_p \\ 1 & \hat{y}_p\neq y_p\end{cases} \tag{6.74}$$

将所有 P 个点经上式所得的结果相加，就得到了训练模型的误分类总数：

$$\text{误分类数量}=\sum_{p=1}^{P}\mathcal{I}(\hat{y}_p,y_p) \tag{6.75}$$

利用上式我们也可计算训练模型的准确率，表示为 $\mathcal{A}$。这是训练数据集中其标签被训练模型正确预测的数据所占的百分比，即

162

$$\mathcal{A}=1-\frac{1}{P}\sum_{p=1}^{P}\mathcal{I}(\hat{y}_p,y_p) \tag{6.76}$$

准确率的范围从 0(没有点被正确分类)到 1(所有点被正确分类)。

例 6.9 比较代价函数和错误分类历史记录

分类代价函数最终是基于一个离散阶梯函数的平滑近似(见 6.2 和 6.3 节)。这是我们真正希望使用的函数，也就是说，我们希望通过这个函数来调整模型的参数。然而，由于不能直接优化这个参数化的阶梯函数，我们才采用了一个平滑近似。当将梯度下降法一次运行的代价函数历史记录与运行的每一步所测得的对应的误分类数量进行比较时，就能看到这种实际选择的后果。在图 6.22 中，我们针对图 6.10 的数据集展示了比较结果。图 6.22 展示了

梯度下降法三次独立运行的结果，其中左子图显示的是误分类的记录，右子图则显示了对应的 Softmax 代价函数历史记录。

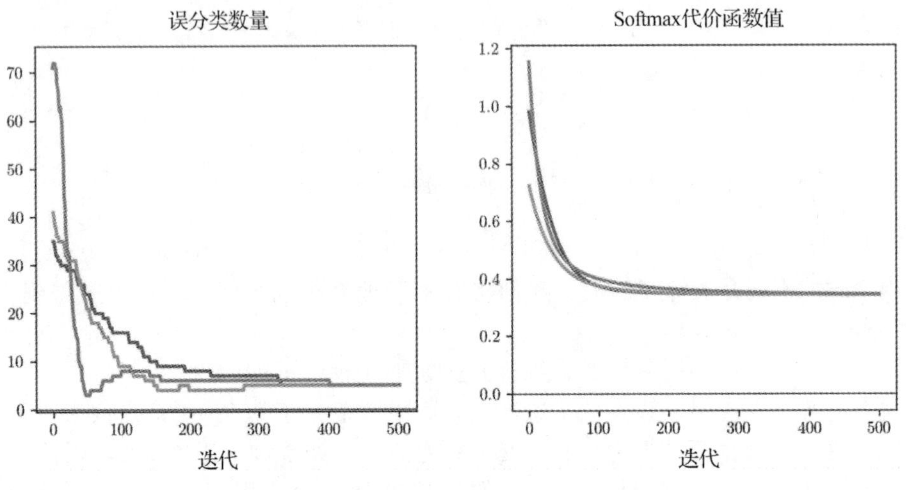

图 6.22 与例 6.9 对应的图。详细内容参见正文

比较左子图和右子图，我们可以发现错误分类的数量和在梯度下降的每一步 Softmax 评估的数量不能完全地进行区分。即，并不是因为代价函数值减小造成错误分类的数量也在减少。再次说明，这是因为 Softmax 代价函数只是我们希望最小化的函数的一个近似。

163

这个简单的例子有很实际的含义：在运行一个局部优化来最小化一个二分类问题的代价函数后，最好的阶梯函数(即能提供最佳分类结果的阶梯函数)以及对应的权值是与最低的误分类数(或者说最高的准确率)相关联的，而不是与代价函数的最小值有关。

6.8.4 利用平衡准确率评价训练模型的质量

对于一个训练好的分类器，分类准确率是一个评价其性能的很好的基本指标。但在某些场景下，准确率并不能完整地描述对一个实际问题进行分类的效果。例如，当一个数据集由高度不平衡的类组成时，即当数据集中一个类中的数据点远远多于另一个类时，模型的"准确率"就失去了作为质量评价指标的价值。这是因为当一个类在数据集中的占比大大超过另一个类时，一个接近于 1 的准确率可能会引起误解。例如，如果一个类中的数据占整个数据集的 95%时，那么分类器就会盲目地将这个类的标签分配给每个训练数据，以达到 95%的准确率。但在这里，5%的错误分类就相当于对另一个类进行了完全的误分类。

这种通过误分类来"牺牲"较小类的成员(而不是多数类的成员)的想法在应用中是非常不可取的。例如，在区分健康人和罕见病患者(少数类)时，人们可能宁可将健康人(多数类的成员)错误分成罕见病患者，并对他们进行进一步的检查，也不能错过发现真正患者的机会。另一个例子是在金融欺诈检测(见例 1.9)应用中，我们可能更愿意接受将正常的交易错误分类成欺诈交易，而不是未检测到欺诈交易，因为前者通常可以通过进一步的人工检测(比如，让客户审查可能的欺诈交易)进行处理。

这类情况表明，使用准确率评价在具有高度不平衡类的数据集上训练分类器的性能是有问题的：因为它对来自两个类的误分类同等看待，因而无法表达一个训练模型对每一类数据上的分类效果。这就导致模型在一个极大类上的强大性能可能掩盖了在一个极小类上的糟糕性能。改进准确率指标最简单的方法是考虑到这个潜在的问题，不再同时计算两类数据的准确率，而是分别计算每一类数据上各自的准确率，并对结果进行平均。

如果将那些标签为 $y_p=+1$ 和 $y_p=-1$ 的点的索引分别表示为 Ω_{+1} 和 Ω_{-1}，则可以计算出每个类各自的误分类数(采用前面介绍的符号和指示函数)：

164

$$
\begin{aligned}
+1\text{ 类的误分类数} &= \sum_{p\in\Omega_{+1}} \mathcal{I}(\hat{y}_p, y_p) \\
-1\text{ 类的误分类数} &= \sum_{p\in\Omega_{-1}} \mathcal{I}(\hat{y}_p, y_p)
\end{aligned}
\tag{6.77}
$$

同样，对每个类各自的准确率按下式计算(将 $+1$ 类和 -1 类的准确率分别表示为 $\mathcal{A}_{+1}$ 和 $\mathcal{A}_{-1}$)：

$$
\begin{aligned}
\mathcal{A}_{+1} &= 1-\frac{1}{|\Omega_{+1}|}\sum_{p\in\Omega_{+1}} \mathcal{I}(\hat{y}_p, y_p) \\
\mathcal{A}_{-1} &= 1-\frac{1}{|\Omega_{-1}|}\sum_{p\in\Omega_{-1}} \mathcal{I}(\hat{y}_p, y_p)
\end{aligned}
\tag{6.78}
$$

注意，这里的 $|\Omega_{+1}|$ 和 $|\Omega_{-1}|$ 分别表示属于 $+1$ 类和 -1 类的点的数量。然后，我们可以将这两个度量指标取平均值。这个组合后的指标称为平衡精度(我们记为 $\mathcal{A}_{\text{balanced}}$)

$$
\mathcal{A}_{\text{balanced}} = \frac{\mathcal{A}_{+1}+\mathcal{A}_{-1}}{2} \tag{6.79}
$$

注意，如果两个类都有相等的表示，那么平衡准确率就约简为整体准确率值 $\mathcal{A}$。

平衡准确率指标值的范围是 0～1。当值等于 0 时，表示没有一个点被正确分类；当值等于 1 时，表示两个类都被正确分类。介于 0 和 1 之间的值表示平均情况下每个类的平均分类效果。例如，如果一类数据的分类完全正确，而另一类数据全部被误分类(如在前面假想的场景中，我们有一个不平衡的数据集，其中一类的成员占 95%，另一类的成员占 5%，我们简单地将整个空间都划分到多数类中)，则有 $\mathcal{A}_{\text{balanced}}=0.5$。

因此，平衡准确率是一种简单的指标，可以帮助我们了解所学到的模型在高度不平衡的数据集上(见例 6.12)是否“表现不佳”。为了改善模型在这种情况下的行为，我们不得不调整执行二分类的方式。其中一种流行的方法称为加权分类，详见 6.9 节。

6.8.5　混淆矩阵和附加的质量指标

使用混淆矩阵可得到评价二分类训练模型质量的其他指标，如图 6.23 所示。混淆矩阵是一个简单的查找表，表中将分类结果拆分为实际类(纵向)和预测类(横向)。这里用 A 表示实际标签为 $+1$、训练模型也预测其为 $+1$ 类的数据点的数量。类似地，其对角元素 D 表示预测标签为 -1、训练模型也预测其为 -1 类的数据点的数量。副对角线上的两个元素 B 和 C 表示实际标签和预测标签不匹配的两种误分类数。在实践中，我们希望这两个值越小越好。

165

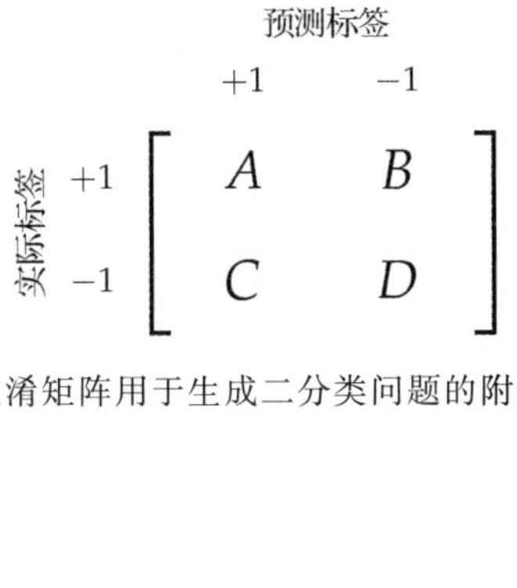

		预测标签	
		+1	−1
实际标签	+1	A	B
	−1	C	D

图 6.23　混淆矩阵用于生成二分类问题的附加质量指标

准确率指标可用上图所示的混淆矩阵中的量来表示：

$$\mathcal{A}=\frac{A+D}{A+B+C+D} \tag{6.80}$$

而在每个类上的准确率也同样表示为

$$\begin{aligned}\mathcal{A}_{+1}&=\frac{A}{A+C}\\ \mathcal{A}_{-1}&=\frac{D}{B+D}\end{aligned} \tag{6.81}$$

在机器学习术语中，这些单独的准确率指标分别称为准确度($\mathcal{A}_{+1}$)和特异度($\mathcal{A}_{-1}$)。平衡准确度指标同样可表示为

$$\mathcal{A}_{\text{balanced}}=\frac{1}{2}\frac{A}{A+C}+\frac{1}{2}\frac{D}{B+D} \tag{6.82}$$

例 6.10　垃圾邮件检测

本例中，将对参考文献[23]中的一个流行的垃圾邮件检测(见例 1.9)数据集进行二分类。这个数据集由 $P=4601$ 个数据点组成，分别是 1813 封垃圾邮件和 2788 封正常邮件，每个数据由邮件的各种输入特征值组成(见例 9.2)，以及表示邮件是否为垃圾邮件的二进制标签。对 Softmax 代价函数进行合适的最小化，我们可在整个数据集上达到 93%的准确率，并得到以下混淆矩阵。

		预测值	
		正常邮件	垃圾邮件
实际值	正常邮件	2664	124
	垃圾邮件	191	1622

166

例 6.11　信用检查

在这个例子中，我们研究一个由 $P=1000$ 个样本组成的二分类数据集，每个样本都是从向德国银行的贷款申请中提取的一组统计数据(取自参考文献[24])。每个输入都有一个对应的标签：由金融专业人士确定的好(700 例)或坏(300 例)的信用风险。在学习这个数据集的分类器时，我们构建了一个自动信用风险评估工具，它可以评估未来的申请人是否信用良好。

在这个数据集中，$N=20$ 个维度的输入特征包括：个人在银行的当前账户余额(特征 1)、之前在银行的信贷期限(以月为单位)(特征 2)、之前的任何贷款的偿付状态(特征 3)，以及他们的储蓄/股票的当前价值(特征 6)。对感知机代价函数进行合适的最小化，可以在整个数据集上达到 75%的准确率，并得到以下混淆矩阵。

		预测值	
		坏	好
实际值	坏	285	15
	好	234	466

6.9　加权二分类问题

因为二分类问题的代价函数可以对单个点求和，所以我们可以像在 5.5 节中对回归的处理一样对单个点进行加权，以增强或消弱各点对分类模型的影响。这就是所谓的加权分

类。在处理高度不平衡的二分类数据集时，经常会用到这种方法(见 6.8.4 节)。

6.9.1 加权二分类

与 5.5 节中介绍回归时一样，加权分类代价函数的出现也是由于数据集中存在重复点。例如，对于元数据(例如，人口普查数据)数据集，由于多个个体在调查中回答相同的答案，所以得到重复数据点的情况并不罕见。

在图 6.24 中，针对一个标准的人口普查数据集，我们沿着单个输入特征绘出了它的一个子集。在只考虑一个特征的情况下，我们最终得到同一个数据点的多条记录，由每个点的半径直观地显示(给定数据点在数据集中出现的次数越多，半径就越大)。这些数据点不应该被丢弃——它们并不是由于某些错误收集而产生的，而是代表了真实的数据集。

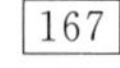

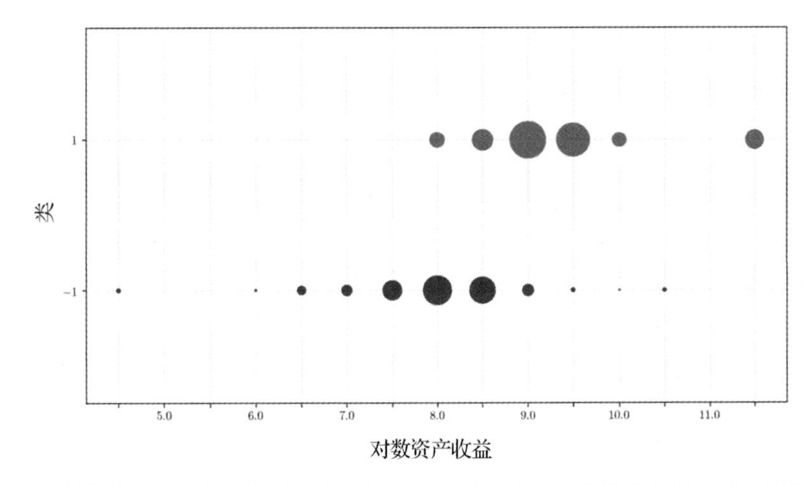

图 6.24　元数据集中重复数据点的例子。这里绘出了这个数据集的单个输入特征以及每个点的标签。在这个数据切片中有许多重复的数据点，由每个点的半径直观地表示(半径越大，该点在数据集中存在的副本越多)

与回归代价函数一样，因为包含相同点的加数会自然组合成带权的项，所以任何二分类代价函数都会“坍塌”。这可通过进行与图 6.24 中相同的简单练习来说明。这就引出了加权二分类代价函数的概念(例如，加权 Softmax 代价函数)，下面用 7.6 节中使用的通用模型符号来表示线性模型：

$$g(\boldsymbol{w}) = \sum_{p=1}^{P} \beta_p \log(1 + \mathrm{e}^{-y_p \operatorname{model}(x_p, \boldsymbol{w})}) \tag{6.83}$$

这里的值 $\beta_1, \beta_2, \cdots, \beta_P$ 是固定的逐点权值。也就是说，数据集中唯一的点 (x_p, y_p) 具有权值 $\beta_p=1$，而如果这个点在数据集中重复出现了 R 次，那么它的一个实例将具有权值 $\beta_p=R$，而其他实例则具有权值 $\beta_p=0$。由于这些权值是固定的(即它们不像 $\boldsymbol{w}$ 一样需要调整的参数)，我们同样可以通过一种局部优化方法(如梯度下降或牛顿法)对加权分类代价函数进行最小化。

6.9.2 按置信度对点进行加权处理

与回归一样(5.5 节)，也可以根据对数据点合法性的“置信度”指派式(6.83)中的固定权值。如果我们认为一个点非常可信，则可将其对应的权值 β_p 设置为接近于 1 的数。一

168

个点越不可信，为其设置的 β_p 值就越小，其中 $0\leqslant\beta_p\leqslant1$。$\beta_p=0$ 意味着我们完全不信任这个点。在选择这些权值时，我们当然要确定每个数据点在模型训练过程中的重要性。

6.9.3　处理类不平衡问题

如前所述，加权分类通常用于处理不平衡的数据集。这类数据集中一个类中包含的数据点远远多于另一类中包含的数据点。对于这样的数据集，只要对小类中的数据进行误分类，通常很容易提高准确率(见 6.8.4 节)。

改进这一问题的一种方法是使用加权分类代价函数来改变分类器的行为，使得小类中的点的权值较大，而大类中的点的权值较小。为此，通常让权值与每个类的成员数量成反比。这对多数类和少数类的成员进行加权平衡，总体上使得每个成员对加权分类的影响是相同的。

如果我们用 Ω_{+1} 和 Ω_{-1} 分别表示 +1 类和 −1 类中的点的索引集，首先注意到 $P=|\Omega_{+1}|+|\Omega_{-1}|$。然后用 β_{+1} 和 β_{-1} 分别表示 +1 类和 −1 类中每个成员的权值，最后利用与每个类中点的数量成反比的关系来设置这些类的权值：

$$\begin{aligned}\beta_{+1}&\propto\frac{1}{|\Omega_{+1}|}\\ \beta_{-1}&\propto\frac{1}{|\Omega_{-1}|}\end{aligned}\tag{6.84}$$

例 6.12　类别不平衡和加权分类

在图 6.25 的左子图中，我们展示了一个严重不平衡的小型数据集。这里还给出了使用牛顿法的 5 个步骤对这个数据集上的 Softmax 代价函数进行最小化后得到的线性决策边界，并根据这个训练好的分类器对各点预测的标签来给空间的各区域着色。总共 55 个点中只有 3 个点被误分类(1 个蓝色和两个红色，达到接近 95% 的准确率)。然而，那些被误分类的点几乎构成了少数类(红色)的一半。虽然这并没有反映在总的误分类或准确率指标上，但它反映在平衡准确率上(见 6.8.4 节)，准确率明显较低，约为 79%。

在中间子图和右子图中，我们展示了将少数类的每个成员的权值从 $\beta=1$ 增加到 $\beta=5$(中间子图)和 $\beta=10$(右子图)的结果。在图中，随 β 值的增大，增加的半径直观地表示了权值的增大。在中间子图和右子图中还展示了使用相同优化过程(即牛顿法的 5 个步骤)对式(6.83)中的加权 Softmax 代价函数进行最小化的结果。当少数类的 β 值增加时，我们希望减少其成员的误分类(这里以多数类的额外错误分类为代价)。在右子图中($\beta=10$)，比原始运行中多了一个误分类，准确率为 93%。然而，在对少数类进行误分类比对多数类进行错误分类要危险得多的假设下，这里的权衡是非常值得的，因为没有少数类的成员被错误分类。此外，我们实现了 96% 的平衡准确率，比原来(未加权)的 79% 有了显著的提高。

169

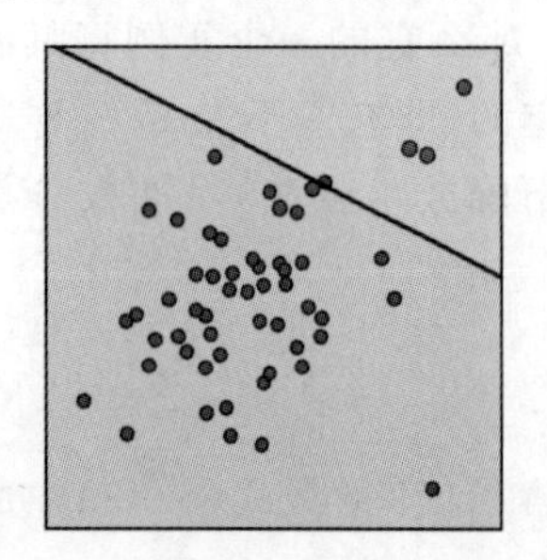 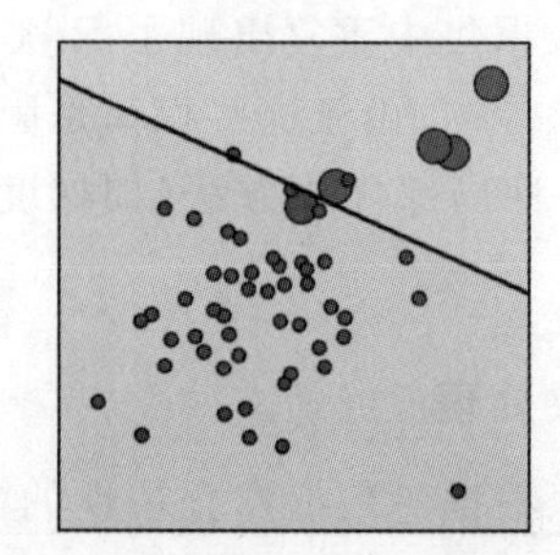 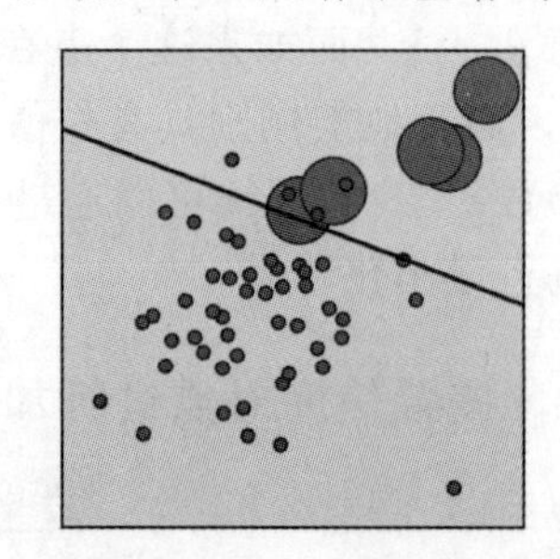

图 6.25　与例 6.12 对应的图。详细内容参见正文(见彩插)

6.10　小结

本章详细介绍了线性二分类问题，我们希望使用线性决策边界自动区分不同类型的事物。我们看到了可从各种视角构建分类的框架，每种视角都对这个过程本身有独特的启示。

首先，6.2 节和 6.3 节讨论了分类的回归视角，描述了逻辑回归。6.4 节和 6.5 节分别描述了感知机和支持向量机，详细介绍了"从上往下"看问题的方法。虽然这些不同的视角在如何表述二分类问题的起源方面有所不同，但我们看到了它们如何通过使用相同的线性模型自然地得到相同类型的代价函数(比如，交叉熵或 Softmax 代价函数)的最小化。这种统一的认识(在 7.4 节中有进一步讨论)有助于解释为什么(平均而言)这些关于二分类的不同视角在实践中具有类似的性能(基于 6.8 节中介绍的指标)。从实践角度说，这使得二分类问题的各种视角、代价函数和标签方案(包括 6.8 节中介绍的分类标签方案)基本上可以互换，这使我们在概念化和构建二分类器时有很大的灵活性。在后面的章节中，我们在对新概念进行分层时将主要依靠这一思想。为简单起见，我们将从单一视角(如感知机)介绍这些概念，同时体会到这种新概念也自动适用于二分类问题的所有其他视角。

170

6.11　习题

完成以下习题所需的数据可以从 GitHub 资源库下载，链接为 github.com/jermwatt/machine_learning_refined。

习题 6.1　实现 sigmoidal 最小二乘法代价函数

重复例 6.3 中描述的实验，编写代码实现式(6.9)中的最小二乘代价函数和 A.3 节中介绍的归一化梯度下降算法。不需要重新生成图 6.5 右子图中的等值线图。但是，你可以通过重现该图左子图中的最终拟合结果来验证你的实现是否正确，或者证明你的最终模型产生零个误分类(见 6.8.3 节)。

习题 6.2　证明对数误差和交叉熵点代价函数的等价性

对于标签值 $y_p \in \{0,1\}$ 的情况，证明式(6.10)中的对数误差与式(6.11)中的交叉熵逐点代价函数等价。

习题 6.3　实现交叉熵代价函数

重复例 6.4 中描述的实验，按照 6.2.7 节的详细说明，编程实现式(6.12)中的交叉熵代价函数。不需要重现图 6.7 右子图中的等值线图。但是，你可以通过重现该图左子图中的最终拟合结果来验证你的实现是否正确，或者证明你的最终结果产生了零个误分类(见 6.8.3 节)。

习题 6.4　计算交叉熵代价函数的利普希茨常数

计算式(6.12)中的交叉熵代价函数的利普希茨常数(见 A.6.4 节)。

171

习题 6.5　验证梯度和 Hessian 矩阵的计算结果

验证 6.2.7 节中交叉熵代价函数的梯度和 Hessian 矩阵。

习题 6.6　证明对数误差和 Softmax 逐点代价函数的等价性

在标签值 $y_p \in \{-1,+1\}$ 的情况下，证明式(6.22)中的对数误差与式(6.24)中的 Softmax 逐点代价函数等价。

习题 6.7 实现 Softmax 代价函数

重复例 6.5 中的实验，编程实现式(6.25) 中的 Softmax 代价函数。不需要重现图 6.9 右子图中的等值线图。但是，你可以通过重现该图左子图中的最终拟合来验证你的实现是否正确，或者证明你的最终结果产生了零个误分类(见 6.8.3 节)。

习题 6.8 实现采用对数误差的 Softmax 函数

使用式(6.21)中的基于对数误差的 Softmax 代价函数和你希望的任何局部优化方案重复 6.3.3 节中图 6.10 所示的实验。不需要重新作图来验证你的实现能正常工作，但应能达到最终结果不多于 5 个误分类(见 6.8.3 节)。

习题 6.9 使用梯度下降法最小化感知机代价函数

使用标准的梯度下降法在图 6.10 所示的数据集上最小化式(6.33)中的感知机代价函数。使用固定的步长值 $\alpha=10^{-1}$ 和 $\alpha=10^{-2}$ 分别运行两次，每次执行 50 个步骤(初始点随机选择)，生成代价函数历史图和每一步的误分类历史图(见 6.8.3 节)。判断哪一次运行首先实现了完美分类。

习题 6.10 感知机代价是凸函数

使用习题 5.8 中描述的凸性的零阶定义，证明式(6.33)中给出的感知机代价函数是凸函数。

习题 6.11 Softmax 代价是凸函数

通过验证式(6.25)中给出的 Softmax 代价函数满足凸性的二阶定义，从而证明它是凸函数。提示：式(6.3.2)中给出 Hessian 矩阵是一个如习题 4.2 中描述的带权外积矩阵。 172

习题 6.12 正则化 Softmax 代价函数

重复例 6.7 中描述的实验，如图 6.16 所示。不需要重新作图来验证你的实现是否正确，但应确保满足误分类数不大于 5 个。

习题 6.13 比较二分类代价函数的功效 I

对于乳腺癌数据集，通过梯度下降法进行合适的最小化，比较 Softmax 和感知机代价函数在最小误分类数方面的功效。这个数据集由 $P=699$ 个数据点组成，每个数据点包含 $N=9$ 个个体输入属性，输出标签表示该个体是否患有乳腺癌。每种方法中出现的误分类数应小于 20 个。

习题 6.14 比较二分类代价函数的功效 II

对例 6.10 中介绍的垃圾邮件检测数据集，通过梯度下降法进行合适的最小化，比较 Softmax 和感知机代价函数在最小误分类数方面的功效。注意，两种方法的准确率应不小于 90%。由于该数据集的输入值变化较大，你应该在优化之前对数据集的输入特征进行标准归一化(详见 9.3 节)。

习题 6.15 信用检查

重复例 6.11 中描述的实验。使用你所选择的优化器尽量接近已知结果。确保在优化之前对数据集的输入特征进行标准归一化(详见 9.3 节)。

习题 6.16 加权分类和平衡精度

重复例 6.12 中描述的实验，如图 6.25 所示。不需要重新作图来验证你的实现是否正确，但应该能够得到与图 6.25 中类似的结果。 173

线性多分类问题

7.1 引言

实际工作中，很多分类问题(如人脸识别、手势识别、口语短语或单词的识别等)希望区分的类别不止两个。然而，一条线性决策边界自然只能将输入空间划分为两个子空间，根本不能区分两类以上的数据。在本章中，我们将描述如何对前一章中的内容进行一般化，进而处理这种多分类场景——我们称其为线性多分类问题。与之前的各章一样，我们从多个视角讨论多分类，包括 One-versus-All(一对多)和多分类感知机、质量评价指标以及基本原理的扩展(包括分类和带权多分类问题)。这里还将从机器学习的角度介绍小批量优化(详见 A.5 节中一阶优化部分)，然后总结它在监督学习和无监督学习中的优化作用。

7.2 One-versus-All 多分类问题

本节将使用一个有三个类的小型数据集逐步介绍名为 One-versus-All 的基本多分类方法。

7.2.1 符号和建模

一个多分类数据集 $\{(\boldsymbol{x}_p, y_p)\}_{p=1}^{P}$ 包含 C 类数据。与二分类问题一样，理论上可以使用任何一个含 C 个不同标签值的集合来区分不同的类。为方便起见，我们使用标签值 $y_p \in \{0,1,\cdots,C-1\}$。在后面的内容中，我们将采用如图 7.1 所示的小型数据集来帮助推导出基本的多分类问题框架。

174

7.2.2 训练 C 个 One-versus-All 分类器

在处理多分类问题时，第一步最好是将问题简化为我们已经熟悉的二分类问题。我们已经知道如何将数据中的每个类与其他 $C-1$ 个类区分开来。这种二分类问题相对简单，而且与要解决的实际问题相近，即学习一个可以同时区分 C 个类的分类器。为了解决这个相近的问题，在整个数据集上学习 C 个二分类器，训练得到的第 c 个分类器用于将第 c 个类与其余数据区分开来，因此称为 One-versus-Rest 或 One-versus-All 分类器。

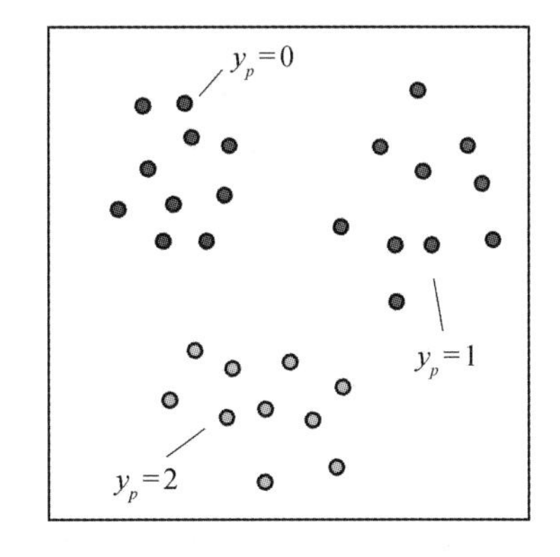

图 7.1 含有 $C=3$ 个类的典型分类数据集。标签值分别为 $y_p=0$、$y_p=1$ 和 $y_p=2$

为了求解第 c 个二分类子问题，首先给整个数据集分配临时标签 $\tilde{y}_p$，然后给第 c 个类赋予标签 $+1$，给数据集的其余部分赋予标签 -1。

$$\tilde{y}_p = \begin{cases} +1 & y_p = c \\ -1 & y_p \neq c \end{cases} \tag{7.1}$$

其中 y_p 是多分类数据集中第 p 个点的原始标签。然后，我们选择运行一个二分类方法(通过最小化上一章中介绍的任意一种分类代价函数)。将学习到的第 c 个分类器的最优权值表示为 $\boldsymbol{w}_c$，其中

175

$$\boldsymbol{w}_c = \begin{bmatrix} w_{0,c} \\ w_{1,c} \\ w_{2,c} \\ \vdots \\ w_{N,c} \end{bmatrix} \tag{7.2}$$

同时将与第 c 个二分类问题相关联的对应决策边界(可将类 c 从所有其他数据点中区分出来)简单地表示为

$$\mathring{\boldsymbol{x}}^{\mathrm{T}} \boldsymbol{w}_c = 0 \tag{7.3}$$

图 7.2 给出了图 7.1 中数据集上求解这组子问题的结果。在这种情况下，我们训练了 $C=3$ 个不同的线性二分类器，这些分类器如图 7.2 上排子图所示。每个学到的决策边界标识为需要从其他数据中区分出来的类的颜色，其余的数据则标识为灰色。在下排子图中，再次绘出了数据集和学到的三个二分类决策边界。

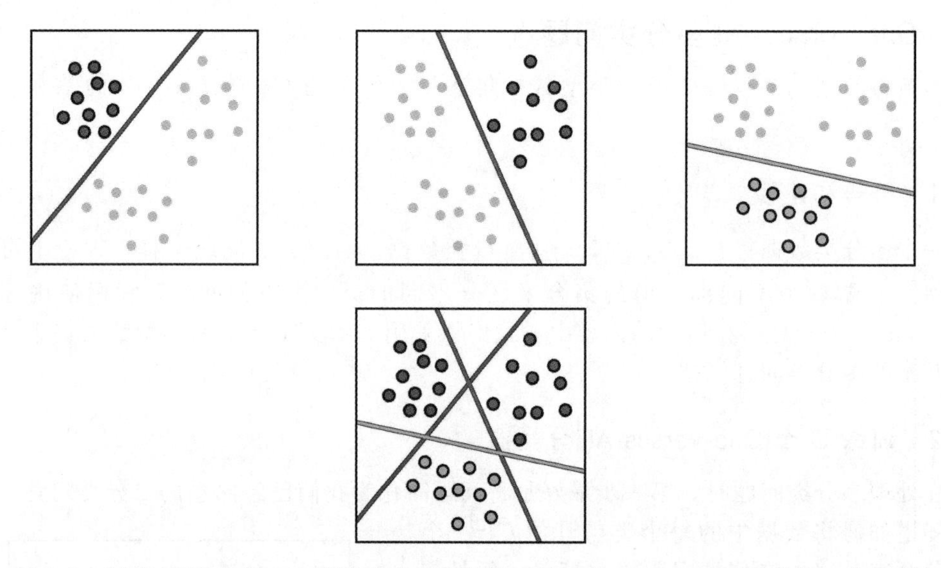

图 7.2　(上排子图)在图 7.1 所示的数据集上学习了三个 One-versus-All 线性二分类器。(底部子图)在原始数据集之上的三个分类器。详细内容参见正文

通过学习 C 个 One-versus-All 分类器解决了相近问题后，我们可能会问：是否有可能以某种方式将这些二分类器结合起来解决多分类问题？正如我们将看到的，答案基本是肯定的。但是，把问题分解成三部分有助于解决问题，分别考虑：(i)位于单个二分类器的正侧的点；(ii)位于一个以上分类器正侧的点；(iii)不在任何一个分类器的正侧的点。注意，这三种情况穷尽了一个点在输入空间中相对于 C 个二分类器所有可能出现的方式。

176

7.2.3　情形 1：点在单个分类器的正侧

从几何学上讲，如果一个点 $\boldsymbol{x}$ 位于第 c 个分类器的正侧，但在其余分类器的负侧，则满足以下不等式：对于所有 $j \neq c$ 来说，$\mathring{\boldsymbol{x}}^{\mathrm{T}} \boldsymbol{w}_c > 0$ 且 $\mathring{\boldsymbol{x}}^{\mathrm{T}} \boldsymbol{w}_j < 0$。首先注意，因为除了在第

c 个分类器中 $\boldsymbol{x}$ 对应的是正值外，在其余分类器中它的对应值都是负的，可以写作：

$$\mathring{\boldsymbol{x}}^{\mathrm{T}} \boldsymbol{w}_c = \max_{j=0,\cdots,C-1} \mathring{\boldsymbol{x}}^{\mathrm{T}} \boldsymbol{w}_j \tag{7.4}$$

另外，在第 c 个分类器中 $\boldsymbol{x}$ 对应的值是正值，这意味着(从该分类器的角度看) $\boldsymbol{x}$ 属于 c 类。同样，因为在其他分类器中 $\boldsymbol{x}$ 对应的是负值，(从这些分类器的角度看)$\boldsymbol{x}$ 不属于任何$j \neq c$ 类。总的来说，所有 C 个分类器一致认为 $\boldsymbol{x}$ 应该得到标签 $y=c$。因此，利用式(7.4)可将标签 y 写成

$$y = \underset{j=0,\cdots,C-1}{\operatorname{argmax}} \mathring{\boldsymbol{x}}^{\mathrm{T}} \boldsymbol{w}_j \tag{7.5}$$

在图 7.3 中，我们展示了对小型数据集中所有位于单个分类器正侧的点进行分类的结果。这些点的颜色与它们各自的分类器是一致的。注意图 7.3 中仍有一些未着色区域。这些区域的点或者在多个分类器的正侧，或者不在任何一个分类器的正侧。接下来将讨论这些情形。

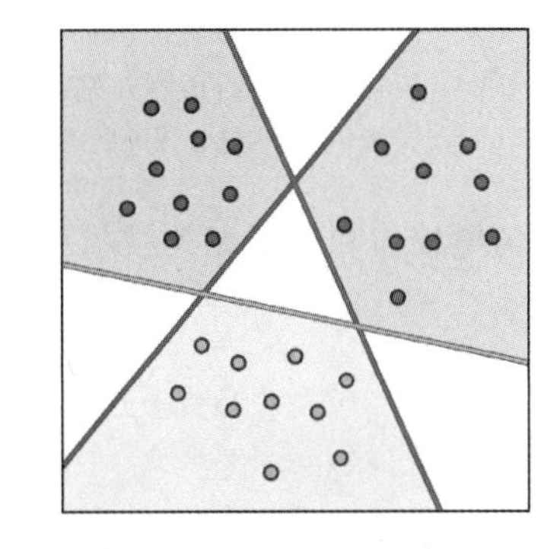

图 7.3　位于单个分类器正侧的点的 One-versus-All 分类。详细内容参见正文(见彩插)

7.2.4 情形 2：点在一个以上分类器的正侧

当一个点 $\boldsymbol{x}$ 落在一个以上分类器的正侧时，不止一个分类器会把 $\boldsymbol{x}$ 作为本类的成员。在这样的情况下，正如在 6.8.2 节中所讨论的那样，可以将 $\boldsymbol{x}$ 到一个二分类决策边界的符号距离作为应该如何标注该点的置信度的度量指标。一个点离一个分类器的正侧越远，将这个点标记为 $+1$ 的置信度就越高。直观地说，这是一个简单的几何概念：一个点到边界的距离越大，它就越深入它所在的这个分类器的半空间区域，因此将它标识为该边界对应的类的置信度比离边界近的点要大得多。另一种思考方式是假设如果稍微变动一下决策边界会发生什么。那些原本靠近其边界的点可能最终会出现在变动后的超平面的另一边，从而改变这些点的类别，而那些离边界较远的点则不太可能受到这样的影响，因此我们一开始就可以对其更有信心。

177

目前，我们可以直观地拓展这一想法。如果一个点位于多个二分类器的正侧，应该将离它最远的决策边界对应的标签指派给它。

现在看看这个简单的想法如何在我们的小数据集上发挥作用。在图 7.4 的左子图和中间子图中，我们展示了小数据集中的两个示例点(标识为黑色)，它们位于一个以上二分类器的正侧。在每种情况下，我们用黑色虚线突出显示点到两个决策边界的距离，该点在每个决策边界上的投影显示为×符号，标识为与其各自分类器相同的颜色。

从左子图所示的点开始，它位于红色和蓝色分类器的正侧。然而，我们可以更加确信该点应该属于蓝色类，因为该点与蓝色决策边界的距离比与红色决策边界的距离更大(通过检查从该点到每个边界的虚线的长度可以知道)。按照同样的逻辑，中间子图中显示的点最好被分配到红色类，因为它与红色分类器的距离大于与蓝色分类器的距离。如果对这个区域中的每一个点(以及其他两个三角形区域中——即对于两个或更多分类器为正值的那些点)重复这一做法，然后将每个点标识为各自类的颜色，最终会使得每个这样的区域变暗，如图 7.4 的右子图所示。在这个图中，分隔每一对彩色区域(比如，右下角三角区的绿色和红色区域)的线段由到两个 One-versus-All 分类器等距(且位于其正侧)的点组成。换句话说，这些是多分类决策边界的一部分。

178

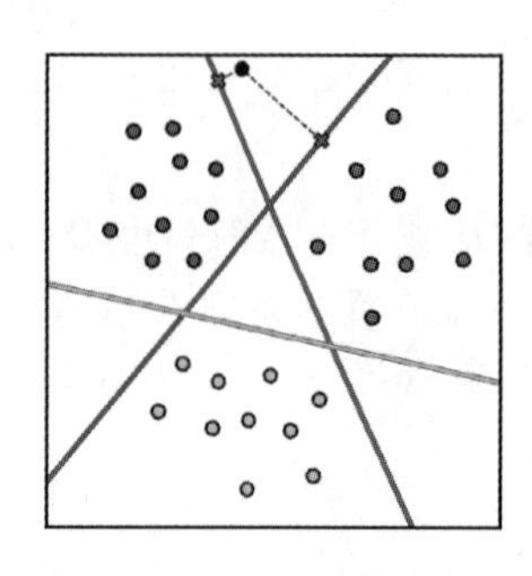
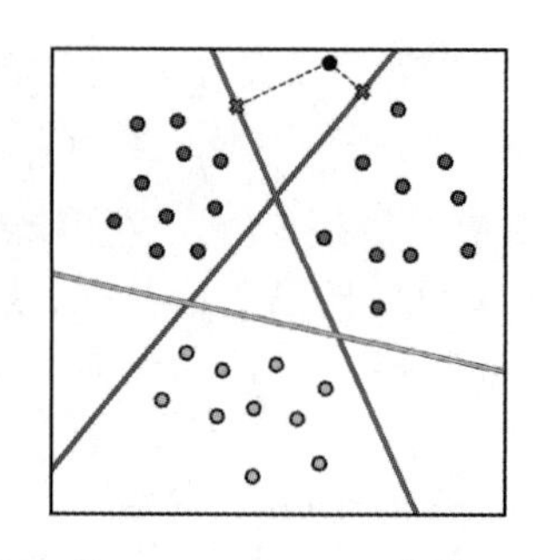
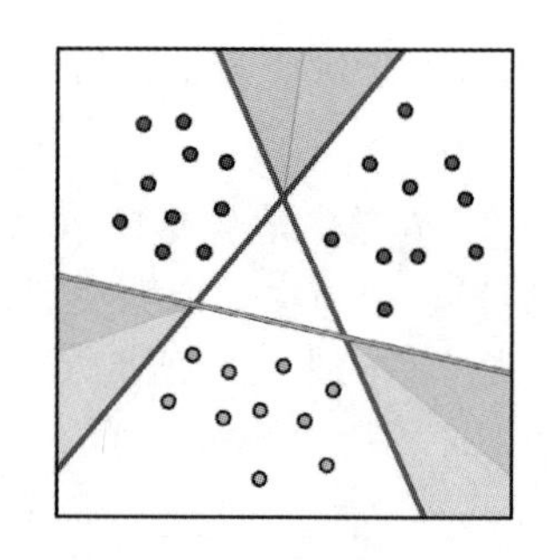

图 7.4　位于多个分类器正侧的点的 One-versus-All 分类。这里，一个点(黑色)位于红色和蓝色分类器的正侧，它与每个决策边界的距离由连接它和每个分类器的虚线表示。详细内容参见正文(见彩插)

将偏置权值和特征相关权值分开，可将第 j 个分类器的权值 $\boldsymbol{w}_j$ 分解为

$$\text{偏置 } b_j = w_{0,j} \quad \text{特征相关权值 } \boldsymbol{\omega}_j = \begin{bmatrix} w_{1,j} \\ w_{2,j} \\ \vdots \\ w_{N,j} \end{bmatrix} \tag{7.6}$$

这样我们可将一个点 $\boldsymbol{x}$ 到其决策边界的符号距离写成

$$\text{点 } \boldsymbol{x} \text{ 到第 } j \text{ 个边界的符号距离} = \frac{\mathring{\boldsymbol{x}}^{\mathrm{T}} \boldsymbol{w}_j}{\|\boldsymbol{\omega}_j\|_2} \tag{7.7}$$

现在，如果用各线性分类器权值的法向量(包含所有特征相关权值)的长度将每个权值归一化，即

$$\boldsymbol{w}_j \leftarrow \frac{\boldsymbol{w}_j}{\|\boldsymbol{\omega}_j\|_2} \tag{7.8}$$

此后则可简单地将符号距离写作决策边界在该点的原始值

$$\text{点 } \boldsymbol{x} \text{ 到第 } j \text{ 个边界的符号距离} = \mathring{\boldsymbol{x}}^{\mathrm{T}} \boldsymbol{w}_j \tag{7.9}$$

为了将一个点指派到当前的一个区域中，需要寻找能使这个量最大化的分类器。经过权值归一化后指派给这个点的标签 y 以代数方式表示如下：

179

$$y = \underset{j=0,\cdots,C-1}{\operatorname{argmax}} \; \mathring{\boldsymbol{x}}^{\mathrm{T}} \boldsymbol{w}_j \tag{7.10}$$

这正是式(7.5)中发现的对于空间中只有一个分类器为正的区域的规则。注意，(按其特征相关权值的大小)将每个分类器的权值归一化并不影响这个标签方案对于那些仅在一个分类器正侧的点的有效性，因为将一组原始值除以一个正数并不会改变这些原始值的数学符号：对于某个点输出为正值的那个分类器仍将是与该点的符号距离为正的唯一分类器。

7.2.5　情形 3：点不在任何分类器的正侧

当一个点 $\boldsymbol{x}$ 不在任何一个 One-versus-All 分类器的正侧(即位于所有分类器的负侧)时，这意味着该点不属于任何一类。因此，我们不能说某一个分类器对其类别划分更有信心。相反，我们可以讨论哪个分类器对 $\boldsymbol{x}$ 不属于自己的类的置信度最低。答案并不是离它最远的决策边界，而是离它最近的决策边界。这里“到决策边界的符号距离”这一概念再次派上用场，我们注意到，将 $\boldsymbol{x}$ 指派到离它最近的决策边界意味着将它指派到与它具有最大符号距离的边界(因为现在这个符号距离以及其他符号距离都是负数)。同样假设每个分类

器的权值都已经归一化，可以形式化表示为

$$y = \underset{j=0,\cdots,C-1}{\operatorname{argmax}} \mathring{\boldsymbol{x}}^{\mathrm{T}} \boldsymbol{w}_j \tag{7.11}$$

在图 7.5 的左子图和中间子图中，我们给出了小数据集的一个区域中的两个点，它们位于三个二分类器的负侧，也就是数据中间的白色三角形区域。我们再次用黑色虚线突出显示每个点到三个决策边界的距离，该点在每个决策边界上的投影标记为符号 x，标识为其各自分类器相同的颜色。

从左子图中的点开始，由于它位于三个分类器的负侧，最好把它分配到最接近(或者说“最小违犯”)的类，即蓝色类。同样，中间子图中的点被分配到绿色类，因为它最接近这个类的边界。如果对区域中的每一个点重复这个逻辑，并将每个点标识为各自所属类的颜色，最终会使得这个中心区域变暗，如图 7.5 右子图所示。在这个图的中间子图中，分隔彩色区域的线段由与所有 One-versus-All 分类器等距离(且在它们负侧)的点组成。换句话说，它们是多分类决策边界的组成部分。

180

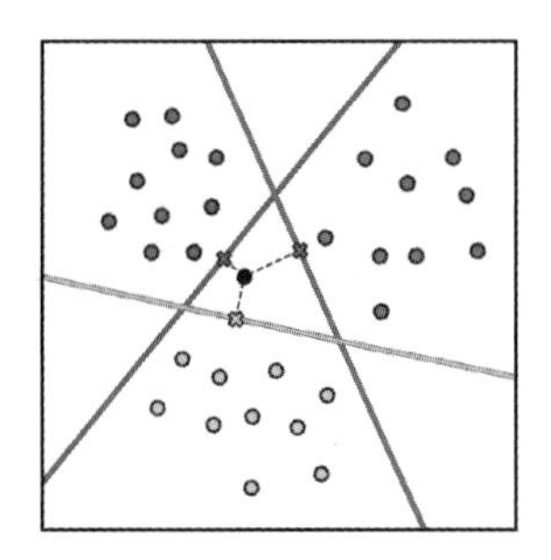
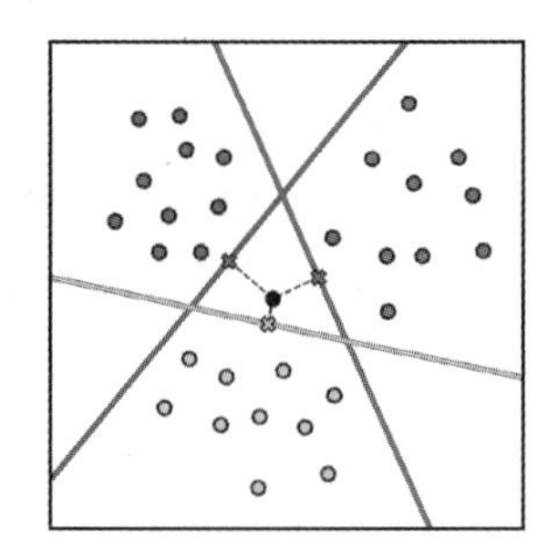
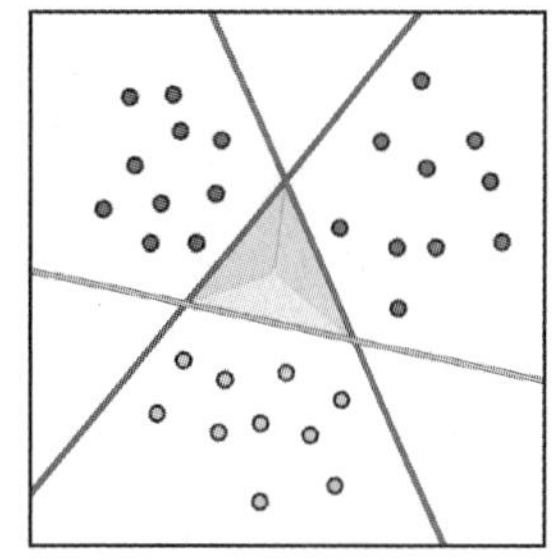

图 7.5　位于所有分类器负侧的点的 One-versus-All 分类。详细内容参见正文(见彩插)

7.2.6　综合应用

我们将结合 C 个二分类器处理多分类任务这一问题拆分为三种可能的情况，然后进行了逐一讨论。我们已经知道，在每个分类器的(特征相关)权值已经被归一化(如式(7.8)所示)的前提下，可用以下这条规则给任意点 $\boldsymbol{x}$ 分配标签 y：

$$y = \underset{j=0,\cdots,C-1}{\operatorname{argmax}} \mathring{\boldsymbol{x}}^{\mathrm{T}} \boldsymbol{w}_j \tag{7.12}$$

该规则称为融合规则，因为它是一条将 C 个二分类器融合在一起的规则，这样就能根据一个点到决策边界的符号距离确定分配给该点哪一个类的标签。

图 7.6 中给出了将式(7.12)中的融合规则应用于本节所使用的小数据集的整个输入空间的结果。数据空间分为几个部分，其中的点：(i)位于单个分类器的正侧(如图 7.3 所示)；(ii)位于多个分类器的正侧(如图 7.4 右子图所示)；(iii)不在任何一个分类器的正侧(如图 7.5 右子图所示)。

在图 7.6 的左子图中，我们展示了应用融合规则进行适当着色后的整个空间以及三个原始的二分类器。在右子图中，突出显示的(黑色)线段定义了每个类所占的空间区域之间的边界。这确实是由融合规则得到的多类分类器或决策边界。一般来说，当使用线性二分类器时，融合规则所生成的边界总是分段线性的(如此处的简单实例)。虽然融合规则明确定义了这个分段线性边界，但它并没有(像逻辑回归或 SVM 这样的二分类方法一样)为我们提供一个漂亮的公式。

181

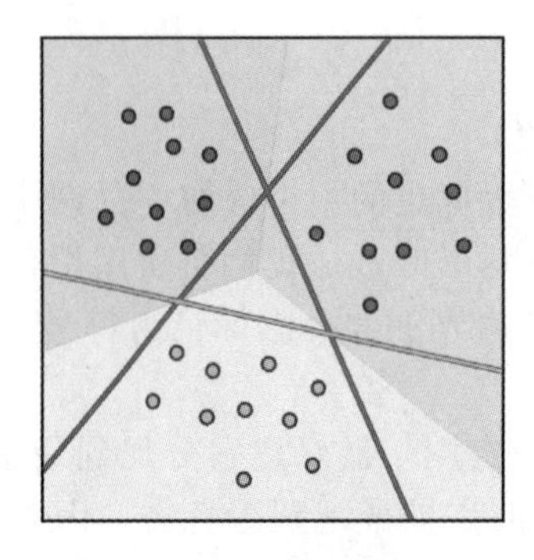

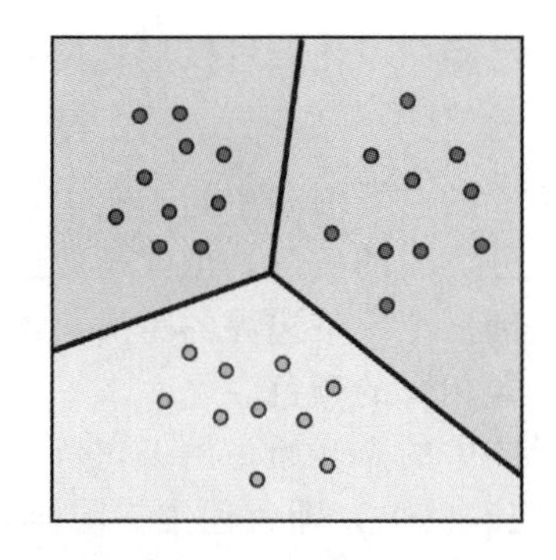

图 7.6　在小数据集的输入空间上应用式(7.12)中的融合规则的结果，根据预测标签，分别结合原始二分类决策边界(左子图)和融合后的黑色多类决策边界(右子图)对各区域进行了着色，详细内容参见正文(见彩插)

7.2.7　One-versus-All 算法

将前述学习 C 个 One-versus-All 二分类器和使用融合规则对它们进行合并这两个步骤组合到一起的算法称为 One-versus-All 多分类算法，简称 OvA 算法。在实践中，经常看到 OvA 算法的实现省略了式(7.8)中的归一化步骤。理论上，这可能会导致分类结果不佳，因为不同大小的法向量会造成分类器之间的距离测量值的失调。然而，由于每个分类器通常使用相同的局部优化方法进行训练，每个训练得到的法向量的大小最后都大致处于相同的量级，这就减小了各分类器对输入点的归一化值和非归一化值之间的差异。

例 7.1　使用 OvA 算法对一个含 $C=4$ 个类的数据集进行分类

本例中我们应用 OvA 算法对图 7.7 左子图中的一个含 $C=4$ 类的小型数据集进行分类。这里蓝色、红色、绿色和黄色点的标签值分别为 0、1、2 和 3。图 7.7 的中间子图绘出了根据融合规则着色的输入空间，以及 $C=4$ 个分别学习到的二分类器。注意，这些二分类器都不能完美地将其各自的类与其他数据分开。尽管如此，图 7.7 右子图所示的最后得到的多分类决策边界还是很好地区分了 4 个类别。

182

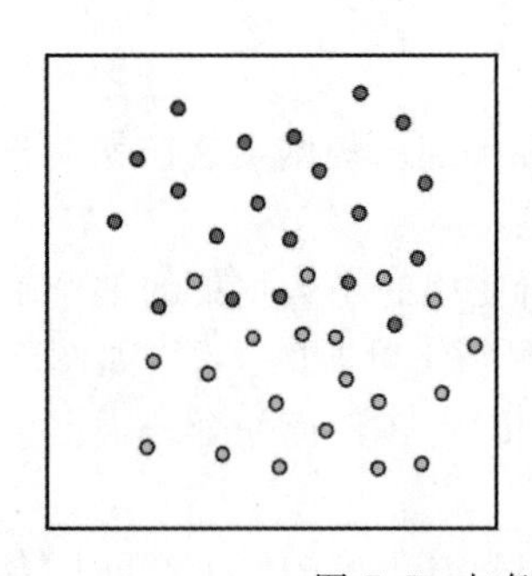

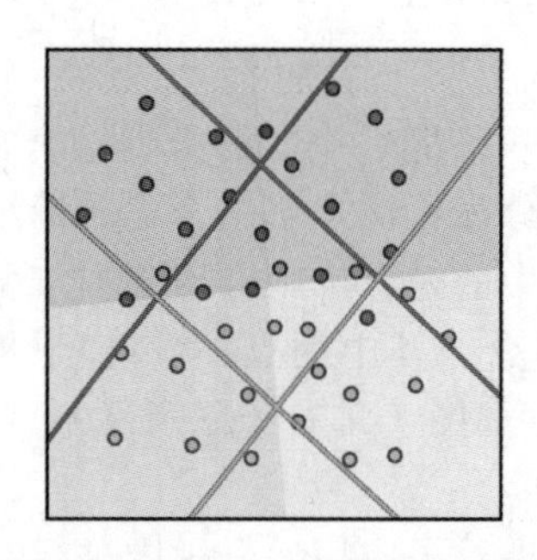

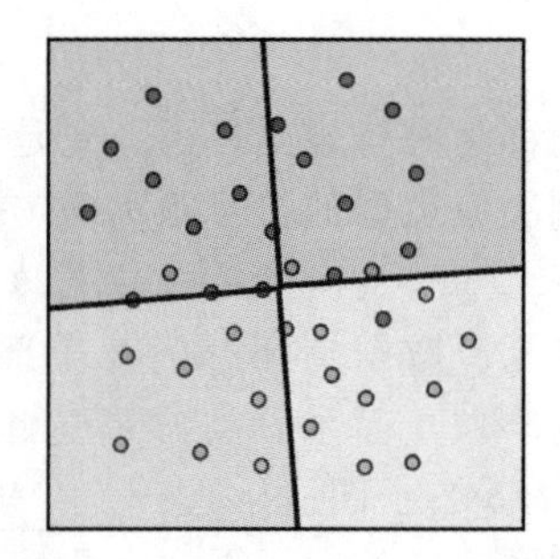

图 7.7　与例 7.1 对应的图。详细内容参见正文(见彩插)

例 7.2　融合规则的回归视图

在推导式(7.12)中的融合规则时，我们是从感知机视角(见 6.4 节)来观察多分类问题的，也就是说，我们仅从输入特征空间的角度去观察数据，将每个标签的值进行着色，而不是将标签看作一个输出维度(视觉上)并在三维空间中绘制数据。然而，如果从“侧面”来观察多分类数据，这相当于是回归视角，我们确实可以将融合规则看作一个多级阶梯函数。图7.8针对本节中所使用的小型数据集描述了上述情形。左子图“从上面”展示数据和融合规则，而在右子图中“从侧面”展示了同样的内容，其中融合规则显示为一个离散的阶梯函数。

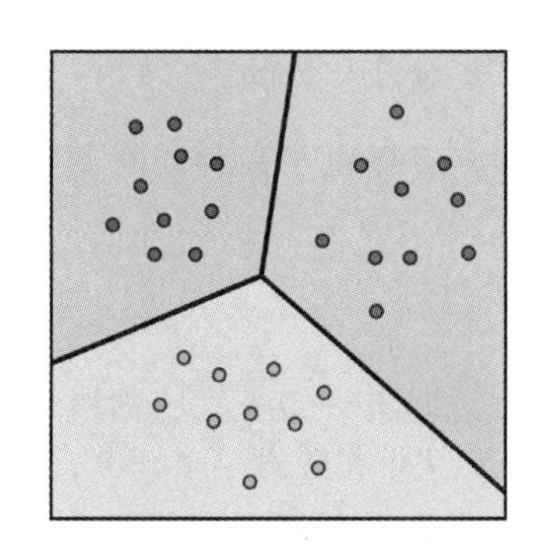
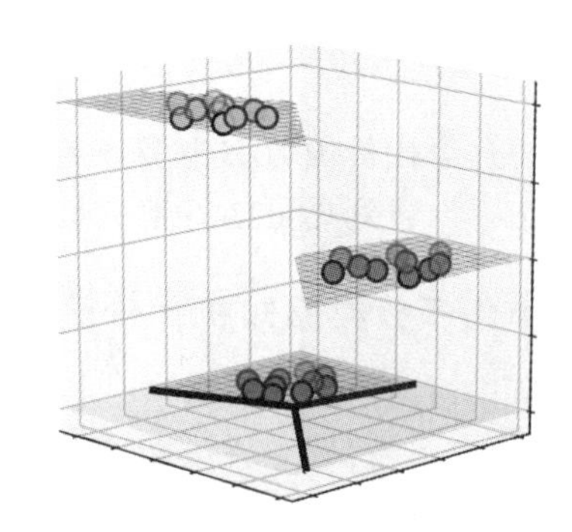

图7.8　一个含 $C=3$ 个类的小型分类数据集的融合规则，分别从感知机视角(左子图)和回归视角(右子图)展示。注意，右子图中一些步骤上的锯齿状边缘是由用于生成三维图的绘图程序造成的。实际上，每个步骤的边缘像输入空间中显示的融合决策边界一样都是平滑的。详见例7.2(见彩插)

183

7.3　多分类问题与感知机

本节讨论One-versus-All多分类方法的一种自然替代方法。该方法不需要先训练 C 个二分类器，然后(通过融合规则)将它们融合成一个决策边界，而是同时训练直接满足融合规则的 C 个分类器。特别地，我们接下来推导实现这一功能的多分类感知机代价函数，可以认为它是6.4节中描述的二分类感知机的直接一般化。

7.3.1　多分类感知机代价函数

在前面对OvA多分类问题的讨论中，我们已经看到式(7.12)中的融合规则是如何定义问题输入空间中每个点 $\boldsymbol{x}$ 的类别归属的。当然，这包括训练数据集 $\{(\boldsymbol{x}_p, y_p)\}_{p=1}^{P}$ 中的所有(输入)点 $\boldsymbol{x}_p$。理想情况下，在所有二分类器都经过适当调优的情况下，我们期望融合规则对尽可能多的点成立：

$$y_p = \underset{j=0,\cdots,C-1}{\operatorname{argmax}}\ \mathring{\boldsymbol{x}}_p^{\mathrm{T}} \boldsymbol{w}_j \tag{7.13}$$

我们不再逐一调优 C 个二分类器，然后再将它们组合起来，而是可以同时学习 C 个分类器的权值，从而尽可能多地满足这个理想条件。

要构造一个适当的代价函数，让其最小值满足以上理想条件，首先要注意，如果式(7.13)对于第 p 个点成立，则下式也必定成立：

$$\mathring{\boldsymbol{x}}_p^{\mathrm{T}} \boldsymbol{w}_{y_p} = \max_{j=0,\cdots,C-1} \mathring{\boldsymbol{x}}_p^{\mathrm{T}} \boldsymbol{w}_j \tag{7.14}$$

也即是说，式(7.14)的直观意义是从点 $\boldsymbol{x}_p$ 到它所属类的决策边界的(符号)距离大于或等于它到其他二分类决策边界的距离。这也是我们对所有训练数据点的理想要求。

从式(7.14)的右侧减去 $\mathring{\boldsymbol{x}}_p^{\mathrm{T}} \boldsymbol{w}_{y_p}$，我们就得到了一个非负的且在0处有最小值的候选点代价函数，定义为

$$g_p(\boldsymbol{w}_0, \cdots, \boldsymbol{w}_{C-1}) = \left(\max_{j=0,\cdots,C-1} \mathring{\boldsymbol{x}}_p^{\mathrm{T}} \boldsymbol{w}_j\right) - \mathring{\boldsymbol{x}}_p^{\mathrm{T}} \boldsymbol{w}_{y_p} \tag{7.15}$$

注意，如果权值 $\boldsymbol{w}_0,\cdots,\boldsymbol{w}_{C-1}$ 的设置是理想的，则 $g_p(\boldsymbol{w}_0,\cdots,\boldsymbol{w}_{C-1})$ 应在尽可能多的点上值为 0。考虑到这一点，我们就可以用式(7.15)中的逐点代价在整个数据集上的平均值构成一个代价函数：

184

$$g(\boldsymbol{w}_0,\cdots,\boldsymbol{w}_{C-1})=\frac{1}{P}\sum_{p=1}^{P}\left[\left(\max_{j=0,\cdots,C-1}\mathring{\boldsymbol{x}}_p^{\mathrm{T}}\boldsymbol{w}_j\right)-\mathring{\boldsymbol{x}}_p^{\mathrm{T}}\boldsymbol{w}_{y_p}\right] \tag{7.16}$$

下文中我们将这个代价函数称为多分类感知机代价函数，它提供了一种同时调整所有分类器权值的方法，以得到尽可能好地满足融合规则的权值。

7.3.2　最小化多分类感知机代价函数

与 6.4 节中讨论的二分类方法一样，不管采用什么数据集，多分类感知机代价函数总是凸函数(见本章习题)。它在 0 处也有一个平凡解。即，对于所有 $j=0,\cdots,C-1$ 来说，当 $\boldsymbol{w}_j=0$ 时，代价是最小的。若令用于最小化这个代价函数的任意局部优化方法从原点开始运行，则通常可以避免这种不期望的结果。还需注意，我们只能用零阶和一阶优化方法来最小化多分类感知机代价函数，因为它的二次导数为 0(无论在何处定义)。

例 7.3　最小化多分类感知机代价函数

在这个例子中，我们对图 7.1 中的小型多分类数据集上的多分类感知机代价函数(见式(7.16))进行最小化，优化方法采用标准的梯度下降过程(见 3.5 节)。

图 7.9 的左子图绘出了数据集、整个空间上的多分类情况以及每个 One-versus-All 决策边界(即对 $c=0$、1 和 2 来说，$\mathring{\boldsymbol{x}}^{\mathrm{T}}\boldsymbol{w}_c=0$)。右子图展示了通过融合规则将各 One-versus-All 边界组合起来形成的融合多分类决策边界。注意，在左子图中，由于我们没有以 One-versus-All 的方式训练每个二分类器，所以每个单独学到的二分类器在区分本类与其他数据时表现得很差。但这完全没有问题，因为它是这些线性分类器(通过融合规则)得到的融合，可以生成右子图中最后得到的多分类决策边界，该边界能实现完美的分类。

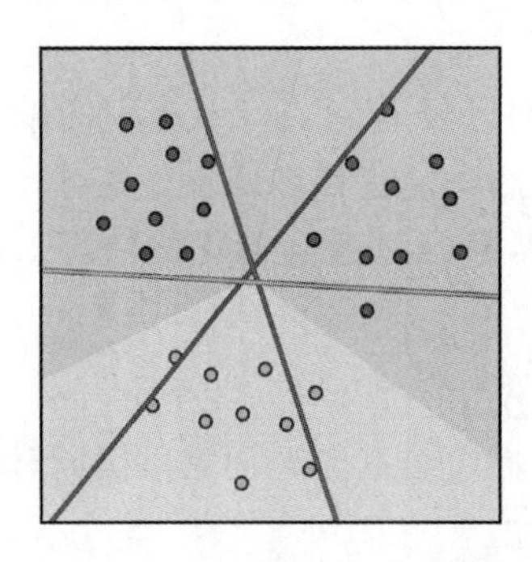
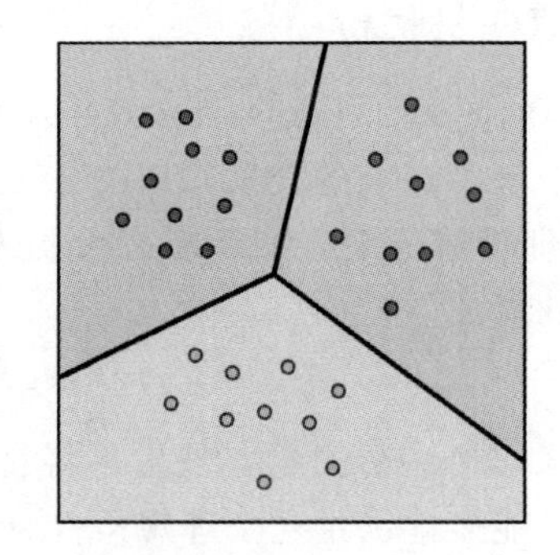

图 7.9　与例 7.3 对应的图(见彩插)

7.3.3　多分类感知机代价函数的替代公式

式(7.16)中的多分类感知机代价函数也可看作 6.4 节介绍的二分类代价函数的直接一般化。利用 max 函数的以下简单属性：

185

$$\max(s_0,s_1,\cdots,s_{C-1})-z=\max(s_0-z,s_1-z,\cdots,s_{C-1}-z) \tag{7.17}$$

其中 s_0，s_1，$\cdots$，s_{C-1} 和 z 是标量值，可将式(7.16)右侧的每个加数写成

$$\max_{j=0,\cdots,C-1}\mathring{\boldsymbol{x}}_p^{\mathrm{T}}(\boldsymbol{w}_j-\boldsymbol{w}_{y_p}) \tag{7.18}$$

注意，对于 $j=y_p$，有 $\mathring{\boldsymbol{x}}_p^{\mathrm{T}}(\boldsymbol{w}_j-\boldsymbol{w}_{y_p})=0$。这使得我们可将式(7.18)中的量等价地改

写为

$$\max_{\substack{j=0,\cdots,C-1\\ j\neq y_p}} (0, \mathring{\boldsymbol{x}}_p^{\mathrm{T}}(\boldsymbol{w}_j - \boldsymbol{w}_{y_p})) \tag{7.19}$$

这样就得到了整个多分类感知机代价函数：

$$g(\boldsymbol{w}_0, \cdots, \boldsymbol{w}_{C-1}) = \frac{1}{P}\sum_{p=1}^{P} \max_{\substack{j=0,\cdots,C-1\\ j\neq y_p}} (0, \mathring{\boldsymbol{x}}_p^{\mathrm{T}}(\boldsymbol{w}_j - \boldsymbol{w}_{y_p})) \tag{7.20}$$

在这种形式下，容易看出，当 $C=2$ 时，多分类感知机代价函数约简为 6.4 节中介绍的二分类形式。

7.3.4　多分类感知机的正则化问题

在推导融合规则和随后的多分类感知机代价函数时，我们假设每个二分类器的法向量具有单位长度，这样就可以平等地比较每个输入 $\boldsymbol{x}_p$ 到 One-versus-All 二分类决策边界的符号距离(见 7.2.4 节)。这意味着在最小化式(7.16)中的多分类感知机代价函数时，应该(至少在形式上)将所有这些法向量都设置为单位长度，即所谓的约束最小化问题。 186

$$\begin{aligned}&\underset{b_0,\omega_0,\cdots,b_{C-1},\omega_{C-1}}{\text{minimize}} \quad \frac{1}{P}\sum_{p=1}^{P}\left[\left(\max_{j=0,\cdots,C-1} b_j + \boldsymbol{x}_p^{\mathrm{T}}\boldsymbol{\omega}_c\right) - (b_{y_p} + \boldsymbol{x}_p^{\mathrm{T}}\boldsymbol{\omega}_{y_p})\right] \\ &\text{其中} \quad \|\boldsymbol{\omega}_j\|_2^2 = 1, \quad j = 0,\cdots,C-1\end{aligned} \tag{7.21}$$

在这里我们使用了偏置/特征相关权值符号，这让我们能分解每个权值向量 $\boldsymbol{w}_j$(见式(7.6))。

虽然这个问题可以在带约束形式下解决，但(在机器学习领域)更常见的做法是对这一问题进行松弛(就像在 6.4.6 节的二分类感知机和 6.5 节的支持向量机中看到的那样)，然后在正则化形式下对其求解。

虽然理论上可以为式(7.21)的 C 个约束中的每一个提供不同的惩罚(或正则化)参数，但为了简单起见，可以选择一个单一的正则化参数 $\lambda\geqslant 0$ 来同时对所有法向量的大小进行惩罚。这样就只需要一个正则化值，而无须给出 C 个不同的正则化参数，这样得到多分类感知机问题的正则化表述如下：

$$\underset{b_0,\omega_0,\cdots,b_{C-1},\omega_{C-1}}{\text{minimize}} \quad \frac{1}{P}\sum_{p=1}^{P}\left[\left(\max_{j=0,\cdots,C-1} b_j + \boldsymbol{x}_p^{\mathrm{T}}\boldsymbol{\omega}_j\right) - (b_{y_p} + \boldsymbol{x}_p^{\mathrm{T}}\boldsymbol{\omega}_{y_p})\right] + \lambda\sum_{j=0}^{C-1}\|\boldsymbol{\omega}_j\|_2^2 \tag{7.22}$$

因为将所有的正则化向量一起正则化并不一定能保证 $\|\boldsymbol{\omega}_j\|_2^2=1$(对所有 j)，这种正则化形式并不完全满足原始的带约束的公式。但是，它一般会迫使所有正则化向量的大小“表现良好”。例如，不允许一个法向量(幅度)任意变大，而另一个法向量则缩小到几乎为 0。正如在机器学习中经常看到的那样，只要在实践中效果良好，做出这样的妥协以换取能“足够接近”原始情形是很常见的。此处正是这样，λ 通常设置为一个较小的值(如 10^{-3} 或更小)。

7.3.5　多分类 Softmax 代价函数

与二分类感知机(见 6.4.3 节)一样，我们通常愿意牺牲少量的建模精度，构造一个与已有的代价函数非常匹配的平滑代价函数，使它更易于优化，或使得我们能扩展现有的优化工具。与二分类感知机代价函数一样，这里我们也可以采用 Softmax 函数来平滑多分类感知机代价函数。

将式(7.16)中多分类感知机代价函数的每个加数中的 max 函数替换为式(6.34)中的 187

Softmax 近似函数，得到以下代价函数：

$$g(\boldsymbol{w}_0,\cdots,\boldsymbol{w}_{C-1})=\frac{1}{P}\sum_{p=1}^{P}\left[\log\left(\sum_{j=0}^{C-1}\mathrm{e}^{\mathring{\boldsymbol{x}}_p^{\mathrm{T}}\boldsymbol{w}_j}\right)-\mathring{\boldsymbol{x}}_p^{\mathrm{T}}\boldsymbol{w}_{y_p}\right] \tag{7.23}$$

这称为多分类 Softmax 代价函数，原因如下：一是它是通过使用 Softmax 函数对多分类感知机代价函数进行平滑得到的，二是可证明它是由二分类 Softmax 函数（式(6.37)）直接一般化得到的多分类形式。式(7.23)中的多分类 Softmax 代价函数还有许多其他名称，包括多分类交叉熵代价函数、Softplus 代价函数和多分类逻辑代价函数。

7.3.6　最小化多分类 Softmax 代价函数

多分类 Softmax 代价函数不仅是凸的（见本章习题），而且它还有无限个平滑导数（这不同于多分类感知机代价函数），这使得我们（除了零阶和一阶方法外）还能够使用二阶方法来对其进行合适的最小化。还需注意，它在 0 点不再有平凡解，这与二分类 Softmax 代价函数消除二分类感知机代价函数的缺陷是相同的。

例 7.4　应用牛顿法最小化多分类 Softmax 代价函数

在图 7.10 中，我们展示了对图 7.7 中含 $C=4$ 个类的小型数据集应用牛顿法将多分类 Softmax 代价函数进行最小化的结果。

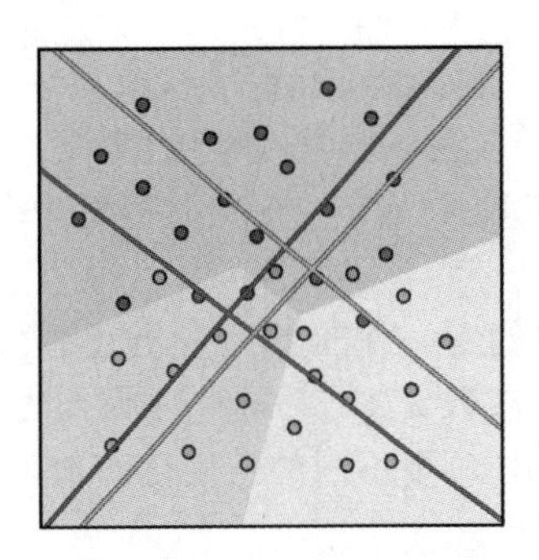
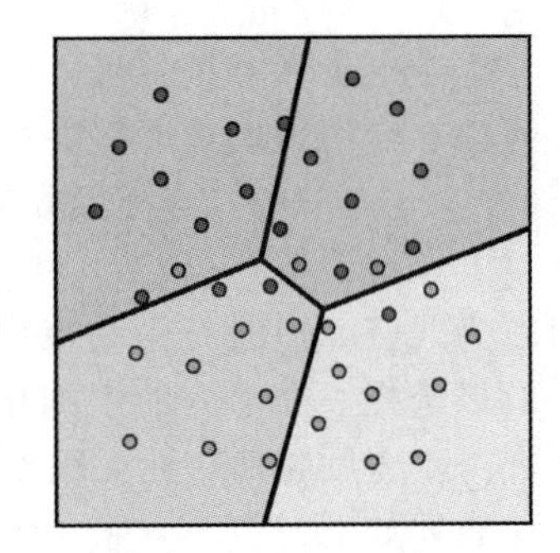

图 7.10　与例 7.4 对应的图（见彩插）

7.3.7　多分类 Softmax 代价函数的替代公式

将式(7.16)中给出的多分类感知机公式平滑化，用 Softmax 函数替换 max 函数，得到了一个等价但不同的多分类 Softmax 公式：

188

$$g(\boldsymbol{w}_0,\cdots,\boldsymbol{w}_{C-1})=\frac{1}{P}\sum_{p=1}^{P}\log\left(1+\sum_{\substack{j=0\\ j\neq y_p}}^{C-1}\mathrm{e}^{\mathring{\boldsymbol{x}}_p^{\mathrm{T}}(\boldsymbol{w}_j-\boldsymbol{w}_{y_p})}\right) \tag{7.24}$$

观察发现，这个公式与二分类 Softmax 代价函数很相似，而且当 $C=2$ 且 $y_p\in\{-1,+1\}$ 时，它确实可以归约为二分类 Softmax 代价函数。

这个代价函数也称为多分类交叉熵代价函数，因为它同样是 6.2 节中的二分类交叉熵代价函数的自然的一般化。为了证明确实如此，首先注意到可以利用 $\log(\mathrm{e}^s)=s$ 这一事实，将式(7.23)中的多分类 Softmax 代价函数的第 p 个加数重写为

$$\log\left(\sum_{j=0}^{C-1}\mathrm{e}^{\mathring{\boldsymbol{x}}_p^{\mathrm{T}}\boldsymbol{w}_j}\right)-\mathring{\boldsymbol{x}}_p^{\mathrm{T}}\boldsymbol{w}_{y_p}=\log\left(\sum_{j=0}^{C-1}\mathrm{e}^{\mathring{\boldsymbol{x}}_p^{\mathrm{T}}\boldsymbol{w}_c}\right)-\log\left(\mathrm{e}^{\mathring{\boldsymbol{x}}_p^{\mathrm{T}}\boldsymbol{w}_{y_p}}\right) \tag{7.25}$$

接下来，利用对数函数的性质 $\log(s)-\log(t)=\log(s/t)$，将式(7.25) 重写为

$$\log\left(\sum_{j=0}^{C-1} e^{\mathring{x}_p^T w_j}\right) - \log e^{\mathring{x}_p^T w_{y_p}} = \log\left(\frac{\sum_{j=0}^{C-1} e^{\mathring{x}_p^T w_j}}{e^{\mathring{x}_p^T w_{y_p}}}\right) \tag{7.26}$$

最后，由于 $\log(s)=-\log(1/s)$可以等价地表示为

$$\log\left(\frac{\sum_{j=0}^{C-1} e^{\mathring{x}_p^T w_j}}{e^{\mathring{x}_p^T w_{y_p}}}\right) = -\log\left(\frac{e^{\mathring{x}_p^T w_{y_p}}}{\sum_{j=0}^{C-1} e^{\mathring{x}_p^T w_j}}\right) \tag{7.27}$$

总之，我们能将式(7.23)中的多分类 Softmax 代价函数等价地表示为

$$g(w_0,\cdots,w_{C-1}) = -\frac{1}{P}\sum_{p=1}^{P}\log\left(\frac{e^{\mathring{x}_p^T w_{y_p}}}{\sum_{j=0}^{C-1} e^{\mathring{x}_p^T w_j}}\right) \tag{7.28}$$

从形式上看，这个公式与式(6.12)中的二分类交叉熵代价函数非常相似。确实，当 $C=2$ 且 $y_p\in\{0,1\}$时，能以一种相当直接的方式归约为二分类交叉熵代价函数。

7.3.8 正则化与多分类 Softmax 代价函数

与多分类感知机代价函数一样(见 7.3.4 节)，通常将多分类 Softmax 代价函数按以下方式正则化：

189

$$\frac{1}{P}\sum_{p=1}^{P}\left[\log\left(\sum_{j=0}^{C-1} e^{b_j+x_p^T\omega_j}\right) - (b_{y_p} + x_p^T\omega_{y_p})\right] + \lambda\sum_{j=0}^{C-1}\|\omega_j\|_2^2 \tag{7.29}$$

其中，我们再次使用了偏置/特征相关权值符号，这让我们能分解每个权值向量 w_c(见式(7.6))。正则化还可以帮助防止像牛顿法这样(执行较大步骤)的局部优化方法在处理完全可分离数据时出现发散(见 6.4 节)。

7.3.9 Python 实现

为了实现本节中介绍的任何一种代价函数，首先需要使用 5.6 节中介绍的矩阵符号来重新表示模型。也就是说，我们先将 C 个分类器的权值堆叠在一起，形成一个如下形式的 $(N+1)\times C$ 数组：

$$W = \begin{bmatrix} w_{0,0} & w_{0,1} & w_{0,2} & \cdots & w_{0,C-1} \\ w_{1,0} & w_{1,1} & w_{1,2} & \cdots & w_{1,C-1} \\ w_{2,0} & w_{2,1} & w_{2,2} & \cdots & w_{2,C-1} \\ \vdots & \vdots & \vdots & \cdots & \vdots \\ w_{N,0} & w_{N,1} & w_{N,2} & \cdots & w_{N,C-1} \end{bmatrix} \tag{7.30}$$

这里第 c 个分类器的偏置和法向量已经被堆叠在一起构成数组的第 c 列。同样，我们扩展 `model` 符号，将 C 个单独的线性模型的值也统一表示为

$$\text{model}(x,W) = \mathring{x}^T W = [\mathring{x}^T w_0 \quad \mathring{x}^T w_1 \quad \cdots \quad \mathring{x}^T w_{C-1}] \tag{7.31}$$

这正是 5.6.3 节中用于实现多输出回归的线性模型，我们再给出它的实现：

```
1  # compute C linear combinations of input point, one per classifier
2  def model(x,w):
3      a = w[0] + np.dot(x.T,w[1:])
4      return a.T
```

使用 `model` 符号，我们可以更方便地实现任何由融合规则得到的公式(如多分类感知机)。例如，我们可将式(7.12)中的融合规则写作

190

$$y = \operatorname{argmax}[\text{model}(\boldsymbol{x},\boldsymbol{W})] \tag{7.32}$$

同样，将多分类感知机代价函数的第 p 个加数写成以下紧凑形式：

$$\left(\max_{c=0,\cdots,C-1} \mathring{\boldsymbol{x}}_p^{\mathrm{T}}\boldsymbol{w}_c\right) - \mathring{\boldsymbol{x}}_p^{\mathrm{T}}\boldsymbol{w}_{y_p}. = \max[\text{model}(\boldsymbol{x}_p,\boldsymbol{W})] - \text{model}(\boldsymbol{x}_p,\boldsymbol{W})_{y_p} \tag{7.33}$$

这里的 $\text{model}(\boldsymbol{x}_p,\boldsymbol{W})_{y_p}$ 指的是 $\text{model}(\boldsymbol{x}_p,\boldsymbol{W})$ 的第 y_p 个元素。

当使用矩阵向量 NumPy 操作编写 `for` 循环(或等价的 `list comprehensions`)时，Python 代码的运行速度通常会快很多(从 5.2.4 节的线性回归开始，这一直是我们在用 Python 实现时不变的想法)。

下面我们介绍式(7.16)中的多分类感知机代价函数的一个实现，它采用了上面给出的 `model` 函数。注意，`np.linalg.fro` 表示弗罗贝尼乌斯(Frobenius)矩阵范数(见 C.5.3 节)。

我们可以用完全类似的方式实现式(7.23)中的多分类 Softmax 代价函数。

```
# multiclass perceptron
lam = 10**-5  # our regularization parameter
def multiclass_perceptron(w):
    # pre-compute predictions on all points
    all_evals = model(x,w)

    # compute maximum across data points
    a = np.max(all_evals,axis = 0)

    # compute cost in compact form using numpy broadcasting
    b = all_evals[y.astype(int).flatten(),np.arange(np.size(y))]
    cost = np.sum(a - b)

    # add regularizer
    cost = cost + lam*np.linalg.norm(w[1:,:],'fro')**2

    # return average
    return cost/float(np.size(y))
```

最后应注意，由于本节中描述的多分类问题的任何一种代价都需要一个参数矩阵，当使用 autograd 作为优化过程的一部分时，首先将所选择的代价函数进行平滑(见 B.10.3 节)然后再最小化会很方便。这样做可以避免在局部优化过程中显式地循环处理权值，从而能直接使用一些基本的 Python 实现，例如梯度下降法（见 3.5.4 节）和牛顿法（见 4.3.6 节)，而无须做任何修改。

191

7.4 哪种方法能产生最好的结果

在前两节中，我们介绍了两种线性多分类的基本方法：One-versus-All 方法和多分类感知机/Softmax。这两种方法在实践中都很常用，且经常产生类似的结果(取决于数据集情况，如[25,26])。然而，后一种方法(至少在原则上)能够在更广泛的数据集上达到更高的准确率。这是因为在 OvA 中，需要解决一连串的 C 个二分类子问题(每个类一个)，并独立地调整每个分类器的权值。只有完成这两个步骤之后，才能将所有的分类器组合在一起得到融合规则。因此，我们学习的权值间接地满足融合规则。另一方面，利用多分类感知机或 Softmax 代价函数最小化，同时调整所有 C 个分类器的所有参数，以直接满足训练数据集上的融合规则。这种联合最小化允许在调整权值时二分类器的权值调优过程中发生有价值的交互，这在 OvA 方法中是不会发生的。

例 7.5　比较 OvA 和多分类感知机

我们使用一个含 $C=5$ 个类的小型数据集来说明多分类感知机方法相对于 OvA 方法的主要优势。如图 7.11 左子图所示，其中颜色为红、蓝、绿、黄、紫的点的标签值 y_p 分别为 0、1、2、3、4。

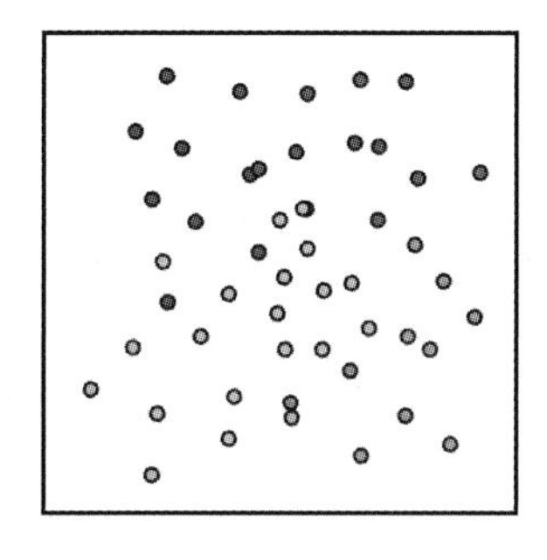 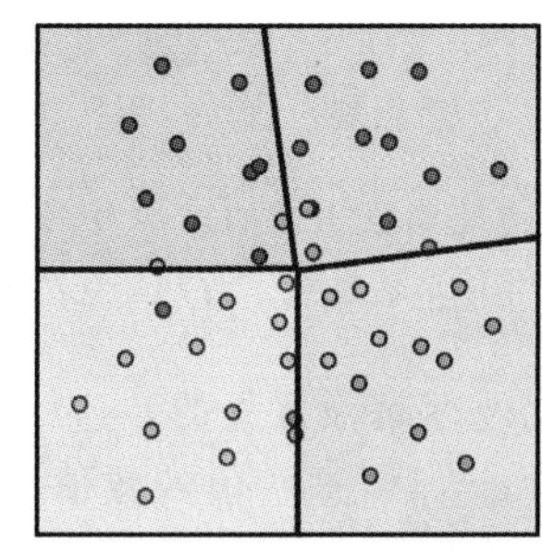 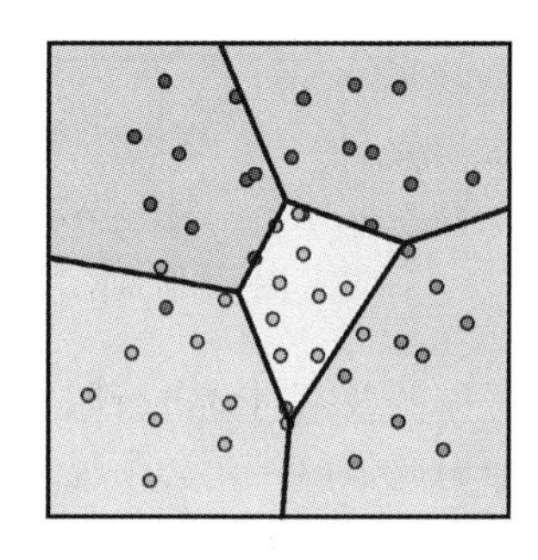

图 7.11　与例 7.5 对应的图。详细内容参见正文(见彩插)

考虑一下 OvA 方法会如何处理集中在数据集中间的黄颜色类？特别是区分这个类的成员和所有其他数据这一子问题会如何解决？由于这类数据被其他类的成员所包围，而黄色类的成员比所有其他类的成员总数要少，所以这个子问题的最优线性分类规则是将所有的点都划分为非黄色类(即对整个黄色类进行了误分类)。这意味着线性决策边界将位于图中所示点的范围之外，训练集中的所有点都位于其负侧。由于与黄颜色类相关联的决策边界的权值仅仅是基于这个子问题进行调整的，这将导致整个黄颜色类在融合规则生成的最终 OvA 模型中被误分类，如图 7.11 中间子图所示。

192

另一方面，如果我们采用多分类感知机或 Softmax 方法，就不会漏掉这个类，因为全部 $C=5$ 个二分类器都是同时学习的，最终得到的融合决策边界远远优于 OvA 提供的边界，如图 7.11 右子图所示。误分类的点要少得多，尤其是不会误分类整个黄颜色类数据。

7.5　分类交叉熵代价函数

在前面各节中，我们默认采用数值标签 $y_p \in \{0,1,\cdots,C-1\}$。然而，与二分类情形一样(见 6.7 节)，多分类问题也可选择任意的标签值。无论我们如何定义标签值，最终还是会得到与 7.3 节中的方案完全相同的多分类方案，以及类似多分类 Softmax 这样的代价函数。

本节中我们将介绍如何使用无内在数值顺序的类别标签来完成多分类任务。这需要引入离散概率分布和分类交叉熵代价函数的概念，(我们将看到)它完全等同于 7.3 节中的多分类 Softmax/交叉熵代价函数。

7.5.1　离散概率分布

假设你对 10 个朋友或同事进行了一次调查，询问他们是否拥有一只宠物猫或狗。从这组人中你了解到，有三个人既不养猫也不养狗，一个人养猫，六个人养狗。从这个调查回答中建立一个对应的数据向量 $\mathbf{s}=[3,1,6]$，$\mathbf{s}$ 可以直观地表示为一个直方图，其中每个元素的值表示为图中的一个竖直条柱，其高度与各自的值成正比。这个特殊向量的直方图如图 7.12 的左子图所示。

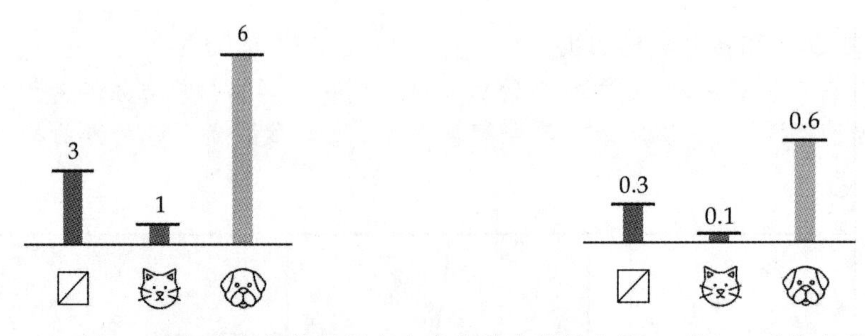

图 7.12　(左子图)一个饲养宠物情况调查生成的样本数据向量 $\boldsymbol{s}=[3,1,6]$ 的直方图表示。(右子图)将向量除以其所有元素之和进行归一化处理，即可视为一个离散概率分布

对这样的数据向量进行归一化处理是很常见的，这样它们就可以被解释为一个离散概率分布。为此，归一化必须保证：(i)保留这些值的数值顺序(从最小到最大)；(ii)这些值都是非负的；(iii)这些值的和正好为 1。对于一个所有元素非负的向量，只需要将其除以所有元素的和即能满足以上要求。对于这里使用的简单向量 $\boldsymbol{s}=[3,1,6]$，由于它的(非负)值的和为 $3+1+6=10$，这就需要将 $\boldsymbol{s}$ 的所有元素除 10：

193

$$\boldsymbol{s}=[0.3,0.1,0.6] \tag{7.34}$$

这个归一化直方图(有时也称为概率质量函数)如图 7.12 的右子图所示。

7.5.2　指数归一化

通常，上述归一化可以应用于任何长度为 C 且可能含有负元素的向量 $\boldsymbol{s}=[s_0,s_1,\cdots,s_{C-1}]$。对 $\boldsymbol{s}$ 中的每个元素取指数，得到

$$[\mathrm{e}^{s_0},\mathrm{e}^{s_1},\cdots,\mathrm{e}^{s_{C-1}}] \tag{7.35}$$

其中所有的元素都保证是非负的。注意，取指数后仍保持了 $\boldsymbol{s}$ 中数值从小到大的顺序[1]。如果我们现在将取指数后的 $\boldsymbol{s}$ 的每个元素除以其所有元素的和，得到

$$\sigma(\mathbf{s})=\left[\frac{\mathrm{e}^{s_0}}{\sum_{c=0}^{C-1}\mathrm{e}^{s_c}},\frac{\mathrm{e}^{s_1}}{\sum_{c=0}^{C-1}\mathrm{e}^{s_c}},\cdots,\frac{\mathrm{e}^{s_{C-1}}}{\sum_{c=0}^{C-1}\mathrm{e}^{s_c}}\right] \tag{7.36}$$

我们不仅保持了前述两个性质(即非负性和数值顺序结构)，而且还满足第三条关于有效离散概率分布的性质：所有元素的和为 1。

式(7.36)中定义的函数 $\sigma(—)$ 称为归一化指数函数[2]。它经常被用于将一个任意向量 $\boldsymbol{s}$(可能包含负元素和正元素)解释为离散概率分布(见图 7.13)，也可认为它是 6.2.3 节介绍的 sigmoid 函数的一般化。

7.5.3　指数归一化符号距离

在前两节中，我们依靠点 $\boldsymbol{x}'$ 到 C 个决策边界(或没有归一化特征相关权值时与之非常接近的某处)的符号距离来合适地确定点 $\boldsymbol{x}$ 的类别归属。这直接在融合规则中得以体现(见式(7.12))。

---

[1] 这是由于指数函数 $\mathrm{e}^{(\cdot)}$ 总是单调递增的。

[2] 在神经网络中这个函数有时称为 Softmax 激励函数。这一命名惯例是令人遗憾的，因为归一化指数函数并不像 7.2.5 节中命名的 Softmax 函数一样是 max 函数的 soft 版本，注意不要混为一谈。尽管归一化指数函数能保持输入的最大元素，但仍然不是 argmax 函数的 soft 版本(无论是否有时被错误地认为是这样)。

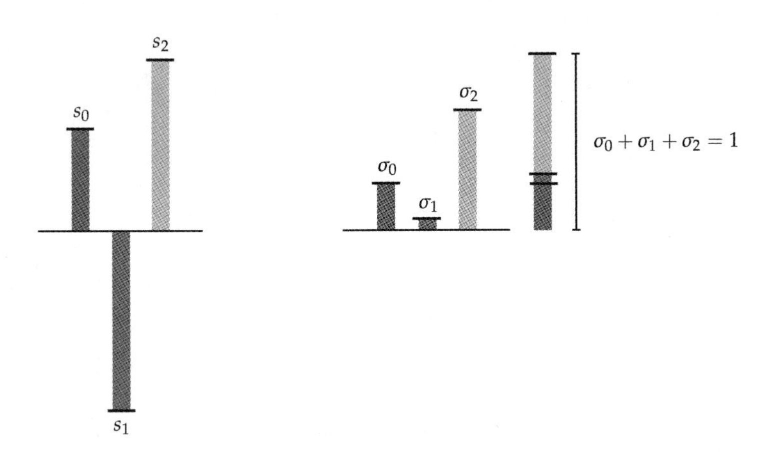

图 7.13　(左子图)长度为 $C=3$ 的向量的直方图表示。(右子图)按照式(7.36)的定义，取这个向量的归一化指数，得到一个新的向量，它的所有元素都是非负的，仍然保持数值顺序，并且元素总和为 1

给定全部 C 个二分类器的权值的一个设置，$\boldsymbol{x}$ 对所有决策边界的值会生成 C 个符号距离度量值：

$$\boldsymbol{s}=\left[\mathring{\boldsymbol{x}}^{\mathrm{T}}\boldsymbol{w}_0 \quad \mathring{\boldsymbol{x}}^{\mathrm{T}}\boldsymbol{w}_1 \quad \cdots \quad \mathring{\boldsymbol{x}}^{\mathrm{T}}\boldsymbol{w}_{C-1}\right] \tag{7.37}$$

我们可将其看作一个直方图。

如前所述，因为归一化指数函数保持了数值顺序，我们同样可以考虑由指数归一化的符号距离来确定合适的类别归属。用 $\sigma(\cdot)$ 表示归一化指数，符号距离的通用直方图变成如下形式：

$$\sigma(\boldsymbol{s})=\left[\frac{\mathrm{e}^{\mathring{\boldsymbol{x}}^{\mathrm{T}}\boldsymbol{w}_0}}{\sum_{c=0}^{C-1}\mathrm{e}^{\mathring{\boldsymbol{x}}^{\mathrm{T}}\boldsymbol{w}_c}} \quad \frac{\mathrm{e}^{\mathring{\boldsymbol{x}}^{\mathrm{T}}\boldsymbol{w}_1}}{\sum_{c=0}^{C-1}\mathrm{e}^{\mathring{\boldsymbol{x}}^{\mathrm{T}}\boldsymbol{w}_c}} \quad \cdots \quad \frac{\mathrm{e}^{\mathring{\boldsymbol{x}}^{\mathrm{T}}\boldsymbol{w}_{C-1}}}{\sum_{c=0}^{C-1}\mathrm{e}^{\mathring{\boldsymbol{x}}^{\mathrm{T}}\boldsymbol{w}_c}}\right] \tag{7.38}$$

符号距离度量的直方图的变换也提供了一种以概率方式考虑类别归属的方法。例如，对某个特定点 $\boldsymbol{x}_p$ 的权值集的一个特定设置：

$$\sigma(\boldsymbol{s})=[0.1,0.7,0.2] \tag{7.39}$$

虽然我们仍然会根据融合规则指派一个标签(见式(7.12))——这里指派标签 $y_p=1$，因为这个向量的第二个元素 0.7 是最大的——我们还可以添加一个置信度说明“$y_p=1$ 的概率为 70%”。

例 7.6　符号距离作为概率分布

在图 7.14 中，我们使用含 $C=3$ 个类的数据集(见图 7.1)，并将符号距离向量中的几个点和它们的归一化指数版本以直方图表示(分别见左子图及右子图)。注意左子图的原始直方图中最大的正元素是如何在右子图的归一化直方图中得以保持的。

7.5.4　分类和分类交叉熵代价函数

假设从一个具有 N 维输入的多分类数据集 $\{(\boldsymbol{x}_p,y_p)\}_{p=1}^{P}$ 开始，用形如

$$\begin{aligned} y_p=0 &\leftarrow \boldsymbol{y}_p=[1,0,\cdots,0,0] \\ y_p=1 &\leftarrow \boldsymbol{y}_p=[0,1,\cdots,0,0] \\ &\vdots \\ y_p=C-1 &\leftarrow \boldsymbol{y}_p=[0,0,\cdots,0,1] \end{aligned} \tag{7.40}$$

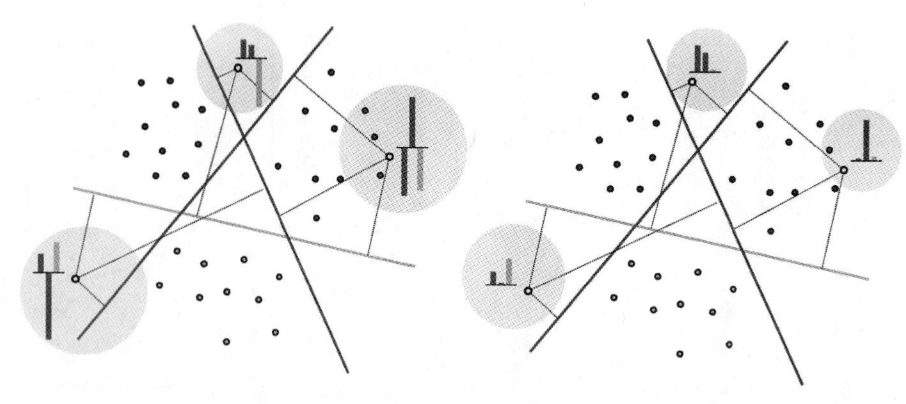

194～196

图 7.14　(左子图)含 $C=3$ 个类的数据集中三个示例点的符号距离度量的直方图表示。(右子图)指数归一化的符号距离度量的直方图表示(见彩插)

的 one-hot 编码向量对数值标签 $y_p \in \{0,1,\cdots,C-1\}$ 进行转换，这里每个 one-hot 编码的类别标签是一个长度为 C 的向量，其中除了索引值等于 y_p 的元素为 1 外，其他元素都为 0(注意，向量中第一个元素的索引为 0，最后一个为 $C-1$)。

每个向量表示都唯一地标识了它对应的标签值，但现在标签值不再是有序的数值，数据集现在形如$\{(\boldsymbol{x}_p,\boldsymbol{y}_p)\}_{p=1}^{P}$，其中 $\boldsymbol{y}_p$ 是如上定义的 one-hot 编码标签。但是，我们的目标仍然不变：合适地调整 C 个 One-versus-All 二分类器的权值，以学习到训练数据集的 N 维输入和 C 维输出之间的最佳对应关系。

由于输出是向量值而不是标量值，因此我们可以将多分类问题表述为多输出回归的一个实例(见 5.6 节)。换句话说，用 $\boldsymbol{W}$ 表示所有 C 个分类器的$(N+1\times C)$权值矩阵(见 7.3.9 节)，我们可以着眼于调整 $\boldsymbol{W}$，使近似线性关系对所有的点都成立：

$$\mathring{\boldsymbol{x}}_p^{\mathrm{T}}\boldsymbol{W} \approx \boldsymbol{y}_p \tag{7.41}$$

但是，由于现在输出 $\boldsymbol{y}_p$ 并不是由连续的值组成的，而是由 one-hot 编码向量组成的，所以线性关系根本不能很好地表示这种向量。对给定的 p，其左边的元素可以是非负数、小于 0 或大于 1，等等。然而，对线性模型进行指数归一化变换时强制其所有元素是非负的且它们的和正好为 1，这使得我们可以合理地调整 $\boldsymbol{W}$，使得

$$\sigma(\mathring{\boldsymbol{x}}_p^{\mathrm{T}}\boldsymbol{W}) \approx \boldsymbol{y}_p \tag{7.42}$$

在训练数据集上尽可能严密地成立(其中 $\sigma(\cdot)$ 为归一化指数)。将 $\sigma(\mathring{\boldsymbol{x}}^{\mathrm{T}}\boldsymbol{W})$ 解释为一个离散概率分布，也就是说要调整模型的权值，使这个分布完全集中在索引 y_p 处，即，one-hot 编码输出 $\boldsymbol{y}_p$ 的唯一非零元素。

197

为了学习到合适的权值，我们可以采用如最小二乘法(见第 5.2 节)这类标准的逐点回归代价函数：

$$g_p(\boldsymbol{W}) = \left\| \sigma(\mathring{\boldsymbol{x}}_p^{\mathrm{T}}\boldsymbol{W}) - \boldsymbol{y}_p \right\|_2^2 \tag{7.43}$$

然而，正如在 6.2 节中讨论的那样，在处理二元输出时，更合适的逐点代价函数是对数误差，因为在这种情况下，它对小于 1 的误差惩罚值更大。这里 $\sigma(\mathring{\boldsymbol{x}}^{\mathrm{T}}\boldsymbol{W})$ 和 $\boldsymbol{y}_p$ 的对数误差可以写成

$$g_p(\boldsymbol{W}) = -\sum_{c=0}^{C} y_{p,c}\log\sigma(\mathring{\boldsymbol{x}}_p^{\mathrm{T}}\boldsymbol{W})_c \tag{7.44}$$

其中 $y_{p,c}$ 是 one-hot 编码标签 $\boldsymbol{y}_p$ 的第 c 个元素。注意，由于 $\boldsymbol{y}_p$ 是 one-hot 编码的向量，这个公式大大简化了，因此等式右边除一个加数外其余的都是 0。这正是点 $\boldsymbol{x}_p$ 的原始

整数标签 c，因此 $\boldsymbol{y}_p$ 的第 c 个指数等于 1，即 $y_{p,c}=1$。这意味着上式也简化为

$$g_p(\boldsymbol{W}) = -\log\sigma(\mathring{\boldsymbol{x}}_p^{\mathrm{T}}\boldsymbol{W})_{y_p} \tag{7.45}$$

从归一化指数的定义来看，这正是

$$g_p(\boldsymbol{W}) = -\log\left(\frac{\mathrm{e}^{\mathring{\boldsymbol{x}}_p^{\mathrm{T}}\boldsymbol{w}_{y_p}}}{\sum_{c=0}^{C-1}\mathrm{e}^{\mathring{\boldsymbol{x}}_p^{\mathrm{T}}\boldsymbol{w}_c}}\right) \tag{7.46}$$

如果再将上式对所有 P 个训练数据点取平均值，则得到一个代价函数：

$$g(\boldsymbol{W}) = -\frac{1}{P}\sum_{p=1}^{P}\log\left(\frac{\mathrm{e}^{\mathring{\boldsymbol{x}}_p^{\mathrm{T}}\boldsymbol{w}_{y_p}}}{\sum_{c=0}^{C-1}\mathrm{e}^{\mathring{\boldsymbol{x}}_p^{\mathrm{T}}\boldsymbol{w}_c}}\right) \tag{7.47}$$

这正是在 7.3.7 节中式(7.28)给出的标准多分类交叉熵/Softmax 代价函数的一种形式，其中使用了数值标签 $y_p\in\{0,1,\cdots,C-1\}$。

7.6　分类质量指标

本节中我们将介绍评价一个训练好的多分类模型质量的简单指标，以及如何使用一个模型进行预测。

198

7.6.1　利用训练好的模型进行预测

如果将第 c 个 One-versus-All 二分类器的最优权值集表示为 $\boldsymbol{w}_c^\star$ ——这是通过最小化 7.3 节中的多分类代价函数或通过执行 7.2 节中的 OvA 算法得到的——那么为了预测输入 $\boldsymbol{x}'$ 的标签 y'，我们使用融合规则得到

$$y' = \underset{c=0,\cdots,C-1}{\operatorname{argmax}}\ \boldsymbol{x}'^{\mathrm{T}}\boldsymbol{w}_c^\star \tag{7.48}$$

其中任何正好位于决策边界上的点，应该基于提供最大值的分类器的索引为该点随机指派一个标签。事实上，这组点构成了多分类决策边界——在图 7.15 的左子图中标识为黑色（对于一个含 $C=3$ 类的数据集）——图中的各区域已经着色，其颜色是由输入空间中

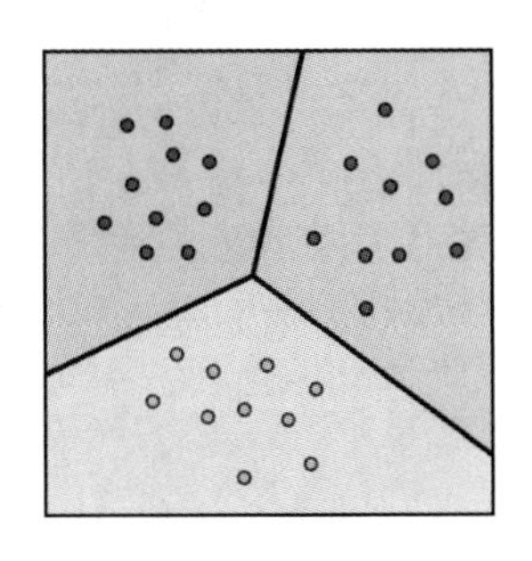

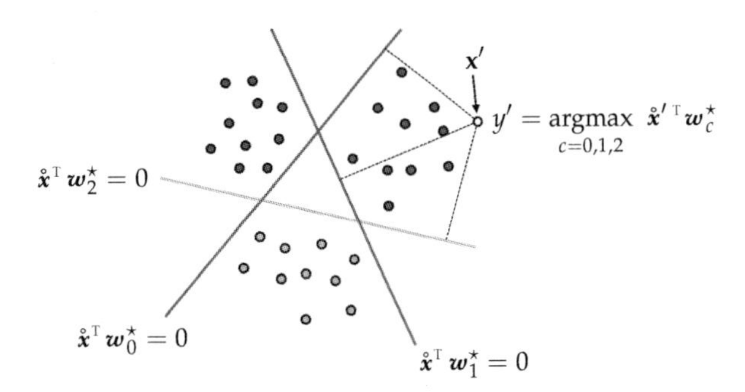

图 7.15　(左子图)一个含 $C=3$ 类的小数据集，多分类决策边界(标识为黑色，以及根据融合规则提供的预测着色的区域)。(右子图)同一数据集及每个 One-versus-All 决策边界(每个边界的颜色是由其对应的区别于其余数据的类确定的)，当使用融合规则进行组合时，这些决策边界生成了左子图所示的多分类决策边界。此处一个新点 $\boldsymbol{x}'$ 的标签 y'（右上角的中空小圆)是由融合规则确定的，它是该点到每个 One-versus-All 决策边界的最大距离(见彩插)

每个点在融合规则下的所得的预测标签确定的。该图中右子图显示了相同的数据集和各个One-versus-All边界(其中每个边界根据它确定的区别于数据其余部分的类进行了着色)，对于一个点 $\mathbf{x}'$，将其由融合规则求得的值描述为到每个One-versus-All边界的最大距离(这大致是融合规则计算所得的值，见7.2.4节)。

7.6.2　置信度评分

一旦学习到一个合适的决策边界，我们就可以根据一个点到决策边界的距离来描述对该点分类结果的置信度，所用方法与二分类数据的情形一样(见6.8.2节)。更具体地说，可以使用它的指数归一化距离来计算对于预测结果的置信度，如7.5.3节所述。

7.6.3　利用准确率评价训练模型的质量

为了统计一个训练好的多分类器在训练数据集上产生的误分类数量，我们只需对真实 199 标签 y_p 被错误预测的点 $\mathbf{x}_p$ 的数量进行统计。为了比较点 $\mathbf{x}_p'$ 的预测标签 $\hat{y}_p = \text{argmax}\ \mathbf{x}_p^{\mathrm{T}}\mathbf{w}_j^{\star}$ $(j=0,\cdots,C-1)$ 和真正的真实标签 y_p，可以使用一个识别函数 $\mathcal{I}(\cdot)$：

$$\mathcal{I}(\hat{y}_p, y_p) = \begin{cases} 0 & \hat{y}_p = y_p \\ 1 & \hat{y}_p \neq y_p \end{cases} \tag{7.49}$$

将上式对所有 P 点求和，就可得到训练模型的误分类总数：

$$\text{误分类数} = \sum_{p=1}^{P} \mathcal{I}(\hat{y}_p, y_p) \tag{7.50}$$

通过这个量我们还可以计算训练模型的准确率，表示为 $\mathcal{A}$。这只是标签被模型正确预测的数据点的归一化数量，定义为

$$\mathcal{A} = 1 - \frac{1}{P}\sum_{p=1}^{P} \mathcal{I}(\hat{y}_p, y_p) \tag{7.51}$$

准确率的取值范围从0(没有点被正确分类)到1(所有点被正确分类)。

例7.7　比较代价函数和计算代价值

在图7.16中，我们比较了在对图7.11中含 $C=5$ 类的数据集进行分类时，误分类数与多分类Softmax代价函数值的关系，最小化过程采用标准梯度下降法，三次运行的步长参数 $\alpha=10^{-2}$。

比较图7.16中的左右子图，我们发现，梯度下降法每一步骤上的误分类数和Softmax函数值并不能完美地相互匹配。也就是说，并不是因为代价函数值是递减的，误分类的数 200 量也在递减(这非常类似于二分类情况)。这是因为Softmax代价函数只是想要最小化的真实函数的近似，即误分类的数量。

这个简单的例子有一个极其实际的含义：虽然我们通过最小化一个合适的多分类代价来调整模型的权值，但最小化后，运行的最佳权值集与最低的误分类数(或者说最高的准确率)是相关联的，而与最低的代价函数值**无关**。

7.6.4　处理不平衡类的高级质量指标

我们介绍了在二分类情形下处理类严重不平衡问题的高级质量度量指标，包括平衡准确率(见6.8.4节)以及由混淆矩阵定义的进一步的度量指标(见6.8.5节)，它们可以直接扩展到处理多分类情形下以处理类不平衡问题。本章习题中将进一步讨论这些直接扩展。

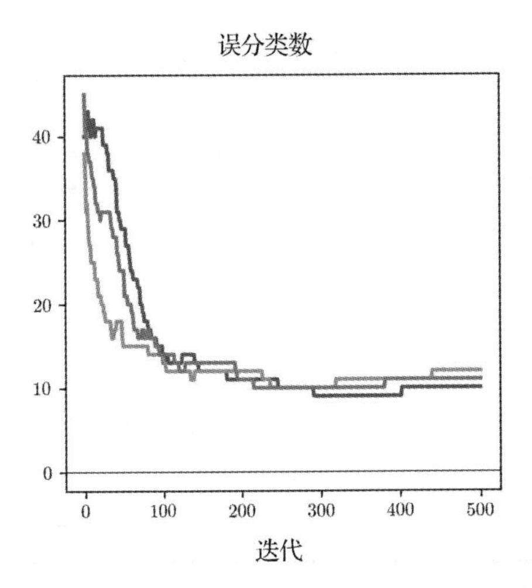

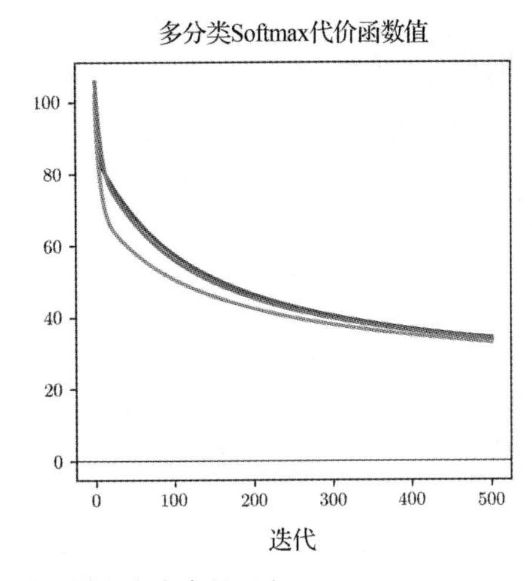

图 7.16　与例 7.7 对应的图。详细内容参见正文

例 7.8　一个小型数据集的混淆矩阵

在图 7.17 的左子图中，我们展示了在图 7.7 中的数据集上训练得到的一个完全调优的多分类分类器的分类结果。该分类器对应的混淆矩阵显示在右子图中。该矩阵的第(i,j)个元素是真实标签为 $y=i$ 而预测标签为$\hat{y}=j$ 的训练数据点的数量。

201

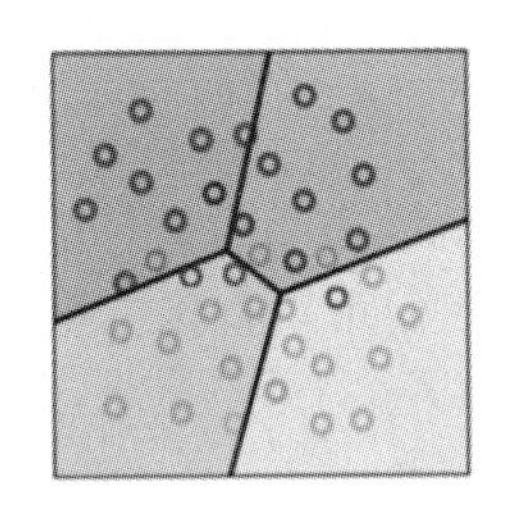

	红	蓝	绿	黄
红	8	1	1	0
蓝	1	7	1	1
绿	1	1	7	1
黄	0	1	1	8

图7.17　与例 7.8 对应的图。详细内容参见正文(见彩插)

例 7.9　鸢尾花(Iris)数据集

本例中我们探讨线性多分类问题在鸢尾花数据集上的应用，该数据集取自参考文献[27]。该数据集包含 $C=3$ 种类型的花(山鸢尾、变色鸢尾和维吉尼亚鸢尾)的一组 $P=150$ 个统计度量数据，每种类型的花各有 50 个数据点。每个输入数据点包含 $N=4$ 个特征，包括萼片长度和宽度，以及花瓣长度和宽度(单位均为厘米)。

通过最小化多分类 Softmax 代价函数，我们可以很容易地得到这个数据集几乎完美的分类结果，只有两个误分类，混淆矩阵如下。

		预测类别		
		山鸢尾	变色鸢尾	维吉尼亚鸢尾
实际类别	山鸢尾	50	0	0
	变色鸢尾	0	49	1
	维吉尼亚鸢尾	0	1	49

7.7 加权多分类问题

加权多分类问题产生的原因与6.9节中描述的二分类问题产生的原因相同，即作为一种包含数据点置信度概念和处理严重的类不平衡的方法。我们可以很容易地推导出多分类感知机/Softmax代价函数的加权形式，这些加权函数完全对应于之前介绍的二分类情形下的函数(见习题7.10)。

202

7.8 随机和小批量学习

在A.5节中，我们描述了标准梯度下降算法(见第3章)的一个简单扩展，称为小批量梯度下降算法。这种方法用于加速最小化以下包含 P 项之和的代价函数

$$g(\boldsymbol{w}) = \sum_{p=1}^{P} g_p(\boldsymbol{w}) \tag{7.52}$$

其中 $g_1\ g_2, \cdots, g_P$ 都是取相同参数的同类函数。

正如我们看到的，每个监督学习的代价函数看上去都是这样的——包括那些用于回归、二分类和多分类的函数。每一个 g_p 都是我们通常所说的逐点代价，它度量一个特定模型在数据集第 p 点上的误差。例如，对于5.2节中介绍的最小二乘代价，逐点代价形如 $g_p(\boldsymbol{w}) = (\mathring{\boldsymbol{x}}_p^{\mathrm{T}}\boldsymbol{w} - y_p)^2$；对于6.4.3节中的二分类Softmax代价函数，其形如 $g_p(\boldsymbol{w}) = -\log(\sigma(y_p \mathring{\boldsymbol{x}}_p^{\mathrm{T}}\boldsymbol{w}))$；对于7.3.5节中的多分类Softmax代价函数，其形如 $g_p(\boldsymbol{W}) = \left[\log\left(\sum_{c=0}^{C-1} \mathrm{e}^{\mathring{\boldsymbol{x}}_p^{\mathrm{T}}\boldsymbol{w}_c}\right) - \mathring{\boldsymbol{x}}_p^{\mathrm{T}}\boldsymbol{w}_{y_p}\right]$。更一般地说，我们后面将会看到(例如，在8.3节中描述的线性自动编码器)，每个机器学习代价函数都采用这种形式(因为它们总是在训练数据上分解)，其中 g_p 是数据集中第 p 点的代价。正因为如此，我们可以直接应用小批量优化来调整它们的参数。

小批量优化和在线学习

如A.5节所述，小批量思想的核心是依次最小化一个代价函数的加数，每次将一个加数作为一个小批次，而不是像标准的局部优化步骤那样，一次对整个加数的集合进行最小化。现在，由于机器学习代价函数的加数本质上与训练数据点相关，在机器学习语境中，我们也可以等价地从训练数据的小批量角度来考虑小批量优化。因此，与标准的(也叫完全批量)局部优化方法中执行每个步骤时同时遍历整组训练数据的做法不同，小批量方法让我们执行更小的步骤依次遍历训练数据(对数据的一次完整遍历称为一个世代(epoch))。图7.18给出了小批量优化的机器学习解释的示意图。

与常规的代价函数一样，小批量学习通常能极大加速机器学习代价函数的最小化过程(以及对应开始的学习)——它最常与梯度下降法(见3.5节)或其某个高级版本(见A.4节)搭配使用。在处理非常大的数据集时(P 很大时)尤其如此(例如，见参考文献[21, 28])。对于非常大的数据集，小批量处理方法还有助于限制用于存储数据的活动内存的总量，这是通过在一个小批量的每个步骤中只加载当前小批次中的数据实现的。小批量方法也可作为(或解释为)一种所谓的在线学习技术，其中的数据实际上是以小批量生成的，并直接用于更新相关模型的参数。

203

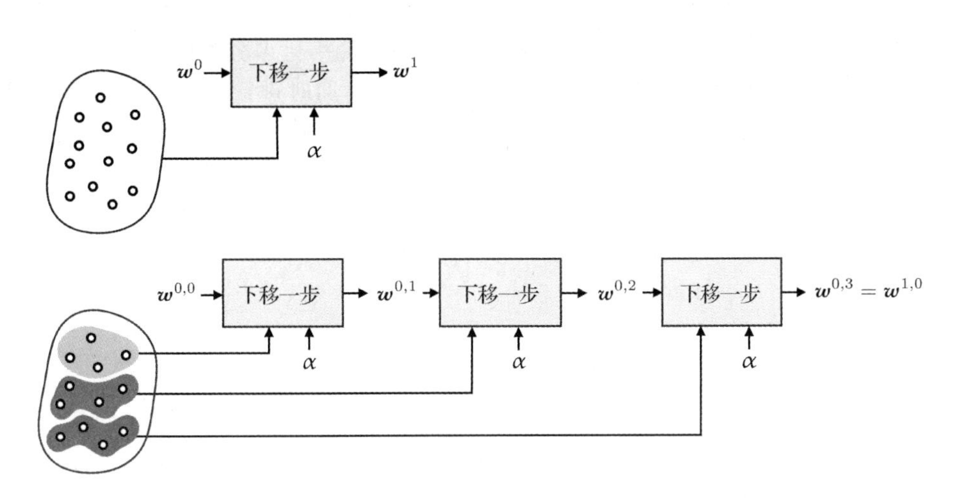

图 7.18 从机器学习的视角，(为简单起见)使用一个小型数据集，完全批量梯度下降法(顶部子图)和随机梯度下降法(底部子图)的第一次迭代过程的比较示意图。在完全批量遍历中，我们同时对所有点执行一个步骤，而在(底部子图)小批量方法中，我们依次遍历这些点，就像我们以一种在线方式接收数据一样

例 7.10 识别手写数字

在本例中，我们通过多分类进行手写数字识别(见例 1.10)。在图 7.19 中，使用多分类 Softmax 代价函数和 $P=50\ 000$ 个从 MNIST 数据集[29]中随机选取的训练点，说明了小批量梯度下降法比标准梯度下降法收敛得更快。MNIST 是一个包含类似图 1.13 所示的手写图像的常用数据集。特别地，我们展示了两种方法的前 10 个步骤/世代的比较，对于小批量梯度下降法，一个批次大小为 200，并且两种方法运行时都使用相同的步长。可以看到，小批量梯度下降法的运行极大地加速了代价函数(左子图)和误分类数量(右子图)的最小化。

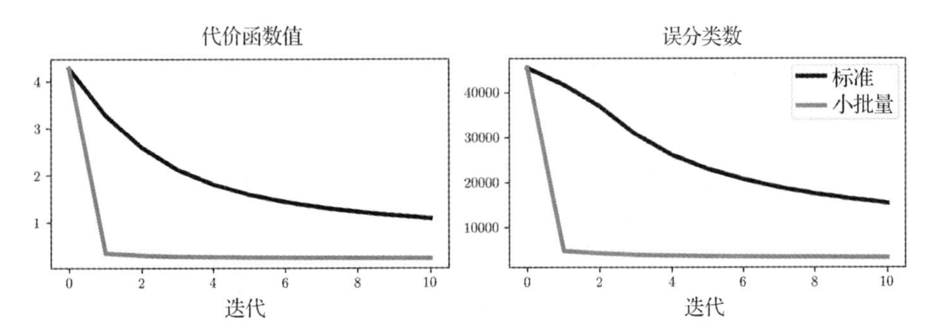

图 7.19 与例 7.10 对应的图。在 MNIST 训练数据集上运行标准梯度下降法(上面的线)和小批量梯度下降法(下面的线)时，代价函数值(左子图)和误分类数(右子图)的比较。在这两个度量标准下，小批量梯度下降法的速度都明显快于标准梯度下降法

7.9 小结

在本章中，我们从二分类到多分类线性分类问题，详细介绍了一系列与前一章内容对应的视角。

7.2 节介绍了 One-versus-All(OvA)方法，它涉及将多个 One-versus-All 二分类器的

结果进行智能组合。在7.3节中，我们看到了如何通过最小化多分类感知机代价函数或交叉熵/Softmax代价函数来同时训练这组二分类器。这种同时进行的方法(至少在原则上)与OvA相比可以提供更优的性能，但在实践中，这两种方法往往会得到类似的结果(详见7.4节)。接下来，在7.5节中我们通过详细说明最随意的类别标签设置，讨论了对类别标签选择的随意性。然后，在7.6节中详细介绍了多分类质量度量指标(它们是6.8节中介绍的二分类问题的指标的自然扩展)。最后，在A.5节内容的基础上，我们在7.8节中介绍了机器学习语境下的小批量优化方法。

7.10 习题

完成以下习题所需的数据可以从本书的GitHub资源库下载，链接为github.com/jermwatt/machine_learning_refined。

习题7.1 One-versus-All分类法伪代码

205

编写7.2节中描述的One-versus-All算法的伪代码。

习题7.2 One-versus-All分类法

重复例7.1中的实验。你不需要重新绘制图7.7。但是，你应该确保训练所得模型在误分类数量方面与该图中显示的结果基本相同(误分类数不超过10)。

习题7.3 多分类感知机代价函数

重复例7.3中的实验。你不需要重新绘制图7.9。但是，你应该确保训练所得模型的误分类数为0。你可以使用7.3.9节中的多分类感知机代价函数的Python实现。

习题7.4 多分类和二分类感知机代价函数

完成7.3.3节的论证，证明式(7.16)中的多分类感知机代价函数可归约为式(6.33)中的二分类感知机代价函数。

习题7.5 多分类Softmax代价函数

使用任一局部优化方法重复例7.4中的实验。你不需要重新绘制图7.10。但是，你应该确保训练所得的模型达到较少的误分类数(10个或以下)。你可以使用7.3.9节中的Python实现作为实现多分类Softmax代价函数的基础。

习题7.6 当$C=2$时，多分类Softmax代价函数归约为二分类Softmax代价函数

完成7.3.7节中的论证，证明式(7.23)中的多分类Softmax代价函数可以归约为式(6.34)中的二分类Softmax代价函数。

习题7.7 多分类Softmax代价函数的手工计算

证明多分类Softmax代价函数的Hessian矩阵可以分块计算，对于$s\neq c$，有

$$\nabla_{\boldsymbol{w}_c \boldsymbol{w}_s}^2 g=-\sum_{p=1}^{P} \frac{\mathrm{e}^{\boldsymbol{x}_p^{\mathrm{T}} \boldsymbol{w}_c+\boldsymbol{x}_p^{\mathrm{T}} \boldsymbol{w}_s}}{\left(\sum_{d=1}^{C} \mathrm{e}^{\boldsymbol{x}_p^{\mathrm{T}} \boldsymbol{w}_d}\right)^2} \boldsymbol{x}_p \boldsymbol{x}_p^{\mathrm{T}} \tag{7.53}$$

206

对于$s=c$，有

$$\nabla_{\boldsymbol{w}_c \boldsymbol{w}_c}^2 g=-\sum_{p=1}^{P} \frac{\mathrm{e}^{\boldsymbol{x}_p^{\mathrm{T}} \boldsymbol{w}_c}}{\sum_{d=1}^{C} \mathrm{e}^{\boldsymbol{x}_p^{\mathrm{T}} \boldsymbol{w}_d}}\left(1-\frac{\mathrm{e}^{\boldsymbol{x}_p^{\mathrm{T}} \boldsymbol{w}_c}}{\sum_{d=1}^{C} \mathrm{e}^{\boldsymbol{x}_p^{\mathrm{T}} \boldsymbol{w}_d}}\right) \boldsymbol{x}_p \boldsymbol{x}_p^{\mathrm{T}} \tag{7.54}$$

习题 7.8　多分类感知机代价函数和 Softmax 代价函数都是凸函数

证明多分类感知机代价函数和 Softmax 代价函数总是凸函数(不管使用什么样的数据集)。要完成证明，你可能要使用凹凸性的零阶定义(见习题 5.8)。

习题 7.9　多分类情形下的平衡准确率

将在二分类情形下介绍的平衡准确率概念(见 6.8.4 节)扩展到多分类情形中。特别要在多分类情形下给出一个类似于二分类情形下式(6.79)中的平衡准确率方程。

习题 7.10　加权多分类 Softmax 代价函数

式(6.83)给出了二分类 Softmax 代价函数的一般加权形式。类似的加权多分类 Softmax 代价函数是怎样的呢？如果我们将代价函数的权值设置为处理类不平衡问题(如 6.9.3 节中对二分类情形的处理一样)应该如何设置权值？

习题 7.11　识别手写数字

重复例 7.10 中的实验，实现小批量梯度下降方法。基于你的实现、算法的初始化等因素可能影响你不能得到与图 7.19 完全相同的结果。但是，你应该能够重现一般的结果。 207

线性无监督学习

8.1 引言

在本章中，我们将讨论 1.3 节中简述的无监督学习的几种有用技术，这些技术旨在通过智能地减少输入特征或数据点的数量来减少给定数据集的维度。这些技术可以用作监督学习的预处理步骤，使它们可扩展应用到更大的数据集，或者用于人工参与的数据分析。本章从回顾向量代数的生成集这一概念开始，然后详细介绍线性自动编码器(基本的特征降维工具)，并讨论与主成分分析高度相关的主题。接着介绍 K-均值聚类算法、推荐系统，最后讨论一般矩阵分解问题。

8.2 固定的生成集、正交和投影

本节回顾线性代数的基本概念，这些概念对于理解无监督学习技术至关重要。有兴趣的读者需要了解基本向量和矩阵运算相关内容，这对理解此处介绍的概念至关重要，可在 C.2 和 C.3 节中找到对此主题的介绍。

8.2.1 符号

如前所见，与有监督的回归和分类任务相关的数据始终以输入/输出对的形式出现。这种二分法在无监督学习任务中并不存在，其中一个典型的数据集被简单地写为一个含有 P 个(输入)点的集合：

$$\{\mathbf{x}_1, \mathbf{x}_2, \cdots, \mathbf{x}_p\} \tag{8.1}$$

或者简写为 $\{\mathbf{x}_p\}_{p=1}^{P}$，它们都在同一个 N 维空间里。在本节的其余部分，我们将假设数据集已经均值中心化：一个简单且完全可逆的操作，在每个输入维度上减去数据集的平均值，以使数据分布于原点四周。

如图 8.1 所示，在考虑多维向量空间中的点时，我们可以将它们描绘为点(如左子图所示)或从原点出发的箭头(如中间子图所示)。前者是我们选择在本书中描述回归和分类数据的方式，因为将线性回归描述为直线对散点的拟合而不是一组箭头，从美学角度看这更令人愉快。然而，后一种观点(即将多维点视为箭头)是描述向量的常规方式，比如，在任何标准线性代数语境中。在讨论无监督学习技术时，使用这两种方式对 N 维空间中的点进行可视化通常是很有帮助的，即有些视为点，有些视为箭头(如图 8.1 的右子图所示)。这些以箭头表示的向量是一些特定的点，通常称为一个基或向量的生成集合，我们的目标是在这些基上表示空间中的每一个点。

我们用以下标号表示一个生成集：

$$\{\mathbf{c}_1, \mathbf{c}_2, \cdots, \mathbf{c}_K\} \tag{8.2}$$

或者简写为 $\{\mathbf{c}_k\}_{k=1}^{K}$。

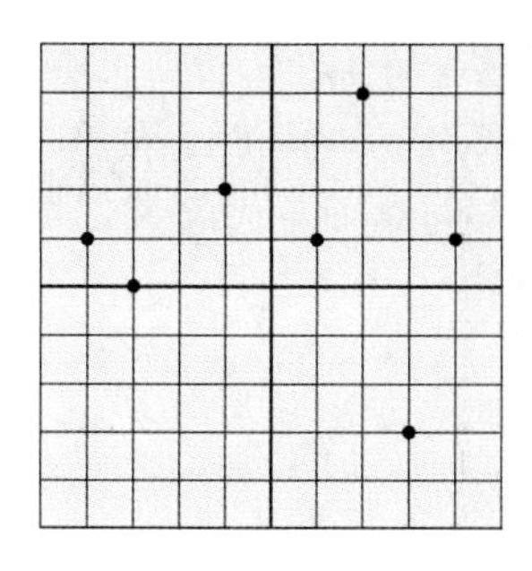
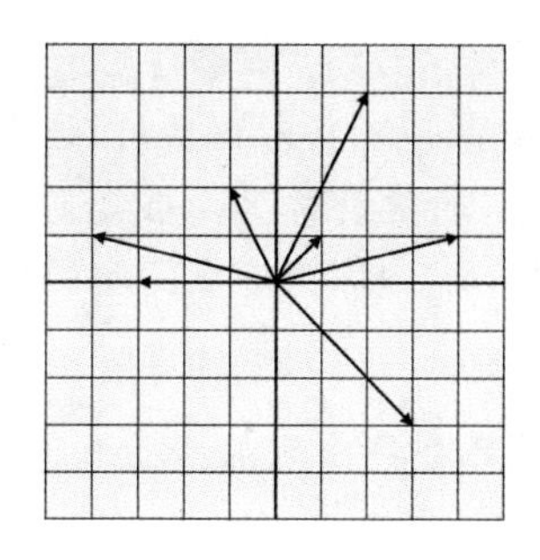
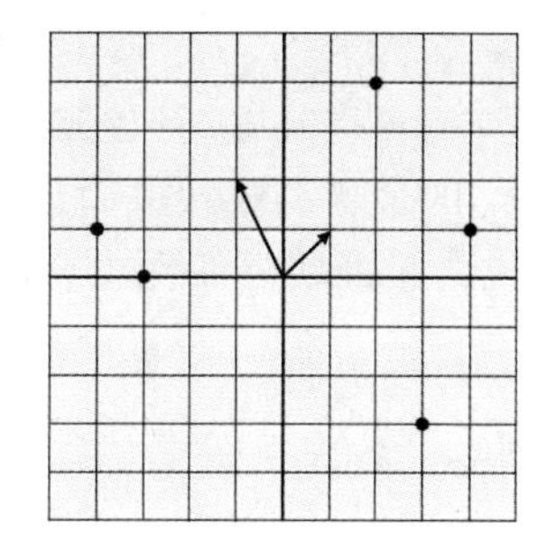

图 8.1　二维点表示为点(左子图)、箭头(中间子图)和两者的混合(右子图)。右边显示为箭头的是一个基或生成集，我们在其上表示整个空间中的每一个点

8.2.2　使用固定生成集完美地表示数据

如果我们可以将每个数据点 $\mathbf{x}_p$ 表示为生成集中元素的某种线性组合，则称一个生成集可以完美地表示所有的 P 个点：

$$\sum_{k=1}^{K}\mathbf{c}_k w_{p,k}=\mathbf{x}_p \qquad p=1,\cdots,P \tag{8.3}$$

209

一般而言，如果向量$\{\mathbf{c}_k\}_{k=1}^{K}$的一个生成集满足以下两个简单条件，则式(8.3)中的所有 P 个等式不管在什么样的数据集$\{\mathbf{x}_p\}_{p=1}^{P}$上都成立。这两个条件是：(i)$K=N$，即生成向量的数量与数据维度相匹配[一]；(ii)所有生成向量都是线性独立的[二]。对于这样的生成集，式(8.3)可以更紧凑地写为

$$\mathbf{C}\mathbf{w}_p=\mathbf{x}_p \qquad p=1,\cdots,P \tag{8.4}$$

其中生成矩阵 $\mathbf{C}$ 由生成向量的每一列堆叠构成：

$$\mathbf{C}=\begin{bmatrix} | & | & \cdots & | \\ \mathbf{c}_1 & \mathbf{c}_2 & & \mathbf{c}_N \\ | & | & \cdots & | \end{bmatrix} \tag{8.5}$$

其中线性组合的权值堆叠成以下列向量 $\mathbf{w}_p$：

$$\mathbf{w}_p=\begin{bmatrix} w_{p,1} \\ w_{p,2} \\ \vdots \\ w_{p,N} \end{bmatrix} \tag{8.6}$$

这里 $p=1,\cdots,P$。

为了调整每个 $\mathbf{w}_p$ 的权值，我们可以构造一个相关联的最小二乘代价函数(之前已经做过很多次了，例如，在 5.2 节中介绍的线性回归)，在用其进行最小化时，使式(8.4)成立：

$$g(\mathbf{w}_1,\cdots,\mathbf{w}_P)=\frac{1}{P}\sum_{p=1}^{P}\left\|\mathbf{C}\mathbf{w}_p-\mathbf{x}_p\right\|_2^2 \tag{8.7}$$

该最小二乘代价函数可以利用任一局部优化方法进行最小化。特别地，我们可以在每个权值向量 $\mathbf{w}_p$ 中单独使用一阶条件(见 3.2 节)，以使对应的一阶系统形如

[一] 否则，若 $K<N$，则该空间的某些部分肯定会超出生成向量的范围。
[二] 如果不熟悉线性独立性概念，参见 C.2.4 节。

$$\boldsymbol{C}^{\mathrm{T}}\boldsymbol{C}\boldsymbol{w}_p = \boldsymbol{C}^{\mathrm{T}}\boldsymbol{x}_p \tag{8.8}$$

这是一个很容易进行数值求解的 $N\times N$ 对称线性系统(见 3.2.2 节和例 3.6)。一旦解出，点 $\boldsymbol{x}_p$ 的最优调整权值向量 $\boldsymbol{w}_p^{\star}$ 通常被称为生成矩阵 $\boldsymbol{C}$ 上的点的编码。类似地，每个 $\boldsymbol{x}_p$ 的生成向量的实际线性组合(即 $\boldsymbol{C}\boldsymbol{w}_p^{\star}$)称为该点的解码。

例 8.1　数据编码

在图 8.2 的左子图中，我们展示了一个以原点为中心的 $N=2$ 的小型数据集，以及表示为两个箭头的生成集 $\boldsymbol{C}=\begin{bmatrix}2 & 1\\1 & 2\end{bmatrix}$。最小化式(8.7)中的最小二乘代价函数，我们在右子图中展示了此数据的编码结果，这些数据绘制在另一个新空间中，该空间的坐标轴与两个生成向量一致。

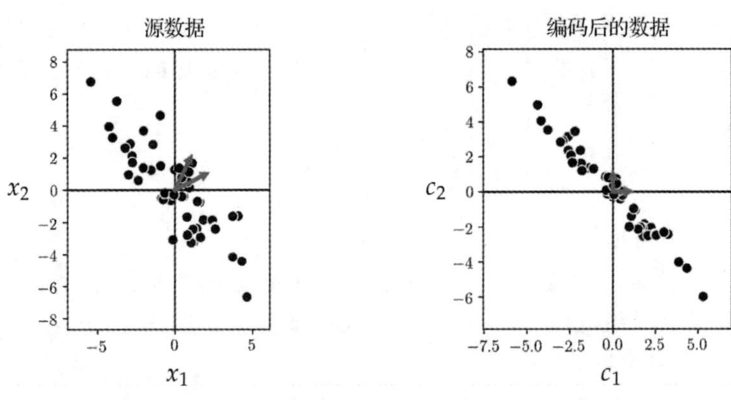

图 8.2　与例 8.1 对应的图。一个小型数据集(左子图)与生成向量(箭头)，其编码形式见右子图，详细内容参见正文

8.2.3　使用固定正交生成集完美地表示数据

一个正交基或生成集是一种非常特殊的生成集，其元素具有单位长度并且彼此垂直或正交。从代数的角度看，这意味着属于一个正交生成集的向量满足以下条件：

$$\boldsymbol{c}_i^{\mathrm{T}}\boldsymbol{c}_j = \begin{cases}1 & i=j\\0 & i\neq j\end{cases} \tag{8.9}$$

210
~
211

就生成矩阵 $\boldsymbol{C}$ 而言，它可以等价地表示为更紧凑的形式：

$$\boldsymbol{C}\boldsymbol{C}^{\mathrm{T}} = \boldsymbol{I}_{N\times N} \tag{8.10}$$

由于正交生成集的这一非常特殊的性质，我们可以立即求解点 $\boldsymbol{x}_p$ 的理想权值 $\boldsymbol{w}_p$(或编码)，因为式(8.8)中的一阶解简化为

$$\boldsymbol{w}_p = \boldsymbol{C}^{\mathrm{T}}\boldsymbol{x}_p \tag{8.11}$$

换句话说，当生成集是正交的，编码会极为简便，因为不需要求解方程式，并且可以通过简单的矩阵向量乘法直接得到每个数据点的编码。

将这种形式的编码带入式(8.4)中的公式集，得到

$$\boldsymbol{C}\boldsymbol{C}^{\mathrm{T}}\boldsymbol{x}_p = \boldsymbol{x}_p \quad p=1,\cdots,P \tag{8.12}$$

我们称其为自动编码公式，因为它首先对点 $\boldsymbol{x}_p$ 进行编码(通过 $\boldsymbol{w}_p=\boldsymbol{C}^{\mathrm{T}}\boldsymbol{x}_p$)，然后再解码回自身($\boldsymbol{C}\boldsymbol{w}_p=\boldsymbol{C}\boldsymbol{C}^{\mathrm{T}}\boldsymbol{x}_p$)。这是因为在正交生成集合中，$\boldsymbol{C}\boldsymbol{C}^{\mathrm{T}}\boldsymbol{x}_p=\boldsymbol{I}_{N\times N}$，我们对数据所做的两个变换(即编码变换 $\boldsymbol{C}^{\mathrm{T}}$ 和解码变换 $\boldsymbol{C}$)是逆运算。

8.2.4 使用固定生成集不完美地表示数据

在前面两个小节中，为了能够完美地表示数据，我们假设线性独立生成向量的数量 K 和输入维度 N 是相同的。当 $K<N$ 时，我们不再能完美地表示输入空间中每个可能的数据点。相反，我们只能希望尽可能将数据集近似为

$$\boldsymbol{C}\boldsymbol{w}_p \approx \boldsymbol{x}_p \qquad p=1,\cdots,P \tag{8.13}$$

除 $\boldsymbol{C}$ 和 $\boldsymbol{w}_p$ 分别是 $N\times K$ 矩阵和 $K\times 1$ 列向量(其中 $K<N$)外，上式与式(8.4)类似。

为了学习数据的正确编码，我们仍希望对式(8.7)中的最小二乘代价函数进行最小化，并且仍可像式(8.8)中那样使用一阶系统来独立地对每个 $\boldsymbol{w}_p$ 进行求解。从几何角度来讲，在求解最小二乘代价函数时，我们的目的是找到能投影数据点的最佳的 K 维子空间，如图 8.3 所示。当点 $\boldsymbol{x}_p$ 的编码 $\boldsymbol{w}_p$ 是最优时，其解码 $\boldsymbol{C}\boldsymbol{w}_p$ 恰好是 $\boldsymbol{x}_p$ 在 $\boldsymbol{C}$ 生成的子空间上的投影。之所以称为投影，是因为这一表示是将 $\boldsymbol{x}_p$ 垂直投影或拖放到子空间上形成的，如图 8.3 所示。 212

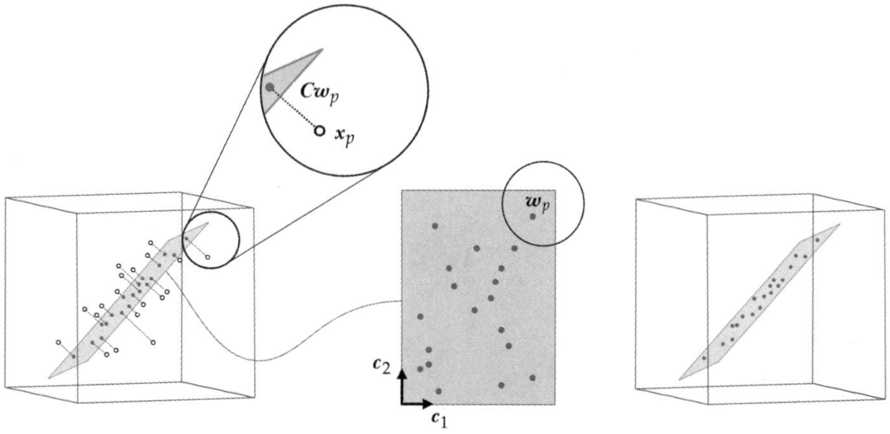

图 8.3 (左子图)一个含有 $N=3$ 维的点 $\boldsymbol{x}_p$ 的数据集和由 $K=2$ 个向量 $\boldsymbol{c}_1$ 和 $\boldsymbol{c}_2$ 生成的线性子空间。(中间子图)由 $\boldsymbol{c}_1$ 和 $\boldsymbol{c}_2$ 生成的编码空间，正是编码向量 $\boldsymbol{w}_p$ 所在的空间。(右子图)在由 $\boldsymbol{C}=[\boldsymbol{c}_1 \quad \boldsymbol{c}_2]$生成的子空间中每个数据点 $\boldsymbol{x}_p$ 的投影点或解码点。原始点 $\boldsymbol{x}_p$ 的解码点表示为 $\boldsymbol{C}\boldsymbol{w}_p$

如果 K 个元素的生成集是正交的，则每个编码向量 $\boldsymbol{w}_p$ 对应的公式简化为式(8.11)，且在之前式(8.12)中的自动编码器公式变为

$$\boldsymbol{C}\boldsymbol{C}^{\mathrm{T}}\boldsymbol{x}_p \approx \boldsymbol{x}_p \qquad p=1,\cdots,P \tag{8.14}$$

即，由于 $K<N$，编码变换 $\boldsymbol{C}^{\mathrm{T}}$ 和解码变换 $\boldsymbol{C}$ 不再是逆运算。

8.3 线性自动编码器和主成分分析

主成分分析(PCA)是最基本的无监督学习方法。它可由我们在上一节中关于固定生成集的讨论直接导出，但有一个关键的说明：它不再是仅仅学习适当的权值在给定的固定生成集上对输入数据进行最佳表示，而是还要学习一个合适的生成集。 213

8.3.1　学习合适的生成集

假设回到前一节，但并没有假设我们有 $K \leqslant N$ 个固定生成向量可表示均值中心化的输入：

$$\boldsymbol{C}\boldsymbol{w}_p = \boldsymbol{x}_p \qquad p = 1, \cdots, P \tag{8.15}$$

前节中我们的目标是学习到最佳的生成向量以使这一近似相等关系尽可能严密。为此，我们可以简单地将 C 添加到式(8.7)中的最小二乘代价函数的参数集中，得到

$$g(\boldsymbol{w}_1, \cdots, \boldsymbol{w}_P, \boldsymbol{C}) = \frac{1}{P}\sum_{p=1}^{P} \| \boldsymbol{C}\boldsymbol{w}_p - \boldsymbol{x}_p \|_2^2 \tag{8.16}$$

这样我们就可以最小化上述结果，学习到最佳的权值集($\boldsymbol{w}_1$ 到 $\boldsymbol{w}_p$)以及生成矩阵 $\boldsymbol{C}$。这个最小二乘代价函数通常是非凸的[⊖]，可以使用各种局部优化技术(包括梯度下降法(见 3.5 节)和坐标下降(见 3.2.2 节))对其进行适当的最小化。

例 8.2　通过梯度下降法学习一个合适的生成集

在这个例子中，我们使用梯度下降法来最小化式(8.16)中的最小二乘代价函数，以学习一个最佳的 $K=2$ 维子空间，学习过程基于图 8.4 左子图中含有 $P=100$ 个点且均值中心化的 $N=3$ 维度据集。

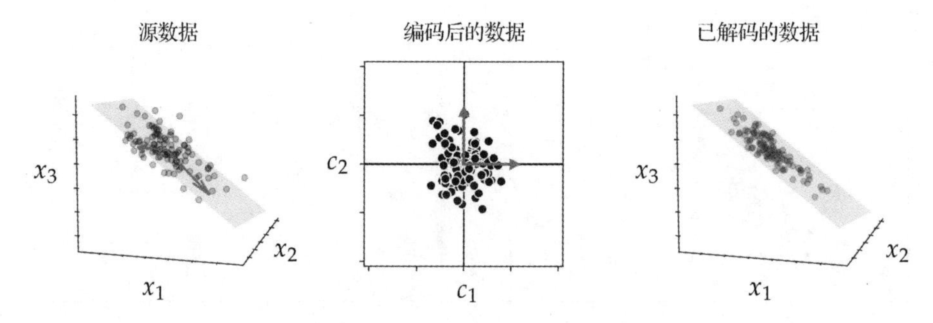

图 8.4　与例 8.2 对应的图。详细内容参见正文

除了原始数据外，图 8.4 左子图绘出了所学到的生成向量(表示为箭头)以及对应的子空间。这是输入数据最佳的二维子空间表示。在中间子图中，对于由两个学习所得生成向量的生成空间中的原始输入 $\boldsymbol{x}_p$，我们展示了对应的学习到的编码 $\boldsymbol{w}_p$。在右子图中，再次展示原始数据空间和解码数据，即每个原始数据点在学习到的子空间上的投影。

8.3.2　线性自动编码

如 8.2.4 节所述，如果 K 个生成向量按列堆叠得到的生成矩阵 $\boldsymbol{C}$ 是正交的，那么每个点 $\boldsymbol{x}_p$ 的编码可以简写为 $\boldsymbol{w}_p = \boldsymbol{C}^{\mathrm{T}}\boldsymbol{x}_p$。如果将 $\boldsymbol{w}_p$ 的这个简单解插入式(8.16)中最小二乘代价函数的第 p 个加数中，可以得到一个只含 $\boldsymbol{C}$ 的代价函数：

$$g(\boldsymbol{C}) = \frac{1}{P}\sum_{p=1}^{P} \| \boldsymbol{C}\boldsymbol{C}^{\mathrm{T}}\boldsymbol{x}_p - \boldsymbol{x}_p \|_2^2 \tag{8.17}$$

当这一最小二乘代价函数被合适地最小化后，它强制式(8.14)中的自动编码公式成立。因此它通常被称为线性自动编码器。我们不再是要得到每个数据点的一种编码/解码

⊖　然而，在其余权值向量和 $\boldsymbol{C}$ 固定的情况下，在每个 $\boldsymbol{w}_p$ 中该函数是凸的。并且在所有权值向量 $\boldsymbol{w}_p$ 固定的情况下，它在 $\boldsymbol{C}$ 中是凸的。

方案，而是通过最小化此代价函数去学习一个方案。

即使通过假设生成矩阵 $\boldsymbol{C}$ 是正交的，我们得到了线性自动编码器，也不需要限制式(8.17)中的最小化来满足这个条件，因为线性自动编码器的最小值总是正交的(见 8.9.1 节)

例 8.3　使用梯度下降学习线性自动编码器

图 8.5 的左子图展示了一个均值中心化的二维度据集，以及由其学到的一个单一的生成向量(即 $K=1$)，它是通过使用梯度下降法最小化式(8.17)中的线性自动编码器代价函数学到的。最优向量在左子图中标识为箭头，对应的编码数据如中间子图中所示，右子图中已解码的数据和数据的最佳子空间(一条线)标识为直线。

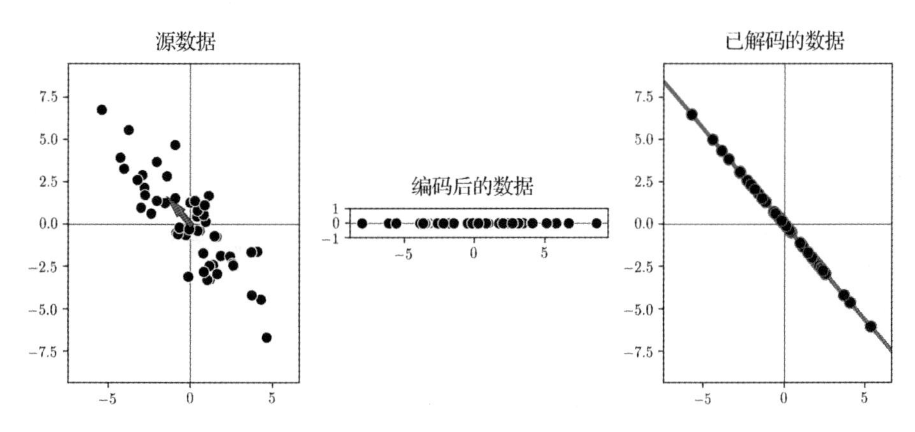

图 8.5　与例 8.3 对应的图。详细内容参见正文

8.3.3　主成分分析

式(8.17)中的线性自动编码器代价函数可能有许多极小值，其中一组主成分特别重要。主成分的生成集始终为数据集提供一个协调的框架，其成员指向数据集中最大的正交方差方向。在实践中，对线性自动编码器使用这种特殊的解决方案通常称为主成分分析。214～215

图 8.6 中针对一个 $N=2$ 维的小型数据集描述了这一想法，其中数据的一般椭圆分布标识为浅灰色。该数据集的第一个经缩放的主成分(较长的箭头)指向数据集分布最多的方向(它的最大方差方向)。第二个经缩放的主成分(较短的箭头)指向下一个最重要的方向，该方向上数据集的分布正交于第一个方向。

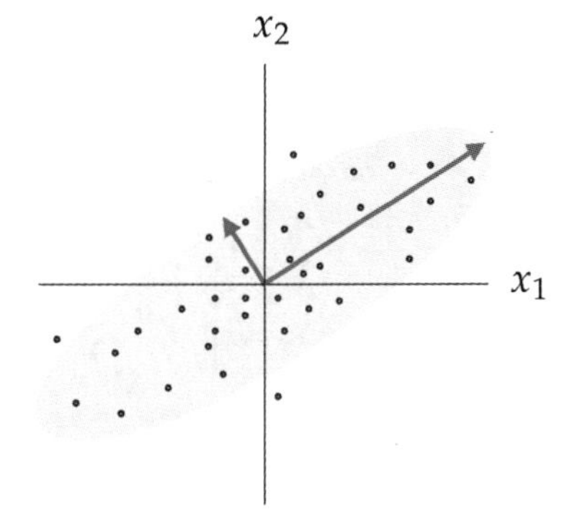

图 8.6　一个小型数据集，其第一和第二个经缩放的主成分分别显示为较长和较短的箭头。详细内容参见正文

正如 8.9.2 节所述，线性自动编码器的这种特殊的正交极小值是由数据的所谓协方差矩阵的特征向量给出的。用 $\boldsymbol{X}$ 表示 $N\times P$ 的数据矩阵，它由 P 个均值中心化的输入点按列堆叠而成：216

$$\boldsymbol{X}=\begin{bmatrix} | & | & & | \\ \boldsymbol{x}_1 & \boldsymbol{x}_2 & \cdots & \boldsymbol{x}_P \\ | & | & & | \end{bmatrix} \tag{8.18}$$

协方差矩阵定义为 $N\times N$ 矩阵 $\frac{1}{P}\boldsymbol{X}\boldsymbol{X}^{\mathrm{T}}$。将协方差矩阵的特征分解(见 C.4 节)表示为

$$\frac{1}{P}\boldsymbol{X}\boldsymbol{X}^{\mathrm{T}}=\boldsymbol{V}\boldsymbol{D}\boldsymbol{V}^{\mathrm{T}} \tag{8.19}$$

主成分由 $\boldsymbol{V}$ 中的正交特征向量给出，并且每个(主成分)方向的方差正好是对角线矩阵 $\boldsymbol{D}$ 中对应的非负特征值。

例 8.4　主成分

图 8.7 的左子图展示了图 8.5 中的均值中心化数据，且用箭头表示两个主成分(指向数据集中方差最大的两个正交方向)。在右子图中，我们展示了一个主成分与坐标轴一致的空间中的编码数据。

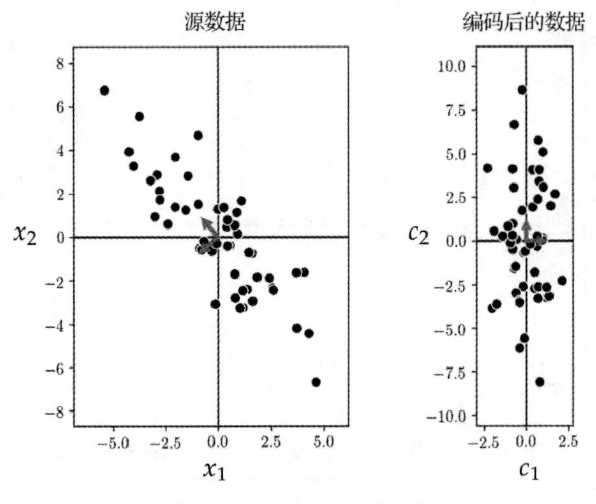

图 8.7　与例 8.4 对应的图

例 8.5　一个警告示例!

尽管从技术上讲，PCA 可以用于在预测建模场景中降低数据维度(以提高准确性、减少计算时间等)，但对于分类而言，它可能会产生严重的问题。在图 8.8 中，我们使用 PCA 在一个模拟的线性可分的二分类数据集中进行特征空间降维。因为在这种情况下，数据的理想一维子空间(几乎)与理想线性分类器平行，所以将整个数据集投影到该子空间上将会完全破坏可分性。因此，如 9.5 节所述，虽然对球形数据使用 PCA 分类很普遍，但当使用 PCA 作为分类的降维工具时，或者当数据本身不在线性子空间中或其附近时，我们要格外小心。

217

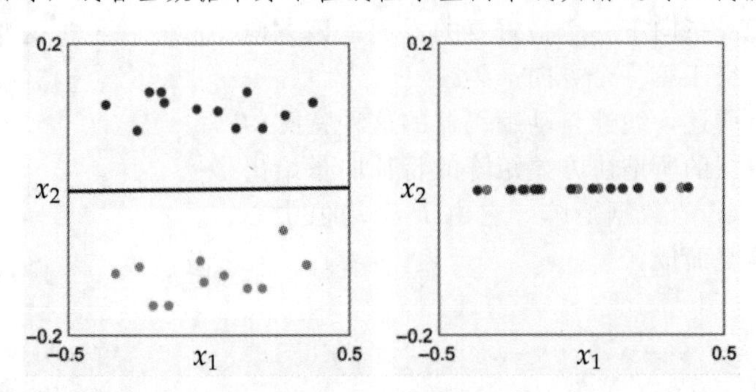

图 8.8　与例 8.5 对应的图。(左子图)一个由两个线性可分的类构成的小型二分类数据集。由 PCA 产生的理想一维子空间用黑色标识。(右子图)将数据投影到这个子空间上以降低特征空间的维度会完全破坏数据集的原有可分性

8.3.4 Python 实现

下面我们提供一个计算数据集的主成分的 Python 实现，该实现包括数据中心、主成分计算和 PCA 编码。该实现中大量应用了 NumPy 的线性代数子模块。

首先，我们使用下面的短程序将数据中心化：

```
# center an input dataset X
def center(X):
    X_means = np.mean(X,axis=1)[:,np.newaxis]
    X_centered = X - X_means
    return X_centered
```

接下来，计算均值中心化的数据的主成分：

218

```
# function for computing principal components of input dataset X
def compute_pcs(X,lam):
    # create the data covariance matrix
    P = float(X.shape[1])
    Cov = 1/P*np.dot(X,X.T) + lam*np.eye(X.shape[0])

    # use numpy function to compute eigenvectors / eigenvalues
    D,V = np.linalg.eigh(Cov)
    return D,V
```

注意，在实践中，在计算矩阵特征值/向量之前稍微对矩阵进行正则化通常是有益的，这可以避免在计算过程中出现数值不稳定问题。这意味着在计算其特征值/向量之前，向数据协方差矩阵中添加一个小的加权单位矩阵 $\lambda\boldsymbol{I}_{N\times N}$，其中 $\lambda\geqslant 0$ 是一个非常小的值(例如 10^{-5})。简而言之，为了避免计算麻烦，我们通常计算正则化协方差矩阵 $\frac{1}{P}\boldsymbol{X}\boldsymbol{X}^{\mathrm{T}}+\lambda\boldsymbol{I}_{N\times N}$ 的主成分，而并不是计算原始的协方差矩阵的主成分。因此，在上述代码的第 5 行中添加了项 `lam* np.eye(X.shape[0])`。

8.4 推荐系统

在本节中，我们讨论基本的线性推荐系统，这是企业普遍采用的一种流行的无监督学习框架。该框架可帮助企业自动向客户推荐产品和服务。然而，从机器学习的角度来看，这里介绍的基本推荐系统仅仅是由主要的无监督学习技术(主成分分析)略经改动得到的。

8.4.1 动机

推荐系统在电子商务中得到广泛使用，它根据客户过去的购买和评分记录以及相似客户的信息，为客户提供个性化的产品和服务推荐。例如，像 Netflix 这样拥有数百万用户和数万部电影的电影提供商，他们用一个大矩阵记录用户的评论和评分(典型的评分是 1 到 5 的整数，5 代表最喜欢)，如图 8.9 所示。由于单个客户很可能只对一小部分电影进行评分，所以这些矩阵非常稀疏。

基于这类产品评分数据，在线电影和商业网站通常使用无监督学习技术作为他们向客户个性化推荐接下来可能想要消费的产品的主要工具。我们在这里讨论个性化推荐技术，目标首先是智能化地猜测评分矩阵中缺失元素的值。然后，为了向特定用户推荐一种新产品，对于预测客户会给予很高评价(并且喜欢)的产品，我们检查其已补充填写的评分矩阵，并向客户推荐这些产品。

219

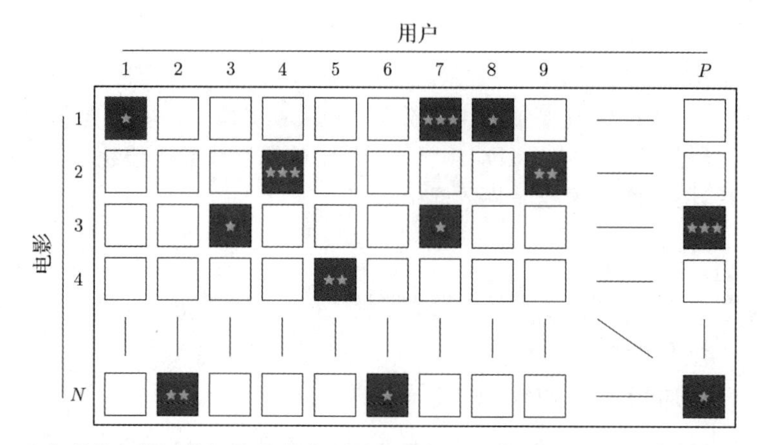

图 8.9 一个典型的电影评分矩阵是非常稀疏的，每个用户只对很少的电影进行评分。在这个图中，每行代表一个电影，每列代表一个用户。为了推荐合适的电影供用户观看，我们会对这个矩阵的缺失值进行智能猜测，并向客户推荐他们可能会给予高评价(并且喜欢)的电影

8.4.2 符号和建模

在推荐系统的介绍中，我们继续使用熟悉的符号$\{\boldsymbol{x}_1,\cdots,\boldsymbol{x}_p\}$表示输入数据，每个输入数据都是 N 维的。在这一应用中，点 $\boldsymbol{x}_p$ 表示第 p 个用户对所有 N 种可能产品的评分向量。产品的数量 N 可能非常大，以致每个客户有机会购买和评价的只是其中非常小的一个样本，从而使得 $\boldsymbol{x}_p$ 是一个非常稀疏的向量(无论用户 p 输入了什么样的评分)。我们将 $\boldsymbol{x}_p$ 的非空元素的索引集表示为

$$\Omega_p = \{(j,p)\,|\,\boldsymbol{x}_p \text{ 的第 } j \text{ 项已填写}\} \tag{8.20}$$

由于我们的目标是填写每个输入向量 $\boldsymbol{x}_p$ 的缺失项，所以除了假设用户品味大体上的表现外没有其他选择。我们可以做出的最简单的假设是，每个用户的品味都可以表示为一些基本用户品味要素的线性组合。例如，在电影的推荐系统中，这些基本品味要素可能包括浪漫电影爱好者、喜剧电影爱好者、动作电影爱好者，等等。与用户总数相比，这些相对较少的类别或用户类型提供了有用的框架去智能猜测用户评分数据集中的缺失值。从形式上说，我们假设存在 K 个基本品味向量的一些理想生成集(可以将其放置在一个 $N\times K$ 矩阵 $\boldsymbol{C}$ 中)，以便将每个向量 $\boldsymbol{x}_p$ 能真正表示为线性组合

220

$$\boldsymbol{C}\boldsymbol{w}_p \approx \boldsymbol{x}_p \qquad p=1,\cdots,P \tag{8.21}$$

为了随后学习生成集 $\boldsymbol{C}$ 和每个权值向量 $\boldsymbol{w}_p$，我们最初可以对与式(8.16)类似的最小二乘代价函数进行最小化。但是，输入数据现在不完整，因为我们只能访问 $\boldsymbol{x}_p$ 中由 Ω_p 索引的元素。因此，我们只能在这些元素上对最小二乘代价函数进行最小化，即

$$g(\boldsymbol{w}_1,\cdots,\boldsymbol{w}_P,\boldsymbol{C}) = \frac{1}{P}\sum_{p=1}^{P}\left\|\{\boldsymbol{C}\boldsymbol{w}_p - \boldsymbol{x}_p\}|_{\Omega_p}\right\|_2^2 \tag{8.22}$$

这里的符号$\{\boldsymbol{v}\}|_{\Omega_p}$表示在 $\boldsymbol{v}$ 中只取索引值集 Ω_p 对应的元素值。由于这里的最小二乘代价函数仅定义在一组选出的索引值上，所以不能利用这个代价函数任何形式的正交解法，或者构造一个与式(8.17)中的线性自动编码器类似的代价函数。但是，我们可以轻松地使用基于梯度(见 3.5 节)和坐标下降(见 3.2.2 节)的方法来对其进行合适的最小化。

8.5 K-均值聚类

本节的主题 K-均值算法是另一类称为聚类算法的无监督学习方法的基本实例。PCA

是为了降低数据空间的维度(或特征维度)，与 PCA 不同的是，聚类算法的目的是(适当地)降低数据集中点(或数据维度)的数量，以帮助我们更好地理解它的结构。

8.5.1　通过簇表示数据集

简化数据集的一种方法是将邻近的点组合成簇。考虑图 8.10 左子图中的二维度据集，当你仔细观察其中的数据时，可以看出它被自然地分为三个组或簇，因为你的头脑中本就存在一些与聚类算法类似的机制。

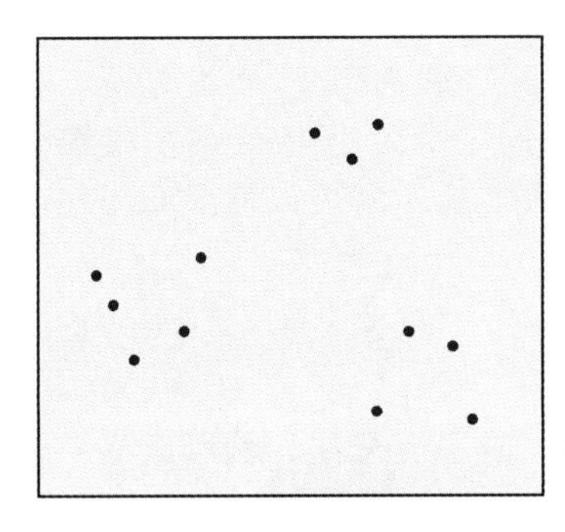
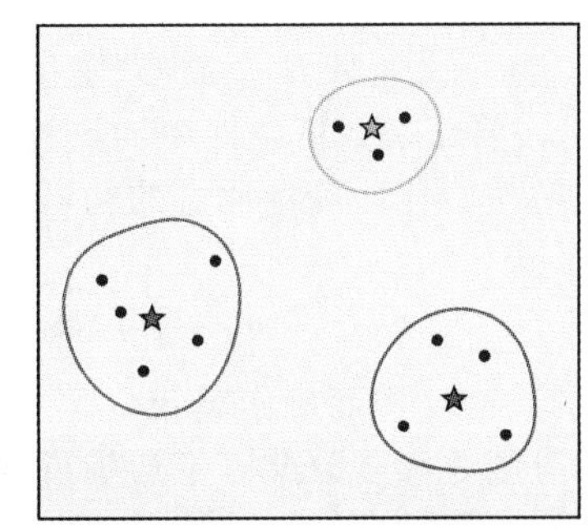

图 8.10　(左子图)一个含 $P=12$ 个数据点的二维小型数据集。(右子图)将图中的数据自然分成 $K=3$ 个簇。那些几何上彼此靠近的点属于同一簇，每个簇的中心(也称为质心)标记为一个星号

221

在图 8.10 的右子图中，我们给出了每个簇的示意图。在该图中，用不同的实线表示每个簇的边界，并使用星号表示每个簇的中心。在机器学习的术语中，通常将这些簇的中心称为簇质心。因为每个质心代表一个数据块，所以我们可以从全局角度去理解数据集：不是从 $P=12$ 个点去理解数据，而是从 $K=3$ 个簇质心的角度来看。

从数学上讲，当观察图 8.10 中的点/簇时，我们如何描述直观看到的聚类场景呢？

首先介绍一些符号。与前面一样，将 P 个点的集合表示为 $\boldsymbol{x}_1, \boldsymbol{x}_2, \cdots, \boldsymbol{x}_P$。为了尽可能通用，用 K 表示数据集中的簇数(例如，在图 8.10 的数据集中，$K=3$)，用 $\boldsymbol{c}_1, \boldsymbol{c}_2, \cdots, \boldsymbol{c}_K$ 来表示簇质心，其中 $\boldsymbol{c}_k$ 是第 k 个簇的质心。最后，我们需要一个符号来表示属于每个簇的点集。将属于第 k 个簇的那些点的索引集表示如下：

$$\mathcal{S}_k = \{p \mid \boldsymbol{x}_p \text{ 属于第 } k \text{ 个簇}\} \tag{8.23}$$

有了这些符号，我们现在可以更好地描述图 8.10 所示的聚类场景。假设我们已经识别出每个簇及其质心，如右子图所示。由于质心表示簇的中心，因此可直观地将每个质心表示为指派给该簇的点的平均值，如下所示：

$$\boldsymbol{c}_k = \frac{1}{|\mathcal{S}_k|} \sum_{p \in \mathcal{S}_k} \boldsymbol{x}_p \tag{8.24}$$

222

这个公式证实了每个质心代表一个数据块的直观认识，它是属于每个簇的那些点的平均值。

接下来，对图 8.10 中的简单聚类场景，我们从数学的角度说明一个显然却没有明示的事实：每个点属于质心离它最近的那个簇。为了用公式表示给定点 $\boldsymbol{x}_p$ 属于哪一簇，只需说明一个点一定属于其到质心的距离 $\|\boldsymbol{x}_p - \boldsymbol{c}_k\|_2$ 最小的那个簇。即若下式满足，则点 $\boldsymbol{x}_p$ 属于或被分配给簇 $k^\star$：

$$a_p = \underset{k=1,\cdots,K}{\operatorname{argmin}} \|\boldsymbol{x}_p - \boldsymbol{c}_k\|_2 \tag{8.25}$$

这在机器学习术语中称为簇分配。

8.5.2 学习表示数据的簇

当然，我们并不想只依靠视觉观察来识别数据集中的簇。我们需要的是一个可以自动执行的算法来识别簇。值得庆幸的是，可以使用前述用于描述聚类的数学框架轻松实现此操作，所得的算法称为 K-均值聚类算法。

首先，假设我们想将含 P 个点的数据集自动聚为 K 个簇。注意，这里我们固定 K 值，后面会介绍如何合适地确定它的值。

由于我们并不知道簇及其质心的位置，因此可以从随机猜测 K 个质心的位置开始(必须从某个地方开始)。这种对 K 个质心“随机猜测”(即初始化)要么是所有数据的一个大小为 K 的随机子集，要么是数据空间中的点构成的一个大小为 K 的随机集合，要么是任意大小的其他类型的初始化。确定质心的初始位置之后，就可以通过简单地遍历所有点，并对每个 $\boldsymbol{x}_p$ 利用公式

$$a_p = \underset{k=1,\cdots,K}{\operatorname{argmin}} \ \| \boldsymbol{x}_p - \boldsymbol{c}_k \|_2 \tag{8.26}$$

找到离 $\boldsymbol{x}_p$ 最近的质心，进而确定其簇分配。

现在，我们对质心和簇分配有了初步猜测。有了簇分配，就可以将一个簇的质心位置更新为最近分配给该簇的点的平均值：

$$\boldsymbol{c}_k = \frac{1}{|\mathcal{S}_k|} \sum_{p \in \mathcal{S}_k} \boldsymbol{x}_p \tag{8.27}$$

图 8.11 的顶排子图使用图 8.10 中的数据集对前三个步骤(初始化质心、为每个簇分配点以及更新质心位置)进行了说明。

223

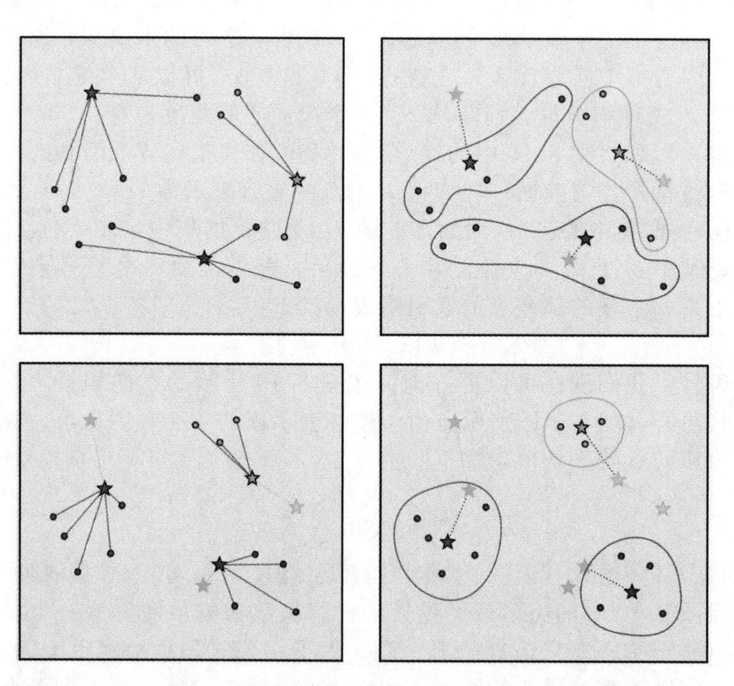

图 8.11 对于图 8.10 中的数据集，K-均值聚类算法的前两次迭代。(顶排左子图)一组具有随机初始化质心和簇分配的数据点。(顶排右子图)质心位置已更新为分配给每个簇的点的平均值。(底排左子图)根据更新的质心位置分配点。(底排右子图)通过簇平均值得到更新的质心位置

为了进一步优化质心/簇，现在只需简单重复上述的两个步骤：(a)根据新的质心位置重新分配点；(b)将质心位置更新为最近分配给每个簇的点的平均值。图 8.11 底排子图描述了一个特定例子的前两次迭代。这一迭代过程在某个时间点结束，比如，当迭代次数达到一个预先定义的最大次数之后，或当簇质心的位置在一次迭代到下一次迭代的过程中不再发生明显变化时。

例 8.6　初始化的影响

如果算法达到极差的最小值，则可能会对学习到的簇的质量产生重大影响。例如，在图 8.12 中，我们在二维小型数据集上聚出 $K=2$ 个簇。对于顶部子图中展示的初始质心位置，K-均值算法在局部最小值处卡住，导致无法得到合适的聚类结果。但是，如底排子图所示，若对其中一个质心位置进行不同的初始化，则会得到一个成功的聚类。实践中为了克服这一问题，我们经常使用不同的初始质心位置多次运行该算法，取使簇质量的某个目标值达到最小值的那次运行结果作为最佳聚类结果。

224

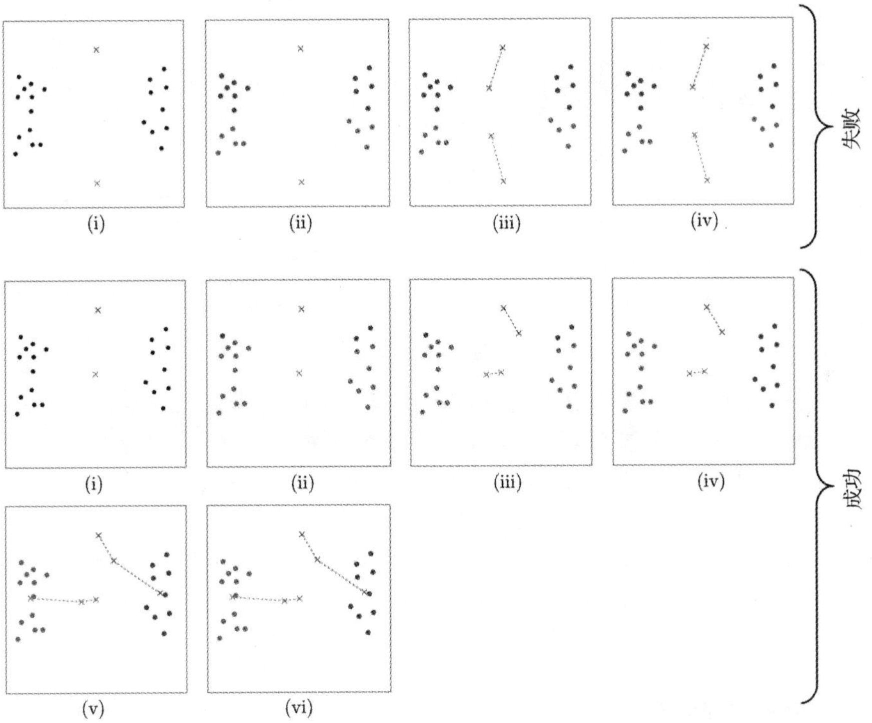

图 8.12　K-均值聚类的成功或失败取决于质心的初始化。(顶排)(i)初始化两个质心；(ii)更新簇分配；(iii)更新质心位置；(iv)数据点的簇分配不再改变，算法结束。(底排)(i)初始化两个质心；其中红色点的初始化值发生变化；(ii)更新簇分配；(iii)质心位置更新；(iv)簇分配更新；(v)质心位置更新；(vi)数据点的簇分配不再改变，算法结束

例如，从一组运行中确定最佳聚类的一个度量指标是每个点到其簇质心的平均距离，即平均簇内距离。用 $\boldsymbol{c}_{k_p}$ 表示第 p 个点 $\boldsymbol{x}_p$ 最终所属的簇质心，则可以将每个点到其相应质心的平均距离写为

$$\text{平均簇内距离} = \frac{1}{P}\sum_{p=1}^{P}\left\| \boldsymbol{x}_p - \boldsymbol{c}_{k_p} \right\|_2 \tag{8.28}$$

在K-均值算法每次运行时计算这个值，我们选择使这个值最小的最终聚类结果作为最佳的聚类结果。225

例 8.7　选择理想的簇数K

为了确定参数K的最佳值(即对数据进行聚类的簇数)，首先必须尝试让K取一系列不同的值，并在每种情况下运行K-均值算法。然后，使用适当的指标(例如式(8.28)中的平均簇内距离)来比较每种情况的运行结果。当然，如果我们对K的每个值都能得到最佳簇(可能对K的每个值多次运行该算法)，则因为会把数据集分成越来越小的块，从而使簇内距离始终随着K值的增加而单调下降。

例如，图8.13展示了运行10次K均值的结果，K的范围为1～10，且在左子图所示的数据集上，每个K值对应的聚类结果都给出了最小的簇内距离。在右子图中，我们绘制了每个K值对应的最佳距离值，在机器学习的术语中，该图通常称为陡坡图。

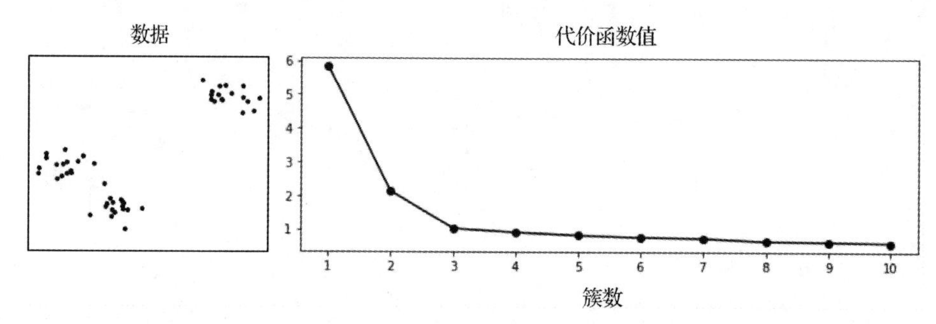

图8.13　与例8.7相关的图。(左子图)待聚类的数据集。(右子图)陡坡图。详细内容参见正文

可以预料，随着K值的增加，簇内距离是单调下降的。但是请注意，上面的陡坡图在$K=3$处有一个“弯”，这意味着将簇数从3增加到4时距离值下降很少。因此，我们可以认为，对于该特定数据集来说，$K=3$是一个好的簇数目(本例中这是讲得通的，因为对该数据集进行观察可发现它明显具有3个簇)，这是因为簇数较小则簇内距离相对较大，而增加其他簇并不会使簇内总距离减少太多。

这描述了陡坡图在确定K-均值算法的理想簇数K时的典型用法。我们首先在一系列K值范围内计算并绘出簇内距离，然后选取图的“转弯”处的值作为K的值。在实践中，这个值通常是(通过观察陡坡图)主观选择的。226

8.6　通用矩阵分解技术

在本节中，我们将本章中介绍的无监督学习方法联系在一起，这需要我们从矩阵分解的角度来描述它们。

8.6.1　无监督学习和矩阵分解问题

如果我们将P个输入数据点按式(8.18)逐列堆叠起来得到矩阵$\boldsymbol{X}$，就可以将作为主成分分析基础(见8.3节)的最小二乘代价函数(见式(8.16))紧凑地表示为

$$g(\boldsymbol{W},\boldsymbol{C})=\frac{1}{P}\|\boldsymbol{C}\boldsymbol{W}-\boldsymbol{X}\|_F^2 \tag{8.29}$$

这里$\|\boldsymbol{A}\|_F^2=\sum_{n=1}^{N}\sum_{p=1}^{P}A_{n,p}^2$是费罗贝尼斯(Frobenius)范数，$A_{n,p}$是矩阵$\boldsymbol{A}$的第$(n,p)$

个元素，它类似于矩阵的平方 ℓ_2 范数(见 C.5.3 节)。

我们可以类似地表示期望近似代价函数的集合，它们促发了式(8.15)中的 PCA，并且代价函数的最小化使得下式尽可能成立：

$$\boldsymbol{C}\boldsymbol{W} \approx \boldsymbol{X} \tag{8.30}$$

由于我们希望将矩阵 $\boldsymbol{X}$ 分解为两个矩阵 $\boldsymbol{C}$ 和 $\boldsymbol{W}$ 的乘积，所以通常将这组期望的近似函数称为矩阵分解。这种矩阵分解类似于将一个数分解为两个“更简单”的数(比如，$5\times2=10$)。因此，可以将 PCA 问题看成一个矩阵分解问题的基本范例。

PCA 并不是我们可以用此方式改写的唯一的无监督学习方法。正如在 8.4 节中看到的那样，推荐系统生成一个代价函数，它与 PCA 密切相关，因此也与上面给出的紧凑形式紧密相关。这里唯一的区别是数据矩阵的许多元素是未知的，因此因式分解仅限于已知的 $\boldsymbol{X}$ 值。用 Ω 表示 $\boldsymbol{X}$ 的已知值的索引集，则推荐系统中涉及的矩阵分解采用以下形式：

$$\{\boldsymbol{C}\boldsymbol{W} \approx \boldsymbol{X}\}\big|_{\Omega} \tag{8.31}$$

其中符号 $\{\boldsymbol{V}\}|_{\Omega}$ 表示输入矩阵 $\boldsymbol{V}$ 中我们仅关心的在索引集 Ω 中的元素，它与式(8.30)中的 PCA 分解有轻微的偏差。类似地，其对应的最小二乘代价函数与式(8.29)中的 PCA 最小二乘代价函数也略有不同：

227

$$g(\boldsymbol{W},\boldsymbol{C}) = \frac{1}{P}\left\|\{\boldsymbol{C}\boldsymbol{W}-\boldsymbol{X}\}\big|_{\Omega}\right\|_F^2 \tag{8.32}$$

注意，这正是式(8.22)中给出的推荐系统代价函数的矩阵形式。

最后，我们也可以很容易地发现 K-均值(见 8.5 节)属于同一类别，也可以解释为一个矩阵分解问题。我们首先重新解释 K-均值聚类的初始期望，即第 k 个簇中的点应靠近其质心，这可以用数学公式表示为

$$\boldsymbol{c}_k \approx \boldsymbol{x}_p \quad \text{对于所有的 } p\in\mathcal{S}_k \qquad k=1,\cdots,K \tag{8.33}$$

其中 $\boldsymbol{c}_k$ 是第 k 个簇的质心，而 S_k 是属于这个簇的 P 个数据点的索引集合。这些期望的关系可以更方便地用质心的矩阵形式来表示：

$$\boldsymbol{C}\mathbf{e}_k \approx \boldsymbol{x}_p \quad \text{对于所有的 } p\in\mathcal{S}_k \qquad k=1,\cdots,K \tag{8.34}$$

其中 $\mathbf{e}_k$ 表示第 k 个标准基向量，即第 k 个位置为 1、其他位置为零的 $K\times1$ 维向量。

下面，引入权值(这里限制为标准基向量)和数据的矩阵形式，我们也可以将上述关系表示为

$$\boldsymbol{C}\boldsymbol{W} \approx \boldsymbol{X} \quad \text{对于所有的 } p\in\mathcal{S}_k \qquad k=1,\cdots,K \tag{8.35}$$

其中

$$\boldsymbol{w}_p \in \{\mathbf{e}_k\}_{k=1}^{K} \qquad p=1,\cdots,P \tag{8.36}$$

图 8.14 针对一个小型数据集描述了上述期望的 K-均值关系的紧凑表示。注意，分配矩阵 $\boldsymbol{W}$ 的每一列中唯一非零项的位置决定了其中 $\boldsymbol{X}$ 中对应的数据点的簇归属。因此，换句话说，K-均值也是一个矩阵分解问题，且在矩阵 $\boldsymbol{W}$ 上有一组非常特殊的约束。

确定我们期望的结果后——当参数是最优设置时——就可以将 K-均值的代价函数紧凑地表示为

$$g(\boldsymbol{W},\boldsymbol{C}) = \frac{1}{P}\left\|\boldsymbol{C}\boldsymbol{W}-\boldsymbol{X}\right\|_F^2 \tag{8.37}$$

228

要求满足约束：对于 $p=1,\cdots,P$，$\boldsymbol{w}_p\in\{\mathbf{e}_k\}_{k=1}^{K}$。也就是说，我们可将 8.5 节描述的 K-均值算法解释为求解以下带约束最优化问题的一种方法：

$$\underset{C,W}{\text{minimize}} \quad \| CW - X \|_F^2$$
$$\text{其中} \quad w_p \in \{\mathbf{e}_k\}_{k=1}^{K}, \quad p = 1, \cdots, P \tag{8.38}$$

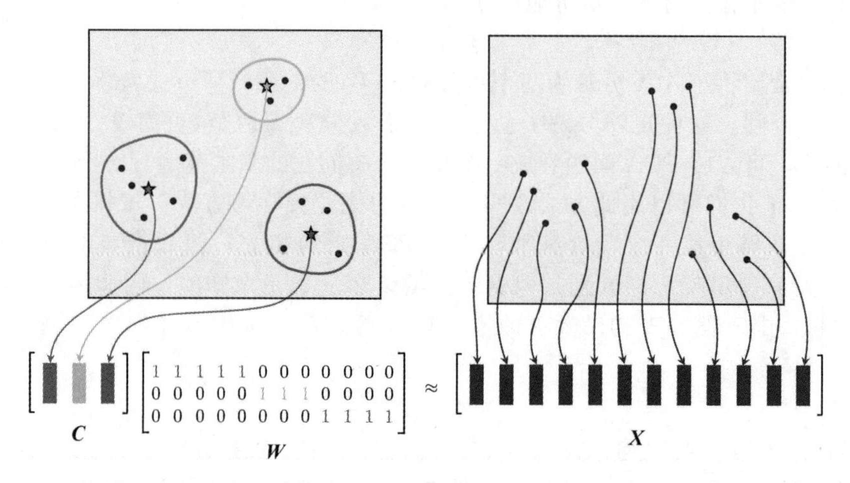

图 8.14 以紧凑矩阵形式描述的 K-均值聚类关系。C 中的簇质心与 X 中属于本簇的数据点距离接近。分配矩阵 W 的第 p 列包含对应于数据点的簇质心的标准基向量

容易证明，我们在上一节中得到的 K-均值算法也是一个迭代的集合，这组迭代是通过应用块坐标下降法求解上述 K-均值优化问题得到的。因为从上一节中 K-均值算法的自然推导中可知它是一种启发式算法(它不像我们讨论的其他方法那样与代价函数的最小化有关)，所以 K-均值算法的这一视角是很有用的。在实践中，这种理解的一个结果是：之前我们没有一个可用于判断算法的一次运行如何进行的框架，但现在有了这样的框架。现在我们知道，我们完全可以像其他任何优化方法一样，将 K-均值算法看成最小化特定代价函数的一种方法，并且可以利用代价函数来理解算法的运行方式。

8.6.2 更多的变体

在式(8.38)中，我们知道了如何将 K-均值重新理解为一个带约束的矩阵分解问题，其中分配矩阵 W 的每一列 w_p 被约束为一个标准基向量。这样做是为了确保每个数据点 x_p 最终都能被分配给一个(也只有一个)簇质心 c_k。从建模的角度来看，还有许多其他流行的矩阵分解问题，它们所采用的约束与 K-均值算法的约束不同。例如，K 均值的一种自然推广称为稀疏编码[30]，它是一种类似于聚类的算法，它与 K-均值的不同之处仅在于它允许将数据点分配给多个簇。稀疏编码是一个带约束的矩阵分解问题，通常表示为

229

$$\underset{C,W}{\text{minimize}} \quad \| CW - X \|_F^2$$
$$\text{其中} \quad \| w_p \|_0 \leqslant \mathcal{S} \qquad p = 1, \cdots, P \tag{8.39}$$

其中用约束 $\| w_p \|_0 \leqslant S$ 取代 K-均值约束，使得可以将每个 x_p 最多同时分配到 S 个簇。注意，$\| w_p \|_0$ 表示向量 w_p 中非零元素的数量（见 C.5.1 节）。

除稀疏性外，寻找输入矩阵 X 的非负分解有时是对矩阵 C 和 W 施加的另一个约束，从而得到非负矩阵分解问题。

$$\underset{C,W}{\text{minimize}} \quad \| CW - X \|_F^2$$
$$\text{其中} \quad C, W \geqslant 0 \tag{8.40}$$

非负矩阵分解(见参考文献[31])主要用于数据为自然非负的情形(例如，文本数据的词袋表示、图像数据的像素强度表示等)，其中非负元素的存在妨碍了学习到的解决方案的可解释性。

表 8.1 列出了对 **C** 和 **W** 有约束的一些常见的矩阵分解问题。

表 8.1 对 **C** 和 **W** 进行约束的常见矩阵分解问题($CW \approx X$)

矩阵分解问题	**C** 和 **W** 上的约束
主成分分析	**C** 是正交的
推荐系统	对 **C** 或 **W** 无限制；**X** 仅是部分已知的
K-均值聚类	**W** 的每一列都是一个标准基向量
稀疏字典学习	**W** 的每一列都是稀疏的
非负矩阵分解	**C** 和 **W** 都是非负的

8.7 小结

在本章中，我们介绍了无监督学习，详细介绍了许多流行的概念和模型。这些问题在数据方面与我们在前三章所看到的问题不同，后者只包含输入数据(不包含输出)。

在 8.2 节中，我们回顾了生成集和编码/解码的概念。在 8.3 节中，我们讨论了如何通过线性自动编码器学习最优线性编码。在该节中，我们还研究了线性自动编码器的特殊的主成分分析(简称 PCA)解决方案，它可以根据数据协方差矩阵的特征向量方便地进行计算。接下来，在 8.4 节中，我们研究了关于学习生成集的一种流行的变型，即推荐系统。在 8.5 节中，我们介绍了 K-均值聚类。最后，在 8.6 节中，我们介绍了一个矩阵分解框架，它描述了 PCA、推荐系统、K-均值聚类和更高级的无监督学习模型之间的相似性。 230

8.8 习题

完成以下习题所需的数据可以在 GitHub 资源库中下载，链接为 github.com/jermwatt/machine_learning_refined。

习题 8.1 标准基

正交生成集的一个简单例子是 N 个标准基向量的集合。标准基的第 n 个元素是一个除了第 n 元是 1，其余元素都是零的向量：

$$\text{标准基的第 } n \text{ 个元素 } \boldsymbol{c}_n = \begin{bmatrix} 0 \\ \vdots \\ 0 \\ 1 \\ 0 \\ \vdots \\ 0 \end{bmatrix} \tag{8.41}$$ 231

这也是我们在 7.5 节中称为 one-hot 编码的向量。

使用标准基简化式(8.11)中的最佳权向量/编码公式。

习题 8.2 编码数据

重复例 8.1 中的实验，重新绘制图 8.2 中的图像。

习题 8.3 正交矩阵和特征值

证明当且仅当 $\boldsymbol{C}\boldsymbol{C}^{\mathrm{T}}$ 的非零特征值都等于 $+1$ 时，$N \times K$ 矩阵 $\boldsymbol{C}$ 是正交的。

习题 8.4　线性自动编码器的非凸性

在 $K=1$ 的情况下，对于图 8.5 左子图所示的数据集，绘制式(8.17)中的线性自动编码器在$[-5,5]\times[-5,5]$范围内的等值图。这个等值图中有多少个全局最小值？利用线性自动编码器的概念和例 8.3 的结果，描述由这些最小值表示的最佳生成向量，并与图 8.5 左子图进行比较。

习题 8.5　最小化一个小型数据集上的线性自动编码器

重复例 8.3 中的实验，重新绘制图 8.5 中的图像。编写一个利用 autograd 轻松地计算线性自动编码器的梯度的程序。

习题 8.6　生成 PCA 的基

重复例 8.4 中的实验，重新绘制图 8.7 中的图像。你可以以 8.3.4 节中给出的实现为基础。

习题 8.7　一个警告示例

重复例 8.5 中的实验，重新绘制图 8.8 中的图像。

习题 8.8　运行 K-均值算法

实现完整的 K-均值算法，并用它对图 8.13 左子图中的数据集进行适当的聚类，使用 $K=3$ 个簇质心。绘制数据集并将每个簇用不同的颜色进行着色，将聚类结果可视化。 232

习题 8.9　绘制陡坡图

重复例 8.7 中的实验，重新绘制图 8.13 右子图中的图像。

习题 8.10　交替最小化

虽然式(8.29)中的 PCA 最小二乘代价函数是非凸的，但它是双凸的，因为它在每个参数矩阵 $\boldsymbol{C}$ 和 $\boldsymbol{W}$ 中都是凸的。这种认识产生了坐标下降法(见 3.2.2 节)的一种自然扩展，称为交替最小化。该类优化方法被广泛用于求解一般的矩阵分解问题(如表 8.1 所示)。

在这种方法中，我们通过逐次分别在 $\boldsymbol{C}$ 或 $\boldsymbol{W}$ 上(另一个矩阵固定)对代价函数进行独立的最小化(至完成)，从而实现对 PCA 最小二乘代价函数的最小化。这一过程中我们先固定其中一个矩阵而对另一个进行最小化，重复此过程，直到两个矩阵的状态不再有显著变化或达到最大迭代次数时为止。

在 $\boldsymbol{C}$ 和 $\boldsymbol{W}$ 上交替完成最小化实际上可归约为依次求解两个一阶方程组，分别检查 $\boldsymbol{C}$ 和 $\boldsymbol{W}$ 中的一阶条件(见式(11.4))。写出这两个方程组。

8.9　尾注

8.9.1　自动编码器的最小值都是正交矩阵

为了证明式(8.17)中的线性自动编码器的最小值都是正交矩阵，对于线性自动编码器的第 p 个加数中的矩阵 $\boldsymbol{CC}^{\mathrm{T}}$，首先将 $\boldsymbol{CC}^{\mathrm{T}}$ 的特征值分解(见 C.4 节)替换为 $\boldsymbol{CC}^{\mathrm{T}}=\boldsymbol{VDV}^{\mathrm{T}}$，其中 $\boldsymbol{V}$ 是一个 $N\times N$ 正交向量矩阵，$\boldsymbol{D}$ 是一个 $N\times N$ 对角矩阵，其上最多有 K 个非负特征值分布在对角线的上部 K 个元素上(因为 $\boldsymbol{CC}^{\mathrm{T}}$ 是一个外积矩阵，见习题 4.2)，注意，我们假设数据是均值中心化的。

$$\|\boldsymbol{CC}^{\mathrm{T}}\boldsymbol{x}_p-\boldsymbol{x}_p\|_2^2=\|\boldsymbol{VDV}^{\mathrm{T}}\boldsymbol{x}_p-\boldsymbol{x}_p\|_2^2=\boldsymbol{x}_p^{\mathrm{T}}\boldsymbol{VDDV}^{\mathrm{T}}\boldsymbol{x}_p-2\boldsymbol{x}_p^{\mathrm{T}}\boldsymbol{VDV}^{\mathrm{T}}\boldsymbol{x}_p+\boldsymbol{x}_p^{\mathrm{T}}\boldsymbol{x}_p \tag{8.42}$$

在内积 $\boldsymbol{x}_p^{\mathrm{T}}\boldsymbol{x}_p=\boldsymbol{x}_p^{\mathrm{T}}\boldsymbol{V}\boldsymbol{V}^{\mathrm{T}}\boldsymbol{x}_p$ 之间引入 $\boldsymbol{I}_{N\times N}=\boldsymbol{V}\boldsymbol{V}^{\mathrm{T}}$，并表示为 $\boldsymbol{q}_p=\boldsymbol{V}^{\mathrm{T}}\boldsymbol{x}_p$，对于任何方阵，记 $\boldsymbol{A}^2=\boldsymbol{A}\boldsymbol{A}$，我们可以将上面公式的右侧等价地重写为

$$\boldsymbol{q}_p^{\mathrm{T}}\boldsymbol{D}\boldsymbol{D}\boldsymbol{q}_p-2\boldsymbol{q}_p^{\mathrm{T}}\boldsymbol{D}\boldsymbol{q}_p+\boldsymbol{q}_p^{\mathrm{T}}\boldsymbol{q}_p=\boldsymbol{q}_p^{\mathrm{T}}(\boldsymbol{D}^2-2\boldsymbol{D}+\boldsymbol{I}_{N\times N})\boldsymbol{q}_p=\boldsymbol{q}_p^{\mathrm{T}}(\boldsymbol{D}-\boldsymbol{I}_{N\times N})^2\boldsymbol{q}_p \quad (8.43)$$

其中最后一个等式由平方运算得到。

233

对每个加数执行此操作，式(8.17)中的线性自动编码器可以等价地表示为

$$g(\boldsymbol{C})=\sum_{p=1}^{P}\boldsymbol{q}_p^{\mathrm{T}}(\boldsymbol{D}-\boldsymbol{I}_{N\times N})^2\boldsymbol{q}_p \quad (8.44)$$

由于 $\boldsymbol{D}$ 中的元素是非负的，容易看出这个量对于 $\boldsymbol{C}$ 是最小的，满足 $g(\boldsymbol{C})=(N-K)\sum_{p=1}^{P}\boldsymbol{x}_p^{\mathrm{T}}\boldsymbol{x}_p$，其中 $\boldsymbol{D}_{K\times K}$($\boldsymbol{D}$ 的上部 $K\times K$ 部分)恰好是单位矩阵。换句话说，线性自编码器在矩阵 $\boldsymbol{C}$ 中被最小化，其中 $\boldsymbol{C}\boldsymbol{C}^{\mathrm{T}}$ 的所有非零特征值都等于+1，只有具备此性质的矩阵是正交的(见习题 8.3)。

8.9.2　主成分的形式推导

要推导式(8.17)中线性编码器的经典的主成分分析解，我们需要检查代价函数的一个加数，假设 $\boldsymbol{C}$ 是正交的。扩展第 p 个加数，则有

$$\|\boldsymbol{C}\boldsymbol{C}^{\mathrm{T}}\boldsymbol{x}_p-\boldsymbol{x}_p\|_2^2=\boldsymbol{x}_p^{\mathrm{T}}\boldsymbol{C}\boldsymbol{C}^{\mathrm{T}}\boldsymbol{C}\boldsymbol{C}^{\mathrm{T}}\boldsymbol{x}_p-2\boldsymbol{x}_p^{\mathrm{T}}\boldsymbol{C}\boldsymbol{C}^{\mathrm{T}}\boldsymbol{x}_p+\boldsymbol{x}_p^{\mathrm{T}}\boldsymbol{x}_p \quad (8.45)$$

然后假设 $\boldsymbol{C}^{\mathrm{T}}\boldsymbol{C}=\boldsymbol{I}_{K\times K}$，它就可以等价地表示为

$$-\boldsymbol{x}_p^{\mathrm{T}}\boldsymbol{C}\boldsymbol{C}^{\mathrm{T}}\boldsymbol{x}_p+\boldsymbol{x}_p^{\mathrm{T}}\boldsymbol{x}_p=-\|\boldsymbol{C}^{\mathrm{T}}\boldsymbol{x}_p\|_2^2+\|\boldsymbol{x}_p\|_2^2 \quad (8.46)$$

由于我们的目的是最小化上述形式的项的总和，且数据点 $\boldsymbol{x}_p$ 是固定的，且不包含我们最小化时用到的 $\boldsymbol{C}$，所以最小化左边的原始加数等价于只最小化右边的第一项 $\|\boldsymbol{C}^{\mathrm{T}}\boldsymbol{x}_p\|_2^2$。对这些项求和(其第 p 项可以分解表示为我们要学习的每个基元素)，得到

$$-\|\boldsymbol{C}^{\mathrm{T}}\boldsymbol{x}_p\|_2^2=-\sum_{n=1}^{K}(\boldsymbol{c}_n^{\mathrm{T}}\boldsymbol{x}_p)^2 \quad (8.47)$$

这给出了下面等价的代价函数，需要针对理想的正交基进行最小化：

$$g(\boldsymbol{C})=-\frac{1}{P}\sum_{p=1}^{P}\sum_{n=1}^{K}(\boldsymbol{c}_n^{\mathrm{T}}\boldsymbol{x}_p)^2 \quad (8.48)$$

通过研究线性自动编码器代价函数的这种归约形式，我们可以看到它在基向量 $\boldsymbol{c}_n$ 上完全分解，即在 $i\neq j$ 时不存在 $\boldsymbol{c}_i$ 和 $\boldsymbol{c}_j$ 相互影响的项。从实践的角度来看，这意味着我们可以一次优化正交基的一个元素。颠倒上面加数的顺序，可以在整个数据集中分离出每个基元素，将上式等价地表示为

234

$$g(\boldsymbol{C})=-\frac{1}{P}\sum_{n=1}^{K}\sum_{p=1}^{P}(\boldsymbol{c}_n^{\mathrm{T}}\boldsymbol{x}_p)^2 \quad (8.49)$$

现在我们可以考虑在最小化代价函数时每次处理一个基元素。从 $\boldsymbol{c}_1$ 开始，我们首先仅分离上面的那些相关项，它们由 $-\frac{1}{P}\sum_{p=1}^{P}(\boldsymbol{c}_1^{\mathrm{T}}\boldsymbol{x}_p)^2$ 组成。由于求和式前面有一个负号，所以这与最大化其负值是一样的，表示为

$$h(\boldsymbol{c}_1)=\frac{1}{P}\sum_{p=1}^{P}(\boldsymbol{c}_1^{\mathrm{T}}\boldsymbol{x}_p)^2 \quad (8.50)$$

由于基被限制为正交的，因此特定的基元素 $\boldsymbol{c}_1$ 被限制为具有单位长度。从统计角度

来讲，式(8.50)度量数据集在 $\boldsymbol{c}_1$ 定义的方向上的方差。注意，由于数据被假设为均值中心化的，因此该数值恰好是方差。由于我们的目的是最大化这一个量，所以也可以用样本统计术语来描述优化：我们的目的是得到一个指向数据集中最大方差方向的基向量 $\boldsymbol{c}_1$。

要确定上述函数的最大值或确定数据中最大方差的方向，我们可以通过按列堆叠(均值中心化的)数据点 x_p(构成式(8.18)中的 $N\times P$ 的数据矩阵 $\boldsymbol{X}$)来重新表示上述公式，得到等价的公式如下：

$$h(\boldsymbol{c}_1)=\frac{1}{P}\boldsymbol{c}_1^{\mathrm{T}}\boldsymbol{X}\boldsymbol{X}^{\mathrm{T}}\boldsymbol{c}_1=\boldsymbol{c}_1^{\mathrm{T}}\left(\frac{1}{P}\boldsymbol{X}\boldsymbol{X}^{\mathrm{T}}\right)\boldsymbol{c}_1 \tag{8.51}$$

上述公式就是所谓的瑞利商，其最大值可以表示成基于矩阵 $\boldsymbol{X}\boldsymbol{X}^{\mathrm{T}}$(等式中间项)或矩阵 $\frac{1}{p}\boldsymbol{X}\boldsymbol{X}^{\mathrm{T}}$(等式右边项)的特征值/特征向量分解的封闭代数形式。因为统计学上可以将矩阵 $\frac{1}{p}\boldsymbol{X}\boldsymbol{X}^{\mathrm{T}}$ 解释为数据的协方差矩阵，所以更常见的是使用等式右边的特定代数表示。

因此，用 $\boldsymbol{v}_1$ 和 d_1 表示对应的特征向量和 $\frac{1}{p}\boldsymbol{X}\boldsymbol{X}^{\mathrm{T}}$ 的最大特征值，当 $\boldsymbol{c}_1=\boldsymbol{v}_1$ 时，上式有最大值，其中 $h(\boldsymbol{v}_1)=d_1$——这也是该方向上的方差。在机器学习的术语中，$\boldsymbol{v}_1$ 称为数据的第一主成分。

235 有了第一个基向量，我们就可以继续确定理想正交生成集的第二个元素。从上式分离出相关项，并按照相同的思路，得到了看上去熟悉的函数：

$$h(\boldsymbol{c}_2)=\frac{1}{P}\sum_{p=1}^{P}(\boldsymbol{c}_2^{\mathrm{T}}\boldsymbol{x}_p)^2 \tag{8.52}$$

这是我们要进行最大化的函数，从而得到第二个基向量。该公式与上述第一个基向量的对应公式一样，具有相同的统计解释。在这里，它同样是计算 $\boldsymbol{c}_2$ 方向上的数据方差。由于我们的目的是最大化——假设 $\boldsymbol{c}_1$ 已经解出且由于正交假设 $\boldsymbol{c}_1^{\mathrm{T}}\boldsymbol{c}_2=0$——此处的统计学解释是我们要找到数据中第二大的方差正交方向。

公式也可以写成紧凑的向量：矩阵形式 $h(\boldsymbol{c}_2)=\boldsymbol{c}_2^{\mathrm{T}}\left(\frac{1}{p}\boldsymbol{X}\boldsymbol{X}^{\mathrm{T}}\right)\boldsymbol{c}_2$，且它的最大值(假定限制为正交基意味着一定有 $\boldsymbol{c}_1^{\mathrm{T}}\boldsymbol{c}_2=0$)同样可以利用协方差矩阵 $\frac{1}{p}\boldsymbol{X}\boldsymbol{X}^{\mathrm{T}}$ 的特征值/特征向量分解表示为封闭形式。这里，按相同的分析可以得到 $\boldsymbol{c}_1$ 的合适形式，这表明当 $\boldsymbol{c}_2=\boldsymbol{v}_2$ 时上式的最大值存在，$\boldsymbol{v}_2$ 是与其第二大特征值 d_2 相关的 $\frac{1}{p}\boldsymbol{X}\boldsymbol{X}^{\mathrm{T}}$ 的特征向量，则该方向上的方差为 $h(\boldsymbol{v}_2)=d_2$。这个理想的基元素/方向称为数据的第二主成分。

更一般地，在对理想正交基的第 n 个成员进行相同分析之后，我们希望对下面的公式进行最大化：

$$h(\boldsymbol{c}_n)=\frac{1}{P}\sum_{p=1}^{P}(\boldsymbol{c}_n^{\mathrm{T}}\boldsymbol{x}_p)^2 \tag{8.53}$$

与上述前两种情况一样，最大化这个量的期望可解释为发现数据第 n 个正交方向的方差。按照相同的讨论，将上式更紧凑表示为 $h(\boldsymbol{c}_n)=\boldsymbol{c}_n^{\mathrm{T}}\left(\frac{1}{p}\boldsymbol{X}\boldsymbol{X}^{\mathrm{T}}\right)\boldsymbol{c}_n$，我们可以证明 $\boldsymbol{c}_n=\boldsymbol{v}_n$，其中 $\boldsymbol{v}_n$ 是 $\frac{1}{p}\boldsymbol{X}\boldsymbol{X}^{\mathrm{T}}$ 的第 n 个特征向量，与其第 n 个最大特征值 d_n 相关。同时，这里的样本方差可以利用特征值 $h(\boldsymbol{c}_n)=d_n$ 表示。这个学习到的元素/方向称为数据的第 n 个主成分。

236

特征工程和特征选择

9.1 引言

在本章中，我们将讨论特征工程和特征选择的原理。

特征工程方法由一系列技术组成，在对数据使用监督或无监督模型之前，先对数据应用这些技术。其中有一些工具(比如在9.3～9.5节中描述的特征缩放技术)能恰当地对输入数据进行归一化，并为学习提供了一致的预处理渠道，可极大地提高许多局部优化方法的效率。

特征工程另一个分支重点关注数据变换，这些变换从原始输入数据中提取有用信息。例如，在二分类的情况下，这些工具旨在提取数据集的关键元素，以确保同类中的实例被视为“相似的”，而不同类的实例被视为“不相似的”。设计这样的工具通常需要丰富的领域知识和处理该类型数据的经验。然而，我们将看到直方图特征转换这个简单的概念，它是一个用于类别数据、文本数据、图像数据和音频数据等各种数据类型的特征工程工具。在9.2节中，我们将对这种流行的特性工程方法进行概述。

人通常是机器学习范式中一个不可分割的组成部分，个人能够解释机器学习模型或从机器学习模型中获得洞察力是至关重要的。对于人来说，一个模型的性能是一种常见且相对容易解释的度量标准：模型是否提供良好[㊀]的预测结果？有时候，知道哪个输入特征与获得强大的性能最相关是非常有用的，因为它可以帮助我们完善对当前问题本质的理解。这是通过所谓的特征选择来实现的。在9.6节和9.7节中，我们将讨论两种流行的特征选择方法：提升法和正则化。

特征选择可以被认为是一种有监督降维技术，它减少了回归或分类中涉及的特征的数量，使生成的模型更易于人类理解。图9.1的左子图展示了这个概念的抽象说明，并与主成分分析和聚类(前一章介绍的两种无监督学习技术)的结果进行了图示比较。与特征选择相反，当应用主成分分析(见8.3节)来降低数据集的维度时，它通过学习一组新的(更小的)特征集来减少数据集的维度，从而可以公平地表示数据集。类似地，任何聚类技术(如8.5节中介绍的K-均值)都可以学习新的表示形式，以减少数据集中的数据点的数目。

9.2 直方图特征

直方图是一种虽然极为简单但非常有用的方法，可用于对数组的内容进行汇总表示。在本节中，我们将了解直方图是如何成为为常见输入数据类型(包括分类、文本、图像和音频等数据类型)设计特征时的重点的。尽管这些数据类型在本质上有很大的不同，但我们将看到基于直方图的特征的概念在每种情况下都是有意义的。这一讨论旨在让读者对常用的基于直方图的特征方法的工作原理有一个深入直观的理解。感兴趣的读者可查阅(本节所引用的)每种数据类型的专业文献来进一步研究。

237～238

㊀ 例如，这里的“好”是指学习器在准确率、错误等方面达到了一个公认的基准值。

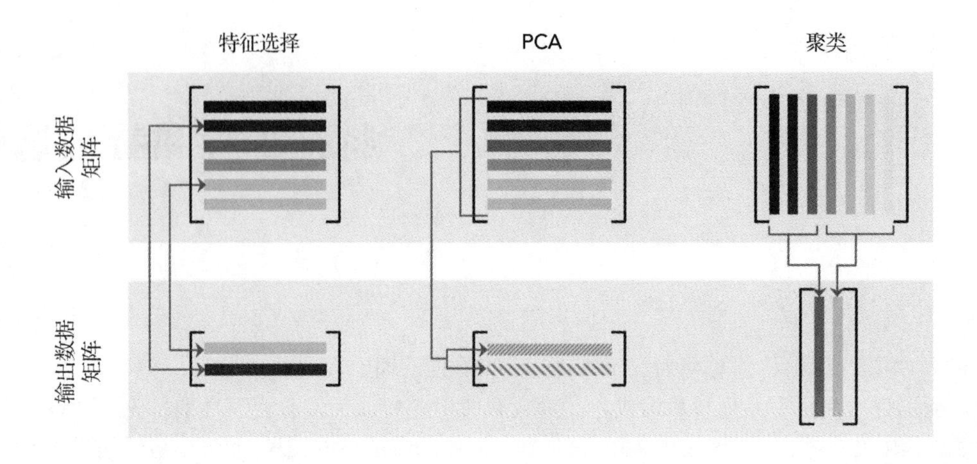

图 9.1　在任意数据矩阵上对比特征选择、主成分分析和聚类等典型的降维方案，就像监督/无监督学习一样，其行代表特征，列代表单个数据点。前两种方法是对特征空间维度进行缩减，即对数据矩阵的行数进行缩减。然而，这两种方法的工作原理不同：特征选择直接选取原始矩阵要保留的行，而主成分分析是利用特征空间的几何特征生成一个低维特征空间上的新数据矩阵。另外，K-均值减少了数据的维度/数据点的数量，相当于减少了输入数据矩阵中的列数。它通过寻找输入数据的较少量的新平均代表或"质心"来构造一个新的数据矩阵，新矩阵包含更少的列，这些列(没有在原始数据矩阵中出现)正是它们的质心

9.2.1　分类数据的直方图特征

每一种机器学习范式都要求我们处理的数据严格地由数值型的值构成。然而，原始数据并不总是以这种方式出现。例如，假设有一个医疗数据集，其中包含几个患者的重要测量数据，如血压、血糖水平和血型。前两个特征(即血压和血糖水平)自然是数字的，因此可以用于有监督或无监督学习。血型是一种分类特征，值为 O、A、B 和 AB。在应用任何机器学习算法之前，需要将这样的分类特征转换成数值。

首先，一种直观的方法是用不同的实数来表示每种血型，例如，将 0 分配给 O 型血，1 分配给 A 型血，2 分配给 B 型血，3 分配给 AB 型血，如图 9.2 左上子图所示。在这里，我们为每个类别分配数字的方式很重要。在这个特殊的例子中，将 1 分配给 A，2 分配给 B，3 分配给 AB，并由于数字 3 更接近数字 2 而不是数字 1，于是我们无意中向数据集中注入了这样的假设，即与 A 型血比较，AB 型血与 B 型血更相似。有人可能会认为，将表示类别 B 和 AB 的数字互换更合适，这样 AB 就位于 A 和 B 之间(因此距离相等)，如图 9.2 右上子图所示。然而，随着这种血型的重新分配，O 型血现在被解释为与 B 型血有很大的不同，这种假设在现实中可能是真的，也可能是假的。

问题的关键在于，任何一组数字都有一个自然顺序，通过使用这些值，我们不可避免地将现有类别的相似性或差异性假设注入数据中。在大多数情况下，我们都希望避免做出这种能从根本上改变问题几何结构的假设，特别是当缺乏判断不同类别之间相似性的直觉或知识时。

一种更好的对分类特征进行编码的方法可以避免这个问题，那就是使用直方图，其中的条形柱是出现在感兴趣的分类特征中的所有类别。在血型的例子中，一个 O 型血的个体不再用一个单一的数字来表示，而是用一个有四个条形柱的直方图来表示，图中除了表示 O 型血的条形柱为 1 外，其余都为零。用类似的方法表示其他血型的个体，如图 9.2 底排

子图所示。这样，所有的血型表示(每个都是一个带有单个 1 和三个 0 的四维向量)都是几何上彼此等距的。这种分类特征的编码方法有时称为 one-hot 编码(参见 6.7.1 节)。 239

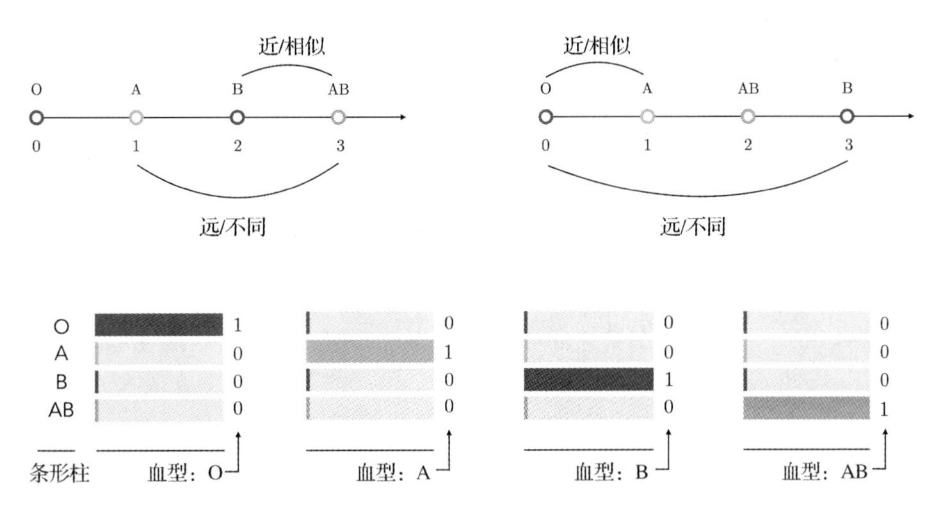

图 9.2　血型转换为数值特征(顶排子图)和基于直方图的特征(底排子图)。详细内容参见正文

9.2.2　文本数据的直方图特征

机器学习的许多流行应用，包括情感分析、垃圾邮件检测、文档分类或聚类，都是基于文本数据的，比如在线新闻文章、电子邮件、社交媒体帖子等。然而，对于文本数据而言，在输入任何机器学习算法之前，初始输入(即文档本身)都需要进行大量的预处理和特征变换。对于机器学习任务来说，一种非常基本而且被广泛使用的文档特征变换方法称为词袋(简称 BoW)直方图或特征向量。这里我们将介绍 BoW 直方图，并讨论它的优缺点和常见的扩展。

一篇文档的 BoW 特征向量是一个简单的直方图，它首先对单个语料库或文档集合中所包含的不同单词进行计数，然后去掉那些(在具体应用中)不能描述文档特征的无辨义作用的词。

为了说明这一思想，我们为以下两个简单文本文档的语料库构建 BoW 表示，其中每个文本文档由一个单句子组成。

1. `dogs are the best`
2. `cats are the worst`　　(9.1)

为了对这些文档进行 BoW 表示，我们首先对它们的语义进行分析。创建表示向量(直方图)$\boldsymbol{x}_1$ 和 $\boldsymbol{x}_2$，这两个向量包含每个单词在每篇文档中出现的次数。图 9.3 描述了这两个文档的 BoW 向量。 240

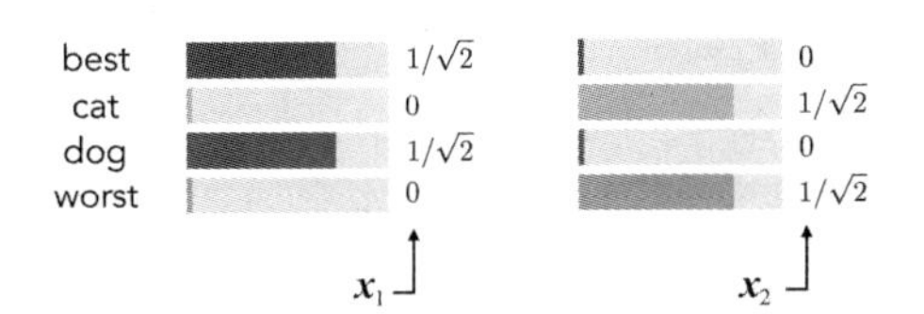

图 9.3　式(9.1)中两个示例文档的词袋直方图特征。详细内容参见正文

注意，在创建 BoW 直方图时，那些不提供信息的单词(例如“are”和“the”)通常被称为停用词，它们不会出现在最终表示中。还要注意，我们对单数形式的“dog”和“cat”进行计数，从而代替出现在原始文档中的相应复数。这个预处理步骤通常称为词干提取，其中具有共同词干或词根的相关单词将被简化为它们的共同词根(并由词根表示)。例如，单词“learn”“learning”“learned”和“learner”在最终的 BoW 特征向量中都算作“learn”。另外，每个 BoW 向量都被归一化为具有单位长度的向量。

由于 BoW 向量只包含非负分量并且都为单位长度，所以两个 BoW 向量 $\boldsymbol{x}_1$ 和 $\boldsymbol{x}_2$ 之间的内积总是在 0～1 之间，即 $0\leqslant\boldsymbol{x}_1^{\mathrm{T}}\boldsymbol{x}_2\leqslant 1$。该内积或相关性可作为两个 BoW 向量之间相似度的粗略几何度量。例如，当两个文档由完全不同的单词组成时，其相关性正好为零，并且它们的 BoW 向量相互垂直，我们认为这两个文档是极为不同的。这就是图 9.3 中的 BoW 向量。另外，两个 BoW 向量之间的相关性越高，它们各自表示的文档就越相似。例如，文档“ I love dogs”的 BoW 向量与文档“I love cats”的 BoW 向量有很大的正相关性。

因为 BoW 向量只是文档的简单表示，完全忽略了词序、标点符号等，所以它只能提供文档内容的粗略总结。例如，两个文档“dogs are better than cats”和“cats are better than dogs”使用 BoW 表示时将被认为是完全相同的文档，但它们表示完全相反的含义。尽管如此，对于许多应用来说，BoW 提供的粗略总结具有足够的分辨力。此外，虽然可以使用更复杂的文档表示(捕捉词序、词性等)，但它们往往很难处理(参见参考文献[32])。 241

例 9.1 情感分析

基于产品评论、tweets 和社交媒体评论等文本类的内容来确定客户群体的总体感受，通常被称为情感分析。分类模型常用于情感分析，学习识别具有正面或负面情绪的客户数据。

例如，图 9.4 的上部子图展示了对一部有争议的喜剧电影的两条简短评论的 BoW 向量表示，其中，一条是正面评论，另一条是负面评论。在此图中，BoW 向量向两侧延伸，以便横轴包含两个句子的共同词(删除停用词并进行词干提取之后)。这两个截然相反的观点在它们的 BoW 表示中得到了完美的体现，正如你所看到的，它们确实是垂直的(即，它们没有相关性)。一般来说，两个具有相反情绪的文档不需要总是相互垂直才能进行有效的情感分析，即使理想情况下我们期望它们的相关性较小，如图 9.4 的底部子图所示。

例 9.2 垃圾邮件检测

在许多垃圾邮件检测器(见例 1.8)中，BoW 特征向量由“free”“guarantee”“bargain”“act now”“all natural”等常见的垃圾邮件单词(或短语)组成。另外，一些特征如某些字符(如！和 *)的频率会被附加在 BoW 特征的后面，目标垃圾邮件的其他特征——如电子邮件中大写字母的总数和最长的连续大写字母序列的长度——也会被附加到 BoW 特征中，因为这些特性可以进一步区分垃圾邮件和正常邮件。

在图 9.5 中，我们展示了一个垃圾邮件数据集(见例 6.10)的分类结果，该数据集由词袋(BoW)、字符频率和其他聚焦于垃圾邮件的特征组成。使用二分类 Softmax 代价函数(见 7.3 节)学习分隔符，图中展示了牛顿法中每次迭代产生的误分类的数量(见 4.3 节)。更具体地说，这些分类结果都针对同一个数据集。其中，第一种分类只使用 BoW 特征，第二种分类使用 BoW 和字符频率，第三种分类使用 BoW/字符频率以及聚焦于垃圾邮件的特征。毫无疑问，增加字符频率能改善分类效果，当再加上聚焦于垃圾邮件的特征时，分类效果达到最佳。

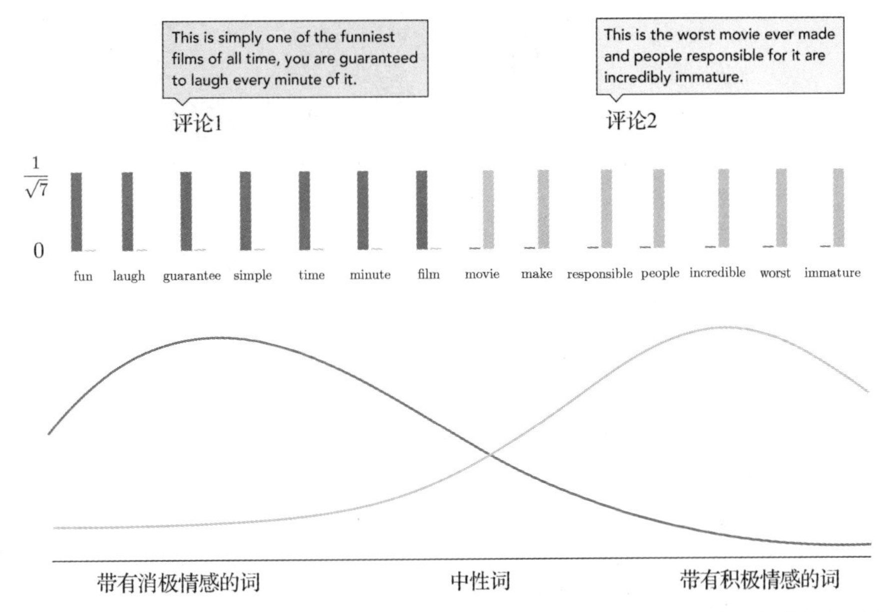

图 9.4 与例 9.1 对应的图。(上部子图)两部电影评论摘要的 BoW 表示，在横轴上列出两个评论之间共有的单词(删除停用词并进行词干提取之后)。BoW 直方图很好地反映了每个评论的不同意见，它们之间的相关性为零。(底部子图)一般而言，理想情况下，具有积极情感的典型文档的 BoW 直方图与具有消极情感的典型文档的 BoW 直方图相关性较小

242

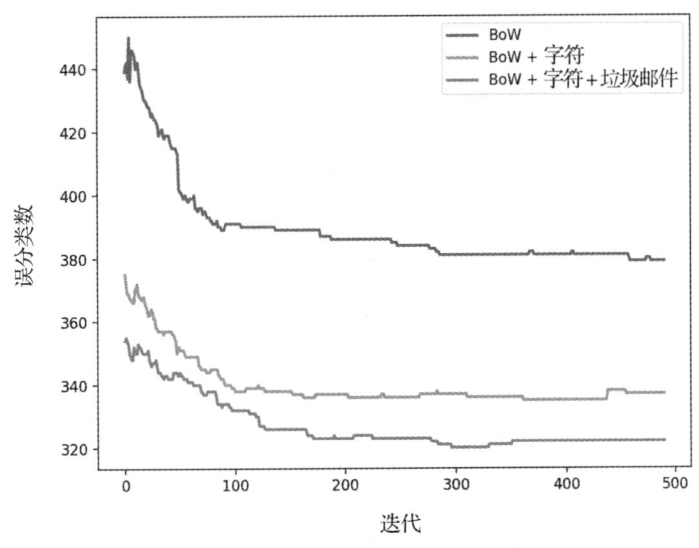

图 9.5 与例 9.2 对应的图。详细内容参见正文

9.2.3 图像数据的直方图特征

243

对图像数据执行有监督/无监督学习任务，如目标检测或图像压缩，原始输入数据为图像本身的像素值。8 位灰度图像的像素值为 0(黑色)到 255(白色)之间的单个整数，如图 9.6 所示。换句话说，一幅灰度图像只是一个从 0 到 255 的整数矩阵。一幅彩色图像就是由三个这样的灰度矩阵组成的集合，分别对应红、蓝、绿通道。

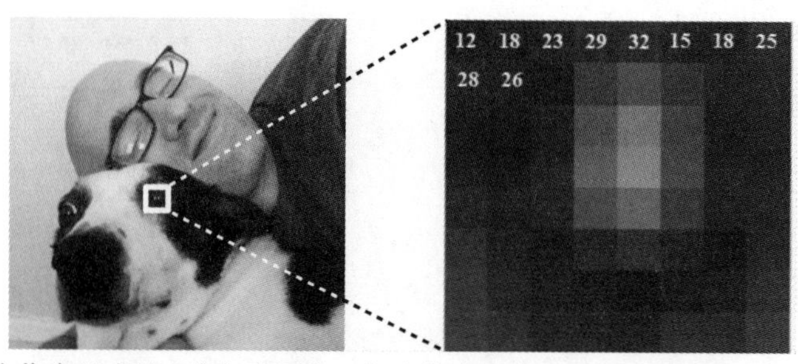

图 9.6 一张由像素组成的 8 位灰度图像，每个像素的值在 0(黑色)到 255(白色)之间。为使单个像素可见，右图放大了原始图像中一个 8×8 的小块

虽然可以直接使用原始像素值作为特征，但对机器学习任务而言，像素值本身通常不具有足够的区分度。在图 9.7 中我们用一个简单的例子来说明为什么会出现这种情况。考虑此图左列所示的三幅图形。前两个是相似的三角形，而第三个是正方形。我们想要一组理想的特征来反映前两幅图像的相似性以及它们与最后一幅图像的区别。然而，由于其相对大小、在图像上的位置，以及图像本身的对比度(有较小三角形的图像整体色调较暗)，如果我们使用原始像素值比较图像(对比每两幅图像之间的差异)，会发现正方形和较大的三角形比两个三角形本身更相似[⊖]。这是因为，对于第一张和第三张图像而言，它们的对比度和位置相同，因此它们的像素值的相似度确实高于两个三角形图像像素值的相似度。

在图 9.7 的中间列和右列中，我们描述了一个两步骤的过程，该过程产生了我们想要的具有区别度的特征变换。在第一步中，我们将视角从像素本身转移到每个像素的边缘内容。通过使用边缘而不是像素值，在不破坏图像的识别结构的情况下显著减少了必须处理的图像信息量。在图的中间一列展示了相应的边缘检测图像，特别显示了 8 个按等角度隔开的边缘方向，这些方向从 0 度(水平边缘)开始，包括另外 7 个各自间隔 22.5 度的方向，其中有(分别捕捉到三角形的对角边和垂直边的)45 度和 90 度。显然，边缘保留了与原始图像的区别特征，同时显著减少了每种情况下的总信息量。

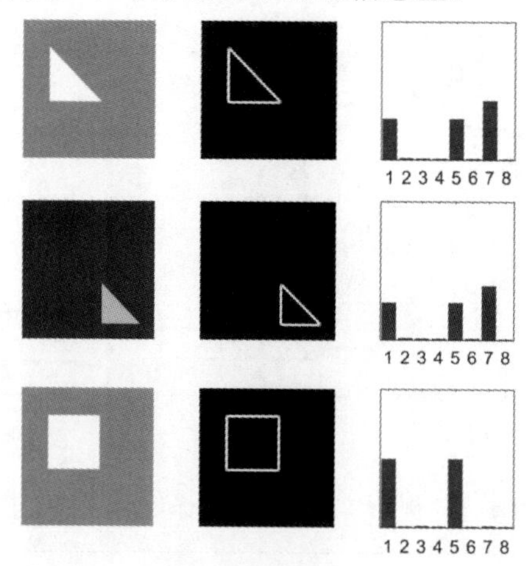

图 9.7 (左列)三个简单形状的图像。虽然顶部的两幅图像中的三角形看起来相似，但是这种相似性并不能通过比较它们的原始像素值体现出来。(中间列)原始图像的边缘检测版本，这里使用 8 个边缘方向，保留了可区分的结构内容，同时显著减少了每张图像的信息量。(右列)通过绘制图像的边缘内容的归一化直方图，我们得到了一个能够很好地捕捉到这两个三角形相似度的特征表示，同时能将它们与正方形区分开来。详细内容参见正文

⊖ 即如果用 $\boldsymbol{X}_i$ 表示第 i 幅图，则会发现 $\|\boldsymbol{X}_1-\boldsymbol{X}_3\|_F<\|\boldsymbol{X}_1-\boldsymbol{X}_2\|_F$。

然后对每张图像边缘内容的直方图进行归一化(如图9.7右列所示)，即创建一个由每个边缘方向在图像中出现的次数组成的向量(直方图的纵轴)，并将其归一化，使它具有单位长度。这与前面介绍的文本数据的BoW特征表示类似，边缘方向的计数类似于文本数据中的“单词”计数。这里我们还用一个归一化的直方图来粗略地表示一幅图像，忽略其信息的位置和顺序。然而，如图9.7的右列子图所示(与原始像素值不同)，这些直方图特征向量捕获了每幅图像的特征信息，其中最上面的两幅三角形图像具有非常相似的直方图，并且都与第三幅正方形图像有显著的差异。

244～245

将这个简单的边缘直方图的概念一般化，可广泛用于视觉对象识别的特征转换。视觉对象识别的目标是定位感兴趣的对象(比如，人脸识别软件或无人驾驶汽车中的行人识别)，或者需要在多个图像之间区分不同对象(比如，手写数字识别和猫狗分类)。这是由于这样的事实：边缘内容往往保留复杂图像的结构(如图9.8所示)，同时大大减少了图像中的信息量[33,34]。这幅图像中的大部分像素不属于任何边缘，但是仅凭边缘我们仍然可以知道图像内容。

图9.8　(左子图)一幅自然图像(图为电视剧《South Park》的两位创作者，此图像经Jason Marck许可复制)。(右子图)左子图的边缘检测版本只使用原始图像中包含的一小部分信息仍然可以很好地描述场景(从这个意义上说，我们仍然可以分辨出图像中有两个人)，其中明亮的像素表示较大的边缘内容。注意，标识边缘只是为了便于识别

然而，对于这样复杂的图像，保持局部信息(较小区域的图像特征)变得非常重要。因此，一种扩展边缘直方图特征的自然方法不是在整个图像上计算，而是将图像分割成相对较小的块(patch)，然后计算每个块的边缘直方图，最后将每块的结果连接起来。在图9.9中，我们展示了该技术在实际中经常使用的一种变型：相邻块的直方图在较大的块中联合归一化（例如，见参考文献[5,35,36,37,38]）。

有趣的是，这种基于边缘的直方图特征设计模仿了许多动物处理视觉信息的方式。神经科学家在青蛙、猫和灵长类动物身上进行了大量视觉研究，在这些研究中，他们对研究对象进行视觉刺激，同时在处理视觉信息的大脑小区域中记录电脉冲，神经科学家已经确定所涉及的单个神经元大致是通过识别边缘来工作的[39,40]。因此，每个神经元就像一个小的“边缘检测器”，在图像中定位特定方向和宽度的边缘，如图9.10所示。人们认为，通过组合并处理这些边缘检测的图像，人类和其他哺乳动物就可以“看到”这些图像。

246

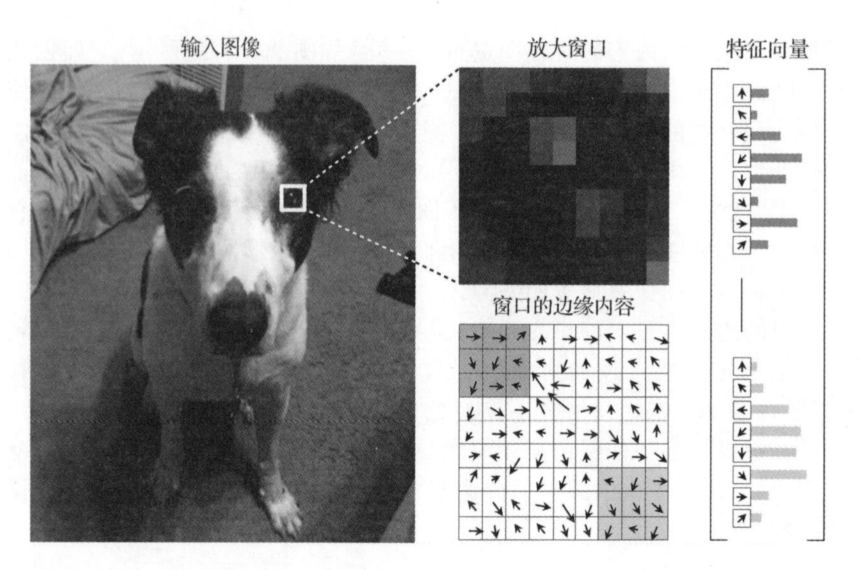

图 9.9　常用于目标检测的一种广义边缘直方图特征变换的图形表示。将一张输入图像分解为多个小块(这里是 9×9)，再将每个小块分成更小的不重叠的块(这里是 3×3)，然后对每个较小的块计算其边缘直方图。然后将得到的直方图连接起来并进行归一化，生成整个块的特征向量。通过扫描整个图像的块窗口连接所有的块特征，得到最终的特征向量

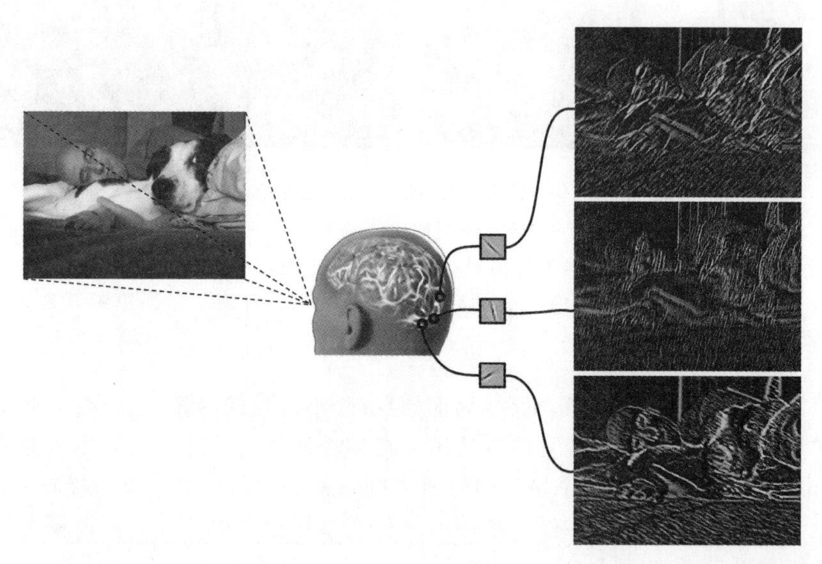

图 9.10　视觉信息在大脑的一个区域中进行处理，在该区域中，每个神经元在观察到的场景中检测特定方向和宽度的边缘。人们认为，我们(和其他哺乳动物)“看到”的是这些边缘检测图像经过处理后的插值图像

例 9.3　手写数字识别

在这个例子中，我们讨论手写数字识别问题(见例 1.10)。对于 MNIST 手写数字识别数据集(见例 7.10)中的 P=50 000 个原始数据点(基于像素)，比较小批量梯度下降法分别在原始数据集和由该数据集中抽取出的基于边缘直方图的特征上的训练有效性，这里对多分类 Softmax 代价函数进行最小化时采用的设置为 20 步/世代，学习率 $\alpha=10^{-2}$，每批次大小为 200。

图 9.11 的左子图和右子图以黑色曲线绘出了从代价函数和优化运行产生的误分类历史看，按以上设置在原始数据上运行后的有效性。同一图中，灰色曲线展示了在相同数据集的边缘特征提取版本上进行相同运行的结果。在这里，我们可以看到极大的性能差距，特别是右子图展示的误分类的结果，其在性能上的差异达到近 4000 个误分类(这显然支持基于边缘的特征上的运行)。 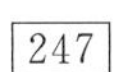

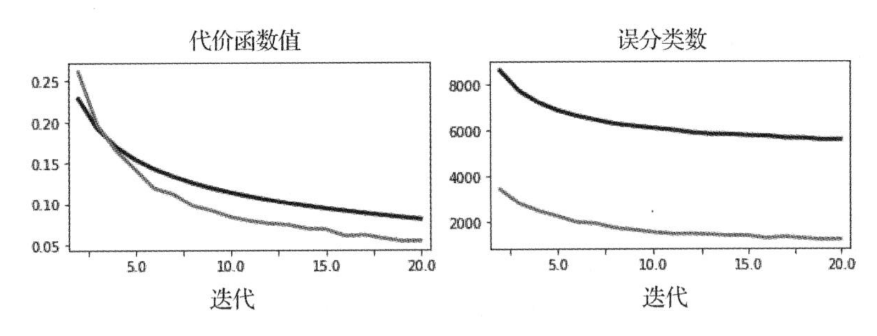

图 9.11 与例 9.3 对应的图。详细内容参见正文

9.2.4 音频数据的直方图特征

与图像一样，原始格式的音频信号没有足够的区分度，无法用于基于音频的分类任务(比如语音识别)，所以仍然需要使用设计合理的基于直方图的特征。对于音频信号而言，其频率的直方图(也称为频谱)提供了其内容的可靠摘要。如图 9.12 所示，音频信号的频谱以直方图的形式记录不同程度的频率或振荡的强度。这是通过将语音信号分解成一组频率不断增加的正弦波实现的，其中每个正弦波上的权值代表原始信号中该频率的强度。每个振荡级类似于图像情形下的边缘方向，或类似于 BoW 文本特征情形下的单个单词。 248

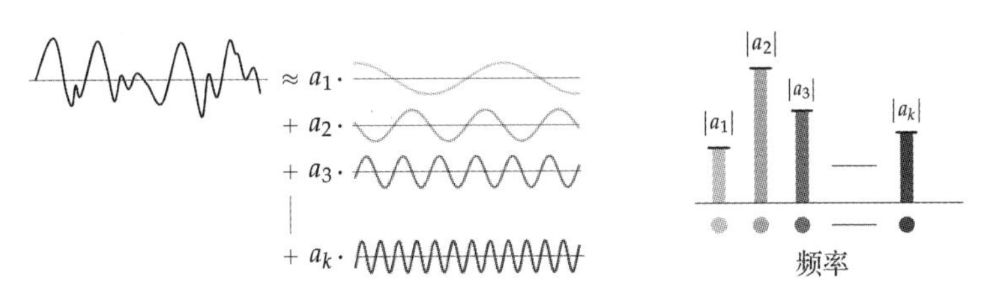

图 9.12 一种音频信号的图形表示及其频率直方图或频谱表示。(左子图)一个音频信号可以分解为多个具有不同程度的频率(或振荡)的简单正弦信号的线性组合。(右子图)包含音频信号中每个正弦波的强度的频率直方图

与图 9.9 中的图像数据一样，在音频信号的重叠窗口上计算频率直方图(如图 9.13 所示)，会产生一个保留重要局部信息的特征向量，这是语音识别中常用的特征转换方法，称为频谱图[41,42]。在这类特征变换的实际实现中，通常也对分窗口的直方图作进一步处理(比如，强调人耳最佳识别的声音频率)。

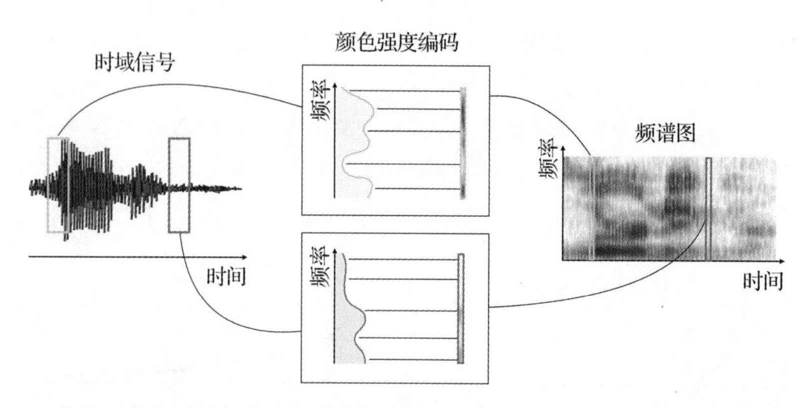

图 9.13　一种基于直方图特征的音频数据示意图。原始的语音信号(左子图)被分解成小的(重叠的)窗口，其频率直方图经计算并垂直叠加，从而产生频谱图(右子图)

9.3　通过标准归一化实现特征缩放

在本节中，我们将介绍一种在机器学习中流行的输入归一化方法，即通过标准归一化进行特征缩放。这种特征工程方案为学习过程提供了许多好处：与局部优化算法、特殊的一阶方法一起使用时可以显著提高学习速度。因此，这种特征工程方法也可以被认为是一种优化技巧，它极大地提高了最小化几乎所有机器学习模型的能力。

249

9.3.1　标准归一化

数据集输入特征的标准归一化是一个非常简单的两步骤过程。第一步为均值中心化，第二步利用其标准差的倒数对每个输入特征进行缩放。若以代数式描述，则按下式通过替换 $\boldsymbol{x}_{p,n}$(输入点 $\boldsymbol{x}_p$ 的第 n 个坐标)对数据集中的第 n 个输入特征进行归一化：

$$\frac{x_{p,n}-\mu_n}{\sigma_n} \tag{9.2}$$

其中，μ_n 和 σ_n 是沿数据的第 n 维计算得到的均值和标准差，分别定义为

$$\begin{aligned}\mu_n &= \frac{1}{P}\sum_{p=1}^{P}x_{p,n}\\ \sigma_n &= \sqrt{\frac{1}{P}\sum_{p=1}^{P}(x_{p,n}-\mu_n)^2}\end{aligned} \tag{9.3}$$

对每个输入维度 $n=1, \cdots, N$ 进行这个(完全可逆)过程。注意，如果存在 n 使得 $\sigma_n=0$，由于除数为 0，所以式(9.2)中的标准归一化没有定义。但是，在这种情况下，对应的输入特征是多余的，因为这意味着第 n 个特征在整个数据中是相同的常数值。这样的特征应该在一开始就从数据集中删除，因为在任何机器学习模型中都无法从它的存在中学到任何东西。

一般说来，标准归一化改变了机器学习代价函数的形状，使其等值线看起来更“圆润”。图 9.14 描述了这一想法，在上排子图中，我们展示了一个典型的 $N=2$ 维的数据集(左上子图)及其标准归一化版本(右上子图)。在输入数据空间中，标准归一化生成原始数据集更紧凑的形式。同时，如底排子图所示，与标准归一化数据相关的通用代价函数的等值线比与原始非归一化数据相关的通用代价函数的等值线更圆润。

250

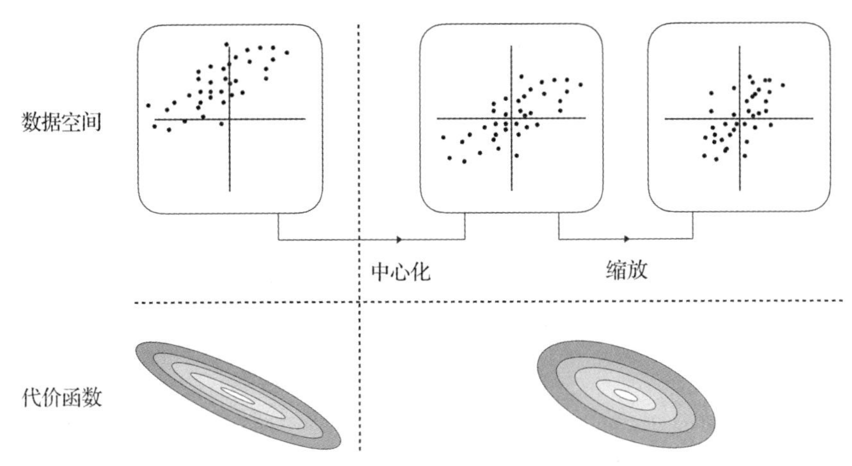

图 9.14　标准归一化图示。一般数据集的输入空间(左上子图)和它的均值中心化(上排中间子图)及缩放版本(右上子图)。底排子图展示与此数据对应的典型代价函数，经过标准归一化之后得到的代价函数与原始的代价函数相比具有更少的椭圆形等值线，而具有更多的圆形等值线

使机器学习的代价函数的等值线更圆润有助于加快局部优化方案的收敛速度，特别是如梯度下降这样的一阶方法(但是，特征缩放技术也可以帮助更好地调整数据集，以适于使用二阶方法，并有可能避免在 4.3.3 节中提到的数值不稳定问题)。如 3.6.2 节所述，这是因为梯度下降的方向总是指向垂直于代价函数的等值线方向。这意味着，当像图 9.15 的顶排子图中那样使用梯度下降法对具有椭圆等值线的代价函数进行最小化时，梯度下降方向将指向代价函数的最小值点。这种特性自然会导致梯度下降法的执行过程出现之字形走向。

在对输入数据进行标准归一化时，我们调整了椭圆等值线的形状，将其变换为更圆润的等值线，如图 9.15 左下子图和右下子图所示。随着圆形等值线的增加，梯度下降方向开始与代价函数的最小化方向越来越接近，使梯度下降的每个步骤更有效。这通常意味着在最小化标准归一化数据的代价函数时，我们可以使用一个更大的步长。

251

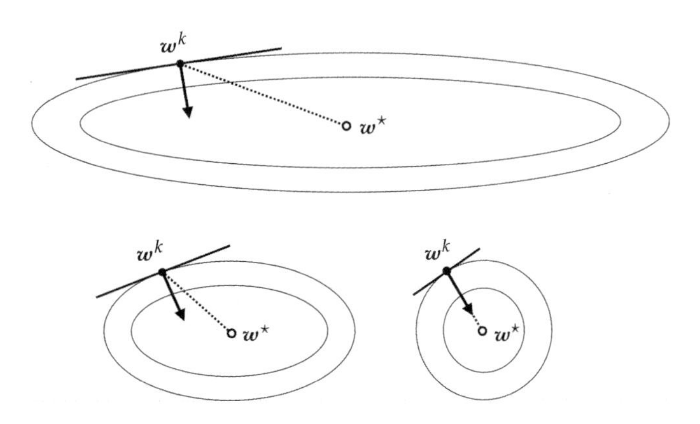

图 9.15　在对输入数据进行标准归一化时，我们将与之相关的代价函数的椭圆形等值线调整为左下方和右下方所示的更圆润的等值线。这意味着当一个代价函数的等值线是椭圆时，梯度下降方向指向偏离代价函数最小值的方向(导致出现了梯度下降常见的之字形走向问题)，当它的等值线变得更圆润时，则指向函数的最小值方向。这使得每个梯度下降的步骤更有效，通常允许使用更大的步长参数值，意味着使用很少的步骤就能充分最小化代价函数

例 9.4　使用经标准归一化的数据进行线性回归

在图 9.16 的左上子图中绘制了一个简单的回归数据集。快速浏览数据，可以看到，如果调整得当，线性回归器将对这个数据集拟合得非常好。由于这个低维的例子只有两个参数需要调整(即最佳拟合线的偏置和斜率)，所以我们可用图形表示其相关的最小二乘代价函数，如图 9.16 的上排中间子图所示。注意这个代价函数的等值线呈椭圆形，沿着椭圆的长轴形成了一个狭窄的长谷。在上排中间子图中，我们展示了从点 $\boldsymbol{w}^0=[0\quad 0]^{\mathrm{T}}$ 处开始，将步长参数固定为 $\alpha=10^{-1}$，并经过 100 次梯度下降后的图像。在这里，从梯度下降法开始到结束时，等值线上的步骤由绿色变为红色。观察图像，可以看到，即使在结束运行时，要达到代价函数的最小值仍然有一段的距离。在左上子图中，我们绘出了与由这次运行所得的最终权值集合相关联的线，标识为蓝色。由于这些权值与代价函数的真正最小值相差甚远，所以会导致数据的拟合效果(相对)很差。

252

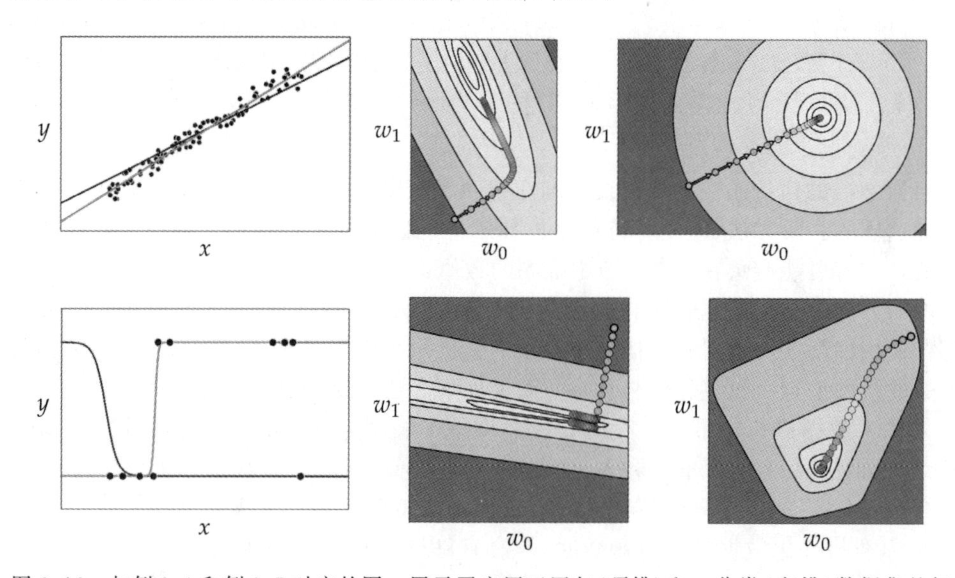

图 9.16　与例 9.4 和例 9.5 对应的图，展示了应用于回归(顶排)和二分类(底排)数据集的标准归一化结果。详细内容参见正文

然后我们将数据标准归一化，并在图 9.16 的右上子图中展示相关的最小二乘代价函数的等值线图。正如我们看到的那样，最小二乘代价函数的等值线是完美圆形，因此梯度下降可以更快地最小化代价函数。在等值线图的顶部，我们展示了运行 20 个(而不是 100 个)梯度下降步骤，使用与之前在非归一化数据上相同的初始点和步长参数。注意，因为与标准归一化后的数据相关的代价函数更容易进行优化，所以仅仅几步之后，我们就接近最小值，得到的线性模型(红色)比第一次运行提供的回归模型(蓝色)更适合图的左上角中的数据。

例 9.5　用经标准归一化的数据进行线性二分类

图 9.16 的左下方显示了一个简单的二分类数据集。就像前面的例子一样，由于我们在学习这个数据集的线性分类器时只需要调节两个参数，因此可以将相应的二分类 Softmax 代价函数的等值线图进行图形表示。图 9.16 的底排中间子图展示了这个代价函数的等值线。同样，它们极长和狭窄的形状表明，利用梯度下降法确定全局极小值(位于图中最小等值线内)将会非常困难。

253

我们通过从点 $\mathbf{w}=[20\quad 30]^{\mathrm{T}}$ 开始，运行步长参数 $\alpha=1$ 的 100 个梯度下降步骤，来验证上述猜想。如下排中间子图所示，这些步骤(随着梯度下降法的进程从黑色变为灰色)的之字形走向相当明显。此外，可以看到，在运行结束时，我们离代价函数的最小值还有很远，得到一个对数据集非常差的拟合(如左下子图中的蓝色部分所示)。

在图 9.16 的右下子图中，我们展示了使用标准归一化输入数据重复此实验的结果。这里使用了相同的初始化，但是只用了 25 步，并且(因为相关代价函数的等值线更圆)使用了一个更大的步长值 $\alpha=10$。这个相当大的值会使梯度下降算法的第一次运行结果发散。尽管如此，我们还是能够找到一个较好的近似全局最小化。我们在左下子图中绘制了对应的 tanh 模型(灰色)，相比第一次运行(黑色)，它对数据的拟合效果更好。

9.3.2　标准归一化模型

一个接受 N 维标准归一化输入的通用模型一旦被适当地调整，并且已确定好最优参数 $w_0^\star, w_1^\star, \cdots, w_N^\star$，为了对任一新点求值，我们必须使用在训练数据上计算得到的相同统计量对它的每个输入特征进行标准归一化。

9.4　在数据集中估算缺失值

现实世界中的数据可能由于各种原因而丢失某些值，包括收集中的人为错误、存储问题、传感器故障等。一般来说，如果监督学习数据点缺少输出值，我们几乎无能为力。通常在实践中会丢弃这些损坏的数据点。同样，如果一个数据点的大量输入值丢失，最好将其丢弃。但是，可以通过使用适当的值填充缺少的输入特征来挽救丢失少量输入特征的数据点。这一过程通常被称为插补，在数据稀少的情况下特别有用。

均值插补

假设我们有一组 P 个输入的数据集，其中每个输入都是 N 维向量，集合 Ω_n 包含第 n 个输入特征缺失的数据点的索引。换句话说，对于所有 $j\in\Omega_n$，$x_{j,n}$ 的值是输入数据中的缺失值。填充第 n 个输入特征所有缺失元素的一个直觉值是数据集根据此维度的简单平均值(或期望值)。即对所有 $j\in\Omega_n$，我们设 $x_{j,n}=\mu_n$，有 254

$$\mu_n=\frac{1}{P-|\Omega_n|}\sum_{j\notin\Omega_n}x_{j,n}\tag{9.4}$$

其中 $|\Omega_n|$ 表示 Ω_n 中元素的个数。这通常被称为均值插补。注意，在进行均值插补后，输入的整个第 n 个特征的均值保持不变，因为

$$\frac{1}{P}\sum_{p=1}^{P}x_{p,n}=\frac{1}{P}\sum_{j\notin\Omega_n}x_{j,n}+\frac{1}{P}\sum_{j\in\Omega_n}x_{j,n}=\frac{1}{P}(P-|\Omega_n|)\mu_n+\frac{1}{P}\sum_{j\in\Omega_n}\mu_n=\mu_n\tag{9.5}$$

因此，使用每个输入维度的平均值来填充数据集中的缺失值的一个后果是，当我们对该数据集进行标准归一化时，所有由平均值填充的值将恰好变为零。图 9.17 中的一个简单示例说明了这一点。因此，模型中任何涉及这类均值插补项的参数或权值在数值上完全无效。这是想要的结果，因为这些值在一开始就丢失了。

9.5　通过 PCA 白化进行特征缩放

在 9.3 节中，我们知道了经过标准归一化的特征缩放可显著改善机器学习代价函数的拓扑结构，并通过梯度下降等一阶方法(见 3.5 节)实现更快的最小化。在本节中，我们将介绍

如何用 PCA(详见 8.3 节)进行更高级的输入归一化，通常称为 PCA 白化(有时简称白化)。

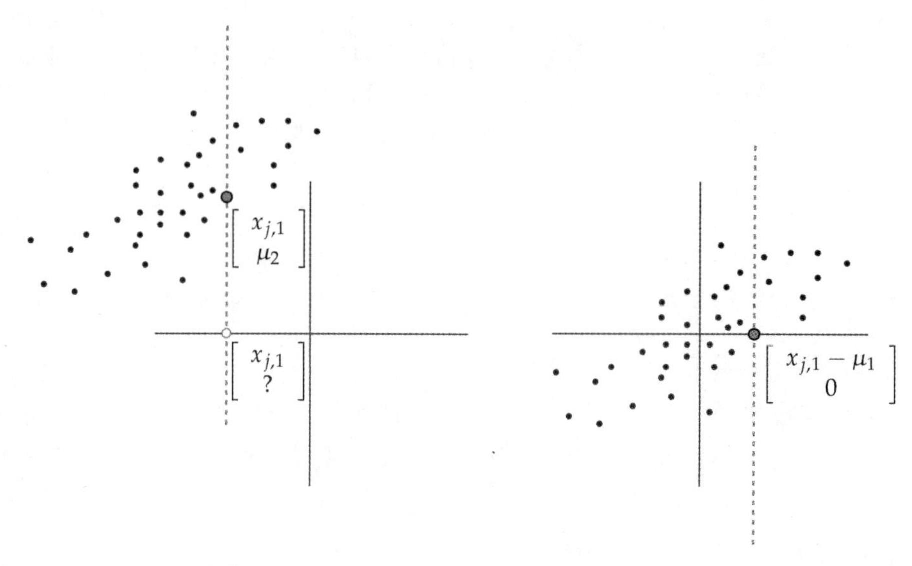

图 9.17 (左子图)一个典型的 $N=2$ 维度据集的输入，图中的一个单点 x_j(空心点)缺失第二个分量。实心点表示该点的均值插补结点。(右子图)通过对这样一个数据集进行均值中心化(这是标准归一化的第一步)，x_j 的均值插补特征正好等于零

9.5.1 PCA 白化：概览

PCA 白化进一步采用了 9.3 节中介绍的标准归一化的思想，并通过使用 PCA 延展均值中心化的数据集，以便其最大的方差正交方向与坐标轴对齐，然后按每个输入的标准差进行缩放。这种简单的调整通常可以使我们更好地压缩数据，更重要的是，可以使得到的代价函数的等值线比标准归一化所得到的等值线更“圆润”(实际上，经过 PCA 白化的回归数据使线性回归的最小二乘代价函数的等值线完全变圆，详见习题 9.6)。在图 9.18 中，我们比较了标准归一化和 PCA 白化对一个典型的 $N=2$ 维输入数据集的影响，以及每种方案如何改变相关代价函数的拓扑结构。如 9.3.1 节所述，代价函数的等值线越圆，梯度下降的效果就越好。

255

当然，这样做的代价是：虽然 PCA 白化使一阶优化变得相当容易，但是一旦使用，我们必须承担前期对数据进行 PCA 的额外代价，这使 PCA 白化的计算代价比标准归一化更高。这种额外的预付代价是否值得，在实际操作中可能因问题而异，但通常情况下是这样的。正如图 9.15 中总结的那样，由于我们使代价函数的等值线越圆润，基于梯度的优化方法就越容易对其进行合适的最小化，所以在使用一阶优化时尤其如此(如习题 9.7)。

9.5.2 PCA 白化：技术细节

我们可以将应用于单个数据点 $\boldsymbol{x}_p$ 的标准归一化方案以更形式化的方式表示为以下两个步骤：

均值中心化：对任意 n 有 $x_{p,n} \leftarrow (x_{p,n} - \mu_n)$

256

std-缩放：对任意 n 有 $x_{p,n} \leftarrow \left(\frac{x_{p,n}}{\sigma_n}\right)$

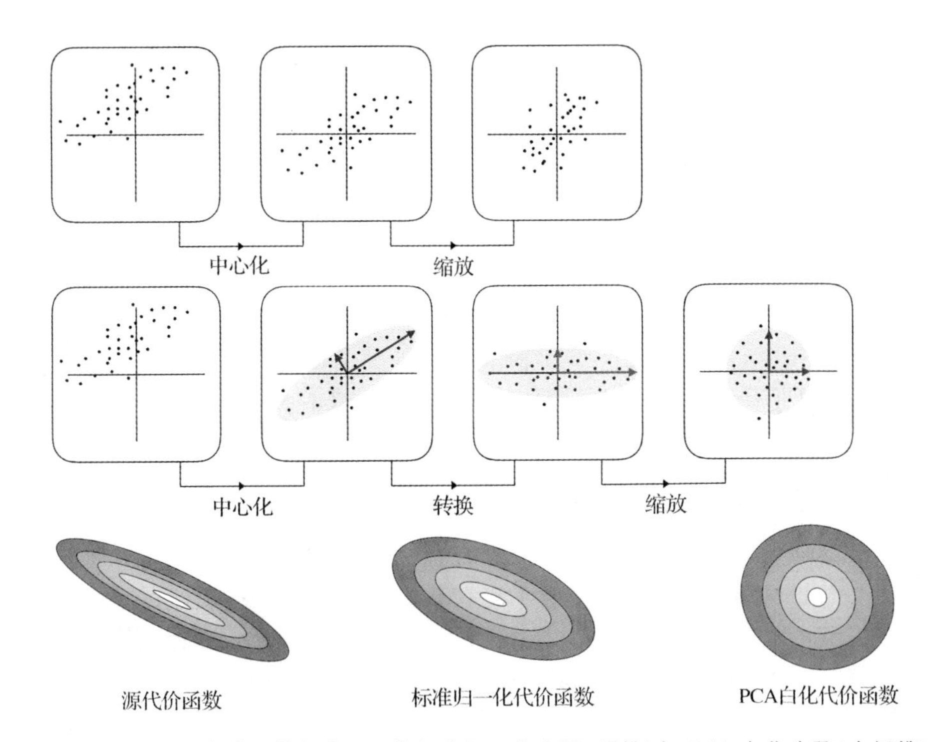

图 9.18　在一个一般输入数据集上比较标准归一化步骤(顶排)与 PCA 白化步骤(中间排)。使用 PCA 白化时，我们在标准归一化流程的均值中心化和标准偏差缩放之间插入一个额外的步骤，在该步骤使用 PCA 转换数据。这不仅比标准归一化缩小了数据占用的空间(比较顶排右子图和中间排右子图)，而且通过将其等值线调整得更为圆润(底排子图)，使得相关的代价函数更容易最小化

其中“std”是“标准差”的缩写，对每个 n，其均值和标准差分别定义为 $\mu_n=\frac{1}{p}\sum_{p=1}^{P}x_{p,n}$ 和 $\sigma_n=\sqrt{\frac{1}{p}\sum_{p=1}^{P}x_{p,n}^2}$。还应注意，符号 $a\leftarrow b$ 表示用 b 替换 a。

用 $\boldsymbol{X}$ 表示输入的 $N\times P$ 矩阵，其第 p 列包含输入数据点 $\boldsymbol{x}_p$，用 $\boldsymbol{V}$ 表示数据协方差矩阵 $\frac{1}{p}\boldsymbol{X}\boldsymbol{X}^{\mathrm{T}}=\boldsymbol{V}\boldsymbol{D}\boldsymbol{V}^{\mathrm{T}}$ 的特征向量集(见 8.3.3 节)，我们可以将应用于同一数据点 $\boldsymbol{x}_p$ 的 PCA 白化方案描述为三个高度相关的步骤，这三个步骤中重点表明第 n 个特征值 d_n(矩阵 $\boldsymbol{D}$ 的第 n 个对角元素)正好等于[⊖]方差 σ_n^2，并且等价地有 $\sqrt{d_n}=\sigma_n$。

均值中心化：对于任意 n 用替换 $x_{p,n}\leftarrow(x_{p,n}-\mu_n)$

PCA-转换：$\boldsymbol{x}_p\leftarrow\boldsymbol{V}^{\mathrm{T}}\boldsymbol{x}_p$

⊖ 数据协方差矩阵的第 n 个特征值 d_n 的瑞利商定义(见习题 3.3)表明：从数值角度看，$d_n=\frac{1}{P}\boldsymbol{v}_n\boldsymbol{X}\boldsymbol{X}^{\mathrm{T}}\boldsymbol{v}_n$，其中 $\boldsymbol{v}_n$ 是第 n 个对应的特征向量。现在，对于 PCA-变换数据来说，将上述等式等价地写为 $d_n=\frac{1}{P}\|\boldsymbol{v}_n^{\mathrm{T}}\boldsymbol{X}\|_2^2=\frac{1}{P}\sum_{P=1}^{P}(\omega_{p,n})^2=\sigma_n^2$，换句话说，它是 PCA-变换数据在第 n 维的方差。

std-缩放：对于每个 n 有 $x_{p,n} \leftarrow \left(\frac{x_{p,n}}{\sqrt{d_n}}\right)$

用 $\boldsymbol{D}^{-1/2}$ 表示第 n 个对角元素为 $\frac{1}{\sqrt{d_n}}$ 的对角矩阵，则(对数据进行均值中心化后)我们可以将上述 PCA 白化算法的第 2 步和第 3 步简洁地表示为

$$\boldsymbol{X} \leftarrow \boldsymbol{D}^{-1/2}\boldsymbol{V}^{\mathrm{T}}\boldsymbol{X} \tag{9.6}$$

9.5.3 PCA 白化模型

一旦对一个采用 n 维 PCA 白化输入数据的一般模型进行合适的调整，且已确定了最优参数，为了对任何新的点求值，我们必须使用在训练数据上计算得到的相同统计量对新的输入特征进行 PCA 白化。

9.6 利用提升法进行特征选择

用于监督学习的完全调优线性模型通常采用以下形式：

$$\text{model}(\boldsymbol{x},\boldsymbol{w}^{\star}) = \mathring{\boldsymbol{x}}^{\mathrm{T}}\boldsymbol{w}^{\star} = w_0^{\star} + x_1w_1^{\star} + x_2w_2^{\star} + \cdots + x_Nw_N^{\star} \tag{9.7}$$

其中，权值 $w_0^{\star},w_1^{\star},\cdots,w_N^{\star}$ 是通过最小化一个合适的代价函数进行调优的。要理解数据集的输入特征与其相应输出之间的复杂联系，自然归结到对这 $N+1$ 个优化后的权值进行人工分析。然而，从这 $N+1$ 个数字序列中推导其含义并不总是那么容易。因为随着输入维度 N 的增长，人类可解释性很快变得不太可能。为了改善这个问题，我们可以使用特征选择技术。

在本节中，我们将讨论一种常用的特征选择方法，称为提升法或前向阶段选择法。提升法是一种自下而上的特征选择方法，通过连续地训练一个监督学习器且每次训练一个权值，以每次选择一个特征的方式逐步建立模型。这样做可以让使用者更容易地衡量每个特征的重要性，也更容易深入理解某一特定现象。

9.6.1 基于提升法的特征选择

在每次调整模型的权值时，我们不希望以任意顺序调整它们，因为这不利于其可解释性。相反，我们希望从最重要的(特征相关)权值开始调整，然后调整第二个最重要的(特征相关)权值，然后是第三个，以此类推。这里的“重要性”指的是每个输入特征对最终监督学习模型的贡献程度，这是由其相关的权值决定的，换句话说，每个输入特征是如何尽最大可能最小化对应的代价函数(或相关的度量标准)的。

提升过程从一个模型开始，我们将其表示为 model_0，该模型仅由偏置 w_0 组成：

$$\text{model}_0(\boldsymbol{x},\boldsymbol{w}) = w_0 \tag{9.8}$$

然后，我们通过只在这个变量上最小化一个合适的代价函数(取决于我们是在解决回归问题还是解决分类问题)来调整偏置参数 ω_0。例如，如果我们使用的是最小二乘代价函数，则需要最小化

$$\frac{1}{P}\sum_{p=1}^{P}(\text{model}_0(\boldsymbol{x},\boldsymbol{w}) - y_p)^2 = \frac{1}{P}\sum_{p=1}^{P}(w_0 - y_p)^2 \tag{9.9}$$

从而得到偏差的优化值 $w_0 \leftarrow w_0^{\star}$。将这个学到的权值代入式(9.8)中的初始模型，则

$$\text{model}_0(\boldsymbol{x},\boldsymbol{w}) = w_0^{\star} \tag{9.10}$$

接下来，在第一轮提升中，为了确定最重要的特征权值($\omega_1,\omega_2,\cdots,\omega_N$)，我们测试每

个权值，这需要在将偏置调优后，在每个权值上最小化一个合适的代价函数。例如，在最小二乘回归的情况下，这 N 个子问题的第 n 个权值形如

$$\frac{1}{P}\sum_{p=1}^{P}(\text{model}_0(\boldsymbol{x}_p,\boldsymbol{w})+w_n x_{n,p}-y_p)^2=\frac{1}{P}\sum_{p=1}^{P}(w_0^\star+x_{n,p}w_n-y_p)^2 \quad (9.11)$$

257 ~ 259

注意，由于已经设置好偏置权值，所以我们只需调整第 n 个子问题中的权值 w_n。

能从这 N 个子问题中生成最小代价函数(或一般最佳度量值)的特征权值对应于能最好地解释数据集输入和输出之间关系的单个特征。因此，它可以被解释为我们学到的最重要的特征权值。将此权值表示为 ω_{s_1}，然后将其固定在其最优确定值 $w_{s_1}^\star$ 处(不考虑每个子问题中的其余调优权值)并相应地更新 model。在第一轮提升结束时更新的 model 称为 model_1，它是最佳偏置和这个新确定的最佳特征权值的总和：

$$\text{model}_1(\boldsymbol{x},\boldsymbol{w})=\text{model}_0(\boldsymbol{x},\boldsymbol{w})+x_{s_1}w_{s_1}^\star=w_0^\star+x_{s_1}w_{s_1}^\star \quad (9.12)$$

然后按顺序重复这个提升过程。一般来说，在第 m 轮提升中，按照同样的方式来确定第 m 个最重要的特征权值。在第 m 轮的开始($m>1$)时，我们已经确定了偏置的最佳设置以及前 $m-1$ 个最重要的特征权值，模型形如：

$$\text{model}_{m-1}(\boldsymbol{x},\boldsymbol{w})=w_1^\star+x_{s_1}w_{s_1}^\star+\cdots+x_{s_{m-1}}w_{s_{m-1}}^\star \quad (9.13)$$

然后我们建立并求解 $N-m+1$ 个子问题，每个子问题对应一个我们尚未选择的特征相关权值。例如，在最小二乘回归的情况下，它们的第 n 个权值形如

$$\frac{1}{P}\sum_{p=1}^{P}(\text{model}_{m-1}(\boldsymbol{x}_p,\boldsymbol{w})+w_n x_{n,p}-y_p)^2 \quad (9.14)$$

同样，在每种情况下我们只调整单个权值 ω_n。产生最小代价函数值的特征相关权值对应于第 m 个重要的特征。用 ω_{s_m} 来表示这个权值，我们将其固定在其最优值 $\omega_{s_m}^\star$，并将其贡献添加到模型中：

$$\text{model}_m(\boldsymbol{x},\boldsymbol{w})=\text{model}_{m-1}(\boldsymbol{x},\boldsymbol{w})+x_{s_m}w_{s_m}^\star \quad (9.15)$$

假设我们有 N 个输入特征，该过程可以一直持续到 $m\leqslant N$，或者达到某个最大迭代次数。还应注意，在提升法进行到第 M 轮后，我们构建了一系列模型 $\{\text{models}_m\}_{m=0}^{M}$。这种通过一次添加一个特征并只调整所添加的特征的权值(所有其他特征保持之前的优化值)来构建递归模型的方法称为提升法。

260

9.6.2 利用提升法选择正确数量的特征

回顾一下，特征选择主要是为了得到较好的人类可解释性。因此，可以根据对数据集进行分析的目的来选择特征数量的基准值 M，并且一旦完成了这个数量的特征选择便立即停止。当向模型中添加额外的特征只能得到很少的代价减少时，也可以停止分析，因为输入和输出之间的大部分相关性已经被解释了。最后，M 可以完全根据数据集的样本统计量来选择，这一过程称为交叉验证，我们将在第 11 章中讨论。

无论如何选择 M 的值，在对特征选择执行提升法之前，对输入数据进行标准归一化(如 9.3 节所述)是很重要的。除了具有加速优化的优势，标准归一化还允许我们通过检查调整后的权值公平地比较每个输入特征的贡献。

例 9.6 通过提升法探索房价的预测因素

使用最小二乘代价函数和牛顿法优化器，对波士顿房价数据集(见例 5.5)运行 $M=5$ 轮提升法，见图 9.19 顶部子图。这种特殊的代价函数的历史记录展示了在每一轮提升中

添加到模型中的每个权值/特征指数(从索引为0的偏置开始)。从横轴上可以看出，通过提升法发现的前两个最具贡献的特征是LSTAT(特征13)和每个住宅的平均房间数(特征6)。观察图9.19底部的模型权值直方图，我们可以看到LSTAT权值为负值，与输出(即房价)呈负相关，而与特征“平均房间数”相关的权值与输出正相关。

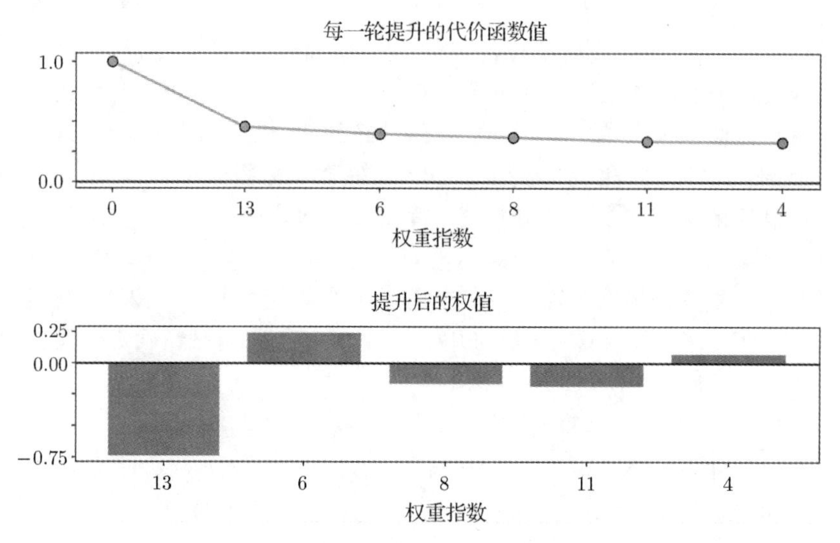

图9.19　与例9.6对应的图。详细内容参见正文

例9.7　通过提升法探索信贷风险的预测因素

我们使用Softmax代价函数和牛顿法优化器，在德国信用评分数据集(见例6.11)上运行提升法，结果如图9.20所示。该数据集有$P=1000$个样本，每一组统计数据都是从德国银行的贷款申请中提取的。这个输入特征维度$N=20$的数据集包括：个人在银行的活期存款余额(特征1)、以前在银行信贷的期限(以月为单位)(特征2)、之前在银行贷款的还款状态(特征3)，以及储蓄/股票的当前价值(特征6)。这些正是通过提升法发现的最重要的4个特征，其中大部分与个人信用风险良好呈正相关(如图9.20底部子图所示)。

261

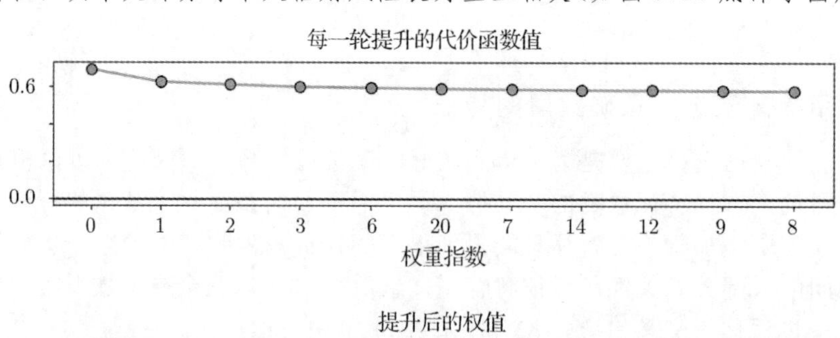

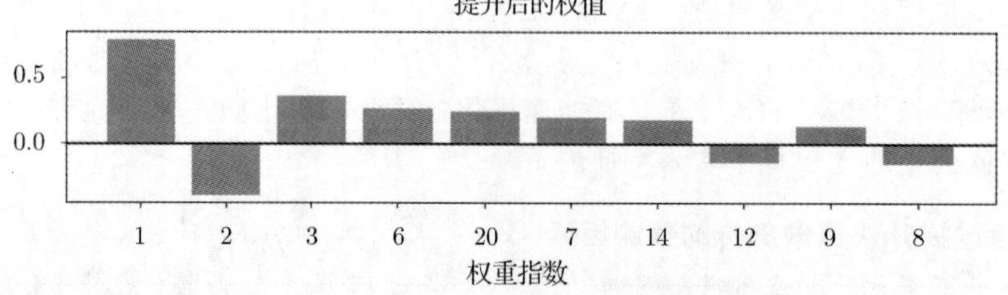

图9.20　与例9.7对应的图。详细内容参见正文

9.6.3 提升法的效率

提升法本质上是一种贪心算法，在每个阶段我们选择下一个最重要的(特征相关)权值，并通过解决一组相应的子问题来对它进行合适的调整。而每一轮提升都需要解决许多子问题，每一个子问题都是一个针对单个权值的最小化问题。因此，无论使用何种局部优化方案，求解代价都很低。这使得提升法成为一种计算上相当有效的特征选择方法，并允许它扩展到具有大的输入维度 N 的数据集上。然而，这样做的一个固有缺点是：在一次确定一个特征相关权值时，可能会丢失特征/权值之间的相互联系。

262

为了捕捉到这些可能丢失的相互联系，人们可能会扩展提升法，尝试在每轮提升中加入一组特征相关权值 R，而不是只加入一个。然而，快速计算表明，这种想法很快就会失效。为了在此方法的第一阶段确定第一组最佳的 R 个特征相关权值，我们需要通过对 R 个权值的每个组合求解一个子问题以找出这一最佳权值组。这里的问题是有许多大小为 R 的权值组，更准确地说 $\binom{N}{R}=\frac{N!}{R!(N-R)!}$。即使 N 和 R 的值在中小范围内(如 $\binom{100}{5}=75\,287\,520$)，在实践中也需要求解非常多的问题。

9.6.4 从残差视角理解提升法回归

在最小二乘回归的情形下，提升法第 m 个阶段中的第 n 个子问题的目的是最小化

$$\frac{1}{P}\sum_{p=1}^{P}\left(\text{model}_{m-1}(\boldsymbol{x}_p,\boldsymbol{w})+w_n x_{n,p}-y_p\right)^2 \tag{9.16}$$

整理每个加数中的项，并记

$$r_p^m=\left(y_p-\text{model}_{m-1}(\boldsymbol{x}_p,\boldsymbol{w})\right) \tag{9.17}$$

则我们可以将式(9.16)中的最小二乘代价函数写成

$$\frac{1}{P}\sum_{p=1}^{P}\left(w_n x_{n,p}-r_p^m\right)^2 \tag{9.18}$$

其中在每个加数右边的项 r_p^m 是固定的，因为 w_n 是这里唯一被调优的权值。这个 r_p^m 是减去模型 model_m 的贡献后原始输出 y_p 的残差。然后，我们可以将提升法的每一轮看作决定下一个与前一轮残差最相关的特征。

263

9.7 基于正则化的特征选择

在上一节讨论的特征选择方法中，我们采用了一种“自下而上的”贪心方法来进行特征选择：首先调整偏置，然后在模型中一次添加一个新特征。在本节中，我们将介绍一种特征选择的补充方法，称为正则化。与从底部开始建立模型不同，使用正则化时，我们采用“自上而下”的视角，并从包含每个输入特征的完整模型开始，然后逐渐删除不重要的输入特征。我们通过在代价函数上增加第二个函数(称为正则式)来“惩罚”所有的权值，强制模型缩小与不那么重要的输入特征相关的权值。

9.7.1 使用权值向量范数进行正则化

在机器学习的术语中，代价函数 g 和一个辅助函数 h 的简单线性组合

$$f(\boldsymbol{w})=g(\boldsymbol{w})+\lambda h(\boldsymbol{w}) \tag{9.19}$$

通常被称为正则化，其中函数 h 被称为正则式，参数 $\lambda\geqslant 0$ 被称为正则化或惩罚参数。

当$\lambda=0$时，式(9.19)中的线性组合将归约为原始代价函数g。当我们增大λ时，两个函数g和h开始优势竞争，线性组合具有两个函数的性质。当我们将λ的值设置得越来越大时，函数h就占据了这个组合的主导地位，最终完全“淹没”函数g，最终得到一个缩放后的正则式h。

在机器学习应用中，经常使用模型参数的向量范数或矩阵范数(见C.5节)作为正则式h。不同的范数在机器学习模型的学习中会产生不同的效果。在接下来的内容中，我们简要说明几个常见的向量范数是如何影响一个普通代价函数g的最小化的。

例9.8 使用ℓ_0范数进行正则化

$\boldsymbol{w}$的ℓ_0向量范数写作$\|\boldsymbol{w}\|_0$，其长度或大小的度量如下式：

$$\|\boldsymbol{w}\|_0 = \boldsymbol{w}\text{ 中的非零元素的个数} \tag{9.20}$$

通过使用这个正则式(即，$f(\boldsymbol{w})=g(\boldsymbol{w})+\lambda\|\boldsymbol{w}\|_0$)正则化代价函数$g$，由于$\boldsymbol{w}$的每个非零项增加了一个单位到$\|\boldsymbol{w}\|_0$，因此我们对于$\boldsymbol{w}$的每个非零项惩罚了正则化代价函数$f$。相反，在最小化函数$f$时，函数$g$和$\|\boldsymbol{w}\|_0$进行优势竞争，$g$希望$\boldsymbol{w}$作为其最小值附近的一个点，而正则式$\|\boldsymbol{w}\|_0$旨在确定一个含有尽可能少的非零元素的$\boldsymbol{w}$，即一个非常稀疏的权向量$\boldsymbol{w}$。

264

例9.9 使用ℓ_1范数的正则化

ℓ_1向量范数，写作$\|\boldsymbol{w}\|_1$，其幅值的度量如下式：

$$\|\boldsymbol{w}\|_1 = \sum_{n=0}^{N}|w_n| \tag{9.21}$$

通过使用这个正则式(即$f(\boldsymbol{w})=g(\boldsymbol{w})+\lambda\|\boldsymbol{w}\|_1$)正则化一个代价函数$g$，我们根据$\boldsymbol{w}$各元素的绝对值的和来惩罚正则化的代价函数。

相反，在最小化以上求和式时，g和$\|\boldsymbol{w}\|_1$进行优势竞争，g希望把$\boldsymbol{w}$作为接近最小值的点，而正则式$\|\boldsymbol{w}\|_1$旨在确定一个$\boldsymbol{w}$，其每个分量的绝对值都很小，也因为ℓ_1范数与ℓ_0范数密切相关(见C.5节)，所以它具有很少的非零项，因此也是稀疏的。

例9.10 使用ℓ_2范数的正则化

$\boldsymbol{w}$的ℓ_2向量范数写作$\|\boldsymbol{w}\|_2$，其幅值的度量如下式：

$$\|\boldsymbol{w}\|_2 = \sqrt{\sum_{n=0}^{N}w_n^2} \tag{9.22}$$

通过使用这个正则式(即，$f(\boldsymbol{w})=g(\boldsymbol{w})+\lambda\|\boldsymbol{w}\|_2$)正则化代价函数$g$，我们根据$\boldsymbol{w}$各元素的平方和来惩罚正则化的代价函数。

相反，在最小化这个求和式时，g和$\|\boldsymbol{w}\|_2$进行优势竞争，而g希望把$\boldsymbol{w}$作为接近最小值的点，而正则式$\|\boldsymbol{w}\|_2$旨在确定一个小的$\boldsymbol{w}$，其元素都有一个很小的平方值。

到目前为止，我们已经看到了ℓ_2正则化的一些实例，比如，在与6.4.6节中的Softmax分类和6.5.4节中的支持向量机相关的内容。

9.7.2 利用ℓ_1正则化进行特征选择

在机器学习领域，通过推导稀疏权值向量，ℓ_0和ℓ_1正则化能帮助揭示数据集中最重要的特征。这是因为当我们使用这类范数作为正则式时，我们强制所求得的模型权值是相当稀疏的(假设设置了合适的λ)，并只保留那些与模型最重要的特征相关的权值。这使得任

265

一范数(至少在原则上)都非常适合于特征选择任务。

在例 9.8 和例 9.9 中描述的两个引入稀疏性的范数中，ℓ_0 范数(尽管可直接将稀疏性提升到最大)由于其不连续，使用起来最具挑战性，它使得一个 ℓ_0 正则化的代价函数的最小化相当困难。当 ℓ_1 范数将稀疏性减少到一个较小程度时，它既是凸的也是(几乎处处)可微的，这使得使用一阶方法对其最小化成为可能。由于这一优势，ℓ_1 范数是在实践中较常用于特征选择的正则式。

最后，如上一节所述，在进行特征选择时，我们只对确定特征相关权值 ω_1、ω_2、…、ω_N 的重要性感兴趣，因此只需要对它们进行正则化(而不是偏置权值 w_0)。这意味着我们的正则化将更具体地表示为

$$f(\boldsymbol{w}) = g(\boldsymbol{w}) + \lambda \sum_{n=1}^{N} |w_n| \tag{9.23}$$

将偏差和特征权值以单独的符号分别表示(例如 6.4.6 节中的表示)：

$$(\text{偏置}):b = w_0 \quad (\text{特征相关权值}):\omega = \begin{bmatrix} w_1 \\ w_2 \\ \vdots \\ w_N \end{bmatrix} \tag{9.24}$$

我们可以把这个一般的 ℓ_1 正则化的代价函数写作

$$f(b,\boldsymbol{\omega}) = g(b,\boldsymbol{\omega}) + \lambda \|\boldsymbol{\omega}\|_1 \tag{9.25}$$

9.7.3 选择合适的正则化参数

由于特征选择的目的是可解释性，因此可以根据多个因素来确定参数值 λ。参数 λ 的基准值可以根据对数据集进行分析的目的来选择，找到一个在保持低成本值的同时提供足够稀疏性的值。参数 λ 的值也可以完全根据数据集的样本统计数据来选择，这一过程称为交叉验证，我们将在第 11 章中讨论。

就像提升法一样，无论我们如何选择模型，对输入数据进行标准归一化都是很重要的，通过检查正则化代价函数最小化后得到的调优权值，我们可以公平地比较每个输入特征的贡献。 266

例 9.11　通过正则化探讨房价的预测因素

在这个例子中，我们使用波士顿房屋数据集(首见例 5.5，在例 9.6 中讨论了基于提升法的特征选择)来构造一个 ℓ_1 正则化最小二乘代价函数，并检查在[0,130]范围内的 50 个均匀间隔的数值 λ。对于该范围内从 0 开始(如图 9.21 的顶部子图所示)的每个 λ 值，我们使用固定步数和步长参数的梯度下降法来最小化这个正则化代价函数。当将 λ 设置为该范围内的最大值时，通过参数调优得到三个主要权值(如图 9.21 底部子图所示)：特征 6、特征 13、特征 11。其中，例 9.6 中的提升法也将前两个特征(即特征 6 和特征 13)确定为重要的特征。 267

例 9.12　通过正则化探讨信贷风险的预测因素

本例中我们将在德国信用数据集(见例 9.20)上最小化 ℓ_1 正则化的二分类 Softmax 代价函数，使用在[0,130]范围内的 50 个均匀间隔的数值 λ。对于这个范围内从 0 开始的每个 λ 值(如图 9.22 的顶部子图所示)，我们使用固定步数和步长参数的梯度下降法来最小化正则化代价函数。当 $\lambda \approx 40$ 时，仍有 5 个主要权值，分别对应特征 1、2、3、6 和 7(如图 9.22 的底部子图所示)。例 9.7 中的提升法将前 4 个特征认为是重要特征。

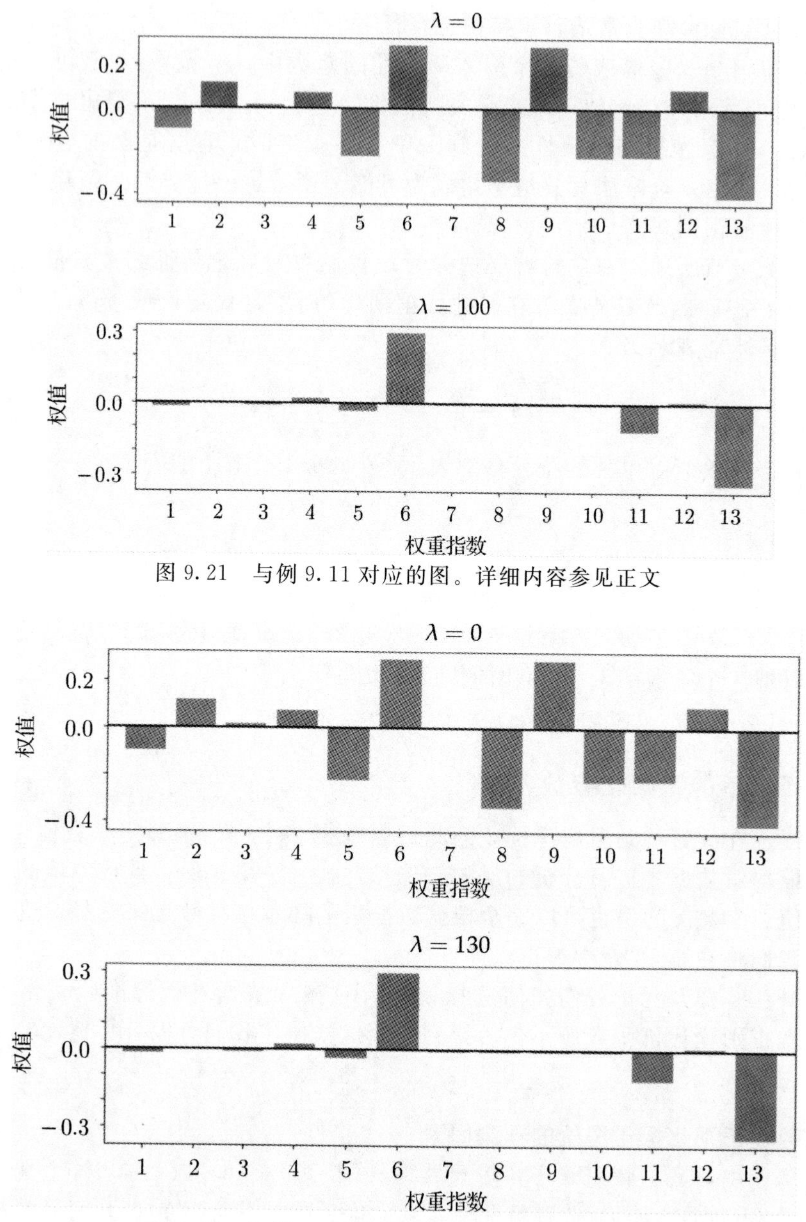

图 9.21　与例 9.11 对应的图。详细内容参见正文

图 9.22　与例 9.12 对应的图。详细内容参见正文

9.7.4　比较正则化和提升法

虽然提升法是一个有效的贪心方案，但本节中详细介绍的正则化思想在执行时可能是计算密集的，因为在尝试 λ 的每个值时，必须要完成一个局部优化的完整运行。另一方面，提升法是一种“自下向上”的方法，每次只识别一个特征，而正则化更多的是采用一种“自顶向下”的方法，一次识别所有重要的特征。原则上，这允许正则化发现一组重要的特征，这些特征以一种相互关联的方式与输出相关，而在提升法中则可能会丢失。

268

9.8　小结

本章介绍了特征工程和特征选择的基本技术。

我们从讨论特征工程技术开始，几乎所有机器学习问题都将它作为数据预处理步骤，并且在本书后续章节中将得以广泛使用。9.2 节详细描述了直方图的特征，它是数据内容的一种整洁的汇总表示，几乎可以为任何数据模式进行可视化。9.3～9.5 节描述了各种输入缩放技术，包括标准归一化和 PCA 白化。这些方法对输入数据进行标准化，改进了机器学习代价函数的拓扑结构，使它们更容易最小化(特别是第 3 章中描述的一阶方法)。最后在 9.6 和 9.7 节中，我们描述了特征选择的两种互补的方法(提升法和正则化)，这使得我们能够直接分析包含在一个训练所得的机器学习模型中的单个特征的强度。

9.9 习题

完成以下习题所需的数据可以从本书的 GitHub 资源库下载，链接为 github. com/jermwatt/machine_learning_refined。

习题 9.1 垃圾邮件

使用任何你期望的局部优化方案和二分类 Softmax 代价函数重复例 1.8 中的实验，确保生成如图 9.5 所示的图，以比较使用每种特征组合的结果。

习题 9.2 MNIST 分类：像素与基于边缘的特征

重复例 9.3 中的实验，并绘制像图 9.11 一样的代价函数/误分类历史图。你的结果可能因为实现细节与示例中的结果略有不同。

习题 9.3 学生贷款

生成图 1.8 所示的学生贷款数据集[2]的最小二乘代价函数的两个等值线图，以及它的标准归一化版本。比较每个等值线图的总体拓扑，并描述为什么与标准归一化数据相关联的等值线图更容易使用梯度下降法进行优化。事实上，使用梯度下降来拟合原始数据集在这里几乎是不可能的。使用梯度下降法将数据的标准归一化版本的最小二乘代价函数最小化，并重新生成如图 1.8 所示的图。

269

习题 9.4 最小二乘和完美圆形的等值线：第 1 部分

在例 9.4 中，我们看到了 $N=1$ 的回归数据集的最小二乘代价函数的等值线图在数据被标准归一化后，如何从高度椭圆变为完美的圆形(见图 9.16)。证明当 $N=1$ 时，最小二乘代价函数在标准归一化数据上的等值线图总是完美的圆形。然后解释为什么这在 $N>1$ 时不一定发生。

习题 9.5 乳腺癌数据集

使用合适的代价函数和局部优化器对由 $P=569$ 个数据点组成的乳腺癌数据集[43]执行线性二分类。使用均值插补法补充数据中的任何缺失值，并给出你能够达到的最佳误分类率。比较使用相同的参数(即相同的步数、步长参数等)在原始数据和标准归一化数据上最小化代价函数的速度。

习题 9.6 线性回归的 PCA-白化和最小二乘代价函数

线性回归的最小二乘代价函数给出了一个理想例子，该例子说明 PCA-白化数据集如何影响机器学习代价函数的拓扑结构(使其相当易于进行合适的最小化)。正如下面将证明的，这是因为将回归数据集的输入数据进行 PCA-白化会导致线性回归的最小二乘代价函数具有完美的圆形等值线，因此很容易对其进行最小化。虽然 PCA-白化并没有将所有的代价函数都改善到这种程度，但这个例子仍然表明了 PCA-白化能改善一般机器学习代价函数的拓扑结构。

要了解 PCA-白化如何完美地调整线性回归最小二乘代价的等值线，如 5.9.1 节所述，首先要注意最小二乘代价函数总是一个凸二次函数，通常形如 $g(\boldsymbol{w})=a+\boldsymbol{b}^{\mathrm{T}}\boldsymbol{w}+\boldsymbol{w}^{\mathrm{T}}\boldsymbol{C}\boldsymbol{w}$，其中 $\boldsymbol{C}=\frac{1}{P}\sum_{p=1}^{P}\mathring{\boldsymbol{x}}_p\mathring{\boldsymbol{x}}_p^{\mathrm{T}}$。如果回归数据集的输入数据经过 PCA-白化，则 $\boldsymbol{C}$ 的 $N\times N$ 子矩阵为 $\frac{1}{P}\boldsymbol{S}\boldsymbol{S}^{\mathrm{T}}$，其中 $\boldsymbol{S}$ 在式(9.6)中定义。但是，根据 $\boldsymbol{S}$ 的定义方式，有 $\frac{1}{P}\boldsymbol{S}\boldsymbol{S}^{\mathrm{T}}=\frac{1}{P}\boldsymbol{I}_{N\times N}$，其中，$\boldsymbol{I}_{N\times N}$ 为 $N\times N$ 的单位矩阵，因此 $\boldsymbol{C}=\frac{1}{P}\boldsymbol{I}_{(N+1)\times(N+1)}$。换句话说，在 PCA-白化的输入数据上的最小二乘代价函数是一个所有特征值都等于 1 的凸二次函数，这意味着它是一个具有完美圆形等值线的二次函数(见 4.2.2 节)。

习题 9.7 在 MNIST 上比较标准归一化与 PCA-白化

在 MNIST 数据集(见例 7.10)中随机抽取 50 000 个数字，并对这些数据分别进行标准归一化和 PCA-白化，比较使用多分类 Softmax 代价函数运行 10 次梯度下降法后的结果。对于每一次运行，使用最大的固定步长 $\alpha=10^{\gamma}$，其中 γ 是可以产生下降的整数。根据代价函数和误分类的数量，绘制一个图来比较每次运行的进度。另外，确保每次运行的初始化相当小，特别是在未对输入数据进行归一化的第一次运行中，因为这个数据集的每个原始输入点都很大。如果原始数据在离原点太远的地方初始化，很容易导致数值溢出，产生 `nan` 或 `inf` 值，破坏对应的局部优化的后续运行。

270

习题 9.8 最小二乘法和完美圆形的等值线：第 2 部分

在习题 9.4 中，我们看到了 PCA-白化后的输入数据如何重塑最小二乘代价函数的拓扑结构，从而使其等值线变成完美的圆形。解释这是如何使这样一个 PCA-白化的最小二乘代价函数的最小化变得极为容易的。特别地，解释无论采用什么数据集，如何使用一个“简化的”牛顿法步骤对这样一个代价函数进行完美的最小化(如 A.8.1 节所述)，其中当执行一个牛顿法步骤时，我们忽略 Hessian 矩阵中的非对角元素。

习题 9.9 探讨房价预测因素

将 9.6.1 节中介绍的提升法步骤应用到最小二乘代价函数的线性回归中，并重复例 9.6 中的实验。不需要重新绘制图 9.19 中的图像，但是要确保你的结论与例中的结论类似。

习题 9.10 预测汽车的每加仑行驶里程

对例 5.6 中的汽车 MPG 数据集运行 $M=6$ 轮提升法，并采用最小二乘代价函数进行特征选择。对你发现的三个最重要的特征进行解释，并解释它们如何与输出相关联。

271

习题 9.11 研究信贷风险的重要预测因素

将 9.6.1 中介绍的提升法步骤应用到二类 Softmax 代价函数的线性回归中，并重复例 9.7 中的实验。你不需要重新绘制图 9.20 中的图像，但是要确保你的结论与例中的结论相同。

习题 9.12 探讨房价的预测因素

将 9.7 中介绍的正则化步骤应用到最小二乘代价函数的线性回归中，并重复例 9.11 中的实验。你不需要重新绘制图 9.21 中的图像，但是要确保你能得出与例中相同的结论。

习题 9.13 研究信贷风险的重要预测因素

将 9.7 中介绍的正则化步骤应用到二分类 Softmax 代价函数的线性回归中，并重复例 9.12 中的实验。你不需要重新绘制图 9.22 中的图像，但是要确保你能得出与例中相同的结论。

272

第三部分

非线性学习

第 10 章

Machine Learning Refined: Foundations, Algorithms, and Applications, Second Edition

非线性特征工程原理

10.1 引言

到目前为止我们已经介绍了几种主要的监督学习和无监督学习的范例，出于简单性考虑，假定这些范例都是线性的。本章我们将去掉这一简化假设，并且通过探讨在监督和无监督学习中的特征工程来开始非线性机器学习的新旅程。虽然非线性特征工程只有在数据集(或产生这个数据集的现象)被充分理解时才是可行的，了解非线性特征工程也是非常有价值的，因为我们在以后讨论非线性学习时会随时遇到相对简单的环境，而非线性特征工程允许我们在这样的环境中引入一系列关键概念。正如我们将会看到的，这些重要的概念包括各种各样的数学以及编程的原理、建模工具和专业术语。

10.2 非线性回归

本节我们通过基于视觉直觉的非线性特征变换工程介绍非线性回归的总体框架，同时给出一些实例。正如最初在例 1.2 中讨论过的一样，许多自然科学中的经典法则都能通过这里介绍的几种通用方法得到(见例 10.2 和习题 10.2)。

10.2.1 建模原理

在第 5 章中我们详细说明了回归的基本线性模型：

$$\text{model}(\boldsymbol{x}, \boldsymbol{w}) = w_0 + x_1 w_1 + x_2 w_2 + \cdots + x_N w_N \tag{10.1}$$

或更紧凑地表示为

$$\text{model}(\boldsymbol{x}, \boldsymbol{w}) = \mathring{\boldsymbol{x}}^{\mathrm{T}} \boldsymbol{w} \tag{10.2}$$

其中

$$\mathring{\boldsymbol{x}} = \begin{bmatrix} 1 \\ x_1 \\ x_2 \\ \vdots \\ x_N \end{bmatrix} \quad 且 \quad \boldsymbol{w} = \begin{bmatrix} w_0 \\ w_1 \\ w_2 \\ \vdots \\ w_N \end{bmatrix} \tag{10.3}$$

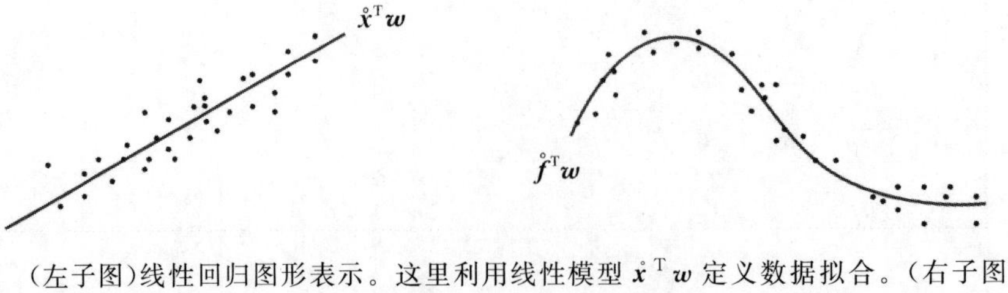

图 10.1 (左子图)线性回归图形表示。这里利用线性模型 $\mathring{\boldsymbol{x}}^{\mathrm{T}}\boldsymbol{w}$ 定义数据拟合。(右子图)通过在我们的模型中嵌入非线性特征变换得到非线性回归。这里的数据拟合是由 $\mathring{\boldsymbol{f}}^{\mathrm{T}}\boldsymbol{w}$ 定义的非线性曲线。详细内容参见正文

为了在有 P 个点的一般数据集 $\{(x_p, y_p)\}_{p=1}^P$ 上调整线性模型参数，使它尽可能好地表示数据(例如图 10.1 左子图中展示的数据)，或者用代数的方式表达，得到[1]

$$\mathring{\boldsymbol{x}}_p^{\mathrm{T}} \boldsymbol{w} \approx y_p \qquad p = 1, 2, \cdots, P \tag{10.4}$$

最小化一个合适的回归代价函数，比如，最小二乘代价函数：

$$g(\boldsymbol{w}) = \frac{1}{P} \sum_{p=1}^{P} (\mathring{\boldsymbol{x}}_p^{\mathrm{T}} \boldsymbol{w} - y_p)^2 \tag{10.5}$$

无论是在原理上还是在实现上，我们要从线性回归过渡到一般的非线性回归，只需要将线性回归中的线性模型换成非线性模型就可以了。例如，我们不再使用一个线性模型，而是使用一个包含单个非线性函数 f(比如二次函数、正弦波、逻辑函数等)的非线性模型，这个非线性函数可以是参数化的也可以是非参数化的。在机器学习的术语中，这样一个非线性函数 f 通常称为非线性特征变换(简称为一个特征)，因为它对我们原始的输入特征 $\boldsymbol{x}$ 进行变换。对应的非线性模型形如

$$\text{model}(\boldsymbol{x}, \Theta) = w_0 + f(\boldsymbol{x}) w_1 \tag{10.6}$$

其中集合 Θ 包含所有模型参数，包括线性组合权值(此处为 w_0 和 w_1)以及函数 f 本身的潜在内部参数。

我们可以简单地扩展这一思想来构建非线性模型，该模型不仅仅是使用单一的非线性特征变换。一般说来，我们可以以输入的 B 个非线性函数的加权和的形式构造一个非线性模型，如下所示：

$$\text{model}(\boldsymbol{x}, \Theta) = w_0 + f_1(\boldsymbol{x}) w_1 + f_2(\boldsymbol{x}) w_2 + \cdots + f_B(\boldsymbol{x}) w_B \tag{10.7}$$

其中 $f_1, f_2, \cdots, f_B$ 是非线性函数(参数化或非参数化)，w_0 到 w_B 以及非线性函数内部的任何附加权值在权值集合 Θ 中表示。

不管选择什么样的非线性函数，我们所采取的形式求解该回归模型的步骤与我们在线性回归的简单情形下完全相似。与线性情形类似，将式(10.7)中的一般非线性模型以更紧凑形式表示也是有益的：

$$\text{model}(\boldsymbol{x}, \Theta) = \mathring{\boldsymbol{f}}^{\mathrm{T}} \boldsymbol{w} \tag{10.8}$$

其中

$$\mathring{\boldsymbol{f}} = \begin{bmatrix} 1 \\ f_1(\boldsymbol{x}) \\ f_2(\boldsymbol{x}) \\ \vdots \\ f_B(\boldsymbol{x}) \end{bmatrix} \quad 且 \quad \boldsymbol{w} = \begin{bmatrix} w_0 \\ w_1 \\ w_2 \\ \vdots \\ w_B \end{bmatrix} \tag{10.9}$$

同样，调整含 P 个点的数据集上的通用非线性模型的参数，使其尽可能好地表示数据(例如图 10.1 右子图中展示的数据)，或者以代数方式表示，得到[2]

$$\mathring{\boldsymbol{f}}_p^{\mathrm{T}} \boldsymbol{w} \approx y_p \quad p = 1, 2, \cdots, P \tag{10.10}$$

在 Θ 上最小化一个合适的回归代价函数，比如，最小二乘代价函数：

$$g(\Theta) = \frac{1}{P} \sum_{p=1}^{P} (\mathring{\boldsymbol{f}}_p^{\mathrm{T}} \boldsymbol{w} - y_p)^2 \tag{10.11}$$

---

[1] 根据式(10.3)的紧凑表示，$\mathring{\boldsymbol{x}}_p^{\mathrm{T}} = [1 \quad x_{1,p} \quad x_{2,p} \quad \cdots \quad x_{N,p}]$，其中 $x_{n,p}$ 是 x_p 中的第 n 个元素。

[2] 这里，$\mathring{\boldsymbol{f}}_p^{\mathrm{T}} = [1 \quad f_1(\boldsymbol{x}_p) \quad f_2(\boldsymbol{x}_p) \quad \cdots \quad f_B(\boldsymbol{x}_p)]$ 符合式(10.9)中的紧凑表示。

尽管线性框架和非线性框架在结构上有很多相似之处，但仍然存在一个问题：我们如何为模型确定合适的非线性特征变换？以及如何为通用数据集确定这些变换的数量 B？这确实是我们在机器学习中面临的最重要的挑战之一，也是我们将在本章以及接下来的章节中着力讨论的问题之一。

10.2.2　特征工程

这里我们通过讨论一些简单的例子来开始非线性回归的研究。在这些例子中，我们可以通过可视化数据来确定需要的非线性特征的种类和数量，并依靠我们自己的模式识别能力来确定合适的非线性。这是一个更广泛地被称为特征工程的例子，其中用于机器学习模型的非线性的函数形式由人类通过其专业知识、领域知识、对手工处理问题的直觉等来确定(或设计)。

例 10.1　建模一个波形函数

在图 10.2 的左子图中，我们展示了一个非线性回归数据集。由于这些数据呈波浪状，因此可以提出一个由正弦函数组成的非线性模型

$$f(x)=\sin(v_0+xv_1) \tag{10.12}$$

其参数为可调权值 v_0 和 v_1，回归模型如下所示：

$$\text{model}(x,\Theta)=w_0+f(x)w_1 \tag{10.13}$$

其中，$\Theta=\{w_0,w_1,v_0,v_1\}$。直观地看，如果模型的参数调整得当，这个模型似乎可以很好地拟合数据。在图 10.2 的左子图中，我们通过梯度下降法最小化最小二乘代价函数，显示了数据拟合的结果模型。

注意，当权值完全调优后，根据其特征变换对模型进行线性定义。这意味着如果我们绘制数据集的变换形式，即$\{(f(x_p),y_p)\}_{p=1}^P$，其中内部特征权值 v_0 和 v_1 已调优，我们的模型线性地拟合了转换后的数据，如图 10.2 的右子图所示。换言之，在这个输入轴由 $f(x)$ 给定、输出轴为 y 的变换特征空间中，已调优的非线性模型变为线性模型。

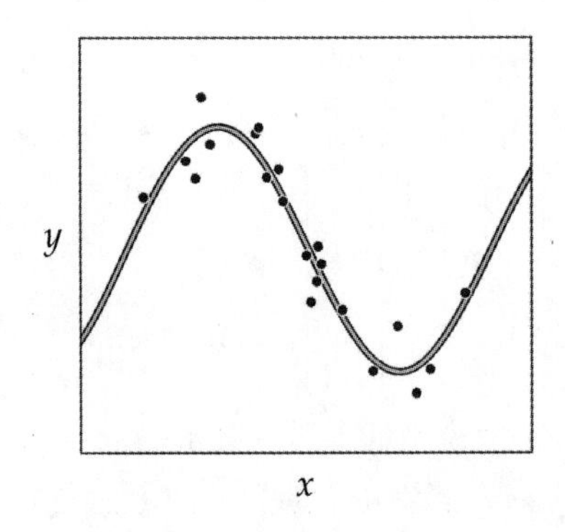

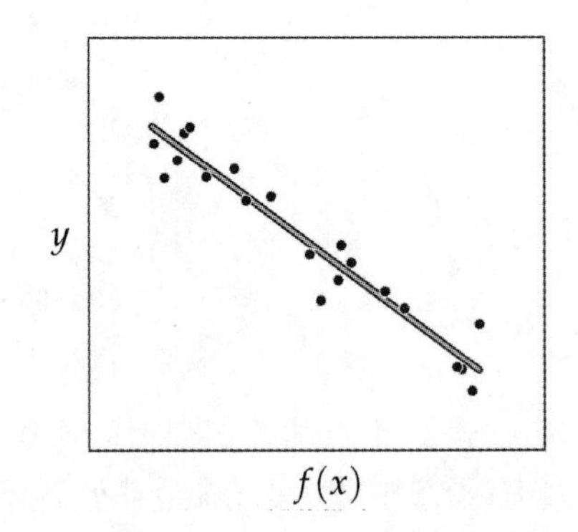

图 10.2　与例 10.1 相关的图。(左子图)在式(10.12)和式(10.13)中定义的一个非线性回归数据集和相应的调优模型。(右子图)在变换的特征空间中查看的相同数据和调优模型。详细内容参见正文

276
~
278

最后注意，如 9.3 节关于线性回归的介绍，对于非线性回归，当采用梯度下降法对相应的最小二乘代价函数 g 进行最小化时，采用标准归一化来缩放输入仍然是非常有利的。在图 10.3 中，我们展示使用原始非归一化输入(黑色)和标准归一化输入(灰色)的梯度下降法运行时产生的代价函数历史图。比较这两个历史图可以发现，当使用标准归一化输入

时会出现一个非常小的代价函数值。

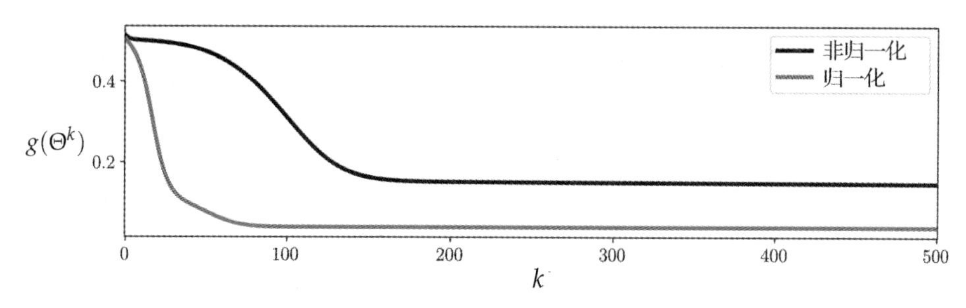

图 10.3 与 10.1 图。详细内容参见正文

例 10.2 伽利略和重力

1638 年，伽利略因被驱逐出天主教会而名声扫地。他被驱逐的原因是在 *Discourse and Mathematical Demonstrating Relating to Two New Science*[44] 一书中大胆宣称地球围绕太阳旋转，而不是太阳围绕地球旋转（当时的主流观点）。在这本书中，他以亚里士多德传统的三人对话形式，描述了关于匀加速物理运动概念的实验和哲学证据。具体地说，伽利略（和其他人）的直觉是物体由于重力而产生的加速度在时间上是一致的。换言之，物体下落的距离与它所运动时间的平方成正比。该关系是伽利略通过以下独创而简单的实验总结得到的。 279

在如图 10.4 所示的斜坡上，伽利略反复将一个金属球从一块 5.5 米长的木块上滚下来，记录球从$\frac{1}{4}$、$\frac{1}{2}$、$\frac{2}{3}$和$\frac{2}{3}$处滚下来直至斜坡底端所花的时间㊀。

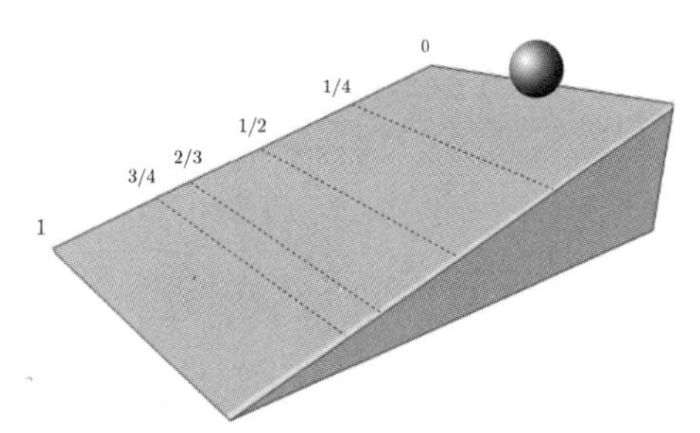

图 10.4 与例 10.2 相关的图。伽利略斜坡实验装置，用于探索物体因重力下落的时间和距离之间的关系。为了完成这个实验，他反复把一个球滚下斜坡，记录球从$\frac{1}{4}$、$\frac{1}{2}$、$\frac{2}{3}$和$\frac{2}{3}$处滚下来，并一直滚到斜坡底端所花的时间。详细内容参见正文

图 10.5 的左子图展示了现代对这一实验进行复现[45]的数据（30 次试验的平均值），其中输入轴是时间（以秒为单位），而输出是球在实验过程中移动的斜坡距离。这里的数据显示了其输入和输出之间的非线性二次关系。使用二次模型将其转换为

$$\text{model}(x,\Theta) = w_0 + f_1(x)w_1 + f_2(x)w_2 \tag{10.14}$$

其中含两个非参数化的特征变换：恒等变换 $f_1(x)=x$ 和二次变换 $f_2(x)=x^2$。用 x

㊀ 为什么伽利略不简单地把球从某个高度落下，并记录它用多长时间到达距离地面的某个位置？因为那时还没有可靠的方法来测量时间。结果，他不得不用一个水钟来做斜坡实验！有趣的是，伽利略对钟摆的研究启发了人类第一个可靠计时器的发明。

和 x^2 替换式(10.14)中的 $f_1(x)$和 $f_2(x)$ ，得到了熟悉的二次形式 $\omega_0+x\omega_1+x^2\omega_2$。

在对该数据集的输入进行标准化后(见 9.3 节)，我们通过梯度下降法最小化对应的最小二乘代价函数，并在图 10.5 的左子图中绘制原始数据的对应最佳非线性拟合。由于该模型是两个特征变换(加上偏差权值)的线性组合，因此还可以在变换后的特征空间中显示其相应的线性拟合，如图 10.5 的右子图所示。在这个空间中，输入轴分别由 $f_1(x)$和 $f_2(x)$给出，变换点由三元组 $(f_1(x_p),f_2(x_p),y_p)$ 给出。

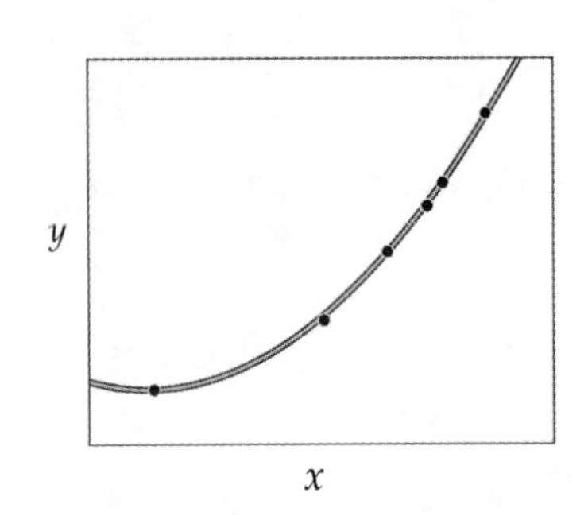

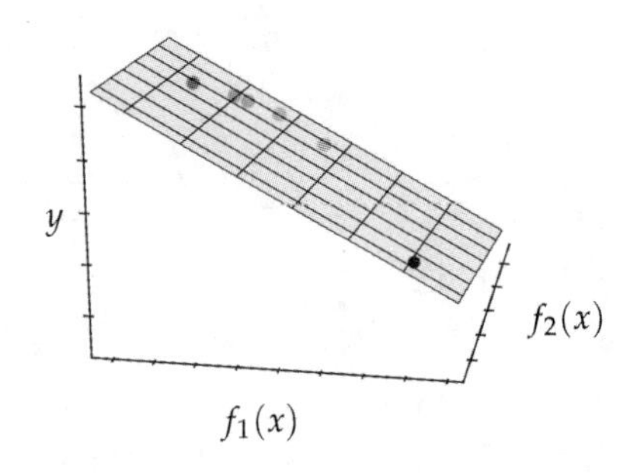

图 10.5 与例 10.2 相关的图。(左子图)伽利略著名实验的现代复现数据，以及一个合适调整的二次模型。(右子图)在变换的特征空间中表示的相同数据集和模型。详细内容参见正文

10.2.3 Python 实现

下面我们给出实现式(10.8)中通用非线性模型的一种通用方法，这是由 5.2.4 节中的原始线性实现一般化后得到的：

```
1  # an implementation of our model employing a
2  # general nonlinear feature transformation
3  def model(x, theta):
4  
5      # feature transformation
6      f = feature_transforms(x, theta[0])
7  
8      # compute linear combination and return
9      a = theta[1][0] + np.dot(f.T, theta[1][1:])
10 
11     return a.T
```

这里我们的工程特征变换的一般集合是在 Python 函数 feature_transforms 中实现的，并且根据特征本身的定义方式而有所不同。我们已经尽可能一般地实现了这个函数，以包含我们期望的特征变换具有内部参数的情况。也就是说，我们将集合 Θ 中的模型权值打包为 theta，theta 是一个列表，其第一个元素 theta[0]中包含 feature_transforms 的内部权值，第二个元素 theta[1]中存储模型的最终线性组合中的权值。

280 ~ 281

例如，例 10.1 中使用的 feature_transforms 函数的实现如下：

```
1  def feature_transforms(x, w):
2  
3      # compute feature transformation
4      f = np.sin(w[0] + np.dot(x.T, w[1:])).T
5  
6      return f
```

如果所需的特征变换没有内部参数，我们可以将此函数的参数输入留空，或者实现上面稍有差异的模型，这需要计算特征变换集：

```
1 | f = feature_transforms(x)
```

和这些变换特征的线性组合：

```
1 |  a = theta[0] + np.dot(f.T, theta[1:])
```

在任何一种情况下，为了成功地执行非线性回归，我们可以将注意力集中在实现函数 `feature_transforms` 上，如果希望采用自动微分，则使用 autograd 包装的 NumPy 库(见 B.10 节)。我们实现回归代价函数的方式与第5章中介绍线性回归情形时使用的方式完全相同。换言之，一旦正确地实现了一组给定的特征变换，利用上面的模型就可以调整非线性回归的参数，方法与我们在第5章中所做的完全相同，使用任一回归代价函数和局部优化方案。唯一需要注意的是，当采用参数化模型(如例10.1中的模型)时，相应的代价函数通常是非凸的。因此，应采用零阶或一阶优化方法，或按照附录A.7中的方式调整二阶优化方法。

10.3 非线性多输出回归

在本节中，我们将讨论5.6节中介绍的多输出回归的非线性特征工程。这基本完全对应于我们在上一节中看到的情况，但有一个很小却又重要的区别：在多输出的情形下，我们可以选择分别对每个回归建模，并对每个输出使用(可能)不同的非线性模型，或者对所有输出同时生成一个单一的非线性模型。 282

10.3.1 建模原理

利用线性多输出回归，我们构造了 $\mathring{\boldsymbol{x}}^{\mathrm{T}}\boldsymbol{w}_c$ 形式的 C 个线性模型，或等价地，通过将权值向量 $\boldsymbol{w}_c$ 逐列叠加到 $(N+1)\times C$ 矩阵 $\boldsymbol{W}$(见5.6.1节)中并形成多输出线性模型，构建一个包含全部 C 个回归的联合线性模型：

$$\text{model}(\boldsymbol{x},\boldsymbol{W}) = \mathring{\boldsymbol{x}}^{\mathrm{T}}\boldsymbol{W} \tag{10.15}$$

给定一个包含 P 个点的数据集 $\{(\boldsymbol{x}_p,\boldsymbol{y}_p)\}_{p=1}^{P}$，当每个成对的输入 $\boldsymbol{x}_p$ 和输出 $\boldsymbol{y}_p$ 分别是 $N\times1$ 和 $1\times C$ 维时，我们的目标是调整 $\boldsymbol{W}$ 中的参数，以学习输入和输出之间的线性关系：

$$\mathring{\boldsymbol{x}}_p^{\mathrm{T}}\boldsymbol{W} \approx \boldsymbol{y}_p \qquad p = 1,2,\cdots,P \tag{10.16}$$

这需要最小化合适的代价函数，比如，最小二乘代价函数：

$$g(\boldsymbol{W}) = \frac{1}{P}\sum_{p=1}^{P} \| \mathring{\boldsymbol{x}}_p^{\mathrm{T}}\boldsymbol{W} - \boldsymbol{y}_p \|_2^2 \tag{10.17}$$

对于多输出回归，从线性模型到非线性模型的过渡与我们在上一节中看到的情况非常相似。也就是说，对于第 c 次回归问题，我们(通常)使用 B_c 个非线性特征变换来构造一个模型：

$$\text{model}_c(\boldsymbol{x},\Theta_c) = w_{c,0} + f_{c,1}(\boldsymbol{x})w_{c,1} + f_{c,2}(\boldsymbol{x})w_{c,2} + \cdots + f_{c,B_c}(\boldsymbol{x})w_{c,B_c} \tag{10.18}$$

这里 $f_{c,1}, f_{c,2}, \cdots, f_{c,B_c}$ 是非线性(可能是参数化的)函数，$\omega_{c,0}$ 到 ω_{c,B_c}(以及非线性函数内部的任何附加权值)都在权值集 Θ_c 中表示。

为了简化为每个回归器选择非线性特征的烦琐工作，我们可以选择一组非线性特征变换，并在 C 个回归模型中共享它们。如果为 C 个模型选择同一个含 B 个非线性特征的集

合，则第 c 个模型形如

$$\text{model}_c(\boldsymbol{x},\Theta_c) = w_{c,0} + f_1(\boldsymbol{x})w_{c,1} + f_2(\boldsymbol{x})w_{c,2} + \cdots + f_B(\boldsymbol{x})w_{c,B} \tag{10.19}$$

其中 Θ_c 现在包含线性组合权值 $\omega_{c,0},\omega_{c,1},\cdots,\omega_{c,B_c}$ 以及共享特征变换内部的任何权值。注意，在这种情况下，第 c 个模型唯一的参数是线性组合权值，因为每个模型共享特征变换内部的任何权值。采用与式(10.9)中相同的特征变换紧凑表示法，可以将每一个模型更紧凑地表示为

283

$$\text{model}_c(\boldsymbol{x},\Theta_c) = \mathring{\boldsymbol{f}}^{\mathrm{T}}\boldsymbol{w}_c \tag{10.20}$$

图 10.6 显示了使用这一符号的典型多输出回归。这样我们可以通过将全部 C 个权值向量 $\boldsymbol{w}_c$ 逐列叠加到一个 $(B+1)\times C$ 权值矩阵 $\boldsymbol{W}$ 中，将 C 个模型统一表示，得到如下的联合模型：

$$\text{model}(\boldsymbol{x},\Theta) = \mathring{\boldsymbol{f}}^{\mathrm{T}}\boldsymbol{W} \tag{10.21}$$

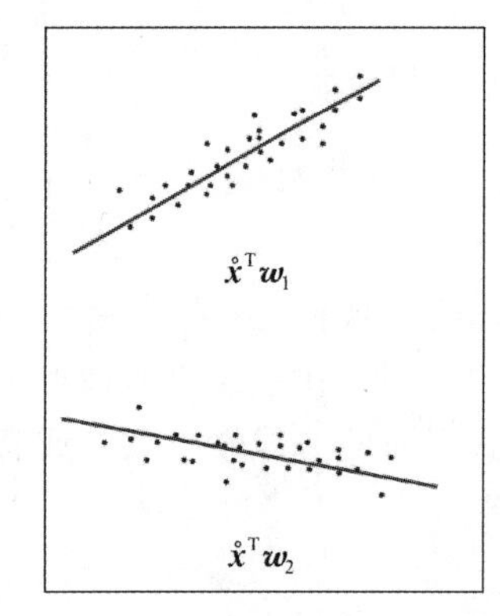

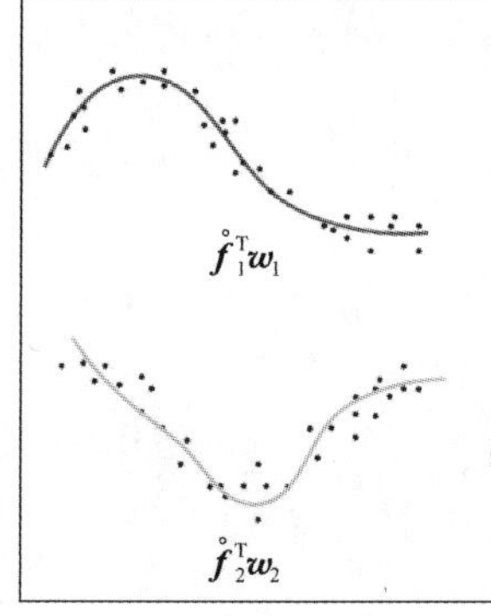

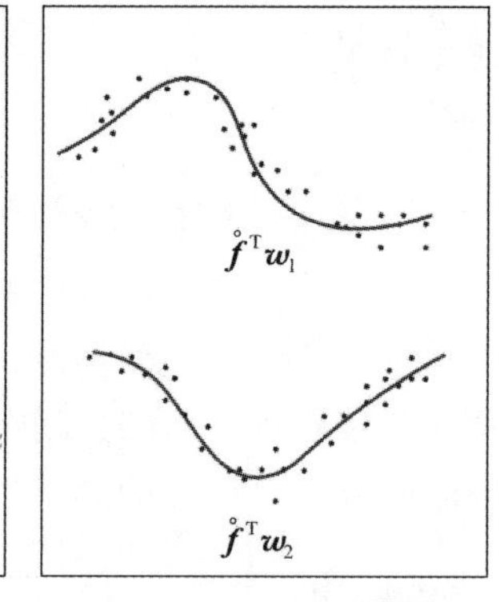

图 10.6　带 $C=2$ 个输出的多输出回归的图示说明。(左子图)线性多输出回归。(中间子图)非线性多输出回归，其中每个回归器使用自己独特的非线性特征变换。(右子图)非线性多输出回归，其中两个回归器共享相同的非线性特征变换。详细内容参见正文

这是式(10.15)中的原始线性模型的直接推广，集合 Θ 包含 $\boldsymbol{W}$ 中的线性组合权值以及特征变换本身内部的任何参数。调整联合模型的权值，使其尽可能好地代表我们的数据集，或者用代数的方式表示为

$$\mathring{\boldsymbol{f}}_p^{\mathrm{T}}\boldsymbol{W} \approx \boldsymbol{y}_p \qquad p=1,2,\cdots,P \tag{10.22}$$

最小化该模型在 Θ 中参数上的一个合适的回归代价函数，比如，最小二乘代价函数[⊖]：

$$g(\Theta) = \frac{1}{P}\sum_{p=1}^{P}\left\| \mathring{\boldsymbol{f}}_p^{\mathrm{T}}\boldsymbol{W} - \boldsymbol{y}_p \right\|_2^2 \tag{10.23}$$

10.3.2　特征工程

对于多输出回归，通过肉眼观察确定合适的特征比上一节介绍的回归的基本实例更具挑战性。这里我们给出这类特征工程的一个相对简单的例子来初步说明这个挑战和所涉及

⊖ 注意，如果这些特征变换不包含内部参数(比如多项式函数)，则可以分别调整每个单独的回归模型。然而，当采用参数化特征(比如，神经网络)时，代价函数不会在每个回归器上分解，我们必须联合调整所有模型参数，也就是说，必须同时学习 C 个回归。这不同于线性情形，在线性情形下调整线性模型的参数(可以一次考虑一个回归器，也可以同时进行)返回相同的结果(见 5.6.2 节)。

的非线性建模。

例 10.3　建模多个波形函数

在图 10.7 中，我们展示了一个非线性多输出回归的例子，使用了一个输入维度 $N=2$ 和输出维度 $C=2$ 的小型数据集，其中与第一和第二输出配对的输入分别显示在左子图和右子图中。这两种情况在本质上都是正弦曲线，每个都有其独特的形状。

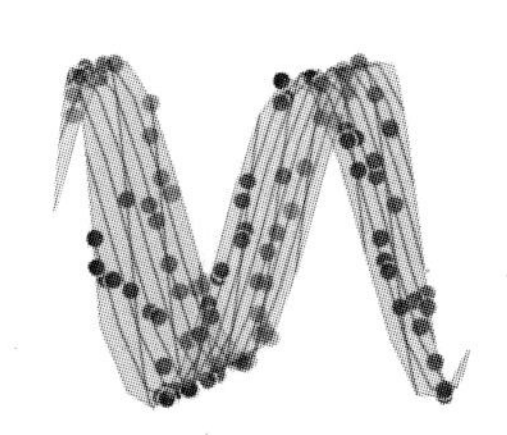
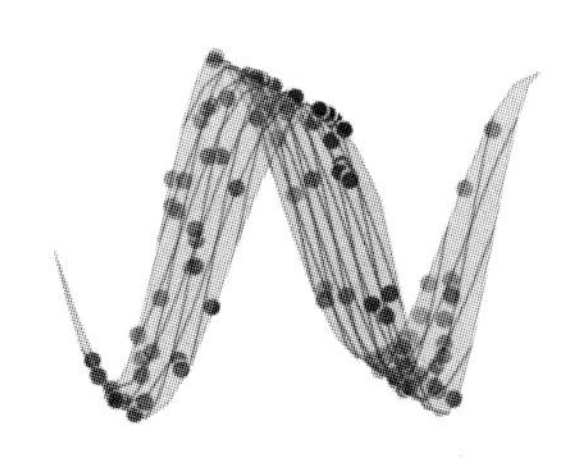

图 10.7　与例 10.3 对应的图。详细内容参见正文。并与图 5.11 所示的线性情形进行比较

通过肉眼观察数据，我们可以合理地选择使用 $B=2$ 个参数化正弦特征变换同时对两种回归进行建模

$$
\begin{aligned}
f_1(\boldsymbol{x}) &= \sin(v_{1,0} + v_{1,1}x_1 + v_{1,2}x_2) \\
f_2(\boldsymbol{x}) &= \sin(v_{2,0} + v_{2,1}x_1 + v_{2,2}x_2)
\end{aligned} \tag{10.24}
$$

通过使用梯度下降法最小化式(10.23)中的最小二乘代价函数，对这组非线性特征进行拟合，得到图 10.7 中以绿色标识的非线性曲面。

10.3.3　Python 实现

与 5.6.3 节中对线性情形的介绍一样，这里我们同样可以借鉴 10.2.3 节中介绍的非线性回归的一般 Python 实现，使用与在单输出情形下完全相同的模型和代价函数实现。唯一的区别在于如何定义特征变换和线性组合权值矩阵的维度。

10.4　非线性二分类问题

本节我们将介绍非线性分类的一般框架以及一些基本的例子。与前几节中一样，这些示例都是低维的，允许我们直观地观察数据中的模式并找出合适的非线性，我们可以将其嵌入线性监督范式中以得到非线性分类。这么做本质上是在进行二分类问题的非线性特征工程。

10.4.1　建模原理

虽然我们在第 6 章中使用线性模型来推导线性二分类问题，但这种线性仅仅是对(大体上)分隔两类数据的边界做的假设。使用默认标签值 $y_p \in \{-1,+1\}$，将线性模型表示为

$$
\text{model}(\boldsymbol{x},\boldsymbol{w}) = \mathring{\boldsymbol{x}}^{\mathrm{T}}\boldsymbol{w} \tag{10.25}
$$

线性决策边界则由所有输入点 $\boldsymbol{x}$ 组成，其中 $\mathring{\boldsymbol{x}}^{\mathrm{T}}\boldsymbol{w}=0$。同样，标签的预测如下式(见 7.6 节)：

$$
y = \text{sign}(\mathring{\boldsymbol{x}}^{\mathrm{T}}\boldsymbol{w}) \tag{10.26}
$$

为了调整 $\boldsymbol{w}$，我们将一个合适的二分类代价函数最小化，比如，二分类 SoftMax(或交叉熵)代价函数：

$$
g(\boldsymbol{w}) = \frac{1}{P}\sum_{p=1}^{P}\log(1+\mathrm{e}^{-y_p\mathring{\boldsymbol{x}}_p^{\mathrm{T}}\boldsymbol{w}}) \tag{10.27}
$$

我们可以调整这个框架，以一种完全类似于我们在 10.2 节中使用回归的方式从线性分类过渡到非线性分类。也就是说，我们可以将线性模型替换为一个如下形式的非线性模型：

284~286

$$\text{model}(\boldsymbol{x},\Theta) = w_0 + f_1(\boldsymbol{x})w_1 + f_2(\boldsymbol{x})w_2 + \cdots + f_B(\boldsymbol{x})w_B \tag{10.28}$$

其中 $f_1, f_2, \cdots, f_B$ 是非线性参数化或非参数化的函数，ω_0 到 ω_B(以及非线性函数内部的任何附加权值)在权值集合 Θ 中表示。与回归情形中一样，我们也可以将这一模型更简洁地表示(见 10.2.1 节)为

$$\text{model}(\boldsymbol{x},\Theta) = \mathring{\boldsymbol{f}}^{\mathrm{T}}\boldsymbol{w} \tag{10.29}$$

与线性情形完全类似，这里的决策边界由所有输入 $\boldsymbol{x}$ 组成，其中 $\mathring{\boldsymbol{f}}^{\mathrm{T}}\boldsymbol{w}=0$，同样，标签的预测如下式：

$$y = \text{sign}(\mathring{\boldsymbol{f}}^{\mathrm{T}}\boldsymbol{w}) \tag{10.30}$$

图 10.8 展示了一个使用这一符号的典型的二分类问题。最后，为了调整 Θ 中的参数，我们必须最小化与其相关的一个合适的代价函数，例如，二分类 Softmax 代价函数(同样完全类似于式(10.27))：

$$g(\Theta) = \frac{1}{P}\sum_{p=1}^{P}\log(1+\mathrm{e}^{-y_p\mathring{\boldsymbol{f}}_p^{\mathrm{T}}\boldsymbol{w}}) \tag{10.31}$$

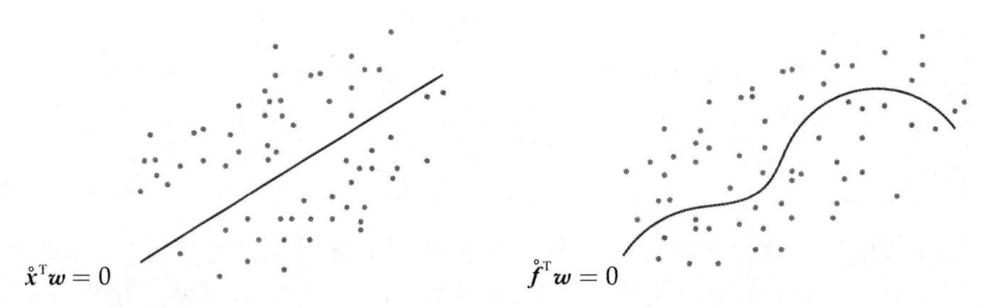

图 10.8 线性和非线性二分类的图示说明。(左子图)在线性情形下，将分离边界定义为 $\mathring{\boldsymbol{x}}^{\mathrm{T}}\boldsymbol{w}=0$。(右子图)在非线性情形下，将分离边界定义为 $\mathring{\boldsymbol{f}}^{\mathrm{T}}\boldsymbol{w}=0$。详细内容参见正文

10.4.2 特征工程

在某些情况下，对于低维度据集，我们可以直接观察数据，然后很容易地得出二分类问题的一组合适的非线性特征。下面我们将探讨两个这样的例子。

例 10.4 当决策边界仅为两个单点时

在 6.3 节从逻辑回归的视角讨论分类时，我们看到了如何将线性分类视为非线性回归的一个特例。特别地，我们看到了如何从这个角度来拟合曲线(或更高维度的曲面)，这样的曲线由经过 tanh 函数的输入的线性组合组成。对于输入维度 $N=1$ 的数据集，如图 10.9 左列子图所示，这使得我们要学习一个由单个点定义的决策边界。

287

然而，线性决策边界通常非常不灵活，即使在图 10.9 右列子图所示的简单例子中，也不能提供较好的分离。对于这样的数据集，我们显然需要一个模型，它能够在相隔一定距离的点上两次穿过输入空间(x 轴)，这是线性模型无法做到的。

什么样的简单函数能穿过水平轴两次？二次函数显然可以。如果调整到合适的高度，一个二次曲线肯定可以穿过水平轴两次，当经过一个 tanh 函数时，确实可以给出我们期

望的预测(如图 10.9 右列子图所示)。

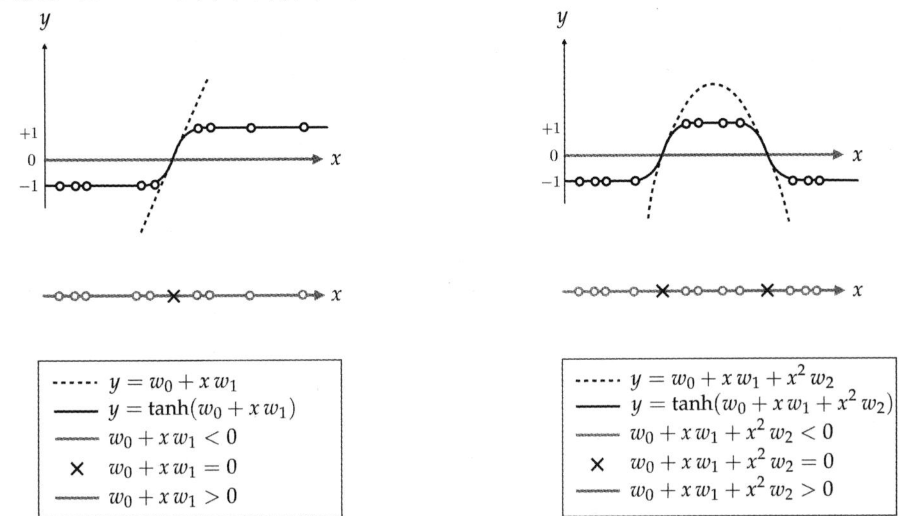

图 10.9 与例 10.4 对应的图。(左列)一个典型的线性二分类数据集，从回归角度(顶部)和感知机角度(底部)显示完全调优的线性模型，其中标签值以不同颜色标识(红色表示+1，蓝色表示−1)。(右列)一个简单的非线性二分类数据集，此数据集需要一个由两点组成的决策边界，这是线性模型无法提供的。从这里可以看出，二次模型可以实现这一目标(只要合适地调整其参数)(见彩插)

一个二次模型形如

$$\text{model}(x,\Theta) = w_0 + x w_1 + x^2 w_2 \tag{10.32}$$

它使用两种特征变换：恒等式 $f_1(x)=x$ 和二次变换 $f_2(x)=x^2$，其中权值集 Θ 仅包含权值 w_0、w_1 和 w_2。 288

在图 10.10 的左子图中，我们展示了与图 10.9 右列所示类似的一个小型数据集。图中以绿色显示了通过(采用梯度下降法)最小化式(10.31)中相应的二分类 Softmax 函数来完全调优式(10.32)中的二次模型的结果。在右子图中，我们在由两个特征(见例 10.1 和 10.2)定义的变换后的特征空间中显示同一数据集，其中非线性决策边界变为线性的。这一发现通常是正确的：数据集的原始空间中一条良好分离的非线性决策边界转换为变换后的特征空间中一条良好分离的线性决策边界。这类似于 10.2.2 节中介绍的回归情形，其中原始空间中的良好非线性拟合对应于变换后的特征空间中的良好线性拟合。

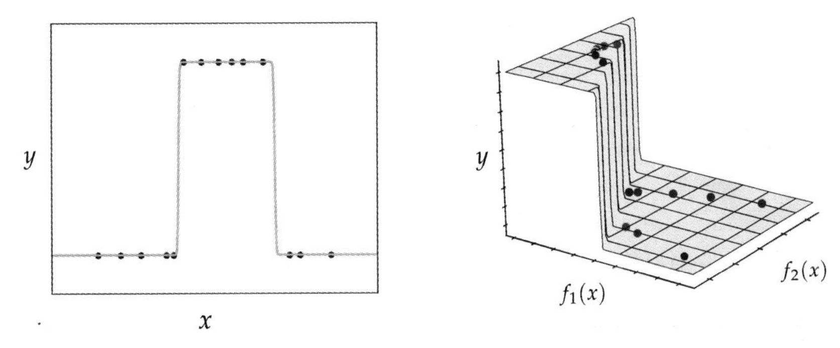

图 10.10 与例 10.4 对应的图。详细内容参见正文

例 10.5 椭圆决策边界

在图 10.11 的左列子图中，我们展示了一个输入维度为 $N=2$ 的小型二分类数据集，顶排子图和底排子图分别是感知机视角和回归视角的观察结果。

通过对数据集的直接观察，可以看出某种以原点为中心的椭圆决策边界，其定义为

$$\text{model}(\boldsymbol{x},\Theta)=w_0+x_1^2w_1+x_2^2w_2 \tag{10.33}$$

这样的边界也许可以很好地对数据进行分类。从该式我们可以看到，其中使用了两个特征变换，即 $f_1(\boldsymbol{x})=x_1^2$ 和 $f_2(\boldsymbol{x})=x_2^2$，参数集 $\Theta=\{w_0,w_1,w_2\}$。

使用该模型(通过梯度下降法)最小化式(10.31)中的 Softmax 代价函数，我们在顶排子图的感知器视角和底排子图的回归视角中都以黑色标识出所得的非线性决策边界。最后，在右列子图中，我们展示了变换后的特征空间中的数据以及相应的线性决策边界。

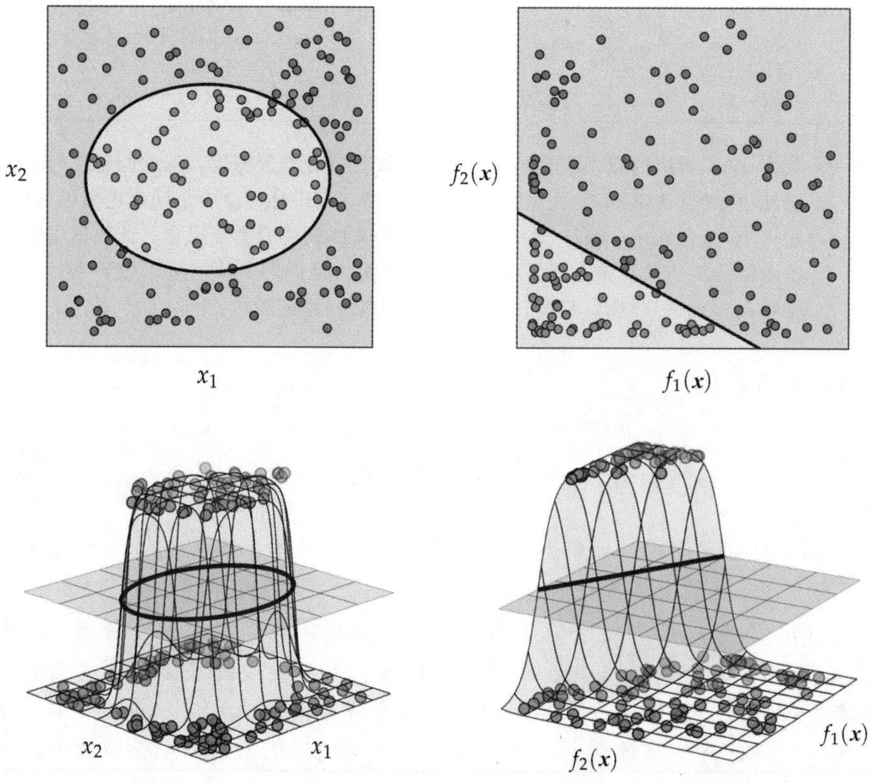

289

图 10.11 与例 10.5 对应的图。详细内容参见正文(见彩插)

10.4.3 Python 实现

式(10.29)中的一般非线性模型完全可以按 10.2.3 节中所述方法实现，因为它正是我们在非线性回归情形下使用的一般非线性模型。因此，与回归一样，我们不需要改变第 6 章中介绍的任何二分类代价函数的实现即可执行非线性分类任务：我们需要做的就是在 Python 中合适地定义非线性变换。

10.5 非线性多分类问题

290

在本节中，我们介绍线性多分类问题(见第 7 章)的一般非线性扩展。这与我们在前面几

节中所看到的情况完全对应，特别是几乎完全类似于 10.3 节中对非线性多输出回归的讨论。

10.5.1　建模原理

在第 7 章中讨论线性多分类问题时，我们构建了形如 $\mathring{\boldsymbol{x}}^{\mathrm{T}}\boldsymbol{w}_c$ 的 C 个线性模型，通过将权值向量 $\boldsymbol{W}_c$ 按列叠加成 $(N+1)\times C$ 矩阵 $\boldsymbol{W}$(见 7.3.9 节)，可将它们进行统一表示，并得到一个多输出线性模型：

$$\text{model}(\boldsymbol{x},\boldsymbol{W}) = \mathring{\boldsymbol{x}}^{\mathrm{T}}\boldsymbol{W} \tag{10.34}$$

给定一个含 P 个点的数据集 $\{(x_p,y_p)\}_{p=1}^{P}$，其中每个输入 x_p 是 N 维的，每个 y_p 是集合 $y_p\in\{0,1,\cdots,C-1\}$ 中的一个标签值，我们的目的是调整 $\boldsymbol{W}$ 中的参数以满足融合规则

$$y_p = \underset{c=0,1,\cdots,C-1}{\operatorname{argmax}}\left[\text{model}(\boldsymbol{x}_p,\boldsymbol{W})\right] \qquad p=1,2,\cdots,P \tag{10.35}$$

方法是以 One-versus-All 的方式(见 7.2 节)一次调整 $\boldsymbol{W}$ 的每一列，或者通过最小化一个合适的代价函数，比如，多分类 Softmax 代价函数：

$$g(\boldsymbol{W}) = \frac{1}{P}\sum_{p=1}^{P}\left[\log\left(\sum_{c=0}^{C-1}\mathrm{e}^{\mathring{\boldsymbol{x}}_p^{\mathrm{T}}\boldsymbol{w}_c}\right)-\mathring{\boldsymbol{x}}_p^{\mathrm{T}}\boldsymbol{w}_{y_p}\right] \tag{10.36}$$

最小化针对整个矩阵 $\boldsymbol{W}$ 进行(见 7.3 节)。

对于多分类问题，从线性模型到非线性模型的过渡非常接近于我们在 10.3 节中对多输出回归的讨论。也就是说，对于第 c 个分类器，我们(通常)可以使用 B_c 个非线性特征变换来构造如下模型：

$$\text{model}_c(\boldsymbol{x},\Theta_c) = w_{c,0}+f_{c,1}(\boldsymbol{x})w_{c,1}+f_{c,2}(\boldsymbol{x})w_{c,2}+\cdots+f_{c,B_c}(\boldsymbol{x})w_{c,B_c} \tag{10.37}$$

其中 $f_{c,1},f_{c,2},\cdots,f_{c,B_c}$ 是非线性参数化或非参数化的函数，$\omega_{c,0}$ 到 ω_{c,B_c}(以及非线性函数内部的任何附加权值)在权值集合 Θ_c 中表示。

为了简化为每个分类器选择非线性特征的烦琐工作，我们可以选择一组非线性特征变换，并在所有 C 个二分类模型中共享它们。如果我们为所有 C 个模型选择同样的含 B 个非线性特征的集合，则第 c 个模型的形式为

$$\text{model}_c(\boldsymbol{x},\Theta_c) = w_{c,0}+f_1(\boldsymbol{x})w_{c,1}+f_2(\boldsymbol{x})w_{c,2}+\cdots+f_B(\boldsymbol{x})w_{c,B} \tag{10.38}$$

291

其中 Θ_c 现在包含线性组合权值 $\omega_{c,0},\omega_{c,1},\cdots,\omega_{c,B}$ 以及共享特征变换内部的任何权值。采用与式(10.9)相同的特征变换紧凑表示法，我们可以将每一个模型更紧凑地表示为

$$\text{model}_c(\boldsymbol{x},\Theta_c) = \mathring{\boldsymbol{f}}^{\mathrm{T}}\boldsymbol{w}_c \tag{10.39}$$

图 10.12 展示了使用这种符号的一个典型多分类问题。我们可以采用 One-versus-All 的方式分别调整这些模型的参数，或者最小化所有模型的联合代价函数来同时调整它们的参数。对于后一种方法，比较好的做法是首先将所有 C 个权值向量 $\boldsymbol{w}_c$ 逐列叠加到 $(B+1)\times C$ 权值矩阵 $\boldsymbol{W}$ 中，将所有 C 个模型重新以统一的形式表示，得到如下的联合模型：

$$\text{model}(\boldsymbol{x},\Theta) = \mathring{\boldsymbol{f}}^{\mathrm{T}}\boldsymbol{W} \tag{10.40}$$

其中集合 Θ 包含 $\boldsymbol{W}$ 中的线性组合权值以及特征变换本身内部的任何参数。调整以上模型的权值，使得以下融合规则尽可能好地成立：

$$y_p = \underset{c=0,1,\cdots,C-1}{\operatorname{argmax}}\left[\text{model}(\boldsymbol{f}_p,\boldsymbol{W})\right] \qquad p=1,2,\cdots,P \tag{10.41}$$

我们在 Θ 中的参数上最小化该模型的一个合适的多分类代价函数，比如多分类 Softmax 代价函数：

$$g(\Theta) = \frac{1}{P}\sum_{p=1}^{P}\left[\log\left(\sum_{c=0}^{C-1}\mathrm{e}^{\mathring{\boldsymbol{f}}_p^{\mathrm{T}}\boldsymbol{w}_c}\right)-\mathring{\boldsymbol{f}}_p^{\mathrm{T}}\boldsymbol{w}_{y_p}\right] \tag{10.42}$$

292

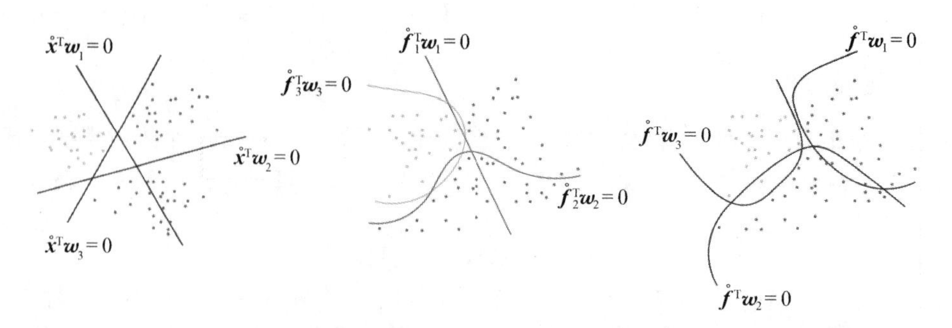

图 10.12　包含 $C=3$ 个类的普通数据集上的多分类器的图形表示。(左子图)线性多分类情形。(中间子图)非线性多分类情形，每个分类器使用自己独特的非线性特征变换。(右子图)非线性多分类，其中所有分类器共享相同的非线性特征变换。详细内容参见正文(见彩插)

10.5.2　特征工程

在多分类环境下，通过视觉分析确定非线性特征比在上一节中介绍的二分类情形下更具挑战性。在这里，我们提供了一个这类特征工程的简单示例，注意到通常我们希望自动学习这种特征变换(下一章中将详细介绍)。

例 10.6　椭圆边界的多分类数据

在这个例子中，我们设计了非线性特征来对图 10.13 左上子图中的数据集进行多分类分类，该数据集包含 $C=3$ 个类，这些类看起来(大致)由椭圆边界分隔。这里蓝色、红色和绿色的点分别具有标签值 0、1 和 2。

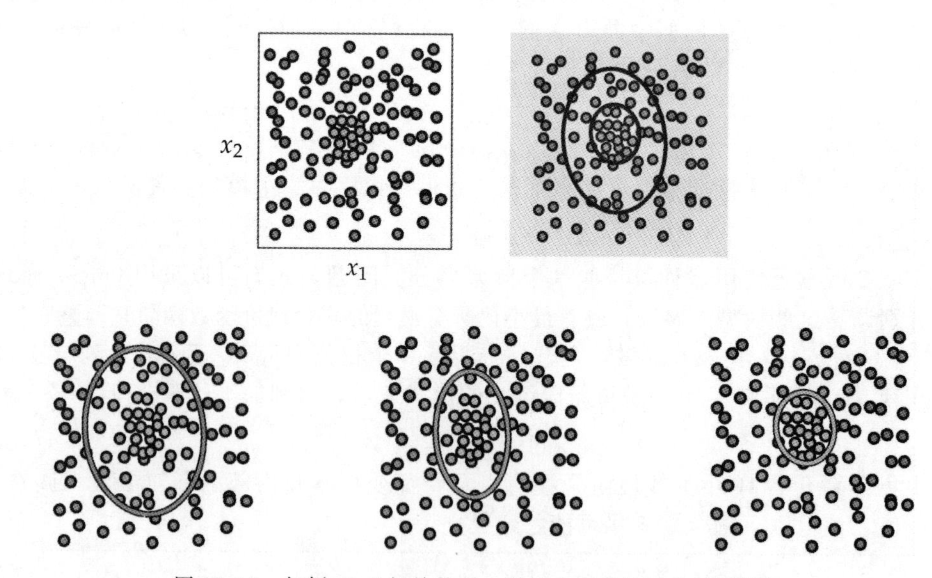

图 10.13　与例 10.6 相关的图。详细内容参见正文(见彩插)

因为数据不是以原点为中心，所以我们必须使用一个完整的二次多项式的展开式，该式由形如 $x_1^i x_2^j$(其中 $i+j\leqslant 2$)的特征组成。这就给出了以下二次多项式模型：

$$\text{model}(\boldsymbol{x},\Theta)=w_0+x_1w_1+x_2w_2+x_1x_2w_3+x_1^2w_4+x_2^2w_5 \tag{10.43}$$

使用这个非线性模型，我们采用梯度下降法最小化式(10.42)中的多分类 Softmax 代价函数，并在图 10.13 的右上子图中绘制对应的融合多分类边界，其中每个区域根据学到的分类器的预测进行着色。

293

我们还在图 10.13 的底排子图中绘制了每个分类器产生的二分类边界，根据每个例子中执行的 One-versus-All 分类对每个边界进行着色。这里如 7.3 节中介绍的线性情形，我们可以看到，虽然每个二分类子问题都不能正确求解，但经式(10.41)进行融合后，得到的多分类结果仍然可以非常好。

10.5.3　Python 实现

式(10.40)中的一般非线性模型可按 10.3.3 节中所述实现，它与我们使用的非线性多输出回归的一般非线性模型相同。因此，正如多输出回归一样，我们不需要对第 7 章中介绍的联合非线性多分类代价函数的实现做出任何改变，我们需要做的只是在 Python 中合适地定义非线性变换。

10.6　非线性无监督学习

在本节中，我们将讨论在 8.3 节中介绍的基本无监督学习技术(自动编码器)的一般非线性扩展。

10.6.1　建模原理

在 8.3 节中，我们描述了线性自动编码器，这是一种确定最佳线性子空间的完美方法，用于表示一组均值中心化的 N 维输入数据点 $\{x_p\}_{p=1}^{P}$。为了确定数据在由 $N\times K$ 矩阵 $\boldsymbol{C}$ 的列生成的 K 维子空间上的投影，首先使用编码器模型在子空间上对数据进行编码：

$$\text{model}_{\text{e}}(\boldsymbol{x},\boldsymbol{C}) = \boldsymbol{C}^{\text{T}}\boldsymbol{x} \tag{10.44}$$

它接受 N 维输入 $\boldsymbol{x}$，并返回一个 K 维输出 $\boldsymbol{C}^{\text{T}}\boldsymbol{x}$。然后我们解码得到在子空间上的投影：

$$\text{model}_{d}(\boldsymbol{v},\boldsymbol{C}) = \boldsymbol{C}\boldsymbol{v} \tag{10.45}$$

解码器的输出是到原始 N 维空间中的子空间的投影，其本身是 N 维的。

这两个步骤的组合生成了线性自动编码器的模型：

$$\text{model}(\boldsymbol{x},\boldsymbol{C}) = \text{model}_{d}(\text{model}_{\text{e}}(\boldsymbol{x},\boldsymbol{C}),\boldsymbol{C}) = \boldsymbol{C}\boldsymbol{C}^{\text{T}}\boldsymbol{x} \tag{10.46}$$

294

当 $\boldsymbol{C}$ 被合适调整时，生成一个能非常好地表示数据的线性子空间：

$$\boldsymbol{C}\boldsymbol{C}^{\text{T}}\boldsymbol{x}_p \approx \boldsymbol{x}_p \qquad p = 1,2,\cdots,P \tag{10.47}$$

或者等价地，对输入的影响尽可能接近恒等变换，即

$$\boldsymbol{C}\boldsymbol{C}^{\text{T}} \approx \boldsymbol{I}_{N\times N} \tag{10.48}$$

为了得到 $\boldsymbol{C}$ 的理想设置，我们可以最小化一个期望效果的最小二乘误差度量(比如式(10.47))：

$$g(\boldsymbol{C}) = \frac{1}{P}\sum_{p=1}^{P}\|\boldsymbol{C}\boldsymbol{C}^{\text{T}}\boldsymbol{x}_p - \boldsymbol{x}_p\|_2^2 \tag{10.49}$$

为了在这里引入非线性，即确定一个非线性曲面(也称为一个流形)，以将数据投影到其上(如图 10.14 右子图所示)，我们可以简单地将式(10.44)和式(10.45)中的线性编码/解码器模型替换为一般形式的非线性版本：

$$\begin{aligned}\text{model}_{\text{e}}(\boldsymbol{x},\Theta_{\text{e}}) &= \boldsymbol{f}_{\text{e}}(\boldsymbol{x})\\ \text{model}_{d}(\boldsymbol{v},\Theta_{d}) &= \boldsymbol{f}_{d}(\boldsymbol{v})\end{aligned} \tag{10.50}$$

这里，$\boldsymbol{f}_{\mathrm{e}}$ 和 $\boldsymbol{f}_d$(通常)是非线性向量值的函数，Θ_{e} 和 Θ_d 表示它们的参数集。用这个符号可以把一般的非线性自动编码器模型简写为

$$\text{model}(\boldsymbol{x},\Theta)=\boldsymbol{f}_d(\boldsymbol{f}_{\mathrm{e}}(\boldsymbol{x})) \tag{10.51}$$

295

其中参数集 Θ 包含 Θ_{e} 和 Θ_d 的所有参数。

与线性情形一样，这里我们的目标是正确地设计编码器/解码器对，并合适地调整 Θ 的参数，以便为数据确定适当的非线性流形，如下式：

$$\boldsymbol{f}_d(\boldsymbol{f}_{\mathrm{e}}(\boldsymbol{x}_p))\approx\boldsymbol{x}_p \qquad p=1,2,\cdots,P \tag{10.52}$$

为了调整 Θ 中的参数，我们可以最小化一个期望效果的最小二乘误差度量(比如，式(10.52))：

$$g(\Theta)=\frac{1}{P}\sum_{p=1}^{P}\|\boldsymbol{f}_d(\boldsymbol{f}_{\mathrm{e}}(\boldsymbol{x}_p))-\boldsymbol{x}_p\|_2^2 \tag{10.53}$$

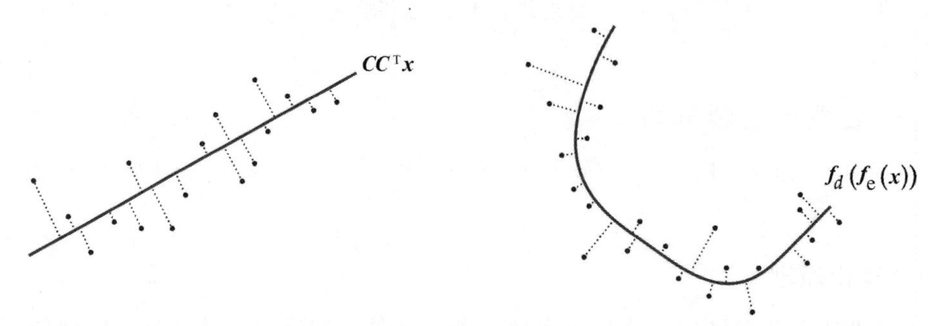

图 10.14　线性(左子图)和非线性(右子图)自动编码器的图形表示。详细内容参见正文

10.6.2　特征工程

考虑到编码器和解码器模型都包含必须确定的非线性特征，以及在式(10.51)中构成模型的组合方式，即使对于一个非常简单的例子(比如我们现在讨论的)，通过视觉分析实现特征工程可能也很困难。

例 10.7　圆形流形

在本例中，我们使用包含 $P=20$ 个二维度据点的模拟数据集，通过非线性自动编码器方案学习圆形流形。数据集如图 10.15 左子图所示，我们可以看到它有一个近乎完美的圆形。

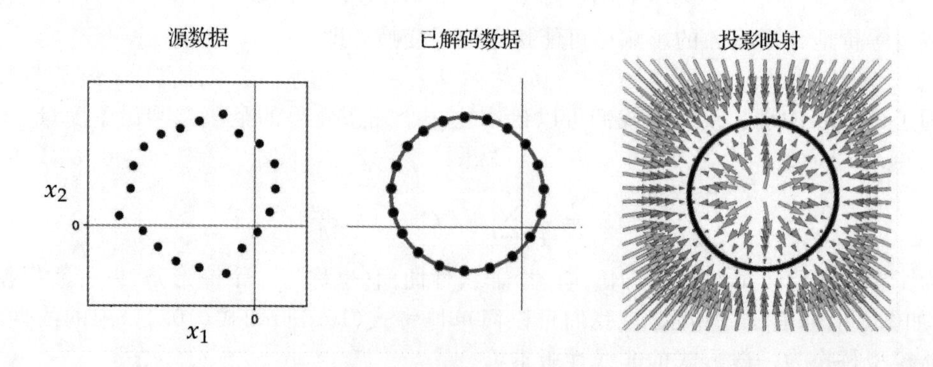

图 10.15　与例 10.7 对应的图。(左子图)源数据大致分布在一个圆上。(中间子图)将源数据最终解码到确定的圆形流形上。(右子图)一个投影映射，展示了邻近空间中的点如何投影到最终学到的流形上

为了得到这个数据集的一个非线性自动编码器模型，回顾一个二维的圆，如图 10.16 左子图所示，可以使用它的中心点 $\boldsymbol{w}=[\omega_1 \quad \omega_2]^{\mathrm{T}}$ 和半径 r 来完全描述它的特征。从圆上的任意点 x_p 减去 $\boldsymbol{w}$，然后将数据集中在原点，如图 10.16 右子图所示。

296

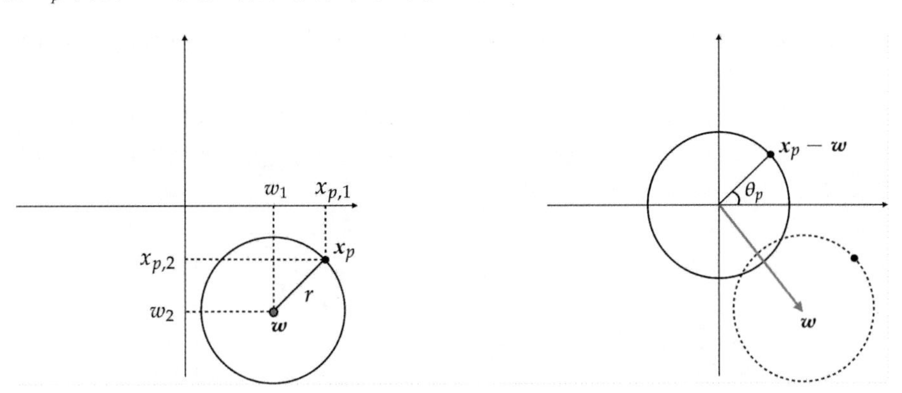

图 10.16　与例 10.7 相关的图。(左子图)二维圆的特征是其中心点 $\boldsymbol{w}$ 和半径 r。(右子图)当以原点为中心时，圆上的任何点都可以用其到原点的连线和水平轴之间的角度来表示

一旦居中，圆上的任何二维点 $x_p-\boldsymbol{w}$ 都可以被编码为连接到原点的线段和水平轴之间的(标量)角度 θ_p。从数学上讲，有

$$f_{\mathrm{e}}(\boldsymbol{x}_p)=\theta_p=\arctan\left(\frac{x_{p,2}-w_2}{x_{p,1}-w_1}\right) \tag{10.54}$$

为了设计解码器，从 θ_p 开始，我们可以将 x_p 重构为

$$f_d(\theta_p)=\begin{bmatrix} r\cos(\theta_p)+w_1 \\ r\sin(\theta_p)+w_2 \end{bmatrix} \tag{10.55}$$

这对编码器/解码器一起定义了一个合适的非线性自动编码器模型，其一般形式如式(10.51)所示，具有一组参数 $\Theta=\{\omega_1, \omega_2, r\}$。

在图 10.15 的中间子图中，我们展示了最终学习到的流形以及解码的数据，它是通过梯度下降法最小化式(10.53)中的代价函数得到的。在图 10.15 的右子图中，我们将得到的流形显示为一个黑色圆圈(为便于可视化以红色轮廓标识)，并描述了空间中的点是如何被吸引(或投影)到作为向量场的流形上的。

297

10.7　小结

在本章中，我们描述了监督和无监督学习问题的非线性特征工程。非线性特征工程涉及通过哲学思考或数据的视觉分析来设计非线性模型。虽然非线性特征工程本身是一种非常有用的技能，但是本章的更大价值在于引入了一般的非线性建模框架，包括一般的非线性模型、形式和概念，这是本书后续章节的基础。

10.8　习题

完成以下习题所需的数据可从本书的 GitHub 资源库下载，链接为 github.com/jermwatt/machine_learning_refined。

习题 10.1　波形函数建模

重复例 10.1 中的实验，包括绘制图 10.2 所示的图。

习题 10.2　酵母细胞增长建模

图 10.17 显示了在限制室中生长的酵母细胞群(数据取自参考文献[46])。这是在种群增长数据中发现的一种常见形态，即研究中的有机体一开始只有少数成员，其生长受到繁殖速度和环境中可用资源的限制。起初，这样的种群呈指数增长，但数量达到环境的最大承载能力时，增长迅速停止。

利用最小二乘代价函数和梯度下降法对该数据集进行单一非线性特征变换，并拟合得到对应的模型。确保标准归一化数据输入(见 9.3 节)。将数据与模型提供的最终拟合一起绘制在一个图中。

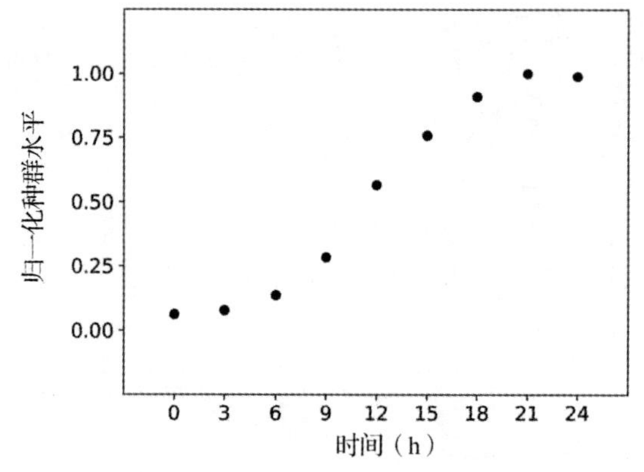

图 10.17　与习题 10.2 相关的图。详细内容参见正文

习题 10.3　伽利略实验

298

重复例 10.2 中的实验，包括绘制图 10.5 所示的图。

习题 10.4　摩尔定律

英特尔公司联合创始人 Gordon Moore 在 1965 年的一篇论文[47]中预测，集成电路上的晶体管数量大约每两年翻一番。这个猜想现在被称为摩尔定律，在过去的五十年中被证明是足够准确的。由于计算机的处理能力与其 CPU 中晶体管的数量直接相关，摩尔定律为预测未来微处理器的计算能力提供了一个趋势模型。图 10.18 描绘了几种微处理器的晶体管数量与发布年份的对比，从 1971 年仅有 2300 个晶体管的 Intel 4004 开始，到 2014 年推出的超过 43 亿个晶体管的 Intel Xeon E7。

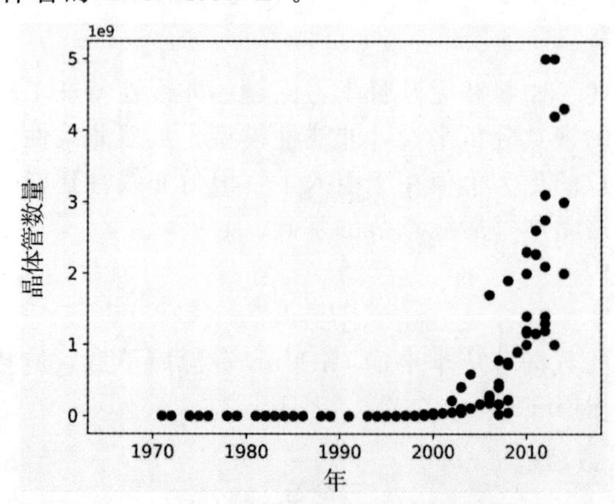

图 10.18　与习题 10.4 相关的图。详细内容参见正文

(a)为图10.18所示的摩尔定律数据集提出一个单一的特征转换，使转换后的输入/输出数据线性相关。提示：要生成一个线性关系，你将不得不转换输出，而不是输入。 299

(b)对于合适的权值给出一个最小二乘代价函数并最进行最小化，并将你的模型对图10.18中的原始数据空间中的数据进行拟合。

习题 10.5 欧姆定律

欧姆定律是由德国物理学家Georg Simon Ohm在19世纪20年代做了一系列实验后提出的，它把直流电路中电流的大小与电路中所有励磁力的总和以及电路的长度联系起来。虽然Ohm没有发表任何关于他的实验结果的报道，但是很容易用一个简单的实验装置来验证他的定律，如图10.19的左子图所示，这与他当时使用的装置非常相似。气灯加热电路，产生电动势，在线圈中产生电流，使指南针偏转。偏转角的正切值与通过电路的电流大小成正比。该电流的大小由I表示，取决于用于闭合电路的导线长度(虚线曲线)。在图10.19的右子图中，我们绘制了当电路用长度为x(单位为cm)的导线闭合时，5个不同的x值的电流读数(根据偏转角的正切值)。这里绘制的数据取自参考文献[48]。

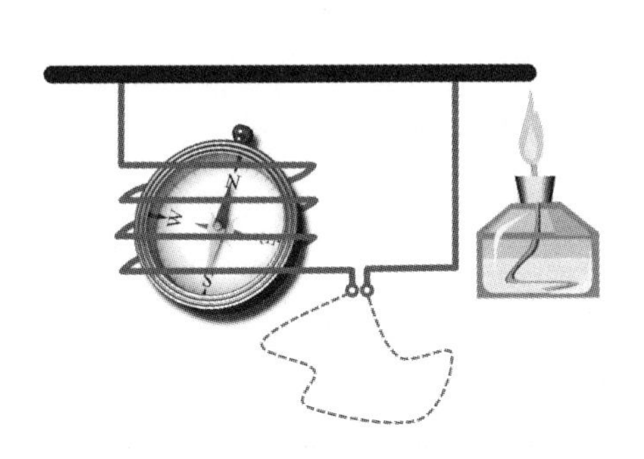
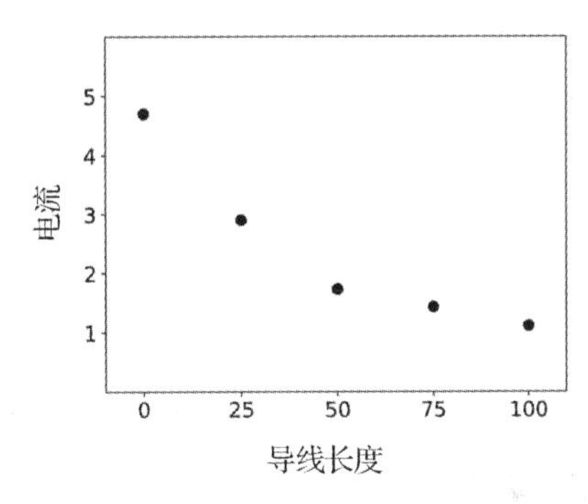

图10.19 与习题10.5相关的图。(左子图)验证欧姆定律的实验装置。粗导线和细导线分别由康铜和铜制成。(右子图)5种不同长度闭合导线的电流读数

(a)建议对原始数据进行单一非线性变换，使变换后的输入/输出数据线性相关。

(b)利用变换后的数据建立一个合适的最小二乘代价函数，使之最小化以得到理想参数，用你提出的模型与数据进行拟合，并将其绘制在原始数据空间中。 300

习题 10.6 多波形函数建模

重复例10.3中的实验。你无须重新绘制图10.7。但要使用一个代价函数历史图，以确保你能够学到一个对数据的准确拟合。

习题 10.7 椭圆决策边界

重复例10.5中的实验。不需要重新绘制图10.11。但要使用一个代价函数历史图，以确保你能够学到一个对数据的准确拟合。

习题 10.8 二分类数据集的工程特征

为图10.20所示的数据集构造一个非线性模型，并进行非线性二分类。你的模型应该能够在此数据集上实现完美的分类。

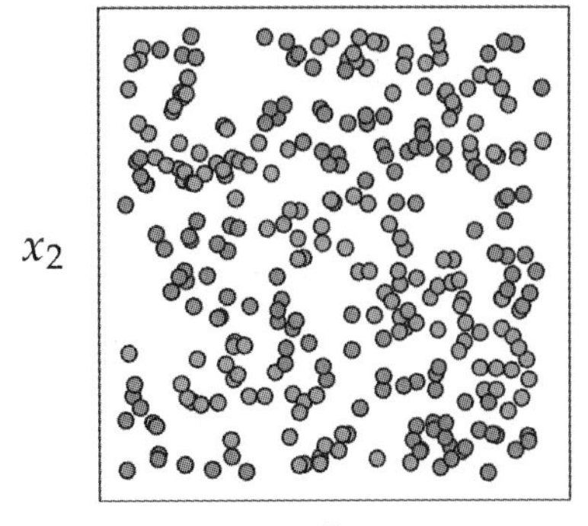

图10.20 与习题10.8相关的图。详细内容参见正文(见彩插)

习题 10.9　圆形流形

重复例 10.7 中的实验，并找出 w_1、w_2 和 r 的最佳值。

习题 10.10　PCA 的另一个非线性扩展

正如我们在 8.3 节中看到的，在 $N\times K$ 生成集 $\boldsymbol{C}$ 和对应的 $K\times 1$ 权向量 $\boldsymbol{w}_1,\boldsymbol{w}_2,\cdots,\boldsymbol{w}_P$ 上最小化 PCA 最小二乘代价函数

$$g(\boldsymbol{w}_1,\boldsymbol{w}_2,\cdots,\boldsymbol{w}_P,\boldsymbol{C})=\frac{1}{P}\sum_{p=1}^{P}\|\boldsymbol{C}\boldsymbol{w}_p-\boldsymbol{x}_p\|_2^2 \tag{10.56}$$

301

为输入点集 $\boldsymbol{x}_1,\boldsymbol{x}_2,\cdots,\boldsymbol{x}_P$ 确定了一个合适的 K 维线性子空间。

作为扩展自动编码器以允许 PCA 采集非线性子空间(见 10.5 节)的替代方法，我们可以扩展这一 PCA 最小二乘代价函数。这是非线性 PCA 的一种更严格的形式，通常称为核 PCA，它是其他无监督问题(包括 K-均值)的类似非线性扩展的基础。在本习题中，你将研究非线性扩展中涉及的基本原理。

为此，我们首先选择一组没有内部参数的 B 个非线性特征变换 $f_1,f_2,\cdots,f_B$，并用这组特征变换表示 x_p 的变换：

$$\boldsymbol{f}_p=\begin{bmatrix}f_1(\boldsymbol{x}_p)\\ f_2(\boldsymbol{x}_p)\\ \vdots\\ f_B(\boldsymbol{x}_p)\end{bmatrix} \tag{10.57}$$

然后，我们不是为输入数据学习一个线性子空间，而是为这些变换后的输入学习一个线性子空间，这需要最小化下面的代价函数：

$$g(\boldsymbol{w}_1,\boldsymbol{w}_2,\cdots,\boldsymbol{w}_P,\boldsymbol{C})=\frac{1}{P}\sum_{p=1}^{P}\|\boldsymbol{C}\boldsymbol{w}_p-\boldsymbol{f}_p\|_2^2 \tag{10.58}$$

注意　因为每个 $\boldsymbol{f}_p$ 的大小都是 $B\times 1$，所以生成集合 $\boldsymbol{C}$ 的大小必须是 $B\times K$。

(a)假设选择的这个包含 B 个特征变换的集合没有内部参数，描述最小化式(10.58)中代价函数问题的经典 PCA 解。提示：见 8.4 节。

(b)假设我们有一个输入点数据集，大致分布在二维空间的单位圆上(即 $N=2$)，并且我们使用两个特征变换 $f_1(x)=x_1^2$ 和 $f_2(x)=x_2^2$。如果我们只使用经典 PCA 解的第一个主成分来表示数据，那么在原始特征空间和变换后的特征空间中会发现什么样的子空间？绘图描述这两个空间中的情况。

习题 10.11　K-均值聚类的非线性扩展

上一个习题中介绍的相同思想也可以用于将 K-均值聚类(见 8.4 节)扩展到非线性情形，这也是核 K-均值的基础。首先注意到 PCA 和 K-均值具有相同的最小二乘代价函数。然而，对于

302

K-均值，该代价函数的最小化受到约束，使得每个权值向量 $\boldsymbol{w}_p$ 是标准基向量(见 8.7 节)。

(a)按前一个习题中处理 PCA 情形的方式扩展 K-均值问题。将其与在原始输入上执行的相同类型的聚类进行比较，并用文字描述每个实例中聚类的内容。

(b)假设我们有一个大致分布在两个簇中的二维输入点数据集：一个簇由大致分布在单位圆上的点组成，另一个簇由大致分布在以原点为中心的、半径为 2 的圆上的点组成。使用两个特征变换 $f_1(x)=x_1^2$ 和 $f_2(x)=x_2^2$，在原始特征空间和变换后的特征空间中执行 $K=2$ 的 K-均值聚类后，我们会发现什么样的聚类？绘图描述这两个空间中的情况。

303

特征学习原理

11.1 引言

在第 10 章中，我们看到了线性监督和无监督学习器如何通过使用非线性函数(或特征变换)来执行非线性学习任务，这些非线性函数是我们通过观察数据自行生成的。例如，我们将回归的一般非线性模型表示为输入的 B 个非线性函数的加权和，写作

$$\text{model}(\boldsymbol{x},\Theta) = w_0 + f_1(\boldsymbol{x})w_1 + f_2(\boldsymbol{x})w_2 + \cdots + f_B(\boldsymbol{x})w_B \tag{11.1}$$

其中 f_1 到 f_B 是数据的非线性参数化或非参数化的函数(或特征)，从 ω_B 到 ω_0(以及非线性函数内部的任何附加权值)在权值集 Θ 中表示。

在本章中，我们详细介绍特征学习(或自动特征工程)的基本工具和原理，这些工具和原理允许我们将这项任务自动化，并从数据本身学习合适的特征，而不是自己设计它们。特别地，我们讨论了如何选择非线性变换 f_1 到 f_B 的形式、它们的数目 B，以及如何对 Θ 中的参数(自动地且对于任何数据集)进行调整。

11.1.1 非线性特征工程的限制

如前所述，特征是那些定义一个可用于优化学习的给定数据集的特征。在第 10 章中，我们知道可以自行设计的数学特征的质量基于我们对于正在研究的现象的知识水平。我们对生成数据的过程了解得越多(无论是智力上还是直觉上)，就越能更好地自行设计特征。极端情况下我们对生成数据的过程有近乎完美的理解，这些知识来自大量的直觉、实验和数学表达，我们设计的特征允许近乎完美的性能。然而，对于我们正在分析的数据，通常只知道一些事实，或者什么都不知道。

多数(尤其是现代的)机器学习数据集的输入远不止两个，这使得可视化作为特征工程的工具毫无用处。但是，即使在极少数情况下，数据可视化是可能的，我们也不能仅仅依靠自己的模式识别技能。以图 11.1 所示的两个小型数据集为例。左边的数据集是一维输入的回归数据集，右边的数据集是二维输入的二分类数据集。在每种情况下，用于生成数据的真正的潜在非线性模型用虚线黑线表示。我们人类通常只被教授如何通过眼睛识别最简单的非线性模式，包括那些由初等函数(比如，低阶多项式、指数函数、正弦波)和简单形状(比如，正方形、圆形、椭圆)创建的模式。图中显示的两种模式都不匹配这样简单的非线性特性。因此，无论数据集是否可以可视化，由人工得到合适的非线性特征即使有可能，也是非常困难的。

正是这一挑战促成了本章中描述的基本特征学习工具的出现。简而言之，这些技术自动化了为任意数据集识别合适的非线性特征的过程。有了这些工具在手，我们不再需要设计合适的非线性，至少不再需要以前一章中的方式设计非线性特性。相反，我们的目标是学习它们的合适形式。与我们自身有限的非线性模式识别能力相比，特征学习工具几乎可以识别数据集中出现的任何非线性模式，而不论输入维度如何。

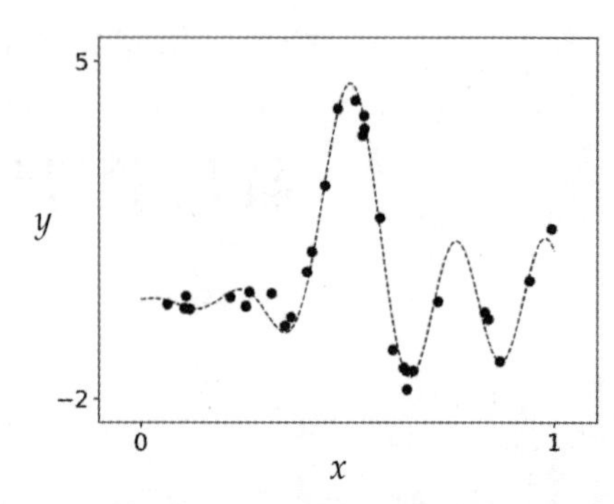

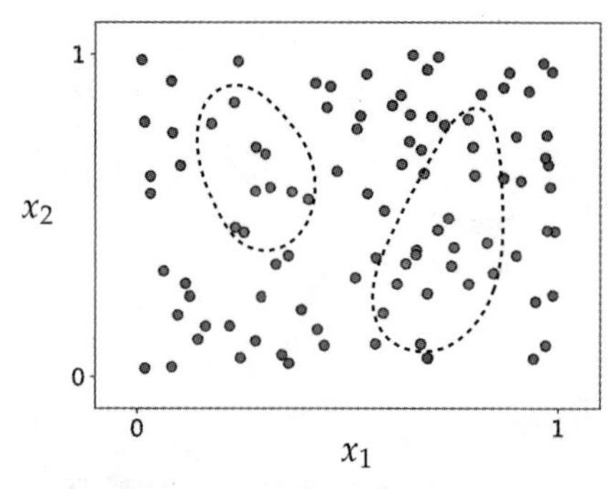

图 11.1 小型回归(左子图)和二分类(右子图)数据集，清晰地显示了非线性。用于在每种情况下生成数据的真正的潜在非线性函数用黑色虚线表示。详细内容参见正文

11.1.2 内容概览

自动化非线性学习的目标是一个雄心勃勃的目标，乍一看可能也是一个令人生畏的目标，因为有无限多种非线性和非线性函数可供选择。我们该如何自动拆解这种无限，以确定给定数据集的合适的非线性呢？

305

第一步(见 11.2 节)是组织对自动化的追踪，首先将这种无限的基本构建块放入非线性函数(相对简单的)的可管理的集合中。这些集合通常被称为通用逼近器，其中三种类型被广泛使用，我们将在这里介绍定形逼近器、人工神经网络和树。在介绍通用逼近器之后，我们讨论支撑它们的运用的基本概念，包括 11.3 节中作为度量工具的验证错误的必要性，11.4 节中对交叉验证和偏置方差权衡的描述，11.5 和 11.6 节中分别通过提升法和正则化进行的非线性复杂度的自动调优，以及 11.7 节中的测试误差和 11.9 节中装袋法的概念。

11.1.3 特征学习的复杂度刻度盘比喻

特征学习的最终目标是为任意数据集的合适和自动的特征学习提供范例，而并不考虑问题类型。这转化为自动确定式(11.1)中一般非线性模型的适当形式，以及该模型的适当参数调整，而不考虑训练数据和问题类型。我们可以把这个挑战比喻为“一个复杂度刻度盘”的构造和自动设置，如图 11.2 中所示的一个简单的非线性回归数据集(见例 10.1)。这种特征学习的复杂度刻度盘概念化可视化地将特征学习在高层次上的挑战描述为一个刻度盘，它必须被构建并自动调优，以确定合适的模型复杂度的数量，对一个给定的数据集，需要用其表示生成数据集的现象。

一般说来，设置这个复杂度刻度盘对应于选择一个非线性复杂度最低的模型(即，如图所示的线性模型)。当刻度盘从左向右旋转时，将针对训练数据尝试各种复杂度递增的模型。如果向右转得太多，就训练数据而言，生成的模型会太复杂(或太“摇摆”)(如刻度盘右侧的两个小图所示)。当设置“刚刚好”(如图 11.2 上方左边第二个小图所示)时，所得到的结果模型非常好地表示了数据以及生成数据的现象。

虽然复杂度刻度盘是对特征学习的简化描述，但我们将看到，它仍然是一个有用的比喻，因为它可以帮助我们组织对于各种思想的理解。

306

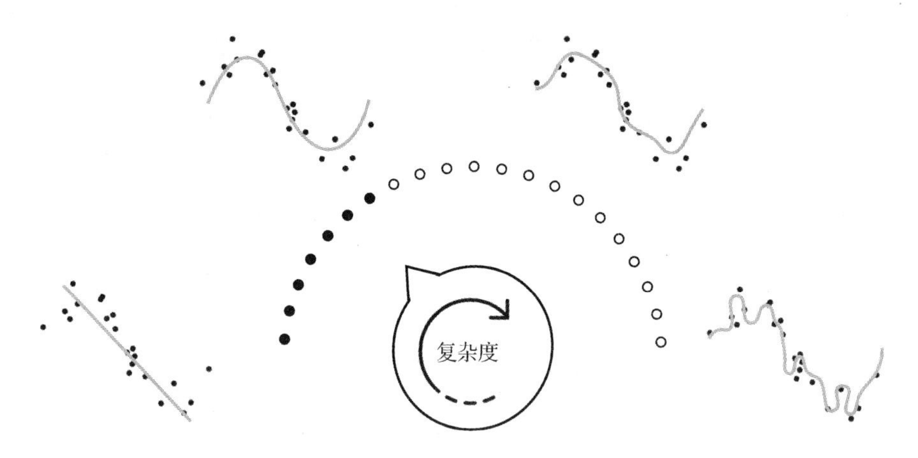

图 11.2　特征学习的视觉描述，将其视为一个"复杂度刻度盘"的构造和自动设置控制式(11.1)中的非线性模型的形式以及它的参数调整，从而控制模型关于训练数据的复杂度

11.2　通用逼近器

在前一章中，我们描述了如何自己设计适当的非线性特征来匹配我们在简单数据集中发现的模式。然而，在实践中，我们很少能够完全依靠自己对数据集的理解来设计出完美的非线性特征，无论这是通过数据可视化、哲学思考还是领域专长获得的。

在本节中，我们抛弃不切实际的假设，即可以用前一章中描述的方式得到全适的非线性特性，代之以一个同样不切实际的(有更多实际影响的)假设：我们能够完整、无噪声地观察生成数据的现象。在这种情况下，我们可以自由地访问数据，通过结合一组基本特征变换的元素，也就是所谓的通用逼近器，可以自动地学习绝对完美的特征。在本节中，我们还将看到三种最流行的通用逼近器的基本示例，即定形逼近器、神经网络和树。

为了简单起见，我们讨论限制在非线性回归和二分类问题，正如我们在第 10 章看到的，共享相同的一般非线性模型，得到输入的 B 个非线性特征变换的一个线性组合：

$$\text{model}(\boldsymbol{x},\Theta) = w_0 + f_1(\boldsymbol{x})w_1 + f_2(\boldsymbol{x})w_2 + \cdots + f_B(\boldsymbol{x})w_B \tag{11.2}$$

307

回顾一下，在非线性二分类问题中，我们只是将式(11.2)中的非线性回归模型通过数学符号函数进行二元预测。而在本节中我们将致力于这两个监督学习问题，因为式(11.2)中的一般的非线性模型用于几乎所有其他形式的非线性学习，包括多分类(见 10.4 节)和无监督学习(见 10.6 节)，这里提示的主旨更一般地对所有机器学习问题成立。

11.2.1　完美数据

现在我们从想象不可能的事情开始：一个完美的回归数据集。这样的数据集有两个重要的特征：完全无噪声和无穷大。由于完全无噪声，第一个特征意味着我们可以完全信任每一对输入/输出的质量。无穷大意味着我们可以无限制地访问可能存在的数据集的每一个输入/输出对(x_p, y_p)。综合起来，这样的数据集完美地描述了生成它的现象。在图 11.3 的顶部子图中，我们展示了在输入/输出数据线性相关的最简单实例中，这样一个完美的数据集会是什么样子。

从左边子图开始，我们展示了一个真实的数据集，它是含噪的小数据集。在中间子图中，我们显示了相同的数据集，但是从每个输出中去掉了噪声。在右子图中，我们通过将所有缺失的点加入中间子图的无噪声数据中来描述一个完美的数据集，使数据显示为一条连续的线(或高维的超平面)。在图 11.3 的底部子图中，我们为一个典型的非线性回归数据集展示了一个类似的过渡，其中完美的数据(见最右子图)构成一个连续的非线性曲线(或在更高维度的表面)。

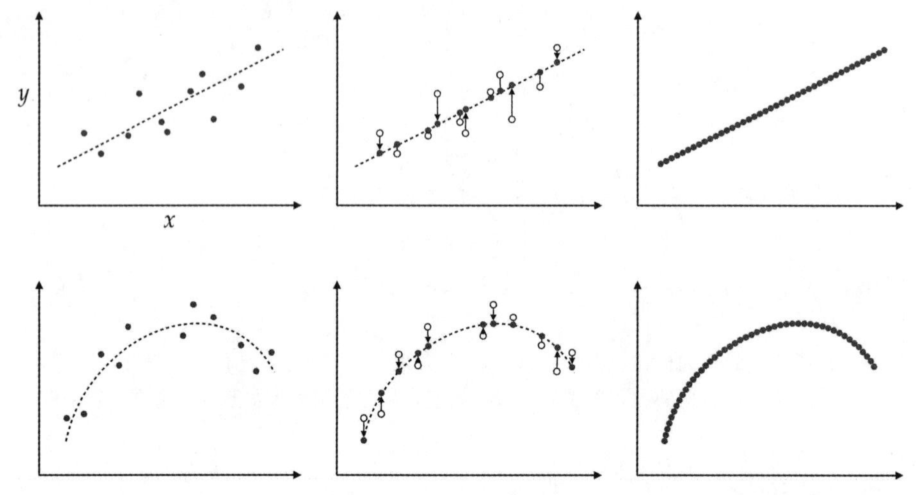

图 11.3 (左上子图)一个典型的现实的线性回归数据集是嘈杂的(相对)小的点集，可以由一条线大致地建模。(顶排中间子图)同一数据集和从每个输出中移除噪声。(顶排右子图)完美的线性回归数据集，其中有无穷多个位于一条直线上的点。(底排左子图)一个典型的现实的非线性回归数据集是一个有噪声的(相对)小的点集，可由一条非线性曲线大致地建模。(底部中间子图)从输出中移除噪声点，构成了一个无噪声的数据集。(底排右子图)完美的非线性回归数据集，其中有无穷多个位于一条曲线上的点

308

对于二分类问题，一个完美的数据集(默认使用标签值 $y_p \in \{-1,+1\}$)具有相同的特征：完全无噪声且无穷大。然而，在这种情况下，完美的数据本身将不是连续的曲线或曲面，而是在其顶部和底部阶梯之间具有连续非线性边界的阶跃函数。图 11.4 展示了这一点，它非常接近地反映了我们在图 11.3 中看到的回归。

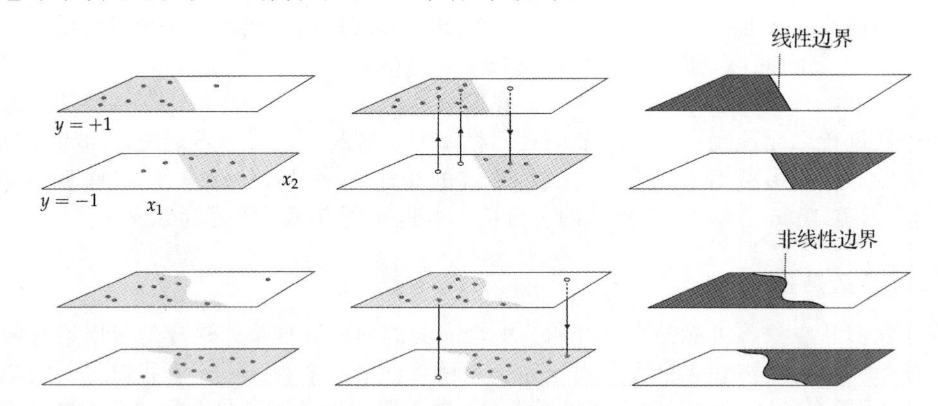

图 11.4 (顶排左子图)一个典型的真实线性二分类数据集是一个含噪声且(相对)小的点集，可以用带有线性边界的阶跃函数粗略建模。(顶排中间子图)返回真实的标签值到噪声点，从而移除所有噪声。(顶排右子图)完美的线性二分类数据集，其中我们有无限多个点精确地分布在具有线性边界的阶跃函数上。(底排左子图)一个典型的真实的非线性二分类数据集是一个含噪声且(相对)小的点集，可以用一个带有非线性边界的阶跃函数粗略建模。(底排中间子图)从数据中移除所有的噪声，得到一个无噪声的数据集。(底排右子图)完美的非线性二分类数据集，其中我们有无限多个点精确地位于具有非线性边界的阶跃函数上(见彩插)

简单地说，一个完美的回归数据集是一个具有未知等式的连续函数。因此，我们将使用函数符号 $y(x)$ 来指称我们的完美数据，这意味着定义在输入点 x 的数据对可以写成 $(x,y(x))$ 或 (x,y)。同样，一个完美的二分类数据集可以表示成一个带边界的连续阶跃函数符号 $(y(x))$——由 $y(x)$ 确定。特别记住，函数符号 $y(x)$ 并不意味着我们具有一个封闭形式的公式的知识，该公式是与一个完美数据集的输入/输出相关的，我们其实没有！实际上，我们接下来的目标是理解如何设计这样的公式，才能充分地表示一个完美的数据集。 309

11.2.2　通用逼近的生成集类比

在这里，我们将利用对基本线性代数概念的知识和直觉，包括向量、生成集以及类似的概念(见 8.2 节)，更好地理解如何结合非线性函数来建模完美的回归和分类数据。特别地，我们会看到向量和非线性函数在线性组合和生成集合的概念上是非常相似的。

向量和函数的线性组合

首先，假设我们有一个含 B 个向量的集合 $\{\boldsymbol{f}_1,\boldsymbol{f}_2,\cdots,\boldsymbol{f}_B\}$，每个向量的长度都是 N，我们称它为向量的生成集。然后，给定一组特定的权值 w_1 到 w_B，下面的线性组合

$$\boldsymbol{f}_1 w_1 + \boldsymbol{f}_2 w_2 + \cdots + \boldsymbol{f}_B w_B = \boldsymbol{y} \tag{11.3}$$

定义了一个新的 N 维向量 y，如图 11.5 顶排所示，对于一个特定的向量集合和权值，其中 $B=3$，$N=3$。

非线性函数的运算以完全相似的方式进行：给定 B 个非线性函数的生成集 $\{f_1(x), f_2(x),\cdots,f_B(x)\}$ (其中输入 x 为 N 维，输出为标量)，以及一组对应的权值集合，其线性组合

$$w_0 + f_1(\boldsymbol{x})w_1 + f_2(\boldsymbol{x})w_2 + \cdots + f_B(\boldsymbol{x})w_B = y(\boldsymbol{x}) \tag{11.4}$$

定义了一个新函数 $y(x)$。对一组特定的函数和权值，在图 11.5 底排展示了这一函数，其中 $B=3$，$N=1$。

注意式(11.3)和式(11.4)向量之间的相似度和函数运算：一组向量的一个特定的线性组合构成了一个新的向量，该向量具有从每个向量 $\boldsymbol{f}_b$ 中继承的性质，就像一组函数的线性组合构造了一个新的函数，该函数具有从每个函数 $f_b(x)$ 中继承的性质。两个线性组合公式间的一个区别是式(11.4)中存在一个偏置参数 w_0。这个偏置参数可以被放到一个非线性函数中，而不明确表示(这需要在混合函数中添加一个常量函数)，但是我们选择把它放在函数的线性组合的前面(正如我们在前几章中对线性模型所做的那样)。这个偏置参数的唯一目的是使得函数的线性组合沿着输出轴垂直移动。 310

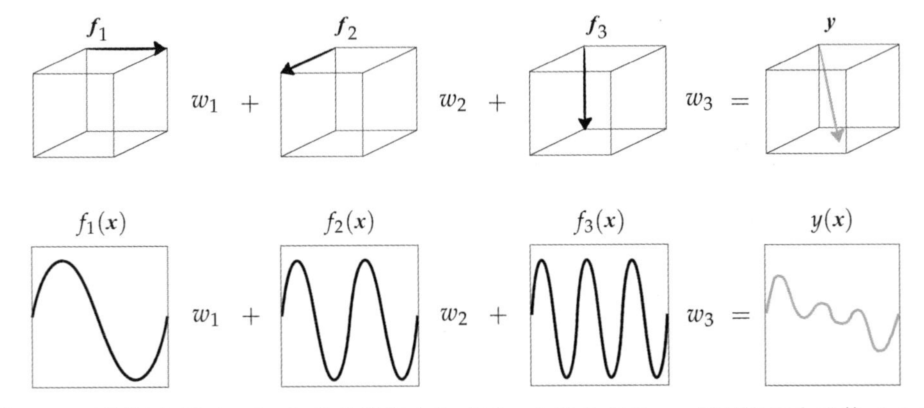

图 11.5　(顶排)向量 $\boldsymbol{f}_1,\boldsymbol{f}_2,\boldsymbol{f}_3$ 的线性组合构成了一个新的向量 $\boldsymbol{y}$，(底排)三个函数 $f_1(x)$，$f_2(x)$，$f_3(x)$ 以完全相似的方式构成的特定线性组合构造了一个新函数 $y(x)$

生成集的容量

对于给定的一组权值 w_1 到 w_B，计算式(11.3)中的向量 $\mathbf{y}$ 是很容易的。另一方面，其逆问题(即给定 $\mathbf{y}$ 时找出权值)略有挑战性。从代数角度讲，我们希望找出 w_1 到 w_B 的权值，以使得

$$\boldsymbol{f}_1 w_1 + \boldsymbol{f}_2 w_2 + \cdots + \boldsymbol{f}_B w_B \approx \mathbf{y} \tag{11.5}$$

尽可能好地保持。图 11.6 顶排中的一个简单示例说明了这一点。

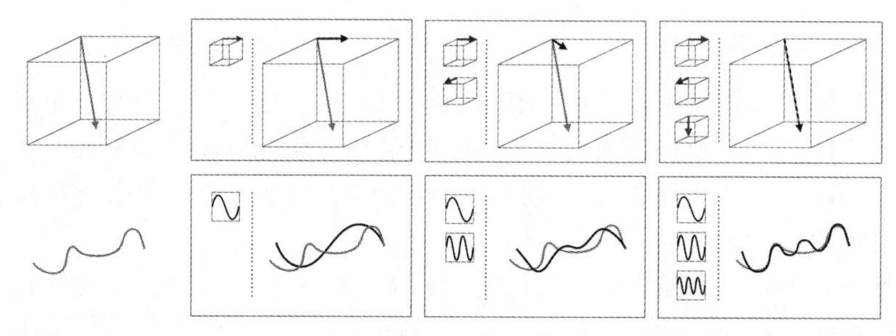

图 11.6 (顶排子图)一个三维向量 y(左边第一个子图中用灰线标识)分别由 1 个、2 个和 3 个(依次见顶排左起第二、三、四个子图)生成向量(这里是标准基向量)近似表示。随着生成向量数量的增加，我们可以更精确地近似 y，(底部子图)同样的概念也适用于函数。分别使用 1 个、2 个和 3 个(依次见底排左起第二、三、四个子图)生成函数(这里是变频正弦波)逼近一个具有标量输入的连续函数 $y(x)$。随着函数数量的增加，我们可以更精确地近似 $y(x)$

式(11.5)中的向量近似能否较好地保持取决于三个至关重要且相互关联的因素：(i)生成向量的多样性(即线性无关)；(ii)B 的大小(通常 B 越大越好)；(iii)如何通过最小化一个合适的代价函数调整权值 w_1 到 w_B ㊀。

因素(i)和(ii)决定了一个生成集的秩或容量，这是对向量 $\mathbf{y}$ 的范围的一个度量，我们可用这样一个生成集进行表示。一个低容量的生成集是一个由非多样化的或少量的生成向量组成的，这些生成向量只是整个向量空间中存在的向量的极小部分的一个近似。另一方面，具有高容量的生成集可以表示更广泛的空间。图 11.7 顶排对于一个特定的生成集描述了一个向量生成集的容量的概念：

现在将注意力从向量转移到函数上，注意，对于给定的一组权值 w_1 到 w_B，计算式(11.4)中的函数 $y(x)$ 是很简单的。对于向量的情形，我们可以将这个问题反过来看，尝试对于给定的 $y(x)$ 找到权值 w_1 到 w_B，使得

$$w_0 + f_1(\boldsymbol{x}) w_1 + f_2(\boldsymbol{x}) w_2 + \cdots + f_B(\boldsymbol{x}) w_B \approx y(\boldsymbol{x}) \tag{11.7}$$

尽可能好地保持。图 11.6 底排中给出的一个简单例子说明了这一点。

同样，这个函数逼近能否较好地保持取决于三个至关重要且相互关联的因素：(i)生成函数的多样性；(i)B 的数量；(iii)如何通过最小一个合适的代价函数调整权值 w_0 到 w_B(以及非线性函数内部的任何参数)㊁。

㊀ 例如，这里我们可以使用最小二乘代价函数

$$g(w_1, w_2, \cdots, w_B) = \| \boldsymbol{f}_1 w_1 + \boldsymbol{f}_2 w_2 + \cdots + \boldsymbol{f}_B w_B - \mathbf{y} \|_2^2 \tag{11.6}$$

㊁ 例如，这里我们可以使用最小二乘代价：

$$g(w_0, w_1, \cdots, w_B) = \int_{\boldsymbol{x} \in \mathcal{D}} (w_0 + f_1(\boldsymbol{x}) w_1 + \cdots + f_B(\boldsymbol{x}) w_B - y(\boldsymbol{x}))^2 \mathrm{d}\boldsymbol{x} \tag{11.8}$$

$\mathcal{D}$ 是输入域的任意期望部分。

与向量的情形类似，因素(i)和(ii)决定了一个函数的生成集的容量。一个同一组非多样化或少量非线性函数构成的低容量的生成集只能表示小范围的非线性函数。另一方面，具有高容量的生成集可以表示更广泛的函数范围。对于一个特定的生成集，图 11.7 底排描述了一个生成集函数的容量的概念。

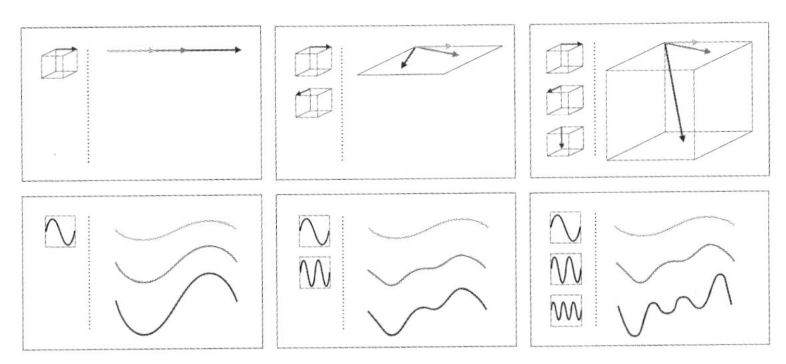

图 11.7　(顶排子图)当我们增加一个生成集中的(不同的)向量的数量时，从顶排左子图中的 1 个分别增加到中间子图和右子图中的 2 个、3 个，生成集的容量也在增大。这反映为使用每个生成集创建的样本向量的多样性也在增加(标识为不同深浅的射线)，(底排子图)同样的概念也适用于函数。当我们增加生成集中的(不同的)函数的数量时，从底排左子图中的 1 个分别增加到中间子图和右子图中的 2 个、3 个，生成集的容量也在增大。这反映为使用每个生成集创建的样本函数的多样性也在增加(标识为不同深浅的曲线)

有时生成函数 f_1 到 f_B是参数化的，这意味着它们自己有内部参数。一个未参数化的生成函数非常类似于一个生成向量，因为它们都是无参数的。另一方面，参数化的生成函数可以单独呈现出各种形状，因此它本身可以具有很高的容量。对于生成向量和非参数化生成函数来说则不是这样。这个概念在图 11.8 中得到了说明，在左列子图中，我们展示了一个普通的生成向量 $\boldsymbol{x}=[1\quad 1]^{\mathrm{T}}$(左上子图)和一个未参数化的生成函数 $\sin(x)$(左下子图)。在右下子图，我们展示了参数化的函数 $\sin(wx)$，当它的内部参数 w 被调整后，它可以代表更大范围的不同函数。类似地，我们也可以参数化生成向量 $\boldsymbol{x}$，比如，通过将它乘以旋转矩阵

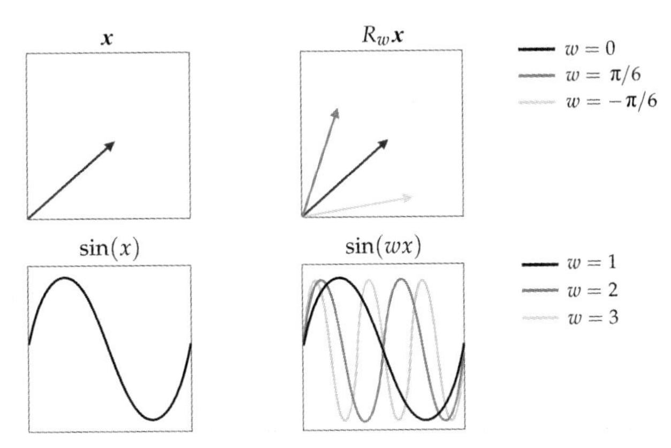

图 11.8　(左上子图)一个普通的生成向量，(左下子图)一个未参数化的生成函数，(右下子图)一个参数化的生成函数(只有一个内部参数)。通过改变这个内部参数的值，可以使它呈现出一系列的形状。(右上子图)参数化的生成向量(与式(11.9)中的旋转矩阵相乘)根据参数 w 的设置改变方向

311~313

$$R_w = \begin{bmatrix} \cos(w) & -\sin(w) \\ \sin(w) & \cos(w) \end{bmatrix} \tag{11.9}$$

这使得它在平面上旋转，并根据旋转角度 w 的不同设置可以表示一系列不同的向量。

通用逼近

在式(11.5)中基于向量近似的情形下，如果我们为生成集合选择 $B \geqslant N$ 个向量，其中至少 N 个是线性无关的，则生成集具有最高容量，因此可以将每个 N 维向量 y 近似到任何给定精度，只要能合适地调整线性组合的参数。在 N 维向量空间中有无穷多个生成向量的集合，它们可以普遍地近似(或者在这种情形下完美地表示)每个向量，因此有时被称为通用逼近器。例如，向量空间的简单标准基(见习题 8.1)是生成集的一个常见例子，它是一个通用逼近器。图 11.9 的顶部子图中描述了向量的通用逼近的概念。

相同的概念同样适用于式(11.7)中的函数逼近。如果我们选择了正确的生成函数的类型，那么生成集就具有最大的容量，因此我们可以将每个函数 $y(x)$ 近似到任意给定的精度，只要适当地调整线性组合的参数即可。这样一组生成函数有无穷多个变型，可以普遍地近似每一个函数，因此通常称为通用逼近器。图 11.9 的底排子图说明了函数的通用逼近的概念。

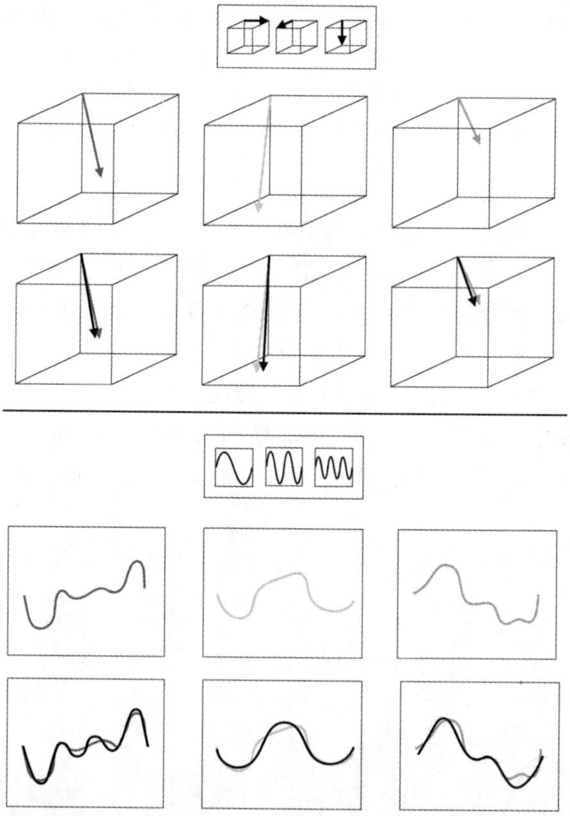

314

图 11.9 (顶部子图)向量的通用逼近器。(顶排)由三个向量组成的通用逼近器生成集(黑色)。(中间排)待近似的三个示例向量，从左到右分别标识为红色、黄色和蓝色。(底排)使用顶排的生成集对中间排的每个向量进行近似，在每个实例中以黑色显示。这个逼近可以完美地得到，但为了便于观察，这里稍作偏移。(底部子图)类似的通用逼近函数。(顶排)由三个函数(实践中可能使用更多的生成函数)组成的一个通用逼近器生成集。(中间排)待近似的三个示例函数，从左到右分别标识为红色、黄色、蓝色。(底排)使用顶排的生成集对中间排的每个函数进行近似，在每个示例中以黑色标识(见彩插)

315

向量和函数的通用逼近器间的一个区别是：对于后者我们可能需要无穷多的生成函数才能将一个给定函数以任意精度逼近（而前者这总可以做到，只要设置 $B \geqslant N$）。

11.2.3 常用的通用逼近器

当我们要对函数进行近似时，有大量生成集可作为通用逼近器。实际上，就像向量的情形一样，函数有无穷多个通用逼近器。然而，出于组织、惯例以及各种技术问题的考虑，机器学习中使用的通用逼近器通常被归为三大类：定形逼近器、神经网络和树。在这里，我们只介绍这三个类别中最基本的范例，我们将在本章的其余部分中使用它们。作为通用的逼近器，它们都有自己独特的实践优势和弱点，还有广泛的技术细节和使用惯例需要探讨。

例 11.1 定形逼近器

定形逼近器由没有内部参数的非线性函数群组成，一个常见的例子是多项式[⊖]。当只处理一个输入时，定形函数的这一子族包括

$$f_1(x)=x, f_2(x)=x^2, f_3(x)=x^3, \text{etc} \tag{11.10}$$

第 D 个元素形如 $f_D(x)=x^D$。这个子族的前 D 个单元的组合通常称为 D 阶多项式。存在无数个这样的函数（每个正整数 D 对应一个），它们是按次数自然排序的。由于这些函数没有可调的内部参数，因此每个函数都具有固定的形状，如图 11.10 的顶排所示。

使用两个输入 x_1 和 x_2，一般的 D 次多项式单元形如

$$f_b(x_1, x_2)=x_1^p x_2^q \tag{11.11}$$

其中 p 和 q 为非负整数，且 $p+q \leqslant D$。一个经典的 D 次多项式是所有这些单元的线性组合。此外，式(11.11)中的定义也可以直接推广到高维输入。定形逼近器将在第 12 章中更详细地讨论。

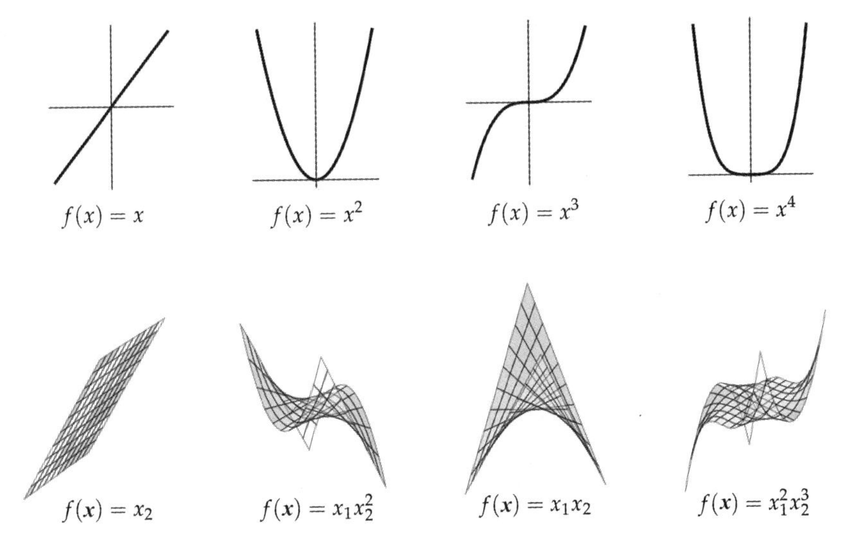

图 11.10 定形通用逼近器的多项式族中的 4 个单元，上排中输入维度 $N=1$，下排中 $N=2$

⊖ 多项式是第一个可证明的通用逼近器，这一点在 1885 年通过（斯通-）维尔斯特拉斯近似定理（见参考文献[49]）得到证明。

例 11.2　神经网络

另一个常用的通用逼近器是神经网络[1]。广义上讲，神经网络由参数化的函数[2]组成，因此它们具有各种不同的形状(不像前面描述的定形函数，每一种都有固定的形式)。

神经网络最简单的子族包括以下形式的的参数化初等函数(比如 tanh)：

$$f_b(x) = \tanh(w_{b,0} + w_{b,1}x) \tag{11.12}$$

其中内部参数 $w_{b,0}$ 和 $w_{b,1}$ 的第 b 个单元使得它具有各种形状。在图 11.11 的顶排中，我们随机设置其两个内部参数的值，绘制了不同的结果。

为了构造接受高维输入的神经网络，我们将输入的线性组合的结果传递给非线性函数(这里是 tanh)。例如，对于一般的 N 维输入，元素 f_b 形如

$$f_b(\boldsymbol{x}) = \tanh(w_{b,0} + w_{b,1}x_1 + \cdots + w_{b,N}x_N) \tag{11.13}$$

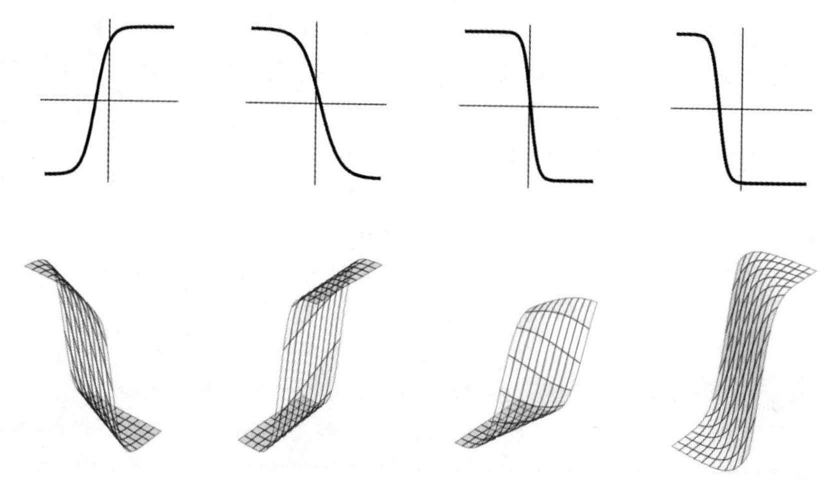

图 11.11　与定形逼近器不同，神经网络单元具有灵活性，可以根据我们如何设置其内部参数来呈现各种形状。图中给出了 4 个这样的单元，分别接受 $N=1$ 维(顶排)和 $N=2$(底排)维输入，每个实例的内部参数都是随机设置的

与式(11.12)中的低维例子一样，式(11.13)中的每个函数都可以呈现各种不同的形状，如图 11.11 的底排所示，这取决于我们如何调整其内部参数。神经网络逼近器详见第 13 章。

例 11.3　树

像神经网络一样，基于树的通用逼近器家族中的一个成员[3]可以呈现各种各样的形状。最简单的树型单元由离散的阶跃函数(树桩)组成，其中断点沿输入空间的维度分布。一维输入 x 的树桩可以写成

$$f_b(x) = \begin{cases} v_1 & x \leqslant s \\ v_2 & x > s \end{cases} \tag{11.14}$$

其中 s 称为分裂点，树桩值在此发生变化，v_1 和 v_2 分别为树桩两边取的值，我们称之为树桩的叶子。基于树的通用逼近器就是一组这样的树桩，每个单元都有自己独特的分裂点和叶子值。

---

[1] 神经网络在 20 世纪 80 年代末和 90 年代初被证明是通用逼近器[50,51,52]。

[2] 固定形状单元与神经网络单元之间的进化步骤，即内部参数随机固定的网络单元，也是通用逼近器[53,54]。

[3] 长期以来，树木一直被认为是普遍的近似物。参见参考文献[49,55]。

在图 11.12 的顶排中，我们绘制了这样一个树桩单元的 4 个实例。高维树桩也依从这种一维模式。分裂点 s 首先在单个输入维度上被选择。分裂的每一边都被分配一个叶子值，如图 11.12 底排二维输入的情形所示。基于树的逼近器将在第 14 章中更详细地讨论。

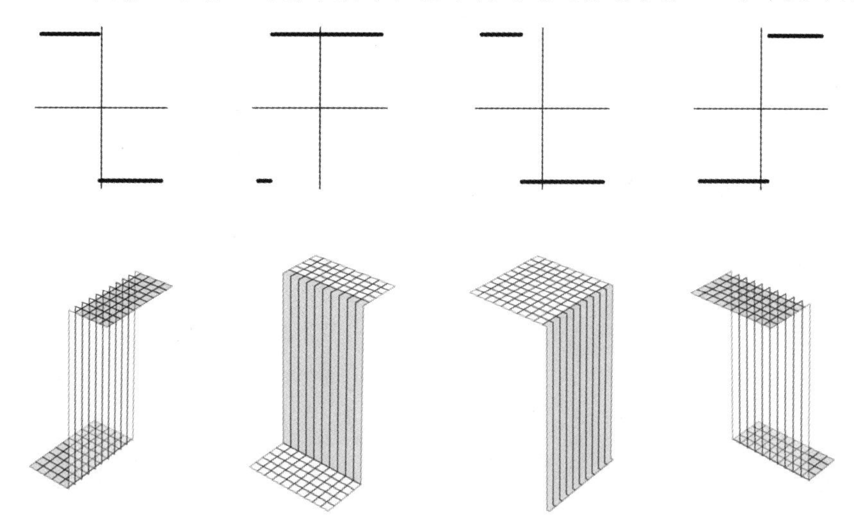

图 11.12　基于树的单元可以呈现各种形状，这取决于它们的分裂点和叶子值被指派的方式。$N=1$ 维（顶排）和 $N=2$ 维（底排）树桩的 4 个示例

当构造如下基于基本的通用逼近器的非线性模型时：

$$\text{model}(\boldsymbol{x},\Theta) = w_0 + f_1(\boldsymbol{x})w_1 + f_2(\boldsymbol{x})w_2 + \cdots + f_B(\boldsymbol{x})w_B \tag{11.15}$$

我们总是使用来自单一类型的通用逼近器的单元（例如，所有定形、神经网络或基于树的单元）。换句话说，我们不会“混搭”，也就是从每个主要家族中抽取几个单元。如我们在本章和接下来的章节中会看到的，通过将一个模型的特征变换限制为单个类型的逼近器，我们可以（对于这三类的每一种）更好地优化学习过程，也能更好地处理每种类型逼近器中特有的扩展技术问题，这些问题涉及与定形单元相关的基本扩展、与神经网络单元相关的代价函数非凸性以及基于树的单元的离散性质等。

316 ~ 319

11.2.4　容量刻度盘和优化刻度盘

使用之前介绍的任何主要的通用逼近器（定形逼近器、神经网络或树），我们可以得到任意给定精度的通用逼近，只要式（11.15）中的普通非线性模型有具够大的容量（可由将 B 设置得足够大得以保证），且其参数通过优化一个关联的代价函数得到充分的调优。在图 11.13 中，将这样一个非线性模型的容量和优化的概念描述为包含两个刻度盘的一个集合。

容量刻度盘形象地总结了我们允许进入给定模型的容量，刻度盘上的每个凹槽表示由通用逼近器的单元构建的不同模型。当设置到最左边时，我们允许尽可能少的容量，也就是说，我们采用线性模型。当我们将刻度盘从左向右（顺时针）移动时，即对模型进行调整，增加越来越多的容量，直到刻度盘设置到最右边。此时，我们可以想象在模型中允许无限多的容量（例如，通过使用一个特定通用逼近器族中的无限数量的单元）。

优化刻度盘形象地总结了我们如何最小化给定模型（容量已经设置）的代价函数。最左边的设置表示我们使用的任何局部优化技术的初始点。当我们把优化刻度盘从左到右（顺时针)转动时，可以想象沿着特定的用于合适调整模型参数的优化运行逐步移动，最后一步图示为刻度盘设置到最右端，此时我们想象已经成功地最小化相关联的代价函数。

注意，在这个概念化过程中，(容量和优化刻度盘的)每一对设置都会生成一个唯一的调优模型：模型的总体结构或设计由容量刻度盘决定，而模型参数的值集由优化刻度盘决定。例如，一个特定的设置可能对应于一个包含 $B=10$ 个神经网络单元的模型，其参数设置通过运行梯度下降法的 1000 个步骤设置，而另一个设置对应于一个包含 $B=200$ 个神经网络单元的模型，其参数设置通过梯度下降法执行 5 个步骤确定。

有了这两个刻度盘的概念，我们就可以把连续函数的通用逼近概念看作把两个刻度盘都向右转动，如图 11.13 的底排所示。即，要用一个通用逼近器近似一个给定的连续函数，我们将模型的容量设置为尽可能大(可能无限)，将容量刻度盘调到最右端，尽可能好地优化它对应的代价函数，同时也将优化刻度盘调至最右端。

320

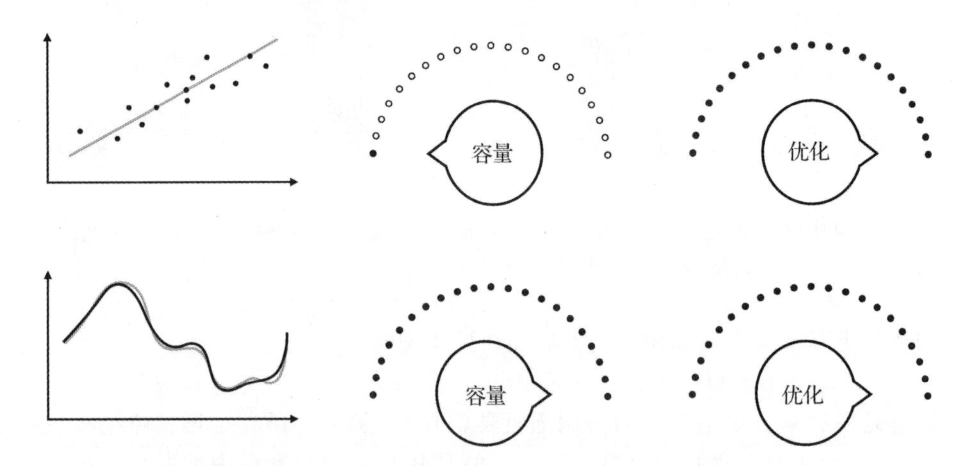

图 11.13 模型容量和优化精度图示为两个刻度盘。当容量刻度盘设置到左边时，我们得到一个低容量线性模型，当设置到右边时，模型得到最大(可能是无限)的容量。优化刻度盘设置到最左端表示优化的初始点，设置到最右端则表示成功优化的最后一步。(顶排)使用线性回归将容量设置到最左端，将优化刻度盘设置到最右端，以便找到一个低容量线性模型的最佳参数设置(标识为灰线)，该模型是给定数据集的拟合。(底排)使用一个连续函数的通用逼近器，我们将两个刻度盘都设置到最右端，这使得模型得到无穷大的容量且其参数调整到最优。详细内容参见正文

而对于前几章介绍的线性学习(见图 11.13 顶排子图)，我们将容量刻度盘设置到最左端(使用一个线性模型)，将优化刻度盘设置到最右端。在执行线性回归时，我们通过最佳优化确定了线性模型的合适的偏置和斜率，如图所示。

现在，我们使用各种近乎完美的回归和二分类数据集来讨论一些普遍近似的简单例子，其中我们将容量和优化刻度盘都设置得非常靠右。在这里，近乎完美是指采样非常精细的大型数据集(而不是完美的、无限大的数据集)。如果一个数据集真的无限大($P=\infty$)，那么理论上就需要无限的计算能力来最小化相应的代价函数。

例 11.4 接近完美回归数据的通用逼近

321

在图 11.14 中，我们展示了一个近乎完美的回归数据集的通用逼近，该数据集由 $P=10\ 000$ 个均匀采样点组成，这些点来自一个在单元区间内定义的基本正弦函数。在左、中、右三列中，我们分别显示了多项式、神经网络和树单元的拟合结果。当我们在每种情况下(从上到下)增加

单元的数量时，每个对应模型的容量就会增加，从而得到一个更好的通用逼近。

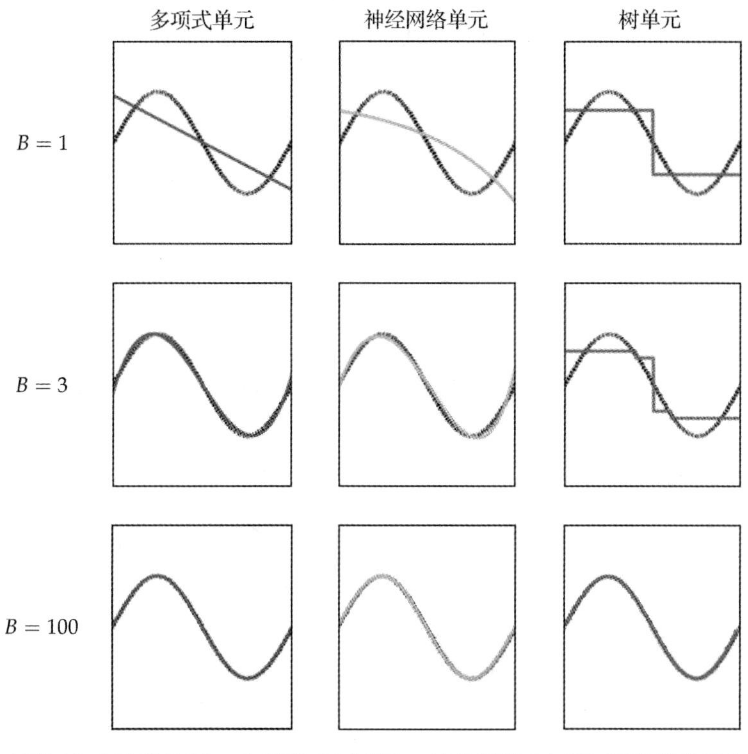

图 11.14　与例 11.4 对应的图。由多项式(左列)、神经网络(中列)和残端单元(右列)构建的模型拟合了一个近乎完美的回归数据集。对右列中基于树的模型，我们通过一条垂直线将每个离散的步骤连接起来，这只是出于便于观察的考虑。随着越来越多的单元加入模型中，每个单元都能够以越来越高的精度拟合数据集。详细内容参见正文

这里要注意的是，多项式和神经网络逼近器的单元要比离散树桩单元少得多。这是因为前者的成员更接近平滑的生成数据的正弦函数。这类现象通常是对的：尽管任何类型的通用逼近器都可以尽可能以我们期望的接近度近似一个完美(或近乎完美的)数据集，但要做到这一点，一些通用逼近器比其他逼近器需要更少的单元，这取决于生成数据的函数的形状。

322

例 11.5　近似完美的分类数据的通用逼近

在图 11.15 的顶排中，我们从感知机的角度(即从顶部)展示了 4 个近似完美的二分类数据实例，每个实例由 $P=10\ 000$ 个点组成。在每个实例中，深色标识的点具有标签值 $+1$，浅色标识的点具有标签值 -1。图中第二排是回归角度(即从侧面)展示的对应的数据集。

可以使用 11.2.3 节中讨论的三种通用逼近器中的任何一种对这些近似完美的数据集进行有效逼近，前提是每个模型的容量都得到了充分的提升，对应的参数也得到了适当的调整。对于 $B=30$ 的多项式逼近器，分别采用最小二乘和 Softmax 代价函数，我们在图 11.15 的第三和第四排展示了所得到的拟合结果。

11.3　真实数据的通用逼近

在上一节中，我们看到了一个由单个通用逼近器单元构建的非线性模型，如果充分增

大它的容量，并通过最小化合适的代价函数适当地调整模型的参数，就可以使其严密地接近任何完美的数据集。在本节中，我们将研究通用逼近如何处理真实数据，即规模有穷且可能含噪声的数据。我们将学习一种新的度量工具，称为验证误差，它使得我们能够有效地对真实数据应用通用逼近器。

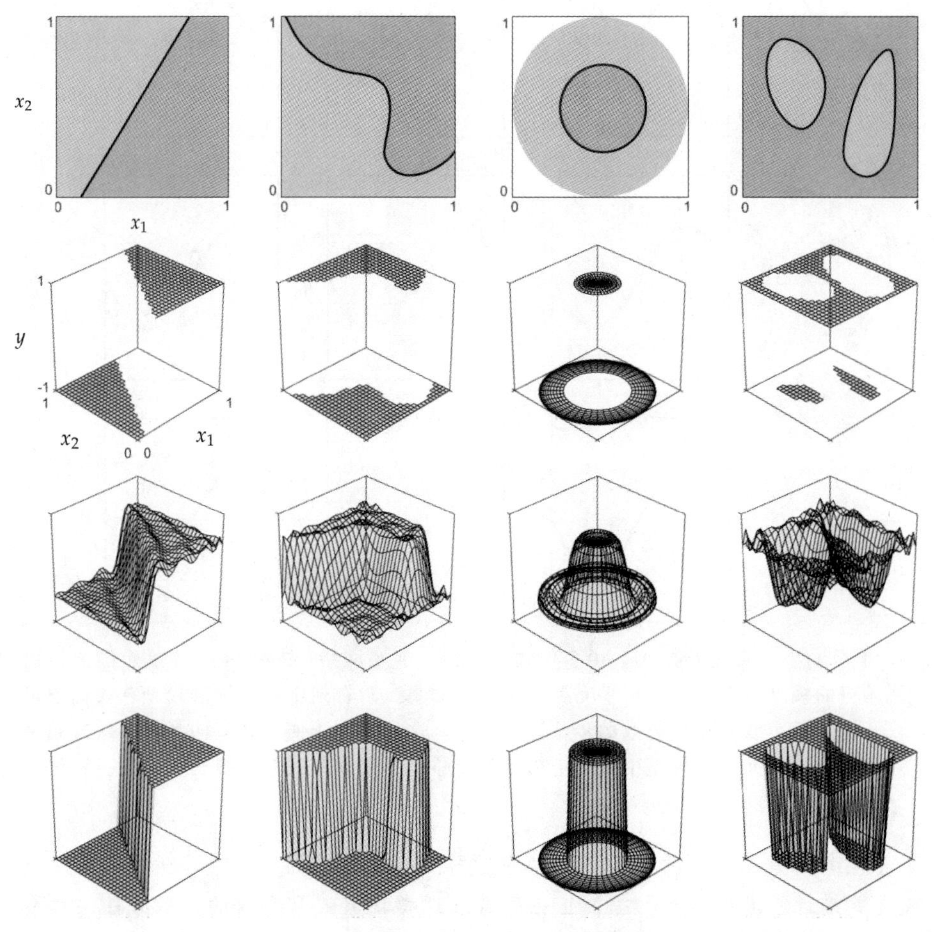

图 11.15 与例 11.5 对应的图。(顶排)4 个近乎完美的二分类数据实例，(第二排)从一个不同角度(即回归)展示对应的数据。每个实例中使用最小二乘代价函数(第三排)和 Softmax 代价函数(第四排)对每个数据集分别进行多项式逼近，取 $B=30$ 个单元。最后一排显示的逼近传递给 tanh 函数。详细内容参见正文

11.3.1 典型例子

这里我们使用两个简单的例子(分别涉及一个回归数据集和二分类数据集)来探讨通用逼近器是如何表示真实数据的。我们在这两个简单例子中遇到的问题反映了使用基于通用逼近器的模型处理真实数据时通常遇到的问题。

例 11.6 实际回归数据的通用逼近

在本例中，我们将说明在一个真实回归数据集上使用通用逼近器，该回归数据基于例 11.4 中给出的近乎完美的正弦数据。为了模拟这个数据集的真实版本，我们随机选择它的 $P=21$ 个点，并在每个点的输出(即 y 分量)中添加少量随机噪声，如图 11.16 所示。

323

在图 11.17 中，我们描述了使用多项式(顶排)、神经网络(中间排)和树单元(底排)的模型对该数据的完全调优的非线性拟合。注意，对于每个通用逼近器，当在每种情形下只使用 $B=1$ 个单元时，这三个模型对数据都是欠拟合的(最左列)。数据的欠拟合是使用低容量模型的直接后果，这种模型产生的拟合对于它们想要近似的基本数据来说不够复杂。还要注意，当我们增加 B 时，每个模型是如何改进的，但只能改进到某个点，在此之后，每个调优的模型变得过于复杂并开始看起来相当混乱，与最初生成数据的正弦情形非常不同。这在多项式和神经网络的例子中尤其明显，当达到 $B=20$ 个单元(最右列)时，这两个模型都出现非常大的振荡，而且太复杂了。这种过拟合的模型虽然很好地代表了当前的数据，但对于同样的过程产生的新数据的预测能力却很差。

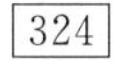

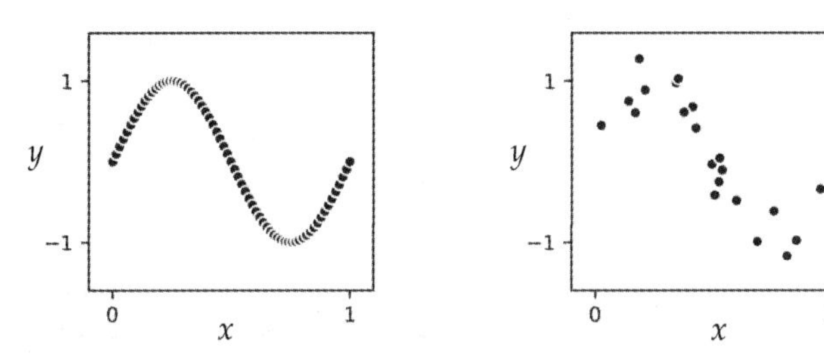

图 11.16　与例 11.6 对应的图。(左子图)来自例 11.4 的原始近乎完美的正弦数据集。(右子图)一个真实的回归数据集，通过在接近完美数据集的点的一个小型子集的输出中添加随机噪声得到

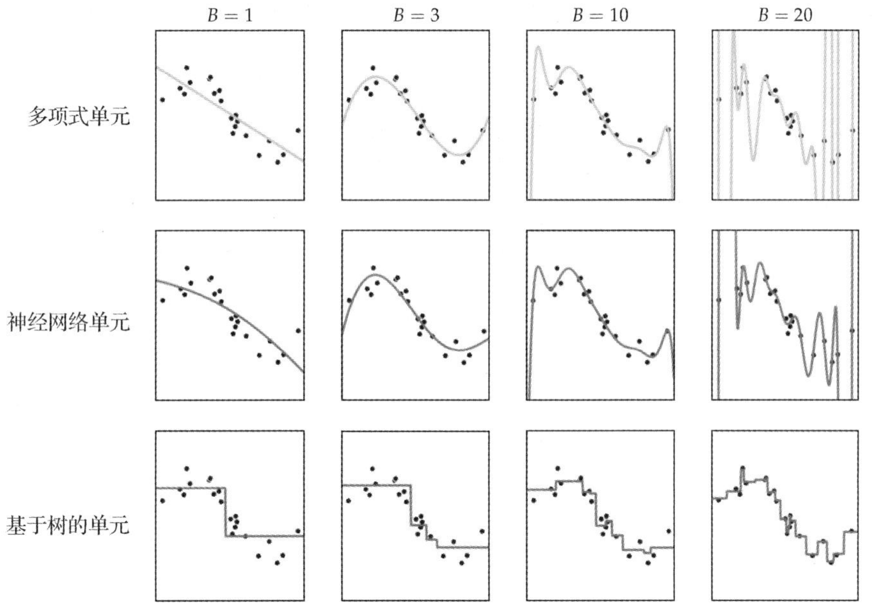

图 11.17　与例 11.6 对应的图。详细内容参见正文

在图 11.18 中，我们绘制了如图 11.17 所示的几个基于多项式的模型，以及对应的最小二乘代价函数值。通过添加更多的多项式单元，我们提高了模型的容量，并对每个模型进行优化，最终得到的优化模型的代价函数值越来越低。然而，每个完全调优的模型(在某个点之后)所提供的拟合结果变得过于复杂，在表示通用回归现象方面开始变得糟糕。作为一种度量工具，代价函数值只能告诉我们调整后的模型与训练数据的吻合程度，但不能告诉我们调整后的模型何时变得过于复杂。

325

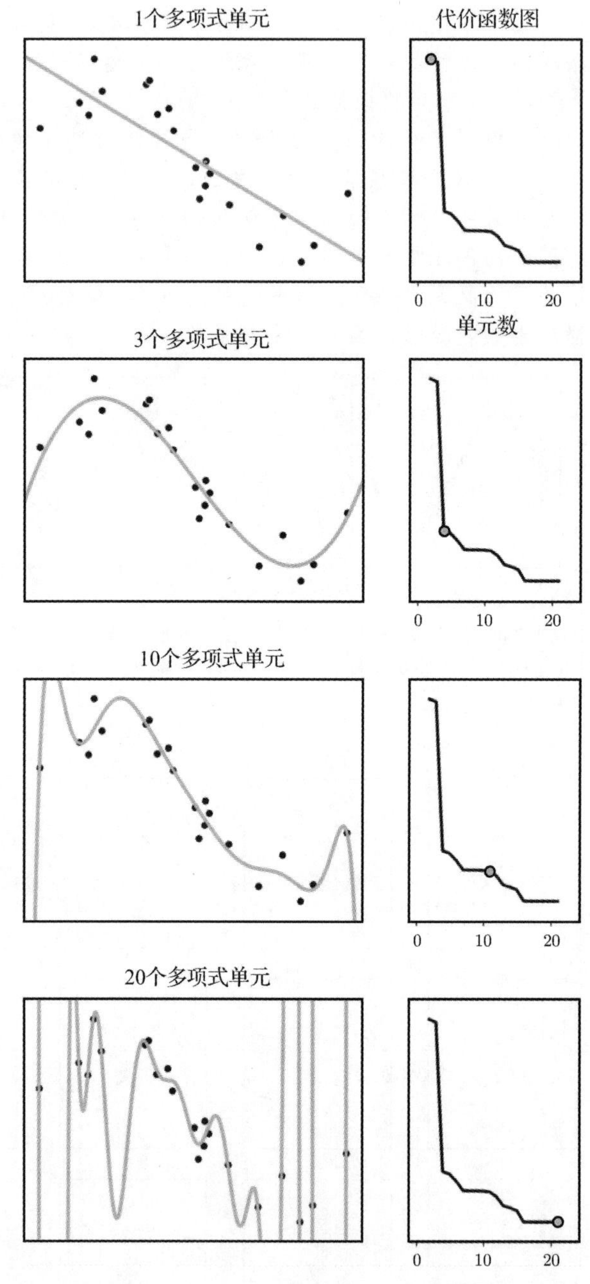

图 11.18　与例 11.6 对应的图。详细内容参见正文

例 11.7　真实分类数据的通用逼近

在这个例子中，我们说明了基于通用逼近器的模型在一个真实的二分类数据集上的应用，该数据集是基于例 11.5 中给出的近乎完美的数据集。在这里，我们通过随机选择 $P=99$ 个点，并通过翻转其中 5 个点的标签来添加少量的分类噪声，模拟该数据的真实版本，如图 11.19 所示。

在图 11.20 中，我们展示了非线性决策边界，由使用多项式(顶排)、神经网络(中间排)和树单元(底排)的完全调优模型生成。在开始的 $B=2$(最左列)中，所有三个调优的模

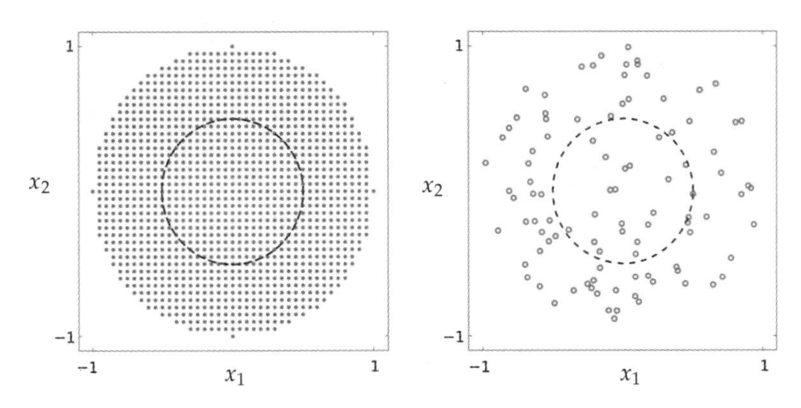

图 11.19　与例 11.7 对应的图。(左子图)例 11.5 中原始的近乎完美的分类数据集，以黑色虚线表示生成数据的真实的圆形边界(这是我们希望通过分类恢复的边界)。(右子图)由这些点的噪声子集形成的真实数据集。详细内容参见正文(见彩插)

型都不够复杂，因此对于数据是欠拟合的，在所有实例中只给出了一种分类：只是将整个空间全部划分为蓝色类。在此之后，直到某一时刻，随着添加更多的单元，每个模型提供的决策边界会得到改善，$B=5$ 个多项式单元、$B=3$ 个神经网络单元、$B=5$ 个树单元提供了对理想的环形决策边界的合理逼近。然而，当我们达到这些单元数后不久，每个调优的模型就变得过于复杂，并且过拟合训练数据，每个模型的决策边界都偏离了以原点为圆心的真实圆形边界。与例 11.6 中的回归一样，不管使用哪种通用逼近器，欠拟合和过拟合问题都会出现在分类情况中。

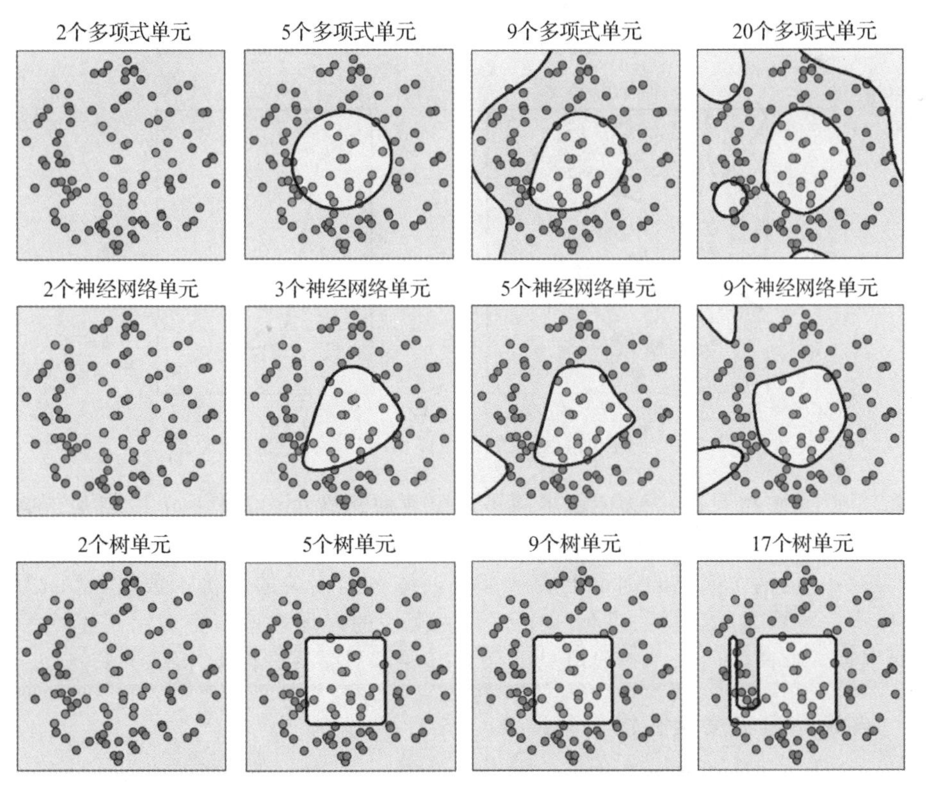

图 11.20　与例 11.7 对应的图。详细内容参见正文(见彩插)

在图 11.21 中，我们绘制了几个基于神经网络的模型(见图 11.20 的中间排)，以及对应的二分类 Softmax 代价函数值。正如预期的那样，通过增加更多的神经网络单元来增加模型容量总是(只要通过完全最小化调整每个模型的参数)会减小代价函数的值(就像完美或近乎完美的数据一样)。然而，在某个点之后就分类模型(即所学到的决策边界)如何表示一般分类现象而言，所得到的分类结果实际上更糟。

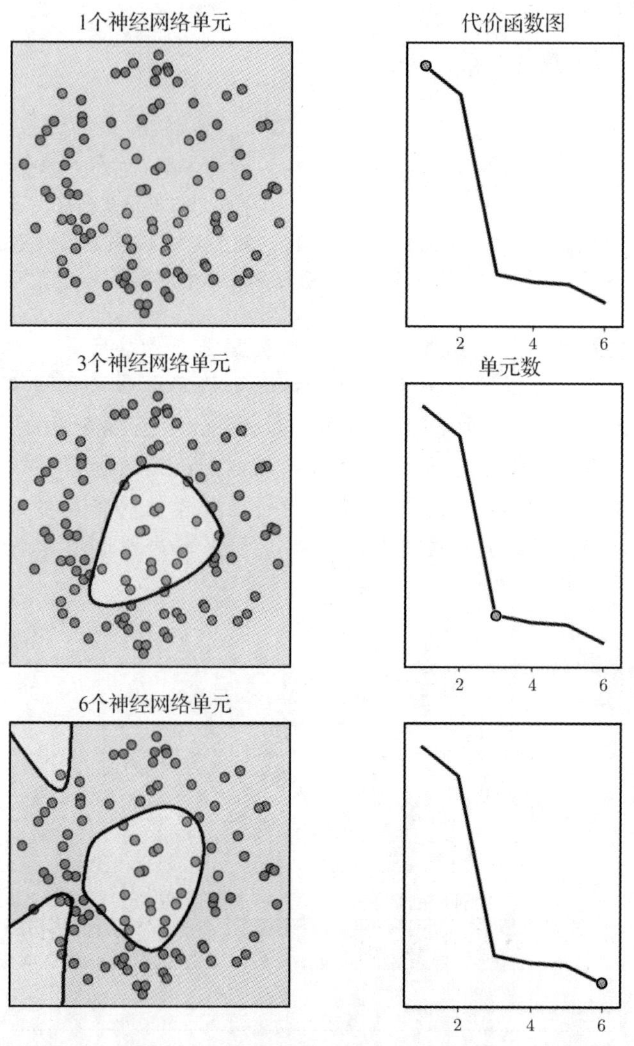

图 11.21　与例 11.7 对应的图。详细内容参见正文(见彩插)

总之，例 11.6 和例 11.7 表明，不同于完美数据，当在真实数据上应用基于通用逼近器的模型时，我们必须注意如何设置模型的容量，以及如何通过最小化一个相关的代价函数调整其参数。这两个简单的例子也展示了与训练数据相关的代价函数值(也称为训练误差)不能作为一种可靠的工具去度量一个已调优模型的好坏，该模型表示了生成一个实际数据集的现象。这两个问题在一般情况下都会出现，下面将进行更详细的讨论。

326 ≀ 327

11.3.2　再论容量刻度盘和优化刻度盘

11.3.1 节中描述的典型例子说明，对于实际数据，我们不能简单地将容量刻度盘和优化刻度盘(见 11.2.4 节)设置到最右端(而对于完美数据可以这样处理)，这将导致模型过于复杂而无法表示生成数据的现象。注意，我们只能间接地控制一个调优模型的复杂性(或粗略地说，一个调优模型拟合的"抖动"程度)，这取决于我们如何设置容量刻度盘和优化刻度盘。对于一个给定数据集，我们事先也不明确应如何同时设置它们才能得到合适的模型容量。但是，我们可以通过固定两个刻度盘中的一个，只调整另一个，使这个刻度盘调优问题稍微容易一些。把一个刻度盘调到最右边，就可以让另一个刻度盘完全控制调优模型的复杂性(粗略地说，就变成了 11.1.3 节中描述的复杂性刻度盘)。也就是说，将两个刻度盘中的一个一直固定在右端，当我们将未固定的刻度盘从左向右旋转时，将增加最终调优模型的复杂性。这是将基于通用逼近器的模型应用于真实数据时的一般原则，在完美数据的情况并不需要。

为了对这个原则有更直观的认识，假设我们首先将优化刻度盘设置到最右端(这意味着无论我们使用的数据集和模型是什么，总是通过最小化相应的代价函数来调优它的参数)。然后，对于完美的数据，如图 11.22 顶排所示，当我们将容量刻度盘从左转向右(比如，通过添加更多的单元)时，得到的调优模型将提供越来越好的数据表示。 328

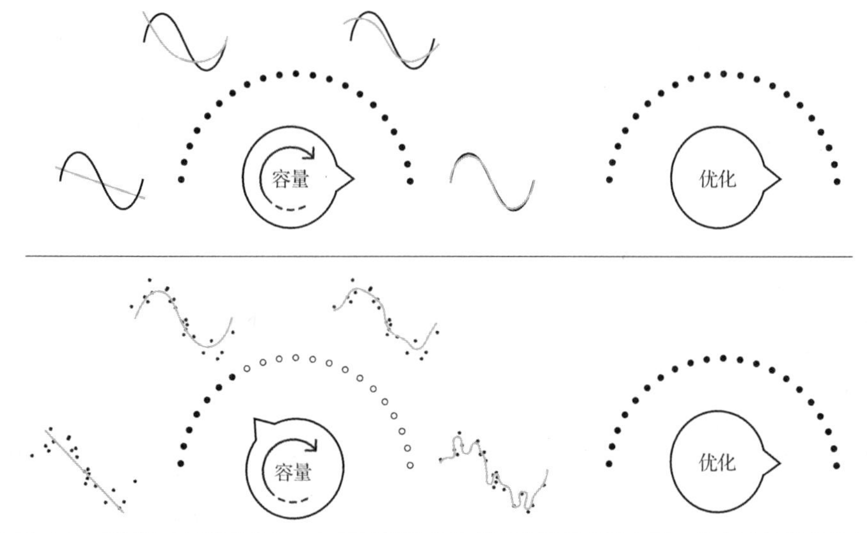

图 11.22　(顶排)对于完美数据，如果我们将优化刻度盘设置到最右端，将容量刻度盘从左到右转动会增大模型的容量，使得对应的数据表示越来越好。(底排)真实数据也会产生类似的效果。但是，在这里，当我们将容量刻度盘进一步向右移动时，每个调优的模型将变得越来越复杂，最终会过拟合给定的数据。详细内容参见正文

然而，对于真实的数据，如图 11.22 底排所示，将容量刻度盘设置到最左端，得到的调优模型对于数据背后的现象来说还不够复杂。我们说这种优化模型是欠拟合的，因为它不能很好地拟合给定的数据[⊖]。将容量刻度盘从左转到右增加了每个调优模型的复杂性，能越来越好地表示数据及其背后的现象。然而，当我们继续从左向右转动刻度盘时，对应的调优模型变得太复杂了。事实上，当每个调优模型的复杂性与正在发生的现象极不相称时，我们就说过拟合开始了。之所以使用这种说法，是因为尽管这样高度复杂的模型对给定数据的拟合非常好，但这样做的代价是不能很好地表示数据背后的现象。当我们继续将容量刻度盘拨向右端，所生成的调优模型将变得越来越复杂，越来越不能表示背后的真实现象。

⊖ 注意，这里展示了一个简单的视觉描述欠拟合模型作为线性(*unwiggly*)函数——这是很常见的做法，有可能一个欠拟合模型非常"蠕动的"无论形状优化模型，我们说它欠拟合，如果它不代表训练数据，也就是说，如果它有很高的训练误差。

329～330

现在假设我们将容量刻度盘设置到最右端，使用一个容量非常大的模型，并通过将优化刻度盘从左到右缓慢转动来设置其参数。对于完美数据，如图 11.23 顶排所示，这种方法生成的调优模型对数据的表示越来越好。另一方面，如图 11.23 底排所示，将优化刻度盘设置到最左端将倾向于生成低复杂度、欠拟合的调优模型。当我们将优化刻度盘从左向右转动时，执行一个特定局部优化方法的步骤，对应的模型倾向于增加复杂度，提升了对于给定数据的表示能力。这一提升持续到一个特定点，这时相应的调优模型对于数据背后的现象变得太复杂，开始出现过拟合现象。在这个点之后，继续向右转动优化刻度盘得到的调优模型变得过于复杂，以致不能充分地表示数据背后的现象。

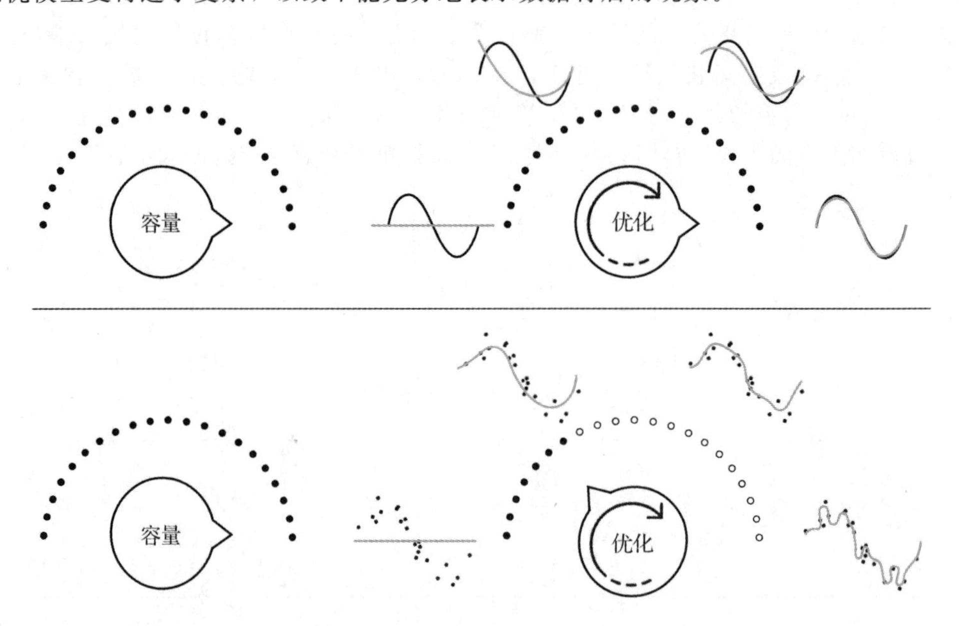

图 11.23　(顶排)对于完美数据，如果我们将容量刻度盘拨到最右端，将优化刻度盘从左到右转动会使得模型逐渐优化(为了简单起见，优化刻度盘设置在最左端时我们假定所有的模型参数都初始化为 0)。(底排)真实数据上也有类似效果，但在某个特定点后开始出现过拟合现象。详细内容参见正文

11.3.3　新度量工具的出现

如何设置我们的容量刻度盘和优化刻度盘，以得到一个最终调优的模型，使它对于给定的数据集具有正好合适的复杂度，这是我们在真实数据上应用基于通用逼近器的模型时所面临的主要挑战。在例 11.6 和例 11.7 中，我们看到训练误差并不能指示一个调优模型什么时候对于回归和分类问题具有足够的复杂度，这也是对于所有非线性机器学习问题而言普遍存在的问题。如果我们不能依靠训练误差来决定处理实际非线性机器学习任务所需的合适的复杂度，那么应该使用哪种度量工具呢？仔细观察图 11.24 就会发现答案！

331

在图 11.23 的顶排我们显示了例 11.6 中的小型回归数据集上的三个模型实例：左子图中是一个完全调优的低复杂度(和欠拟合的)线性模型，中间子图中是一个高复杂度(且过拟合的)20 次多项式模型，右子图中是一个 3 次多项式模型，最后一个“刚刚好”地拟合了数据及其背后的现象。欠拟合和过拟合的模式有什么在“刚刚好”的模型中没有的共同点？

观察图 11.23 中左边两个子图，我们可以看到，欠拟合和过拟合模型的一个共同问题是尽管它对表示已有数据的能力有差别，但都不能充分地表示新数据，虽然这些新数据是

由生成已有数据的完全相同的过程产生的。换句话说，我们不能信任这两个模型中的任一个对于新到达数据的预测输出。而“刚刚好”的完全调优模型则没有这个问题，因为它非常近地逼近于数据背后的正弦波模式，因此可以很好地预测未来的数据点。

在图 11.24 的底排子图中，同样的故事重演。对于例 11.7 中使用的二分类数据集，我们在左子图中显示了一个完全调优的低复杂度(和欠拟合的)线性模型，在中间子图中显示了一个高复杂度(和过拟合的)的 20 次多项式模型，在右子图中显示了一个“刚刚好”的 2 次多项式模型。与回归情形一样，欠拟合和过拟合模型都不能充分表示生成当前数据的潜在现象，因此，也不能充分预测通过当前数据生成的相同过程生成的新数据的标签值。 332

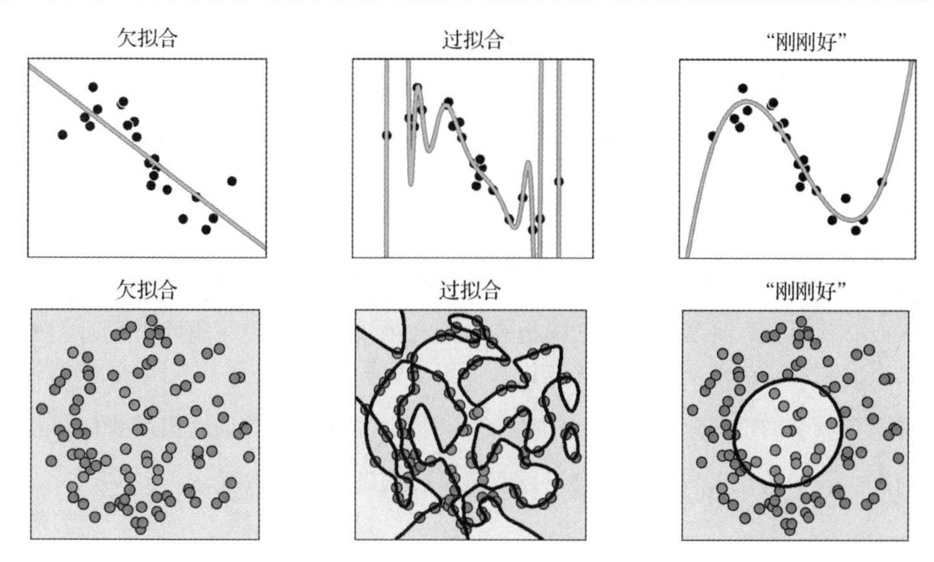

图 11.24 (顶排)例 11.6 中回归数据的三个模型：一个欠拟合模型(顶排左子图)、一个过拟合模型(顶排中间子图)、一个“刚刚好”模型(顶排右子图)。(底排)例 11.7 中二分类数据集的三个模型：一个简单地将所有数据分为蓝色类的欠拟合模型(底排左子图)、一个过拟合模型(底排中间子图)，一个“刚刚好”的拟合模型(底排右子图)。详细内容参见正文(见彩插)

总之，通过这里讨论的简单回归和分类例子，我们可以大致将表现不佳的模型归为无法对未来收到的数据做出准确预测的模型。但是我们如何量化将来会接收的数据呢？我们接下来处理这个问题。

11.3.4 验证错误

对于欠拟合/过拟合模型的有问题的性能，我们现在有一种非正式的诊断方法：这种模型不能准确地表示将来可能接收到的新数据。但是如何利用这个诊断呢？我们当然无法接触将来会收到的任何新数据。为了使这个概念有用，我们需要将它转换成一个可以度量的量，而不管我们处理的数据集/问题或我们使用的模型的类型。 333

简单地说，普遍的做法是使这成为一个假问题：我们简单地移除数据的一个随机部分，并将其视为“我们可能在未来接收到的新数据”，如图 11.25 所示。换句话说，我们从现有的数据集中随机截取一块，只在剩下的部分数据上训练我们选择的模型，并在这个随机移除的“新”数据块上验证每个模型的性能。我们用来验证模型的随机数据部分通常称为验证数据(或验证集)，用来训练模型的部分称为训练数据(或训练集)。在验证数据上提供最小误差的模型(即最小的验证误差)被认为是从一组训练模型中得到的最佳选择。正如我们将看到的，验证错误(不像训练错误)实际上是一种适当的度量工具，用于根据我们想要描述的数据背后的现象来确定模型的质量。

图 11.25　将数据划分为训练集和验证集。左子图中显示为整个圆形的原始数据被随机划分为成右子图中两个不重叠的集合。较小的部分(通常是原始数据的$\frac{1}{10}$到$\frac{1}{3}$)作为验证集，其余部分作为训练集

对于应该保存给定数据集的哪一部分以进行验证，没有精确的规则。在实践中，通常会将$\frac{1}{10}$到$\frac{1}{3}$的数据分配给验证集。一般来说，数据集越大或越有代表性(对数据采样的真实现象)，原始数据的一部分可能被分配给验证集(例如$\frac{1}{3}$)。这样做的直觉是，如果数据足够丰富或有代表性，训练集仍然准确地表示潜在的现象，即使在删除了相对大的一组验证数据之后。相反，一般对于更小的或代表性更差(即更嘈杂或分布不良)的数据集，我们通常需要一个较小的部分进行验证(例如，$\frac{1}{10}$)，因为相对较大的训练集需要保留从原始数据得到的产生数据的现象很少的信息，以及可留作验证的少量数据。

334

11.4　简单的交叉验证

验证错误不仅提供了度量单个优化模型性能的具体方法，更重要的是，它让我们能够比较不同复杂性级别的多个优化模型的效能。通过仔细考察一组模型的复杂性，我们可以轻易地识别最好的模型，即可在验证集上给出最小验证误差的那一个。这种对模型进行的比较称为交叉验证，有时称为模型搜索或模型选择。它是特征学习的基础，因为它给出了一种在一个给定数据集上系统化学习一个合适的非线性模型的方法(而不是第 10 章中介绍的工程方法)。

在本节中，我们将介绍简单的交叉验证。这包括在一组不同容量的模型上进行搜索，每个模型都在训练集上完全优化，以寻找一个验证-错误-最小化的选择。虽然它在原理和实现上都很简单，但简单的交叉验证(从计算角度来说)通常耗费非常大，并且经常导致相当粗糙的模型搜索，可能会错过(或“跳过”)给定数据集所需的理想复杂度。

11.4.1　概览

对一个给定数据集，确定一个理想的复杂度的第一个组织化的方法可能是先选择一个通用逼近器(比如，11.2.3 节中介绍的那些简单范例中的某一个)，然后构造一组 M 个模型，这些模型由式(11.15)中的通用形式取 B 的值(从 1 到 M)得到：

$$\begin{aligned}\text{model}_1(\boldsymbol{x},\Theta_1)&=w_0+f_1(\boldsymbol{x})w_1\\\text{model}_2(\boldsymbol{x},\Theta_2)&=w_0+f_1(\boldsymbol{x})w_1+f_2(\boldsymbol{x})w_2\\&\vdots\\\text{model}_M(\boldsymbol{x},\Theta_M)&=w_0+f_1(\boldsymbol{x})w_1+f_2(\boldsymbol{x})w_2+\cdots+f_M(\boldsymbol{x})w_M\end{aligned}\tag{11.16}$$

这组模型——我们可以简洁地表示为$\{\text{model}_m(x,\Theta_m)\}_{m=1}^{M}$(或者更简洁地表示为

$\{\text{model}_m\}_{m=1}^{M}$)，其中集合 Θ_m 包含了第 m 个模型的所有参数——自然地将容量从 $m=1$ 增加到 $m=M$(如 11.2.2 节所述)。如果我们完全优化这些模型中的每一个，则可粗略地说(如 11.3.2 节所述)它们也增加了对于训练数据的复杂性。因此，如果我们如 11.3.4 节所述，首先将原始数据随机分成训练部分和验证部分，并且度量所有 M 个完全训练的模型在数据每个部分上的误差，则能非常容易地确定哪一个模型给出了对于数据集的理想复杂度，这需要找出达到最小验证误差的那个模型。

335

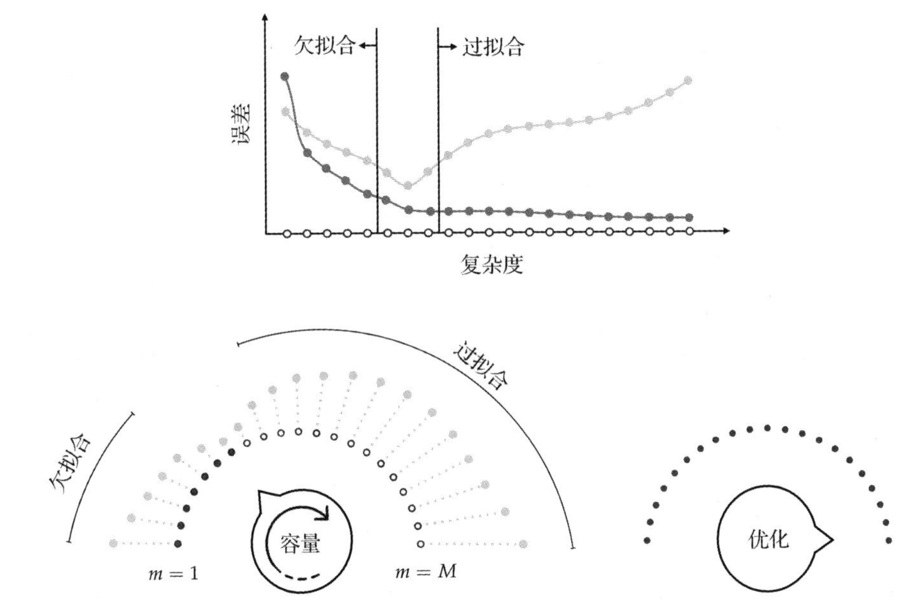

图 11.26　(顶部子图)一轮简单交叉验证得到的典型的训练误差(黑色)和验证误差(灰色)图。这里，模型(通常关于训练集的复杂度是递增的)由对一组容量递增的模型完全调优得到。低复杂度的模型对数据是欠拟合的，典型地生成大的训练误差和验证误差。尽管训练误差随着模型复杂度的增加而单调减小，验证误差倾向于只能减小到一个点，此时训练数据的过拟合开始。(底部子图)使用刻度盘概念化的简单交叉验证，这里我们把容量刻度盘从左向右转动，在一个容量逐渐增加的模型范围上进行搜索，以找到一个验证-误差-最小化的模型，此过程中保持优化刻度盘指向最右端(表明将每个模型进行完全优化)。详细内容参见正文

在图 11.26 的顶部子图中，我们展示了在实践中发现的常见训练误差(黑色)和验证误差(灰色)，这是由简单交叉验证方法得到的。该图的横轴(粗略地说)显示了 M 个完全优化模型中的每一个的复杂性，纵轴上的输出表示错误级别。从图中可以看出，低复杂度的模型对数据是欠拟合的，这反映为较高的训练误差和验证误差。随着模型复杂度的进一步增加，完全优化的模型可以达到更低的训练误差，因为增加模型复杂度可以让我们不断提高更好地表示训练数据的能力。这一事实反映在训练误差曲线(黑色)的单调递减特性中。另一方面，当增加复杂度时，模型的验证误差将首先趋向于减少，这种趋势只会持续到训练数据开始过拟合的点。一旦达到了过拟合训练数据的模型复杂度，验证错误又开始增加，因为模型越来越不能恰当地表示由同一现象产生的“我们将来可能会收到的数据”。

336

注意，在实践中，训练误差通常遵循图 11.26 顶部子图所示的单调递减趋势，而验证误差可能根据测试的模型上下振荡不止一次。在任何情况下，我们通过选择使验证错误最小化的模型来从集合中确定最佳的完全优化模型。这通常被称为求解偏置-方差折衷，因为它涉及确定一个(理想情况下)既不欠拟合(或有高偏置)也不过拟合(或有高方差)的模型。

在图 11.26 的底排子图中，我们使用 11.2.2 节中介绍的容量/优化刻度概念总结了这种简单的交叉验证方法。这里将优化刻度盘拨到最右端（表明对每个模型进行完全优化），然后在 M 个模型的范围内将容量刻度盘从左到右转动——从 $m=1$（最左端）开始，到 $m=M$（最右端），m 的值在刻度盘的每档增加 1。由于在这种情况下，容量刻度盘大体上控制了模型的复杂性（如图 11.22 的底排所总结的那样），我们的模型搜索简化为将刻度盘正确设置到验证误差最小的位置。为了直观地表示这是如何完成的，我们将如图 11.26 顶部子图所示的典型验证误差曲线顺时针绕容量刻度盘旋转。然后我们可以想象将这个刻度盘正确地（且自动地）设置 m 的值，以提供最小的验证错误。

例 11.8　简单的交叉验证和回归

在本例中，我们演示了在例 11.6 中的正弦回归数据集上使用简单交叉验证的过程。这里，我们使用原始 21 个数据点中的 $\frac{2}{3}$ 用于训练，剩下的 $\frac{1}{3}$ 用于验证。我们在此比较的模型集是阶数为 $1\leqslant m\leqslant 8$ 的多项式。换句话说，集合 $\{\text{model}_m\}_{m=1}^{8}$ 中的第 m 个模型是一个单输入的 m 次多项式，形如

$$\text{model}_m(\boldsymbol{x},\Theta_m) = w_0 + xw_1 + x^2w_2 + \cdots + x^m w_m \tag{11.17}$$

注意这个小的模型集是如何按照非线性容量自然排序的，低阶模型容量较小，而高阶模型容量较大。

图 11.27 显示了三个多项式模型对原始数据（第一排）、训练数据（第二排）和验证数据

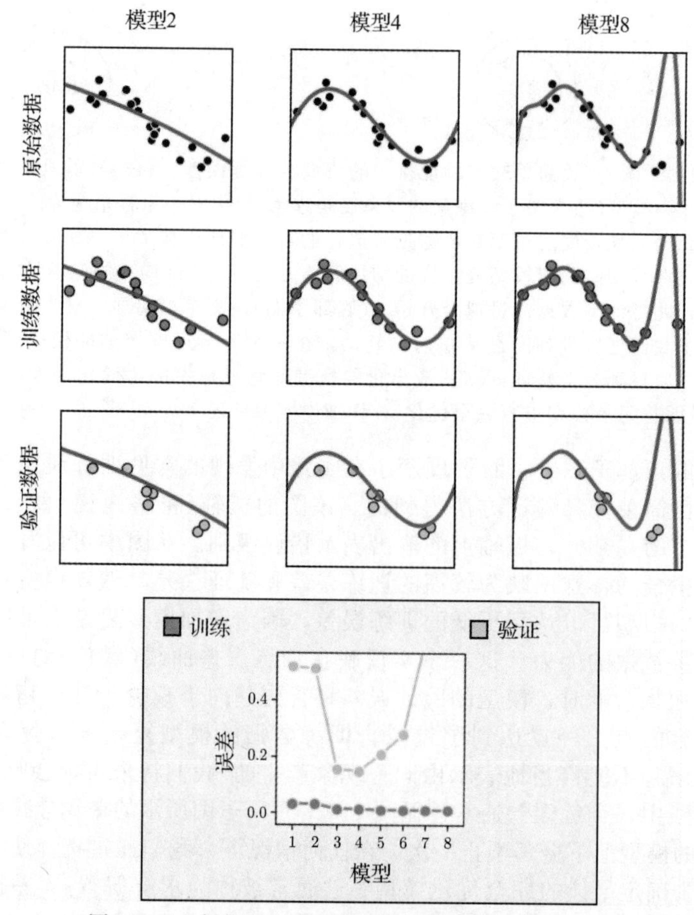

图 11.27　与例 11.8 相关的图。详细内容参见正文

(第三排)的拟合。所有 8 个模型的训练(黑色)和验证(灰色)数据上的错误都显示在底部子图中。注意，当模型是 4 次多项式时，验证误差最小。当然，随着我们使用更多的多项式单元，图中从左到右移动，阶数越高的模型对训练数据的拟合越好。然而，随着训练误差继续减少，对应的验证误差开始迅速攀升，对应的模型对验证数据的表示越来越糟糕($m=7$ 时验证误差变得如此之大以致我们不能将其绘制在同一个窗口中，使得其他的误差值可以被合适地区分)。

337

例 11.9　简单的交叉验证和分类

本例中我们演示在例 11.7 中的二分类数据集上进行交叉验证的一种简单方法。这里我们使用(大约)原始 99 个数据点集合中的 $\frac{4}{5}$ 用于训练，其他 $\frac{1}{5}$ 用于验证。为了简单起见，我们只使用了一组 $1\leqslant m\leqslant 7$ 次的多项式模型。换句话说，我们的集合 $\{\text{model}_m\}_{m=1}^{7}$ 中的第 m 个模型是一个(具有二维输入的)m 次多项式，形如

338

$$\text{model}_m(\boldsymbol{x},\Theta_m)=w_0+\sum_{0<i+j\leqslant m} x_1^i x_2^j w_{i,j} \tag{11.18}$$

当增加多项式的次数 m 时，这些模型也自然地按容量从低到高排序。

图 11.28 显示了 $\{\text{model}_m\}_{m=1}^{7}$ 中的三个模型以及在原始数据(第一排)、训练数据(第

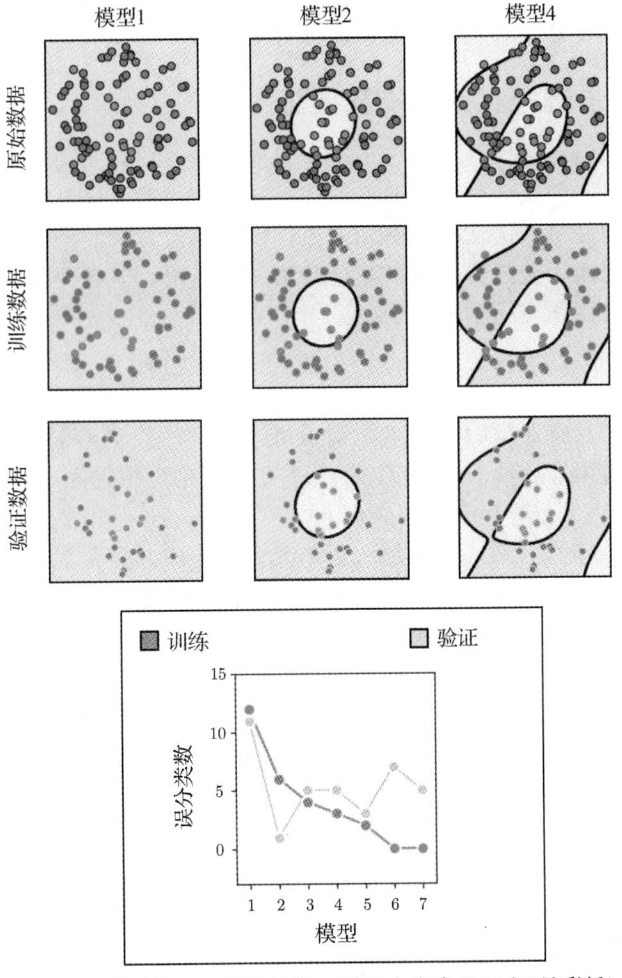

图 11.28　与例 11.9 相关的图。详细内容参见正文(见彩插)

二排)和验证数据(第三排)的拟合。所有 7 个模型的训练和验证误差显示在底部子图中。对于分类，使用训练/验证集上计算的误分类数量或这些误分类数的某些函数(比如，准确性)作为训练/验证误差更有意义，而不是使用分类代价函数的原始值。

在这种情况下，2 次多项式模型($m=2$)提供了最小的验证误差，因此是整个数据集的最佳非线性决策边界。当我们在 10.4.2 节的例 10.5 中设计这种特征时，使用这种形式的模型确定了一个圆形边界，因此这个结果也具有直观的意义。随着复杂度的提高和训练误差的不断减小，模型对训练数据进行过拟合，同时对验证数据提供了较差的解决方案。

11.4.2　简单交叉验证的问题

简单交叉验证对于上面描述的那些简单例子效果相当好。然而，由于这个过程通常涉及尝试一系列模型，其中每个模型都是从头开始完全优化的，所以单纯的交叉验证从计算角度来说可能耗费非常大。此外，相邻的模型(例如，由 m 和 $m+1$ 单元组成的模型)之间的容量差异也可能相当大，导致在数据集上尝试的模型复杂度范围出现巨大的跳跃。换句话说，控制模型的复杂性通过调整容量刻度盘(此时将优化刻度盘调至最右端，如图 11.26 底部子图所示)通常只允许一个粗糙的模型搜索，很容易“跳过”理想的模型复杂度。正如下文所示，我们可以通过将容量刻度盘调至右端并通过仔细设置优化刻度盘来控制模型复杂度，从而构建更健壮和更细粒度的交叉验证方案。 339

11.5　通过提升法进行有效的交叉验证

在本节中，我们将介绍提升法，这是本章中描述的两种有效交叉验证的基本范式中的第一种。与前一节描述的交叉验证的简单形式不同，使用基于提升的交叉验证，我们通过获取单个高容量模型并每次优化一个单元来执行模型搜索，从而产生更高效的交叉验证过程。虽然原则上任何通用逼近器都可以与提升法一起使用，但当使用基于树的通用逼近器时，这种方法通常被用作交叉验证方法(见 14.7 节)。 340

11.5.1　概览

基于提升法的交叉验证背后的基本原则是逐步构建一个高容量模型，每次一个单元，使用来自单一类型通用逼近器的单元(比如，11.2.3 节中介绍的简单例子之一)，得到

$$\text{model}(\boldsymbol{x},\Theta)=w_0+f_1(\boldsymbol{x})w_1+f_2(\boldsymbol{x})w_2+\cdots+f_M(\boldsymbol{x})w_M \tag{11.19}$$

按此依序执行 M 轮[㊀]，每一轮添加一个单元到模型中，完全优化这个单元的参数及其对应的线性组合权值，并保持这些参数始终固定在这些优化值上。或者，我们可以把这个过程看作从式(11.19)的高容量模型开始，然后在 M 轮中每次优化一个单元的参数[㊁]。在任何一种情况下，以这种方式执行提升法都会产生一个包含 M 个调优模型的序列，相对于训练数据集，这些模型通常会增加复杂性，我们将其简洁地表示为 $[\text{model}_m]_{m=1}^{M}$，其中第 m 个模型由 m 个调优单元组成。由于一次只优化一个单元，提升法趋向于提供一种计算效率高、精细分辨率的模型搜索形式(与简单的交叉验证相比)。

一般的增强过程倾向于产生训练/验证误差曲线，看上去类似于图 11.29 的顶排子图。与前一节介绍的简单方法一样，这里我们也会看到随着 m 增大训练误差减小，而验证误差

㊀ $M+1$ 轮，如果包括 w_0。

㊁ 这是坐标优化的一种形式，参见 2.6 节。

在欠拟合发生时较高，然后向下达到一个最小值(可能会发生多次振荡)，而在过拟合发生时再次升高。

使用 11.2.4 节中介绍的容量/优化刻度盘概念，我们可以考虑在容量刻度盘设置到右端较高值(比如，一个较大的 M 值)时开始使用提升法，将优化刻度盘从左到右慢慢转动，如图 11.29 底排所示。如 11.3.2 节及图 11.23 底排子图所描述的，对于真实数据，这种通用配置使得优化刻度盘能控制模型的复杂度。换句话说，使用这一配置，优化刻度盘(大致说来)成为一类高分辨率的复杂度刻度盘，这正是我们在本章一开头就希望构建的(见 11.1.3 节)。将优化刻度盘调到最左端，我们开始搜索一个低容量调优模型(称为 model_1)，它包含一个参数完全优化的通用逼近器的一个单元。在提升法的执行过程中，我们将优化刻度盘从左到右转动(刻度盘上的每一档表示一个附加单元的完全优化)，对图 11.19 中原本的高容量模型的单个加权单元进行优化，这样在第 m 轮我们的调优模型(称为 model_m)包含 m 个单个但是完全调优的单元。这么做的最终目的当然是确定一个优化的设置(即，确定调优单元的合适数量)以最小化验证误差。

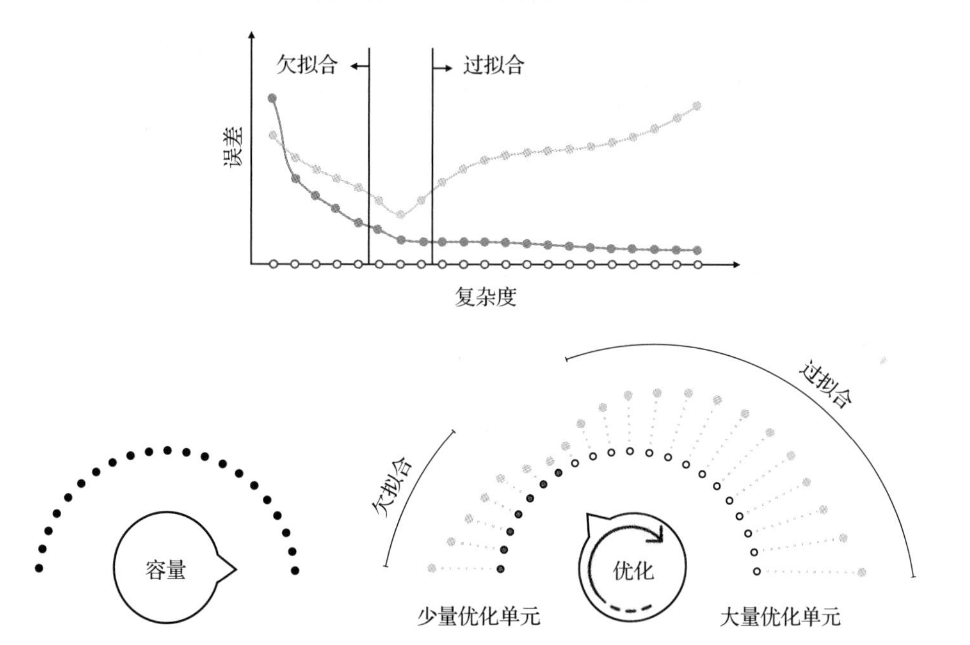

图 11.29　(顶部子图)与提升法的一次完全运行相关的典型训练误差和验证误差曲线。(底部子图)通过提升法，我们将容量刻度盘固定到最右端，并将优化刻度盘调到最左端。然后，慢慢地从左向右转动优化刻度盘，优化刻度盘上的每个档位表示对模型的一个额外单元进行完整的优化，增加了对于训练集的每个后续模型的复杂度。详细内容参见正文

对于提升法，无论我们使用定形的、神经网络的还是基于树的单元，都会自然地倾向于低容量的单元，以便模型搜索的分辨率尽可能地细粒度。当我们开始一次增加一个单元时，将优化刻度盘从左到右顺时针旋转。我们希望这个转盘尽可能顺利地完成，以便能够以一种细粒度的方式扫描验证误差曲线，寻找其最小值。这在图 11.30 的左子图中进行了描述。如果我们在每一轮提升模型搜索时都使用高容量单元，那么结果模型搜索将会变得粗糙得多，因为添加每个额外的单元会导致从左到右积极地转动刻度盘，从而在模型搜索中留下很大的空白，如图 11.30 的右子图所示。这种低分辨率的搜索很容易导致我们忽略

341～342

最优模型的复杂性。同样的道理也适用于为什么我们每次只增加一个单元，在每一轮单独调整参数。如果我们增加了一个单元，或者在每一步的过程中退还每个单元的每一个参数，不仅要执行更多计算，而且后续模型之间的性能差异可能很大，我们可能很容易错过一个理想的模型。

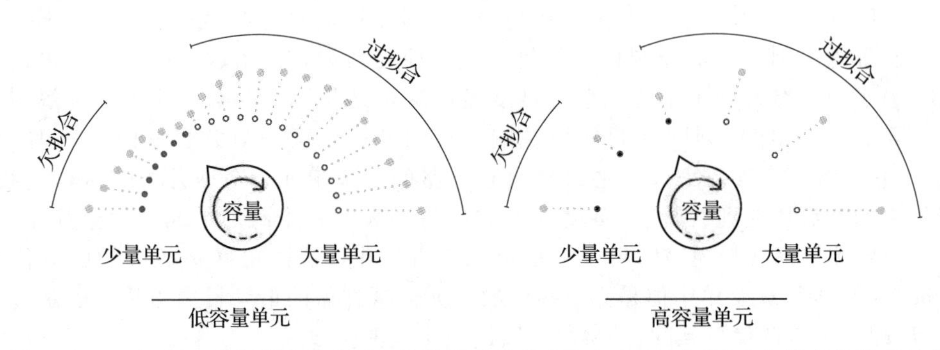

图 11.30　(左子图)使用低容量单元，使得提升过程成为一个高(或精细)分辨率的搜索最优模型复杂度的过程。(右子图)使用高容量单元，使提升过程成为一个低(或粗)分辨率的搜索最优模型复杂度过程。详细内容参见正文

11.5.2　技术细节

我们从一族通用逼近器中的 M 个非线性特征或单元开始，对上述提升法的讨论进行形式化：

$$\mathcal{F}=\{f_1(\boldsymbol{x}),f_2(\boldsymbol{x}),\cdots,f_M(\boldsymbol{x})\} \tag{11.20}$$

我们按顺序添加这些单元(或一次添加一个单元)，构建了一个包含 M 个调优模型的序列$[\text{model}_m]_{m=1}^{M}$，这些模型对于训练数据的复杂度是递增的，从 $m=1$ 到 $m=M$，得到一个由 M 个单元组成的通用非线性模型。我们将用与式(11.19)稍有不同的方式表达这个最终的提升法构建的模型，特别是重新索引从下列式构建的单元：

$$\text{model}(\boldsymbol{x},\Theta)=w_0+f_{s_1}(\boldsymbol{x})w_1+f_{s_2}(\boldsymbol{x})w_2+\cdots+f_{s_M}(\boldsymbol{x})w_M \tag{11.21}$$

在这里，我们将单个单元重新索引为 f_{s_m}，以表示在第 m 轮提升过程中添加的整个 $\mathcal{F}$ 集合中的单元。从 w_0 到 w_M 的线性组合权值以及 $f_{s_1},f_{s_2},\cdots,f_{s_M}$ 内部的任何额外权值在权值集 Θ 中共同表示。

343

增压过程共进行 M 轮，式(11.21)中的每个单元各一轮。在每一轮，我们确定哪个单元添加到正在运行的模型中时，可以最好地降低它的训练误差。然后我们测量该更新提供的相应验证误差，最后在所有轮提升法完成后，使用找到的最小验证误差测量值来决定哪轮提升法提供了最好的整体模型。

为了简单描述提升法的形式细节，我们将集中讨论一个问题：使用最小二乘代价的训练数据集$\{(x_p,y_p)\}_{p=1}^{P}$上的非线性回归。然而，对于其他学习任务(例如，两类和多类分类)及其相关代价，我们将看到的提升法原则是完全相同的。

提升法的 0 轮次

$$\text{model}_0(\boldsymbol{x},\Theta_0)=w_0 \tag{11.22}$$

它的权值集 $\Theta_0=\{w_0\}$包含一个单一的偏置权值，我们可以通过使这个变量上的适当代价最小化来轻松地调整它。考虑到这一点，为了找到 w_0 的最佳值，我们最小化最小二

乘代价：

$$\frac{1}{P}\sum_{p=1}^{P}(\text{model}_0(\boldsymbol{x}_p,\Theta_0)-y_p)^2=\frac{1}{P}\sum_{p=1}^{P}(w_0-y_p)^2 \tag{11.23}$$

这给出了 w_0 的最佳值，我们将其表示为 $w_0^\star$。在整个过程中，我们将偏置权值永远固定在这个值。

提升法的 1 轮次

在调整了 model_0 的唯一参数后，我们现在通过向其添加加权单元 $f_{s_1}(x)w_1$ 来提高其复杂性，从而得到一个修改后的运行模型，我们称之为 model_1：

$$\text{model}_1(\boldsymbol{x},\Theta_1)=\text{model}_0(\boldsymbol{x},\Theta_0)+f_{s_1}(\boldsymbol{x})w_1 \tag{11.24}$$

注意，参数集 Θ_1 包含 w_1 和单元 f_{s_1} 内部的任何参数。为了确定集合 $\mathcal{F}$ 中的哪个单元能最好地降低训练误差，我们使每个单元 $f_{s_1}\in\mathcal{F}$ 最小：

$$\frac{1}{P}\sum_{p=1}^{P}(\text{model}_0(\boldsymbol{x}_p,\Theta_0)+f_{s_1}(\boldsymbol{x}_p)w_1-y_p)^2=\frac{1}{P}\sum_{p=1}^{P}(w_0^\star+f_{s_1}(\boldsymbol{x}_p)w_1-y_p)^2 \tag{11.25}$$

344

注意，由于偏置权值已经在前一轮中设置为最优，我们只需要调整权值 w_1 以及非线性单元 f_{s_1} 内部的参数。还需要特别注意的是，使用神经网络时，所有非线性单元都采用完全相同的形式，因此我们不需要像使用定形或基于树的单元时那样，求解式(11.25)中 M 个版本的优化问题，每 $\mathcal{F}$ 个单元求解一个版本。无论采用何种通用近似器，第一轮提升法结束时，我们将找到最优的 f_{s_1} 和 w_1，分别表示为 $f_{s_1}^\star$ 和 $w_1^\star$，并保持不变。

提升法的 $m>1$ 轮次

一般来说，在第 m 轮提升中，我们从 model_{m-1} 开始，model_{m-1} 包含一个偏置项和 $m-1$ 个单元：

$$\text{model}_{m-1}(\boldsymbol{x},\Theta_{m-1})=w_0^\star+f_{s_1}^\star(\boldsymbol{x})w_1^\star+f_{s_2}^\star(\boldsymbol{x})w_2^\star+\cdots+f_{s_{m-1}}^\star(\boldsymbol{x})w_{m-1}^\star \tag{11.26}$$

注意，该模型的参数已经按顺序进行了调整，从第 0 轮的偏差 $w_0^\star$ 开始，第 1 轮的偏差为 $w_1^\star$，内部参数为 $f_{s_1}^\star$，以此类推，直到第$(m-1)$轮的偏差为 $w_{m-1}^\star$，内部参数为 $f_{s_{m-1}}^\star$。

第 m 轮提升法遵循第 1 轮中概述的相同模式，在其中，我们寻找最佳加权单元 $f_{s_m}(x)w_m$ 并将其添加到运行的模型中，以最好地降低数据集上的训练误差。具体地说，第 m 个模型采用以下形式：

$$\text{model}_m(\boldsymbol{x},\Theta_m)=\text{model}_{m-1}(\boldsymbol{x},\Theta_{m-1})+f_{s_m}(\boldsymbol{x})w_m \tag{11.27}$$

我们通过最小化下式中 w_m 和 f_{s_m} 内部的参数(如果存在，它们包含在参数集 Θ_m 中)来确定添加到模型中的合适单元：

$$\begin{aligned}&\frac{1}{P}\sum_{p=1}^{P}(\text{model}_{m-1}(\boldsymbol{x}_p,\Theta_{m-1})+f_{s_m}(\boldsymbol{x}_p)w_m-y_p)^2\\&=\frac{1}{P}\sum_{p=1}^{P}(w_0^\star+w_1^\star f_{s_1}^\star+\cdots+f_{s_{m-1}}^\star(\boldsymbol{x}_p)w_{m-1}^\star+f_{s_m}(\boldsymbol{x}_p)w_m-y_p)^2\end{aligned} \tag{11.28}$$

同样，对于定形或基于树的逼近器，这需要求解 M(或 $M-m+1$，如果我们决定只检查那些在前几轮中没有使用的单元)这样的优化问题，并选择训练误差最小的一个。对于神经网络，由于每个单元采用相同的形式，我们只需要解决一个这样的优化问题。

345

11.5.3 早停法

一旦所有轮的提升都完成了，注意我们如何生成一个 M 调优模型序列[1]——表示为 $[\text{model}_m(x,\Theta_m)]_{m=1}^{M}$——它逐渐增加非线性复杂度(从 $m=1$ 到 $m=M$)，从而逐渐减少训练误差。这为我们在选择合适的模型时提供了细粒度的控制，因为如果我们使用低容量单元(见 11.5.1 节)，那么在这个序列中，后续模型之间的训练和验证误差方面的性能提升会相当顺利。

一旦提升法完成，我们将从模型集合中选择提供最低验证误差的模型。另外，我们可以尝试在验证误差开始增加时停止该过程，而不是在验证结束后进行所有的加速和决定最优模型。这个概念称为早停法，实现了计算效率的提高，但在决定验证错误何时达到最小值时要小心，因为它会上下摆动多次(见 11.4 节)，且不需要采用图 11.29 顶部子图中的简单通用形式。对于这个问题没有最终的解决方案，因此在实践中，当采用早停法时，通常使用临时解决方案。

11.5.4 廉价但有效的增强

在每一轮的提升中，以添加单个偏差的形式进行微调，可以显著改善算法。形式上，在第 m 轮提升法时，我们没有如式(11.27)所示形成 model_m，而是增加了一个额外的偏置权值 $w_{0,m}$：

$$\text{model}_m(\boldsymbol{x},\Theta_m) = \text{model}_{m-1}(\boldsymbol{x},\Theta_{m-1}) + w_{0,m} + f_{s_m}(\boldsymbol{x})w_m \tag{11.29}$$

这种简单的调整通过允许在每一轮(在回归的情况下)“垂直地”调整单元，以向每个优化子问题添加一个变量的最小代价，带来了更大的灵活性和更好的总体性能。注意，一旦调优完成，最佳偏置权值 $w_{0,m}^{\star}$ 可以被吸收到前几轮的偏置权值中，为整个模型创建一个单一的偏置权值 $w_0^{\star}+w_{0,1}^{\star}+\cdots+w_{0,m}^{\star}$。

这种增强在使用定形或神经网络单元进行提升时特别有用，因为它在使用基于树的近似器时是多余的，因为它们已经有了单独的偏差项，总是允许在每一轮提升时进行垂直调整[2]。

注意，虽然式(11.14)显示了表示一维输入的最常见的方法，为了方便，在这里重复显示：

$$f(x) = \begin{cases} v_1 & x \leqslant s \\ v_2 & x > s \end{cases} \tag{11.30}$$

也可以将 $f(x)$ 等价地表示为

$$f(x) = w_0 + w_1 h(x) \tag{11.31}$$

其中，w_0 表示残桩的个体偏差参数，w_1 是缩放 $h(x)$ 的相关权值，$h(x)$ 是一个简单的阶跃函数，具有固定的水平，在 $x=s$ 有：

$$h(x) = \begin{cases} 0 & x \leqslant s \\ 1 & x > s \end{cases} \tag{11.32}$$

用这种等价的方式表示树桩，可以让我们看到每个树桩单元确实有自己的个体偏差参数，这使得在使用树桩进行提升时，在每一轮中添加个体偏差是多余的。同样的概念也适用于一般 N 维输入的树桩。

---

[1] 我们已经排除了 model_0，因为它没有使用任何通用的近似单元。

[2] 在机器学习的行话中，用树为基础的学习者进行提升通常被称为梯度提升。请参阅 14.5 节了解更多细节。

例 11.10 **使用树单元提升回归**

在本例中，我们使用例 11.6 中所示的正弦回归数据集(包含 $P=21$ 个数据点)，并为该数据集构造一组 $B=20$ 个树(树桩)单元(参见 11.2.3 节)。在图 11.31 中，我们展示了 $M=50$ 轮提升法的结果(意味着许多树桩被多次使用)。将数据集分为 $\frac{2}{3}$ 的训练集和 $\frac{1}{3}$ 的验证集，分别用黑色和灰色编码。图中描述了几轮提升法的回归拟合和相关的训练/验证错误。这个例子将在 14.5 节中进一步讨论。

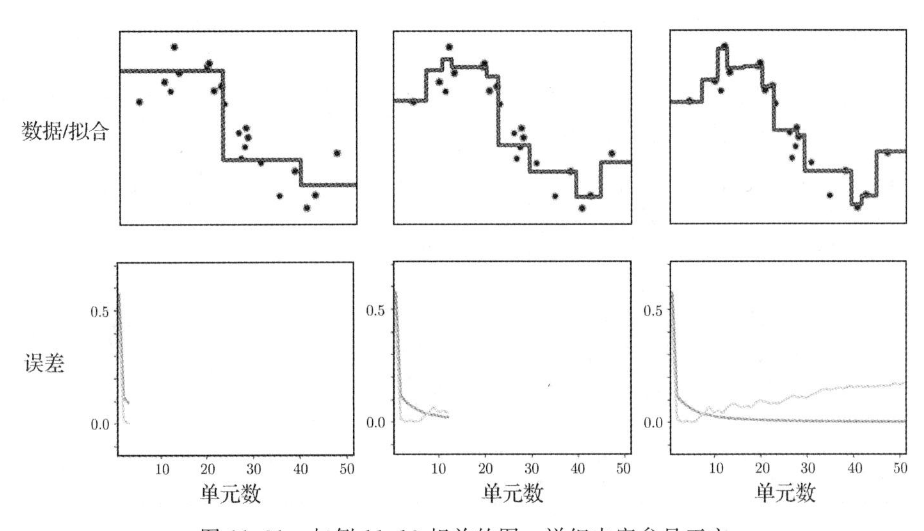

图 11.31　与例 11.10 相关的图。详细内容参见正文

例 11.11 **使用神经网络单元提升分类**

在这个例子中，我们演示了与例 11.10 中所示的相同类型的提升，但是现在我们使用 $P=99$ 个数据点的数据集进行二分类，这个数据集有一个(大致)循环的决策边界。这个数据集在例 11.7 中首次使用。我们将数据随机分为 $\frac{2}{3}$ 的训练集和 $\frac{1}{3}$ 的验证集，并使用神经网络单元进行提升。在图 11.32 中，我们从非线性决策边界和结果分类以及训练/验证错误的角度展示了 $M=30$ 轮的提升法的结果。

346 ~ 347

11.5.5　与特征选择的相似性

细心的读者会注意到，在特征选择的上下文中，提升过程与 9.6 节中介绍的程序是多么相似。实际上这两种方法基本上完全相似，除了提升，我们不从一组给定的输入特征中选择，而是根据选择的通用逼近器创建它们。此外，与我们主要关心人类可解释性的特征选择不同，我们主要使用提升作为交叉验证工具。这意味着，除非我们明确禁止它发生，否则确实可以在提升过程中多次选择相同的特征，只要它有助于找到一个验证误差最小的模型。

这两个提升用例(即特性选择和交叉验证)通常发生在线性建模的上下文中，可以同时进行。尽管在这种情况下，交叉验证通常与线性模型一起使用，作为自动选择适当数量的特征的一种方式，同时仍然考虑到人工对所选特征的解释。另一方面，在使用基于通用近似器特征的非线性模型时，由于非线性特征的人类可解释性存在很大的困难，因此很少进行特征选择。这条规则的罕见例外是，当使用基于树的单元时，由于它们的结构简单，在特定情况下可以很容易地被人类解释。348

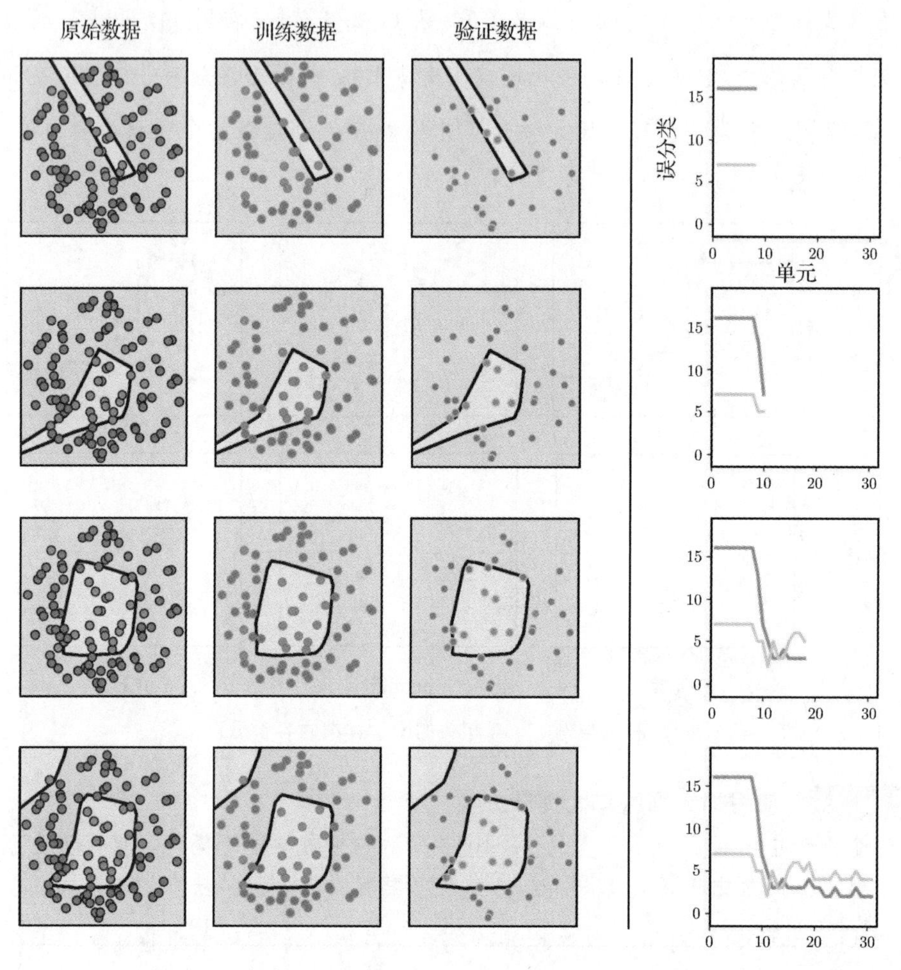

图 11.32　与例 11.11 相关的图。详细内容参见正文(见彩插)

11.5.6　带有回归的残差视角

这里，我们描述了在回归环境中对提升法的一种常见解释，即对回归数据集的残差进行顺序拟合。要了解这意味着什么，考虑以下最小二乘代价函数，其中我们在第 m 轮的开发中插入了一个提升模型：

$$g(\Theta_m)=\frac{1}{P}\sum_{p=1}^{P}(\text{model}_m(\boldsymbol{x}_p,\Theta_m)-y_p)^2 \tag{11.33}$$

我们可以递归地将提升后的模型写成

349

$$\text{model}_m(\boldsymbol{x}_p,\Theta_m)=\text{model}_{m-1}(\boldsymbol{x}_p,\Theta_{m-1})+f_m(\boldsymbol{x}_p)w_m \tag{11.34}$$

其中第$(m-1)$个模型(即 model_{m-1})的所有参数都已调优。结合式(11.33)和式(11.34)，可以将最小二乘代价改写为

$$g(\Theta_m)=\frac{1}{P}\sum_{p=1}^{P}(f_m(\boldsymbol{x}_p)w_m-(y_p-\text{model}_{m-1}(\boldsymbol{x}_p)))^2 \tag{11.35}$$

通过最小化代价，我们可以调整单个额外单元的参数：

$$f_m(\boldsymbol{x}_p)w_m \approx y_p - \text{model}_{m-1}(\boldsymbol{x}_p) \tag{11.36}$$

对于所有的 p，或者换句话说，使这个完全调优的单元近似于原始输出 y_p 减去前一个模型的贡献。原始输出和第$(m-1)$个模型的贡献之间的差值通常称为残差，它是减去第$(m-1)$个模型学习到的东西后剩下来的东西。

例 11.12　从拟合到残差视角的提升法

在图 11.33 中，我们演示了将 $M=20$ 个神经网络单元提升到一个小型回归数据集的过程。我们在顶部子图显示了提供的数据集以及 model_m 在第 m 步对 m 的选择值进行提升时提供的拟合。在底部子图中，我们绘制了同一步骤的残差，以及相应的第 m 个单元 f_m 的拟合。随着提升，与原始数据的拟合度会提高，而剩余数据则会缩小。

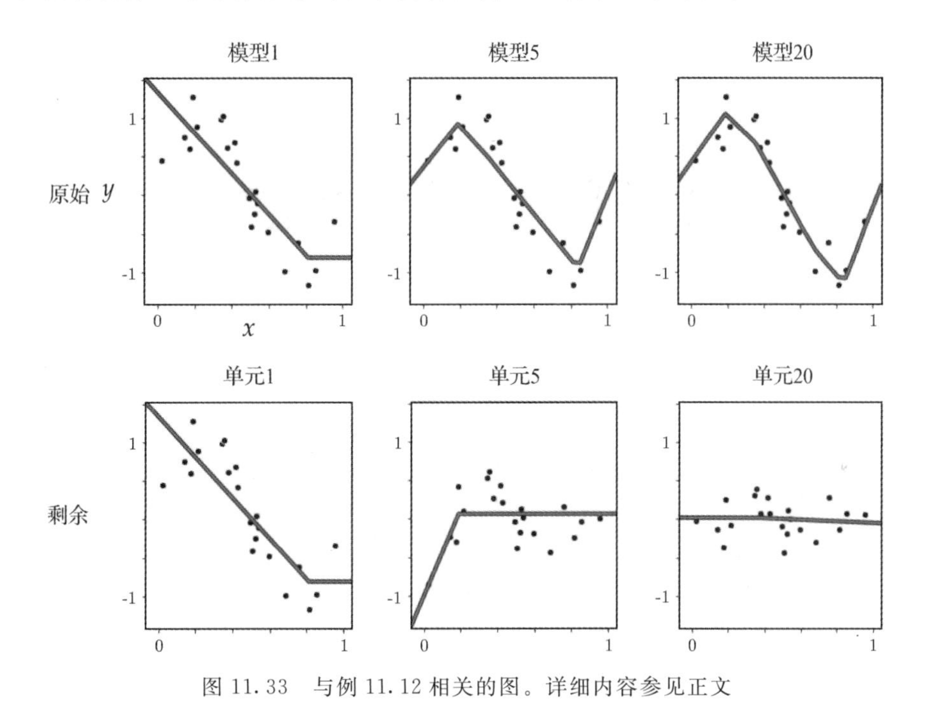

图 11.33　与例 11.12 相关的图。详细内容参见正文

11.6　借助正则化的高效交叉验证

在前一节中，我们看到了如何使用基于提升的交叉验证，通过一次优化一个通用的高容量模型的一个单元，自动学习给定数据集的模型复杂度的适当级别。在本节中，我们将介绍用于高效交叉验证的正则化技术。使用这一组方法，我们再次从单一的高容量模型开始，并再次通过仔细的优化来调整其相对于训练数据集的复杂度。然而，通过正则化，我们可以同时调优所有的单元，控制优化程度，从而实现模型的最小验证实例。

350

11.6.1　概览

想象我们有一个简单的非线性回归的数据集，类似图 11.34 的左上子图，我们使用一个由很多单一类型的通用逼近器组成的高容量模型(相对于数据的性质)来拟合：

$$\text{model}(\boldsymbol{x},\Theta) = w_0 + f_1(\boldsymbol{x})w_1 + f_2(\boldsymbol{x})w_2 + \cdots + f_M(\boldsymbol{x})w_M \tag{11.37}$$

假设我们将这些数据划分为训练部分和验证部分，然后通过完全优化数据训练部分的最小二乘代价来训练高容量模型。换句话说，我们为高容量模型确定了一组非常接近其相关代价函数的全局最小值的参数。在图 11.34 的右上子图中，我们绘制了与高容量模型相关的训练数据上的代价函数的二维假想图，用一个黑点表示全局最小值，用黑色 x 表示函数的评估值。

由于我们的模型具有高容量，由位于全局最小代价的参数所提供的结果拟合将产生一个经过调优的模型，该模型过于复杂，并且严重过拟合了数据集的训练部分。在图 11.34 的左下子图中，我们展示了由这样一组参数提供的调整后的模型拟合(黑色曲线)，它严重过拟合了训练数据。

351

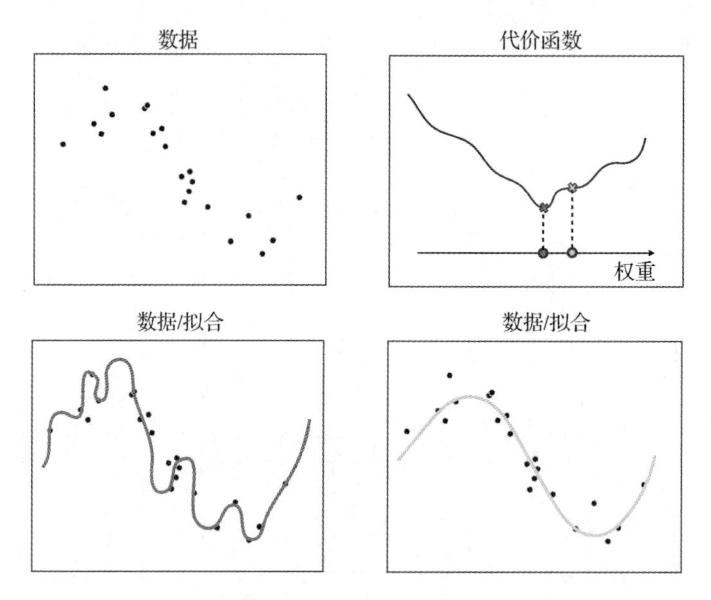

图 11.34　(左上子图)一个通用非线性回归数据集。(右上子图)在此数据的训练部分上与高容量模型相关的代价函数的形象化说明。全局最小值用黑点标记(其评估值用黑色 x 表示)，它附近的点用灰色标记(其评估值用灰色 x 表示)。(左下子图)原始数据和使用代价函数的全局最小值参数的模型提供的拟合(黑色曲线)严重过拟合了训练数据，(右下子图)右上子图中的灰点对应的参数最小化了数据验证部分的代价函数，从而提供了更好的数据拟合(灰色曲线)。详细内容参见正文

在右上子图中我们还用一个黑点表示一组相对于全局最小值的参数，其函数评估值显示为黑色 x。这组参数位于全局最小值的一般邻域，在数据的验证部分代价函数是最小的。因此，相应的拟合提供了更好的数据表示。

这个小型的例子说明了一个更一般的原则：早些时候，过拟合都是由于一个未调优的模型容量太大，其相应的代价函数(训练数据)被优化得太好，导致调优模型过于复杂。这一现象适用于所有机器学习问题，包括回归、分类和无监督学习技术(如 Autoencoder)，也是一般基于正则化的交叉验证策略的动机：如果适当优化高容量模型的所有参数会导致过拟合，那么当验证误差(不是训练误差)达到最低时，可以通过不完美地优化模型来避免过拟合。换句话说，在交叉验证的背景下，正规化构成了一组交叉验证的方法，其中我们仔细调整高容量模型的所有参数，通过有目的地设置它们远离其相关代价函数的全局最小值。这可以通过多种方式实现，下面我们将详细介绍两种最流行的方法。

352

11.6.2 基于早停法的正则化

使用基于早停法的正则化[1]，我们通过运行局部优化(调整模型的所有参数)并使用该运行中模型达到最小验证错误的权值集，来适当地调整一个高容量模型。这种想法在图11.35的左图中得到了说明，我们使用了图11.34右上角图中所示的相同的原型代价函数。在局部优化的运行过程中，我们经常计算训练和验证误差(例如，在优化过程的每一步)，这样就可以很好地确定一组提供最小验证误差的权值。

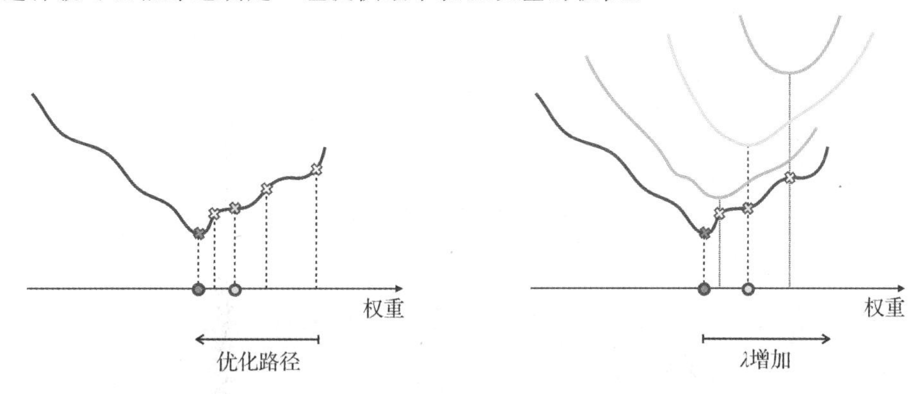

图11.35 (左子图)应用于高容量模型原型代价函数的早停法正则化的形象化说明。我们进行了一系列优化——这里显示的是全局最小值，用蓝色显示——并选择了提供最小验证误差的权值集(黄色显示)。(右子图)基于正则化器的正则化的形象化说明。通过添加一个正则化，我们改变了高容量模型的形状，特别是将其全局最小值(发生过拟合行为的地方)从原始位置拉离。然后，根据正则化参数λ的选择，正则化代价函数可以被完全最小化，以恢复接近/远离原始代价函数的真正全局最小值的权值。适当地设置此参数允许恢复验证-错误-最小化权值。详细内容参见正文(见彩插)

当达到最低验证误差时，是否真的停止优化运行(鉴于验证错误的一些不可预知的行为，如11.4.2节所述，这在实践中可能是一个挑战)或运行优化直至完成(然后挑选最好的权值集)，在这两种情况下我们将这种方法称为早停法正则化。注意，该方法本身类似于11.5.3节中概述的提升基于交叉验证的早停法过程，因为我们依次增加模型的复杂度，直到达到最小验证。然而，在这里(与提升法不同)，我们通过控制同时优化模型参数的程度来实现这一点，而不是一次只优化一个单元。

假设我们从一个小的初始值开始优化(我们通常这样做)，相应的训练误差和验证误差曲线[2]一般将如图11.36的顶部子图所示。在运行的一开始，模型的复杂度(在初始权值下进行评估)是相当小的，提供了一个很大的训练误差和验证误差。随着最小化的进行，我们继续一次优化一个步骤，数据的训练和验证部分中的误差都减少了，而优化后的模型的复杂度增加了。这种趋势会一直持续下去，直到模型变得太复杂，开始过拟合，验证误差增加。

---

[1] 当应用13.7节中的深度神经网络模型时，该正则化方法尤其常用。

[2] 注意，根据所使用的优化方法，两者在实践中都可能产生振荡。

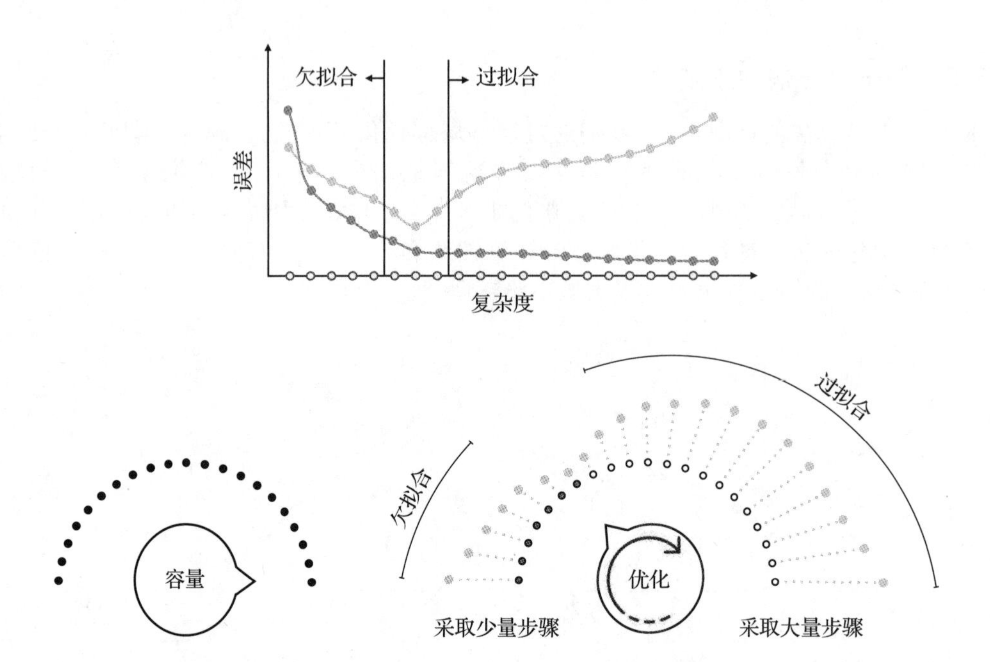

图 11.36 (上排子图)与早停法正则化相关的典型训练/验证误差曲线对。(下排子图),在早停法中,我们将容量刻度盘一直设置到最右端,将优化刻度盘一直设置到最左端。然后慢慢地从左向右移动优化刻度盘,迭代地提高模型与训练数据的拟合,同时一步一步地调整所有参数。随着优化的进行,我们慢慢地将优化刻度盘从左到右顺时针旋转,逐渐增加优化模型的复杂度,以寻找验证误差最小的优化模型。在这里,优化刻度盘上的每个凹槽抽象地表示局部优化的一个步骤。详细内容参见正文

对于 11.3.2 节中详细介绍的容量/优化刻度盘概念,我们可以认为(基于早停法的)正则化开始将容量刻度盘设置到最右端(因为我们采用高容量模型),将优化刻度盘设置到最左端。通过这种配置(见图 11.36 的底部子图),我们允许优化刻度盘直接控制优化后的模型所能承受的复杂度。换句话说,通过这种配置,优化刻度盘(粗略地说)成为 11.1.3 节开始时描述的理想复杂度刻度盘。在早停法时,我们将优化刻度盘从左向右转动,从初始化开始,一步一步地运行局部优化,为(高容量)模型寻找一组提供最小验证误差的参数。

有许多重要的工程细节与实施一个有效的早停法正则化过程相关,我们将在下面讨论。

- **不同的优化运行可能导致不同的优化模型**。与高容量模型相关的代价函数拓扑可能相当复杂。因此,不同的初始化可能会产生不同的轨迹,指向可能不同的代价函数最小值,并产生相应的形状不同的验证-错误-最小化模型,如图 11.37 的上排子图所示。然而,在实践中这些差异往往不会影响性能,结果模型可以很容易地合并或装袋在一起(参见 11.9 节),以平均它们各自性能中的任何主要差异。

353~355

- **容量应该设置多大?** 当使用基于早停法(或任何其他形式)的正则化交叉验证时,如何知道将模型的容量设置到多大?一般来说,没有唯一的答案。它必须简单地设置为至少"大"到足以使模型在完全优化时过拟合。这可以通过调整 M(模型中单元的数量)或单个单元的容量来实现(例如,通过使用浅/深神经网络或基于树的单元,详见第 13 章和第 14 章)。
- **必须仔细执行局部优化**。我们必须小心使用与早停法交叉验证一起使用的局部优

化方案。如图 11.37 的左下子图所示，理想情况下，我们希望平稳地从左到右转动优化刻度盘，以精细的分辨率搜索一组模型复杂度。这意味着通过早停法，我们能经常避免需要采取大量步骤(例如牛顿法，详见第 4 章)的局部优化方案，因为这可能导致对模型复杂度的粗略、低分辨率的搜索，容易跳过最小验证模型，如图 11.37 右下子图所示。当使用早停法时，采取较小的、高质量步骤的局部优化器(详见附录 A 中的高级一阶方法)通常是首选的。此外，当使用小批量/随机一阶方法(见附录 A.5)时，每轮应多测量几次验证误差，以避免在没有测量验证误差的情况下采取过多步骤。

- **验证误差什么时候达到最低？**虽然一般来说，验证误差在优化运行之初会减少，最终会增加(形成某种“U”形)，但在优化过程中，它肯定会上下波动。因此，当验证误差确实达到其最低点时，它并不都是显而易见的，除非优化过程已经执行完成。为了处理这一特性，通常在实践中，合理的工程选择是根据验证误差没有减少的时间长短来决定何时停止。此外，如前所述，不需要真正地停止局部优化过程来利用早停法，并且可以简单地运行优化器直到完成，并在完成后从运行中选择最佳权值集。

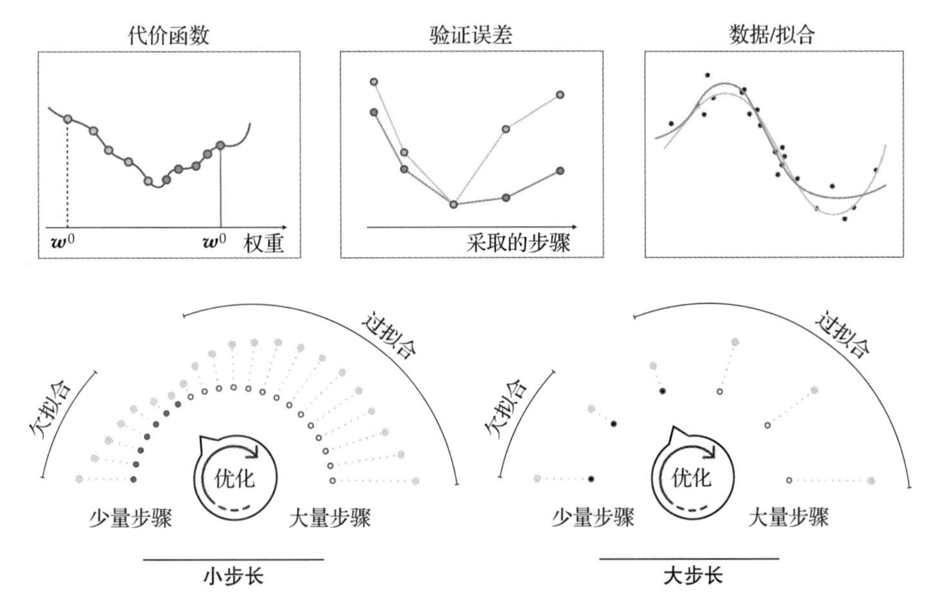

图 11.37 与基于早停法的正则化相关的两个细微之处。(左上子图)与高容量模型相关的原型代价函数，有两条优化路径(分别用红色和绿色表示)，分别由不同起点的两次局部优化运行产生，(中上子图)每个优化运行对应的验证误差历史记录。(右上子图)虽然每次运行产生一组不同的最优权值，并拟合不同的数据(绿色和红色分别对应于每次运行)，但这些拟合一般具有同等代表性。(左下子图)采取小步长的优化步骤使早停法以高分辨率搜索以获得最优模型复杂度。通过这样的小步骤，我们顺利地将优化刻度盘从左转向右，以寻找验证-错误-最小化模型。(右下子图)使用具有较大步长的步骤，可以使早停法以粗分辨率搜索以获得最优模型复杂度。每采取一步，我们都会大胆地将刻度盘从左转向右，执行可能会跳过最优模型的粗略模型搜索(见彩插)

感兴趣的读者可以查看例 13.14，了解基于早停法的正则化的简单说明。

11.6.3 基于正则化器的方法

正则化器是一个简单的函数，可以出于多种目的添加到机器学习代价中。例如，防止不稳定学习(见 6.4.6 节)，作为放松 SVM 条件的一部分(见 6.5.4 节)，多学习场景(见 7.3.4 节)和特征选择(见 9.7 节)。正如我们将看到的，后者的应用(特征选择)非常类似于我们在这里使用的正则化器。

向高容量模型的代价中添加一个简单的正则化器函数，我们可以改变它的形状，特别是将全局最小值的位置从原始位置移开。通常，如果高容量模型表示为$(\boldsymbol{x},\Theta)$，它的关联代价函数为 g，正则化器为 h，那么正则化代价表示为 g 和 h 的线性组合：

356

$$g(\Theta)+\lambda h(\Theta) \tag{11.38}$$

其中 λ 为正则化参数。正则化参数总是非负的，且控制代价和正则化器的合成。接近于零的正则化的代价基本上是 g，当 λ 非常大时，h 占主导地位。在图 11.35 的右子图中，我们展示了正则化代价的形状(以及其全局最小值的位置)如何随着 λ 的值而变化。

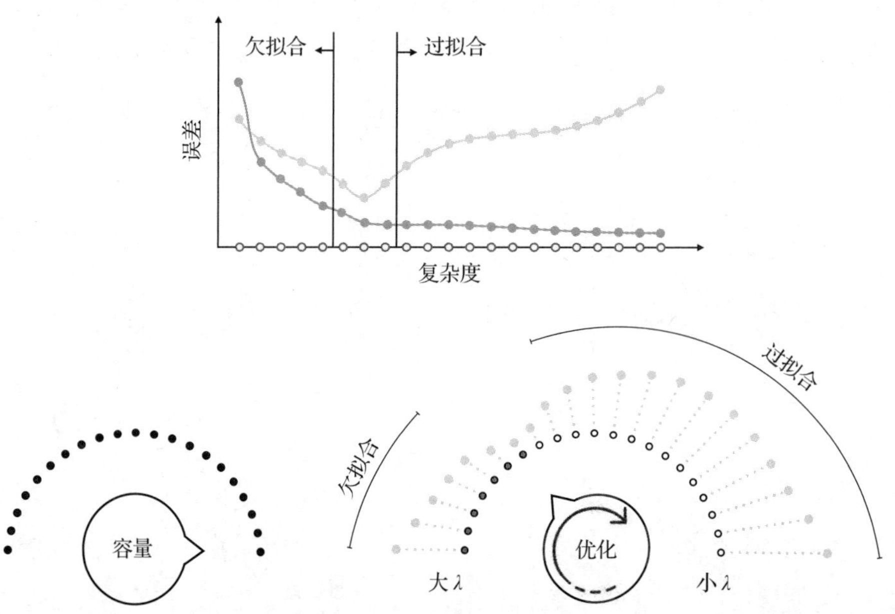

图 11.38 (顶部子图)与一个通用的基于正则化器的交叉验证关联的一对典型的训练误差/验证误差曲线。(底部子图)在基于正则化器的交叉验证中，我们将容量刻度盘设置到最右端，将优化刻度盘设置到最左端(从一个较大的 λ 值开始)，然后慢慢将优化刻度盘从左向右拨(通过减少 λ 的值)，其中，优化刻度盘上的每个缺口代表式(11.38)中相应正则化代价函数的完全最小化，提高了模型对训练数据的拟合程度。通过调整 λ 的值(并完全最小化每个相应的正则化代价)，我们慢慢地将优化刻度盘从左到右顺时针旋转，逐渐增加调优模型的复杂度，以寻找具有最小验证误差的模型。详情请参阅正文

357

假设我们从一个较大的 λ 值开始，并逐渐减小它的值(完全优化每个正则化的代价)，相应的训练和验证错误曲线通常将看起来像图 11.38 的顶部子图(在实践中验证误差可以摆动，不需要一直倾斜向下)。在这一过程的开始使用一个较大的 λ 值，由于正则化器完全控制正则化代价，所以模型的复杂度是相当小的，因此相关的最小值属于正则化器，而不是代价函数本身。因为权值集实际上与我们正在训练的数据无关，相应的模型往往会有

较大的训练误差和验证误差。当 λ 减小时，正则化代价完全最小化所提供的参数将更接近原始代价本身的全局最小值，因此数据的训练部分和验证部分的误差都会减小，而(一般而言)调优模型的复杂度会增加。这种趋势一直持续到正则化参数足够小，恢复的参数与原始代价过于接近时，模型的复杂就会变得非常大。这里开始出现过拟合现象，验证误差增加。 358

鉴于 11.3.2 节介绍的容量/优化刻度盘计划，可知基于正则化器的交叉验证一开始将容量刻度盘设置到最右端(因为我们采用高容量模型)，将优化刻度盘设置到最左端(在正则化代价中使用一个较大的 λ 值)。通过这种配置(在图 11.38 的底部子图中进行了直观的总结)，我们允许优化刻度直接控制优化后的模型所能承受的复杂度。当我们把优化刻度从左移到右，则减少了 λ 的值，并完全最小化相应的正则化代价，以寻找一组参数，为我们的(高容量)模型提供最小的验证误差。

有许多重要的工程细节与实现一个有效的基于正则化器的交叉验证过程相关，我们将在下面讨论。

- **偏差权值通常不包括在正则化器中**。对于 9.7 节中讨论的线性模型，通常正则化器只包含一般模型的非偏置权值。例如，假设我们使用定形逼近器单元，则参数集 Θ 包含一个偏置 w_0 和与特征相关的权值 $w_1, w_2, \cdots, w_B$。如果我们使用平方 ℓ_2 范数正则化代价函数 $g(\Theta)$，正规化的代价将是 $g(\Theta)+\lambda\sum_{b=1}^{B} w_b^2$。当使用神经网络单元时，我们遵循相同的模式，但这里我们有更多的偏置项，以避免包含在正则化器中。例如，如果我们使用 $f_b(\boldsymbol{x})=\tanh(w_{b,0}+x_1 w_{b,1}+\cdots+x_N w_{b,N})$ 形式的单元，则 $w_{b,0}$ 项是一个我们也不希望包含在正则化器中的偏置项。因此，为了使用平方 ℓ_2 范数正则化一个包含这些单元的代价函数，我们有 $g(\Theta)+\lambda\left(\sum_{b=1}^{B} w_b^2+\sum_{b=1}^{B}\sum_{n=1}^{N} w_{b,n}^2\right)$。
- **正则化器函数的选择**。注意，虽然 ℓ_2 范数是一个非常流行的正则式化器，但原则上可以使用任何简单的函数作为正则化器。其他常用的正则化器函数包括 ℓ_1 范数正则化器 $h(\boldsymbol{w})=\|\boldsymbol{w}\|_1=\sum_{n=1}^{N}|w_n|$ (倾向于产生稀疏权值)和总变差正则化器 $h(\boldsymbol{w})=\sum_{n=1}^{N-1}|w_{n+1}-w_n|$ (倾向于产生平滑变化权值)。我们经常使用简单的二次正则化器(ℓ_2 范数的平方)来激励权值变小，就像我们对二分类和多分类逻辑回归所做的那样。每种不同类型的正则化器都倾向于将总和的全局最小值拉向输入空间的不同部分——如图 11.39 所示，二次型(左上子图)、ℓ_1 范数(中上子图)和总变差范数(右上子图)。 359
- **λ 取值范围的选择**。类似于我们在早停法和提升过程中看到的情况，在正则化过程中，我们希望尽可能仔细地执行搜索，将优化刻度盘从左到右尽可能平滑地转动，以寻找完美的模型。这个愿望直接转化为我们测试出来的 λ 值的范围和数量。例如，在给定范围内尝试的值越多，优化刻度盘的转动就越平滑(如图 11.39 的左下子图所示)。我们可以尝试多少 λ 值的限制通常是由计算和时间决定的，因为对于 λ 的每个值，必须执行一个相应的正则化代价函数的完全最小化。这使得基于正则化器的交叉验证在计算上非常昂贵。另外，尝试过少的值可能导致对权值(该权值提供最小的验证误差)的粗略搜索，增加了完全跳过这些权值的可能性(如图 11.39 的右下子图所示)。

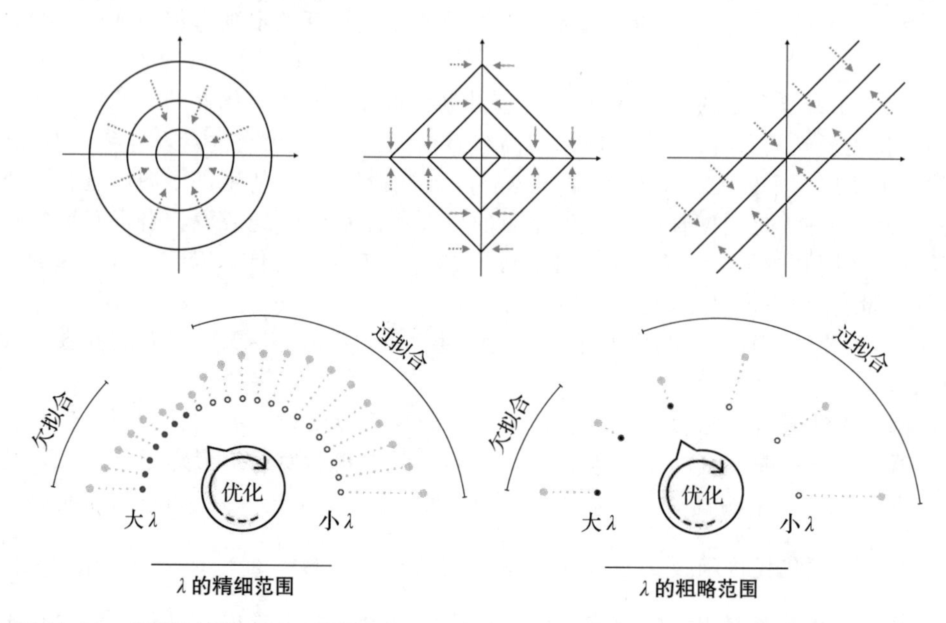

图 11.39　(顶排子图)ℓ_2(左上子图)，ℓ_1(上中子图)和总变差(右上子图)函数用作正则化器时拉向代价函数的全局最小值的视觉描绘。这些函数把全局最小值分别拉向原点、坐标轴和连续项相等的对角线。(左下子图)测试大范围和数量的正则化参数 λ 的值可以精确搜索验证误差最小化权值。(右下子图)测试较小数量(或范围)的 λ 值会导致一个粗搜索，从而跳过理想的权值。详细内容参见正文

360

例 11.13　二分类问题的 λ 调优

在本例中，我们使用二次正则化器来为图 11.40 左列所示的二分类数据集找到合适的非线性分类器，其中训练集用浅蓝色圆圈标示，验证点用黄色圆圈标示。在这里，我们使用 $B=20$ 个神经网络单元(一个高容量的模型)，并尝试 6 个 λ 的值均匀分布在 0 和 0.5 之间(在每个实例中完全最小化相应的正则化代价)。随着 λ 值的变化，左列显示从每个正则化代价函数的全局最小值恢复的权值所提供的拟合，右列显示相应的训练误差和验证误差，分别用蓝色和黄色标示。在这个简单的实验中，$\lambda\approx0.25$ 的值似乎提供了最小验证误差，并与数据集整体最佳拟合。

11.6.4　与特征选择正则化的相似性

与上一节详细介绍的提升过程类似，细心的读者在这里会注意到，这里描述的基于正则化器的框架与 9.7 节详细介绍的特征选择的正则化概念非常相似。这两种方法在主题上非常相似，但是这里我们不是从一组给定的输入特征中选择，而是基于通用逼近器自己创建它们。此外，我们主要关注的是机器学习模型的人类可解释性，而不是在 9.7 节中提到的使用正则化作为交叉验证的工具。

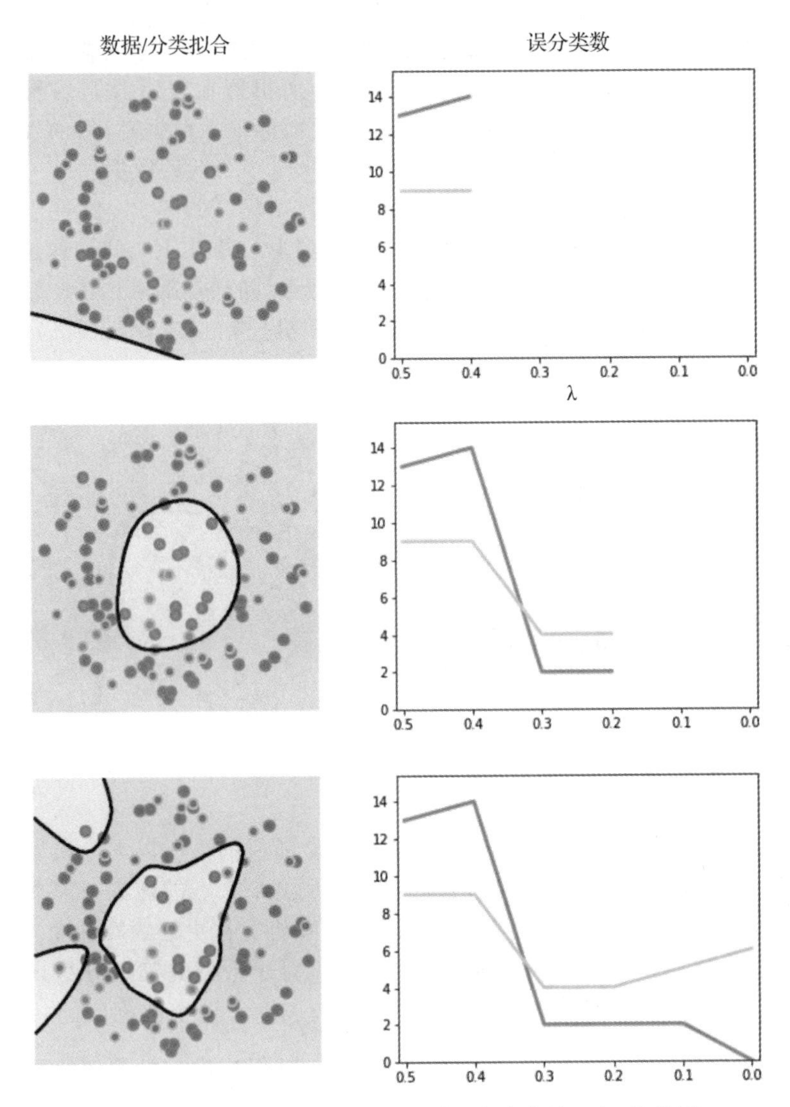

图 11.40 与例 11.13 相关的图。详细内容参见正文(见彩插)

11.7 测试数据

在 11.3.4 节中，我们看到了验证误差如何取代训练误差成为一种合适的测量工具，它使我们能够准确地为通用数据确定合适的模型/参数调优。然而，像训练误差一样，基于最小验证误差选择模型也可能会导致模型过拟合原始数据集。换句话说，至少在原则上，我们也可以过拟合验证数据。这使得验证误差不能很好地度量交叉验证模型的总体性能。正如我们将在本节中看到的，如果数据集足够大，通过将原始训练数据分为三个集合(训练集、验证集和测试集)而不是两个集合(训练集和验证集)，可以减轻这种现实的潜在危险。通过测量交叉验证模型在测试集上的性能，我们不仅能更好地度量其捕获生成数据的现象的本质的能力，也获得了一个可靠的测量工具，用于比较多个交叉验证模型的功效。 361

11.7.1 过拟合验证数据

在 11.3.4 节中，我们学习了作为一种度量工具，训练误差不能帮助我们正确地识别一个调优的模型何时具有足够的复杂度来正确地表示给定的数据集的原理。我们也看到了362一个过拟合模型(达到最小训练误差，但太复杂)如何很好地表示我们目前拥有的训练数据，但又很差地表示了数据(以及由它生成的任何类似的未来数据)背后的现象。虽然在实践中不太普遍，但有可能通过适当的交叉验证模型来过拟合验证数据。

为了了解详情，让我们分析一个极端的二分类数据集。如图 11.41 左子图所示，该数据集显示输入和输出(标签)之间没有任何有意义的关联。事实上，我们通过在输入空间中随机选择二维输入点的坐标来创建它，然后将一半的点(同样是随机选择的)赋给标签值+1(红色类)，另一半点赋给标签值−1(蓝色类)。点随机(均匀地)分布在单元格上，随机给点分配标签。

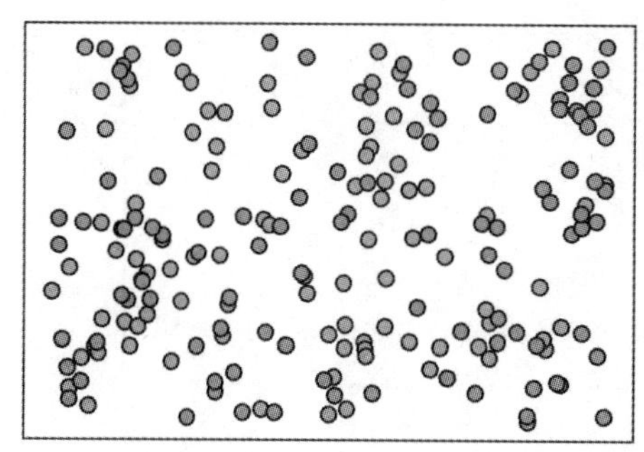
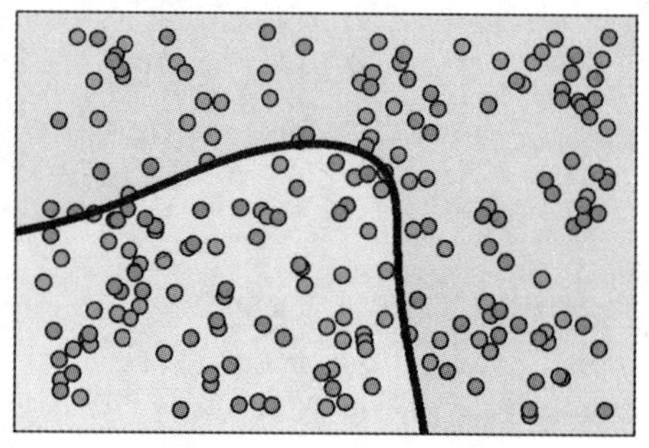

图 11.41 (左子图)一个随机生成的二分类数据集。(右子图)交叉验证模型的决策边界在验证数据上提供了 70%的准确度，这比随机概率(50%)大得多(见彩插)

363

因为我们知道产生这个数据集的潜在现象是完全随机的，所以无论模型是通过交叉验证还是其他方式发现的，都不应该允许我们正确地预测未来点的标签，即准确度不应远远超过 50%。换句话说，没有哪个模型能真正提供比随机数据更好的准确度。然而，这一事实不需要在适当的交叉验证模型中反映出来(例如，对于数据的某些分割具有最小验证误差的模型)。事实上，在图 11.41 的右子图中，我们展示了这个数据集的一个朴素交叉验证模型的决策边界，其中$\frac{1}{5}$的原始数据被用作验证，并根据模型的预测给区域上色。这个特殊的交叉验证模型对验证数据提供了 70%的准确度，乍一看，考虑我们对潜在现象的理解，这可能是神秘的。然而，这是因为，即使选择它作为验证-误差-最小化模型，该模型仍然过拟合了原始数据。虽然它不像训练误差最小化模型中出现的过拟合那样普遍或严重，但过拟合验证数据仍然存在风险，在实践中应该尽量避免。

11.7.2 测试数据和测试误差

到目前为止，我们已经使用了验证数据来为数据选择最佳模型(即交叉验证)并度量其质量。然而，使用相同的数据集执行这两个任务可能导致过拟合模型的选择，会降低验证误差用来度量模型质量的效果。此问题的解决方案是通过引入第二个验证集，将分配给验证数据的两个任务分开。“第二个验证集”通常被称为测试集，仅用于度量最终的交叉验证模型的质量。

通过将数据分成三个块(如图 11.42 所示)，我们仍然精确地使用训练部分和验证部分(即，用于执行交叉验证)。然而，在建立交叉验证模型之后，它的质量是根据不同的测试数据集来度量的，在这些数据集上，它既没有经过训练，也没有经过验证。这种测试误差对交叉验证模型的性能给出了一个“无偏”的估计，并且通常更接近于捕捉由相同现象产生的未来数据的模型的真实误差。

图 11.42 原始数据集(左子图)被随机分为三个不重叠的子集：训练集、验证集和测试集(右子图)

在 11.7.1 节介绍的随机二分类数据的情况下，这样的测试集提供了一个更准确的画面，说明了我们的交叉验证模型通常是如何工作的。在图 11.43 中，我们再次显示了这个数据集(用黄色圆圈突出显示验证数据点)，现在通过添加测试部分(用绿色圆圈突出显示的点)扩大了该数据集，该测试部分的生成方式与我们在图 11.41 中创建原始数据集的方式完全相同。值得注意的是，这个测试部分并没有在训练/交叉验证中使用。虽然交叉验证模型在验证集上达到了 70%的准确度(如前所述)，但在测试集上只有 52%的准确度，考虑到数据的性质，这是一个更现实的指标，表明我们的模型的真正分类能力。

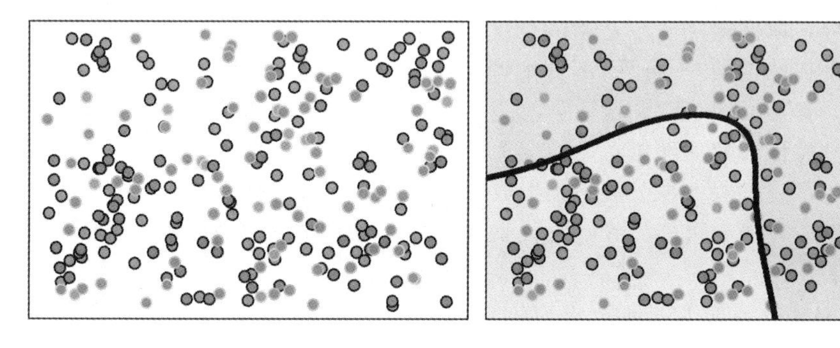

图 11.43 (左子图)首先显示在图 11.41 中的相同数据集增加了用绿色突出显示的数据点，这些数据点从训练和验证过程中删除，并被排除在测试之外。(右子图)交叉验证模型在测试集上只达到 52%的准确度，这是机器学习模型对于随机数据进行分类的能力的更好估计(见彩插)

我们应该将原始数据集的哪一部分分配给测试集呢？与训练集和验证集的分配(详见 11.3.4 节)一样，这里也没有通用规则，除了一条：使用测试数据很奢侈，只有当我们有大量的数据时才能使用它。当数据缺乏时，我们必须利用它来构建一个“半合理”的交叉验证模型。然而，当数据充足时，验证集和测试集的大小的选择通常是相似的。例如，如果数据集的$\frac{1}{5}$用于验证，那么通常为了简单起见，同样大小的部分也用于测试。 364

11.8 哪一个通用逼近器在实践中工作得最好

除了以下简要讨论的特殊情况外，实际上，在通用的逼近器中哪一个最好从来没有明确的结论。实际上，交叉验证是人们在实践中用来决定哪种基于通用逼近器的模型最适合某个特定问题的工具集。使用这些技术，人们可以创建一系列不同的交叉验证模型，每个模型都是由不同类型的通用逼近器构建的，然后比较它们在测试集上的效果(见 11.7 节)，看看哪个通用逼近器工作得最好。或者，可以交叉验证一系列基于通用逼近器的模型，然后对它们进行平均(见 11.9 节)，从而得到一个由多个通用逼近器代表组成的平均模型。

在某些情况下，对数据集的广泛理解可以指导通用逼近器的选择。例如，因为业务、普查和(更一般的)结构化数据集通常混合了连续和不连续分类输入特征(见 6.7.1 节)，所以基于树的通用逼近器具有不连续的阶梯形状，通常能比其他通用逼近器类型提供更强的平均结果。另外，自然连续的数据(例如，自然过程产生的数据或传感器数据)通常与连续通用逼近器(定形或神经网络)匹配得更好。理解未来的预测需要在原始数据集的输入域内部还是外部进行还可以帮助选择逼近器。在这种情况下，定形或神经网络逼近器优于基于树的逼近器——后者由于其本质总是在原始数据输入域之外创建完美的平面预测(详见习题 14.9)。

365

当人类可解释性最重要时，这种愿望(在某些情况下)可以驱动通用逼近器的选择。例如，由于它们的离散分支结构(见 14.2 节)，基于树的通用逼近器通常比其他逼近器(特别是神经网络)更容易解释。基于类似的原因，定形逼近器(例如多项式)经常被用于自然科学领域，如例 11.17 中讨论的伽利略斜坡数据集背后的引力现象。

11.9　装袋法交叉验证模型

正如我们在 11.3.4 节中详细讨论的那样，验证数据是从训练过程中随机排除的原始数据集的一部分，以便确定一个适当的调优模型，该模型将准确地代表生成数据的现象。由调优后的模型在数据的“不可见”部分上产生的验证误差是我们用来为整个数据集(可能还包括测试集，参见 11.7 节)确定适当的交叉验证模型的基本测量工具。然而，将数据分割成训练部分和验证部分的随机特性给交叉验证过程带来了一个明显的缺陷：如果随机分割所创建的训练部分和验证部分并不是生成它们的基本现象的理想代表，那该怎么办？换句话说，在实践中，对于可能导致缺乏代表性的交叉验证模型的潜在不良训练-验证分离，我们该怎么办？

这个基本问题的解决方案是简单地创建几个不同的训练-验证分割，在每个分割上确定一个适当的模型，然后对结果进行平均。通过平均一组交叉验证模型(在机器学习的术语中也称为装袋法)，我们通常可以“平均”出每个模型的潜在不良特征，同时协同处理它们的积极属性。此外，我们还可以使用装袋法有效地将来自不同通用逼近器的交叉验证模型结合起来。实际上，这是从不同类型的通用逼近器中创建单个模型的最合理的方法。

366

在这里，我们将通过探索一系列简单的例子来讲解用于回归以及二分类和多分类的装袋法或模型平均法的概念。通过这些简单的例子，我们将直观地说明袋装模型的优越性能，但通常我们使用测试误差的概念(见 11.7 节)或测试误差的估计(见 14.6 节)来证实这一点。无论如何，这里详细介绍的原则可以更广泛地应用于任何机器学习问题。正如我们将看到的，平均/装袋一组交叉验证回归模型的最佳方法是通过计算其预测标签的众数，取其中位数和交叉验证分类模型。

11.9.1　装袋法回归模型

本节我们将探索为例 11.6 中首次描述的非线性回归数据集装袋一组交叉验证模型的几种方法。正如我们将看到的，对交叉验证回归模型进行装袋(或取平均值)的最好方法通常是取它们的中位数(而不是均值)。

例 11.14　装袋法交叉验证回归模型

图 11.44 左子图展示了一个原型非线性回归数据集的 10 个不同训练-验证分割，在每个实例中数据的 4/5 用于训练(浅蓝色)，1/5 用于验证(黄色)。用原始数据的每一次分割绘制的是通过朴素交叉验证(见 11.4.1 节)找到的 1～20 阶多项式模型的相应交叉验证模型。正如我们所看到的，虽然这些交叉验证模型中有许多执行得很好，但其中有几个(由于它们基于特定的训练-验证分割)严重地欠拟合或过拟合原始数据集。在每个实例中，糟糕的性能源于特定的潜在(随机的)训练-验证分割，这导致交叉验证成为验证-误差-最小化优化模型，仍然不能很好地表示真正的潜在现象。通过平均(取中位数)这 10 个模型我们可以平均出这几个坏模型的不佳表现，从而得到一个与数据拟合良好的装袋模型，如图 11.44 右子图所示。

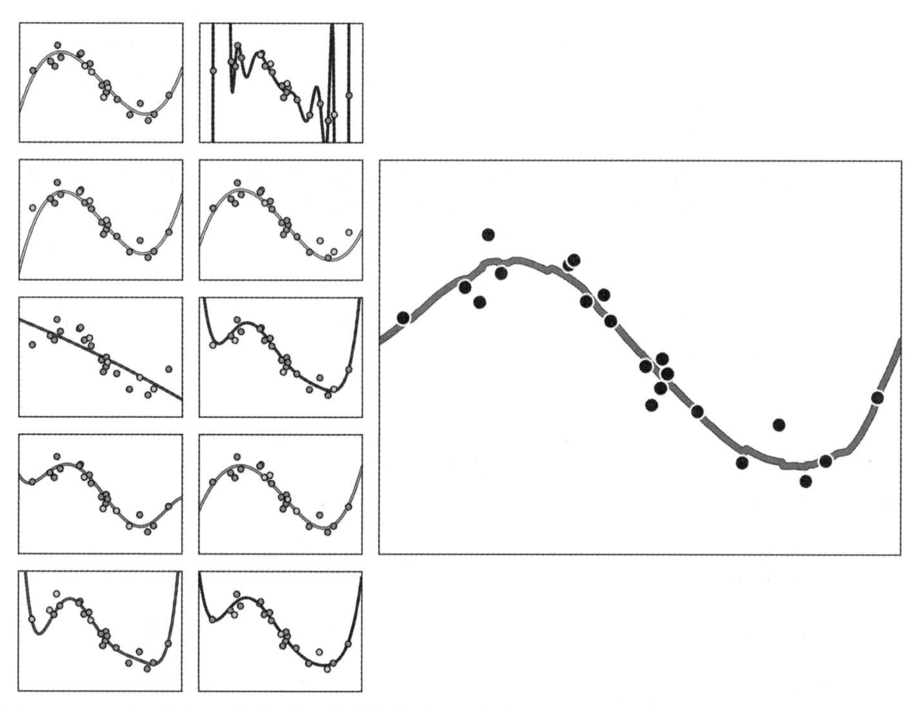

图 11.44　(左子图)对非线性回归数据集的 10 个随机训练-验证分割应用交叉验证的结果。在这里，每个实例中的训练和验证部分分别用浅蓝色和黄色表示。(右子图)拟合，用红色显示，10 个模型的装袋法结果，其拟合显示在左边。详细内容参见正文(见彩插)

为什么我们的交叉验证模型使用的是中位数而不是均值呢？原因很简单，与中位数相比，均值对异常值敏感得多。在图 11.45 的上排子图中，我们展示了前面显示的回归数据集，以及各个交叉验证的拟合(左子图)、中位数装袋模型(中子图)和均值装袋模型(右子图)。这里的均值模型受到组中少数过拟合模型的严重影响，因此波动太大，无法合理地表示数据背后的现象。中位数不受这种方式的影响，因此是一个更好的代表。

367

当我们进行装袋时，只是简单地平均各种交叉验证模型，同时希望避免表现不佳的模型的不良方面，并共同利用表现良好的模型的强大元素。这一概念并不妨碍我们将使用不同的通用逼近器构建的交叉验证模型组合在一起，实际上，这是组合不同类型的通用逼近器的最有效的方式。

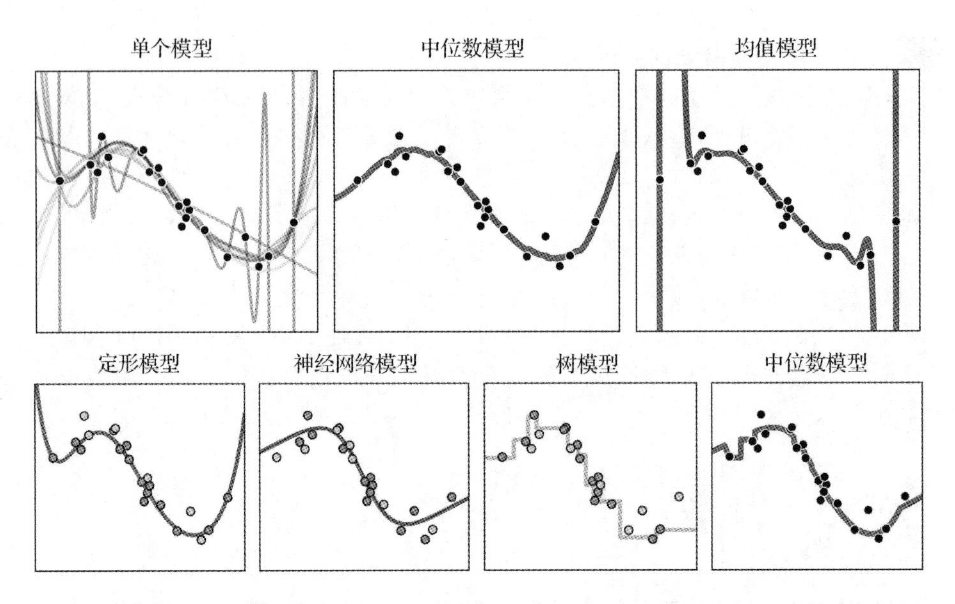

图 11.45　与例 11.14 相关的图。在图 11.44 中显示的 10 个交叉验证模型一起绘制在上排左子图中。这些模型的中位数和均值分别显示在上排中子图和上排右子图中。使用回归，通过中位数装袋法往往能产生更好的结果，因为它对离群值不那么敏感。交叉验证的定形多项式模型(下排图一)、神经网络模型(下排图二)和基于树的模型(下排图三)。下排图四显示了这三个模型的中位数。详情请参阅正文(见彩插)

在图 11.45 的下排子图中，我们展示了通过提升法建立的交叉验证的定形多项式模型(图一)、交叉验证的神经网络模型(图二)和交叉验证的基于树的模型(图三)的结果(见 11.5 节)。每个交叉验证模型使用原始数据集的不同训练-验证分割，这些模型的装袋中位数显示在图四中。

368

11.9.2　装袋法分类模型

装袋交叉验证模型背后的原理类似于分类任务，就像回归一样。因为我们不能确定一个特定的(随机选择的)验证集是否准确地代表了来自给定现象的“未来数据”，所以平均(或装袋)一系列交叉验证分类模型提供了一种方法，可以在结合各种模型的积极特征的同时，平均出模型中不具代表性的部分。

由于(交叉验证)分类模型的预测输出是离散标签，因此用于装袋交叉验证分类模型的平均值为众数(即最常用的预测标签)。

例 11.15　装袋法交叉验证的二分类模型

图 11.46 左列子图展示了原型二分类数据集的 5 个不同的训练-验证分割，其中每个实例中 2/3 的数据用于训练，1/3 的数据用于验证(这些点的边界标示为黄色)。与原始数据的每个分割对应的非线性决策边界是通过对 1～8 阶的多项式模型进行朴素交叉验证找到的每个交叉验证模型。这些交叉验证模型大都表现得很好，但有一些模型(由于基于特定的训练-验证分割)严重地过拟合原始数据集。通过使用最流行的预测对这些模型进行装袋来分配标签(即，这些交叉验证模型预测的众数)，我们在图 11.46 右子图中显示了为数据生成了一个适当的决策边界。

369

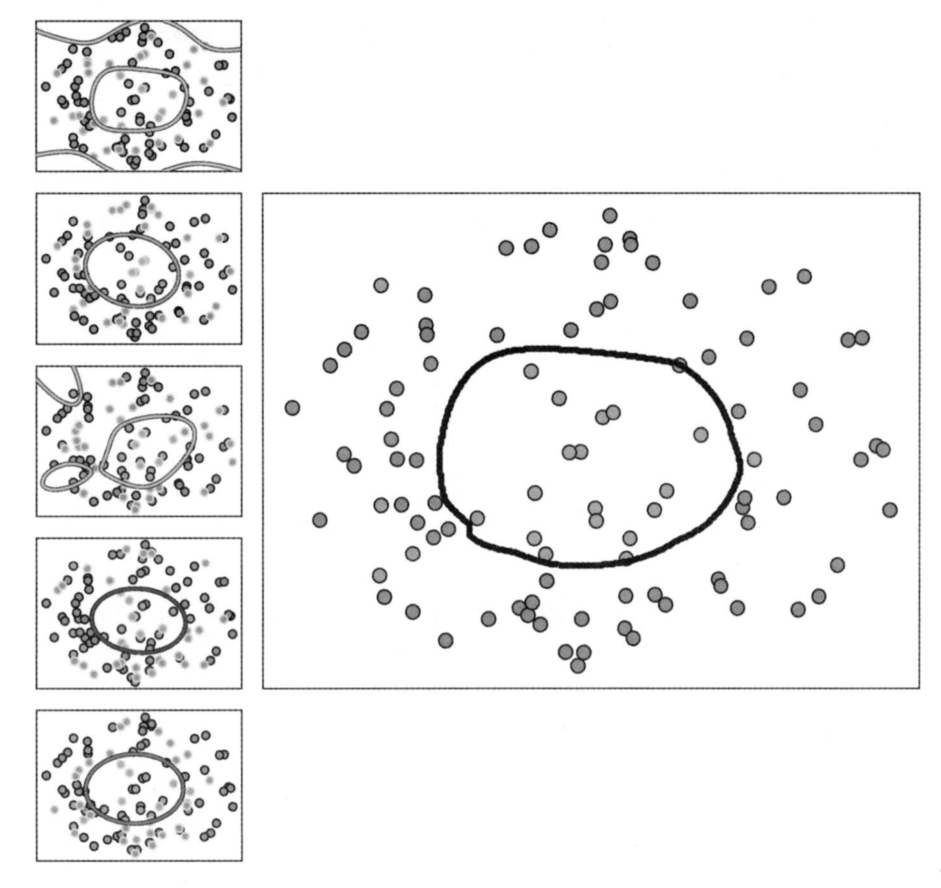

图 11.46 (左列子图)随机训练-验证数据分割的 5 个交叉验证模型，每个实例中的验证数据用黄色轮廓突出显示。每个子图显示了每个模型提供的相应非线性决策边界。一些模型由于数据分割而严重过拟合。(右子图)原始数据集，其决策边界由 5 个交叉验证模型的装袋(即众数)提供。详细内容参见正文(见彩插)

在图 11.47 的顶排中间子图中，我们展示了 5 个交叉验证模型的决策边界，每个模型都使用 $B=20$ 个神经网络单元构建，这些单元在图的左上子图中显示的数据集的不同训练-验证分割上进行训练。在每个实例中，1/3 的数据被随机选择作为验证集(用黄色突出显示)。一些学习过的决策边界(显示在顶排中间子图中)将这两个类区分得很好，但其他类的区分效果就差一些。在右上角的子图中，我们展示了袋子的决策边界，它是通过从这些交叉验证模型的预测结果中取众数创建的，执行得相当好。

370

与回归一样，通过分类，我们也可以将由不同通用逼近器构建的交叉验证模型结合起来。我们在图 11.47 的下排子图中使用相同的数据集说明了这一点。特别地，我们展示一个交叉验证的多项式模型、一个交叉验证的神经网络模型和一个交叉验证的基于树的模型的结果。每个交叉验证模型都使用原始数据的不同训练-验证分割，这些模型的装袋(众数)在下排右子图中表现得相当好。

371

例 11.16 装袋法交叉验证的多分类模型

在本例中，我们演示了在图 11.48 左列子图所示的两个不同数据集上对各种交叉验证的多分类模型进行装袋。在每种情况下，我们在 1～5 阶的多项式模型中执行朴素交叉验

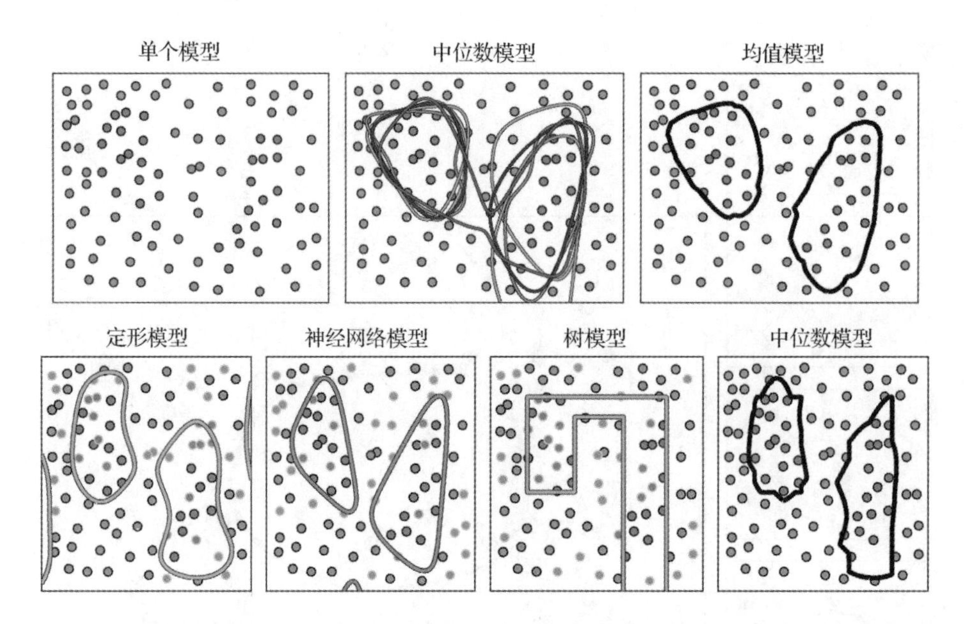

图 11.47 (左上子图)在例 11.7 中首次描述的小型二分类数据集。(顶排中间子图)决策边界，以颜色区分，由 5 个模型对数据的不同训练-验证分割进行交叉验证得到。(右上子图)由 5 个独立的交叉验证模型的众数(模态模型)产生的决策边界。(下排子图)由交叉验证模型产生的决策边界，分为定形多项式模型、神经网络模型、基于树的模型。在每个实例中，数据的验证部分用黄色高亮显示。(下排右子图)由这三个模型的众数提供的决策边界。详情请参阅正文(见彩插)

证，总共学到了 5 个交叉验证模型。在中间列中，我们用不同的颜色显示了每个交叉验证模型提供的决策边界，每个数据集的最终众数模型的决策边界显示在右列中。

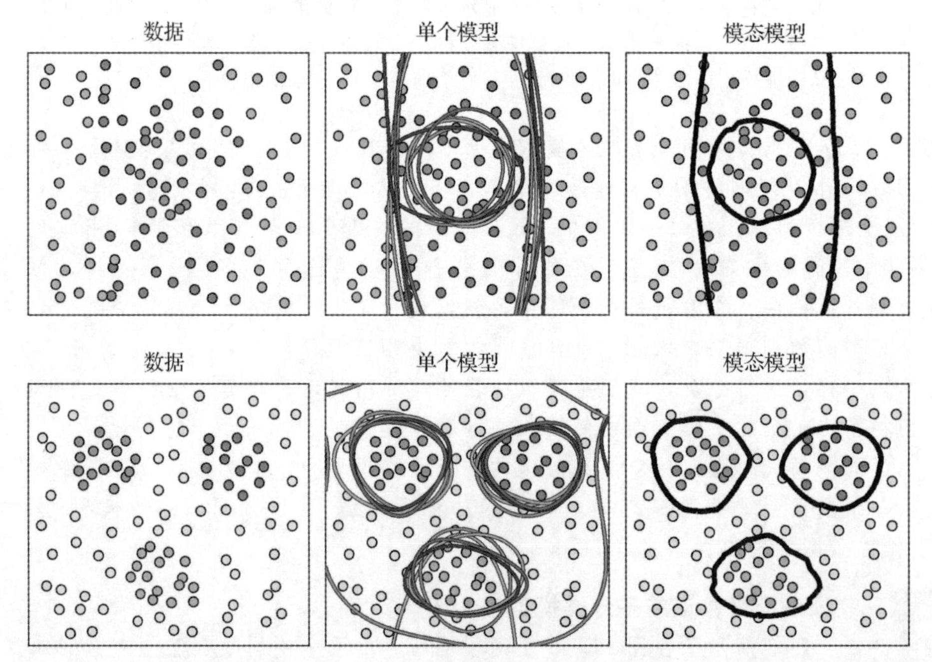

图 11.48 (左列)两个多分类数据集。(中间列)5 个交叉验证模型产生的决策边界，每个模型都用不同的颜色显示。(右列)由装袋法提供的决策边界。详情请参阅正文(见彩插)

11.9.3　实际中应该装袋多少个模型

注意，在本节的示例中，装袋的交叉验证模型的确切数量是任意设置的。与涉及交叉验证的其他重要参数(例如，保留用于验证的数据集的部分)一样，在实际操作中通常使用的交叉验证模型的确切数量也不存在。理想情况下，如果我们知道任何随机验证部分的数据集通常能很好地表示它，这对于非常大的数据集通常是正确的，那么就不需要集成多个交叉验证模型(每个模型都在原始数据的不同训练-验证分割上进行训练)。事实上，在这种情况下，我们可以把一系列在单个训练-验证分割上训练的模型装袋，以便在单个模型上实现类似的改进。另外，我们越不信任随机验证部分能表示整个现象，就越不信任单个交叉验证模型，因此我们可能想装袋更多众数来平均由数据的不良分割产生的表现不佳的模型。通常在实践中，计算能力和数据集大小等因素决定是否使用装袋法以及平均使用多少模型。

372

11.9.4　集成：装袋法和提升法

这里所描述的装袋技术(即我们结合许多不同的模型，每个模型相互独立验证)是机器学习术语中集成的一个主要例子。集成方法通常是指在机器学习环境中组合不同模型的方法。装袋法和提升法都属于集成方法。然而，它们有很大的不同。

使用提升法，我们通过逐步添加由单个通用逼近器单元组成的简单模型来建立一个经过交叉验证的模型(见 11.5.4 节)。提升法中涉及的每一个组成模型都以一种使每个单独的模型依赖于首先被训练的模型的方式进行训练。而通过装袋法，我们将多个经过交叉验证的模型进行平均，这些模型彼此独立训练。事实上，任何一个经过交叉验证的装袋模型都可能是一个提升模型。

11.10　K-折交叉验证

在本节中，我们将详细讨论集成的概念，称为 K-折交叉验证，当最终模型的人类可解释性非常重要时，通常会应用这个概念。虽然集成通常提供了一个更好拟合的平均预测器，从而避免了任何单个交叉验证模型的潜在缺陷，但由于最终模型是许多潜在不同非线性的平均值，因此通常丧失了人类可解释性[⊖]。我们没有对一组交叉验证模型(每个模型在各自的分割上提供最小的验证误差)在多个数据分割上求平均，而是使用 K-折交叉验证，我们选择一个在所有数据分割上平均验证误差最小的单一模型。这可能会产生一个不太准确的最终模型，但它明显(比集成模型)更简单，而且更容易被人类理解。正如我们将看到的，在特殊应用中 K-折交叉验证也用于线性模型。

11.10.1　K-折交叉验证过程

K-折交叉验证是一种通过类似于集成的过程来确定健壮的交叉验证模型的方法，该过程限制了最终模型的复杂度，从而使其更易于人类解释。我们不平均一群交叉验证模型，其中每个模型在数据的随机训练-验证分割上实现最小验证误差，而是使用 K-折交叉验证选择一个最终的模型，该模型在所有的分割中达到最小平均验证误差。通过选择一个单一的模型来表示整个数据集，而不是不同模型的平均值(就像集成那样)，我们使被选择

⊖ 树桩/基于树的逼近器有时是这个一般规则的例外，具体见 14.2 节。

的模型更容易解释。

当然，任何非线性模型都需要是可解释的，这意味着它的基本构建块(某种类型的通用逼近器)也需要是可解释的。例如，神经网络几乎从来不是人类可解释的，而定形逼近器(最常见的多项式)和基于树的逼近器(通常是树桩)可以根据手头的问题进行解释。因此后两种通用逼近器更常用于K-折技术。

为了进一步简化这一过程的最终结果，我们没有使用完全随机的训练-验证分割(如集成)，而是将数据随机分割成 K 个不重叠的片段。如图11.49所示，原始数据被分割成 $K=3$ 个不重叠的集合。

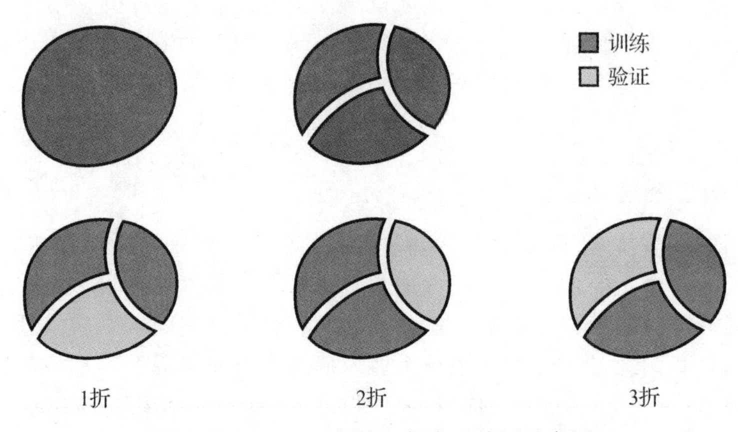

373～374

图11.49　$K=3$ 时的K-折交叉验证示意图

然后我们循环进行 K 次训练，将 $K-1$ 个片段的数据用于训练，最后一部分用于验证，这允许数据集中的每个点精确地属于一个验证集一次。每一个这样的分割被称为一个折叠，其中总共有 K 个折叠，因此命名为K-折交叉验证。在每次折叠中，我们交叉验证相同的模型集，并记录每个模型的验证分数。然后，我们选择产生最小平均验证误差的最佳模型。之后，选择的模型将在整个数据集上重新训练，以提供最终的调优数据预测器。

由于没有模型与此过程结合/平均在一起，因此与集成相比，对于一般的学习问题，它很容易产生准确度较低的模型。然而，当一个模型的人类可解释性掩盖了对特殊性能的需求时，K-折交叉验证会产生一个比单个交叉验证模型更强的性能模型，而单个交叉验证模型仍然可以被人类理解。这有点类似于9.6节和9.7节中详细描述的特征选择，其中人类可解释性是指导动机(而不仅仅是预测能力)。

例 11.17　伽利略的重力实验

在本例中，我们对示例10.2中详细介绍的伽利略数据集使用K-折交叉验证，以恢复在那里设计的二次规则，以及伽利略从类似数据集推断出来的二次规则。因为在这个数据集中只有 $P=6$ 个点，所以建议使用一个大的 K 值。在本例中，我们可以将 K 设置得尽可能大，即 $K=P$，这意味着为了验证，每个折叠将只包含单个数据点。这种K-折交叉验证(有时称为留一交叉验证)通常在数据量非常小的情况下使用。

这里我们搜索1～6阶的多项式模型，因为它们不仅容易解释，而且适用于从物理实验中收集的数据。如图11.50所示，虽然不是所有6折以上的模型都能很好地拟合数据，但K-折选择的模型确实是伽利略最初提出的二次多项式拟合。

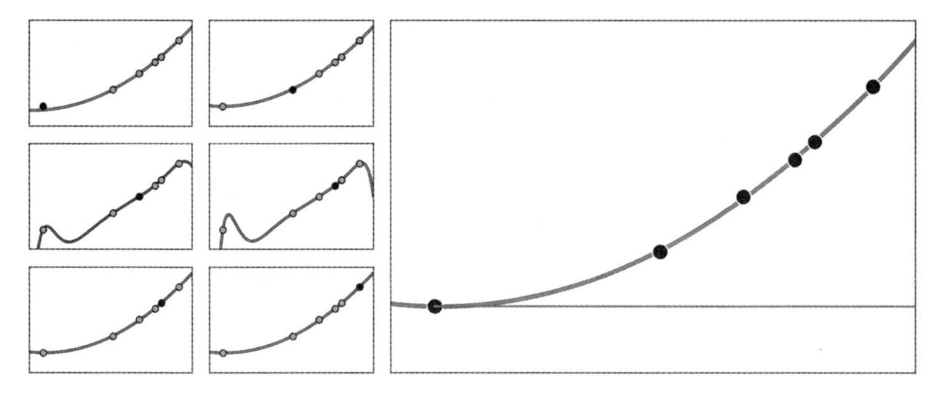

图 11.50　与例 11.17 相关的图。(小子图)6 个交叉验证模型，每个模型都只训练了数据集中的一个点。在这里，每个折叠的验证部分(即单个数据点)用黑色点显示。(大子图)平均验证误差最小的模型是一个二次式。详情请参阅正文

11.10.2　K-折交叉验证和高维线性建模

假设我们有一个高容量模型，它可以为非线性回归数据集启用几种过拟合行为，模型的每个过拟合实例由模型的线性组合权重的不同设置提供。我们在图 11.51 的左子图中演示了这样一个场景，其中有两个设置为一个通用非线性回归数据集提供了两个不同的过拟合预测器。正如我们在 10.2 节中学到的，回归数据集原始空间中的任何[1]非线性模型都对应于转换后的特征空间(即，每个单独的输入轴由一个选定的非线性特征给出)中的一个线性模型。由于我们的模型很容易对原始数据进行过拟合，因此在转换后的特征空间中，我们的数据沿着一个线性子空间，可以使用许多不同的超平面完美地拟合该子空间。事实上，图 11.51 左子图所示的两个非线性过拟合模型与转换后的特征空间中的两个线性拟合一一对应——右子图象征性地[2]说明了这一点。

375

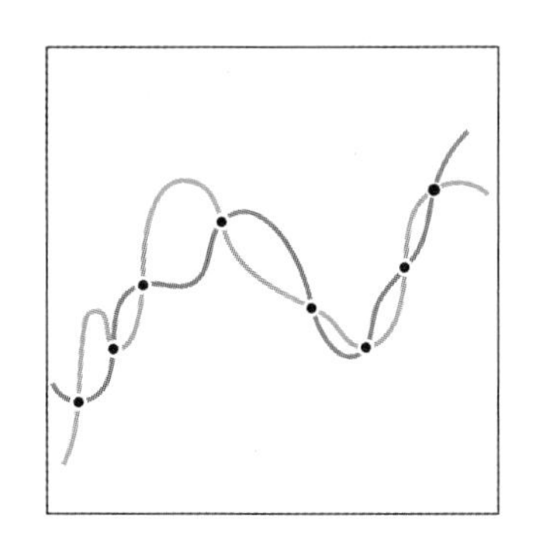

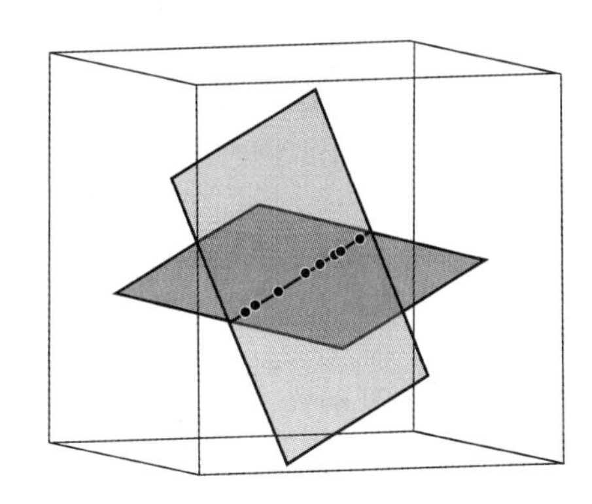

图 11.51　(左子图)高容量模型对非线性回归数据集过拟合的两个实例。(右子图)这两个模型在特征转换空间中是线性的。详情请参阅正文

图 11.51 的右子图中描述的一般场景正是我们面对有很高的输入维度的小数据集时开始的地方。在这样的场景中，甚至线性模型也具有极大的容量，很容易过拟合，几乎排除

[1] 假设特征内部的任何参数(如果存在的话)是固定的。

[2] 事实上，我们无法想象这个空间，因为它维度太高。

了使用更复杂的非线性模型。因此，在这些场景中，为了适当地调整(高容量)线性模型的参数，我们通常转向正则化来在高容量模型中阻塞容量(见 11.6.3 节)。给定在数据量小的情况下确定最佳的正则化参数设置，通常采用 K-折交叉验证来确定合适的正则化参数值，并最终确定线性模型的参数。

这个场景提供了一个有趣的交叉点，即通过正则化进行特征选择的概念，详见 9.7 节。采用 ℓ_1 正则化器可以阻塞高容量线性模型的容量，同时选择重要的输入特征，促进学习模型的人类可解释性。

例 11.18　全基因组关联研究

全基因组关联研究(GWAS)的目的是了解成千上万的遗传标记(输入特征)(这些标记取自多个受试者的整个人类基因组)与高血压、高胆固醇、心脏病、糖尿病和各种癌症等疾病之间的联系(参见图 11.52)。这些研究通常涉及的特定疾病的患者数量相对较少(与输入的非常大的维度相比)。因此，基于正则化的交叉验证是学习此类数据的线性模型的有用工具。此外，使用一个(稀疏诱导)正则化器(如 ℓ_1 正则化器)可以帮助研究人员识别对正在研究的疾病至关重要的少数基因，这既能提高我们对它的理解，也可能促进基因靶向治疗的发展。更多细节见习题 11.10。

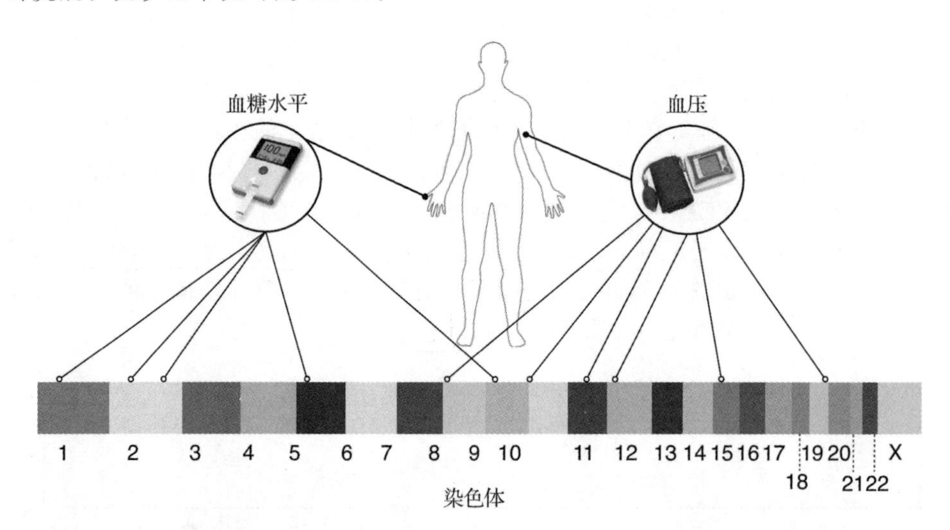

图 11.52　全基因组关联研究概念图，其中定量生物学特征(如血压或血糖水平)与特定基因组位置相关

例 11.19　fMRI 研究

神经科学家认为，在执行任何特定的认知任务时，只有一小部分活跃的大脑区域参与其中。因此，通过 ℓ_1 正则化的特征选择来限制分类模型中允许的输入特征的数量，通常是为了产生高性能和人类可解释的结果。图 1.12 显示了将稀疏特征选择分类模型应用于 ADHD 患者诊断问题的结果。稀疏分布的颜色区域代表了学习算法所发现的能够显著区分 ADHD 患者和非 ADHD 患者的激活区域。

376 ~ 377

11.11　特征学习失败

假设我们正确地使用了本章中介绍的工具，交叉验证、集合和(更广泛的)特征学习何时会失败？简单的答案是，当我们的数据不能充分反映产生特征学习的潜在现象时，特征学习就失败了。非线性特征工程(见第 10 章)在这种情况下也失败了。当下列一种或多种情况发生时，特征学习就会失败。

- **当数据集没有固有结构时**：如果数据中几乎不存在关系(由于不适当的测量、实验或输入选择)，通过特征学习学习的非线性模型将是无用的。例如，在图 11.53 的左子图中，我们展示了一个小型的二分类数据集，它是通过在单元正方形上随机选择点，并随机为每个点分配两个类标签中的一个而形成的。从这个数据集中学习的任何分类边界都不能产生值，因为数据本身不包含有意义的模式。
- **当数据集太小时**：当数据集太小而无法代表真正的潜在现象时，特征学习可能会无意中确定一个错误的非线性。例如，在图 11.53 的中间子图中，我们展示了这种情况的一个简单示例。这个二分类数据集背后的现象有一个非线性边界(用黑色虚线表示)。然而，由于采样的点太少，我们拥有的数据是线性可分的，交叉验证将恢复一个线性边界(用黑色实线表示)，这不能反映潜在现象的真实性质。由于数据量小，这个问题是不可避免的。 378
- **当数据集分布不佳时**：即使数据集很大，它仍然不能反映产生它的底层现象的真实本质。当这种情况发生时，特征学习就会失败。例如，在图 11.53 的右子图中，我们展示了一个简单的二分类数据集，它的两个类被一个完美的圆形边界隔开，用黑色虚线表示。虽然数据集相对较大，但数据样本都是从输入空间的顶部获取的。从它自己的角度来看，这个大数据集并不能很好地表示真正的潜在现象。虽然交叉验证生成的模型完美地分隔了这两个类，但相应的抛物线决策边界(以黑色实线显示)与真正的圆形边界并不匹配。当数据分布不佳且不能反映产生数据的现象时，必然会发生这种情况。

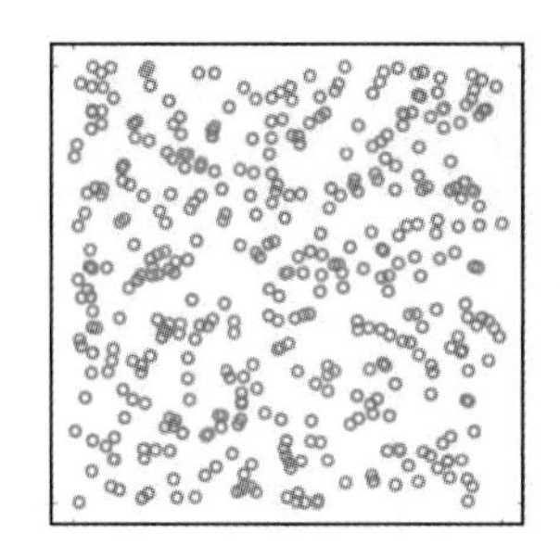
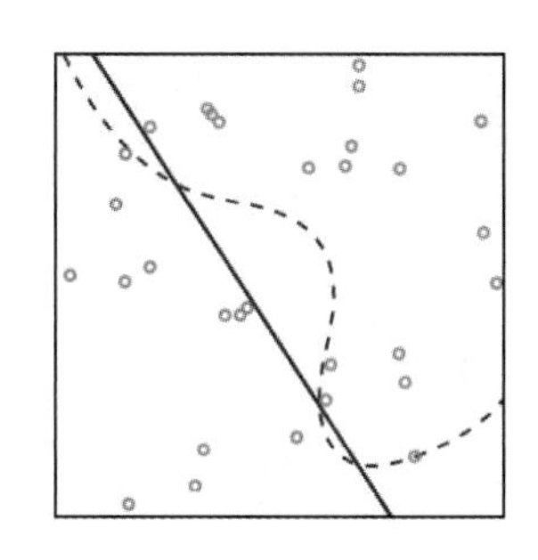
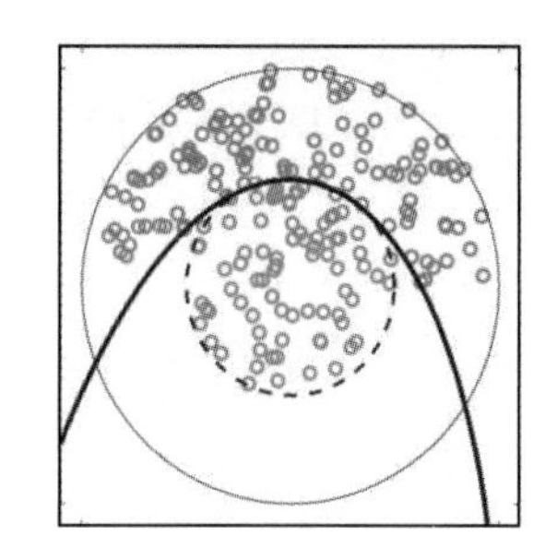

图 11.53　当数据不能充分反映产生特征的潜在现象时，特征学习就会失败。这种情况可能发生在数据集结构不佳、太小或分布不佳时，比如分别在左、中、右子图中显示的数据。详情请参阅正文(见彩插)

11.12　小结

本章概述了特征学习(或自动特征工程)的一系列基本和重要概念，这些概念将在本书的其余部分反复出现。

这些原则中最重要的是 11.2 节中介绍的通用逼近器，它是对完美数据的生成集(来自向量代数)的模拟。在这里，我们学习了三种通用逼近器：定形逼近器、神经网络逼近器和基于树的逼近器。与完美数据的情况不同，在处理真实数据时，必须非常小心地正确设置用通用逼近器的单元建立的模型的容量，并适当地优化其参数(见 11.3 节)。当我们正确地将基于通用逼近器的模型应用于实际数据时，11.3.2 节介绍的容量/优化刻度盘构成 379

了两个主要的控制。实际上，特征学习本质上是通过交叉验证的方法(详见 11.4～11.6 节)对容量刻度盘和优化刻度盘进行适当设置。在这里，我们看到，在高级别上固定容量并仔细优化要比相反情况更容易，从而引出分别在 11.5 节和 11.6 节中概述的提升法和正则化过程。最后，在 11.9 节和 11.10 节中分别描述了装袋法和 K-折交叉验证方案，这通常会导致更好的装袋模型。

11.13 习题

完成以下习题所需的数据可以从本书的 GitHub 资源库下载，链接为 github.com/jermwatt/machine_learning_refined。

习题 11.1 朴素交叉验证 I

重复例 11.8 中的实验，将原始数据集随机划分为训练部分和验证部分。你无须重新生成图 11.27 中的子图，但需要绘图显示你所测试的模型的训练误差和验证误差，并绘图表示你找到的提供最小验证误差的模型(以及数据)。考虑到你给定的训练-验证分割，你的结果可能与示例中显示的结果不同。

习题 11.2 朴素交叉验证 II

重复例 11.9 中的实验，将原始数据集随机分割为训练部分和验证部分。你无须重新生成图 11.28 中的子图，但需要绘图显示你所测试的模型的训练误差和验证误差。考虑到你给定的训练-验证分割，你的结果可能与例中显示的结果不同。

习题 11.3 基于提升法的交叉验证 I

重复例 11.11 中的实验。你无须重新生成图 11.32 中的子图，但需要绘图显示你所测试的模型的训练误差和验证误差。

380

习题 11.4 基于提升法的交叉验证 II

对于习题 9.5 中给出的乳腺癌数据集，使用式(11.12)定义的神经网络单元执行 20 轮基于提升法的交叉验证，并随机将原始数据集分成 80%的训练集和 20%的验证集。

习题 11.5 基于正则化的交叉验证

重复例 11.13 中的实验。你无须重新生成图 11.40 中的子图，但需要绘图显示你所测试的模型的训练误差和验证误差。

习题 11.6 装袋法回归模型

重复例 11.14 中的第一个实验，生成 10 个朴素交叉验证多项式模型，对如图 11.44 所示的回归数据集的不同训练-验证分割进行拟合。生成一组如图 11.44 所示的图形，显示每个单独的模型是如何与数据拟合的，以及装袋法的中位数模型是如何拟合的。

习题 11.7 装袋法二分类模型

重复例 11.15 中第一个实验，生成 5 个朴素交叉验证多项式模型，以对图 11.46 中的二分类数据集的不同训练-验证分割进行拟合。就整个数据集上的误分类数，比较每个模型和最终的装袋模型的有效性。

习题 11.8 装袋法多分类模型

重复例 11.16 中的第二个实验，其结果显示在图 11.48 的下排子图中。就整个数据集上的误分类数，比较每个模型和最终的装袋模型的有效性。

习题 11.9　K-折交叉验证

重复例 11.17 中的实验，重新绘制图 11.50 中所示的图形。

习题 11.10　糖尿病的分类

在一个常见的二分类基因数据集上使用一个线性模型和 ℓ_1 正则化器执行 K-折交叉验证，该数据集包含 $P=72$ 个数据点，每个点的输入维度为 $N=7128$。这将会生成一个稀疏预测线性模型(详见例 11.18)，这有助于确定与该二分类数据集的输出相关联的少量基因(这可以指示数据集中的每个人是否患有糖尿病)。

381～382

第 12 章

Machine Learning Refined: Foundations, Algorithms, and Applications, Second Edition

核 方 法

12.1 引言

在本章中，我们继续讨论在 11.2.3 节中介绍的定形通用逼近器。这很快就会引出核化的概念，它是表示定形特征的一种巧妙方法，这样当它们应用于向量值输入时，可以进行更为完善的扩展。

12.2 定形通用逼近器

在 11.2.3 节中，我们以经典的多项式为例介绍了一族定形通用逼近器，它是各种非线性函数的集合，没有内部(可调整的)参数。在本节中，我们将深入探讨与这些通用逼近器相关的技术问题，以及实际使用这些逼近器时必须面对的挑战。

12.2.1 三角函数通用逼近器

一般来说，定形通用逼近器的特点是没有内部参数并且结构简单，通常一族特定的定形逼近器的单元是以次数或其他自然指标来组织的(见 11.2.3 节)。这些简单的特性使得定形逼近器，如(前面已经讨论过的)多项式以及正弦函数和傅里叶函数(我们将在本节讨论)——流行于与机器学习相关的领域(如数学、物理和工程领域)。

例 12.1 正弦逼近器

频率递增的正弦波集合是经典的定形逼近函数，其各单元形如

$$f_1(x) = \sin(x), f_2(x) = \sin(2x), f_3(x) = \sin(3x), \text{等等} \tag{12.1}$$

其中第 m 个元素一般为 $f_m(x)=\sin(mx)$。图 12.1 绘制了这个函数族的前 4 个成员。

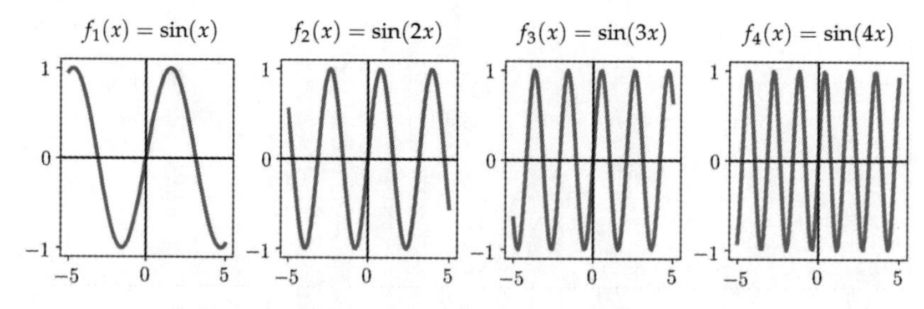

图 12.1 与例 12.1 相关的图。从左到右是正弦通用逼近器的前 4 个单元。详细内容参见正文

与多项式一样，这些元素的内部都没有可变参数(因此是固定的形状)，而且这些元素的复杂度从低到高自然排序。也和多项式一样，我们可以很容易地将这组函数推广到更高维的输入。一般来说，对于 N 维输入，一个正弦单元的形式为

$$f_m(\boldsymbol{x}) = \sin(m_1 x_1)\sin(m_2 x_2)\cdots\sin(m_N x_N) \tag{12.2}$$

其中 $m_1, m_2, \cdots, m_N$ 为非负整数。

例 12.2　傅里叶基

与例 12.1 中描述的正弦波类似，傅里叶基[56]由成对(频率不断增加的)正弦波和余弦波组成，其形式为

$$f_{2m-1}(x) = \sin(2\pi mx) \quad 和 \quad f_{2m}(x) = \cos(2\pi mx) \tag{12.3}$$

这里 $m \geqslant 1$。也常把傅里叶的单位写成紧凑的复指数形式(见习题 12.1)：

$$f_m(x) = e^{2\pi imx} \tag{12.4}$$

对于一般的 N 维输入，每个多维傅里叶单元形如

$$f_m(\boldsymbol{x}) = e^{2\pi im_1x_1} e^{2\pi im_2x_2} \cdots e^{2\pi im_Nx_N} \tag{12.5}$$

其中 $m_1, m_2, \cdots, m_N$ 是整数。

384

12.2.2　高输入的定形逼近器的扩展

正如我们在第 11 章中所看到的那样，当使用多项式单元时，很多时候我们使用完整的单项式封装作为一个特定次数的多项式。例如，当输入是二维的时候，一个 D 次多项式模型由所有形如 $f_m(x) = x_1^p x_2^q$ 的单项式单元组成，其中 p 和 q 是非负整数，且 $0 < p+q \leqslant D$。

更一般地，对于 N 维输入，一个多项式单元的形式为

$$f_m(\boldsymbol{x}) = x_1^{m_1} x_2^{m_2} \cdots x_N^{m_N} \tag{12.6}$$

为了构造一个 D 次的多项式模型，我们收集所有这样的项，其中 $0 < m_1 + m_2 + \cdots + m_N \leqslant D$，并且 $m_1, m_2, \cdots, m_N$ 是非负整数。除非与提升法(见 11.3 节)一起使用，否则我们实际上总是将多项式单元作为特定次数单元的完整包，而不是单独使用。这样做的一个原因是，由于多项式单元是自然有序的(复杂度从低到高)，所以当包含一个特定复杂度的单元时，从组织结构上讲，包含多项式族中复杂度较低的所有其他单元是合理的。例如，定义不含线性项的二次多项式通常意义不大。尽管如此，以这种方式封装多项式单元并不是必须的，但是是一种明智和常见的做法。

与多项式一样，在使用正弦和傅里叶函数的单元时，也通常将它们视为完整的包，因为它们也是按照各自的复杂度从低到高排列的。例如，类比于 D 次多项式，我们可以封装一个含所有形如式(12.5)中单元的 D 次傅里叶模型，其中 $0 < \max(|m_1|, |m_2|, \cdots, |m_N|) \leqslant D$。这样的封装方式基本是一种常规。

然而，当采用多项式和三角函数基等定形逼近器时，若使用完整的单元包，一个非常严重的实际问题就出现了：即使是中等大小的输入维度 N，单元包 M 中对应的单元数也会随着 N 的增加而迅速增长，在存储和计算方面的耗费很快就会变得非常大。换句话说，在一个采用完整的单元包的模型中，典型的定形逼近器的单元数随着输入维度的增加而呈指数级增长。

例 12.3　D 次多项式逼近器的单元数

一个输入维度为 N 的 D 次多项式的单元数 M 可以精确地计算为

385

$$M = \binom{N+D}{D} - 1 = \frac{(N+D)!}{N!D!} - 1 \tag{12.7}$$

即使输入的维度 N 大小适中(如 $N=100$ 或 $N=1000$)，则这些输入维度相关的次数仅仅为 $D=5$ 的多项式特征图就分别有 $M=96\ 560\ 645$ 和 $M=8\ 459\ 043\ 543\ 950$ 个单项式的项。在后一种情况下，我们甚至无法在现代计算机的内存中保存特征向量。

例 12.4　D 次傅里叶逼近器中的单元数

在一个 D 次傅里叶基元素包中，对应的单元数 M 甚至比 D 次多项式的单元数更大：任意输入维度 N 的 D 次傅里叶特征集合恰好有

$$M=(2D+1)^N-1 \tag{12.8}$$

个单元。当 $D=5$，$N=80$ 时，上式等于 $11^{80}-1$，这个数字比目前估算的可见宇宙中的原子数量还要大！

我们在例 12.3 和例 12.4 中的粗略分析表明，由于定形逼近器的单元总数相对于输入维度呈指数增长，因此任何为非线性模型选择定形单元的方法在一般情况下都是有问题的。例如，对于多项式，即使我们选择了一个较小的集合，其中只包含那些次数相同的单元，即 $m_1+m_2+\cdots+m_N=D$ 的所有单元，最终仍会采用大量的组合单元。

这个严重的规模扩展问题是我们下一节中讨论核技巧的原因，该方法将经典的定形逼近器(当采用完整的单元包时)的使用扩展到高维输入的问题。

12.3　核技巧

不能有效地存储和计算高维的定形特征变换这一关键问题促使人们寻找更有效的表示方法。在本节中，我们将介绍核化的概念，也就是通常所说的核技巧。这是一种巧妙的方式，可以为几乎所有的机器学习问题构建定形特征。核化不仅使我们能够避免上一节末尾出现的组合爆炸问题，而且还提供了一种生成新的定形特征的方法，这些特征仅由核化表示来定义。

386

12.3.1　线性代数基本定理中的一个有用事实

在讨论核化的概念之前，首先回顾一下线性代数基本定理中的一个有用的命题，即任何 M 维向量 $\boldsymbol{\omega}$ 在给定 $M\times P$ 矩阵 $\boldsymbol{F}$ 的列上的分解。将 $\boldsymbol{F}$ 的第 p 列表示为 $\boldsymbol{f}_p$，在 $\boldsymbol{\omega}$ 恰好位于 $\boldsymbol{F}$ 的列空间内的情况下，我们可以通过这些列的线性组合将这个分解表示为

$$\boldsymbol{\omega}=\sum_{p=1}^{P}\boldsymbol{f}_p z_p \tag{12.9}$$

其中 z_p 是与 $\boldsymbol{f}_p$ 相关的线性组合权值或系数。通过将这些权值堆叠成一个 $P\times 1$ 的列向量 $\boldsymbol{z}$，我们可以将这一关系更紧凑地表示为

$$\boldsymbol{\omega}=\boldsymbol{F}\boldsymbol{z} \tag{12.10}$$

另一方面，如果 $\boldsymbol{\omega}$ 恰好位于 $\boldsymbol{F}$ 的列空间之外，如图 12.2 所示，我们可以将其分解为两部分($\boldsymbol{\omega}$ 属于 $\boldsymbol{F}$ 的列生成的子空间的部分，以及一个正交分量 $\boldsymbol{r}$)，并写作

$$\boldsymbol{\omega}=\boldsymbol{F}\boldsymbol{z}+\boldsymbol{r} \tag{12.11}$$

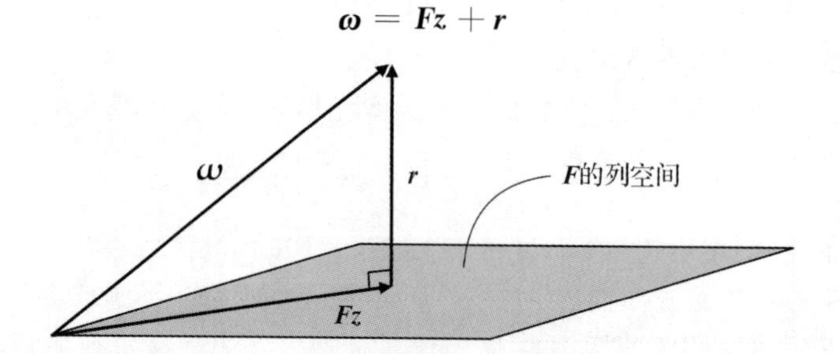

图 12.2　线性代数基本定理中的一个有用的事实指出，M 维空间中的任一向量 $\boldsymbol{\omega}$ 都可以分解为 $\boldsymbol{\omega}=\boldsymbol{F}\boldsymbol{z}+\boldsymbol{r}$，其中向量 $\boldsymbol{F}\boldsymbol{z}$ 属于矩阵 $\boldsymbol{F}$ 的列空间，而 $\boldsymbol{r}$ 正交于这个子空间

注意，$\boldsymbol{r}$ 与 $\boldsymbol{F}$ 的列空间正交，在代数上意味着 $\boldsymbol{F}^{\mathrm{T}}\boldsymbol{r}=\boldsymbol{0}_{P\times 1}$。此外，当 $\boldsymbol{\omega}$ 在 $\boldsymbol{F}$ 的列空间中时，我们仍然可以用式(12.11)给出的更一般的形式进行分解，设置 $\boldsymbol{r}=\boldsymbol{0}_{M\times 1}$，而不违反正交性条件 $\boldsymbol{F}^{\mathrm{T}}\boldsymbol{r}=\boldsymbol{0}_{P\times 1}$。

总而言之，M 维空间中的任一向量 $\boldsymbol{\omega}$ 都可以在给定矩阵 $\boldsymbol{F}$ 的列空间上分解为 $\boldsymbol{\omega}=\boldsymbol{F}\boldsymbol{z}+\boldsymbol{r}$，向量 $\boldsymbol{F}\boldsymbol{z}$ 属于 $\boldsymbol{F}$ 的列所决定的子空间，而 $\boldsymbol{r}$ 则与这个子空间正交。正如我们后面将要看到的，这种简单的分解是更有效地表示定形特征的关键。 387

12.3.2 机器学习代价函数的核化

我们在这里给出几个基本的例子，说明如何对标准的有监督机器学习问题及其代价函数进行核化，包括回归的最小二乘代价和二分类的 Softmax 代价。实际上，所有的机器学习代价函数都可以按照类似的参数进行核化，包括多分类 Softmax、主成分分析和 K-均值聚类(见本章的习题)。

例 12.5 核化采用最小二乘代价函数的回归

假设我们想使用属于 D 次定形逼近器的 M 个单元来执行一个普通的非线性回归，在第 p 个输入 $\boldsymbol{x}_p$ 处计算的对应模型的形式为

$$\text{model}(\boldsymbol{x}_p,\boldsymbol{w})=w_0+f_1(\boldsymbol{x}_p)w_1+f_2(\boldsymbol{x}_p)w_2+\cdots+f_M(\boldsymbol{x}_p)w_M \tag{12.12}$$

为了方便起见，将上式以更紧凑形式表示，将特征相关权值和偏置分开表示，写成

$$\text{model}(\boldsymbol{x}_p,b,\boldsymbol{\omega})=b+\boldsymbol{f}_p^{\mathrm{T}}\boldsymbol{\omega} \tag{12.13}$$

其中我们使用了偏置/特征相关权值的符号(详见 6.4.5 节)：

$$b=w_0 \quad 且 \quad \boldsymbol{\omega}=\begin{bmatrix} w_1 \\ w_2 \\ \vdots \\ w_M \end{bmatrix} \tag{12.14}$$

以及将训练输入 $\boldsymbol{x}_p$ 的 M 个特征变换的集合简写为

$$\boldsymbol{f}_p=\begin{bmatrix} f_1(\boldsymbol{x}_p) \\ f_2(\boldsymbol{x}_p) \\ \vdots \\ f_M(\boldsymbol{x}_p) \end{bmatrix} \tag{12.15}$$

在这个符号中，回归的最小二乘代价函数形如 388

$$g(b,\boldsymbol{\omega})=\frac{1}{P}\sum_{p=1}^{P}(b+\boldsymbol{f}_p^{\mathrm{T}}\boldsymbol{\omega}-y_p)^2 \tag{12.16}$$

现在，用 $\boldsymbol{F}$ 表示由向量 $\boldsymbol{f}_p$ 按列堆叠形成的 $M\times P$ 矩阵。运用上一节讨论的线性代数基本定理，我们可以将 $\boldsymbol{\omega}$ 写成

$$\boldsymbol{\omega}=\boldsymbol{F}\boldsymbol{z}+\boldsymbol{r} \tag{12.17}$$

其中 $\boldsymbol{r}$ 满足 $\boldsymbol{F}^{\mathrm{T}}\boldsymbol{r}=\boldsymbol{0}_{P\times 1}$。将 $\boldsymbol{\omega}$ 的这种表示方法代入式(12.16)中的代价函数中，得到

$$\frac{1}{P}\sum_{p=1}^{P}(b+\boldsymbol{f}_p^{\mathrm{T}}(\boldsymbol{F}\boldsymbol{z}+\boldsymbol{r})-y_p)^2=\frac{1}{P}\sum_{p=1}^{P}(b+\boldsymbol{f}_p^{\mathrm{T}}\boldsymbol{F}\boldsymbol{z}-y_p)^2 \tag{12.18}$$

最后，将对称的 $P\times P$ 矩阵 $\boldsymbol{H}=\boldsymbol{F}^{\mathrm{T}}\boldsymbol{F}$(及其第 p 列 $\boldsymbol{h}_p=\boldsymbol{F}^{\mathrm{T}}\boldsymbol{f}_p$)，称为核矩阵，简称核，我们原来的代价函数可以等价地表示为

$$g(b,\boldsymbol{z})=\frac{1}{P}\sum_{p=1}^{P}(b+\boldsymbol{h}_p^{\mathrm{T}}\boldsymbol{z}-y_p)^2 \tag{12.19}$$

在第 p 个输入处计算的对应模型现在具有如下等价形式：

$$\operatorname{model}(\boldsymbol{x}_p,b,\boldsymbol{z})=b+\boldsymbol{h}_p^{\mathrm{T}}\boldsymbol{z} \tag{12.20}$$

注意，在对式(12.13)中的原始回归模型和式(12.16)中与其相关的代价函数进行核化时，我们虽然改变了它们的参数(替换了 $\boldsymbol{\omega}$)，但得到了式(12.20)中的完全等价的核化模型和式(12.19)中的核化代价函数。

例 12.6　采用 Softmax 代价函数的二分类的核化

按照例 12.5 中的模式，对于二分类 Softmax 代价函数，我们基本上重复了同样的讨论过程。

使用与例 12.5 中相同的符号，将通常的二分类 Softmax 代价函数写为

$$g(b,\boldsymbol{\omega})=\frac{1}{P}\sum_{p=1}^{P}\log(1+\mathrm{e}^{-y_p(b+\boldsymbol{f}_p^{\mathrm{T}}\boldsymbol{\omega})}) \tag{12.21}$$

然后将 $\boldsymbol{\omega}$ 在 $\boldsymbol{F}$ 上的表示写成 $\boldsymbol{\omega}=\boldsymbol{F}\boldsymbol{z}+\boldsymbol{r}$，其中 $\boldsymbol{F}^{\mathrm{T}}\boldsymbol{r}=\boldsymbol{0}_{P\times 1}$。将此代入式(12.21)并化简，得到

389

$$g(b,\boldsymbol{z})=\frac{1}{P}\sum_{p=1}^{P}\log(1+\mathrm{e}^{-y_p(b+\boldsymbol{f}_p^{\mathrm{T}}\boldsymbol{F}\boldsymbol{z})}) \tag{12.22}$$

$P\times P$ 核矩阵为 $\boldsymbol{H}=\boldsymbol{F}^{\mathrm{T}}\boldsymbol{F}$(其中 $\boldsymbol{h}_p=\boldsymbol{F}^{\mathrm{T}}\boldsymbol{f}_p$ 是 $\boldsymbol{H}$ 的第 p 列)，我们可以将式(12.22)中的代价函数用核化形式写成

$$g(b,\boldsymbol{z})=\frac{1}{P}\sum_{p=1}^{P}\log(1+\mathrm{e}^{-y_p(b+\boldsymbol{h}_p^{\mathrm{T}}\boldsymbol{z})}) \tag{12.23}$$

这种二分类 Softmax 函数的核化形式通常称为核化逻辑回归。

使用与例 12.5 和例 12.6 中相同的论证方式，我们基本可以对本书中讨论的任何机器学习问题进行核化，包括多分类、主成分分析、K-均值聚类，以及这些模型的任何 l_2 正则化形式。为了便于参考，我们在表 12.1 中列出了流行的监督学习代价函数的原始形式和核化形式。

表 12.1　流行的监督学习代价函数及其核化形式

代价函数	原始版本	核版本
最小二乘	$\frac{1}{P}\sum_{p=1}^{P}(b+\boldsymbol{f}_p^{\mathrm{T}}\boldsymbol{\omega}-y_p)^2$	$\frac{1}{P}\sum_{p=1}^{P}(b+\boldsymbol{h}_p^{\mathrm{T}}\boldsymbol{z}-y_p)^2$
二分类 Softmax	$\frac{1}{P}\sum_{p=1}^{P}\log(1+\mathrm{e}^{-y_p(b+\boldsymbol{f}_p^{\mathrm{T}}\boldsymbol{\omega})})$	$\frac{1}{P}\sum_{p=1}^{P}\log(1+\mathrm{e}^{-y_p(b+\boldsymbol{h}_p^{\mathrm{T}}\boldsymbol{z})})$
平方边距 SVM	$\frac{1}{P}\sum_{p=1}^{P}\max^2(0,1-y_p(b+\boldsymbol{f}_p^{\mathrm{T}}\boldsymbol{\omega}))$	$\frac{1}{P}\sum_{p=1}^{P}\max^2(0,1-y_p(b+\boldsymbol{h}_p^{\mathrm{T}}\boldsymbol{z}))$
多分类 Softmax	$\frac{1}{P}\sum_{p=1}^{P}\log\left(1+\sum_{\substack{j=0\\ j\neq y_p}}^{C-1}\mathrm{e}^{\left(b_j-b_{y_p}\right)+\boldsymbol{f}_p^{\mathrm{T}}\left(\boldsymbol{\omega}_j-\boldsymbol{\omega}_{y_p}\right)}\right)$	$\frac{1}{P}\sum_{p=1}^{P}\log\left(1+\sum_{\substack{j=0\\ j\neq y_p}}^{C-1}\mathrm{e}^{\left(b_j-b_{y_p}\right)+\boldsymbol{h}_p^{\mathrm{T}}\left(\boldsymbol{z}_j-\boldsymbol{z}_{y_p}\right)}\right)$
l_2 正则式[a]	$\lambda\Vert\boldsymbol{\omega}\Vert_2^2$	$\lambda\boldsymbol{z}^{\mathrm{T}}\boldsymbol{H}\boldsymbol{z}$

[a] l_2 正则式可以加到中间一列的任意代价函数 $g(b,\boldsymbol{\omega})$ 中，所得到的 $g(b,\boldsymbol{\omega})+\lambda\Vert\boldsymbol{\omega}\Vert_2^2$ 的核化形式将是核化代价函数和核化正则式之和，即 $g(b,\boldsymbol{z})+\lambda\boldsymbol{z}^{\mathrm{T}}\boldsymbol{H}\boldsymbol{z}$。

390

12.3.3 机器学习中常用的核

将任何机器学习代价函数进行核化的真正价值在于，对于许多定形单元，包括多项式和傅里叶特征，可以在不先构建矩阵 $\boldsymbol{F}$(它的行维度通常大得令人望而却步)的情况下构建核矩阵 $\boldsymbol{H}=\boldsymbol{F}^{\mathrm{T}}\boldsymbol{F}$。与此相反，正如我们将在大量例子中看到的，这个矩阵可以通过简单的公式逐个构造。此外，以这种方式考虑构造核矩阵，使得定形通用逼近器的构建从核矩阵本身的定义开始(而不是从一个显式的特征变换开始)。无论在哪种情况下，通过构造核矩阵而不首先计算 $\boldsymbol{F}$，我们完全避免了12.2.2节中讨论的定形通用逼近器的指数级别的规模扩展问题。

例 12.7 多项式核

考虑以下次数 $D=2$ 的多项式，它是从 $N=2$ 空间到 $M=5$ 维空间的映射，它由特征变换向量给出：

$$\boldsymbol{f}=\begin{bmatrix} x_1 \\ x_2 \\ x_1^2 \\ x_1x_2 \\ x_2^2 \end{bmatrix} \tag{12.24}$$

注意，将 $\boldsymbol{f}$ 中的部分或全部元素乘以一个常量值，如$\sqrt{2}$：

$$\boldsymbol{f}=\begin{bmatrix} \sqrt{2}x_1 \\ \sqrt{2}x_2 \\ x_1^2 \\ \sqrt{2}x_1x_2 \\ x_2^2 \end{bmatrix} \tag{12.25}$$

对建模来说，并不会改变这个特征变换，因为当生成模型$(\boldsymbol{x},b,\boldsymbol{\omega})=b+\boldsymbol{f}^{\mathrm{T}}\boldsymbol{\omega}$ 时，附加在几个项上的$\sqrt{2}$可以被 $\boldsymbol{\omega}$ 中的相关权值吸收。用 $\boldsymbol{u}=\boldsymbol{x}_i$ 和 $\boldsymbol{v}=\boldsymbol{x}_j$ 分别表示第 i 个和第 j 个输入数据点，对于一个次数 $D=2$ 的多项式，核矩阵 $\boldsymbol{H}=\boldsymbol{F}^{\mathrm{T}}\boldsymbol{F}$ 的第(i,j)个元素写作

391

$$\begin{aligned} h_{i,j}=\boldsymbol{f}_i^{\mathrm{T}}\boldsymbol{f}_j &= \begin{bmatrix}\sqrt{2}u_1 & \sqrt{2}u_2 & u_1^2 & \sqrt{2}u_1u_2 & u_2^2\end{bmatrix}\begin{bmatrix} \sqrt{2}v_1 \\ \sqrt{2}v_2 \\ v_1^2 \\ \sqrt{2}v_1v_2 \\ v_2^2 \end{bmatrix} \\ &= (1+2u_1v_1+2u_2v_2+u_1^2v_1^2+2u_1u_2v_1v_2+u_2^2v_2^2)-1 \\ &= (1+u_1v_1+u_2v_2)^2-1 \\ &= (1+\boldsymbol{u}^{\mathrm{T}}\boldsymbol{v})^2-1 \end{aligned} \tag{12.26}$$

换句话说，核矩阵 $\boldsymbol{H}$ 的构造可以不需要先构造式(12.25)中的显式特征，而只需简单地将其按元素定义为

$$h_{i,j}=(1+\boldsymbol{x}_i^{\mathrm{T}}\boldsymbol{x}_j)^2-1 \tag{12.27}$$

这种定义多项式核矩阵的方式非常有用，因为我们只需要访问原始输入数据，而不需要访问多项式特征本身。

虽然式(12.27)中的核构造规则是专门针对 $N=2$ 和次数 $D=2$ 的多项式推导出来的，但我们可以证明，对于一般的 N 和 D，也可以用类似的方式来按元素定义多项式的核：

$$h_{i,j}=(1+\boldsymbol{x}_i^{\mathrm{T}}\boldsymbol{x}_j)^D-1 \tag{12.28}$$

例 12.8 傅里叶核

从 $N=1$ 到 $M=2D$ 维空间的一个 D 次傅里叶特征变换可以写成 $2D\times 1$ 的特征向量：

$$\boldsymbol{f}=\begin{bmatrix}\sqrt{2}\cos(2\pi x)\\ \sqrt{2}\sin(2\pi x)\\ \vdots\\ \sqrt{2}\cos(2\pi Dx)\\ \sqrt{2}\sin(2\pi Dx)\end{bmatrix} \tag{12.29}$$

其中，该项乘以$\sqrt{2}$并不改变式(12.3)中定义的原始变换，对建模无影响。在这种情况下，核矩阵 $\boldsymbol{H}=\boldsymbol{F}^{\mathrm{T}}\boldsymbol{F}$ 的第(i,j)个元素可以写成

392

$$h_{i,j}=\boldsymbol{f}_i^{\mathrm{T}}\boldsymbol{f}_j=\sum_{m=1}^{D}2[\cos(2\pi mx_i)\cos(2\pi mx_j)+\sin(2\pi mx_i)\sin(2\pi mx_j)] \tag{12.30}$$

利用简单的三角函数性质 $\cos(\alpha)\cos(\beta)+\sin(\alpha)\sin(\beta)=\cos(\alpha-\beta)$，可以等价地写作

$$h_{i,j}=\sum_{m=1}^{D}2\cos(2\pi m(x_i-x_j)) \tag{12.31}$$

根据余弦的复数定义，即 $\cos(\alpha)=\frac{\mathrm{e}^{i\alpha}+\mathrm{e}^{-i\alpha}}{2}$，我们可以将其改写为

$$h_{i,j}=\sum_{m=1}^{D}[\mathrm{e}^{2\pi im(x_i-x_j)}+\mathrm{e}^{-2\pi im(x_i-x_j)}]=\left[\sum_{m=-D}^{D}\mathrm{e}^{2\pi im(x_i-x_j)}\right]-1 \tag{12.32}$$

如果 x_i-x_j是一个整数，则 $\mathrm{e}^{2\pi im(x_i-x_j)}=1$，式(12.32)中括号内的求和表达式的值为 $2D+1$。假设不是这样，单单考虑求和，我们可以写成

$$\sum_{m=-D}^{D}\mathrm{e}^{2\pi im(x_i-x_j)}=\mathrm{e}^{-2\pi iD(x_i-x_j)}\sum_{m=0}^{2D}\mathrm{e}^{2\pi im(x_i-x_j)} \tag{12.33}$$

注意到右边的和是一个几何级数，我们可以进一步将上面的内容简化为

$$\mathrm{e}^{-2\pi iD(x_i-x_j)}\frac{1-\mathrm{e}^{2\pi i(x_i-x_j)(2D+1)}}{1-\mathrm{e}^{2\pi i(x_i-x_j)}}=\frac{\sin((2D+1)\pi(x_i-x_j))}{\sin(\pi(x_i-x_j))} \tag{12.34}$$

其中最后的等式由正弦的复数定义得出，即 $\sin(\alpha)=\frac{\mathrm{e}^{i\alpha}+\mathrm{e}^{-i\alpha}}{2i}$。

因为在极限中，当 t 接近任何整数值时，有$\frac{\sin((2D+1)\pi t)}{\sin(\pi t)}=2D+1$(可以由基本微积分中的洛必达法则来证明)，因此，我们可以笼统地写出结论

$$h_{i,j}=\frac{\sin((2D+1)\pi(x_i-x_j))}{\sin(\pi(x_i-x_j))}-1 \tag{12.35}$$

393

针对一个一般的 N 维输入，可类似地推导得到傅里叶核(见习题 12.11)。

例 12.9 径向基函数核

另一种流行的核矩阵是径向基函数(RBF)核，它在输入数据上是逐个元素定义的：

$$h_{i,j}=\mathrm{e}^{-\beta\|\boldsymbol{x}_i-\boldsymbol{x}_j\|_2^2} \tag{12.36}$$

其中 $\beta>0$ 是一个超参数，它必须根据数据进行调整。虽然 RBF 核通常直接定义为式(12.36)中的核矩阵，但它可以像多项式和傅里叶核一样，追溯到一个明确的特征变换。

也就是说，我们可以找到定形特征变换 $\boldsymbol{f}$ 的显式形式，满足

$$h_{i,j}=\boldsymbol{f}_i^{\mathrm{T}}\boldsymbol{f}_j \tag{12.37}$$

其中 $\boldsymbol{f}_i$ 和 $\boldsymbol{f}_j$ 分别是输入点 $\boldsymbol{x}_i$ 和 $\boldsymbol{x}_j$ 的特征变换。RBF 特征变换不同于多项式变换和傅里叶变换，后两者中相关特征向量 $\boldsymbol{f}$ 是无穷维的。例如，当 $N=1$ 时，特征向量 $\boldsymbol{f}$ 的形式为

$$\boldsymbol{f}=\begin{bmatrix} f_1(x) \\ f_2(x) \\ f_3(x) \\ \vdots \end{bmatrix} \tag{12.38}$$

其中第 m 个元素(或特征)定义为

$$f_m(x)=\mathrm{e}^{-\beta x^2}\sqrt{\frac{(2\beta)^{m-1}}{(m-1)!}}x^{m-1}, m\geqslant 1 \tag{12.39}$$

当 $N>1$ 时，对应的特征向量就会呈现出类似的形式，其长度也是无限的，这使得我们甚至无法构建和存储这样的特征向量(无论输入维度取值如何)。

注意，RBF 核的形状(以及拟合效果)取决于其超参数 β。一般来说，β 越大，采用 RBF 核的相关模型就越复杂，图 12.3 显示了三个例子：回归(上排)、二分类(中间排)和多分类(下排)。在每个例子中 RBF 核取不同的 β 值。这就产生了欠拟合效果(左列)、合理预测效果(中间列)和过拟合效果(右列)。在每个例子中，使用牛顿法最小化每个相应的代价函数，并由此调整每个模型的参数。在实践中，β 是通过交叉验证来设定的(见例 12.10)。 394

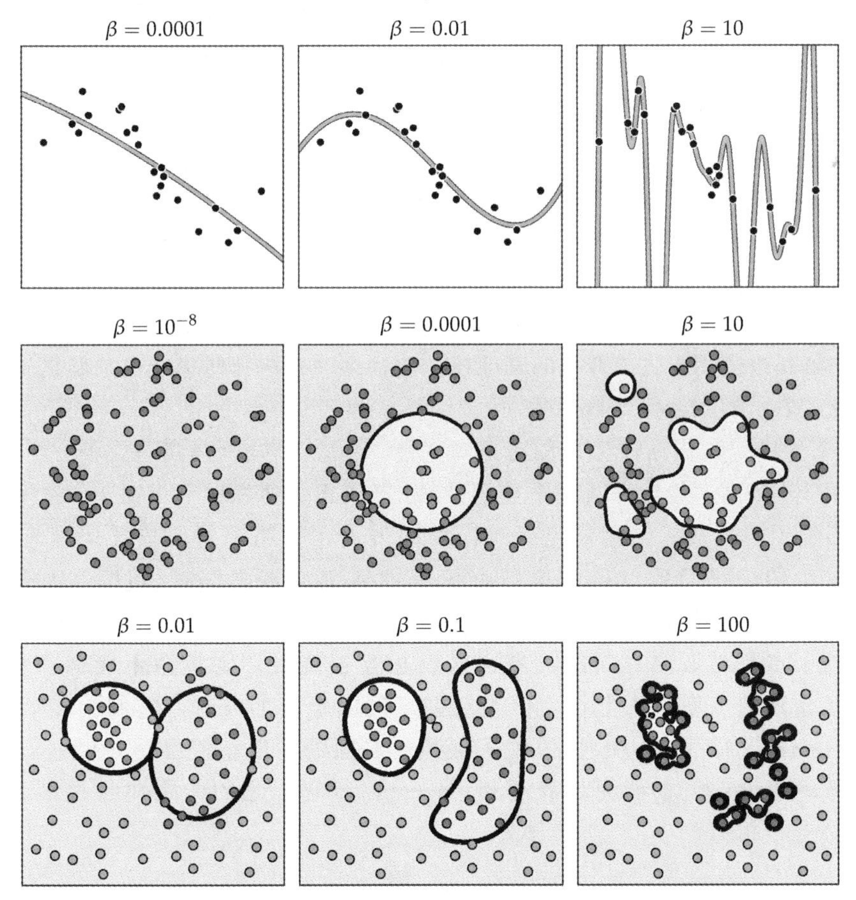

图 12.3 与例 12.9 相关的图。详细内容参见正文(见彩插)

虽然我们在这里介绍了一些在实践中最常用的核，但读者可以参见参考文献[57,58]更详尽地了解各种核矩阵及其性质。

12.3.4　使用核化模型进行预测

正如我们在例 12.5 和例 12.6 中所见，在点 $\boldsymbol{x}$ 处计算的一般监督模型的核化形式为

$$\text{model}(\boldsymbol{x},b,\boldsymbol{z}) = b + \boldsymbol{h}^{\mathrm{T}}\boldsymbol{z} \tag{12.40}$$

其中参数 b 和 $\boldsymbol{z}$ 必须通过最小化一个适当核化的代价函数来进行调节。在这个框架中，普通输入 $\boldsymbol{x}$ 的核化 $\boldsymbol{h}$ 包括对(训练)数据集中每个点 $\boldsymbol{x}_p$ 进行处理。例如，对于一个 D 次多项式核，$\boldsymbol{h}$ 是以下 P 维向量：

395

$$\boldsymbol{h} = \begin{bmatrix} (1+\boldsymbol{x}_1^{\mathrm{T}}\boldsymbol{x})^D - 1 \\ (1+\boldsymbol{x}_2^{\mathrm{T}}\boldsymbol{x})^D - 1 \\ \vdots \\ (1+\boldsymbol{x}_P^{\mathrm{T}}\boldsymbol{x})^D - 1 \end{bmatrix} \tag{12.41}$$

这种要求使用每个训练数据点来计算一个模型的做法对于核化学习器来说几乎是唯一[⊖]的，因为在接下来的章节中，我们在采用其他通用逼近器时并不会看到这种情形。

12.4　核作为度量相似度的指标

如果我们回顾一下例 12.7～例 12.9 中的多项式、傅里叶和 RBF 核的形式，可以看出，在每一个例子中，核矩阵的第(i,j)个元素都是定义在输入数据对$(\boldsymbol{x}_i,\boldsymbol{x}_j)$上的函数。例如，研究 RBF 核

$$h_{i,j} = \mathrm{e}^{-\beta\|\boldsymbol{x}_i-\boldsymbol{x}_j\|_2^2} \tag{12.42}$$

可以看到，作为 $\boldsymbol{x}_i$ 和 $\boldsymbol{x}_j$ 的函数，它通过它们的差值的 ℓ_2 范数来度量这两个输入的相似度。输入空间中 $\boldsymbol{x}_i$ 和 $\boldsymbol{x}_j$ 的相似度越大，$h_{i,j}$ 就越大，反之亦然。换句话说，RBF 核可以被解释为一种相似度度量指标，它描述了两个输入之间的相似程度。这种将核作为相似度度量指标的解释也适用于之前介绍的其他核，包括多项式核和傅里叶核，尽管这些核显然以不同的方式表示相似度。

在图 12.4 中，我们通过将 $\boldsymbol{x}_i$ 固定在 $\boldsymbol{x}_i=[0.5,0.5]^{\mathrm{T}}$ 处，并在单位平方 $[0,1]^2$ 上绘出一些 $\boldsymbol{x}_j$ 值上的 $h_{i,j}$，给出了将三个典型的核(多项式、傅里叶和 RBF)作为相似度度量指标的图形表示，生成一个用颜色深浅标识的表面，指明了每个核如何处理 $\boldsymbol{x}_i$ 附近的点。分析这个图，我们可以得到这三个核是如何定义点之间相似度的一般理解。首先，我们可以看到，如果数据点 $\boldsymbol{x}_i$ 和 $\boldsymbol{x}_j$ 的内积很高(即它们之间高度相关)，则多项式核认为这两个点是相似的。同样，当这些点相互正交时，则视为不相似。另一方面，傅里叶核将相近的点视为相似点，但当它们之间的距离增大时，它们的相似度就像一个正弦函数一样。最后，RBF 核提供了点与点之间的平滑相似度：如果它们在欧几里得意义上彼此接近，就被认为是高度相似的；一旦它们之间的距离超过了某个阈值，就会迅速变得不相似。

⊖ K-nearest-neighbors 分类器的评估还涉及使用整个训练集。

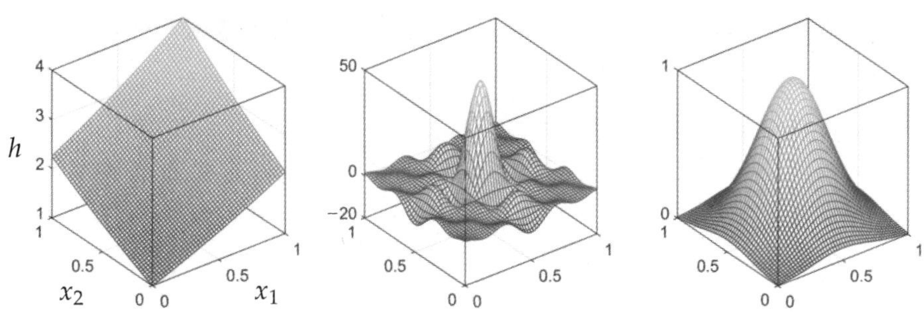

图 12.4 以 $\boldsymbol{x}_i=[0.5,0.5]^{\mathrm{T}}$ 为中心，由多项式、傅里叶和 RBF 核生成的曲面。曲面上每一个点都根据其大小标识为不同深浅的颜色，它可以被认为是 $\boldsymbol{x}_i$ 与其对应输入之间相似度的度量。(左图)一个度 $D=2$ 的多项式核，(中图) $D=3$ 的傅里叶核，(右图) $\beta=10$ 的 RBF 核。详细内容参见正文

12.5 核化模型的优化

如前所述，几乎所有的机器学习模型(有监督或无监督)都可以进行核化。核化的真正价值在于，对于大范围的核类型，实际上可以在不明确定义相关特征变换的情况下构建核矩阵 $\boldsymbol{H}$。正如我们所看到的，这使得我们可以绕过与输入维度很大的定形逼近器相关的扩展问题(见 12.2.2 节)。此外，由于最终的核化模型在其参数上保持线性，对应的核化代价函数通常在几何上是相当“漂亮”的。例如，任何用于回归和分类的凸代价函数在核化后都保持凸性，包括流行的回归、二分类和多分类的代价函数(详见第 5～7 章)。这使得几乎所有的优化方法都可以用来调整核化的监督学习器，从零阶到一阶，甚至是像牛顿法这样强大的二阶方法(详见第 2～4 章)。

然而，由于一个普通的核矩阵 $\boldsymbol{H}$ 是一个大小为 $P\times P$ 的方阵(其中 P 是训练集中的数据点数量)，核化模型天然地要以训练数据的规模的平方级别增长，因而结果糟糕。这不仅使得在大型数据集上训练核化模型变得极具挑战性，而且随着训练数据大小的增加，使用这种模型进行预测(正如我们在 12.3.4 节中所看到的，需要对每个训练数据点进行计算)也变得越来越具有挑战性。

396～397

对于这一导致糟糕结果的训练数据规模扩展问题，大多数标准方法都考虑如何避免一次创建整个核矩阵 $\boldsymbol{H}$(尤其是在训练期间)。例如，人们可以使用随机梯度下降法这样的一阶方法，这样每次只处理少量的训练数据点，这意味着在训练时只需同时创建 $\boldsymbol{H}$ 的一小部分列。有时，对于某些特定问题，也可利用其结构避免显式地构建核矩阵。

12.6 交叉验证核化学习器

一般说来，在采用多项式核和傅里叶核的模型中，相邻的两个次数 D 和 $D+1$ 的容量有很大差异。例如，对于多项式核，一个 D 次多项式核与一个 $D+1$ 次多项式核中所封装的单元数之间的差异可使用式(12.7)计算：

$$\left[\binom{N+D+1}{D+1}-1\right]-\left[\binom{N+D}{D}-1\right]=\binom{N+D}{D+1} \tag{12.43}$$

例如，当 $N=500$ 时，一个次数 $D=3$ 的核矩阵比一个次数 $D=2$ 的核矩阵多出 20 958 500 个多项式单元。由于相邻次数核之间在容量上的这种巨大的组合差异，在使用多项式核和傅里叶核时，通过带 ℓ_2 范数的正则化(见 11.4 节)进行交叉验证是常见的做

法。由于 RBF 核的超参数 β 是连续的，因此采用 RBF 核的模型原则上可以（除正则化方法外）通过直接比较 β 的不同值进行交叉验证。

例 12.10 使用 RBF 核进行乳腺癌分类

在这个例子中，针对习题 6.13 中给出的乳腺癌数据集，我们使用简单的交叉验证（见 11.4 节）确定一个 RBF 核的理想参数 β。在这组实验中，我们使用 Softmax 代价函数，并（随机）留出这个二分类数据集的 20%用于验证（同时还留出同样比例的数据用于验证使用的每个 β 值）。我们尝试使用区间[0,1]上的 50 个均匀间隔的 β 值，用牛顿法最小化对应的代价函数，并在图 12.5 中绘出训练集（黑色）和验证集（灰色）上的误分类数。当 β 被设置为接近于 0.2 的值时，验证集上的误分类数最小，训练集和验证集上的误分类数分别为 1 和 5。同一部分数据进行训练得到的一个简单线性分类器在训练集和验证集上分别产生了 7 次和 22 次误分类。

398

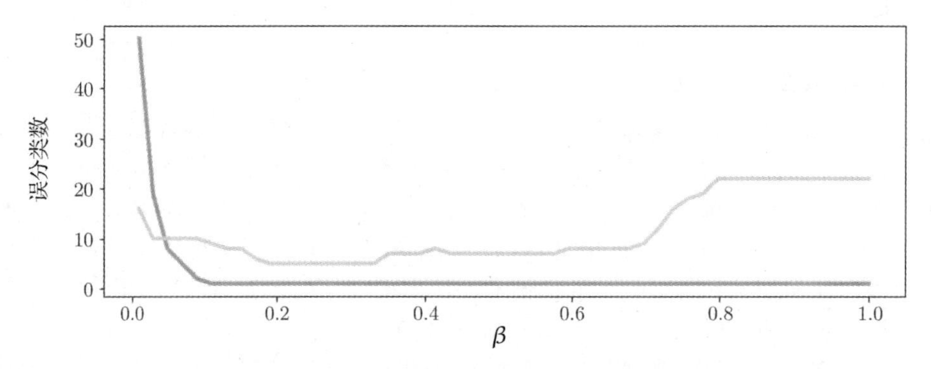

图 12.5 与例 12.10 相关的图。详细内容参见正文

12.7 小结

在本章中，我们沿续 11.2.3 节的内容，继续介绍定形模型。在 12.2 节中，我们首先回顾了几个流行的定形通用逼近器的例子。正如 12.2.2 节所述，这些通用逼近器对于数据集输入维度的扩展性极差，这自然促使我们在 12.3 节中讨论它们的扩展，即核矩阵。利用“核技巧”，我们不仅可以扩展主流的定形逼近器以更容易地处理高维输入，而且可以直接以核的形式创建一系列新的逼近器。然而，虽然将定形逼近器进行核化可以帮助它克服对于数据集输入维度的扩展问题，但却引入了对于数据集规模的扩展问题。可以通过巧妙的核矩阵构造和优化在一定程度上改善这个问题（如 12.5 节所述）。最后，在 12.6 节中，我们简要介绍了基于正则式的交叉验证的使用，这一点在 11.6 节中已经详细讨论过。

12.8 习题

完成以下习题所需的数据可以从本书的 GitHub 资源库下载，链接为 github.com/jermwatt/machine_learning_refined。

399

习题 12.1 复数傅里叶表示

验证利用余弦函数和正弦函数的复指数定义，即 $\cos(\alpha)=\frac{1}{2}(e^{i\alpha}+e^{-i\alpha})$ 和 $\sin(\alpha)=\frac{1}{2i}(e^{i\alpha}-e^{-i\alpha})$，我们可以将部分傅里叶展开模型

$$\text{model}(x,\boldsymbol{w}) = w_0 + \sum_{m=1}^{M}[\cos(2\pi mx)w_{2m-1} + \sin(2\pi mx)w_{2m}] \tag{12.44}$$

等价地写成

$$\text{model}(x,\boldsymbol{v}) = \sum_{m=-M}^{M} e^{2\pi imx} v_m \tag{12.45}$$

其中复数权值 $v_{-M},\cdots,v_0,\cdots,v_M$ 是以实数权值 $w_0,w_1,\cdots,w_{2M}$ 形式给出的：

$$v_m = \begin{cases} \frac{1}{2}(w_{2m-1} - iw_{2m}) & m > 0 \\ w_0 & m = 0 \\ \frac{1}{2}(w_{1-2m} + iw_{-2m}) & m < 0 \end{cases} \tag{12.46}$$

习题 12.2 单项式的组合爆炸

证实 D 次多项式中的单项式单元数在输入维度上呈组合增长，如式(12.7)所示。

习题 12.3 多项式核回归法

对图 12.6 所示的非线性数据集，重新生成次数为 $D=1$、$D=3$ 和 $D=12$ 的多项式核拟合。

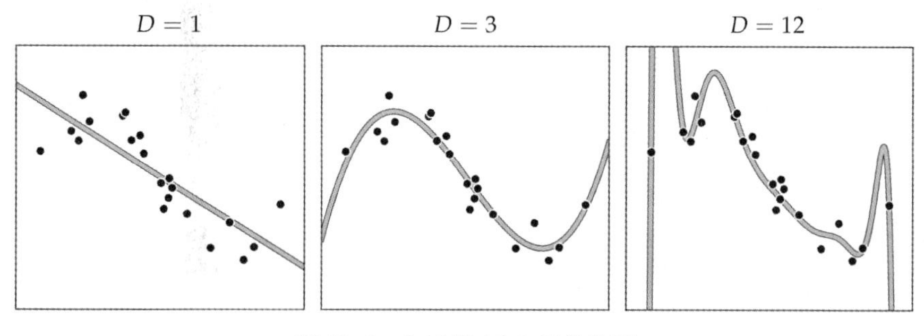

图 12.6 与习题 12.3 相关的图

400

习题 12.4 将 ℓ_2 正则化的最小二乘法代价函数核化

使用例 12.5 和例 12.6 中提出的核化参数对 ℓ_2 正则化的最小二乘代价函数进行核化。

习题 12.5 多分类 Softmax 代价函数的核化

使用例 12.5 和例 12.6 中提出的核化讨论，对多分类 Softmax 代价函数进行核化。

习题 12.6 用 RBF 核进行回归

实现例 12.9 中的 RBF 核，并对图 12.3 上排所示的数据集进行非线性回归，使用 $\beta=10^{-4}$、$\beta=10^{-2}$ 和 $\beta=10$ 来重现图中所示的各个拟合。

习题 12.7 用 RBF 核进行二分类

实现例 12.9 中的 RBF 核，并在图 12.3 中间排所示的数据集上使用 $\beta=10^{-8}$、$\beta=10^{-4}$ 和 $\beta=10$ 进行非线性二分类。对于每一种情况绘制一个误分类历史图，以证明你的结果分别与图中所示的内容相吻合。

习题 12.8 用 RBF 核进行多分类

实现例 12.9 中的 RBF 核，并对图 12.3 下排所示的数据集使用 $\beta=10^{-2}$、$\beta=10^{-1}$ 和

$\beta=100$ 进行非线性多分类。对于每一种情况，绘制一个误分类历史图，以证明你的结果分别与图中所示的内容相吻合。

习题 12.9 任意次数和输入维度的多项式核

证明对于一般的次数 D 和输入维度 N，一个多项式核是可以按元素定义的，如式(12.28)所示。

习题 12.10 无限维的特征变换

验证式(12.39)中定义的无穷维特征变换确实可以得到式(12.36)中的 RBF 核的逐元素表示形式。

习题 12.11 向量值输入的傅里叶核

对于一般的 N 维输入，每个傅里叶单元形如

$$f_{\boldsymbol{m}}(\boldsymbol{x}) = \mathrm{e}^{2\pi i m_1 x_1}\mathrm{e}^{2\pi i m_2 x_2}\cdots\mathrm{e}^{2\pi i m_N x_N} = \mathrm{e}^{2\pi i \boldsymbol{m}^{\mathrm{T}}\boldsymbol{x}} \tag{12.47}$$

401

其中向量 $\boldsymbol{m}$

$$\boldsymbol{m} = \begin{bmatrix} m_1 \\ m_2 \\ \vdots \\ m_N \end{bmatrix} \tag{12.48}$$

包含整数值的元素。此外，一个 D 次傅里叶展开包含所有满足 $0<\|\boldsymbol{m}\|_\infty\leqslant D$ 的单元(如果不熟悉无穷大范数，见附录 C.5 节)。计算核矩阵 $\boldsymbol{H}$ 对应的第(i,j)个元素，即 $h_{i,j}=\boldsymbol{f}_i^{\mathrm{T}}\overline{\boldsymbol{f}_j}$，其中$\overline{\boldsymbol{f}_j}$表示 $\boldsymbol{f}_j$的共轭复数。

习题 12.12 核和癌症数据集

重复例 12.10 中的实验，并生成一个如图 12.5 所示的图。根据你对原始数据的随机训练-验证集划分，你可能会得到不同的结果。

402

全连接神经网络

13.1 引言

正如我们在 11.2.3 节中看到的，人工神经网络与多项式和其他定形逼近器不同，其内部参数允许每个单元具有各种形状。在本章中，我们将在这一内容上进行扩展，讨论通用的多层神经网络，它也称为全连接网络、多层感知机和深度前馈神经网络。

13.2 全连接神经网络介绍

在本节中，我们将解释通用全连接神经网络，这是我们在 11 章中介绍的神经网络的一种递归构建的泛化。由于这是一个易被混淆的问题，我们将逐步描述全连接网络(内容也许有些冗余，但希望使读者受益)，从 11.2.3 节中描述的单隐藏层单元开始，逐层介绍，从代数表示、图形和计算等视角来讨论其结构。之后，我们简要介绍全连接网络在生物学上的可行性，最后深入描述如何在 Python 中有效地实现它们。

13.2.1 单隐藏层单元

单隐藏层单元(简称为单层单元)的一般代数表示(即公式)非常简单：将一个输入数据的线性组合输入到一个非线性激活函数中，该函数通常是一个初等数学函数(比如，双曲正切函数)。这里我们通常将此类单元表示为

$$f^{(1)}(\boldsymbol{x}) = a\left(w_0^{(1)} + \sum_{n=1}^{N} w_n^{(1)} x_n\right) \tag{13.1}$$

其中 $a(\cdot)$表示激活函数，f 和 w_0 至 w_N上的上标分别表示单(即一个)层单元及其内部权值。

因为我们想要扩展单层网络的思想来创建多层网络，所以最好把构造单层单元的两个操作的序列分开：输入的线性组合与非线性激活函数通道。这种将单元明确写出的方式称为创建单层神经网络单元的递归方案，概括如下。

单层单元的递归方案

1. 选择激活函数 $a(\cdot)$；
2. 计算线性组合 $v = w_0^{(1)} + \sum_{n=1}^{N} w_n^{(1)} x_n$ ；
3. 将结果传递给激活函数得到 $a(v)$。

例 13.1 描述单层单元的容量

在图 13.1 的顶排子图中，我们绘制了 4 个实例，它们使用 tanh 作为非线性激活函数的单层单元。这 4 个非线性单元的形式为

$$f^{(1)}(x) = \tanh(w_0^{(1)} + w_1^{(1)} x) \tag{13.2}$$

其中在每种情况下都随机设置了单元的内部参数(即 $w_0^{(1)}$ 和 $w_1^{(1)}$)，从而使得每个实例具有不同的形状。这大致说明了每个单层单元的容量。容量(见 11.2.2 节)指的是在给定其内部参数的所有不同设置的情况下，此类函数可以具备的各种形状的范围。

在图 13.1 的底排子图中，我们将 tanh 替换为 ReLU[⊖] 激活函数，形成一个如下形式的单层单元：

$$f^{(1)}(x)=\max(0,w_0^{(1)}+w_1^{(1)}x) \tag{13.3}$$

该单元的内部参数同样允许其具有各种形状(不同于通过 tanh 激活创建的形状)，在图 13.1 的底排子图中图示了其中的 4 个实例。

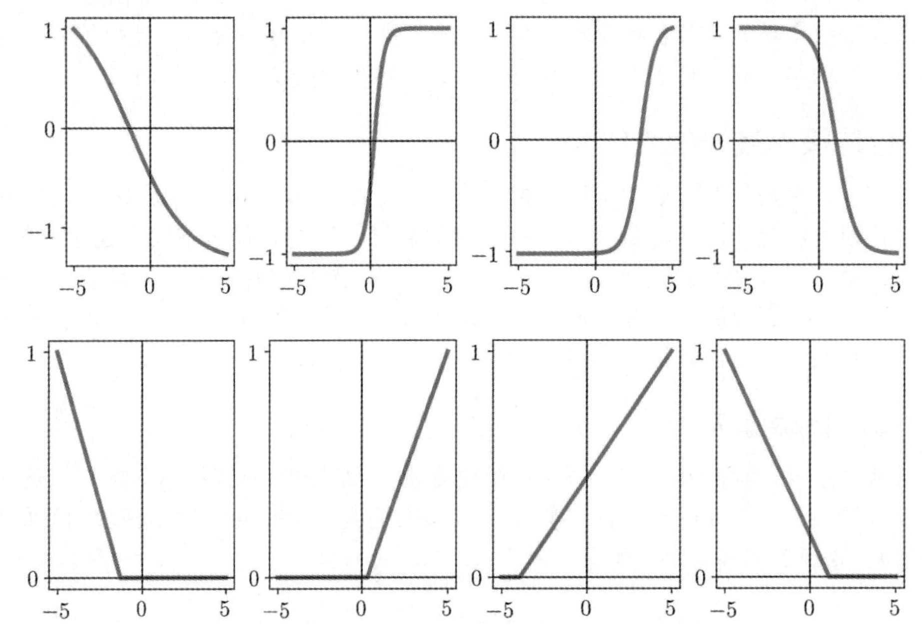

图 13.1　与例 13.1 相关的图。采用 tanh(顶排)和 ReLU 激活函数(底排)的单层神经网络单元的 4 个实例。详细内容参见正文

如果我们使用 $B=U_1$ 构成一个一般的非线性模型，则其单层单元为

$$\text{model}(\boldsymbol{x},\Theta)=w_0+f_1^{(1)}(\boldsymbol{x})w_1+\cdots+f_{U_1}^{(1)}(\boldsymbol{x})w_{U_1} \tag{13.4}$$

其第 j 个单位采用以下形式：

$$f_j^{(1)}(\boldsymbol{x})=a\left(w_{0,j}^{(1)}+\sum_{n=1}^{N}w_{n,j}^{(1)}x_n\right) \tag{13.5}$$

则参数集 Θ 不仅包含最终线性组合 w_0 至 w_{U_1} 的权值，而且还包含每个 $f_j^{(1)}$ 内部的所有参数。这正是我们在第 11 章的神经网络例子中使用的模型。

图 13.2 的左子图显示了式(13.4)中单层模型的一种常见的图形表示形式，并直观地拆分了由该模型执行的各个代数运算。这样的直观表示通常称为神经网络结构(或仅称为结构)。这里组成模型的每个单层单元的偏置和输入始终表示为图左侧的一系列点。该层对我们是“可见的”，因为这是我们将输入数据注入自己可以“看到”的网络中的位置，通常是网络的第一层，称为输入层。通向每个单元的输入的线性组合由将输入连接到空心圆

⊖　线性整流函数，见 6.4.2 节。

(求和单元)的边直观地表示，然后将非线性激活函数表示为较大的圆圈(激活单元)。此图的中间(其中代表所有 U_1 个激活函数的圆圈都是对齐的)是这一结构的隐藏层。该层称为隐藏层，因为它包含我们没有“看到”的在内部处理的输入形式。虽然“隐藏”这一名称并不完全准确(因为我们可以根据需要看到这些单元的内部状态)，但它是一种常见的惯例，因此称为单个隐藏层单元。然后以线性组合的形式收集这些 U_1 个单元的输出，再次由连接每个单元与一个最终求和式(表示为一个空心圆)的边图示。这是模型的最终输出，是网络的最终层，称为输出层，它对我们是“可见的”(不是隐藏的)。

404~405

406

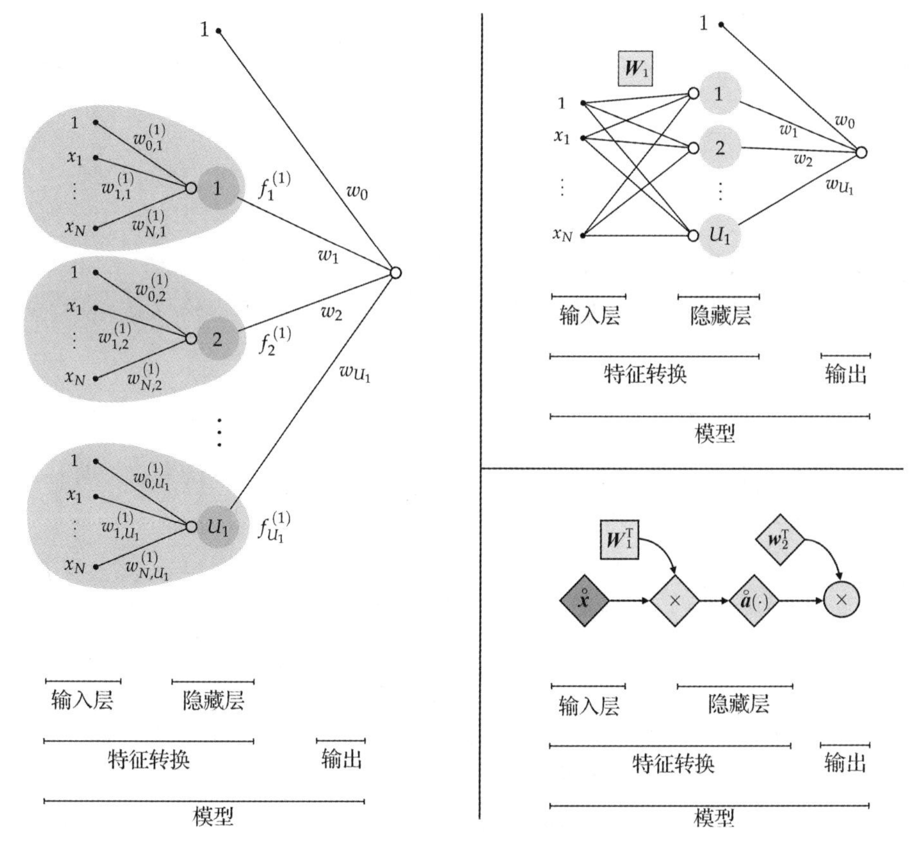

图 13.2　(左子图)由式(13.4)给出的单层神经网络模型的图形表示，该模型由 U_1 个单层单元组成。(右上子图)单层神经网络的简明图形表示。(右下子图)该网络的更简明图形表示，在一个简图中描述了由单层神经网络模型执行的所有计算。详细内容参见正文

单层神经网络的紧凑表示

由于我们希望在基本模型中添加更多隐藏层来详细描述多层网络，因此图 13.2 左子图中的图形描述很快就变得很复杂。因此，为了更有条理，并为更好地理解更深层次的神经网络单元，图形需要更为简洁。为此，可以对模型作更紧凑的代数表示，首先要更为简洁地表示输入，在输入向量 $\boldsymbol{x}$ 的顶部放置一个 1，记为在 $\boldsymbol{x}$ 上放置一个空心圆符号[⊖]，即

⊖ 这个符号在 5.2 节中使用过。

$$\mathring{\boldsymbol{x}} = \begin{bmatrix} 1 \\ x_1 \\ \vdots \\ x_N \end{bmatrix} \tag{13.6}$$

接下来，我们收集 U_1 个单层单元的所有内部参数，观察式(13.5)中第 j 个单元的代数形式，可以看到它具有 $N+1$ 个这样的内部参数。利用这些参数构成一个列向量，从偏置 $w_{0,j}^{(1)}$ 开始，然后是输入相关权值 $w_{0,j}^{(1)}$ 到 $w_{N,j}^{(1)}$，并将它们放入一个 $(N+1)\times U_1$ 的矩阵的第 j 列中：

$$\boldsymbol{W}_1 = \begin{bmatrix} w_{0,1}^{(1)} & w_{0,2}^{(1)} & \cdots & w_{0,U_1}^{(1)} \\ w_{1,1}^{(1)} & w_{1,2}^{(1)} & \cdots & w_{1,U_1}^{(1)} \\ \vdots & \vdots & \ddots & \vdots \\ w_{N,1}^{(1)} & w_{N,2}^{(1)} & \cdots & w_{N,U_1}^{(1)} \end{bmatrix} \tag{13.7}$$

有了这个符号，我们要注意矩阵向量乘积 $\boldsymbol{W}_1^{\mathrm{T}}\mathring{\boldsymbol{x}}$ 是如何包含 U_1 个非线性单元内部的每个线性组合的。换句话说，$\boldsymbol{W}_1^{\mathrm{T}}\mathring{\boldsymbol{x}}$ 的维度为 $U_1\times 1$，它的第 j 个元素恰好是第 j 个单元的内部输入数据的线性组合：

$$[\boldsymbol{W}_1^{\mathrm{T}}\mathring{\boldsymbol{x}}]_j = w_{0,j}^{(1)} + \sum_{n=1}^{N} w_{n,j}^{(1)} x_n \qquad j = 1,2,\cdots,U_1 \tag{13.8}$$

接下来，我们通过扩展任意激活函数 $\boldsymbol{a}(\cdot)$ 的表示来处理这样的向量。具体地说，将 $a(\cdot)$ 定义为向量函数，该函数输入 $d\times 1$ 向量 $\boldsymbol{v}$ 并返回一个具有相同维度的向量(作为输出)，其中包含每个输入元的激活函数，如下所示：

$$\boldsymbol{a}(\boldsymbol{v}) = \begin{bmatrix} a(v_1) \\ \vdots \\ a(v_d) \end{bmatrix} \tag{13.9}$$

注意使用这种表示法，向量激活函数 $\boldsymbol{a}(\boldsymbol{W}_1^{\mathrm{T}}\mathring{\boldsymbol{x}})$ 是如何成为一个包含所有 U_1 个单层单元的 $U_1\times 1$ 向量的，其第 j 个元素为

$$[\boldsymbol{a}(\boldsymbol{W}_1^{\mathrm{T}}\mathring{\boldsymbol{x}})]_j = a\left(w_{0,j}^{(1)} + \sum_{n=1}^{N} w_{n,j}^{(1)} x_n\right) \qquad j = 1,2,\cdots,U_1 \tag{13.10}$$

使用另一种简洁符号，将最终线性组合的权值表示为

$$\boldsymbol{w}_2 = \begin{bmatrix} w_0 \\ w_1 \\ \vdots \\ w_{U_1} \end{bmatrix} \tag{13.11}$$

然后扩展向量 $\boldsymbol{a}$，在其顶部加一个 1，将得到的 $(U_1+1)\times 1$ 向量记为 $\mathring{\boldsymbol{a}}$，最终可以将式(13.4)中的模型非常简洁地表示为

$$\text{model}(\boldsymbol{x},\Theta) = \boldsymbol{w}_2^{\mathrm{T}}\mathring{\boldsymbol{a}}(\boldsymbol{W}_1^{\mathrm{T}}\mathring{\boldsymbol{x}}) \tag{13.12}$$

这种更紧凑的代数形式使其具有更好的视觉可理解性。在图 13.2 的右上子图中，我们展示了左子图中原始图形的精简形式，其中，每个输入上的线性权值更紧凑地标注为连接输入和每个单元的交叉线段上的集合，其中矩阵 $\boldsymbol{W}_1$ 代表全部 U_1 个加权组合。在

图 13.2 的右下子图中，对原始图作了进一步精简。在这种更紧凑的表示形式中，更易于看出式(13.12)中一般单层神经网络模型执行的计算，该式中的标量、向量和矩阵分别表示为圆形、菱形和正方形。

13.2.2　双隐藏层单元

407～408

为了创建一个双隐藏层神经网络单元(简称为两层单元)，我们延续上一节中介绍的单层单元的思想。为此，我们首先构造了一组 U_1 个单层单元，并将它们作为另一个非线性单元的输入。也就是说，将它们的线性组合结果(作为参数)传递给一个非线性激活函数。

一个一般两层单元的代数形式为

$$f^{(2)}(\boldsymbol{x}) = a\left(w_0^{(2)} + \sum_{i=1}^{U_1} w_i^{(2)} f_i^{(1)}(\boldsymbol{x})\right) \tag{13.13}$$

这反映了使用单层单元构造两层单元的递归性质。这种递归性质也可以在下面给出的用于构建两层单元的递归方案中看到。

两层单元的递归方案

---

1. 选择一个激活函数 $a(\cdot)$；
2. 构造 U_1 个单层单元 $f_i^{(1)}(\boldsymbol{x})$，$i=1,2,\cdots,U_1$；
3. 计算线性组合 $v = w_0^{(2)} + \sum_{i=1}^{U_1} w_i^{(2)} f_i^{(1)}(\boldsymbol{x})$；
4. 将结果传递给激活函数并得到 $a(v)$。

例 13.2　描述两层单元的容量

图 13.3 的顶排子图绘制了使用 tanh 激活函数的两层神经网络单元的 4 个实例，其形式为

$$f^{(2)}(x) = \tanh(w_0^{(2)} + w_1^{(2)} f^{(1)}(x)) \tag{13.14}$$

其中

$$f^{(1)}(x) = \tanh(w_0^{(1)} + w_1^{(1)} x) \tag{13.15}$$

如图 13.3 所示，此单元实例具有的形状变化范围更大，这反映出两层单元的容量比图 13.1 所示的单层情形的容量有所增加。

图 13.3 的底排子图显示了同类单元的 4 个示例，只是现在每一层中使用的是 ReLU 激活函数而不是 tanh 激活函数。

409

通常，如果我们希望使用 $B=U_2$ 个两层神经网络单元创建一个模型，则可写作

$$\text{model}(\boldsymbol{x},\Theta) = w_0 + f_1^{(2)}(\boldsymbol{x})w_1 + \cdots + f_{U_2}^{(2)}(\boldsymbol{x})w_{U_2} \tag{13.16}$$

其中

$$f_j^{(2)}(\boldsymbol{x}) = a\left(w_{0,j}^{(2)} + \sum_{i=1}^{U_1} w_{i,j}^{(2)} f_i^{(1)}(\boldsymbol{x})\right) \qquad j = 1,2,\cdots,U_2 \tag{13.17}$$

并且其中的参数集 Θ 总是包含神经网络单元内部的那些(带上标的)权值以及最终的线性组合权值。值得注意的是，虽然式(13.17)中的每个两层单元 $f_j^{(1)}$ 具有唯一的内部参数 $w_{i,j}^{(2)}$，其中 i 的范围是从 0 到 U_1，但每个单层单元 $f_i^{(1)}$ 的内部权值在所有两层单元中都相同。

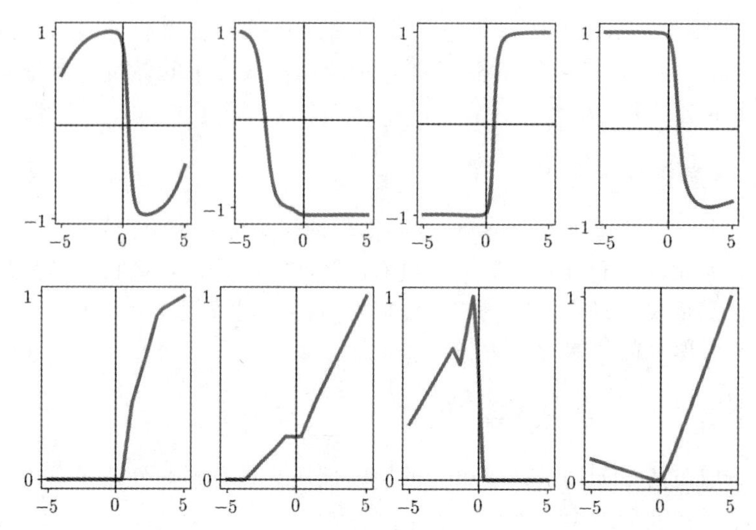

图 13.3　与例 13.2 相关的图。使用 tanh 激活函数（顶排）和 ReLU 激活函数（底排）的两层神经网络单元的 4 个实例。详细内容参见正文

图 13.4 绘出了一个通用两层神经网络模型的图形表示（或体系结构），其代数形式如

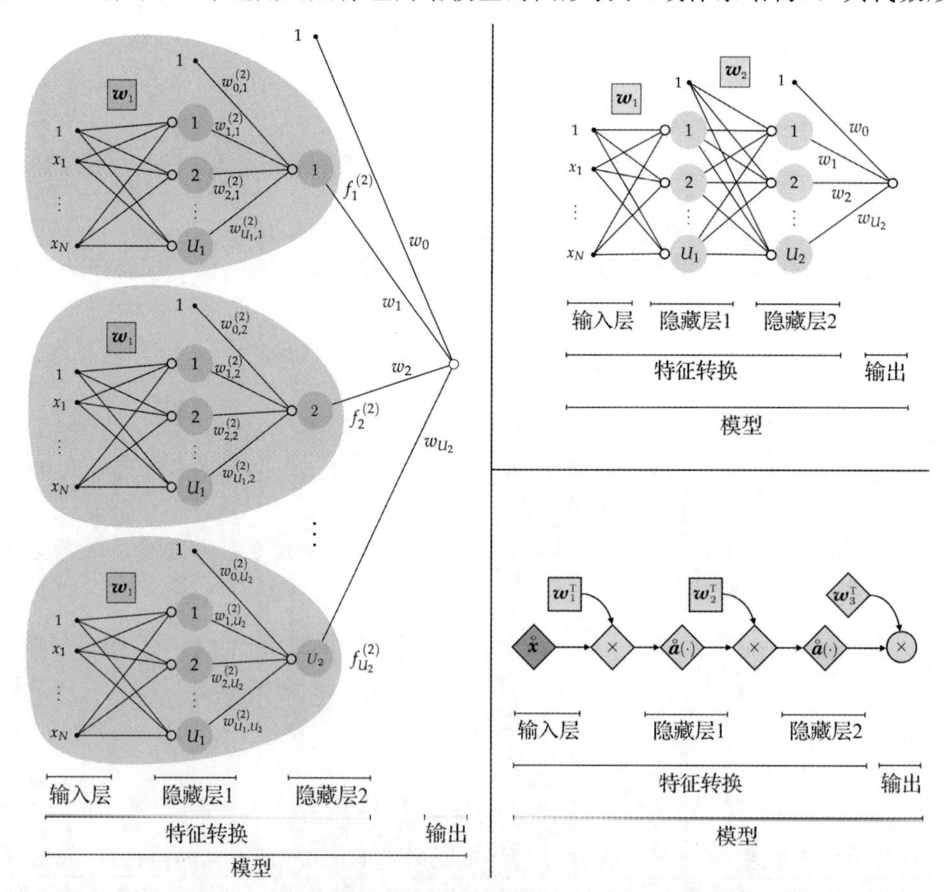

图 13.4　（左子图）由式(13.16)给出的两层神经网络模型的图形表示，该模型由 U_2 个两层单元组成。（右上子图）两层神经网络的简明图形表示。（右下子图）可以更简洁地表示此网络，更为简单地描述了由两层神经网络模型执行的计算。详细内容参见正文

式(13.16)。在左子图中，我们描述了每个输入单层单元，与图 13.2 右上子图完全相同。输入层(最左侧)首先被传递给 U_1 个单层单元的每个单元(仍然构成网络的第一个隐藏层)。[410] 然后，将这些单层单元的线性组合传递给 U_2 个两层单元的每一个，按惯例称为第二个隐藏层，因为它的计算对我们而言也不是直接“可见”的。在这里，我们也可以看到为什么将这种体系结构称为全连接：输入的每个维度都连接到第一隐藏层的每个单元，而第一隐藏层的每个单元都连接到第二隐藏层的每个单元。最后，在该子图的右侧，我们看到了 U_2 个两层单元的线性组合，这些单元构成了网络的输出(可见)层：两层模型的输出。[411]

两层神经网络的简洁表示

与单层模型一样，将我们使用的符号和对应的两层模型的图进行简化是有益的，这便于简化理解，使我们更易于掌握运用概念。使用 13.2.1 节中介绍的相同符号，我们可以将 U_1 个单层单元的输出紧凑地表示为

$$\text{第一个隐藏层的输出：} \mathring{\boldsymbol{a}}(\boldsymbol{W}_1^{\mathrm{T}} \mathring{\boldsymbol{x}}) \tag{13.18}$$

按照与之前相同的模式，将第二层中 U_2 个单元的所有内部权值按列压缩为一个 $(U_1+1)\times U_2$ 的矩阵，形如

$$\boldsymbol{W}_2 = \begin{bmatrix} w_{0,1}^{(2)} & w_{0,2}^{(2)} & \cdots & w_{0,U_2}^{(2)} \\ w_{1,1}^{(2)} & w_{1,2}^{(2)} & \cdots & w_{1,U_2}^{(2)} \\ \vdots & \vdots & & \vdots \\ w_{U_1,1}^{(2)} & w_{U_1,2}^{(2)} & \cdots & w_{U_1,U_2}^{(2)} \end{bmatrix} \tag{13.19}$$

它正是我们在式(13.7)定义单层单元的 $(N+1)\times U_1$ 内部权值矩阵 $\boldsymbol{W}_1$ 的方式。这使得我们可以同样将 U_2 个两层单元的输出紧凑地表示为

$$\text{第二个隐藏层的输出：} \mathring{\boldsymbol{a}}(\boldsymbol{W}_2^{\mathrm{T}} \mathring{\boldsymbol{a}}(\boldsymbol{W}_1^{\mathrm{T}} \mathring{\boldsymbol{x}})) \tag{13.20}$$

这里完全地展现了两层单元的递归性质。注意，我们使用符号 $\mathring{\boldsymbol{a}}(\cdot)$ 作为向量值函数并不严谨，因为它只是对输入到非线性激活函数 $a(\cdot)$ 中的任何向量逐元素进行计算(见式(13.9))，然后在结果的顶部添加一个元素 1。

将最终的线性组合权值串联为一个向量：

$$\boldsymbol{w}_3 = \begin{bmatrix} w_0 \\ w_1 \\ \vdots \\ w_{U_2} \end{bmatrix} \tag{13.21}$$

这使得我们可以将完整的两层神经网络模型写作

$$\text{model}(\boldsymbol{x}, \Theta) = \boldsymbol{w}_3^{\mathrm{T}} \mathring{\boldsymbol{a}}(\boldsymbol{W}_2^{\mathrm{T}} \mathring{\boldsymbol{a}}(\boldsymbol{W}_1^{\mathrm{T}} \mathring{\boldsymbol{x}})) \tag{13.22}$$

[412] 与单层网络类似，一个两层神经网络的这种代数形式更易于图形化理解。在图 13.4 的右上子图中，我们绘出了左子图中原始图形的精简形式，其中每个单层单元的冗余表示已简化为单个图示。同时我们移除了指派给连接第一个隐藏层和第二个隐藏层的交叉边上的所有权值，并将它们放在式(13.19)中定义的矩阵 $\boldsymbol{W}_2$ 中，以避免图形繁乱。在图 13.4 的右下子图中，我们进一步简化了图示，其中标量、向量和矩阵分别表示为圆形、菱形和正方形。这种高度精简的图形给出了一个一般的两层神经网络所执行的计算的简单图形表示。

13.2.3　一般多隐藏层单元

采用描述单层和两层单元时相同的模式，我们可以构造有任意数量隐藏层的一般全连接神经网络单元。通过添加每个隐藏层，我们可以增加神经网络单元(以及由这些单元构成的模型)的容量，如之前从单层单元升级到两层单元一样。

要构建一个一般的 L 隐藏层神经网络单元(简称 L 层单元)，我们只需按之前的模式进行 $L-1$ 次递归，然后得到 L 层单元，其输入为 U_{L-1} 个 $(L-1)$ 层单元：

$$f^{(L)}(\boldsymbol{x}) = a\left(w_0^{(L)} + \sum_{i=1}^{U_{L-1}} w_i^{(L)} f_i^{(L-1)}(\boldsymbol{x})\right) \tag{13.23}$$

与单层和两层单元的情形一样，如果按以下递归方案，此公式更易于理解。

L 层单元的递归方案

---

1. 选择一个激活函数 $a(\cdot)$；
2. 对 $i=1, 2, \cdots, U_{L-1}$，构造 U_{L-1} 个 $(L-1)$ 层单元 $f_i^{(L-1)}(\boldsymbol{x})$；
3. 计算线性组合 $v = w_0^{(L)} + \sum_{i=1}^{U_{L-1}} w_i^{(L)} f_i^{(L-1)}(\boldsymbol{x})$；

413

4. 将结果传递给激活函数并得到 $a(v)$。

注意，虽然原则上不需要对 L 层单元的所有隐藏层使用相同的激活函数，但是为了简单起见，一般总是使用同一种激活函数。

例 13.3　描述三层单元的容量

图 13.5 的顶排子图显示了使用 tanh 激活函数的三层单元的 4 个实例。与例 13.1 和例 13.2 中的单层和两层情形相比，此处显示的形状变化更多，这说明这些单元的容量增加了。在底排子图中，我们使用 ReLU 激活函数而不是 tanh 激活函数重复相同的实验。

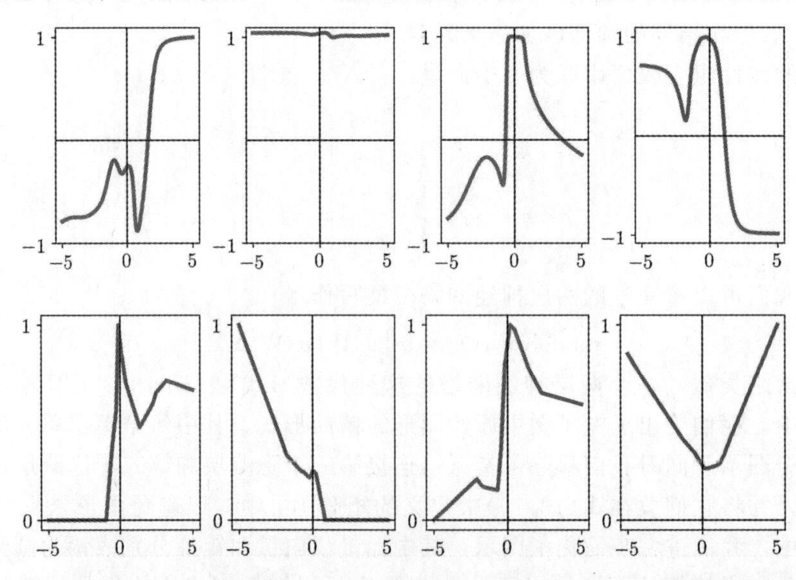

图 13.5　与例 13.3 相关的图。使用 tanh 激活函数(顶排)和 ReLU 激活函数(底排)的三层网络单元的 4 个实例。详细内容参见正文

通常，我们可以生成一个由 $B=U_L$ 个这样的 L-层单元构成的模型，形如

$$\text{model}(\boldsymbol{x},\Theta) = w_0 + f_1^{(L)}(\boldsymbol{x})w_1 + \cdots + f_{U_L}^{(L)}(\boldsymbol{x})w_{U_L} \tag{13.24}$$

414

其中

$$f_j^{(L)}(\boldsymbol{x}) = a\left(w_{0,j}^{(L)} + \sum_{i=1}^{U_{L-1}} w_{i,j}^{(L)} f_i^{(L-1)}(\boldsymbol{x})\right) \qquad j = 1,2,\cdots,U_L \tag{13.25}$$

参数集 Θ 包含神经网络单元内部的权值以及最终的线性组合权值。

图 13.6 展示了此模型的分解图形表示，这是之前单层和两层网络中的各种图示的直接泛化。从左到右依次为网络的输入层、L 个隐藏层以及输出层。在机器学习的术语中，通常将使用三个或更多隐藏层构建的模型称为深度神经网络。

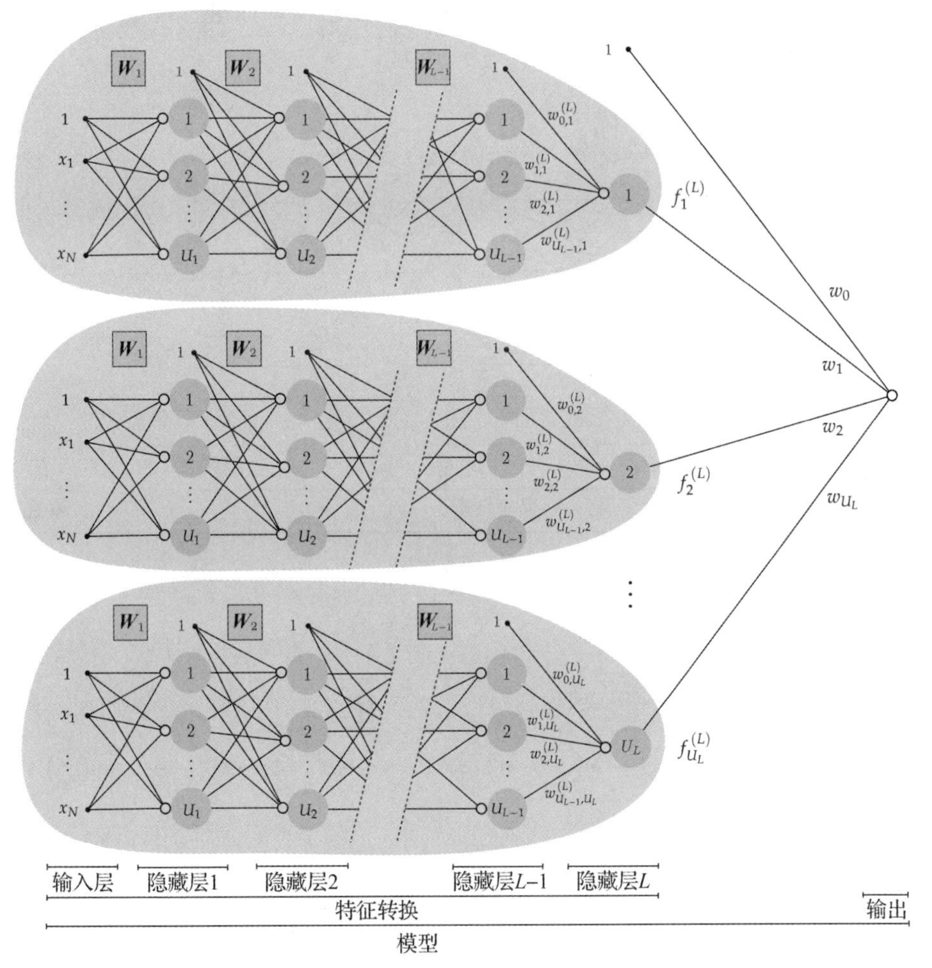

图 13.6　式(13.24)中描述的 L 层神经网络模型的图示，该模型由 U_L 个 L 层单元组成

415

多层神经网络的简洁表示

为了简化我们对于一般多层神经网络结构的理解，我们可以使用与单层和两层神经网络这两种较简单情形下完全相同的简洁表示符号和可视化方法。与两层神经网络的简洁表示方式完全相似，我们将第 L 个隐藏层的输出紧凑地表示为

$$\text{第 } L \text{ 个隐藏层的输出：} \mathring{\boldsymbol{a}}(\boldsymbol{W}_L^{\mathrm{T}}\mathring{\boldsymbol{a}}(\boldsymbol{W}_{L-1}^{\mathrm{T}}\mathring{\boldsymbol{a}}(\cdots\mathring{\boldsymbol{a}}(\boldsymbol{W}_1^{\mathrm{T}}\mathring{\boldsymbol{x}})))) \tag{13.26}$$

最终线性组合的权值表示为

$$\boldsymbol{w}_{L+1}=\begin{bmatrix} w_0 \\ w_1 \\ \vdots \\ w_{U_L} \end{bmatrix} \tag{13.27}$$

我们可以将 L 层神经网络模型紧凑地表示为

$$\text{model}(\boldsymbol{x},\Theta)=\boldsymbol{w}_{L+1}^{\mathrm{T}}\mathring{\boldsymbol{a}}(\boldsymbol{W}_L^{\mathrm{T}}\mathring{\boldsymbol{a}}(\boldsymbol{W}_{L-1}^{\mathrm{T}}\mathring{\boldsymbol{a}}(\cdots\mathring{\boldsymbol{a}}(\boldsymbol{W}_1^{\mathrm{T}}\mathring{\boldsymbol{x}})))) \tag{13.28}$$

同样，一个 L 层神经网络的这种紧凑的代数形式更易于理解。图 13.7 的顶部子图显示了图 13.6 中原始图形的精简形式，其中每个 $(L-1)$ 层单元的冗余表示已简化为单个图示。图 13.7 底部子图更为简洁地描述了该网络的体系结构，标量、向量和矩阵分别以圆形、菱形和正方形表示。

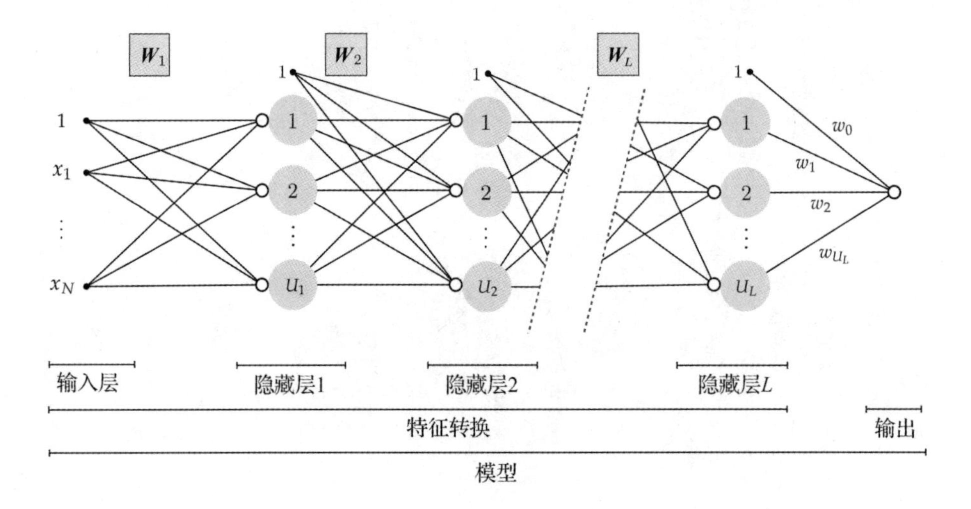

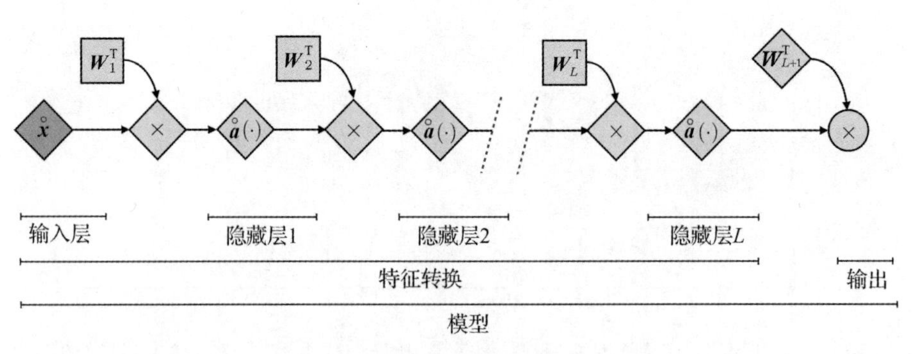

图 13.7　(上子图)图 13.6 中 L 层神经网络模型的简洁图形表示。(下子图)一种更紧凑的表示，简明地描述了由一般 L 层神经网络模型执行的计算。详细内容参见正文

13.2.4　选择正确的网络体系结构

现在，我们已经了解了构建任意“深度”的神经网络的通用递归方法，但是仍有许多细节和技术问题需要进一步阐述，这些是本章后续各节的主题。我们将继续讨论激活函数的

选择、使用神经网络单元的模型的常见交叉验证方法以及各种与优化相关的问题，例如后向传播和批量归一化的概念。

但是，我们要解决的一个基本问题(通常)可能是：如何为神经网络体系结构选择“正确”数量的单元和层。就像一般情况下选择合适的通用逼近器一样(如 11.8 节所述)，通常我们不知道(就隐藏层的数量和每个隐藏层单元的数量而言)哪种体系结构最适合给定的数据集。原则上，要确定适合给定数据集的最佳体系结构，我们必须对一系列选择进行交叉验证。但在这么做的同时我们注意到，通常说来，将新的单个单元添加到神经网络模型所获得的容量比通过添加新的隐藏层所获得的容量要小得多。这是由于在体系结构上添加一个额外的层会给每个单元中涉及的计算带来一个额外的递归，这将大大增加其容量以及任何相应模型的容量，如例 13.1、13.2 和 13.3 所示。实际上，在大量神经网络体系结构中进行模型搜索可能会消耗很大，因此我们必须进行折衷，使用最少的计算来确定高质量的模型。所以，神经网络模型通常采用基于早停法的正则化(见 11.6.2 节和 13.7 节)。

416

417

13.2.5　神经网络：生物学观点

人类大脑包含大约 10^{11} 个生物神经元，当我们执行认知任务时，它们会协同工作。即使执行相对较小的任务，我们也会使用一系列相互连接的神经元(称为生物神经网络)来正确执行任务。例如，需要 10^5 至 10^6 个神经元之间的某个位置来生成我们视觉环境中的实际图像。到目前为止，我们已经看到的神经网络通用逼近器的大多数基本术语和建模原理都起源于这种生物神经网络的一个(非常)粗略的数学模型。

单个生物神经元(如图 13.8 的左上子图所示)由三个主要部分组成：树突(神经元的接收器)、体细胞(细胞体)和轴突(神经元的发送器)。大约从 20 世纪 40 年代开始，心理学家和神经科学家就一直渴望更好地了解人类的大脑，因此对神经元的数学建模产生了兴趣。这些早期的模型后来被称为人工神经元(图 13.8 的右上子图显示了其基本范例)，最终在 1957 年引入了感知机模型[59]。人工神经元非常接近地模仿了生物神经元的结构，包括一组类似于树突的边将其连接到其他神经元，每个边都接受输入并乘以与该边相关的(突触)权值。这些加权的输入经过求和单元(由一个小空心圆表示)后进行求和，随后将结果送入激活单元(由大圆圈表示)，然后通过类似轴突的投影将其输出传送到外部。从生物学的角度来看，人们认为神经元一直保持不活动状态，直到向细胞体(躯体)的净输入达到一定的阈值为止，此时神经元被激活并发出电化学信号，因此被称为激活函数。

将大量的此类人造神经元分层串积在一起，可以构建一个数学上更复杂的生物神经网络模型，该模型与大脑中发生的事情非常近似。图 13.8 的底部子图是从生物学角度考虑神经网络时使用的图示(两层网络)。在这种相当复杂的描绘中，该结构的每个乘法运算都显示为一条边，构成了连接各层的相交线的网格。在 13.2.1～13.2.3 节中描述全连接神经网络时，我们倾向于避免使用这种复杂的视觉网格，而使用更简单、更紧凑的图形表示。

13.2.6　Python 实现

在本节中，我们将展示如何使用 NumPy 在 Python 中实现由 L 层神经网络单元组成的一个通用模型。由于此类模型可能具有大量参数，并且与这些参数相关的代价函数可能是非凸的(13.5 节将进一步讨论)，因此一阶局部优化方法(比如，第 3 章和附录 A 中介绍的梯度下降法及其变型)是调整一般神经网络模型参数的最常见方案。此外，由于“手动”

418

体细胞
树突
轴突
求和单元
激活单元
1 w_0
x_1 w_1
x_N w_N
$a\left(w_0+\sum_{n=1}^{N} w_n x_n\right)$
线性组合
非线性激活

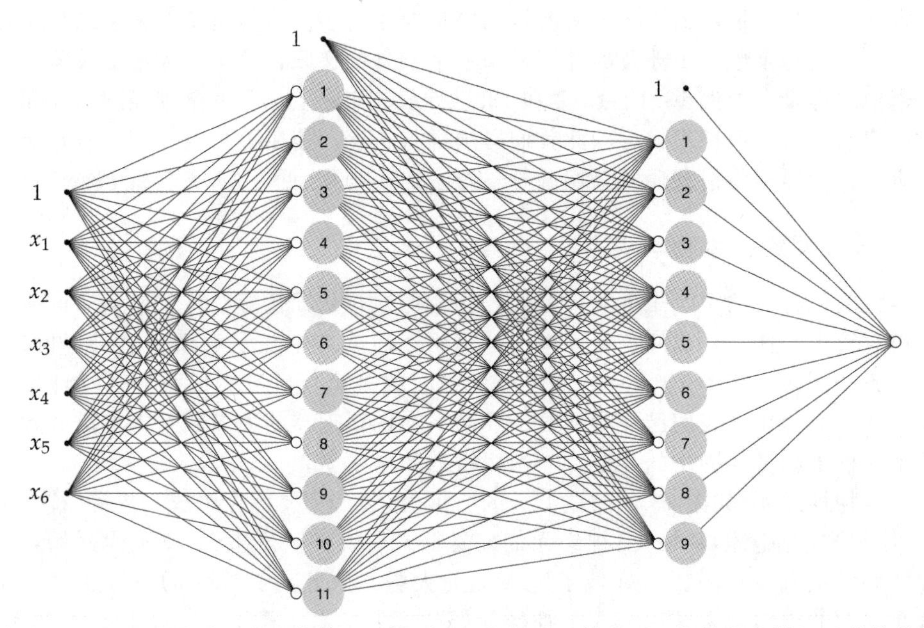

图 13.8 (左上子图)典型的生物神经元。(右上子图)人工神经元，它是生物神经元的简单数学模型，由以下部分组成：(i)表示各个乘法的加权边(w_0 乘以 1，w_1 乘 x_1，等等)；(ii)标识为小空心圆的求和单元，表示求和 $w_0+w_1x_1+\cdots+w_Nx_n$；(iii)标识为大圆圈的激活单元，表示非线性激活函数 $a(\cdot)$对求和结果的计算。(底部子图)从生物学角度详细描述神经网络时，一个全连接两层神经网络的例子的常见表示

计算采用神经网络单元的模型的导数非常烦琐(见 13.4 节)，因此一般使用自动微分。因此，在这里介绍的 Python 实现中，我们强烈建议使用 autograd(本书中始终使用这一自动微分器，见 B.10.2 节)，使得导数的计算变得清晰简单。

419

下面我们给出一种神经网络特征变换的实现，称为 feature_transforms(该符号在第 10 章中首次出现)。

```
# neural network feature transformation
def feature_transforms(a, w):

    # loop through each layer
    for W in w:

        # compute inner-product with current layer weights
        a = W[0] + np.dot(a.T, W[1:])

        # pass through activation
        a = activation(a).T

    return a
```

这个 Python 函数输入为 x，记为变量 a，神经网络内部的权值矩阵 $\boldsymbol{W}_1$ 到 $\boldsymbol{W}_L$ 的整个集合记为变量 w，其中 w = [W_1,W_2,⋯,W_L]。特征转换函数的输出是网络最后一层的输出，表示为式(13.26)中的代数式。递归地计算该输出，并在整个网络体系结构中向前循环，从使用矩阵 $\boldsymbol{W}_1$ 的第一个隐藏层开始，到使用 $\boldsymbol{W}_L$ 的最后的隐藏层计算结束。这得到一个 Python 函数，它包含一个简单的对于隐藏层的权值矩阵的 for 循环。注意，在上述实现的第 11 行中，activation 可以是由 NumPy 操作构建的任何初等函数。例如，tanh 激活函数可以写为 np.tanh(a)，而 ReLU 可以写为 np.maximum(0, a)。

完成特征变换函数后，就可以实现我们的模型，这是前几章中实现的简单变化。这里，Python 函数的输入是 x(输入数据)和长度为 2 的 Python 列表 theta，其第一个元素包含内部权值矩阵列表，第二个元素包含最终线性组合的权值：

```
1  # neural network model
2  def model(x, theta):
3
4      # compute feature transformation
5      f = feature_transforms(x, theta[0])
6
7      # compute final linear combination
8      a = theta[1][0] + np.dot(f.T, theta[1][1:])
9
10     return a.T
```

420

全连接神经网络模型的这种实现可以很容易地与前面章节中介绍的通用机器学习代价函数的 Pythonic 实现进行组合。

最后，我们给出一个名为 network_initializer 的 Python 函数，该函数可初始化神经网络模型的权值，并且还提供了一个创建一般体系结构的简单接口，正是这个初始化程序确定了我们所实现的网络的形状。要创建期望的网络，只需输入一个由逗号分隔的列表 layer_sizes，其形如：

```
1  layer_sizes = [N, U_1, ..., U_L, C]
```

其中 N 是输入维度，U_1 到 U_L 分别是隐藏层 1 到 L 中所求单元的数量，C 是输出维度。

然后，初始化程序将自动创建(适当维度的)初始权值矩阵以及线性组合的最终权值，将它们打包在一起作为输出 theta_init：

```
1  # create initial weights for a neural network model
2  def network_initializer(layer_sizes, scale):
3
4      # container for all tunable weights
5      weights = []
6
7      # create appropriately-sized initial
8      # weight matrix for each layer of network
9      for k in range(len(layer_sizes)-1):
10
11         # get layer sizes for current weight matrix
12         U_k = layer_sizes[k]
13         U_k_plus_1 = layer_sizes[k+1]
14
15         # make weight matrix
16         weight = scale*np.random.randn(U_k+1, U_k_plus_1)
17         weights.append(weight)
18
19     # repackage weights so that theta_init[0] contains all
20     # weight matrices internal to the network, and theta_init[1]
21     # contains final linear combination weights
22     theta_init = [weights[:-1], weights[-1]]
23
24     return theta_init
```

421

接下来，我们讨论几个使用此实现的例子。

例 13.4　使用多层神经网络进行非线性分类

在这个例子中，我们对于 11.9.2 节中的二分类数据集采用一个多层结构执行非线性分类。我们任意选择具有 4 个隐藏层、每层包含 10 个单元的网络，采用 tanh 激活函数。然后，通过梯度下降法最小化一个相关的二分类 Softmax 代价函数(见式(10.31))来调整该模型的参数，然后将图 13.9 顶排中学到的非线性决策边界及数据集可视化。

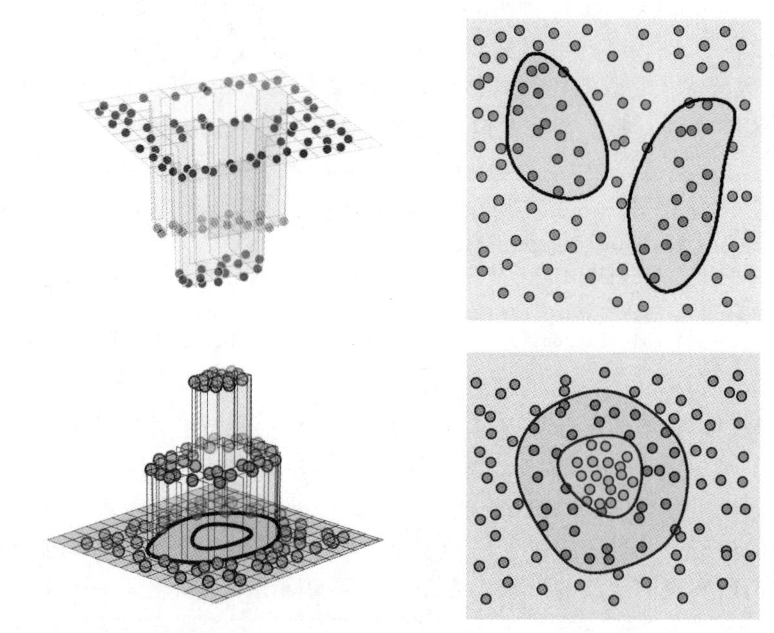

图 13.9　与例 13.4 相关的图。全连接神经网络从回归视角(左列)和感知机视角(右列)在二分类数据集(顶排)和多分类数据集(底排)上学习到的决策边界。详细内容参见正文(见彩插)

接下来，我们使用由两个隐藏层构成的模型对例 10.6 中含 $C=3$ 个类的多分类数据集执行多分类任务，任意选择每层中的单位数，如 $U_1=12$ 和 $U_2=5$，激活函数为 tanh，并使用一个共享方案(即每个分类器共享网络体系结构，一般特征变换详见 10.5 节)。然后，我们通过最小化对应的多分类 Softmax 代价函数(见式(10.42))对模型参数进行调整，并在图 13.9 的底排展示学到的决策边界。

422

例 13.5　随机自动编码器流形

在 10.6.1 节中，我们介绍了通用非线性自动编码器，它由两个非线性函数组成：编码器 $\boldsymbol{f}_e$ 和解码器 $\boldsymbol{f}_d$，我们对其参数进行了调整，以便(理想情况下)其复合 $\boldsymbol{f}_d(\boldsymbol{f}_e(\boldsymbol{x}))$ 构成最佳非线性流形，一个输入数据集即位于这一流形上。换句话说，给定一组输入点 $\{\boldsymbol{x}_p\}_{p=1}^{P}$，我们的目的是调整编码器/解码器对的参数，以使得

$$\boldsymbol{f}_d(\boldsymbol{f}_e(\boldsymbol{x}_p)) \approx \boldsymbol{x}_p \qquad p=1,2,\cdots,P \tag{13.29}$$

图 13.10 显示了函数 $\boldsymbol{f}_d(\boldsymbol{f}_e((\boldsymbol{x}))$ 的 9 个实例，每个实例在技术上都称为一个流形，其中 $\boldsymbol{f}_d$ 和 $\boldsymbol{f}_e$ 均为 5 层神经网络，每层有 10 个单元，并且用正弦函数作为激活函数。在每种情形下，所有权值都是随机设置的，以展示使用此类编码/解码功能可能发现的非线性流形的种类。由于这种非线性自动编码器模型的容量非常大，因此图中所示的实例在形状上非常多样。

图 13.10 与例 13.5 相关的图。多层神经网络自动编码器生成的 9 个随机流形。详细内容参见正文

例 13.6 使用多层神经网络的非线性自动编码器

在这个例子中，我们描述使用多层神经网络自动编码器来学习图 13.11 左上子图所示数据集上的一个非线性流形。这里，对于编码器和解码器函数，我们都使用任意的 3 层全连接网络，每层 10 个单元，激活函数为 tanh。然后，通过最小化式(10.53)中给出的最小二乘代价函数，同时调整两个函数的参数，然后找出数据集所在的合适的非线性流形。在图 13.11 中，我们展示了学习到的流形(右上子图)、原始数据集的解码版本，即，将原始数据集投影到我们学习到的流形上(左下子图)以及一张投影图，该图通过一张向量场图(右下子图)展示了如何将空间中的所有数据投影到学习到的流形上。

423

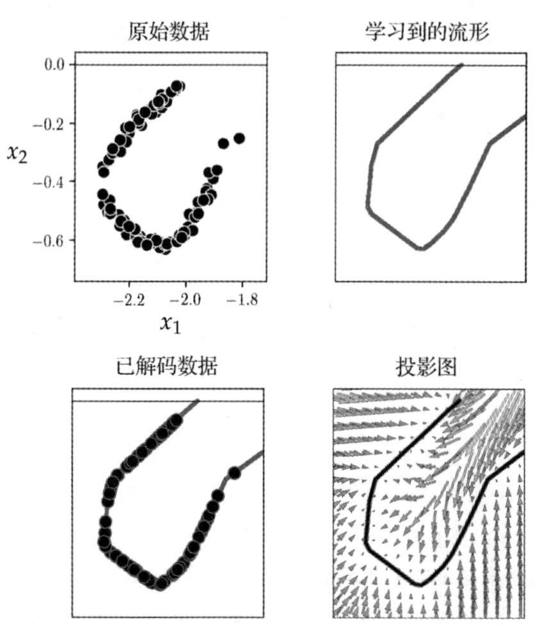

图 13.11 与例 13.6 相关的图。详细内容参见正文

13.3　激活函数

原则上，可以使用任何(非线性)函数作为全连接神经网络的激活函数。在激活函数的概念被提出后的一段时间内，基本是基于其生物合理性选择合适的激活函数，因为最初人们就是从这一角度认识神网络的(见13.2.5节)。现在对于激活函数的选择则是基于实际考虑，包括我们能够对使用它们的模型进行合适优化的能力以及它们的总体性能。本节通过几个例子简要回顾过去和现在常用的激活函数。

424

例13.7　阶跃函数和sigmoid激活函数

正如在13.2.5节中讨论的那样，神经网络的概念首先是从生物学的角度引入的，其中一个网络体系结构的每个单元都模仿人脑中的生物学神经元。人们认为这种神经元的行为有几分类似于数字开关，它们完全“接通”或“断开”以将信息传输到相连的细胞。这种认识自然导致阶跃函数的使用，这种函数只有两个值：0(关闭)和1(开启)。但是，这种阶跃函数(见6.2节关于逻辑回归的讨论)会产生分段平滑的代价函数(比如，见图6.3左子图)，使用任何局部优化技术对这样的函数进行优化都是非常困难的。在逻辑回归情形中，正是此类问题促成了逻辑sigmoid函数的出现，并且出于同样的实际考虑，sigmoid函数也是最早广泛使用的激活函数之一。由于它是阶跃函数的一个平滑近似，因此逻辑sigmoid函数被认为是期望的神经元模型与合适调整参数的实际需求之间的合理折衷。

尽管逻辑sigmoid函数在线性分类相对简单的情形下表现良好，但是当用作激活函数时，它通常会导致一个技术问题，即梯度消失问题。注意逻辑sigmoid函数(如图13.12左上子图所示)如何将几乎所有负输入值(除了那些靠近原点的)映射到非常接近于零的输出值，且其导数(左下子图)将输入值从原点映射到非常接近于零的输出值。这些特性可能导致采用sigmoid激活的神经网络模型的梯度出现我们不希望的缩小，从而难以合适地调整参数——随着隐藏层数量的增加，这个问题会越来越严重。

实践中，采用tanh激活函数的神经网络模型通常比采用逻辑sigmoid激活函数的神经网络模型表现更好，因为该函数本身的输出是以原点为中心的。但是，由于tanh激活函数的导数同样将输入值从原点映射到非常接近于零的输出值，因此采用tanh激活函数的神经网络可能也会遇到梯度消失问题。

例13.8　线性整流(ReLU)激活函数

在全连接神经网络出现后的几十年中，研究人员基于其生物学上的合理性质(见13.2.5节)，几乎只采用逻辑sigmoid激活函数。直到2000年初，一些研究人员才开始打破这一传统，尝试采用和测试其他激活函数[60]。简单的ReLU函数(见例13.1)是第一个要推广的此类激活函数。

425

与逻辑sigmoid函数(它同时使用一个对数函数和一个指数函数)相比，ReLU在计算上更为简单，它已迅速成为当前使用最广泛的激活函数。由于ReLU的导数(见图13.12右下子图)仅将负输入值映射为零，因此采用此激活的网络往往不会(严重地)受到梯度消失问题的困扰，而逻辑sigmoid激活函数则会受到影响(前例中已详细说明)。但是，由于ReLU本身的形状(见右上子图)，在初始化和训练采用ReLU激活函数的网络时仍必须小心，因为ReLU单元本身在非正输入点也会消失。例如，类似于将6.4节中描述的ReLU代价函数在远离原点处进行初始化的情形(优化过程在原点处会卡住)，一个采用ReLU激活函数的全连接神网络应该在远离原点的地方初始化，以避免过多的单元(及其梯度)消失。

426

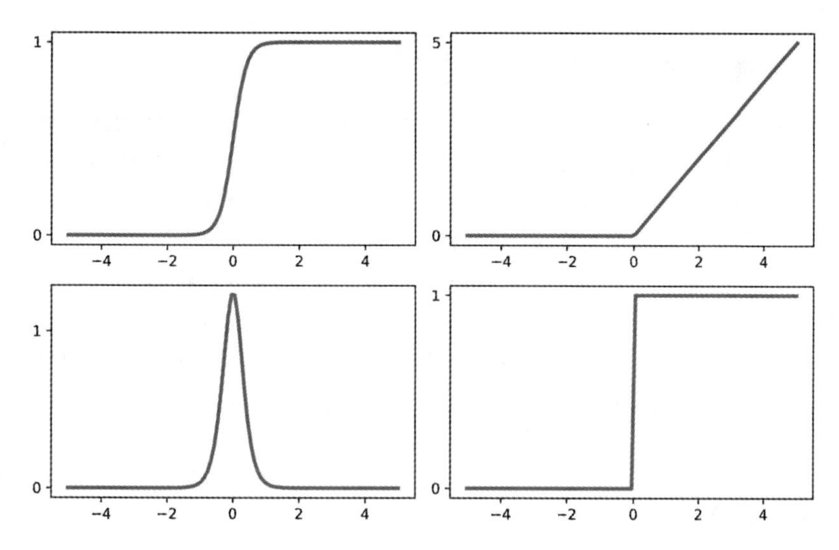

图 13.12　与例 13.7 和 13.8 相关的图。逻辑 sigmoid 函数(左上子图)及其导数(左下子图)。此处的导数将大多数输入值从原点映射到非常接近零的输出值，这可能会导致在优化过程中采用逻辑 sigmoid 激活函数的网络的梯度消失，从而得不到合适调整的参数。ReLU 函数(右上子图)及其导数(右下子图)尽管不易有梯度消失问题，但采用 ReLU 的神经网络需要在远离零的位置初始化，以防止单元消失。详细内容参见正文

例 13.9　maxout 激活函数

maxout 激活函数定义为

$$a(x)=\max(v_0+v_1x, w_0+w_1x) \tag{13.30}$$

该函数是 ReLU 的同一类，它取输入的两个线性组合的最大值(而不是像 ReLU 那样取一个线性组合和 0 的最大值)。图 13.13 中绘出了这种 maxout 单元的 4 个实例，在每种情况下参数 v_0、v_1、w_0 和 w_1 都是随机设置的。尽管这种变化从代数形式上看似乎并不大，但采用 maxout 激活函数的多层神经网络体系结构相对于采用 tanh 和 ReLU 激活函数的体系结构具有一定优势，包括：(i)较少出现有问题的初始化；(ii)梯度消失问题更少；(iii)经验上有更快的收敛速度和更小的梯度下降步骤[61]。但这些优势也有代价：maxout 激活函数的内部参数是 ReLU 或 tanh 的两倍，因此使用它们构建的网络体系结构需要调整的参数大约是后两者的两倍。

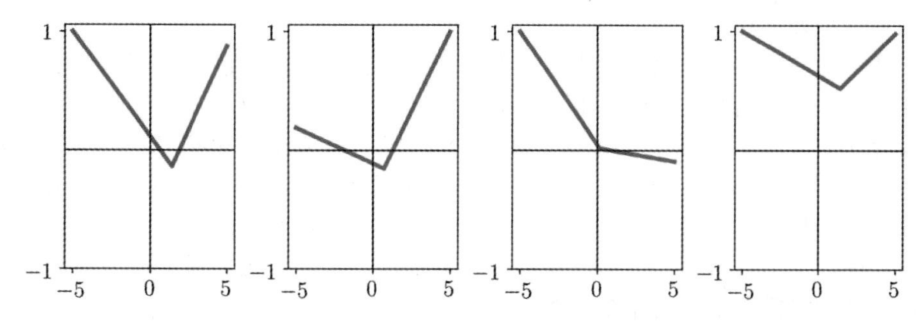

图 13.13　与例 13.9 相关的图。式(13.30)中 maxout 单元的 4 个实例，每种情形下都随机地设置参数。详细内容参见正文

13.4 反向传播算法

反向传播算法(通常简称为反向传播或 backporp)是机器学习中使用的专业术语，用于描述一种利用计算机程序以算法方式计算梯度的方法，该方法对于采用多层神经网络的模型特别有效。反向传播是通常称为自动微分的反向模式的一个特例。有兴趣的读者可参阅附录 B.6 和 B.7 中有关自动微分的更多内容。

自动微分使我们能够将“手动”计算梯度的烦琐工作交给不知疲倦的现代计算机。换句话说，自动微分器是一种有效的计算器，它使几乎所有代价函数的梯度计算变得简单。就像整个历史上的许多技术进步一样，不同科学和工程领域的研究人员在不同的时间对自动微分都一再应用并拓展了自动微分技术。这正是自动微分在机器学习领域称为反向传播的原因。

427

13.5 神经网络模型的优化

与全连接神经网络模型相关的代价函数通常是高度非凸的。在本节中，我们将探讨这一问题，重点介绍本书附录 A 中讨论的局部优化技术，这些技术在合适调整此类模型时特别有用。

非凸性

采用多层神经网络的模型几乎总是非凸的。但是，它们经常表现出各种非凸性，我们可以使用高级优化方法(如本书附录 A 介绍的方法)轻松解决这些非凸性问题。例如，在 6.2.4 节中，我们研究了采用基于 sigmoid 函数模型的逻辑回归的一个最小二乘代价函数的形状。对于 1 维输入，该模型表示为

$$\text{model}(x,\Theta) = \sigma(w_0 + w_1 x) \tag{13.31}$$

可以从神经网络的角度将上式解释为具有标量输入和 sigmoid 激活函数的单层神经网络的一个单元，其中最终线性组合的权值是固定的(偏差设置为 0，$\sigma(\cdot)$的权值设为 1)。在图 6.3 的中间子图中，我们显示了在图 6.2 所示的简单数据集上该模型的最小二乘代价函数的曲面。

检查此代价函数的一般形状，我们可以清楚地看到它是非凸的。代价函数表面的多个部分(位于包含代价全局最小值的狭长低谷的两侧)几乎完全平坦。通常，采用神经网络模型的代价函数具有非凸形状，这些形状具有图中所示的各种基本特征：狭长的低谷、平坦的区域以及许多鞍点和局部最小值。

对于基本的一阶和二阶优化方法，这类非凸性是有问题的。但是，可以扩展这两种方法以更好地处理这种问题。对于基于梯度的方法尤其如此，因为对标准梯度下降方法进行修改可以轻松处理非凸函数的狭长低谷和平坦区域。这些改进包括基于动量的(见附录 A.2)和归一化的梯度方法(见附录 A.3)。除小批量优化(见 7.8 节和附录 A.5)外，将这两种改进方法(见附录 A.4)结合起来可以进一步增强基于梯度的方法，使其可以更轻松地最小化图 6.3 中间子图所示的代价函数及神经网络模型。简而言之，通常可以使用高级优化工具处理神经网络模型中的这类非凸性。

428

即使当神经网络代价函数具有许多局部最小值时，它们往往位于接近其全局最小值的低处。因此，如果它们是通过局部优化找到的，往往会具有相似的性能。图 13.14 的顶部子图显示了这种典型代价函数的抽象描述，这也是在神经网络模型中会经常遇到的一类。

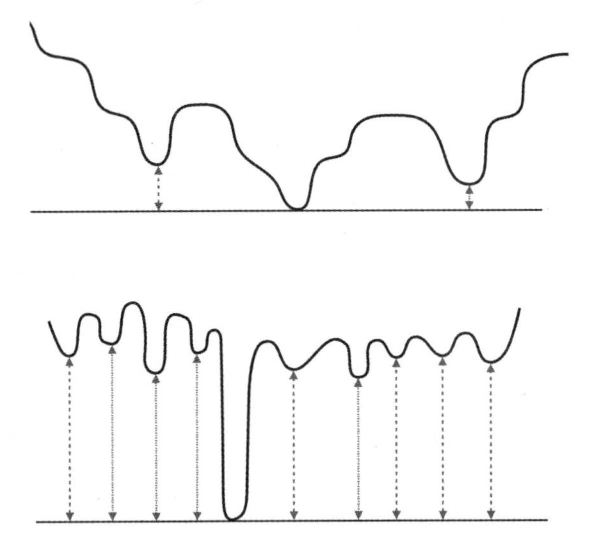

图 13.14　(顶部子图)采用神经网络模型时典型代价函数的一个抽象描述。这样的代价函数可能包含许多鞍点、狭长的低谷和局部最小值，其深度与全局最小值非常接近。使用先进的局部优化技术，我们可以轻松地遍历鞍点和狭长的低谷，从而确定局部最小值。(底部子图)使用神经网络模型时很少遇到的最坏情况的非凸函数的抽象描述。这里，代价函数的局部最小值和全局最小值之间的深度差异很大，因此，使用来自每个区域的参数的模型的质量将有很大差异。鉴于大量极差的局部最小值，使用局部优化很难将这样一个代价函数合适地最小化

这与一种假设最坏情况下的非凸代价函数(神经网络中不常遇到)完全不同，后者的全局最小值远低于其局部最小值。图 13.14 的底部子图中显示了这种函数的抽象描述。我们无法对任何局部优化方法进行改进，使其能够有效地最小化这种代价函数，唯一可行的方法是从随机初始点开始进行多次运行，以观察某次运行是否可以达到全局最小值。

429

例 13.10　在多层神经网络模型上比较一阶优化器

在此示例中，我们使用 MNIST 数据集中的 $P=50\ 000$ 个随机选择的数据点(见例 7.10)，使用 4 层神经网络(每层 10 个单位)执行多分类任务(类别 $C=10$)，并且采用 tanh 激活函数(这是针对本例的目的任意选择的网络)。这里我们比较了三种一阶优化器的功效：标准梯度下降法(见 3.5 节)、分量归一化梯度下降法(见 A.3.2 节)和 RMSProp 方法(见 A.4 节)。

在批量方法和小批量方法(批次大小为 200)(见 7.8 节)中使用这三种优化器对此数据上的多分类 Softmax 代价函数进行最小化。每次运行都采用相同的初始化点，且都使用形如 $\alpha=10^{\gamma}$(γ 为整数)的最大固定步长值，该值使得最小化过程收敛。

在图 13.15 中，我们显示了批量方法(顶排)和小批量方法(底排)的运行结果，并展示了在前 10 轮(或完整扫描整个数据集后)度量每个优化程序功效的代价函数和准确度历史记录。在批量法和小批量法的运行中，我们可以看到分量归一化梯度下降法和 RMSProp 法在收敛速度方面明显优于标准梯度下降法。

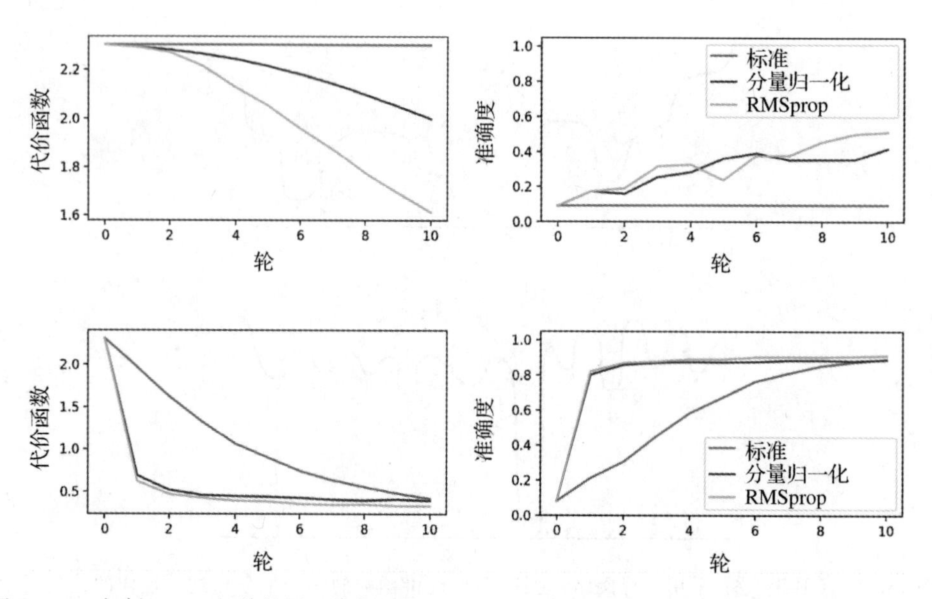

图 13.15 与例 13.10 相关的图。代价函数(左列)和准确度(右列)历史记录图，比较了三个一阶优化器在 MNIST 数据集上调整一个 4 层神经网络模型的参数的功效，每个优化器分别使用了批量法(顶排)和小批量法(底排)形式。详细内容参见正文(见彩插)

13.6 批量归一化

之前在 9.3 节中我们已看到对数据集的每个输入特征作归一化可以极大地加快参数调优，特别是在一阶优化方法中，通过改进一个代价函数的等值线(使它们变得更“圆”)能得到很好的加速。

对于普通的线性模型：

$$\text{model}(\boldsymbol{x},\boldsymbol{w}) = w_0 + x_1 w_1 + \cdots + x_N w_N \tag{13.32}$$

标准归一化通过以下第 n 个输入维度上的替换来归一化数据集 $\{\boldsymbol{x}_p\}_{p=1}^{P}$ 的每个输入维度的分布：

430

$$x_{p,n} \leftarrow \frac{x_{p,n} - \mu_n}{\sigma_n} \tag{13.33}$$

其中 μ_n 和 σ_n 分别是该维度上的均值和标准方差。

在本节中，我们将学习如何将标准归一化分步骤作用到下面 L 层神经网络模型的每个隐藏层上：

$$\text{model}(\boldsymbol{x},\Theta) = w_0 + f_1^{(L)}(\boldsymbol{x})w_1 + \cdots + f_{U_L}^{(L)}(\boldsymbol{x})w_{U_L} \tag{13.34}$$

其中$f_1^{(1)}$ 至$f_{U_L}^{(1)}$是 L 层单元，类似地，使得调整此类模型的参数变得非常容易。

通过这种称为批量归一化[62]的扩展标准归一化技术，我们不仅可以对全连接网络的输入进行归一化，还可以对网络中每个隐藏层中每个单元的分布进行归一化。我们将看到，这样做可以加快全连接神经网络模型的优化(比仅使用输入的标准归一化的优化速度更快)。

431

13.6.1 单隐藏层单元的批量归一化

首先，为了简单起见，假设我们正在处理一个单层神经网络模型。在式(13.34)中将 L 设置为 1 可以得到该模型为

$$\text{model}(\boldsymbol{x},\Theta) = w_0 + f_1^{(1)}(\boldsymbol{x})w_1 + \cdots + f_{U_1}^{(1)}(\boldsymbol{x})w_{U_1} \tag{13.35}$$

现在，我们扩展基本的标准归一化方案，将同样的归一化概念应用于该模型的每个“权值相关”分布。当然，这里的输入特征不再与最终线性组合的权值(即 $w_1, w_2, \cdots, w_{U_1}$)相关。它们与单层网络内部的权值相关。通过分析该网络中第 j 个单层单元，我们可以更轻松地看到这一点

$$f_j^{(1)}(\boldsymbol{x}) = a\left(w_{0,j}^{(1)} + \sum_{n=1}^{N} w_{n,j}^{(1)} x_n\right) \tag{13.36}$$

其中输入 x_n 的第 n 个维度仅与内部权值 $w_{n,j}^{(1)}$ 相关。因此，在标准归一化输入时，我们仅仅使用单层单元内部的权值直接影响代价函数的等值线。为了影响一个代价函数关于第一个隐藏层外部权值的等值线(此处为最终线性组合的权值)，我们必须对第一个隐藏层的输出进行归一化。

将这些输出值放在一个集合中并记为 $\{f_j^{(1)}(\boldsymbol{x}_p)\}_{p=1}^{P}$，我们自然希望对其分布进行标准归一化，如下所示：

$$f_j^{(1)}(\boldsymbol{x}) \leftarrow \frac{f_j^{(1)}(\boldsymbol{x}) - \mu_{f_j^{(1)}}}{\sigma_{f_j^{(1)}}} \tag{13.37}$$

其中均值 $\mu_{f_j^{(1)}}$ 和标准偏差 $\sigma_{f_j^{(1)}}$ 为

$$\mu_{f_j^{(1)}} = \frac{1}{P}\sum_{p=1}^{P} f_j^{(1)}(\boldsymbol{x}_p) \text{ 且 } \sigma_{f_j^{(1)}} = \sqrt{\frac{1}{P}\sum_{p=1}^{P}\left(f_j^{(1)}(\boldsymbol{x}_p) - \mu_{f_j^{(1)}}\right)^2} \tag{13.38}$$

特别要注意，与输入特征不同，每次改变模型的内部参数时(比如，在梯度下降的每个步骤中)，单层单元的输出(以及它们的分布)都会改变。这些分布的恒定变化在机器学习的术语中称为内部协变量移位，简称为协变量移位，这意味着如果我们要完全沿用标准归一化的原理，需要在参数调整的每个步骤中对第一个隐藏层的输出进行归一化。换句话说，我们需要将标准归一化直接应用到网络本身的隐藏层中。

432

下面我们给出执行此操作的通用方案，这是对 13.2.1 节中给出的单层单元的递归方案的一个简单扩展。

批量归一化的单层单元的递归方案

1. 选择一个激活函数 $a(\cdot)$；
2. 计算线性组合 $v = w_0^{(1)} + \sum_{n=1}^{N} w_n^{(1)} x_n$；
3. 将结果传递给激活函数得到 $f^{(1)}(\boldsymbol{x}) = a(v)$；
4. 将 $f^{(1)}$ 标准归一化为 $f^{(1)}(\boldsymbol{x}) \leftarrow \dfrac{f^{(1)}(\boldsymbol{x}) - \mu_{f^{(1)}}}{\sigma_{f^{(1)}}}$。

例 13.11　可视化单层网络中的内部协变量移位

本例中我们描述采用两个 ReLU 单元 $f_1^{(1)}$ 和 $f_2^{(1)}$ 的单层神经网络模型中的内部协变量移位，该模型用于在例 11.7 中的小型数据集上执行二分类任务。我们使用这个单层网络执行 5000 个梯度下降法步骤对二分类 Softmax 代价函数进行最小化，网络中对输入数据进行了标准归一化。

图 13.16 显示了梯度下降法的运行进程，在执行的三个步骤中绘出了元组 $\{f_1^{(1)}(\boldsymbol{x}_p),$

$f_2^{(1)}(\boldsymbol{x}_p)\}_{p=1}^P$。顶排和底排子图分别显示了协变量移位和完整的代价函数历史曲线，其中优化的当前步骤在曲线上用黑点标记。

从图 13.16 的顶排子图可以看出，这些元组的分布随着梯度下降算法的运行急剧变化。我们可以从前面关于输入归一化的讨论中得知，这种移位分布会对梯度下降法合适地最小化代价函数的速度产生负面影响。

接下来，用相同的设置重复该实验，但现在使用批量归一化的单层单元，并以类似的方式在图 13.17 中绘制结果。注意，随着梯度下降法的进行，激活函数输出的分布相当稳定。

433

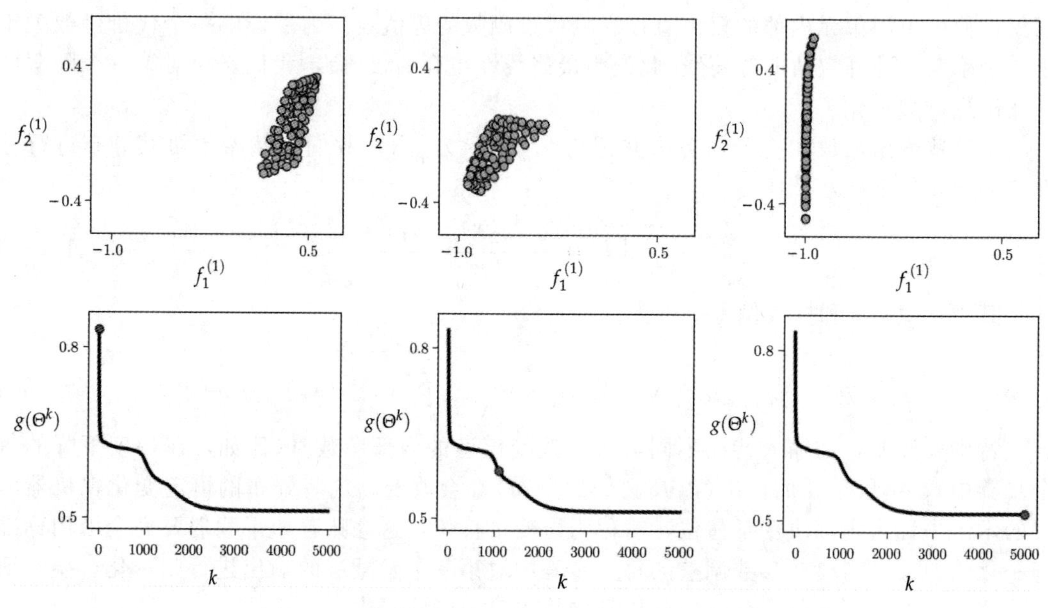

图 13.16　与例 13.11 相关的图。详细内容参见正文

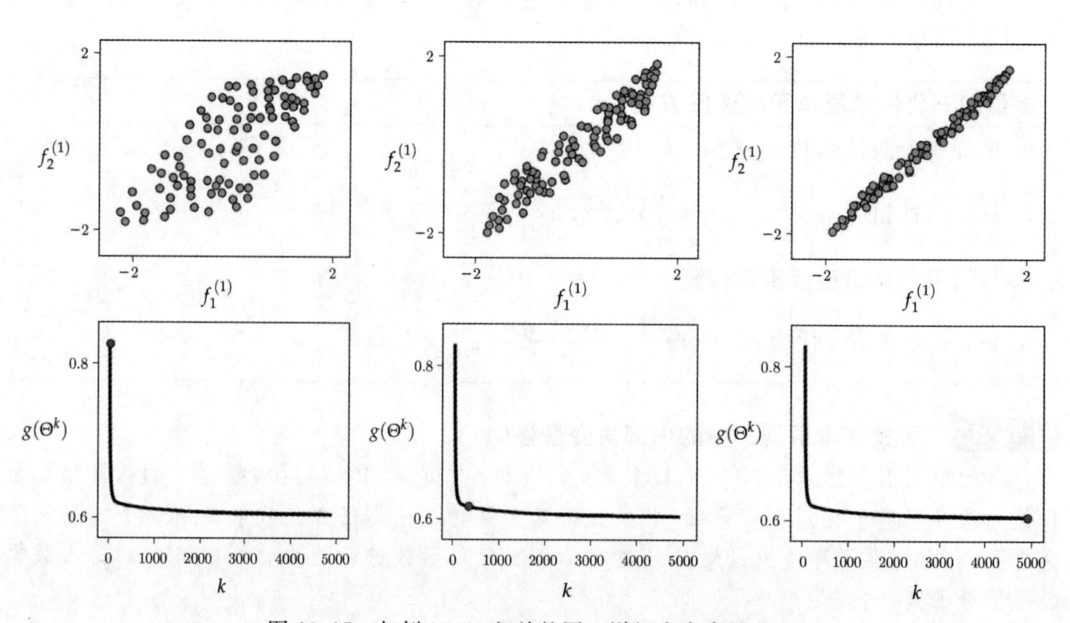

图 13.17　与例 13.11 相关的图。详细内容参见正文

13.6.2　多隐藏层单元的批量归一化

暂时假设我们的全连接神经网络只有两个隐藏层(即，式(13.34)中的 $L=2$)，并且如前节所述，我们将标准归一化步骤应用于网络的第一个隐藏层，这样两层单元就可以与最终的线性组合权值(即 $w_1, w_2, \cdots, w_{U_2}$)相关。为了针对 w_j 调整的关联代价函数，我们通过

434

$$f_j^{(2)}(\boldsymbol{x}) \leftarrow \frac{f_j^{(2)}(\boldsymbol{x}) - \mu_{f_j^{(2)}}}{\sigma_{f_j^{(2)}}} \tag{13.39}$$

将第 j 个单元的相关分布进行最小化，其中均值 $\mu_{f_j^{(2)}}$ 和标准偏差 $\sigma_{f_j^{(2)}}$ 定义为

$$\mu_{f_j^{(2)}} = \frac{1}{P}\sum_{p=1}^{P} f_j^{(2)}(\boldsymbol{x}_p) \quad 且 \quad \sigma_{f_j^{(2)}} = \sqrt{\frac{1}{P}\sum_{p=1}^{P}\left(f_j^{(2)}(\boldsymbol{x}_p) - \mu_{f_j^{(2)}}\right)^2} \tag{13.40}$$

如上一节对单层网络的研究一样，这里我们也需要将这一步骤应用于网络的第二个隐藏层，以便每当其参数发生改变时(比如，在局部优化器的每个步骤)，该单元的分布保持归一化。

将这个概念扩展到式(13.34)中的一般 L 层神经网络模型，我们将对网络每个隐藏层的输出进行归一化。因此，一般情况下对于 L 层单元，一旦我们对它前面的每一层的输出进行标准归一化后，即对如下第 L 个隐藏层的第 j 个单元进行标准归一化：

$$f_j^{(L)}(\boldsymbol{x}) = a\left(w_{0,j}^{(L)} + \sum_{i=1}^{U_{L-1}} w_{i,j}^{(L)} f_i^{(L-1)}(\boldsymbol{x})\right) \tag{13.41}$$

这需要进行下面的替换：

$$f_j^{(L)}(\boldsymbol{x}) \leftarrow \frac{f_j^{(L)}(\boldsymbol{x}_p) - \mu_{f_j^{(L)}}}{\sigma_{f_j^{(L)}}} \tag{13.42}$$

其中均值 $\mu_{f_j^{(L)}}$ 和标准偏差 $\sigma_{f_j^{(L)}}$ 定义为

$$\mu_{f_j^{(L)}} = \frac{1}{P}\sum_{p=1}^{P} f_j^{(L)}(\boldsymbol{x}_p) \quad 且 \quad \sigma_{f_j^{(L)}} = \sqrt{\frac{1}{P}\sum_{p=1}^{P}\left(f_j^{(L)}(\boldsymbol{x}_p) - \mu_{f_j^{(L)}}\right)^2} \tag{13.43}$$

与单层网络的情形一样，我们仍然可以递归构造每个批量归一化单元，因为要做的就是将标准归一化步骤插入每一层的尾端，如以下方案所述(类似于 13.2.3 节中一个普通 L 层单元的方案)。

435

批量归一化 L 层单元的递归方案

1. 选择一个激活函数 $a(\cdot)$；
2. 对 $i=1,2,\cdots,U_{L-1}$，构造 U_{L-1} 个批量归一化 $(L-1)$ 层单元 $f_i^{(L-1)}(\boldsymbol{x})$；
3. 计算线性组合 $v = w_0^{(L)} + \sum_{i=1}^{U_{L-1}} w_i^{(L)} f_i^{(L-1)}(\boldsymbol{x})$；
4. 将结果传递给激活函数，得到 $f^{(L)}(\boldsymbol{x}) = a(v)$；
5. 通过 $f^{(L)}(\boldsymbol{x}) \leftarrow \dfrac{f^{(L)}(\boldsymbol{x}) - \mu_{f^{(L)}}}{\sigma_{f^{(L)}}}$ 对 $f^{(L)}$ 进行标准归一化。

当采用一个随机或小批量一阶方法进行优化时(见 7.8 节)，对网络体系结构的归一化将按本节中描述的方式在每个单独的小批量上执行。还要注意，实践中式(13.42)中的批量归一化公式通常参数化为

$$f^{(L)}(\boldsymbol{x}) \leftarrow \alpha \frac{f^{(L)}(\boldsymbol{x}) - \mu_{f^{(L)}}}{\sigma_{f^{(L)}}} + \beta \tag{13.44}$$

其中包含的可调参数 α 和 β(与批量归一化网络的其他参数都是可调的)可以提供更大的灵活性。但是，即使没有这些额外的参数，当使用(非参数化的)批量归一化调整全连接神经网络模型时，我们也可以显著提高优化速度。

例 13.12 可视化多层网络中的内部协变量移位

在本例中，我们使用 ReLU 激活函数和例 13.11 中使用的相同数据集，描述每层具有两个单元的 4 层网络中的协变量移位。然后，我们将其与同一网络的批量归一化形式中存在的协变量移位进行比较。每层仅使用两个单位，这样可以将每层激活函数输出的分布可视化。

从网络的非归一化形式开始，我们可以看到(与例 13.11 中的单层情形一样)该网络的协变量移位(如图 13.18 顶排子图所示)是相当大的。这里展示了每个隐藏层的单元分布，第 ℓ 个隐藏层的输出元组 $\{(f_1^{(\ell)}(\boldsymbol{x}_p), f_2^{(\ell)}(\boldsymbol{x}_p))\}_{p=1}^P$ 在 $\ell=1$ 时标识为蓝绿色，在 $\ell=2$ 时标识为紫红色，在 $\ell=3$ 时标识为柠檬绿，$\ell=4$ 时标识为橙色。

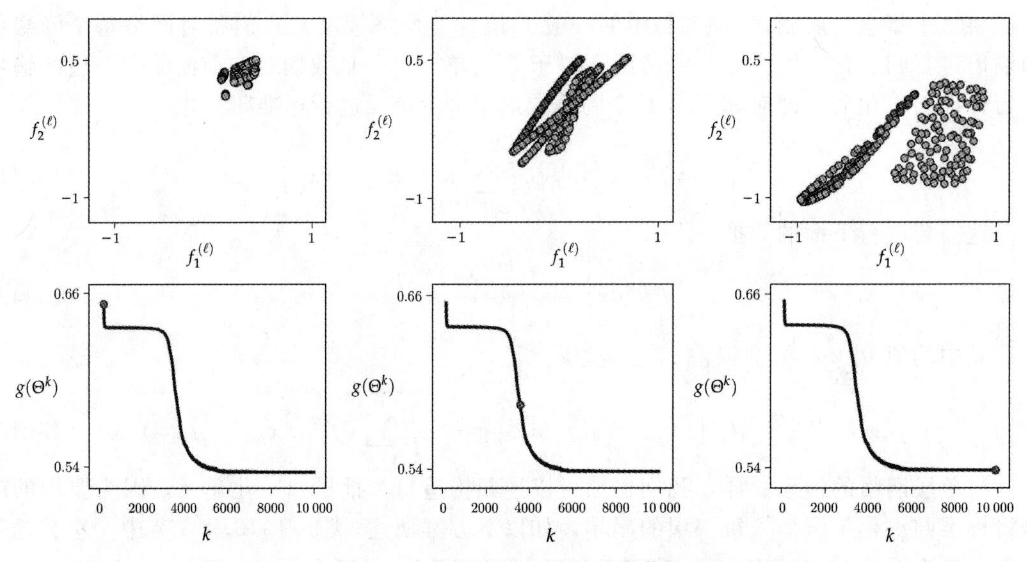

图 13.18 与例 13.12 相关的图。详细内容参见正文(见彩插)

在该网络的每一层执行批量归一化可大大改善协变量移位。在图 13.19 中，我们展示了使用相同的初始化设置、激活函数和数据集运行相同实验的结果，但是这次使用的是同一网络经批量归一化后的版本。从左到右观察此图，随着梯度下降的进行，我们同样可以看到每层激活函数输出的分布比之前更好地保持稳定。

436

例 13.13 MNIST 数据集上的标准归一化与批量归一化

本例中我们在一个含 $P=50\ 000$ 个点的数据集上运行梯度下降法，描述批量归一化在加速优化进程方面的优势。该数据集中的点是随机地从 MNIST 数据集(见例 7.11)中选出的手写数字。在图 13.20 中，我们展示了 10 个梯度下降周期的代价函数(左子图)和分类精度(右子图)的历史记录，使用形如 10^γ(γ 为整数)的最大步长，我们发现得到了足够的收敛性。对一个每层 10 个单元、采用 ReLU 激活函数的 4 层神经网络，我们比较了其标准归一化形式和批量归一化形式。可以看出，在代价函数值和误分类数(准确性)方面，批量归一化形式能使得梯度下降法更快地完成最小化。

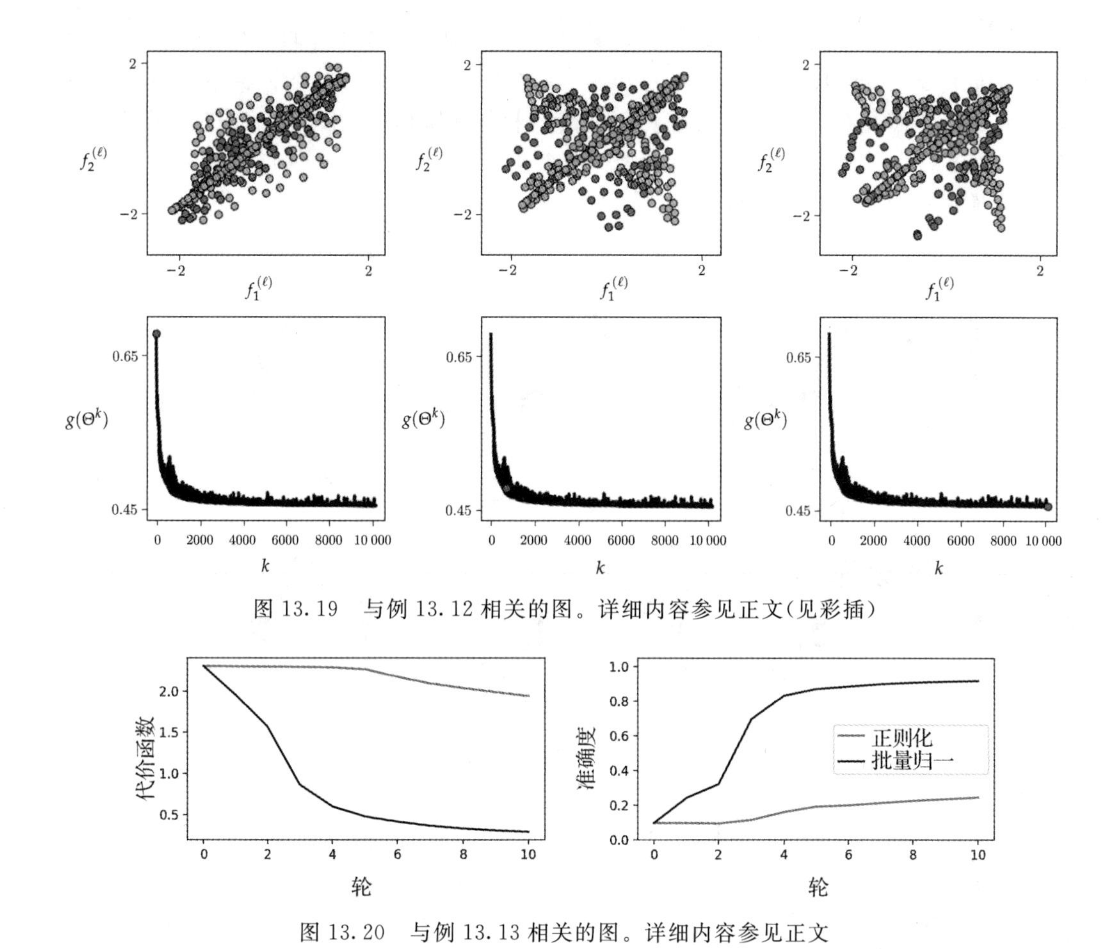

图 13.19　与例 13.12 相关的图。详细内容参见正文(见彩插)

图 13.20　与例 13.13 相关的图。详细内容参见正文

437

13.6.3　在批量归一化网络中对新数据点求值

使用批量归一化神经网络时要记住的重要一点是，我们必须用对待训练数据的方式完全相同地对待(训练中未使用的)新数据点。这意味着必须保存并重新使用在训练过程中确定的最终归一化常数(即输入的各种均值和标准偏差以及每个隐藏层输出的均值和标准偏差)，以便对新的数据点求值。更具体地说，当对新数据点求值时，批量归一化网络中的所有归一化常数应固定为在训练的最后一步(比如，梯度下降的最佳步骤)所计算的值。

13.7　通过早停法进行交叉验证

由于高度参数化，与全连接神经网络(尤其是采用多隐藏层的神经网络)相关的代价函数的优化可能需要大量计算。由于这种基于早停法的正则化(如 11.6.2 节所述)涉及学习参数以在单次优化过程中最大限度地减少验证误差，因此在使用全连接神经网络时是一种常见的交叉验证技术。早停法的概念也是专用的集成技术的基础，该技术旨在以最小的计算代价(参见参考文献[63,64])生成一组用于装袋法的神经网络模型(见 11.9 节)。

438

例 13.14　早停法和回归

在本例中，我们使用一个简单的非线性回归数据集(训练集占 $\frac{2}{3}$，测试集占 $\frac{1}{3}$)以及每层 10 个单元且采用 tanh 激活函数的 3 层神经网络描述早停法的过程。图 13.21 展示了梯度下降法单次运行(共 10 000 个步骤)中的三个不同步骤，每列一个，每个步骤的结果拟合显示在原始数据集(第一排)、训练集(第二排)和验证集(第三排)上。对于原始数据集的这种训练/验证划分比例，在执行(大约)2000 个步骤之后提前停止梯度下降法，可以为整个数据集提供一个不错的非线性模型。

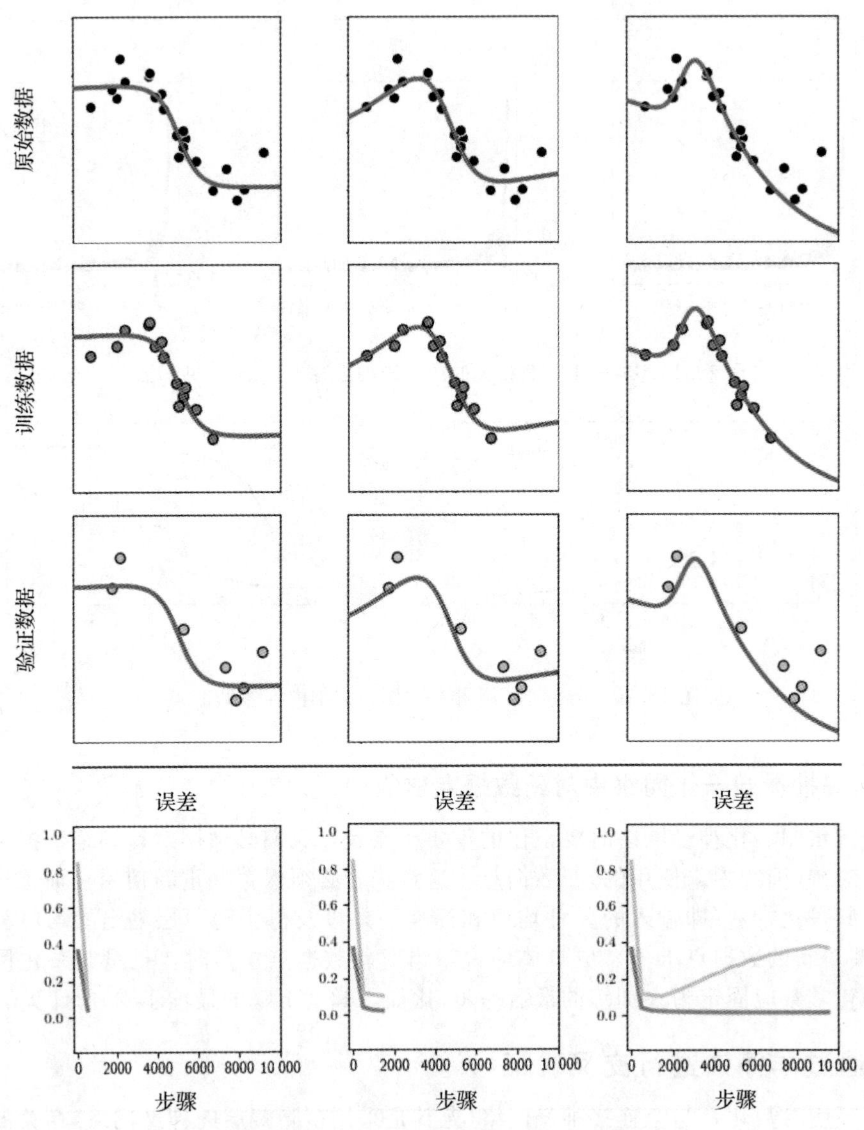

图 13.21　与例 13.14 相关的图。详细内容参见正文

例 13.15　早停法和手写数字分类

在本例中，我们使用基于早停法的正则化方法确定一个两层神经网络的最优设置，使用的数据集是例 7.10 中的手写数字 MNIST 数据集，神经网络的每层含 100 个单位，采用 ReLU 激活函数。这个多分类数据集($C=10$)由训练中的 $P=50\ 000$ 点和验证集中的 10 000 点组成。批量大小为 500 时，我们让标准的小批量梯度下降法运行 100 轮，得到训练集(黑色)和验证集(灰色)上代价函数(左子图)和准确度(右子图)的历史曲线，如图 13.22 所

示。使用多分类 Softmax 代价函数，我们发现此设置的最佳轮数在训练集上达到约 99% 的准确度，在验证集上达到约 96% 的准确度。可以使用本章前面各节中讨论的改进方法进一步提高准确度。为了进行比较，使用相同的数据进行训练/验证的一个线性分类器分别达到了 94% 和 92% 的训练准确度和验证准确度。

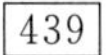

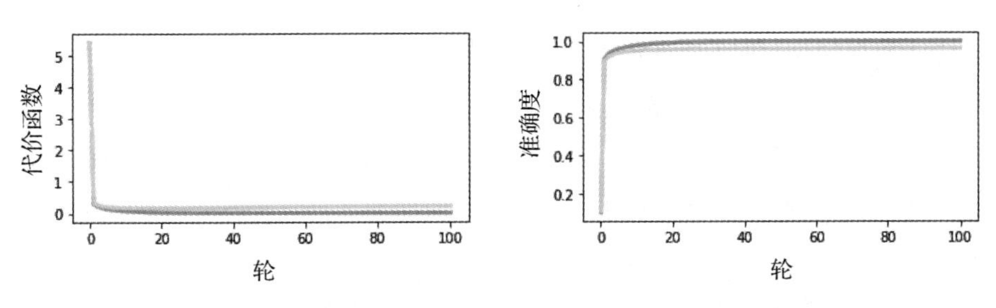

图 13.22 与例 13.15 相关的图。详细内容参见正文

13.8 小结

本章描述了与全连接神经网络相关的一系列技术问题，这些技术问题在 11.2.3 节中已有一定介绍。

首先在 13.2 节中仔细描述单层和多层神经网络体系结构，然后在 13.3 节中讨论了激活函数，13.4 节介绍了反向传播，并在 13.5 节中讨论代价函数在神经网络模型上的非凸性。接下来在 13.6 节探讨了批量归一化，这是 9.4 节中描述的标准归一化过程的自然扩展。最后，在 13.7 节中讨论了基于正则化(尤其是早停法)的交叉验证(见 11.6 节)在全连接神经网络模型中的使用。

440

13.9 习题

完成以下习题所需的数据可以从本书的 GitHub 资源库中下载，链接为 github.com/jermwatt/machine_learning_refined。

习题 13.1 使用神经网络执行二分类任务

以 13.2.6 节概述的实现为基础，重复例 13.4 中的二分类实验。你无须重新绘制图 13.9 顶排子图显示的结果，但可以通过检查是否可以对数据进行完美分类来验证结果。

习题 13.2 使用神经网络执行多分类任务

以 13.2.6 节中介绍的实现为基础，重复例 13.4 中描述的多分类实验。你无须重新绘制图 13.9 底排子图显示的结果，但可以通过检查是否可以对数据进行完美分类来验证结果。

习题 13.3 一个神经网络中要学习的权值数量

(a)利用 13.2.6 节中的 `layer_sizes` 列表中表示的变量，找到一个普通 L 层神经网络中可调参数的总数量 Q。

441

(b)根据(a)中的回答，解释输入维度 N 和数据点的数量 P 分别对 Q 的影响。这与你在第 12 章的核方法中看到的有何不同?

习题 13.4 使用神经网络的非线性自动编码器

以 13.2.6 节中介绍的实现为基础，重复例 13.6 中描述的自动编码器实验。无须重新绘制图 13.11 右下子图中所示的投影图。

习题 13.5　maxout 激活函数

使用 maxout 激活函数(见例 13.9)重复习题 13.4。

习题 13.6　比较高级一阶优化器 I

重复例 13.10 中的第一组实验，并生成类似于图 13.15 顶排子图所示的图。你的图可能不完全与该图相同(但它们看起来应该相似)。

习题 13.7　比较高级一阶优化器 II

重复例 13.10 中的第二组实验，并生成类似于图 13.15 底排子图所示的图。你的图可能不完全与该图相同(但它们看起来应该相似)。

习题 13.8　批量归一化

重复例 13.13 中描述的实验，并生成类似图 13.20 中所示的图形。你的图看起来可能不完全与该图相同(但它们看起来应该相似)

习题 13.9　早停法交叉验证

重复例 13.14 中描述的实验。无须重新绘制图 13.21 所示的所有子图。但应在整个数据集的顶部绘制由与最小验证误差相关的权值给出的拟合。

习题 13.10　使用神经网络进行手写数字识别

重复例 13.15 中描述的实验，并生成如图 13.22 所示的代价函数/准确度历史记录图。你可能无法完全根据实现准确重复已有结果，但应该能够得到与例 13.15 中的结果类似的结果。

442

基于树的学习器

14.1 引言

在本章中，我们对 11.2.3 节中介绍过的基于树的学习器进行详细阐述，这些学习器对于结构化数据特别有效，因而大受欢迎(例如，见 11.8 节的讨论)。在本章中，我们将探讨与基于树的学习器相关的技术细节，介绍回归树和分类树，并且通过基于提升法的交叉验证和装袋集成(分别见 11.5 节和 11.9 节，在机器学习的术语中，它们被称为梯度提升和随机森林)来解释它们的特殊用法。

14.2 从树桩到深度树

在 11.2.3 节中，我们介绍了基于树的学习器的最简单范型：树桩。在本节中，我们将讨论如何利用简单的树桩来定义更普遍和复杂的基于树的通用逼近器。

14.2.1 树桩

最基本的基于树的通用逼近器是树桩，它是一个简单的阶梯函数，其形如：

$$f(x)=\begin{cases}v_1 & x\leqslant s\\ v_2 & x>s\end{cases}\tag{14.1}$$

其中有三个可调整的参数：两个阶层次或叶子参数 v_1 和 v_2(它们的值是相互独立设置的)，以及一个定义两个层次之间边界的分裂点参数 s。图 14.1 的左上子图描述了这个简单的树桩。图 14.1 的右上子图展示了式(14.1)中通用树桩的另一种图形表示，这有助于解释在基于树的逼近器中使用的特殊命名法(即树、叶子等)。在这种表示方式下，树桩可以被认为是深度为 1 的二叉树结构，$f(x)$为其根结点，v_1 和 v_2 为其叶子节点。

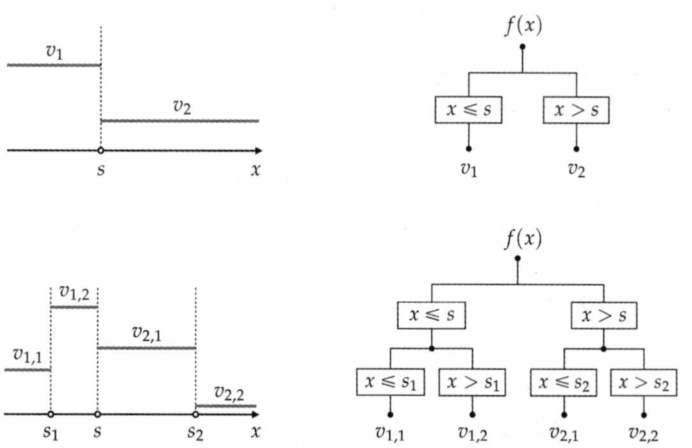

图 14.1 (左上子图)式(14.1)中定义的一个简单的树桩。(右上子图)树桩函数的二叉树图形表示。(左下子图)在树桩的每片叶子上递归地用新的树桩代替，形成一棵深度为 2 的树。(右下子图)深度为 2 的树的图形表示

式(14.1)中定义的树桩接受一维(即标量)输入。当输入为 N 维时，树桩沿单个维度(或坐标轴)切割。例如，当沿着第 n 个维度定义时，一个有 N 维输入 x 的树桩定义为

$$f(\boldsymbol{x})=\begin{cases}v_1 & x_n \leqslant s \\ v_2 & x_n > s\end{cases} \tag{14.2}$$

其中 x_n 表示 $\boldsymbol{x}$ 的第 n 个维度。

14.2.2　通过递归创建深度树

通过递归，我们将构建一个树桩时使用的概念应用于每个叶子结点，即将每个叶子结点分裂为两个，即可构建更深的树。这样递归的结果是一棵深度为 2 的树，有 3 个分裂点和 4 片不同的叶子，如图 14.1 底排子图所示。深度为 2 的树比树桩的容量大得多(见 11.2 节)，分裂点的位置和叶子的值可以用多种不同的方式来设置，如图 14.2 顶排子图所示。

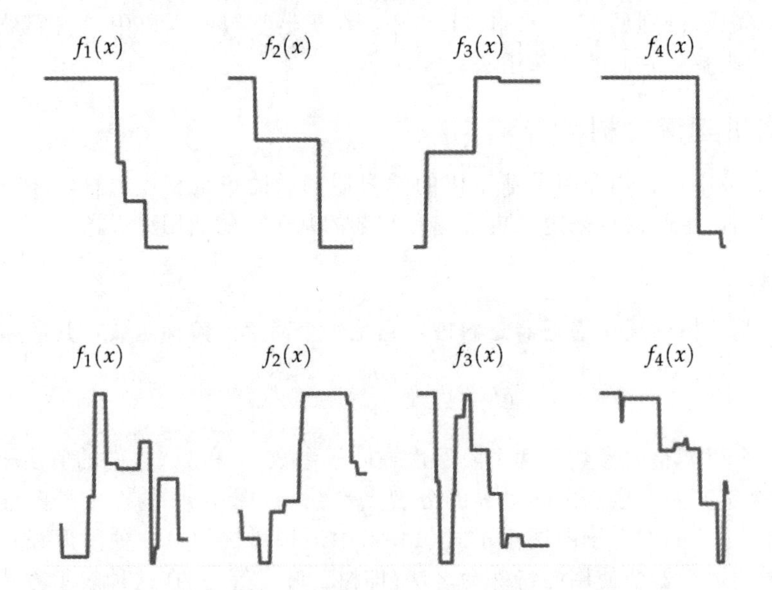

图 14.2　一棵深度为 $D=2$ 的树(上排子图)和一棵深度为 $D=10$ 的树(下排子图)的 4 个实例，在每个实例中，所有参数(即分裂点和叶子值)都是随机设置的。后者显然能够在给定不同设置的参数的情况下生成更多样的形状，因此具有更高的容量。注意，这里的叶子是由垂直线连接的，以使每个树的实例具有连续的外观，更为形象化

然后，这种递归的思想可以不断地应用到深度为 2 的树的每一片叶子上，生成一棵深度为 3 的树，以此类推。一棵树越深，它的容量就越大，每个单元都能呈现出更多不同的形状，这一点可以从图 14.2 的下排子图看到。事实上，这说明树的参数按指数增长得越多，树就越深：我们可以很容易地证明，一棵深度为 D 的树(有标量输入)将有 2^D-1 个分裂点和 2^D 个叶结子点，因此总共有 $2^{D+1}-1$ 个可调参数。这种递归过程在机器学习的术语中通常称为“一棵树的生长”。

444

特别注意，与定形通用逼近器和神经网络通用逼近器不同，基于树的单元是局部定义的。这意味着，当我们调整多项式或神经网络单元的一个参数时，它可以在整个输入空间上全局地影响函数的形状。然而，当我们分裂一棵树的任何叶子时，只是在该叶子上局部地影响树的形状。这就是为什么基于树的通用逼近器有时被称为局部函数逼近器。

14.2.3 通过添加法创建深度树

也可以通过添加较浅的树来构建更深、更灵活的树。例如，图 14.3 说明了如何通过将 3 棵深度为 1 的树(即 3 个树桩)加在一起创建深度为 2 的树。同样，很容易看出，在一般情况下，将(2^D-1)个树桩(有标量输入)加在一起，就可以创建一棵深度为 D 的树(前提是这些树桩不共享任何分裂点)。

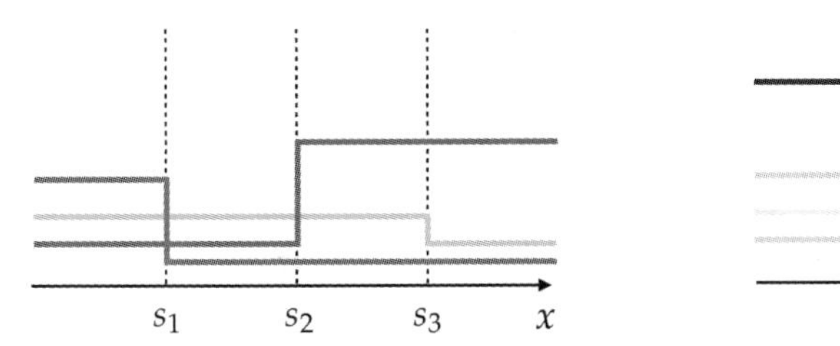

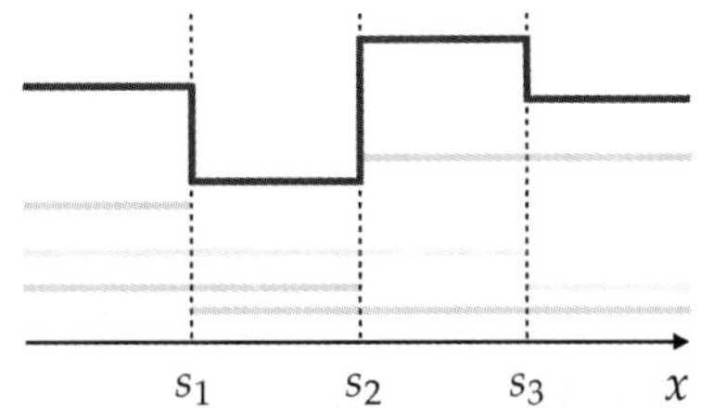

图 14.3 (左子图)3 个树桩，每个树桩用不同的颜色描绘。为了便于可视化，我们用垂直线将树叶连接起来，以使每个树桩实例有一个连续的外观。(右子图)通过将左图中的 3 个树桩相加而形成的深度为 2 的树(黑色)(见彩插)

14.2.4 可解释性

对于深度较小的基于树的单元(如图 14.1 中所示的深度为 1 和 2 的树)，鉴于其结构特别简单，与定形和神经网络的单元相比，通常更易于解释。然而，随着树的深度增加，基于树的单元的这一特点很快就会消失(例如，见图 14.2 底排中深度 $D=10$ 的树)。除此之外，当树被组合或集成在一起时也是如此。

14.3 回归树

本节中我们讨论基于树的通用逼近器在回归问题上的使用，通常称为回归树。与定形或神经网络通用逼近器不同，由基于树的单元得到的代价函数会生成高度非凸的阶梯状函数，而任何局部优化方法都不能轻易地对其进行最小化。为了通过一个例子了解为什么会出现这种情况，我们采用图 14.4 左上子图中的简单回归数据集，并尝试使用由单个树桩组成的模型拟合得到它的一个非线性回归器，这需要最小化这个模型上的一个合适的代价函数(例如最小二乘代价函数)。

14.3.1 叶子值固定时确定最佳分裂点

在数据集上拟合一个单树桩模型需要调整它的三个参数：树桩的分裂点位置，以及它的 2 个叶子结点值。为了使事情变得简单，这里我们将与模型相关联的两个叶子结点参数固定为 2 个任意值，这样就只剩下分裂点参数 s 需要进行优化调整，因此我们现在可以图示仅涉及分裂点参数的一维最小二乘代价函数 $g(s)$。在图 14.4 的右上子图中，我们展示了 3 个树桩实例，颜色分别为红色、绿色和蓝色，它们的叶子结点具有不同的固定值。现在我们用每个树桩在数据集上进行水平扫描，对每个树桩尝试数据集输入空间中所有可能的分裂点。这一操作产生的 3 个最小二乘代价函数显示在中间子图中，并用与它们对应的树桩(见右上子图)相同的颜色标识。可以看到，每一个一维代价函数看起来就像一个由许多完全平坦的区域组成的阶梯。这些有问题的平坦区域是由非线性形状(即树桩)造成的直接后果。回想一下，我们在 6.2 节和 6.3 节中处理逻辑回归背景下的阶梯函数时也看到了

446

447

类似的行为。这种平坦区域的存在是非常不被期望的，因为没有局部优化算法可以有效地对它们进行处理。

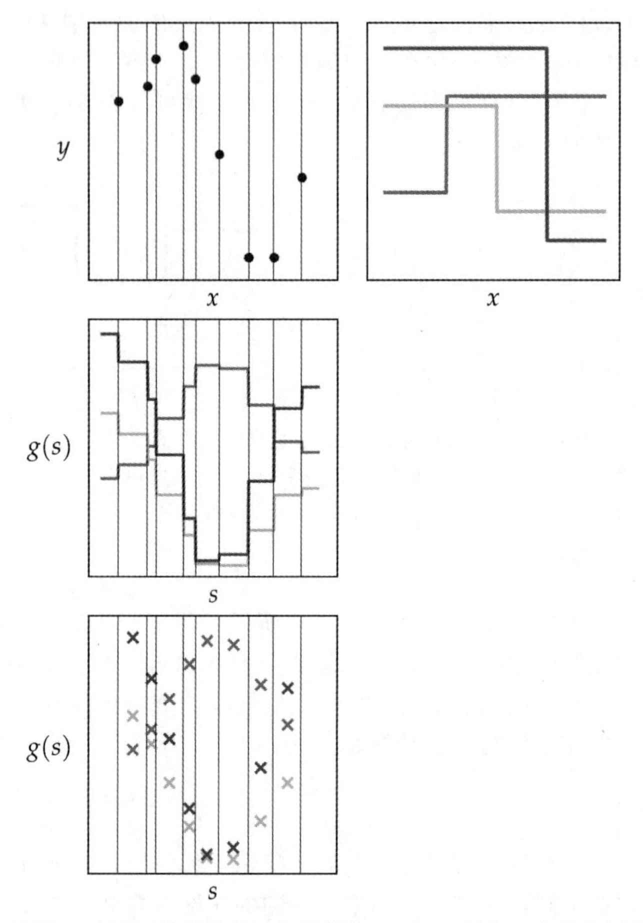

图 14.4　(左上子图)一个典型的非线性回归数据集。(右上子图)3 个具有固定叶子值的树桩(其分裂点可以变化)。(中间子图)每个树桩实例通过改变其分裂点值在数据的输入上水平滑动，生成 3 个对应的阶梯式最小二乘代价。(底部子图)中间子图中的每个代价函数在连续输入之间是恒定的，这意味着我们只需要测试每个平面区域的一个分裂点(例如中点)，如本图所示。详细内容参见正文(见彩插)

注意，当树桩的叶子值固定时，对于连续输入之间的所有分裂点值，对应的最小二乘代价函数保持不变。换句话说，图 14.4 中间子图中的 3 个代价函数都呈现出阶梯状，其平坦的阶梯区域位于相同的位置：连续输入值之间的区域。

这个事实具有非常实际的影响：虽然我们不能使用局部优化来适当调整分裂点参数(由于代价函数在这个参数上的阶梯形状)，但是，我们可以通过简单地在代价函数的每个平坦区域测试单个值(比如中点)来找到一个分裂点，因为该区域的所有分裂点都会产生相同的回归质量。图 14.4 的底部子图中展示了 3 个示例树桩中每一个的中点评估值的集合。

14.3.2　固定分裂点时确定最佳叶子值

与固定叶子值时确定树桩的最佳分裂点的任务相反，为具有固定分裂点的树桩确定最佳叶子值非常简单。由于树桩的叶子值是恒定的，而我们希望它们的设置使得树桩能尽可能好地代表数据，因此，简单地将每个叶子的值设置为它将代表的那些点的平均输出直观上是合理的。在图 14.5 的右子图中，针对我们使用的小型回归数据集，以加粗折线标识了这一设置，其中对于给定的分裂点(左子图中垂直的虚线)，左侧的叶子值设置为那些位于分裂点左侧的点的输出的均值，右侧的叶子值则设置为位于分裂点右侧的那些点的输出的均值。

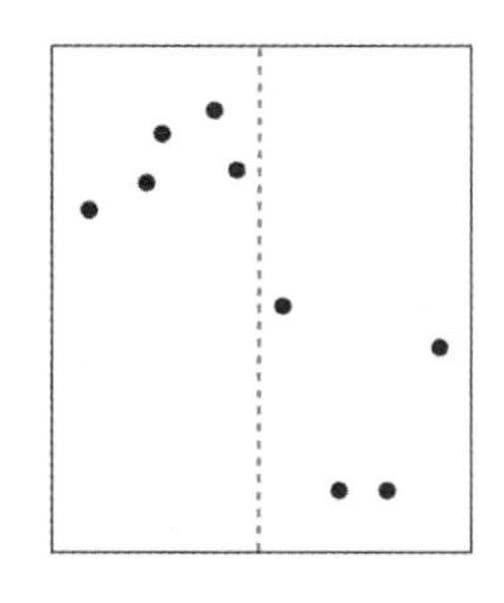
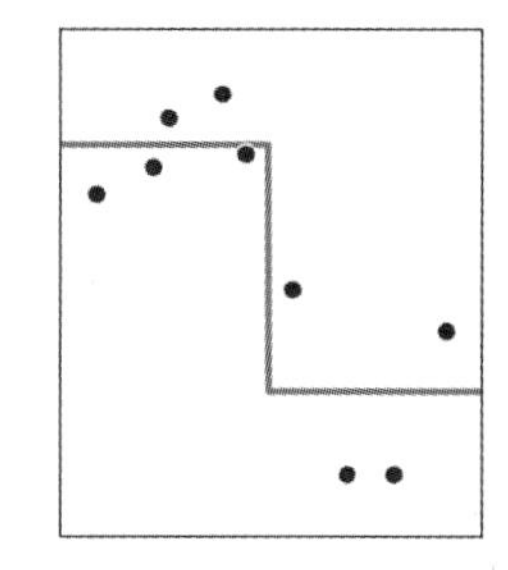

图 14.5　(左子图)与图 14.4 所示相同的回归数据集，垂直的虚线标识固定分裂点，该虚线将数据的输入空间分为位于该线左右两侧的两个子空间。(右子图)具有最佳设置叶子值的树桩，该叶子值确定为分裂点左右两侧所有数据点的输出的平均值。详细内容参见正文

叶子值的这种直观选择完全可以通过 3.2 节中介绍的一阶最优条件来证明。为此，先将正在研究的一般情况形式化。在回归的语境下，固定分裂点 s 是沿着回归数据集(记为 $\{(\boldsymbol{x}_p,\ y_p)\}_{p=1}^{P}$)的第 n 个输入维度定义的，并将数据分裂成两个部分。通过索引集 Ω_L 和 Ω_R 来跟踪这个数据集的这两个子集，这两个索引集表示数据集的输入/输出对位于分裂的每一侧，这一分裂将数据集分为“左边”和“右边”，表示为

$$\Omega_L = \{p \mid x_{p,n} \leqslant s\} \quad 且 \quad \Omega_R = \{p \mid x_{p,n} > s\} \tag{14.3}$$

那么，使用该分裂点的一般树桩(见式(14.2))可以写成　448

$$f(\boldsymbol{x}) = \begin{cases} v_L & x_n \leqslant s \\ v_R & x_n > s \end{cases} \tag{14.4}$$

其中 x_n 是输入 x 的第 n 个维度，v_L 和 v_R 是要确定的叶子值。

为了确定 v_L 和 v_R 的最优值，我们可以最小化两个一维最小二乘代价函数，它们分别定义在属于索引集 Ω_L 和 Ω_R 的点上：

$$g(v_L) = \frac{1}{|\Omega_L|}\sum_{p\in\Omega_L}(v_L - y_p)^2 \quad 且 \quad g(v_R) = \frac{1}{|\Omega_R|}\sum_{p\in\Omega_R}(v_R - y_p)^2 \tag{14.5}$$

其中 $|\Omega_L|$ 和 $|\Omega_R|$ 分别表示属于索引集 Ω_L 和 Ω_R 的点的数量。

这些代价函数中的每一个都非常简单。将每个函数的导数设为零(关于其对应的叶子值)并进行求解，可以得到最优叶子值 $v_L^\star$ 和 $v_R^\star$，分别为

$$v_L^\star = \frac{1}{|\Omega_L|}\sum_{p\in\Omega_L} y_p \quad 且 \quad v_R^\star = \frac{1}{|\Omega_R|}\sum_{p\in\Omega_R} y_p \tag{14.6}$$

14.3.3　回归树桩的优化

结合前面讨论的两个想法，可得到一个合理的变通方案，从而调整用于回归的树桩的所有 3 个参数。这一替代方案让我们绕过使用局部优化调整这 3 个参数，因为那无法做到。也就是说，首先通过记录输入数据之间的每一个中点，沿每一个输入维度创建一组候　449

选分裂点值。然后，对于每个候选分裂点，优化确定树桩的叶子值，将其设置为分裂点左右两侧训练数据输出的平均值，并计算其(最小二乘法)代价函数值。在对所有候选分裂点做完这些工作后，我们找到最佳的树桩(具有最优的分裂点和叶子值)，它能给出最低代价函数值。

例 14.1　拟合简单回归树的参数

本例中我们对图 14.4 和图 14.5 所示的小型回归数据集拟合了一个单树桩模型，说明了候选树桩的整个范围，这些树桩的分裂点是通过取每一对连续输入之间的中点得到的，其对应的叶子值设置为每个分裂点两侧输出的平均值。图 14.6 的各子图描述了这个数据集的整个候选树桩范围，这需要从左到右扫描整个数据集的输入。在每个图的顶部，我们绘出了候选树桩，下面则绘制了与该特定树桩相关联的最小二乘代价函数及它之前的那些代价函数的值。一旦所有候选树桩都经过测试(如右下子图所示)，提供最低可能代价函数值的特定树桩(这里是左下子图中的第 5 个树桩)被认为是最优的。

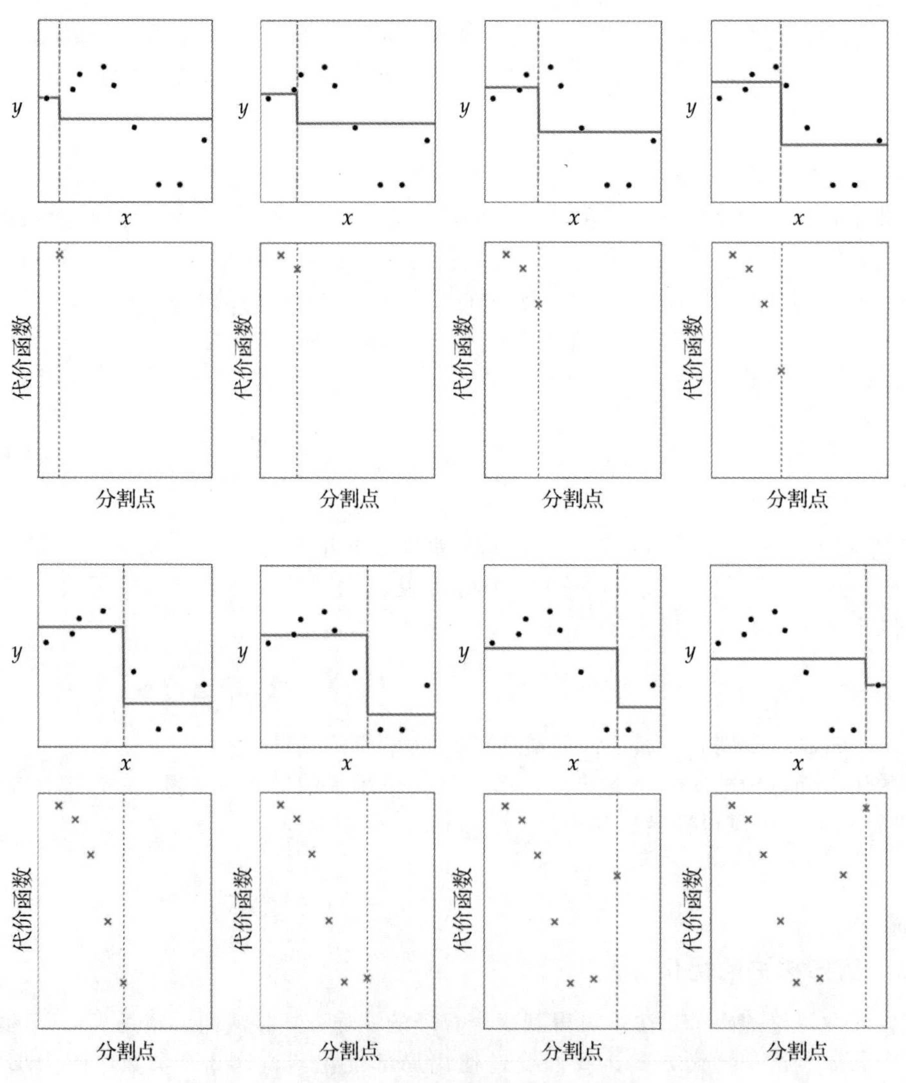

图 14.6　与例 14.1 相关的图。详细内容参见正文

一般说来，对于一个由 P 个点组成的数据集，每个点的输入维度为 N，在问题的整个输入空间中，总共有 $N(P-1)$个分裂点可供选择。当计算成为首要考虑的问题时(主要是对于非常大的 P 或 N)，可以使用从这个基本方案衍生出来的抽样策略，包括只沿着一个随机选择的输入维度来测试分裂点，测试一个更粗略的分裂点选择，等等。

14.3.4 更深的回归树

为了在回归数据集上拟合得到一棵深度为 2 的树，我们首先按照上一节的描述拟合一个树桩，然后在树桩的每一个叶子上进行相同方式的递归。换句话说，我们可以把第一个拟合的树桩看作把原始数据集分成两个非重叠的子集，每个子集属于一个叶子。按递归方式，我们可以为这些子集中的每一个子集拟合一个树桩(做法与我们对原始数据集拟合树桩的方式完全相同)，将原始树桩的每一个叶子一分为二，创建一棵深度为 2 的树。我们可以进一步重复这个过程，将深度为 2 的树的每一个叶子分裂，创建深度为 3 的树，以此类推。

注意，在树的生长过程中，在某些情况下，我们不应该分裂一个叶子。例如，没有理由分裂一个只包含一个数据点的叶子，或者其输入空间中包含的数据点具有完全相同的输出值的一个叶子(因为在这两种情况下，我们当前的叶子都完美地代表了其中包含的数据)。在实践中实现基于树的递归回归器时，这两个实际条件往往是统一的。例如，如果一个叶子包含的点少于预定数量(而不是只有一个单点)，那么该叶子上的进程可能会停止。因此，在实践中，一棵深度为 D 的(有标量输入的)回归树最终可能不会得到精确的 2^D 个叶子。相反，源自树根的某些分支可能比其他分支更早停止，而树的某些分支可能会生长到定义的深度。因此，当将二叉树应用于回归(以及我们将看到的分类)时，我们说树具有最大深度，是指树的某个分支可能生长到的最大深度。 450 451

例 14.2　一棵最大深度回归树的生长

图 14.7 说明了生长深度回归树的递归过程。我们首先(在左边)对原始数据集拟合一个树桩。当从左到右移动时，递归继续进行，前一棵树的每一个叶子都会被分裂，以便创建下一棵更深的树。从最右边的子图可以看出，一棵最大深度为 4 的树能够完美地表示训练数据。

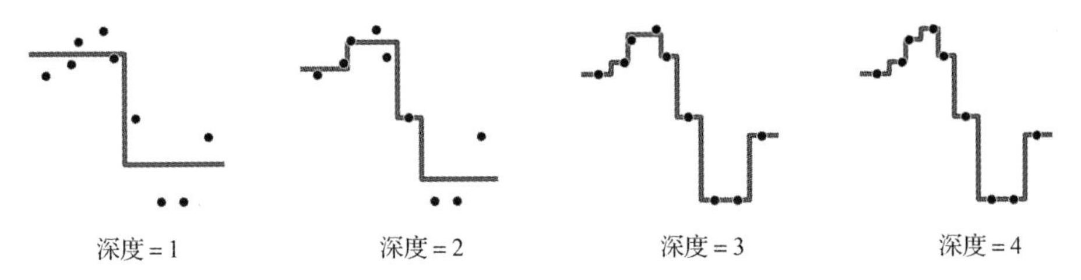

图 14.7　与例 14.2 相关的图。详细内容参见正文

14.4 分类树

在本节中，我们将讨论基于树的通用逼近器在分类问题上的应用，这通常称为分类树。值得庆幸的是，我们在上一节中看到的关于回归树的几乎所有内容都可以直接用于分类问题。然而，正如我们将看到的，分类数据的输出是离散的，这自然需要不同的方法来确定合适的叶子值。与前一节一样，我们在这里首先通过一个小型数据集来说明关键概

念，讨论树桩的合适构造，然后按此思路递归地创建更深的树。

14.4.1 叶子值固定时确定最佳分裂点

假设我们现在处理的是一个分类数据集，如图 14.8 左图所示的小型数据集，同时假设我们的目标是对这个数据进行适当的拟合生成树桩。如果我们试图通过局部优化方法来设置树桩的分裂点，将会遇到 14.3.1 节中讨论回归时出现的相同问题。也就是说，任何对应的分类代价函数不仅是非凸的，而且它将由完全平坦的、类似阶梯的部分组成，任何局部优化算法都无法有效地对此进行处理。因此，对于分类，要确定最优的分裂点值，必须采用与回归相同的方法：必须测试出一组候选分裂点，以确定哪种方案的效果最好。同样，与回归情形相同，出于实际考虑，可以简单地沿每个输入维度测试每个连续的输入值对之间的中点(如果这些点的数量变得非常大，则测试其子集)。

452

14.4.2 固定分裂点时确定最佳叶子值

在 14.3.2 节中讨论回归时，单树桩模型的叶子值可以直观地设置为属于树桩每个叶子的那些点的平均输出值。我们可以证明这些设置正是通过求解一组适当定义的最小二乘代价函数的一阶条件所得到的值，这就说明前述直观选择是合理的。在分类情形下，我们按此逻辑反向思考，首先优化一个合适的代价函数(比如，感知机或交叉熵/Softmax 代价函数)，接着再基于输出的一个不同的统计量(模式)提出一个直观选择。

假设我们的任务是对一个标签值为 $y_p \in \{-1,+1\}$ 的二分类数据集 $\{(\boldsymbol{x}_p, y_p)\}_{p=1}^{P}$ 进行分类，并且树桩的分裂点是固定的。我们按式(14.3)定义索引集 Ω_L 和 Ω_R，用以表示位于分裂点左边和右边的所有点的索引序号。为确定 v_L 和 v_R 的最优值，我们可以分别在属于索引集 Ω_L 和 Ω_R 的点上最小化两个一维分类代价函数(比如 Softmax 函数)：

$$g(v_L) = \frac{1}{|\Omega_L|}\sum_{p\in\Omega_L}\log(1+\mathrm{e}^{-y_p v_L}) \text{ 且 } g(v_R) = \frac{1}{|\Omega_R|}\sum_{p\in\Omega_R}\log(1+\mathrm{e}^{-y_p v_R}) \quad (14.7)$$

与式(14.5)相同，其中 $|\Omega_L|$ 和 $|\Omega_R|$ 分别表示属于索引集 Ω_L 和 Ω_R 的点的数量。为了更好地处理叶子中可能存在的类不平衡问题，可以在这类代价函数的加数上加权(见 6.9.3 节)。

无论哪种情况，与式(14.5)中类似的一对最小二乘代价函数不同，这里不能以近似形式求解相应的一阶条件，而必须依靠局部优化技术。然而，由于每个问题都较为简单，这种优化特别容易迭代求解。事实上，往往只需应用牛顿法的一个步骤就可以近似地最小化这类代价函数。这样做能对代价函数进行近似地最小化，同时保持较低的计算开销[⊖]，并防止出现与 Softmax 代价和牛顿法相关的潜在数值问题(见 6.6 节中关于线性二分类问题的介绍)。

453

需要注意的是，与其他任何分类方法一样，一旦确定了适当的叶子值，为了得到正确的预测，分类树桩的输出必须传递给一个合适的离散器(比如在采用标签值 ±1 的二分类

⊖ 如 4.3 节所述，牛顿法的单个步骤可对一个代价函数的最优二次逼近进行最小化，该代价函数由其二阶泰勒级数扩展得到，对于一个一般的单输入代价函数 $g(w)$，得到如下的简单迭代：

$$w^{\star} = w^0 - \frac{\frac{\mathrm{d}}{\mathrm{d}w}g(w^0)}{\frac{\mathrm{d}^2}{\mathrm{d}w^2}g(w^0)+\lambda} \quad (14.8)$$

其中 w^0 是某个初始点，$\lambda \geqslant 0$ 是一个正则化参数，用于防止可能的除 0 问题(见 4.3.3 节)，$w^{\star}$ 是最优的更新。

问题中使用的符号函数(见 6.8.1 节))进行处理。

作为之前介绍的基于代价函数的方法的一种替代，也可以基于输出的简单统计来选择最优叶子值。由于分类数据的输出是离散的，我们自然会避免使用均值作为我们的统计选择(就像回归所做的那样)，而倾向于使用模式(即最受欢迎的输出标签)，也称为多数票。使用模式将使叶子值限制在数据的离散标签上，从而得到更合适的树桩。

然而，标准模式的统计会导致不理想的后果，图 14.8 是一个简单的二分类数据集的例子。对于这个特定的数据集，由于多数类的分布(这里是那些标签值为 $y_p=-1$ 的点)，每个树桩两边的统计模式将始终等于−1，因此所有的树桩将是完全平坦和相同的。在这个简单的例子中，树桩多样性的缺乏并不能使标准模式的使用失效。然而，确实凸显了其低效，因为需要(创建代价更高的)更深的树来表达这样一个小数据集的非线性。

为了弥补这样的类不平衡问题，可以用类似于加权代价函数的概念来更好地处理类不平衡(见 6.8.1 节)，即根据平衡模式或平衡多数票来选择叶子值。为了计算树桩的一个叶子上的标准模式，我们只需计算叶子中属于每个类的点数，并通过选择与最大点数相关联的类来确定模式。为了计算树桩一个叶子上的平衡模式，我们首先统计出叶子上属于每个类的点数，然后根据树桩两个叶子上属于每个类的点数进行反比加权，通过选择最大的结果加权数来确定平衡模式。对于一般有 C 类的多分类数据集，第 c 类在一个叶子上的加权计数可以写成

$$\frac{\text{叶子中 } c \text{ 类点的个数}}{\text{树桩的两个叶子中 } c \text{ 类点的个数}} \tag{14.9}$$

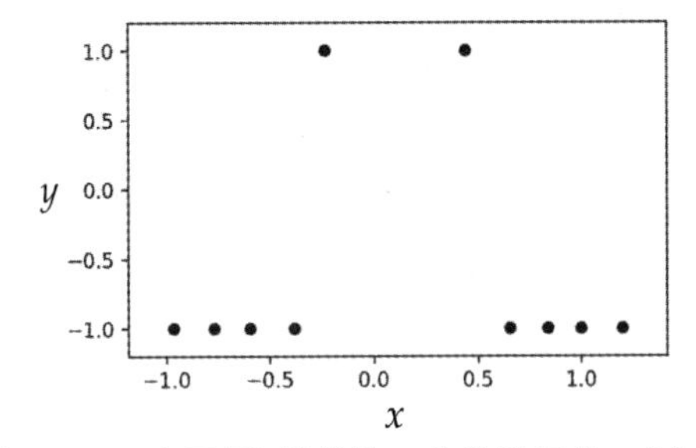

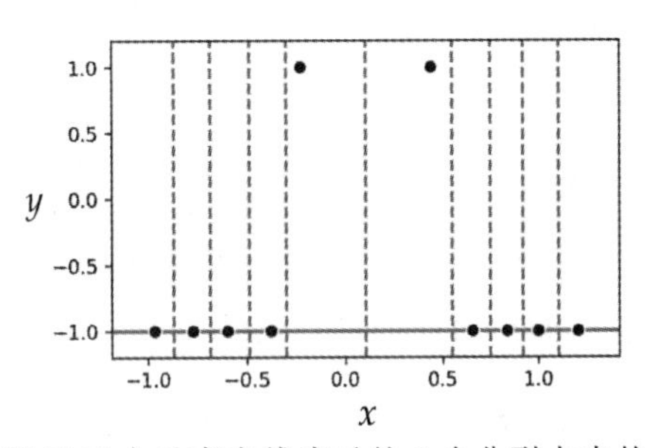

图 14.8　(左子图)简单的二分类数据集。(右子图)对于由垂直虚线表示的 9 个分裂点中的每一个，根据标准模式分配叶子值会导致完全平坦的树桩，这里用横向粗线标识。详细内容参见正文

图 14.9 显示了在图 14.8 中的同一数据集上使用这种策略(根据平衡模式而不是模式本身设置叶子值)的结果。在这里使用平衡模式(与使用标准模式相比)可以产生更多种类的树桩，这使我们能够更有效地捕捉该数据集中存在的非线性。为了了解在这个例子中是如何平衡多数票来定义叶子值的，让我们更仔细地观察其中一个树桩(中间右子图的第 6 个)。这个树桩的左边有 6 个数据点，右边有 4 个数据点。在位于其分裂点左侧的 6 个数据点中，有 4 个点的标签值为−1，有 2 个点的标签值为+1，结果两个类的平衡多数票分别为 $\frac{4}{8}$ 和 $\frac{2}{2}$(注意，在这个数据集中，−1 类共有 8 个数据点，+1 类有 2 个数据点)。由于 $\frac{2}{2}>\frac{4}{8}$，所以左边的叶子值被设置为+1。同样，在−1 类和+1 类中，分裂点右边的平衡多数票的计算方法类似，分别为 $\frac{4}{8}$ 和 $\frac{0}{2}$，因此右边的叶子值设为−1。

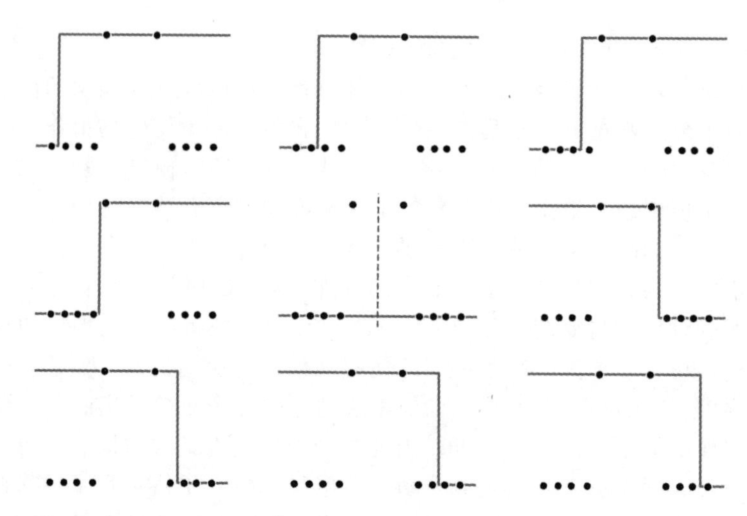

图 14.9　与图 14.8 所示相同的数据集和一组分裂点，这里使用了式(14.9)中的平衡模式计算来创建叶子值。详细内容参见正文

14.4.3　分类树桩的优化

综上所述，为了确定一个(由最佳分裂点和叶子值组成的)最佳树桩，我们可以对一组合理选择的分裂点进行考虑，并使用基于代价函数或基于多数票的方法(见 14.4.2 节)为每个树桩构建对应的叶子值。为了确定哪个树桩是对于数据集的理想树桩，我们可以在每个树桩实例上计算一个合适的分类度量，并选择能提供最佳性能的树桩。例如，对于二分类问题，我们可以采用类似 6.8 节介绍的精度度量，同时对于在实践中可能遇到的类不平衡问题，6.8.4 节讨论的平衡精度是最安全的选择，或者采用更专门的度量指标，如信息增益[65]。

454~455

注意，在分类树的语境下，质量度量通常称为纯度度量，因为它们度量树桩的每个叶子在类表示方面的纯度。理想的情况是，选择最能代表数据的树桩，同时它的叶子尽可能保持“纯”，如果可能的话，每个叶子都(主要)包含一个类的成员。

例 14.3　拟合一棵简单分类树的参数

图 14.10 描述了图 14.9 中所示树桩的平衡精度。由于这个特定数据集的对称性，这里只展示了前 5 个树桩，其中第 4 个树桩提供了最小的代价函数，因此它是最优的。

456

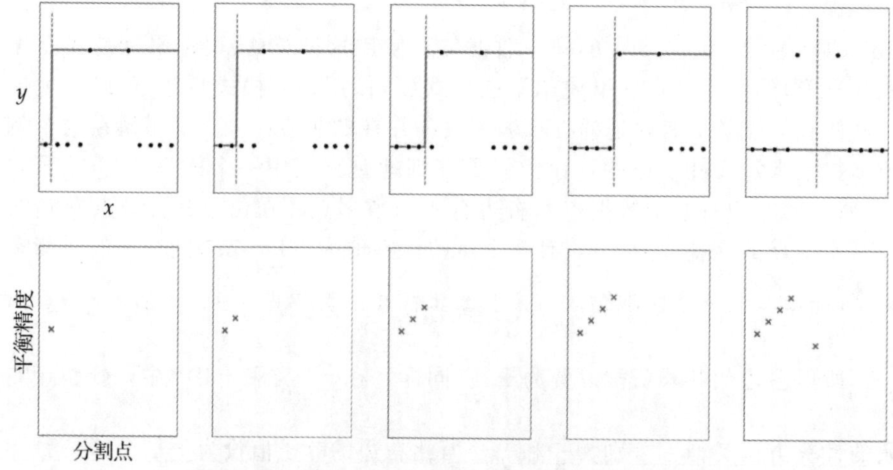

图 14.10　与例 14.3 相关的图。详细内容参见正文

14.4.4 更深的分类树

为了建立更深的分类树，我们对树桩的两个叶子进行递归处理，将每个叶子视为原始数据，为其建立一个树桩。与回归树一样(见 14.3.4 节)，这通常会得到最大深度的二叉树，因为某些分支会在一些明显的或用户定义的条件下停止。对于分类，一个自然的停止条件是当一个叶子是完全纯的，也就是说，它只包含一个类的成员。在这种情况下，没有理由继续分裂这样一个叶子。实践中经常使用的其他常见的停止条件包括：当叶子上的点的数量低于某个阈值或分裂不能提高足够的精度时，停止生长。

457

例 14.4 两棵最大深度分类树的生长

图 14.11 说明了在一个二分类数据集上，一棵树生长到最大深度为 7 的情况。在图 14.12 中，我们对含 $C=3$ 个类的多分类数据集做同样的描述。在这两种情况下，随着树的生长，注意输入空间有多少部分没有变化，因为更深的分支上的叶子成为纯的。当达到最大深度 7 时，我们已经极大地过拟合了这两个数据集。

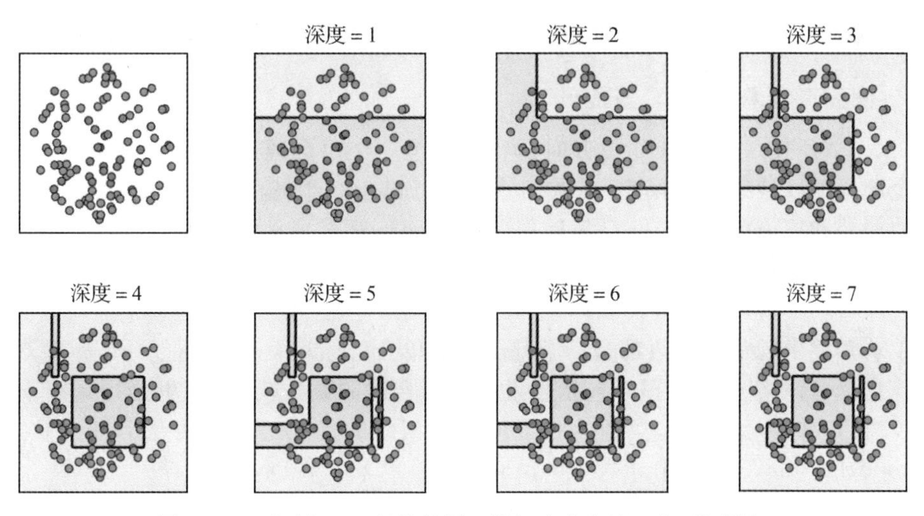

图 14.11 与例 14.4 相关的图。详细内容参见正文(见彩插)

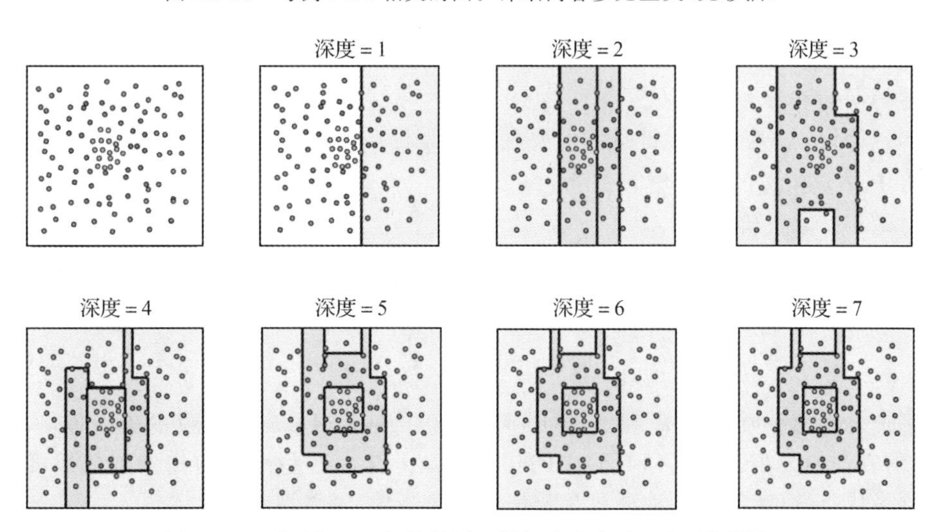

图 14.12 与例 14.4 相关的图。详细内容参见正文(见彩插)

14.5　梯度提升

如 14.2.3 节所述，可以通过添加(深度小的浅层树)来构建基于深层树的通用逼近器。通过添加法构建更深的回归树和分类树的最常用方法是将较浅的树迭加在一起，每棵浅层树的构造如 14.3 节和 14.4 节所示，每次依次顺序增长一个浅层树。这种方案是 11.5 节介绍的通用提升法的一个实例。此外，在应用基于提升法的交叉验证时，树确实是最常用的通用逼近器，这种搭配常被称为梯度提升法[66,67]。对于基于树的学习器，11.5 节中描述的提升原则保持不变。但是，有了如何适当地用回归树和分类树拟合数据的特定知识，我们现在可以详细说明与梯度提升相关的重要细节，这在之前是无法深入研究的。

458

14.5.1　浅层树规则

如 11.5.1 节所述，任何通用逼近器的低容量单元最常与提升法一起使用，以提供精细的模型搜索。对于基于树的单元，这需要使用浅层树，树桩和深度为 2 的树特别受欢迎。当然，人们可以通过提升法使用更高容量的树单元(深度为 3 及以上)构建更深的交叉验证树。但是，使用这种高容量单元进行提升，很容易导致跳过最优模型，如图 11.30 中描述的那样。

14.5.2　使用基于树的学习器提升

如 11.5 节所述，在第 m 轮提升时，我们考虑一个包含通用逼近器的 $m-1$ 个单元的一个完全调优的线性组合的模型(见式(11.26))。对于基于树的学习器，我们可以省去线性组合的偏差和权值(因为它们自然地“嵌入”了基于树的单元中，如 11.5.4 节中所述)，将我们的模型写作

$$\text{model}_{m-1}(\boldsymbol{x},\Theta_{m-1}) = f^{\star}_{s_1}(\boldsymbol{x}) + f^{\star}_{s_2}(\boldsymbol{x}) + \cdots + f^{\star}_{s_{m-1}}(\boldsymbol{x}) \tag{14.10}$$

其中求和式中的每个函数都是一个基于树的单元(比如，一个树桩)，其分裂点和叶子值已被优化选择。第 m 轮的提升包括搜索一系列合适的候选模型(这里是指具有不同分裂点的各种树)，并对每个候选模型的叶子值进行相应的优化。为了构建下一个候选模型，我们在 $\text{model}_{m-1}(x,\Theta_{m-1})$中加入一个预期单元 $f_{s_m}(\boldsymbol{x})$，得到

$$\text{model}_{m}(\boldsymbol{x},\Theta_{m}) = \text{model}_{m-1}(\boldsymbol{x},\Theta_{m-1}) + f_{s_m}(\boldsymbol{x}) \tag{14.11}$$

并使用合适的代价函数(比如，回归的最小二乘代价函数和分类的 Softmax 代价函数)对训练数据集优化 $f_{s_m}(\boldsymbol{x})$的叶子值。这种叶子值优化非常接近于 14.3.2 节和 14.4.2 节中分别描述的回归和分类的方法。

459

例如，假设 f_{s_m} 是一个树桩且我们要处理的是回归问题，使用一个最小二乘代价函数和一个由 P 个点组成的数据集，记为$\{(\boldsymbol{x}_p, y_p)\}_{p=1}^{P}$。完全类似于式(14.5)，必须最小化以下一对最小二乘代价函数：

$$g(v_L) = \frac{1}{|\Omega_L|}\sum_{p\in\Omega_L}(\text{model}_{m-1}(\boldsymbol{x}_p,\Theta_{m-1}) + v_L - y_p)^2$$

$$g(v_R) = \frac{1}{|\Omega_R|}\sum_{p\in\Omega_R}(\text{model}_{m-1}(\boldsymbol{x}_p,\Theta_{m-1}) + v_R - y_p)^2 \tag{14.12}$$

从而合适地确定两个叶子值 v_L 和 v_R，其中 Ω_L 和 Ω_R 是式(14.3)中定义的索引集，$|\Omega_L|$和$|\Omega_R|$表示它们的大小。与式(14.5)中的代价函数一样，这些简单的代价函数都可以通过检查一阶最优条件(或者等价地通过牛顿法的一个步骤)完美地最小化。

类似地，如果处理使用 Softmax 代价函数和标签值 $y_p\in\{-1,+1\}$的二分类问题，我

们通过最小化如下形式的两个代价函数(类似于式(14.7))

$$g(v_L)=\frac{1}{|\Omega_L|}\sum_{p\in\Omega_L}\log(1+\mathrm{e}^{-y_p(\mathrm{model}_{m-1}(\boldsymbol{x}_p,\Theta_{m-1})+v_L)})$$

$$g(v_R)=\frac{1}{|\Omega_R|}\sum_{p\in\Omega_R}\log(1+\mathrm{e}^{-y_p(\mathrm{model}_{m-1}(\boldsymbol{x}_p,\Theta_{m-1})+v_R)})\tag{14.13}$$

来设定树桩的叶子值，在这两种情况下这两个函数都不能以封闭形式最小化，而必须通过局部优化来解决。正如 14.4.2 节所讨论的那样，这通常是通过简单地采用牛顿法的一个步骤来实现的，因为它在最小化质量和计算工作量之间提供了一个良好的权衡。

例 14.5　通过梯度提升进行回归分析

在图 14.13 中，我们用回归树桩来说明提升法的使用，如 11.5.6 节中所讨论的，这被解释为对回归数据集的残差进行连续的拟合。对于简单树桩，可通过重新排列式(14.12)中的项来理解。例如，式(14.12)中的 $g(v_L)$ 可以重写为

$$g(v_L)=\frac{1}{|\Omega_L|}\sum_{p\in\Omega_L}(v_L-r_p)^2\tag{14.14}$$

其中 r_p 是第 p 个点的残差，定义为 $r_p=y_p-\mathrm{model}_{m-1}(\boldsymbol{x}_p,\Theta_{m-1})$。

在图 14.13 的最上面一排，我们显示了原始数据集以及由多轮基于树桩的提升所得的模型提供的拟合结果。同时在最下面一排，我们显示了每一个后续对残差的基于树桩的拟合，这是由最近添加到运行模型的树桩得到的。 460

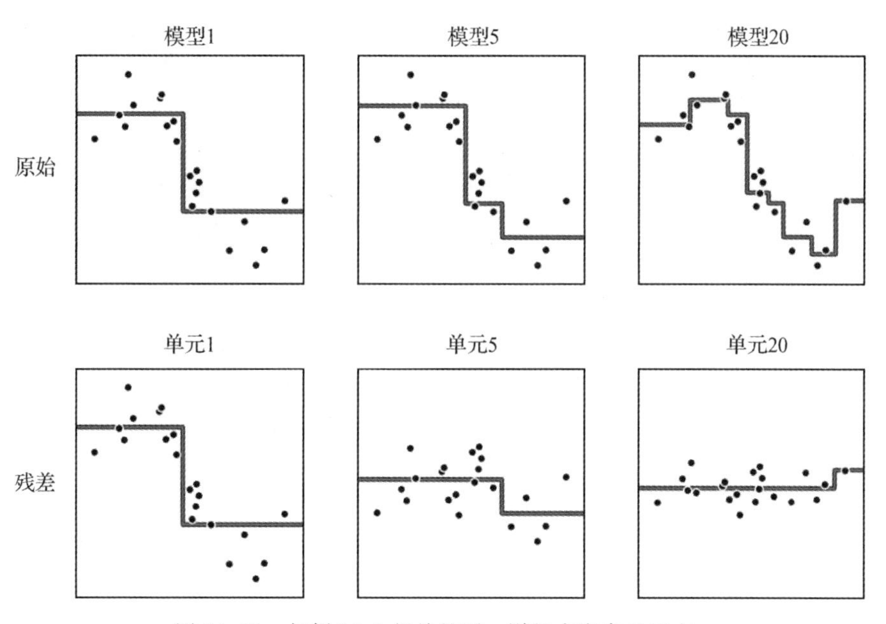

图 14.13　与例 14.5 相关的图。详细内容参见正文

例 14.6　通过梯度提升进行垃圾邮件检测

在这个例子中，针对例 6.10 中的垃圾邮件数据集，我们使用采用树桩的梯度提升法和交叉验证确定一个理想的提升轮数。在这组实验中，我们使用 Softmax 代价函数，并随机预留 20%的二分类数据集进行验证。我们运行了 100 轮提升，并采用牛顿法的一个步骤来调整每个树桩函数。在图 14.14 中，我们绘出了训练集(黑色)和验证集(灰色)上的误分类数。验证集上的最小误分类数发生在第 65 轮提升中，在训练集和验证集上的误分类数

分别为 220 和 50。在数据的相同部分进行训练得到的一个简单线性分类器分别在训练和验证集上产生了 277 和 67 个误分类。

461

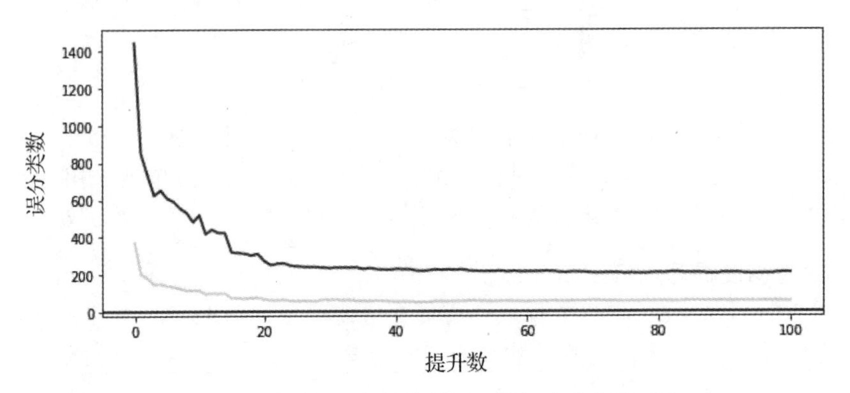

图 14.14　与例 14.6 相关的图。详细内容参见正文

14.6　随机森林

除非我们首要关注的是对最终模型的可解释性问题，否则实际上从不单独使用一个递归定义的回归树或分类树，而是它们的一个装袋集成。一般来说，装袋法(见 11.9 节)将多个交叉验证的模型组合起来，以得到一个性能更高的模型。使用 14.7 节介绍的交叉验证技术，我们可以很容易地利用递归定义的树做到这一点。然而，在实践中，为降低其复杂性，通常没有必要使用交叉验证以实现每棵树的生长。相反，每棵树都可以在从原始数据集中随机提取的部分上训练，并生长到一个预定的最大深度，之后再一起装袋。

原则上，任何通用逼近器都可以做到这一点，但对于基于树的学习器来说尤其实用。这既是因为树的生长代价很低，也是因为作为局部定义的逼近器(见 14.2.2 节)，在生长单树本身的同时，采用基本的叶子分裂停止协议是很自然的(见 14.3.4 节和 14.4.4 节)。尽管树可能过拟合，但即使没有进行交叉验证，它们也自然地不会表现出不受控的振荡过拟合现象，而这种现象在定形模型或神经网络模型中很容易出现⊖。因此，将一组过拟合的树装袋往往可以成功地防止每棵树所呈现的那种过拟合，从而得到非常有效的模型。此外，由于这种集合中的每一棵完全生长的树都可以被有效地学习，因此在计算上的折衷，即训练大量的完全生长的树相比于少量经交叉验证的树(每棵这样的树都需要更多的资源来构建)，在实践中往往是有优势的。

在机器学习的术语中，这样一个递归定义的树的集合通常称为随机森林[68]。随机森林中的“随机”部分既指每棵树都使用原始数据的随机部分作为训练数据(按照惯例，往往是从原始数据集中进行放回采样)，也指对于生成的树的每个结点上的分裂点，往往只采样输入维度的一个随机子集。对于这样的森林中的每一棵树，往往会随机选择 N 个特征中的若干个(比如 $\lfloor\sqrt{N}\rfloor$ 个)特征来确定分裂点。

例 14.7　随机森林分类

图 14.15 展示了在一个简单的二分类数据集的不同随机部分上训练的一组 5 个完全生长的分类树的装袋结果(在每个实例中，原始数据集的 2/3 用于训练，余下的 1/3 用于验

⊖ 例如，图 11.17 中描述了每个通用逼近器中出现的过拟合现象。

证)。5 次分裂中的每一次都在左侧的小图中显示，其中包括每个训练模型提供的决策边界，以及每种情形下以黄色边界标示出的验证数据点。注意，尽管大多数单棵树对数据都是过拟合的，但它们的集成(如右侧大图中所示)却没有。如 11.9 节所述，该集成模型是采用左侧的 5 棵分类树的模式构建的。

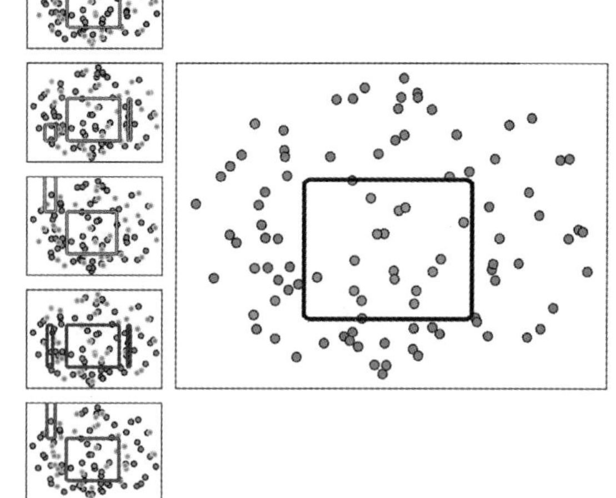

图 14.15 与例 14.7 相关的图。(左列)5 个完全生长的分类树给出的决策边界，每棵树都是在原始数据的不同子集上生长的。每一棵树都倾向于对数据进行过拟合，但是它们的装袋集成(如右图所示)可以防止这一点，没有出现过拟合。详细内容参见正文(见彩插)

14.7 递归定义树的交叉验证技术

11.3 节～11.6 节中介绍的交叉验证的基本原则在实践中一般适用于递归生长的回归树和分类树的合适构建，但由于这类模型各自的构建方式，也存在一些技术上的差异。例如，我们可以从一棵低容量的深度为 1 的树开始，使其生长直至达到最小验证误差为止(树特有的一种早停法形式)。另外，我们也可以先对数据拟合一棵高容量的深层树，然后通过对不影响验证误差(树特有的一种正则化形式)的叶子进行剪枝来逐渐降低其复杂度。

462
~
463

因为递归定义的树通常集成为随机森林，对原始数据集的随机训练部分，每棵树都是完全生长的(见 14.6 节)，当基于树的模型的人类可解释性是我们的关注重点时，这里描述的交叉验证技术通常用于减少单棵回归树或分类树的复杂度——在将多个非线性模型集成在一起时，几乎总是失去这种可解释性。

14.7.1 早停法

我们可以很容易地使用交叉验证来决定一棵树的适当的最大深度，通过生长一棵大深度的树，测量树的每个深度的验证误差，(事后)确定哪个深度产生的验证误差最小。另一种做法是，当我们确信[⊖]已经达到(近似)最小验证误差时，可以提前停止生长。这种方法尽管在实践中得到使用，但却转化为相对粗糙的模型搜索，因为一棵树的容量在从一个深度到下一个深度时呈指数增长。

如前两节所述，常常由于实际考虑停止叶子的分裂(不管是否正在进行交叉验证)。这些考虑包括：如果一个叶子包含单个数据点或一个预设的(小)数量的点，如果所有数据点属于同一类(在分类的情况下)或具有大约相同的输出值(在回归的情况下)，则停止分裂。为了创建更精细分辨的交叉验证搜索，也可增加以重点关注验证错误的标准，以阻止单个叶子的增长。最简单的此类标准是检查分裂一个叶子是否会使得验证误差降低(或使得训练误差低于一个预定阈值)：如果是，则分裂该叶子；否则停止该叶子的生长。这种交叉验证方法的独特之处在于，随着树的最大深度增加，验证误差总是会单调地降低，但可能

⊖ 与任何形式的早停法一样，在“运行中”确定验证误差何时最小并不总是一件简单的事，这是由于验证误差不是总是单调下降或单调上升的(分别见 11.5.3 节和 11.6.2 节中提升法和正则化部分的讨论)。

因为叶子过早地停止生长而得到一个欠拟合的模型。

例 14.8　按深度和叶子生长情况的早停法

图 14.16 中展示了对一个简单回归数据集，交叉验证树的最大深度为 1～5 的例子。该数据集的训练数据用蓝色标识，验证数据用黄色标识，图 14.16 的顶排显示了之后的每个拟合，而相应的训练/验证误差则显示在其最底排。

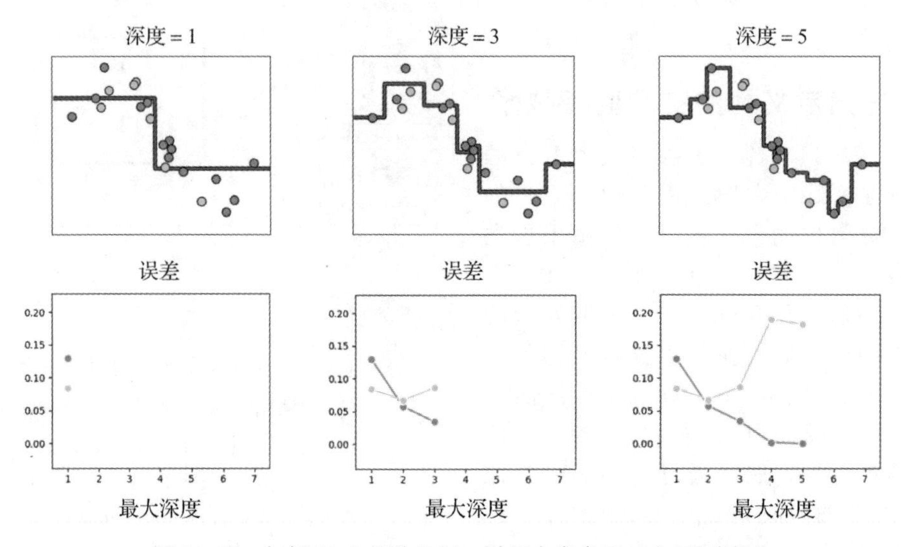

图 14.16　与例 14.8 相关的图。详细内容参见正文(见彩插)

在图 14.17 中，我们展示了两个例子，对另一个回归数据集，在 1～5 的范围内对树的最大深度进行交叉验证，当验证误差没有改善时，叶子的生长就会停止。在每个数据集中，训练数据用蓝色标识，验证数据用黄色标识，同时展示了随后的每个拟合，对应的训练/验证误差展示在其下方。在第一次运行中(如图 14.17 上部两排所示)，由于训练数据和验证数据的特定分裂，每个叶子的生长立即停止，得到一个欠拟合的、深度为 1 的表示。在不同的按训练-验证划分的数据上进行第二次运行(如图 14.17 底部两排所示)，树的生长继续改善验证误差，直至测试的最大深度，得到一个明显更好的表示。

464～465

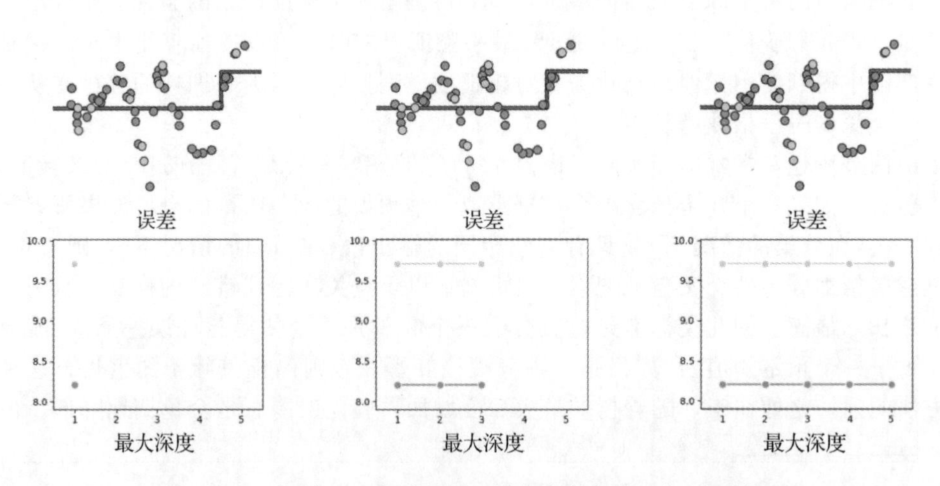

图 14.17　与例 14.8 相关的图。详细内容参见正文(见彩插)

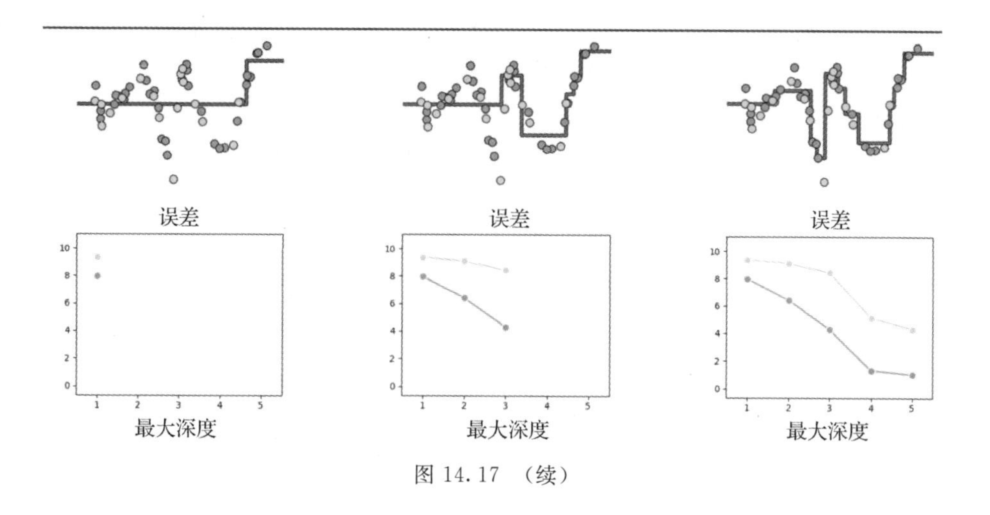

图 14.17 (续)

14.7.2 剪枝

与从一棵低容量(浅层)树开始并通过早停法使其生长相反，我们可以从拟合一棵高容量(深层)树开始，并去除不能改善验证误差的叶子，直到剩下一个最小验证树结构。这种技术(如图 14.18 所示)称为剪枝，因为它需要检查一棵最初非常复杂的树，然后剪掉它的叶子，类似于剪掉自然树多余的叶子和树枝。剪枝是针对树的、基于正则化的交叉验证的一种特定形式，这在前面的 11.6 节已经讨论过。

虽然早停法通常比剪枝的计算效率更高，但后者在确定树结构时提供了更精细分辨的模型搜索，且验证误差最小，因为树/叶子的生长不受阻碍，只有在事后才会被剪掉。 466

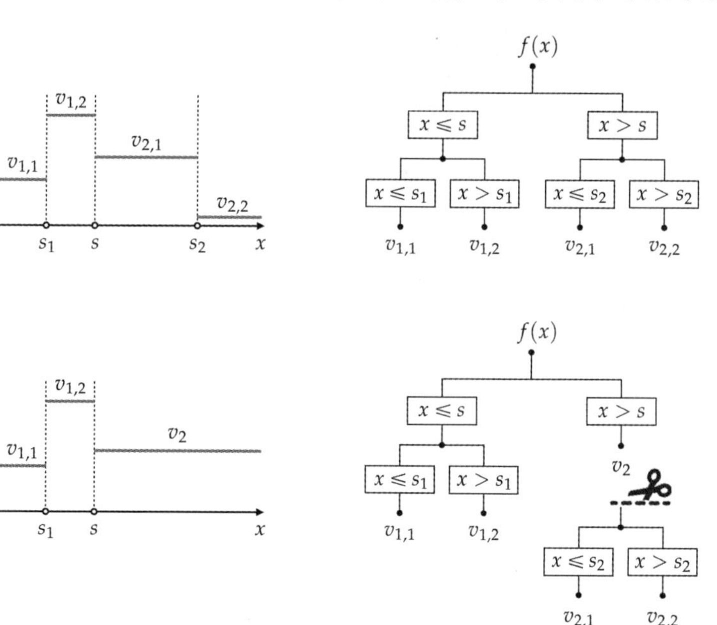

图 14.18 剪枝图解。(上排子图)一棵深度为 2 的完全生长的树，有 4 个叶子。(底排子图)原始树的剪枝版本，其中叶子 $v_{2,1}$ 和 $v_{2,2}$ 被剪枝并由一个叶子代替

14.8 小结

在本章中，我们讨论了与基于树的通用逼近器有关的一系列重要技术问题，这些问题在11.2.3节中首次出现。我们在14.2节中首先对树桩以及更深层的树进行了更为形式化的描述，本节详细介绍了树桩可以通过递归或求和形成。然后，在14.3节和14.4节中对递归定义的回归树和分类树进行了深入讨论。14.5节介绍了梯度提升，它是基于提升法的交叉验证(见11.5节)在基于树的学习器中的特定应用。最后，在14.7节中探讨了使用递归定义的基于树的学习器进行交叉验证(包括原本的形式和正则化形式)。

14.9 习题

完成以下习题所需的数据可以从本书的GitHub资源库下载，链接为github.com/jermwatt/machine_learning_refined。

467

习题14.1 通过添加法生成深层树

证明在一般情况下，将(2^D-1)个(有标量输入的)树桩迭加在一起，将创建一棵深度为D的树(只要树桩不共享任何分裂点)。

习题14.2 拟合一个简单回归树的参数

重复例14.1中的实验，重新绘制图14.6所示的图像。

习题14.3 编写回归树代码

通过对递归定义的回归树进行编码，重复例14.2中的实验。你不需要重新绘制图14.7，但需要度量并绘制树的每个深度的最小二乘误差。

习题14.4 编写为二分类树的代码

通过对递归定义的二分类树进行编码，重复例14.4中的第1个实验。你不需要重新绘制图14.11，但需要度量并绘制树的每个深度的误分类的数量。

习题14.5 编写一棵多分类树的代码

通过对递归定义的多分类树进行编码，重复例14.4中的第2个实验。你不需要重新绘制图14.12，但需要度量并绘制树的每个深度的误分类的数量。

习题14.6 回归的梯度提升法

重复例14.5中的实验，对采用回归树桩的梯度提升算法进行编码。重新绘制图14.13，描述提升后的树以及第1、2、10轮提升时残差的最佳树桩拟合情况。

习题14.7 分类的梯度提升

通过牛顿法的单个步骤最小化式(14.13)中的Softmax代价函数，进而确定分类树第m轮提升时添加的树桩的叶子值。

习题14.8 随机森林

重复例14.7中的实验，对由分类树建立的随机森林进行编码。你不需要重新绘制图14.15。但是，你可以通过检查随机森林分类器的最终准确率是否超过了集成中许多单棵树的准确率来验证你的实现是否正常工作，或者，你可以通过预留一小部分原始数据作为测试集使用。

468

习题14.9 训练范围外的树的限制

在本章中，我们已经看到树是高效的非线性逼近，而且不会出现对全局逼近器(如多项式和神经网络(见 14.6 节))有不利影响的振荡现象。然而，基于树的学习器(从本质上讲)不能在其训练范围之外有效地工作。在本习题中，你将通过使用图 1.8 中的学生贷款数据训练回归树来了解为什么会出现这种情况。使用你训练的树来预测 2050 年的学生债务总额。它有意义吗？请解释原因。

习题 14.10　简单的交叉验证

469

重复例 14.8 中的实验，其结果如图 14.16 所示。

第四部分

Machine Learning Refined: Foundations, Algorithms, and Applications, Second Edition

附　　录

470～472

高级一阶和二阶优化方法

A.1 简介

本附录我们讨论高级一阶和二阶优化技术，这些技术专用于改进梯度下降法和牛顿法中固有的一些缺陷(详见 3.6 节和 4.4 节)。

A.2 动量加速的梯度下降法

在 3.6 节中我们讨论了一个与负梯度的方向相关的基本问题：根据所要最小化的函数，算法可能会快速振荡，这将导致梯度下降的步骤呈之字形走向，进而使得最小化进程变得缓慢。本节我们介绍一种常用的改进标准梯度下降步骤的方法，称为动量加速，该方法正是用于专门改进上述问题的。这一思想的核心来自时间序列分析。这里我们首先介绍指数平均数，然后详细说明如何将其整合到标准梯度下降步骤中，以改进之字形走向问题，从而最终加快梯度下降的速度。

A.2.1 指数平均数

图 A.1 给出了一个时间序列数据的例子。图中截取了某一只股票在 450 个时间点的股价情况。通常情况下，时间序列数据是一个由 K 个有序点$w^1, w^2, \cdots, w^K$构成的序列，这意味着点w^1 在w^2 之前出现(即w^1 先于w^2 生成和收集)，点w^2 在w^3 之前出现，以此类推。例如，当执行一个局部优化算法中的步骤 $\boldsymbol{w}^k=\boldsymbol{w}^{k-1}+\alpha \boldsymbol{d}^{k-1}$时，就生成了一个(可能是多维的)点的时间序列，因为这些步骤生成的正是一个有序点 $\boldsymbol{w}^1, \boldsymbol{w}^2, \cdots, \boldsymbol{w}^K$的序列。

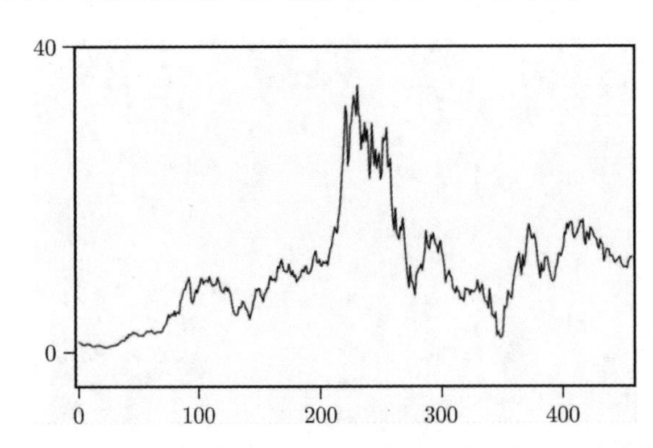

图 A.1　一个时间序列数据的例子。某股票在 450 个时间点的股价情况

由于原始的时间序列数据中常常存在振荡现象，因此在实践中常需要对它们进行平滑操作(去除其中的之字形移动)，以得到更好的可视化效果或利于后续分析。指数平均数是平滑时间序列数据最常用的方法之一，实际上在出现这类时间序列的每个应用领域中都使用了这一方法。图 A.2 中给出了对图 A.1 中的数据进行平滑后的结果。在了解指数平均数的计算方法之前，我们先了解如何计算 K 个输入点 $w^1, w^2, \cdots, w^K$的累积平均，即，前

两个点的平均值，前三个点的平均值，以此类推。将前 k 个点的平均值计为h^k，我们得到

$$\begin{aligned} h^1 &= w^1 \\ h^2 &= \frac{w^1+w^2}{2} \\ h^3 &= \frac{w^1+w^2+w^3}{3} \\ &\vdots \\ h^K &= \frac{w^1+w^2+w^3+\cdots+w^K}{K} \end{aligned} \tag{A.1}$$

注意，在每一步中，h^k 通过最简单的统计方法(即使用它们的样本均值)从输入点 w^1 到 w^k 进行汇总。式(A.1)给出了累积平均的计算方法，我们需要从点 w^1 到 w^k 的每一个原始数据，才能计算第 k 个累积平均值h^k。另一种方法是，$k>1$ 时通过将h^k 表示为递归形式，我们可以将累积平均数表示为只包含其前一个平均值h^{k-1}和当前时间序列值 w^k 的形式，即

$$h^k = \frac{k-1}{k}h^{k-1} + \frac{1}{k}w^k \tag{A.2}$$

从计算角度看，以递归形式定义累积平均更为有效，因为在第 k 步我们只需要存储和处理两个值，而不是 k 个。

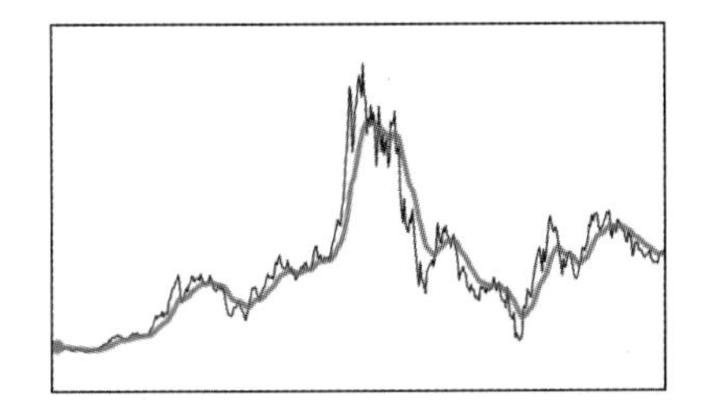
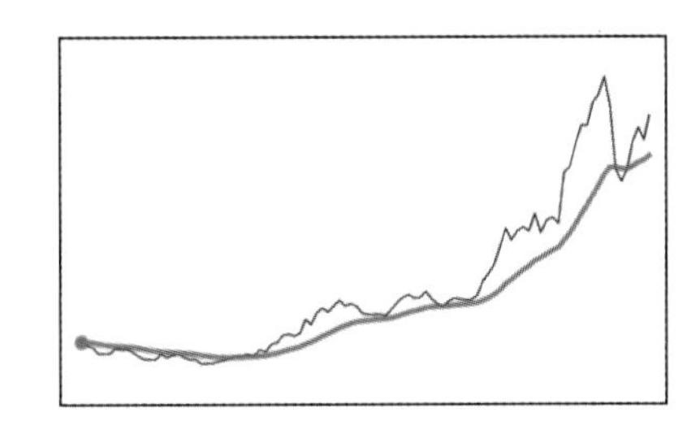

图 A.2 (左子图)图 A.1 中时间序列数据的一个指数平均数(标识为粗线)。(右子图)时间序列数据中前 100 个点的指数平均数，是原有时间序列数据的一个平滑近似

474

指数平均数是累积平均公式的一个简单变形。注意，在式(A.2)的每个步骤中，h^{k-1} 和 w^k 的系数和总是为 1，即$\frac{k-1}{k}+\frac{1}{k}=1$。随着 k 的增大两个系数都在变化：h^{k-1}的系数趋近于 1，而 w^k 的系数则趋近于 0。我们可以使用指数平均数冻结这些系数。也就是说，将h^{k-1}的系数替换为一个常数 $\beta\in[0,1]$，将 w^k 的系数替换为 $1-\beta$，这就得到一个指数平均数的递归公式：

$$h^k = \beta h^{k-1} + (1-\beta)w^k \tag{A.3}$$

显然这里的参数 β 决定着一个折衷平衡：β 值设置得越小，则指数平均数越近似于原始(之字形的)时间序列数据；其值设置得越大，则每个子序列的平均越近似于其前趋序列(进而得到一个更平滑的曲线)。无论我们如何设置 β 值，一个指数平均数中的每个 h^k 仍可被视为对 w^k 和在其之前的全部时间序列点的一个汇总。

为什么将累积平均的这种轻微改进版本称为指数平均数？这是因为如果我们将式(A.3)中所作的迭代取消而仅用h^k 前面的时间序列元素来表示它，类似于式(A.1)中对累积平均的处理，则系数中将会出现指数(或幂)的形式。

在推导指数平均数时我们假定时间序列数据是一维的，也就是说每个原始点 w^k 是一

个标量。但是，不论输入维度是多少，前述思想总是成立的。我们可以用相同的方式定义一个一般的 N 维点的时间序列 $\boldsymbol{w}^1,\boldsymbol{w}^2,\cdots,\boldsymbol{w}^K$ 的指数平均数，这需要初始化 $\boldsymbol{h}^1=\boldsymbol{w}^1$，然后对 $k>1$ 按以下方式生成 $\boldsymbol{h}^k$：

$$\boldsymbol{h}^k = \beta\boldsymbol{h}^{k-1} + (1-\beta)\boldsymbol{w}^k \tag{A.4}$$

475

这时第 k 步的指数平均数 $\boldsymbol{h}^k$ 也是 N 维的。

A.2.2 改进梯度下降法的之字形走向问题

如前所述，梯度下降的步骤序列可视为一个时间序列。确实，如果选取梯度下降法一次运行的 K 个步骤，我们即生成一个时间序列，其由有序的梯度下降步骤 $\boldsymbol{w}^1$，$\boldsymbol{w}^2$，…，$\boldsymbol{w}^K$ 和下降方向 $-\nabla g(\boldsymbol{w}^0),-\nabla g(\boldsymbol{w}^1),\cdots,-\nabla g(\boldsymbol{w}^{K-1})$ 构成。

要改进梯度下降法步骤中的之字形走向问题(如 3.6.3 节所示)，我们需要计算其指数平均数。但是，并不是在梯度下降步骤生成之后才对它们进行平滑，因为“破坏已经产生”，之字形走向已经减缓了梯度下降法的运行进程。其实我们需要做的是在步骤生成时即对其进行平滑，这样才能使得算法在最小化过程中取得更多进展。

怎么在步骤生成时对其进行平滑呢？回顾 3.6.3 节，梯度下降法中出现之字形走向的根本原因在于(负)梯度方向本身具有的振荡特性。换句话说，如果下降方向 $-\nabla g(\boldsymbol{w}^0)$，$-\nabla g(\boldsymbol{w}^1),\cdots,-\nabla g(\boldsymbol{w}^{K-1})$ 呈之字形，则梯度下降的步骤也会如此。因此，我们可以作出如下合理推测：如果在生成这些梯度方向时即对它们进行平滑操作，则有可能得到无之字形走向的梯度下降步骤，从而得到更好的最小化效果。

我们首先初始化 $\boldsymbol{d}^0=-\nabla g(\boldsymbol{w}^0)$，然后对 $k>1$ 按如下形式生成指数平均化的下降方向 $\boldsymbol{d}^{k-1}$(使用式(A.4))：

$$\boldsymbol{d}^{k-1} = \beta\boldsymbol{d}^{k-2} + (1-\beta)(-\nabla g(\boldsymbol{w}^{k-1})) \tag{A.5}$$

然后可以在通用的局部优化框架中使用这一下降方向，执行如下步骤：

$$\boldsymbol{w}^k = \boldsymbol{w}^{k-1} + \alpha\boldsymbol{d}^{k-1} \tag{A.6}$$

这样指数平均化仅在基本梯度下降法的基础上增加了一个额外的步骤，形成了如下形式的动量加速梯度下降步骤[⊖]：

$$\begin{aligned}\boldsymbol{d}^{k-1} &= \beta\boldsymbol{d}^{k-2} + (1-\beta)(-\nabla g(\boldsymbol{w}^{k-1}))\\ \boldsymbol{w}^k &= \boldsymbol{w}^{k-1} + \alpha\boldsymbol{d}^{k-1}\end{aligned} \tag{A.8}$$

此处术语“动量”是指新的指数平均化后的下降方向 $\boldsymbol{d}^{k-1}$，依定义它是一个涉及在它之前生成的每一个负梯度的函数。因此可以认为 $\boldsymbol{d}^{k-1}$ 反映了在它之前生成的方向的平均数或“动量”。

与任何指数平均数方法一样，如何选择 $\beta\in[0,1]$ 的值也是一个平衡折衷。一方面，β 的值设置得越小，指数平均数越接近于实际的负下降方向的序列，这是因为每个负梯度方向在迭代过程中使用得更多，但这些下降方向汇总的负梯度也越少。另一方面，β 的值设置得越大，这些指数平均化后的下降步骤与负梯度方向越不相似，这是因为每次迭代中每个后续负梯度方向所起的作用更小，但是它们能更好地对负梯度作汇总。实践中常采用较

⊖ 有时该步骤的写法稍有不同：不是对负梯度方向求平均，而是对梯度自身进行指数平均操作，然后步骤在其负方向上执行。这意味着我们初始化指数平均化的第一个负下降方向为 $\boldsymbol{d}^0=-\nabla g(\boldsymbol{w}^0)$，且对 $k>1$，一般下降方向和对应的步骤按下式计算：

$$\begin{aligned}\boldsymbol{d}^{k-1} &= \beta\boldsymbol{d}^{k-2}+(1-\beta)\nabla g(\boldsymbol{w}^{k-1})\\ \boldsymbol{w}^k &= \boldsymbol{w}^{k-1}-\alpha\boldsymbol{d}^{k-1}\end{aligned} \tag{A.7}$$

大的 β 值，一般在[0.7,1]范围内。

例 A.1 一个简单二次函数上的加速梯度下降

在本例中，我们通过一个二次函数来比较标准的梯度下降法和动量加速的梯度下降法。该函数形如

$$g(\boldsymbol{w}) = a + \boldsymbol{b}^{\mathrm{T}} \boldsymbol{w} + \boldsymbol{w}^{\mathrm{T}} \boldsymbol{C} \boldsymbol{w} \tag{A.9}$$

其中 $a=0$，$\boldsymbol{b}=\begin{bmatrix}0\\0\end{bmatrix}$，$\boldsymbol{C}=\begin{bmatrix}0.5 & 0\\0 & 9.75\end{bmatrix}$

这里我们运行算法三次，每次运行中执行 25 个步骤：一次运行梯度下降法，两次运行动量加速的梯度下降法，后两次中 β 值分别取自{0.2，0.7}。所有三次运行的初始点都为 $\boldsymbol{w}^0=[10 \quad 1]^{\mathrm{T}}$，且使用相同的步长 $\alpha=10^{-1}$。

图 A.3 的上排子图中我们给出了标准梯度下降算法运行时所执行的步骤(其中出现了极为明显的之字形走向)，中间和下排子图则给出了动量加速梯度下降法分别取 $\beta=0.2$ 和 $\beta=0.7$ 时的执行情况。动量加速梯度下降算法的两次运行结果都优于标准方式的运行结果，达到了一个更接近函数真实最小值的点。同时注意到下排子图中梯度下降法所经过的总体路径更为平滑，这是由于这次运行采用的 β 值较大。

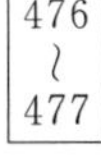
476～477

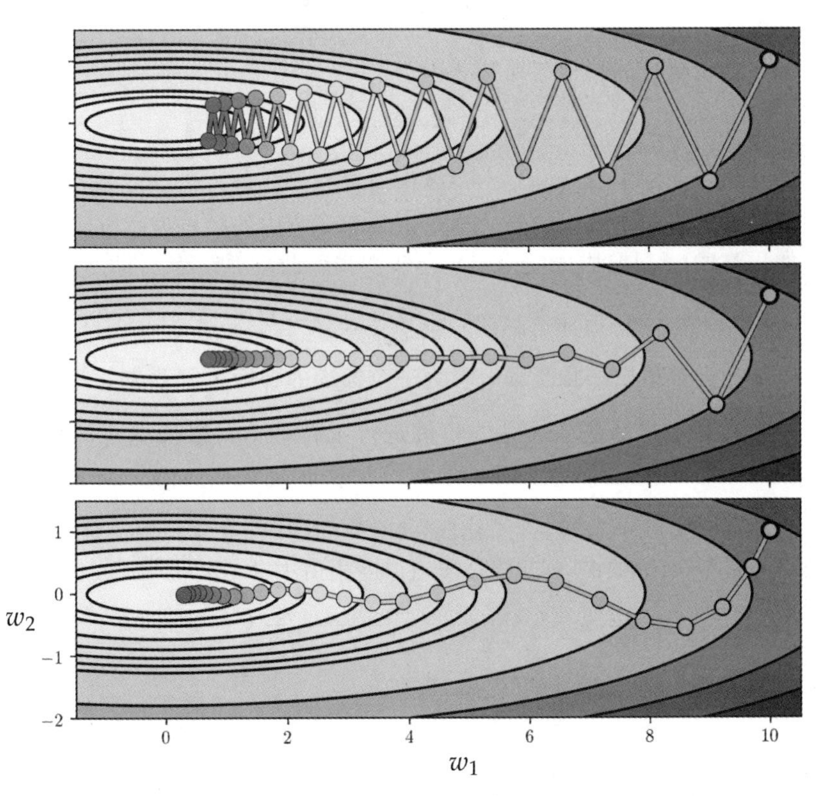

图 A.3 与例 A.1 相关的图。使用式(A.8)中的动量加速梯度下降法改进普通梯度下降法中的之字形走向问题。详细内容参见正文

A.3 归一化梯度下降法

在 3.6 节中我们讨论了与负梯度的幅值相关的一个基本问题，同时知道梯度幅值在驻

点附近趋近于0，这导致梯度下降法在驻点附近的前进速度极为缓慢。根据待最小化的函数的形式，这意味着算法可能在鞍点附近停止。在本节中我们介绍一种常用的标准梯度下降法的改进方法，称为归一化梯度下降法，其目的正是改进这一问题。这种方法的核心思想出于一个简单的思考：既然负梯度的幅值趋近于0是梯度下降法在驻点附近缓慢前进或在鞍点停止的原因，那么如果我们在每个步骤通过归一化将幅值忽略掉会有什么结果？

A.3.1 完全梯度幅值的归一化

在3.6.4节中我们看到，一个标准梯度下降步骤的长度与梯度的幅值是成比例的，其代数表示方式为$\alpha\|\nabla g(\mathbf{w}^{k-1})\|_2$。更进一步，我们还知道上述事实解释了之所以梯度下降法在驻点附近缓慢执行，正是由于在这些点附近梯度的幅值趋近于0。

478

由于梯度的幅值是使得最小化进程在驻点附近变慢的原因，如果我们只是简单地通过将其归一化，使得在迭代步骤中忽略掉幅值，而只是利用负梯度的方向作为移动方向，会怎么样？

对一个(梯度)下降方向进行归一化的一种方法是将其除以其幅值。这样得到的是一个归一化的梯度下降步骤，形如

$$\mathbf{w}^k=\mathbf{w}^{k-1}-\alpha\frac{\nabla g(\mathbf{w}^{k-1})}{\|\nabla g(\mathbf{w}^{k-1})\|_2} \tag{A.10}$$

这么做确实会将梯度的幅值忽略掉，因为：

$$\|\mathbf{w}^k-\mathbf{w}^{k-1}\|_2=\left\|-\alpha\frac{\nabla g(\mathbf{w}^{k-1})}{\|\nabla g(\mathbf{w}^{k-1})\|_2}\right\|_2=\alpha \tag{A.11}$$

即，如果我们在梯度下降法的每个步骤中通过归一化将梯度的幅值忽略掉，那么每个步骤的长度恰好等于步长参数α的值。这正是2.5.2节中的随机搜索方法采用的做法。

注意，如果将式(A.10)中的完全归一化步骤稍作改动，写为

$$\mathbf{w}^k=\mathbf{w}^{k-1}-\frac{\alpha}{\|\nabla g(\mathbf{w}^{k-1})\|_2}\nabla g(\mathbf{w}^{k-1}) \tag{A.12}$$

我们可以将完全幅值归一化步骤解释为一个标准的梯度下降步骤，只是其中的步长值$\frac{\alpha}{\|\nabla g(\mathbf{w}^{k-1})\|_2}$在每一步都基于梯度的幅值进行了自调节，以确保每一步的步长都正好是α。

同时还需注意，实践中为避免可能出现的除0问题(若除0则幅值会完全消失)，通常将一个比较小的常量ϵ(比如10^{-7}或更小)加到梯度幅值中：

$$\mathbf{w}^k=\mathbf{w}^{k-1}-\frac{\alpha}{\|\nabla g(\mathbf{w}^{k-1})\|_2+\epsilon}\nabla g(\mathbf{w}^{k-1}) \tag{A.13}$$

例A.2 改进最小值和鞍点附近的"慢爬"现象

图A.4的左子图显示了梯度下降法的一次运行情况，这在例3.14中已经讨论过。在本例中我们使用完全归一化的梯度下降步骤，采用与例3.14中相同的步骤数和步长值(在例3.14中这两个值的设置使得标准梯度下降法的最小化过程出现"慢爬"现象)。在本例中，由于并不受逐渐趋于0的梯度幅值影响，归一化后的步骤能很容易地越过函数的平直区域，找到一个非常接近于位于原点的最小值的点。将本例中的运行情况与图3.14中(标准梯度下降法)的运行情况相比，我们可以看出归一化后的运行与函数的全局最小化接近。

479

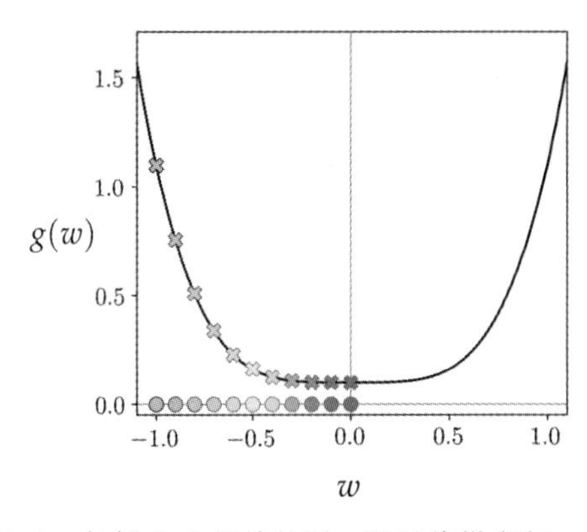

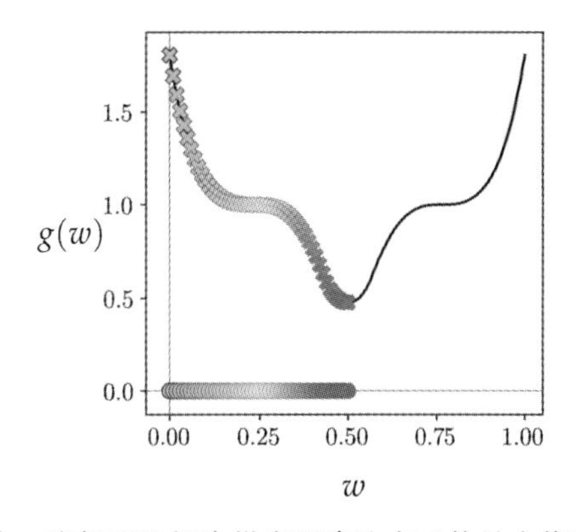

图 A.4 与例 A.2 相关的图。通过将梯度归一化，我们可以解决梯度下降法在函数最小值(左子图)和鞍点(右子图)附近的“慢爬”问题。详细内容参见正文

图 A.4 的右子图也显示了例 3.14 中梯度下降法的运行过程，这里使用了一个完全归一化的梯度下降步骤，且采用了与例 3.14 中相同的步骤数和步长值(这使得例 3.14 中标准梯度下降法的最小化过程终止)。在本例中，归一化后的步骤可以很容易地越过鞍点的平直区域，到达接近函数最小值的点。

例 A.3 使用归一化梯度下降法的一个折衷

图 A.5 中给出了在一个简单二次函数上分别运行完全归一化梯度下降法(左子图)和标准梯度下降法(右子图)的对比，该函数为

$$g(w) = w^2 \tag{A.14}$$

两个算法的初始点都为 $w^0=-3$，步长参数相同($\alpha=0.1$)，且最大迭代次数都为 20。图中的小圆圈表示输入空间中的实际步骤，x 形状的符号表示它们各自对应的函数值。

注意标准梯度下降法是如何一步步趋近于函数的全局最小值的，而采用固定步长的归一化梯度下降法的执行过程只经过了前者的一部分路径。这一情形表明归一化梯度下降法的步骤在梯度值较大时将不再能利用梯度(梯度值较大是希望在算法运行初始时执行较大的步骤)，这与标准梯度下降法中的情形相同。

480

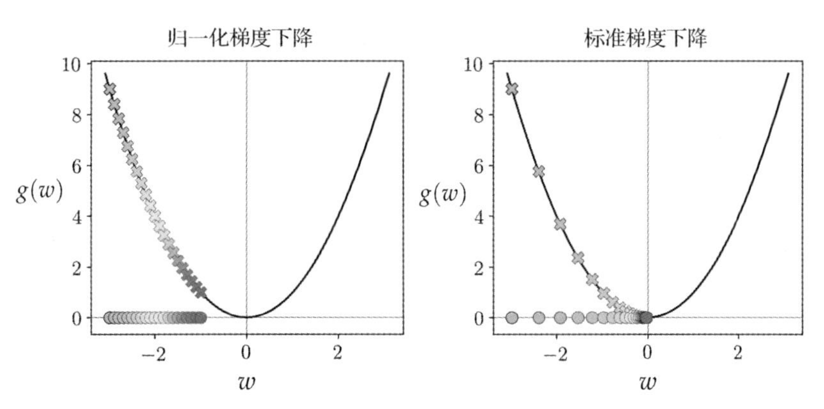

图 A.5 与例 A.3 相关的图。函数在平直区域的梯度很小，对梯度作归一化加速了函数在平直区域附近梯度下降的速度，但在离函数最小值比较远的区域，归一化梯度下降法并不能很好地利用梯度的幅值，因为在这样的区域中梯度幅值通常比较大。详细内容参见正文

A.3.2　按分量对幅值进行归一化

回顾一下，梯度是一个由 N 个偏导数构成的向量：

$$\nabla g(\boldsymbol{w})=\begin{bmatrix}\frac{\partial}{\partial w_1}g(\boldsymbol{w})\\ \frac{\partial}{\partial w_2}g(\boldsymbol{w})\\ \vdots\\ \frac{\partial}{\partial w_N}g(\boldsymbol{w})\end{bmatrix} \tag{A.15}$$

其中第 j 个偏导数 $\frac{\partial}{\partial w_j}g(\boldsymbol{w})$ 定义了梯度在第 j 个坐标轴上的行为。在对梯度的完全幅值作如下归一化时：

$$\frac{\frac{\partial}{\partial w_j}g(\boldsymbol{w})}{\|\nabla g(\boldsymbol{w})\|_2}=\frac{\frac{\partial}{\partial w_j}g(\boldsymbol{w})}{\sqrt{\sum_{n=1}^{N}\left(\frac{\partial}{\partial w_n}g(\boldsymbol{w})\right)^2}} \tag{A.16}$$

如果观察一下这对梯度的第 j 个偏导数有何影响，我们会看到该式使用了所有偏导数的和对第 j 个偏导数进行归一化。这意味着若第 j 个偏导数已经很小，这么做实质上完全消除了它在最终的下降步骤中的影响。因此，在处理只在某些偏导数方向存在平直区域的函数时，利用整个梯度的幅值作归一化可能是有问题的，这会减小各偏导数的影响，而这正是我们希望通过忽略幅值来增强的。

481

另一种方法是按分量对梯度的幅值进行归一化。即，不是用整个梯度的幅值对每个偏导数进行归一化，而是用这些偏导数自身各自进行归一化：

$$\frac{\frac{\partial}{\partial w_j}g(\boldsymbol{w})}{\sqrt{\left(\frac{\partial}{\partial w_j}g(\boldsymbol{w})\right)^2}}=\frac{\frac{\partial}{\partial w_j}g(\boldsymbol{w})}{\left|\frac{\partial}{\partial w_j}g(\boldsymbol{w})\right|}=\operatorname{sign}\left(\frac{\partial}{\partial w_j}g(\boldsymbol{w})\right) \tag{A.17}$$

在第 j 个方向我们能将这种按分量归一化的梯度下降步骤写为

$$w_j^k=w_j^{k-1}-\alpha\operatorname{sign}\left(\frac{\partial}{\partial w_j}g(\boldsymbol{w}^{k-1})\right) \tag{A.18}$$

可以将整个按分量归一化的步骤写为

$$\boldsymbol{w}^k=\boldsymbol{w}^{k-1}-\alpha\operatorname{sign}(\nabla g(\boldsymbol{w}^{k-1})) \tag{A.19}$$

其中符号函数按分量作用于梯度向量。我们可以很容易计算出这种分量归一化梯度下降法每个步骤的长度(假定梯度的所有偏导数都是非 0 的)：

$$\|\boldsymbol{w}^k-\boldsymbol{w}^{k-1}\|_2=\|-\alpha\operatorname{sign}(\nabla g(\boldsymbol{w}^{k-1}))\|_2=\sqrt{N}\alpha \tag{A.20}$$

此外还需注意，如果我们对式(A.18)中的第 j 个分量归一化步骤稍作改写，得到

$$w_j^k=w_j^{k-1}-\frac{\alpha}{\sqrt{\left(\frac{\partial}{\partial w_j}g(\boldsymbol{w}^{k-1})\right)^2}}\frac{\partial}{\partial w_j}g(\boldsymbol{w}^{k-1}) \tag{A.21}$$

则可以将分量归一化步骤解释为一个各分量带各自不同步长值的标准梯度下降步骤，各分量步长值为

$$\text{步长值} = \frac{\alpha}{\sqrt{\left(\frac{\partial}{\partial w_j} g(\boldsymbol{w}^{k-1})\right)^2}} \tag{A.22}$$

这些步长值在每个步骤中都基于梯度幅值分量各自进行调整，以确保每个步骤的长度都正好是 $\sqrt{N}\alpha$。确实，如果作如下表示：

482

$$\boldsymbol{a}^{k-1} = \begin{bmatrix} \dfrac{\alpha}{\sqrt{\left(\frac{\partial}{\partial w_1} g(\boldsymbol{w}^{k-1})\right)^2}} \\ \dfrac{\alpha}{\sqrt{\left(\frac{\partial}{\partial w_2} g(\boldsymbol{w}^{k-1})\right)^2}} \\ \vdots \\ \dfrac{\alpha}{\sqrt{\left(\frac{\partial}{\partial w_N} g(\boldsymbol{w}^{k-1})\right)^2}} \end{bmatrix} \tag{A.23}$$

则完全分量归一化下降步骤也可以写作

$$\boldsymbol{w}^k = \boldsymbol{w}^{k-1} - \boldsymbol{a}^{k-1} \circ \nabla g(\boldsymbol{w}^{k-1}) \tag{A.24}$$

其中符号 $\circ$ 表示按分量乘法(见 C.2.3 节)。在实践中，可以将一个较小值 $\epsilon(\epsilon>0)$ 加到 $\boldsymbol{a}^{k-1}$ 的每个元的每个值的分母中，以避免出现除 0 问题。

例 A.4　完全梯度下降法和分量归一化梯度下降法

在本例中我们使用以下函数：

$$g(w_1, w_2) = \max(0, \tanh(4w_1 + 4w_2)) + |0.4w_1| + 1 \tag{A.25}$$

来揭示对于在某一输入维度上有一个非常狭窄的平直区域的函数，完全梯度下降法和分量归一化梯度下降法的处理步骤有何区别。该函数的图像和等值线图分别如图 A.6 的左、右子图所示。可以看到，在 w_2 维度上，对维度 w_1 的任一固定值，函数图像非常平直，且有一个非常狭窄的区域通往其最小值点，该最小值位于 w_2 维度上 w_1 值为 0 处。如果从一个 $w_2>2$ 的点出发，不论使用标准梯度下降法还是完全归一化梯度下降法，都无法容易地对函数进行最小化。对于完全归一化梯度下降法，w_2 上的偏导数的幅值处处接近于 0，因而完全归一化减小了其影响，并使得最小化进程停止。上排子图给出了完全归一化梯度下降法从点 $\boldsymbol{w}_0=[2 \quad 2]^{\mathrm{T}}$ 处出发，执行 1000 步的结果，图中运行的起始处标识为绿色，结束处标识为红色。从图中可以看出，进展非常小。

下排子图中绘出了使用分量归一化梯度下降法从同一初始点出发、使用相同步长的运行结果。此时只需要 50 步就可以得到显著进展。

综上所述，将梯度幅值归一化后，使用上文所述的任何一种方法都能使梯度下降法的“慢爬”问题得到改善，且使得梯度下降法的执行更容易通过函数的平直区域。这些平直区域可能通向函数的局部最小值，或者通向一个非凸函数鞍点附近的区域，在这样的区域，标准梯度下降算法有可能会就此终止。但是，如例 A.3 中所强调的，在对标准梯度下降法的每个步骤作归一化时，我们缩短了前面最初几个步骤的移动距离，而这些步骤的移动距离通常是比较大的(因为随机的初始出发点常常是远离函数驻点的)。这是归一化梯度下降步骤相比于标准梯度下降法所作的折衷：以较短的初始步长换取驻点附近的较大步长。

483

484

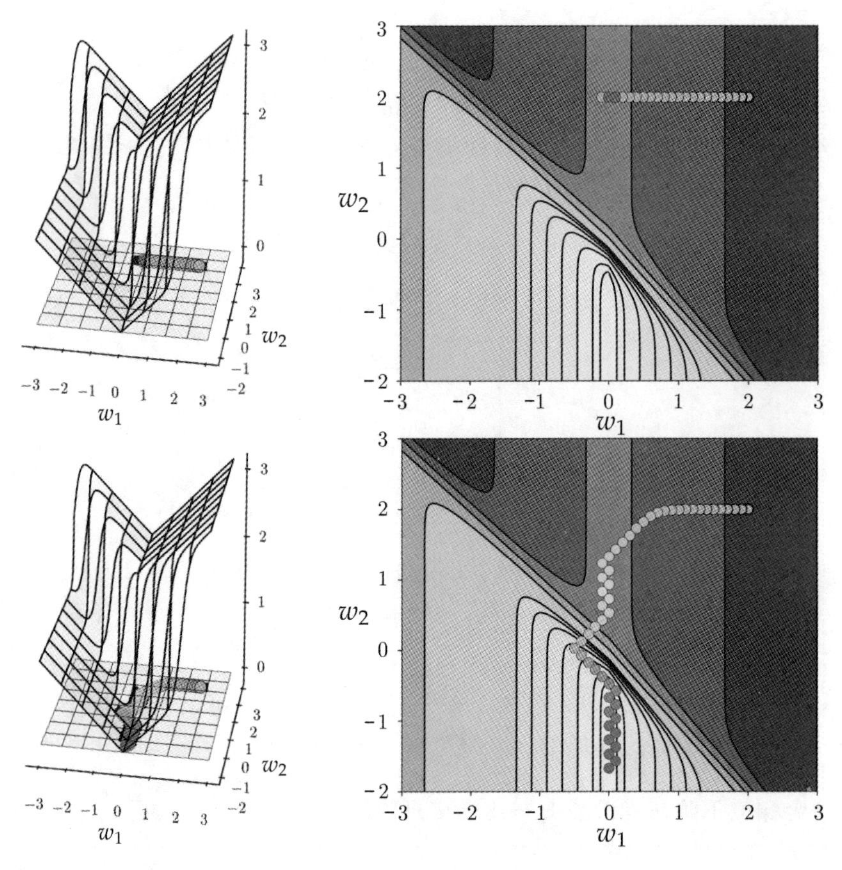

图 A.6　与例 A.4 相关的图。详细内容参见正文(见彩插)

A.4　基于梯度的高级方法

在 A.2 节中，我们介绍了动量加速梯度下降算法的概念，以及该方法如何很自然地解决了标准梯度下降法在沿着狭长区域运行时出现的之字形走向问题。如前所见，动量加速的下降方向 $\boldsymbol{d}^{k-1}$ 正是梯度下降方向的一个指数平均数，形如

$$\begin{aligned}\boldsymbol{d}^{k-1} &= \beta\boldsymbol{d}^{k-2} + (1-\beta)(-\nabla g(\boldsymbol{w}^{k-1})) \\ \boldsymbol{w}^{k} &= \boldsymbol{w}^{k-1} + \alpha\boldsymbol{d}^{k-1}\end{aligned} \tag{A.26}$$

其中 $\beta\in[0,1]$，通常设置为 $\beta=0.7$ 或更高。

在 A.3.2 节中我们还看到，对梯度下降方向按分量作归一化有助于处理标准梯度下降法在经过函数的平直区域时遇到的问题。我们知道，对 $\boldsymbol{w}$ 的第 j 个分量，一个分量归一化梯度下降步骤形如

$$w_j^k = w_j^{k-1} - \alpha\frac{\frac{\partial}{\partial w_j}g(\boldsymbol{w}^{k-1})}{\sqrt{\left(\frac{\partial}{\partial w_j}g(\boldsymbol{w})\right)^2}} \tag{A.27}$$

实践中通常将一个较小的固定值ϵ($\epsilon>0$)加到上式右边的分母中以避免出现除 0 问题。

既然已经知道了标准梯度下降步骤的这两个改进有助于解决梯度下降法中的两个基本问题，我们很自然地会想到尝试将二者相结合以同时得到两方面的改进。

一种可以将这两种思路结合的方法是对动量加速梯度下降法中计算得到的指数平均下

降方向作归一化。即，在式(A.8)的第一行中计算指数平均数方向，然后对其归一化(而不是直接对原始的梯度下降方向作归一化)。依此思路，我们可以将结果下降方向的第 j 个分量的迭代式写作

$$d_j^{k-1} = \text{sign}\left(\beta d_j^{k-2} - (1-\beta)\frac{\partial}{\partial w_j}g(\boldsymbol{w}^{k-1})\right) \tag{A.28}$$

许多常见的用于调节机器学习模型的一阶方法，特别是那些涉及深度神经网络的，都以此类方式结合了动量梯度下降法和归一化梯度下降法。下面我们给出一些例子，包括常用的 Adam 和 RMSProp 一阶方法。

485

例 A.5　自适应矩估计

自适应矩估计(Adam)[69]是一种按分量归一化的梯度步骤，其中对下降方向和其幅值使用了各自计算的指数平均数。也就是说，我们对迭代下降方向的第 j 个坐标的计算是按以下方式进行的：首先沿此坐标分别计算梯度下降方向 d_j^k 的指数平均数和平方幅值 h_j^k：

$$\begin{aligned} d_j^{k-1} &= \beta_1 d_j^{k-2} + (1-\beta_1)\frac{\partial}{\partial w_j}g(\boldsymbol{w}^{k-1}) \\ h_j^{k-1} &= \beta_2 h_j^{k-2} + (1-\beta_2)\left(\frac{\partial}{\partial w_j}g(\boldsymbol{w}^{k-1})\right)^2 \end{aligned} \tag{A.29}$$

其中 β_1 和 β_2 是指数平均参数，其值在[0，1]区间内。这一迭代步骤中两个参数的常见取值为 $\beta_1=0.9$ 和 $\beta_2=0.999$。需要注意，与任何指数平均数一样，这两个迭代式在 $k>1$ 时使用，且应在它们各自所描述的序列的第一个值处作初始化⊖，即 $d_j^0=\frac{\partial}{\partial w_j}g(\boldsymbol{w}^0)$ 和 $h_j^0=\left(\frac{\partial}{\partial w_j}g(\boldsymbol{w}^0)\right)^2$。

这样 Adam 方法的步骤是一种使用了指数平均下降方向和幅值的分量归一化下降步骤，其在第 j 个坐标的步骤形如

$$w_j^k = w_j^{k-1} - \alpha\frac{d_j^{k-1}}{\sqrt{h_j^{k-1}}} \tag{A.30}$$

例 A.6　根均方传播

这一常用的一阶方法是分量归一化方法的一种变型，只是这里并非利用幅值对梯度的每个分量作归一化，而是用前一梯度方向的各分量幅值的指数平均数对分量作归一化。

用 h_j^k 表示步骤 k 的第 j 个偏导数的平方幅值的指数平均数，我们得到

$$h_j^k = \gamma h_j^{k-1} + (1-\gamma)\left(\frac{\partial}{\partial w_j}g(\boldsymbol{w}^{k-1})\right)^2 \tag{A.31}$$

这样，根均方传播(RMSProp)[70]是一种使用了这一指数平均数的分量归一化下降方法，其第 j 个坐标上的一个步骤形如

$$w_j^k = w_j^{k-1} - \alpha\frac{\frac{\partial}{\partial w_j}g(\boldsymbol{w}^{k-1})}{\sqrt{h_j^{k-1}}} \tag{A.32}$$

这一迭代步骤中的参数通常设置为 $\gamma=0.9$ 和 $\alpha=10^{-2}$。

⊖ 这一特殊的迭代步骤的提出者认为，每个指数平均数的初始点为0，即 $d_j^0=0$ 且 $h_j^0=0$，而不是在它们各自描述的每个序列的第一个步骤作初始化。按这一初始化方式，同时取 β_1 和 β_2 的值均大于0.9，使得这些指数平均数的最初几个迭代步骤也“偏向于”指向0值。正因为如此，它们也使用了一个“偏差修正”项以抵消初始化中的偏误。

A.5 mini-batch 优化

在机器学习领域的应用中，我们几乎总会遇到对 P 个相同形式函数的和进行最小化的任务。代数上可表示为

$$g(\boldsymbol{w}) = \sum_{p=1}^{P} g_p(\boldsymbol{w}) \tag{A.33}$$

其中$g_1,g_2,\cdots,g_P$ 是同一类型的函数，比如，都为凸二次函数(正如第 5 章中讨论的最小方差线性回归的情形)，全部使用相同的 $\boldsymbol{w}$ 权值集进行参数化。

这一特殊的求和结构考虑了对任一局部优化方案的简单但是非常有效的改进，称为 mini-batch(小批量)优化。mini-batch 优化最常与一个基于梯度的步骤结合应用。

A.5.1 一种重要的简单思想

mini-batch 优化的动机出于一个简单的问题：对于式(A.33)中给出的这类函数 g，如果不是在其中执行一个下降步骤，即对函数 $g_1,g_2,\cdots,g_P$ 的和同时执行一个下降步骤，而是对 $g_1,g_2,\cdots,g_P$ 依次执行 P 个下降步骤，会产生什么效果？如我们将在本书中看到的，在很多实例中这一思想能加快对函数的优化。尽管这一发现很大程度上是经验式的，但可以在机器学习的框架下得到解释，详见 7.8 节。

图 A.7 以 $P=3$ 为例描述了这一思想的要点，图中比较了同时在 $g_1,g_2,\cdots,g_P$ 中执行一个下降步骤和依次从 g_1，g_2 直到 g_P 执行 P 个下降步骤。

486～487

对于形如式(A.33)的代价函数 g，若以一种局部优化方法对其进行最小化，执行第一个步骤时，我们从某一初始点 $\boldsymbol{w}^0$ 开始，确定一个下降方向 $\boldsymbol{d}^0$，然后到达一个新点 $\boldsymbol{w}^1$：

$$\boldsymbol{w}^1 = \boldsymbol{w}^0 + \alpha \boldsymbol{d}^0 \tag{A.34}$$

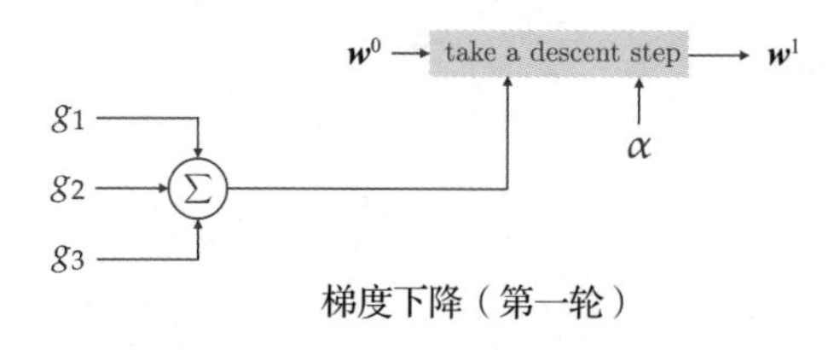

梯度下降（第一轮）

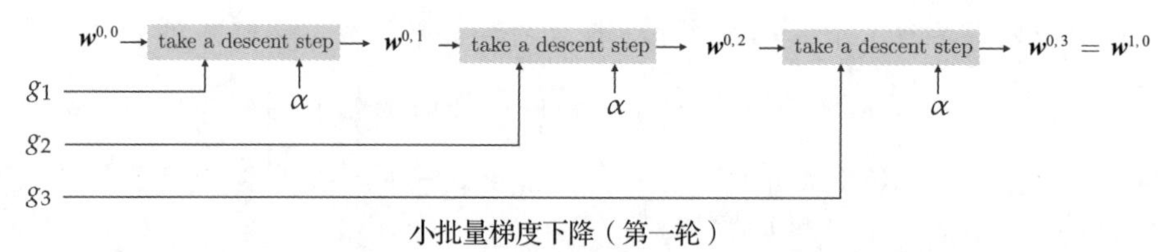

小批量梯度下降（第一轮）

图 A.7　batch 局部优化下降方法(上排子图)和 mini-batch 局部优化下降方法的抽象描述。详细内容参见正文

类似地，如果我们依照以上介绍的 mini-batch 方法的思想，则需执行一序列 P 个步骤。若将初始点表示为 $\boldsymbol{w}^{0,0}=\boldsymbol{w}^0$，则可首先确定 g 中第一个函数 g_1 的一个下降方向 $\boldsymbol{d}^{0,1}$，然后在此方向上执行如下的一个步骤：

$$\boldsymbol{w}^{0,1} = \boldsymbol{w}^{0,0} + \alpha \boldsymbol{d}^{0,1} \tag{A.35}$$

接下来我们确定 g 中第二个函数 g_2 的一个下降方向 $\boldsymbol{d}^{0,2}$，然后在此方向上执行一个步骤：

$$\boldsymbol{w}^{0,2} = w^{0,1} + \alpha \boldsymbol{d}^{0,2} \tag{A.36}$$

依此方式，我们执行一序列 P 个步骤，其中 $\boldsymbol{d}^{0,p}$ 是 g_P 的下降方向，其形如 488

$$
\begin{aligned}
\boldsymbol{w}^{0,1} &= \boldsymbol{w}^{0,0} + \alpha \boldsymbol{d}^{0,1} \\
\boldsymbol{w}^{0,2} &= \boldsymbol{w}^{0,1} + \alpha \boldsymbol{d}^{0,2} \\
&\vdots \\
\boldsymbol{w}^{0,p} &= \boldsymbol{w}^{0,p-1} + \alpha \boldsymbol{d}^{0,p} \\
&\vdots \\
\boldsymbol{w}^{0,P} &= \boldsymbol{w}^{0,P-1} + \alpha \boldsymbol{d}^{0,P}
\end{aligned}
\tag{A.37}
$$

这一序列的迭代操作依次完成了对函数 $g_1, g_2, \cdots, g_P$ 的一次遍历处理，通常称为一轮。若按此方式再依次对这 P 个函数进行一次遍历，则执行了步骤的第二轮，以此类推。

A.5.2　较大 mini-batch 规模的下降

考虑不是将 P 个步骤每次针对一个单函数 g_P 执行一步(即规模为 1 的 mini-batch)，我们可以更一般地在一轮中执行更少的步骤，即每一个步骤针对几个单函数 g_P 执行，比如，每一个步骤的执行涉及两个或三个函数。像这样对前述思想稍作修改后，我们在每轮中执行的步骤数变少，但每一个步骤都针对函数 $g_1, g_2, \cdots, g_P$ 的一个较大且不重叠的子集执行，且每轮中仍然对每个 g_P 遍历了一次。

每一个步骤中所涉及的 $g_1, g_2, \cdots, g_P$ 的子集的大小/基数称为批次大小(批次大小为 1 的 mini-batch 优化也常被称为随机优化)。从最大提升优化速度的角度考虑，实践中采用的最佳批次大小往往是不同的且依赖于问题本身。

A.5.3　一般性能

如前所述，我们不再是执行一个完全下降步骤，而是通过 mini-batch 方法在每轮中执行更多的步骤，这样的代价是否值得？一般说来是值得的。通常在实践中对机器学习中的函数进行最小化，mini-batch 步骤的一轮执行的性能将大大优于与其功用类似的一个完全下降步骤，后者在 mini-batch 语境下常称为一个完全批次轮，或简称为一个批次轮。当 P 很大时(通常为几千或更大)，这一优势更为明显。

考虑对同一函数 g 从相同的初始点出发，分别运行一批次优化和多轮 mini-batch 优化方法，图 A.8 中比较了前者的代价函数历史图。由于 mini-batch 方法中执行的步骤数多出

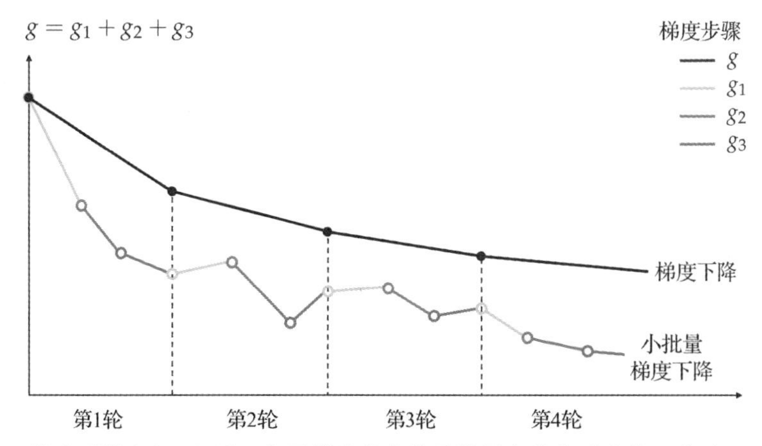

图 A.8　一批次下降法和 mini-batch 下降法的代价函数历史的典型比较。此时 $P=3$。mini-batch 方法的每轮往往都优于完全批次步骤，且对形如式(A.33)中的函数，能比完全批次方法更快地到达其局部最小值附近的点(见彩插)

489 很多且每个 g_p 的形式都相同，mini-batch 方法的每轮往往都优于与其等功用的完全批次方法。即使考虑到 mini-batch 优化的每轮执行的下降步骤数多出很多，该方法仍然常常较大地优于对应的完全批次方法(比如习题 7.11 中的情形)，这在 P 很大时也同样成立。

A.6　保守步长规则

在 3.5 节中，我们描述了在机器学习应用中是如何通过试错法确定梯度下降步骤的步长参数 α 的，即它是对每次迭代都取固定值还是逐渐递减的。但是，也可能以数学方式得到合适的步长参数设置，从而保证算法收敛。这样的步长选择方法通常比较保守，特别是在要求每一个步骤都要保证函数值的下降时，因而从计算角度看其代价是相当高的。本节中我们针对感兴趣的读者简短回顾一下这些步长设置方案。

A.6.1　梯度下降和简单二次函数替代

要对梯度下降法中理论上收敛的步长参数设置进行分析，其关键是下面的二次函数：

490

$$h_\alpha(\mathbf{w}) = g(\mathbf{w}^0) + \nabla g(\mathbf{w}^0)^{\mathrm{T}}(\mathbf{w} - \mathbf{w}^0) + \frac{1}{2\alpha}\|\mathbf{w} - \mathbf{w}^0\|_2^2 \tag{A.38}$$

其中 $\alpha>0$。等式右边的前两项构成了 $g(\mathbf{w})$在点 $\mathbf{w}^0$ 处的一阶泰勒级数逼近，或者说，是点 $\mathbf{w}^0$ 处的正切超平面的数学式。右边最后一项是可以想象得到的最简单的二次函数，不论超平面在一个点是局部凸出还是凹入的，该项都能将其调整为一个完全对称的凸二次函数，其每一维上的曲率由参数 α 控制。更需要注意的是，与超平面一样，这个二次函数在点 $\mathbf{w}^0$ 处也是正切于 $g(\mathbf{w})$的，这与函数及其在这一点的导数值是匹配的。

改变 α 的值对该二次函数有何影响？图 A.9 给出了对一个普通凸函数，以两个不同的 α 值所作的逼近。注意 α 产生的影响：α 值越大，关联的二次函数则变得越宽。

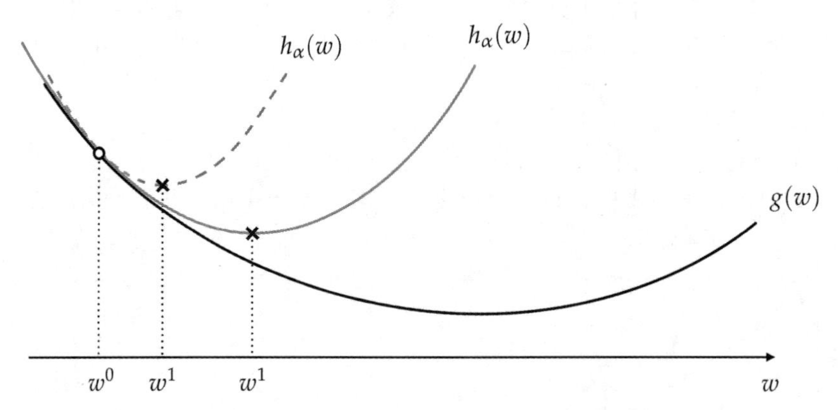

图 A.9　由式(A.38)中二次逼近式得到的两个二次函数，它们是在 w^0 附近对函数 g 的逼近。图中标识为灰实线的二次函数的 α 值大于标识为虚线的二次函数的 α 值

对于像 h_α 这样的简单的二次函数逼近，不论 α 值是多少，我们都能很容易地计算出其唯一的全局最小值，这只需利用一阶最优性条件即可(参见 3.2 节)。令其梯度为 0，我们得到：

$$\nabla h_\alpha(\mathbf{w}) = \nabla g(\mathbf{w}^0) + \frac{1}{\alpha}(\mathbf{w} - \mathbf{w}^0) = \mathbf{0} \tag{A.39}$$

将上式整理后求解，可以得到 h_α 的极小值 $\mathbf{w}^1$，形如

$$\mathbf{w}^1 = \mathbf{w}^0 - \alpha\nabla g(\mathbf{w}^0) \tag{A.40}$$

这样简单二次函数逼近的最小值正是点 $\boldsymbol{w}^0$ 处步长为 α 的一个标准梯度下降步骤。如果继续以此方式执行步骤，则可得到第 k 个迭代式，它是与前一个迭代式 $\boldsymbol{w}^{k-1}$ 相关的简单二次函数逼近的最小值，形如 491

$$h_\alpha(\boldsymbol{w}) = g(\boldsymbol{w}^{k-1}) + \nabla g(\boldsymbol{w}^{k-1})^{\mathrm{T}}(\boldsymbol{w} - \boldsymbol{w}^{k-1}) + \frac{1}{2\alpha}\|\boldsymbol{w} - \boldsymbol{w}^{k-1}\|_2^2 \tag{A.41}$$

其中的最小值仍然由第 k 个梯度下降步骤表示：

$$\boldsymbol{w}^k = \boldsymbol{w}^{k-1} - \alpha\nabla g(\boldsymbol{w}^{k-1}) \tag{A.42}$$

综上所述，利用简单二次函数我们可以得到对于标准梯度下降法(详见 3.5 节)的另一种视角：我们可以将梯度下降法解释为一个使用线性逼近的算法，它能逐步逼近函数的最小值；同时，也可看作使用简单二次函数逼近来达到同一目的的一个算法。特别是在后一种理解下，当沿着超平面最陡峭的方向一步步移动时，算法是同时在跳向这些简单二次函数逼近的全局最小值。图 A.10 给出了这两种视角的图示。

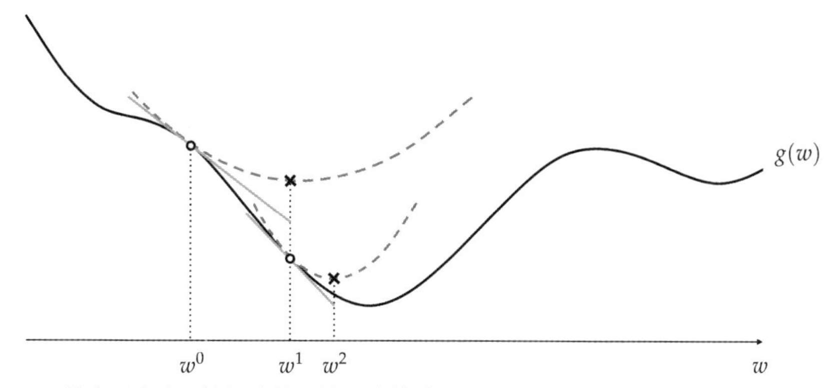

图 A.10 梯度下降法可被视为使用线性或简单的二次函数去找到函数 g 的一个驻点。在算法执行的每一步骤，相关的步长定义了我们在跳回到函数 g 之前沿线性函数移动了多远，或者定义了简单二次函数的宽度(在视为使用二次函数时)，我们对该二次函数作最小化以找到 g 的驻点

A.6.2 回溯线搜索

由于负梯度是一个梯度方向，如果我们处理步骤 $\boldsymbol{w}^{k-1}$，且采用一个足够小的 α 值，则到 $\boldsymbol{w}^k$ 的梯度下降步骤将使得函数 g 的值减小，即 $g(\boldsymbol{w}^k) \leqslant g(\boldsymbol{w}^{k-1})$。我们从对于梯度下降法的第一种理解(详见 3.5 节)可知这是可行的，因为当 α 减小时，我们在点 $\boldsymbol{w}^{k-1}$ 处正切超平面的梯度方向上移动更短的距离。若这一距离缩短到足够小，则函数值在此方向上也应减小。对梯度下降法的第二种理解则可以让我们从一种不同但完全等效的角度来认识：缩小 α 值将会增大式(A.41)中的二次函数逼近的曲率(该函数的最小值正是我们要趋近的点)，这样二次函数逼近的最小值点位于函数 g 的上方。要到达这样一个点的步骤必须要使得函数的值减小，因为在这一点处，二次函数的定义正是在其最低点，且特别要低于它正切于 g 的位置。 492

怎么找到一个在点 $\boldsymbol{w}^{k-1}$ 处正好达到这一目的的 α 值呢？如果梯度下降步骤是 $\boldsymbol{w}^k = \boldsymbol{w}^{k-1} - \alpha\nabla g(\boldsymbol{w}^{k-1})$，我们需要确定使得函数在点 $\boldsymbol{w}^k$ 处低于二次函数最小值的一个 α 值，即 $g(\boldsymbol{w}^k) \leqslant h_\alpha(\boldsymbol{w}^k)$，如图 A.11 所示。我们可以选择很多 α 值并逐一测试其是否满足以上条件，然后挑选能使得函数值下降幅度最大的一个。但是，这需要较大的计算代价，且较为笨拙。取而代之的是，我们通过一个更有效的二等分过程来找出 α 的值。在此过程中，我们从某个初始值开始逐渐减小 α 的值，直到上面的不等式得到满足。这一过程称为回溯线搜索，其运行过程如下所述：

493

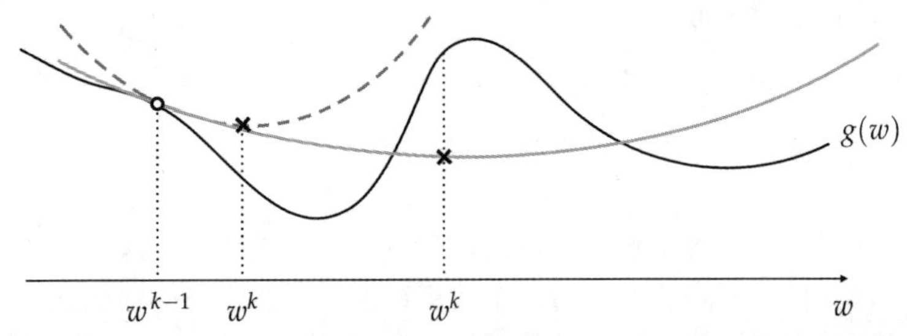

图 A.11 图中描述了在对梯度下降法的第二种理解中，如何选择一个合适的步长参数 α，才能保证在一个梯度下降步骤中使得函数值减小。α 的值应一直递减，直到函数的最小值出现。到达这样一个点的步骤必须使得函数值减小，因为在这一点处二次函数依其定义处于最低点，因而也特别低于它正切于 g 的位置。图中，与标识为灰色的二次函数相关的 α 值太大了，而与标识为虚线的二次函数相关的 α 值则足够小，因而使得二次函数位于原函数之上。到达这个点的一个(梯度下降)步骤将使得函数 g 的值减小

1. 选择 α 的一个初值，比如，$\alpha=1$，同时选择一个标量“衰减因子”$t\in(0,1)$。

2. 构造一个候选的下降步骤 $\boldsymbol{w}^k=\boldsymbol{w}^{k-1}-\alpha\nabla g(\boldsymbol{w}^{k-1})$。

3. 检查不等式 $g(\boldsymbol{w}^k)\leqslant h_\alpha(\boldsymbol{w}^k)$ 是否满足。如果满足，则选择 $\boldsymbol{w}^k$ 作为下一个梯度下降步骤；否则减小 α 的值为 $\alpha\leftarrow t\alpha$，然后回到步骤 2。

注意，不等式 $g(\boldsymbol{w}^k)\leqslant h_\alpha(\boldsymbol{w}^k)$ 也可等价地表示为

$$g(\boldsymbol{w}^k)\leqslant g(\boldsymbol{w}^{k-1})-\frac{\alpha}{2}\|\nabla g(\boldsymbol{w}^{k-1})\|_2^2 \tag{A.43}$$

这是由在步骤 $\boldsymbol{w}^k=\boldsymbol{w}^{k-1}-\alpha\nabla g(\boldsymbol{w}^{k-1})$ 中插入了二次函数 $h_\alpha(\boldsymbol{w}^k)$，然后进行配方和化简得到的。从这一等价的表示形式中，我们知道只要还未到达函数 g 的一个驻点，下面的项

$$\frac{\alpha}{2}\|\nabla g(\boldsymbol{w}^{k-1})\|_2^2 \tag{A.44}$$

将总为正值，这样，找到一个满足我们的不等式的 α 值意味着 $g(\boldsymbol{w}^k)$ 将总是严格地小于 $g(\boldsymbol{w}^{k-1})$。

先尝试一个较大的 α 值然后逐渐减小其值直至前述不等式满足，这一做法避免了可能的大量测试。但是应注意，衰减因子 $t\in(0,1)$ 控制了 α 值的采样的粗略程度：若将 t 值设置为接近于 1，我们在每次测试不等式失败后对 α 所作的缩小量就很小，这可能意味着需要更多的计算才能确定一个满足需要的 α 值。相反，若将 t 值设置为接近于 0，我们在每次测试不等式失败后对 α 所作的缩减量就比较大，这就会更快地结束，但可能得到一个很小的 α 值(因而产生一个很小的梯度下降步骤)。

在梯度下降法的每次迭代中，回溯线搜索能很方便地确定一个步长值，并且能够“开箱即用”。但是，与使用固定步长值的梯度下降步骤相比，使用回溯线搜索的每个步骤因为需要搜索合适的步长，因此都会产生更高的计算代价。

A.6.3 精准线搜索

在考虑如何能自动调整步长值 α 时，我们可能会想到尝试去找到使得函数沿着第 k 个梯度下降步骤 $\boldsymbol{w}^k=\boldsymbol{w}^{k-1}-\alpha\nabla g(\boldsymbol{w}^{k-1})$ 最小的 α，即：

$$\underset{\alpha>0}{\text{minimize}}\, g(\boldsymbol{w}^{k-1}-\alpha\nabla g(\boldsymbol{w}^{k-1})) \tag{A.45}$$

494

这一思想也称为精准线搜索。但从实践角度看，这一思想必须通过一个与前述基本相同的回溯线搜索方法来实现，这需要连续不断地测试，直到在第 k 步 $\boldsymbol{w}^k=\boldsymbol{w}^{k-1}-\alpha\nabla g(\boldsymbol{w}^{k-1})$ 找到一个满足下式的 α 值：

$$g(\boldsymbol{w}^k)\leqslant g(\boldsymbol{w}^{k-1}) \tag{A.46}$$

A.6.4 保守最优的固定步长值

假定我们构建最简单的形如式(A.41)的二次函数逼近，然后在这个简单的二次函数逼近中找出 α 值，它反映了函数一阶导数的最大曲率或改变。将这个二次函数的参数 α 设置为最大曲率，称为利普希茨常数，这意味着二次函数逼近除了在其原函数正切的点 $(\boldsymbol{w}^{k-1},g(\boldsymbol{w}^{k-1}))$ 处，其余部分将完全位于原函数之上。

当所设置的 α 值使得二次函数全部位于原函数之上时，这意味着二次函数的最小值也位于原函数之上。也就是说，我们的梯度下降步骤一定能得到更小的函数 g 的值，因为：

$$g(\boldsymbol{w}^k)<h_\alpha(\boldsymbol{w}^k)\leqslant h_\alpha(\boldsymbol{w}^{k-1})=g(\boldsymbol{w}^{k-1}) \tag{A.47}$$

如 4.1 节所述，一个函数的二阶导数包含了其曲率信息。更具体地说，对一个单输入函数而言，其最大曲率定义为其二阶导数的最大(绝对)值，即：

$$\max_w\left|\frac{\mathrm{d}^2}{\mathrm{d}w^2}g(w)\right| \tag{A.48}$$

类似地，对一个多输入函数 $g(\boldsymbol{w})$，要确定其最大曲率，我们必须要确定其 Hessian 矩阵的最大可能特征值(幅值)，或使用谱范数 $\|\cdot\|_2$(详见 C.5 节)以代数方式表示为

$$\max_{\boldsymbol{w}}\|\nabla^2 g(\boldsymbol{w})\|_2 \tag{A.49}$$

像这样一个艰巨的任务，对一系列机器学习中的函数，如线性回归、(二分类和多分类)逻辑回归、支持向量机和浅层神经网络等，实际上可通过解析方式完成。

495

一旦确定了这个最大曲率 L 或其上的一个上界，则可以得到一个固定[㊀]步长值 $\alpha=\frac{1}{L}$，这样就能保证第 k 个下降步骤

$$\boldsymbol{w}^k=\boldsymbol{w}^{k-1}-\frac{1}{L}\nabla g(\boldsymbol{w}^{k-1}) \tag{A.51}$$

总是使得函数 g 的值是下降的[㊁]。使用这一步长值，梯度下降算法可以从函数输入域的任

㊀ 如果使用局部曲率替换全局曲率来定义步长，则对应的步骤形如

$$\boldsymbol{w}^k=\boldsymbol{w}^{k-1}-\frac{1}{\|\nabla^2 g(\boldsymbol{w}^{k-1})\|_2}\nabla g(\boldsymbol{w}^{k-1}) \tag{A.50}$$

我们可以将其解释为一个带自调节步长值的梯度下降步骤，步长值的调节基于函数 g 的局部曲率。4.3 节中讨论的牛顿法可视为这一思想的一种扩展。

㊁ 可以很容易地证明，取 $\alpha=\frac{1}{L}$ 时，在点 $(\boldsymbol{w}^{k-1},g(\boldsymbol{w}^{k-1}))$ 处正切于函数 g 的简单二次函数：

$$h_{\frac{1}{L}}(\boldsymbol{w})=g(\boldsymbol{w}^{k-1})+\nabla g(\boldsymbol{w}^{k-1})^{\mathrm{T}}(\boldsymbol{w}-\boldsymbol{w}^{k-1})+\frac{L}{2}\|\boldsymbol{w}-\boldsymbol{w}^{k-1}\|_2^2 \tag{A.52}$$

确实在所有点处都完全位于函数 g 的上方。写出 g 以点 $\boldsymbol{w}^{k-1}$ 为中心的一阶泰勒公式，我们得到：

$$g(\boldsymbol{w})=g(\boldsymbol{w}^{k-1})+\nabla g(\boldsymbol{w}^{k-1})^{\mathrm{T}}(\boldsymbol{w}-\boldsymbol{w}^{k-1})+\frac{1}{2}(\boldsymbol{w}-\boldsymbol{w}^{k-1})^{\mathrm{T}}\nabla^2 g(\boldsymbol{c})(\boldsymbol{w}-\boldsymbol{w}^{k-1}) \tag{A.53}$$

其中 $\boldsymbol{c}$ 是连接 $\boldsymbol{w}$ 和 $\boldsymbol{w}^{k-1}$ 的线段上的一个点。由于 $\nabla^2 g\leqslant L\boldsymbol{I}_{N\times N}$，我们有：

$$\boldsymbol{a}^{\mathrm{T}}\nabla^2 g(\boldsymbol{c})\boldsymbol{a}\leqslant L\|\boldsymbol{a}\|_2^2 \tag{A.54}$$

对所有 $\boldsymbol{a}$ 都成立，且特别是对于 $\boldsymbol{a}=\boldsymbol{w}-\boldsymbol{w}^{k-1}$，这意味着 $g(\boldsymbol{w})\leqslant h_{\frac{1}{L}}(\boldsymbol{w})$。

一处开始运行，且最后将收敛到一个驻点。

实践中，这一保守优化的步长是一种非常便于使用的规则。但顾名思义，这种规则确实是保守的。这样，我们在实践中将它作为一个基准，用于寻找更大的强制收敛的固定步长值。换句话说，利用所得到的步长 $\alpha=\frac{1}{L}$，我们可容易地测试形如 $\alpha=\frac{t}{L}$ 的更大的步长值，这里常量 $t>1$。根据问题的不同，在实践中 t 的值在 1 到 100 之间是比较合适的取值。

例 A.7 计算一个单输入正弦函数的利普希茨常数

计算以下正弦函数的利普希茨常数(即其最大曲率)：

$$g(w)=\sin(w) \tag{A.55}$$

该函数的二阶导数易于计算：

$$\frac{\mathrm{d}^2}{\mathrm{d}w^2}g(w)=-\sin(w) \tag{A.56}$$

这个(二阶导数)函数的最大值可取 1，因此 $L=1$，这样 $\alpha=\frac{1}{L}=1$ 可以保证函数值在每一个步骤是下降的。

例 A.8 计算一个多输入二次函数的利普希茨常数

本例中需要计算以下二次函数的利普希茨常数：

$$g(\boldsymbol{w})=a+\boldsymbol{b}^{\mathrm{T}}\boldsymbol{w}+\boldsymbol{w}^{\mathrm{T}}\boldsymbol{C}\boldsymbol{w} \tag{A.57}$$

其中 $a=1$，$\boldsymbol{b}=\begin{bmatrix}1\\1\end{bmatrix}$ 且 $\boldsymbol{C}=\begin{bmatrix}2&0\\0&1\end{bmatrix}$

此处对所有输入 $\boldsymbol{w}$，Hessian 矩阵都是 $\nabla^2 g(\boldsymbol{w})=\boldsymbol{C}+\boldsymbol{C}^{\mathrm{T}}=2\boldsymbol{C}$，且由于一个对角矩阵的特征就是其对角元素，(幅值)最大的特征值显然是 4。这样我们可以设置 $L=4$，就得到一个保守优化的步长值 $\alpha=\frac{1}{4}$。

A.6.5 收敛性证明

为便于本节内容的讨论，我们简要列出一组特定的宽松条件，这些条件是本书中我们需要最小化的所有代价函数都应满足的。下面将要讨论的收敛性证明很明确地要依赖于这些条件。这三个基本条件如下：

1)它们有逐段可微的一阶导数。

2)它们都是有下界的。

3)它们的曲率是受限的。

带固定利普希茨步长的梯度下降法

由于 g 的梯度是依常数 L 利普希茨连续的，从 A.6.4 节我们知道在梯度下降法的第 k 次迭代中，我们有一个对应 g 上的二次函数上界，它形如

496～497

$$g(\boldsymbol{w})\leqslant g(\boldsymbol{w}^{k-1})+\nabla g(\boldsymbol{w}^{k-1})^{\mathrm{T}}(\boldsymbol{w}-\boldsymbol{w}^{k-1})+\frac{L}{2}\|\boldsymbol{w}-\boldsymbol{w}^{k-1}\|_2^2 \tag{A.58}$$

上式对 g 的输入域中所有的 $\boldsymbol{w}$ 都成立。然后将形如 $\boldsymbol{w}^k=\boldsymbol{w}^{k-1}-\frac{1}{L}\nabla g(\boldsymbol{w}^{k-1})$ 的梯度步骤插入上式中，化简后得到

$$g(\boldsymbol{w}^k)\leqslant g(\boldsymbol{w}^{k-1})-\frac{1}{2L}\|\nabla g(\boldsymbol{w}^{k-1})\|_2^2 \tag{A.59}$$

由于$\|\nabla g(\boldsymbol{w}^{k-1})\|_2^2 \geqslant 0$，上式表明梯度步骤的序列确实是递减的。为了证明其收敛于梯度消失的驻点处，我们从式(A.59)的两边同时减去$g(\boldsymbol{w}^{k-1})$，然后对$1 \leqslant k \leqslant K$范围内的结果求和，得到

$$\sum_{k=1}^{K}\left[g(\boldsymbol{w}^{k})-g(\boldsymbol{w}^{k-1})\right]=g(\boldsymbol{w}^{K})-g(\boldsymbol{w}^{0}) \leqslant -\frac{1}{2L}\sum_{k=1}^{K}\|\nabla g(\boldsymbol{w}^{k-1})\|_2^2 \tag{A.60}$$

这里特别要注意，由于g是有下界的，取$K \to \infty$，我们一定会有

$$\sum_{k=1}^{\infty}\|\nabla g(\boldsymbol{w}^{k-1})\|_2^2 < \infty \tag{A.61}$$

因此，以上的无穷求和式一定是有穷的，这意味着当$K \to \infty$时有

$$\|\nabla g(\boldsymbol{w}^{k-1})\|_2^2 \to 0 \tag{A.62}$$

这表示当梯度下降步骤序列都采用由函数g的梯度的利普希茨常量确定的步长时，就得到一个逐渐消失的梯度的序列，这一序列收敛到g的一个驻点。注意，使用任一小于$\frac{1}{L}$的固定步长，我们也可能要进行与前面相同的论证。

带回溯线搜索的梯度下降法

假设g有一个最大的受限曲率L，由此对任意选择的初始固定步长$\alpha > 0$和$t \in (0,1)$，我们总能找到一个整数n_0，它满足

$$t^{n_0}\alpha \leqslant \frac{1}{L} \tag{A.63}$$

这样在第k个梯度下降步骤以回溯法找到的步长将总是大于其下界的，即

$$\alpha_k \geqslant t^{n_0}\alpha > 0 \tag{A.64}$$

498

对所有k值成立。

回顾式(A.43)，若在第k个梯度步骤执行回溯过程，我们得到

$$g(\boldsymbol{w}^{k}) \leqslant g(\boldsymbol{w}^{k-1}) - \frac{\alpha_k}{2}\|\nabla g(\boldsymbol{w}^{k-1})\|_2^2 \tag{A.65}$$

为证明梯度步骤序列收敛到g的一个驻点，我们首先从式(A.65)的两边同时减去$g(\boldsymbol{w}^{k-1})$，然后对$1 \leqslant k \leqslant K$范围内的所有结果求和，这得到

$$\sum_{k=1}^{K}\left[g(\boldsymbol{w}^{k})-g(\boldsymbol{w}^{k-1})\right]=g(\boldsymbol{w}^{K})-g(\boldsymbol{w}^{0}) \leqslant -\frac{1}{2}\sum_{k=1}^{K}\alpha_k\|\nabla g(\boldsymbol{w}^{k-1})\|_2^2 \tag{A.66}$$

由于g是有下界的，取$K \to \infty$，一定有

$$\sum_{k=1}^{\infty}\alpha_k\|\nabla g(\boldsymbol{w}^{k-1})\|_2^2 < \infty \tag{A.67}$$

现在，我们从式(A.64)知道

$$\sum_{k=1}^{K}\alpha_k \geqslant Kt^{n_0}\alpha \tag{A.68}$$

这说明

$$\sum_{k=1}^{\infty}\alpha_k = \infty \tag{A.69}$$

为了使式(A.67)和式(A.69)同时成立，当$k \to \infty$时，一定有

$$\|\nabla g(\boldsymbol{w}^{k-1})\|_2^2 \to 0 \tag{A.70}$$

这表明由回溯线搜索确定的梯度步骤序列收敛到g的一个驻点。

A.7　牛顿法、正则化和非凸函数

如 4.3 节所述，牛顿法不能对一般的非凸函数进行合适的最小化。本节中我们介绍正则化的牛顿法步骤，这是一种改进上述问题的常见方法。

499

增大ϵ值

从 4.3.3 节中我们知道，在一个单输入函数的二阶导数中加上一个很小的正值ϵ，对于多输入情况，则在 Hessian 矩阵中加上一个形如$\epsilon\,\boldsymbol{I}_{N\times N}$的加权单位矩阵，这样做可以使得牛顿法中避免凸函数平直区域处的数值问题。这一调整后的牛顿法步骤形如

$$\boldsymbol{w}^{k}=\boldsymbol{w}^{k-1}-\left(\nabla^{2}g(\boldsymbol{w}^{k-1})+\epsilon\,\boldsymbol{I}_{N\times N}\right)^{-1}\nabla g(\boldsymbol{w}^{k-1}) \tag{A.71}$$

或将其解释为一个稍微调整的二阶泰勒级数逼近的驻点，该级数的中心点在 $\boldsymbol{w}^{k-1}$：

$$h(\boldsymbol{w})=g(\boldsymbol{w}^{k-1})+\nabla g(\boldsymbol{w}^{k-1})^{\mathrm{T}}(\boldsymbol{w}-\boldsymbol{w}^{k-1})+\frac{1}{2}(\boldsymbol{w}-\boldsymbol{w}^{k-1})^{\mathrm{T}}\nabla^{2}g(\boldsymbol{w}^{k-1})(\boldsymbol{w}-\boldsymbol{w}^{k-1})+\frac{\epsilon}{2}\|\boldsymbol{w}-\boldsymbol{w}^{k-1}\|_{2}^{2} \tag{A.72}$$

(上式右边的)前面三项仍然表示 $\boldsymbol{w}^{k-1}$处的二阶泰勒级数，我们在其后添加了$\frac{\epsilon}{2}\|w-w^{k-1}\|_2^2$，这是一个凸函数且以 $\boldsymbol{w}^{k-1}$为中心的完全对称的二次函数，有 N 个正的特征值(每一个都等于$\frac{\epsilon}{2}$)。也就是说，我们的函数是两个二次函数的和函数。当 $\boldsymbol{w}^{k-1}$是在一个函数的非凸部分或平直部分时，第一个二次函数也是非凸的或平直的。但是，第二个二次函数总是凸函数，ϵ值越大，其(凸)曲率也越大。这意味着如果将ϵ设置得比较大，则可以将整个函数逼近凸化，使得我们要求解的驻点是一个最小值，且算法移动的方向正是能保证下降的方向之一。

例 A.9　正则化的效果

在图 A.12 中，我们描述了下面的非凸函数：

$$h_1(w_1,w_2)=w_1^2-w_2^2 \tag{A.73}$$

的正则化过程，其中使用了以下凸正则化项：

$$h_2(w_1,w_2)=w_1^2+w_2^2 \tag{A.74}$$

特别地，我们给出了当ϵ的值逐步递增时，以上正则化所得到的和函数 $h_1+\epsilon h_2$ 的形状，其中最左子图是$\epsilon=0$ 的情形，最右子图则是$\epsilon=2$ 的情形。

由于 h_1 是非凸的，且有一个驻点，它正是在原点处的鞍点，h_2 的加入使得其向下的走向终止。毫不意外，随着ϵ的增大，以上和函数的形状受 h_2 的影响越大。最终，当ϵ足够大时，所得的和函数成为凸函数。

500

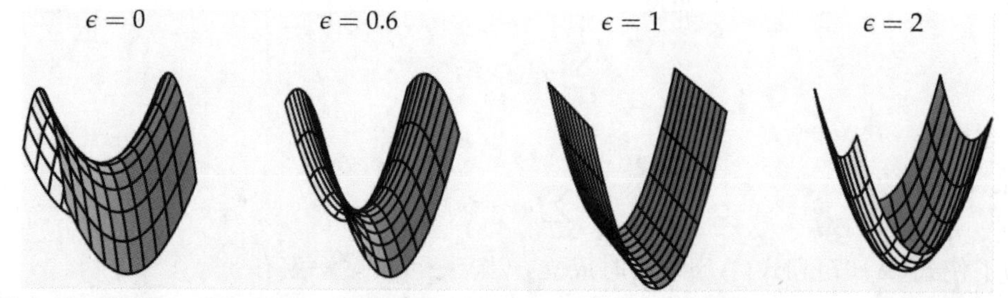

图 A.12　与例 A.9 相关的图。从左到右，向一个非凸的二次函数中添加一个凸函数后，前者会逐渐变为一个凸函数。详细内容参见正文

例 A.10 一个非凸函数的最小化

在图 A.13 中，我们给出了对以下非凸函数进行最小化的 5 个正则化牛顿法步骤(使用了式(A.71)中的迭代步骤)：

$$g(w)=2-e^{-w^2} \tag{A.75}$$

算法从函数的局部非凸部分的一个点开始运行，ϵ的值逐渐从$\epsilon=0$(上排子图)增加到$\epsilon=4$(下排子图)。$\epsilon=0$ 时牛顿法是发散的，而$\epsilon=4$ 时已使得牛顿法的步骤充分凸化，算法即朝向函数最小值执行下降步骤。图中每次运行的步骤都是依次由绿色到红色标识，绿色表示第一个步骤，红色表示最后一个步骤。每一个步骤中的正则化的二阶逼近也标识为对应的颜色。

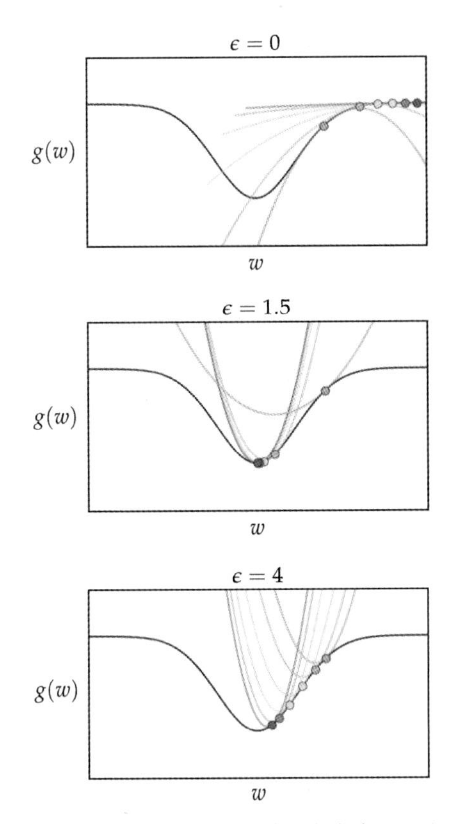

图 A.13 与例 A.10 相关的图。详细内容参见正文(见彩插)

为了确定需要将ϵ设置为多大才能使得正则化二阶泰勒级数逼近成为凸函数，回忆 4.2 节中内容：一个二次函数是凸函数当且仅当它的所有特征值都是非负的。这样ϵ的值必须大于 Hessian 矩阵$\nabla^2 g(\boldsymbol{w}^{k-1})$的最小特征值的幅值，才能使得正则化的二阶二次函数是凸函数。对一个单输入函数而言，这使得ϵ要在幅值上大于函数在 $\boldsymbol{w}^{k-1}$ 处的二阶导数(若它在此处是负的)。

在式(A.71)中，尽管正则化牛顿法步骤中的ϵ通常设置为一个相对小的值，值得注意的是当我们增大ϵ的值时，移动的方向倾向于 $\boldsymbol{w}^{k-1}$ 处的梯度下降方向。也就是说，当ϵ较大时，我们执行正则化牛顿法步骤时的移动方向就成为梯度下降方向(尽管其幅值非常小)： 501

$$-\left(\nabla^2 g(\boldsymbol{w}^{k-1})+\epsilon \boldsymbol{I}_{N\times N}\right)^{-1} \nabla g(\boldsymbol{w}^{k-1}) \approx -\left(\epsilon \boldsymbol{I}_{N\times N}\right)^{-1} \nabla g(\boldsymbol{w}^{k-1}) = -\frac{1}{\epsilon} \nabla g(\boldsymbol{w}^{k-1}) \tag{A.76}$$

A.8 无 Hessian 优化方法

尽管牛顿法是一种相当有效的方法(由于使用二阶导数的信息，能够快速地收敛)，但它也受限于普通函数 $g(\boldsymbol{w})$的输入维度 N。更具体地说，$N\times N$ 的 Hessian 矩阵以及它的 N^2 个元素很自然地限制了牛顿法在 N 约为几千的实例中的应用，因为在 N 很大时连存储这样一个矩阵都很困难(更不要说对其进行相关计算)。

本节中我们讨论牛顿法的两种变型，这两种变型都统称为无 Hessian 优化方法。它们通过将(牛顿法的每个步骤中的)Hessian 矩阵替换为一个与其接近的不受规模影响的近似，从而改进了以上问题。由此，两种变型都很自然地以略为牺牲牛顿法每一个步骤的精确性为代价，换取算法可处理高维输入的扩展能力。从概念上说第一种变型是最简单的，需要对 Hessian 矩阵进行二次采样，只使用它的一部分元素。而后一种变型常常称为拟牛顿法，需要将 Hessian 矩阵替换为一个可高效计算的低秩近似矩阵。

502

A.8.1 Hessian 矩阵的二次采样

牛顿法中当 N 增大时，$N\times N$ 的 Hessian 矩阵$\nabla^2 g(\boldsymbol{w})$中的元素个数将会快速增长，这就使得牛顿法无法避免地出现了规模扩展问题。处理这一问题最简单的方法是对 Hessian 矩阵进行二次采样。也就是说，并不是使用整个 Hessian 矩阵，而是只使用它的一部分元素，而将其他元素设置为 0。这当然会减小完整的二阶导数信息在牛顿法每一个步骤中所起的作用，且因此会减小对应的牛顿法步骤的效能，但却使得牛顿法能处理 N 很大时的情形。我们可以采用很多方法考虑对 Hessian 矩阵进行二次采样，以在保留二阶导数信息和处理输入维度扩展之间达成平衡。

一种常用的二次采样方案比较简单，只是保留 Hessian 矩阵的对角元素，即只保留 N 个形如$\frac{\partial^2}{\partial w_n^2}g(w)(n=1,2,\cdots,N)$的完全二阶偏导数。这极大地减少了 Hessian 矩阵的元素个数，且极大简化了牛顿法步骤，使其从求解以下线性方程组：

$$\boldsymbol{w}^k = \boldsymbol{w}^{k-1} - (\nabla^2 g(\boldsymbol{w}^{k-1}))^{-1}\nabla g(\boldsymbol{w}^{k-1}) \tag{A.77}$$

变为直接对每个 $n=1,2,\cdots,N$ 进行按分量逐个迭代：

$$w_n^k = w_n^{k-1} - \frac{\frac{\partial}{\partial w_n}g(\boldsymbol{w}^{k-1})}{\frac{\partial^2}{\partial w_n^2}g(\boldsymbol{w}^{k-1})} \tag{A.78}$$

换句话说，只保留 Hessian 矩阵的对角元素使得我们在每个维度的值翻倍，且不再需要求解一个线性方程组。当然，这也存在负面影响，我们忽略了所有交叉偏导数，而只保留了对应于每个输入维度上的曲率的二阶导数信息。尽管如此，实践中二次采样的牛顿法步骤用于最小化机器学习代价函数可能相当有效(比如习题 9.8)，且能够像梯度下降法这样的一阶方法一样很好地处理规模扩展问题。

503

A.8.2 割线法

在将牛顿法作为一种 0-查找算法考虑时，在搜索一阶方程$\frac{\mathrm{d}}{\mathrm{d}w}g(w)=0$ 的零值过程的第 k 步，我们构造以下一阶泰勒级数：

$$h(w)=\frac{\mathrm{d}}{\mathrm{d}w}g(w^{k-1})+\frac{\mathrm{d}^2}{\mathrm{d}w^2}g(w^{k-1})(w-w^{k-1}) \tag{A.79}$$

然后找到这个线性函数等于 0 的点，这由下面对应的牛顿法迭代得到：

$$w^k=w^{k-1}-\frac{\frac{\mathrm{d}}{\mathrm{d}w}g(\boldsymbol{w}^{k-1})}{\frac{\mathrm{d}^2}{\mathrm{d}w^2}g(\boldsymbol{w}^{k-1})} \tag{A.80}$$

如果我们将正切线的斜率(此处是为二阶导数值$\frac{\partial^2}{\partial w_n^2}g(w^{k-1})$)替换为一个与其密切相关的[⊖]割线的斜率：

$$\frac{\mathrm{d}^2}{\mathrm{d}w^2}g(w^{k-1})\approx\frac{\frac{\mathrm{d}}{\mathrm{d}w}g(w^{k-1})-\frac{\mathrm{d}}{\mathrm{d}w}g(w^{k-2})}{w^{k-1}-w^{k-2}} \tag{A.81}$$

我们将生成一个与牛顿法高度相关的算法(但不再需要使用二阶导数)。在牛顿法步骤中用这一近似替换二阶导数，我们得到一个割线法的迭代步骤：

$$w^k=w^{k-1}-\frac{\frac{\mathrm{d}}{\mathrm{d}w}g(w^{k-1})}{\frac{\frac{\mathrm{d}}{\mathrm{d}w}g(w^{k-1})-\frac{\mathrm{d}}{\mathrm{d}w}g(w^{k-2})}{w^{k-1}-w^{k-2}}} \tag{A.82}$$

这可写为以下较简洁的方式：

$$w^k=w^{k-1}-\frac{\frac{\mathrm{d}}{\mathrm{d}w}g(w^{k-1})}{s^{k-1}} \tag{A.83}$$

其中 s^{k-1}且于表示割线的斜率：

$$s^{k-1}=\frac{\frac{\mathrm{d}}{\mathrm{d}w}g(w^{k-1})-\frac{\mathrm{d}}{\mathrm{d}w}g(w^{k-2})}{w^{k-1}-w^{k-2}} \tag{A.84}$$

尽管与牛顿法相比这一方法的准确度较低，但它并不直接依赖于二阶导数，而仍能广泛应用于求解一阶方程，并找到函数 $g(w)$的驻点。对一个 $N=1$ 的单输入函数而言，这种情况相当微不足道，但当将割线法一般化到多输入函数时，能得到非常多的值。正如我们已经讨论过的，这是由于大规模的 Hessian 矩阵使得牛顿法在 N 值很大时难以使用。

我们对于一般的单输入情形所作的讨论也适于多输入的情形。注意，对于式(A.84)，若在两边都乘以$(w^{k-1}-w^{k-2})$，则可将其等价地表示为：

$$s^{k-1}(w^{k-1}-w^{k-2})=\frac{\mathrm{d}}{\mathrm{d}w}g(w^{k-1})-\frac{\mathrm{d}}{\mathrm{d}w}g(w^{k-2}) \tag{A.85}$$

这常称为单输入割线条件。

将式(A.85)中的每一项替换为对应的多输入表示，得到多输入情形下的割线条件：

$$\boldsymbol{S}^{k-1}(\boldsymbol{w}^{k-1}-\boldsymbol{w}^{k-2})=\nabla g(\boldsymbol{w}^{k-1})-\nabla g(\boldsymbol{w}^{k-2}) \tag{A.86}$$

这里我们将标量 s^{k-1} 替换为一个 $N\times N$ 的矩阵 $\boldsymbol{S}^{k-1}$，然后一维的项 w^{k-1}、w^{k-2}、$\frac{\mathrm{d}}{\mathrm{d}w}g(w^{k-1})$和$\frac{\mathrm{d}}{\mathrm{d}w}g(w^{k-2})$也分别替换为各自对应的 $\boldsymbol{w}^{k-1}$、$\boldsymbol{w}^{k-2}$、$\nabla g(\boldsymbol{w}^{k-1})$和

⊖ 回顾一下，一个单输入函数的导数定义了该函数在切线点的正切线的斜率。这一斜率基本近似于其附近的一条割线，这是经过前述同一个点和函数上附近另一个点的一条线(见 B.2.1 节)。

$\nabla g(\boldsymbol{w}^{k-2})$。若假定 $\boldsymbol{S}^{k-1}$ 是可逆的，我们也能将割线条件表示为：

$$\boldsymbol{w}^{k-1}-\boldsymbol{w}^{k-2}=(\boldsymbol{S}^{k-1})^{-1}(\nabla g(\boldsymbol{w}^{k-1})-\nabla g(\boldsymbol{w}^{k-2})) \tag{A.87}$$

在任一种表示中，割线法要求我们求解矩阵 $\boldsymbol{S}^{k-1}$ 或其逆矩阵 $(\boldsymbol{S}^{k-1})^{-1}$。式(A.85)中割线条件的一维情形下，每次迭代都有唯一解。与此不同的是，在式(A.86)中的 N 维情形下，我们必须求解一个方程组。这一方程组通常有无穷多个解，这是因为只有 N 个方程，却需求解矩阵 $\boldsymbol{S}^{k-1}$ 的 N^2 个元素。

A.8.3　拟牛顿法

如4.3.2节中所介绍的，标准的牛顿法步骤：

$$\boldsymbol{w}^{k}=\boldsymbol{w}^{k-1}-(\nabla^2 g(\boldsymbol{w}^{k-1}))^{-1}\nabla g(\boldsymbol{w}^{k-1}) \tag{A.88}$$

是一般形如 $\boldsymbol{w}^k=\boldsymbol{w}^{k-1}+\alpha\boldsymbol{d}^k$ 的局部优化步骤的一个实例，其下降方向由下式给出：

504~505

$$\boldsymbol{d}^{k}=-(\nabla^2 g(\boldsymbol{w}^{k-1}))^{-1}\nabla g(\boldsymbol{w}^{k-1}) \tag{A.89}$$

术语“拟牛顿”法是任意如下形式的下降步骤中使用的行话：

$$\boldsymbol{d}^{k}=-(\boldsymbol{S}^{k-1})^{-1}\nabla g(\boldsymbol{w}^{k-1}) \tag{A.90}$$

其中 Hessian 矩阵 $\nabla^2 g(\boldsymbol{w}^{k-1})$ 被替换为一个割线近似 $\boldsymbol{S}^{k-1}$。与单输入的情形相同，这样的迭代尽管每一步的精准度略小于牛顿法，但仍然基于 $\boldsymbol{S}^{k-1}$ 的构建定义了一个有效的局部优化方法(且不需使用二阶导数信息)。

换句话说，在执行拟牛顿法步骤时我们不再需要计算以下 Hessian 矩阵序列：

$$\nabla^2 g(\boldsymbol{w}^0),\nabla^2 g(\boldsymbol{w}^1),\nabla^2 g(\boldsymbol{w}^2),\cdots \tag{A.91}$$

取而代之的是构建以下对应的割线矩阵序列：

$$\boldsymbol{S}^1,\boldsymbol{S}^2,\boldsymbol{S}^3,\cdots \tag{A.92}$$

这一序列是对 Hessian 序列的一个近似。为了构建这一割线序列，需注意以下几点：

- **$\boldsymbol{S}^{k-1}$ 应该是割线条件的一个解**。为便于标记我们定义 $\boldsymbol{a}^k=\boldsymbol{w}^{k-1}-\boldsymbol{w}^{k-2}$ 和 $\boldsymbol{b}^k=\nabla g(\boldsymbol{w}^{k-1})-\nabla g(\boldsymbol{w}^{k-2})$，式(A.86)中的割线条件表明我们必须有 $\boldsymbol{S}^{k-1}\boldsymbol{a}^k=\boldsymbol{b}^k$。令 $\boldsymbol{F}^k=(\boldsymbol{S}^k)^{-1}$，我们可将上式等价地写为 $\boldsymbol{a}^k=\boldsymbol{F}^k\boldsymbol{b}^k$。
- **$\boldsymbol{S}^{k-1}$ 应该是对称的**。由于 Hessian 矩阵 $\nabla^2 g(\boldsymbol{w}^{k-1})$ 总是对称的，且理想情况下我们希望 $\boldsymbol{S}^{k-1}$ 很好地逼近 Hessian 矩阵，因而很自然也期望 $\boldsymbol{S}^{k-1}$ 是对称的。
- **割线序列应该是收敛的**。随着拟牛顿法步骤的执行，步骤 $\boldsymbol{w}^{k-1}$ 的序列应该收敛到 g 的一个最小值，因此割线序列 $\boldsymbol{S}^{k-1}$ 也应收敛到最小值处的 Hessian 矩阵。

下面我们通过例子来讨论一些构建满足以上条件的割线序列的方法。这些构建方法本质上是递归的，且一般具有如下形式：

$$\boldsymbol{F}^{k}=\boldsymbol{F}^{k-1}+\boldsymbol{D}^{k-1} \tag{A.93}$$

其中 $N\times N$ 的差分矩阵 $\boldsymbol{D}^{k-1}$ 设置为对称的，且是低秩的、幅值递减的。

$\boldsymbol{D}^{k-1}$ 的对称性保证了如果我们将第一项 $\boldsymbol{F}^0$ 初始化为一个对称矩阵(最常见的就是单位矩阵)，这一递归迭代过程将保持我们想要的对称属性(因为两个对称矩阵的和总是对称的)。类似地，若 $\boldsymbol{D}^{k-1}$ 设置为正定的，且 $\boldsymbol{F}^0$ 也(像单位矩阵一样)初始化为正定的，则后面所有矩阵 $\boldsymbol{F}^k$ 也保持这一属性。将 $\boldsymbol{D}^{k-1}$ 限定为低秩的使得其结构简单，也让我们在每一步可以按相近的形式对其进行计算。最后，$\boldsymbol{D}^{k-1}$ 的幅值/范数应随着 k 的增大而减小，否则 $\boldsymbol{F}^k$ 将不会收敛。

506

例 A.11　秩-1 差分矩阵

本例中我们讨论 $\boldsymbol{S}^k$(更确切地说是它的逆 $\boldsymbol{F}^k$)的最简单的递归公式之一，其中式

(A.93)中的差分矩阵 $\boldsymbol{D}^{k-1}$ 是一个秩-1 外积矩阵：

$$\boldsymbol{D}^{k-1}=\boldsymbol{u}\boldsymbol{u}^{\mathrm{T}} \tag{A.94}$$

首先假定这种形式的差分矩阵确实并不满足割线条件，然后我们从上式向后推导以确定合适的 $\boldsymbol{u}$ 值。

在割线条件中用$(\boldsymbol{F}^{k-1}+\boldsymbol{u}\boldsymbol{u}^{\mathrm{T}})$替换 $\boldsymbol{F}^k$，得到

$$(\boldsymbol{F}^{k-1}+\boldsymbol{u}\boldsymbol{u}^{\mathrm{T}})\boldsymbol{b}^k=\boldsymbol{a}^k \tag{A.95}$$

或可等价地表示为

$$\boldsymbol{u}\boldsymbol{u}^{\mathrm{T}}\boldsymbol{b}^k=\boldsymbol{a}^k-\boldsymbol{F}^{k-1}\boldsymbol{b}^k \tag{A.96}$$

两边同时乘以$(\boldsymbol{b}^k)^{\mathrm{T}}$，得到

$$(\boldsymbol{b}^k)^{\mathrm{T}}\boldsymbol{u}\boldsymbol{u}^{\mathrm{T}}\boldsymbol{b}^k=(\boldsymbol{b}^k)^{\mathrm{T}}\boldsymbol{a}^k-(\boldsymbol{b}^k)^{\mathrm{T}}\boldsymbol{F}^{k-1}\boldsymbol{b}^k \tag{A.97}$$

对两边同时开平方根，得到

$$\boldsymbol{u}^{\mathrm{T}}\boldsymbol{b}^k=((\boldsymbol{b}^k)^{\mathrm{T}}\boldsymbol{a}^k-(\boldsymbol{b}^k)^{\mathrm{T}}\boldsymbol{F}^{k-1}\boldsymbol{b}^k)^{\frac{1}{2}} \tag{A.98}$$

将式(A.98)中 $\boldsymbol{u}^{\mathrm{T}}\boldsymbol{b}^k$ 的值替换为式(A.96)，我们得到想要的向量 $\boldsymbol{u}$ 的形式：

$$\boldsymbol{u}=\frac{\boldsymbol{a}^k-\boldsymbol{F}^{k-1}\boldsymbol{b}^k}{((\boldsymbol{b}^k)^{\mathrm{T}}\boldsymbol{a}^k-(\boldsymbol{b}^k)^{\mathrm{T}}\boldsymbol{F}^{k-1}\boldsymbol{b}^k)^{\frac{1}{2}}} \tag{A.99}$$

且对应的 $\boldsymbol{F}^k$ 的递归公式为

507

$$\boldsymbol{F}^k=\boldsymbol{F}^{k-1}+\frac{(\boldsymbol{a}^k-\boldsymbol{F}^{k-1}\boldsymbol{b}^k)(\boldsymbol{a}^k-\boldsymbol{F}^{k-1}\boldsymbol{b}^k)^{\mathrm{T}}}{(\boldsymbol{b}^k)^{\mathrm{T}}\boldsymbol{a}^k-(\boldsymbol{b}^k)^{\mathrm{T}}\boldsymbol{F}^{k-1}\boldsymbol{b}^k} \tag{A.100}$$

例 A.12 Davidon-Fletcher-Powell(DFP)方法

我们可以使用一个结构稍微复杂一点的差分矩阵，它由两个秩-1 矩阵相加得到：

$$\boldsymbol{D}^{k-1}=\boldsymbol{u}\boldsymbol{u}^{\mathrm{T}}+\boldsymbol{v}\boldsymbol{v}^{\mathrm{T}} \tag{A.101}$$

考虑后续矩阵间的一个秩-2 差分矩阵(而不是一个秩-1 差分矩阵)，我们将额外增加的复杂性转换为对后面逆 Hessian 矩阵求值的近似。

为了确定合适的 $\boldsymbol{u}$ 和 $\boldsymbol{v}$ 的值，我们在割线条件中用$(\boldsymbol{F}^{k-1}+\boldsymbol{D}^{k-1})$替换 $\boldsymbol{F}^k$(如例 A.11 中进行的处理)，得到

$$(\boldsymbol{F}^{k-1}+\boldsymbol{u}\boldsymbol{u}^{\mathrm{T}}+\boldsymbol{v}\boldsymbol{v}^{\mathrm{T}})\boldsymbol{b}^k=\boldsymbol{a}^k \tag{A.102}$$

或等价地表示为

$$\boldsymbol{u}\boldsymbol{u}^{\mathrm{T}}\boldsymbol{b}^k+\boldsymbol{v}\boldsymbol{v}^{\mathrm{T}}\boldsymbol{b}^k=\boldsymbol{a}^k-\boldsymbol{F}^{k-1}\boldsymbol{b}^k \tag{A.103}$$

注意，这里我们只有一个方程，这样对两个未知向量 $\boldsymbol{u}$ 和 $\boldsymbol{v}$ 就有无穷多个选择。要确定一个 $\boldsymbol{u}$ 和 $\boldsymbol{v}$ 的取值组合，一个非常简单而常用的方法是假定式(A.103)的左边第一/二项与右边对应项相等，即：

$$\boldsymbol{u}\boldsymbol{u}^{\mathrm{T}}\boldsymbol{b}^k=\boldsymbol{a}^k \text{ 且 } \boldsymbol{v}\boldsymbol{v}^{\mathrm{T}}\boldsymbol{b}^k=-\boldsymbol{F}^{k-1}\boldsymbol{b}^k \tag{A.104}$$

这一假设使得我们可以用一种与例 A.11 中非常相似的方法求解一对合适的 $\boldsymbol{u}$ 和 $\boldsymbol{v}$ 的值。首先，我们将上面两式都乘以$(\boldsymbol{b}^k)^{\mathrm{T}}$，得到

$$(\boldsymbol{b}^k)^{\mathrm{T}}\boldsymbol{u}\boldsymbol{u}^{\mathrm{T}}\boldsymbol{b}^k=(\boldsymbol{b}^k)^{\mathrm{T}}\boldsymbol{a}^k \text{ 且 } (\boldsymbol{b}^k)^{\mathrm{T}}\boldsymbol{v}\boldsymbol{v}^{\mathrm{T}}\boldsymbol{b}^k=-(\boldsymbol{b}^k)^{\mathrm{T}}\boldsymbol{F}^{k-1}\boldsymbol{b}^k \tag{A.105}$$

对每个等式两边开平方，则得到如下的一组等式：

$$\boldsymbol{u}^{\mathrm{T}}\boldsymbol{b}^k=((\boldsymbol{b}^k)^{\mathrm{T}}\boldsymbol{a}^k)^{\frac{1}{2}} \text{ 且 } \boldsymbol{v}^{\mathrm{T}}\boldsymbol{b}^k=(-(\boldsymbol{b}^k)^{\mathrm{T}}\boldsymbol{F}^{k-1}\boldsymbol{b}^k)^{\frac{1}{2}} \tag{A.106}$$

将式(A.106)中 $\boldsymbol{u}^{\mathrm{T}}\boldsymbol{b}^k$ 和 $\boldsymbol{v}^{\mathrm{T}}\boldsymbol{b}^k$ 的这些值替换到式(A.104)中，我们得到

508

$$\boldsymbol{u}=\frac{\boldsymbol{a}^k}{((\boldsymbol{b}^k)^{\mathrm{T}}\boldsymbol{a}^k)^{\frac{1}{2}}} \text{ 且 } \boldsymbol{v}=\frac{-\boldsymbol{F}^{k-1}\boldsymbol{b}^k}{(-(\boldsymbol{b}^k)^{\mathrm{T}}\boldsymbol{F}^{k-1}\boldsymbol{b}^k)^{\frac{1}{2}}} \tag{A.107}$$

且对应的 $\boldsymbol{F}^k$ 的递归公式是

$$\boldsymbol{F}^k = \boldsymbol{F}^{k-1} + \frac{\boldsymbol{a}^k(\boldsymbol{a}^k)^{\mathrm{T}}}{(\boldsymbol{b}^k)^{\mathrm{T}}\boldsymbol{a}^k} - \frac{(\boldsymbol{F}^{k-1}\boldsymbol{b}^k)(\boldsymbol{F}^{k-1}\boldsymbol{b}^k)^{\mathrm{T}}}{(\boldsymbol{b}^k)^{\mathrm{T}}\boldsymbol{F}^{k-1}\boldsymbol{b}^k} \tag{A.108}$$

这称为 Davidon-Fletcher-Powell 方法，是以最早提出该方法的作者命名的[14,72]。

尽管这里得到的迭代式是用于逆矩阵 $\boldsymbol{F}^k=(\boldsymbol{S}^k)^{-1}$，对 $\boldsymbol{S}^k$ 也可以用一个完全相似的递归方式进行表示，进而得到 Broyden-Fletcher-Goldfarb-Shanno(BFGS)迭代式，该方法同样以其提出者命名[14,72,73](见习题 4.10)。

A.8.4　低内存拟牛顿法

在前面的例子中我们已经看到如何通过以下递归式构造一个(逆)割线矩阵序列：

$$(\boldsymbol{S}^k)^{-1} = (\boldsymbol{S}^{k-1})^{-1} + \boldsymbol{D}^{k-1} \tag{A.109}$$

然后用其替换 Hessian 矩阵序列。这样，一个拟牛顿法第 k 步的下降方向形如

$$\boldsymbol{d}^k = -(\boldsymbol{S}^{k-1})^{-1}\nabla g(\boldsymbol{w}^{k-1}) \tag{A.110}$$

其中 $\boldsymbol{S}^{k-1}$ 是对 $\nabla^2 g(\boldsymbol{w}^{k-1})$ 的近似。但是应注意，正如式(A.110)所示，计算下降方向仍然需要一个 $N\times N$ 的矩阵：$\boldsymbol{S}^{k-1}$ 的逆矩阵。但回顾一下，正是由于 $N\times N$ 的 Hessian 矩阵(以及它的 N^2 个值)，才使得我们开始讨论拟牛顿法。这样，初看上去我们并没有避开由于使用 $N\times N$ 矩阵带来的麻烦的规模扩展问题：最初是一个 Hessian 矩阵，然后是一个割线矩阵。

幸运的是，我们可以不需明确地构造一个(逆)割线矩阵，而只需关注这样一个矩阵在式(A.110)中的梯度向量中是如何起作用的。例如，为标记方便我们记 $\boldsymbol{z}^{k-1}=\nabla g(\boldsymbol{w}^{k-1})$ 和 $\boldsymbol{F}^k=(\boldsymbol{S}^k)^{-1}$，使用例 A.11 中推导出的递归迭代式我们可将下降方向 d^k 写为

509

$$\begin{aligned}\boldsymbol{d}^k &= -\boldsymbol{F}^k\boldsymbol{z}^{k-1} = -\left(\boldsymbol{F}^{k-1} + \frac{(\boldsymbol{a}^k-\boldsymbol{F}^{k-1}\boldsymbol{b}^k)(\boldsymbol{a}^k-\boldsymbol{F}^{k-1}\boldsymbol{b}^k)^{\mathrm{T}}}{(\boldsymbol{b}^k)^{\mathrm{T}}\boldsymbol{a}^k-(\boldsymbol{b}^k)^{\mathrm{T}}\boldsymbol{F}^{k-1}\boldsymbol{b}^k}\right)\boldsymbol{z}^{k-1} \\ &= -\boldsymbol{F}^{k-1}\boldsymbol{z}^{k-1} - \frac{(\boldsymbol{a}^k-\boldsymbol{F}^{k-1}\boldsymbol{b}^k)^{\mathrm{T}}\boldsymbol{z}^{k-1}}{(\boldsymbol{b}^k)^{\mathrm{T}}\boldsymbol{a}^k-(\boldsymbol{b}^k)^{\mathrm{T}}\boldsymbol{F}^{k-1}\boldsymbol{b}^k}(\boldsymbol{a}^k-\boldsymbol{F}^{k-1}\boldsymbol{b}^k)\end{aligned} \tag{A.111}$$

注意，无论 $\boldsymbol{F}^{k-1}$ 出现在式(A.111)最后一行的哪个位置，它总是与某个其他向量连在一起，比如这里的 $\boldsymbol{b}^k$ 和 $\boldsymbol{z}^{k-1}$。这样如果我们想要以向量方式直接计算 $\boldsymbol{F}^{k-1}\boldsymbol{b}^k$ 和 $\boldsymbol{F}^{k-1}\boldsymbol{z}^{k-1}$，就可以避免直接构建 $\boldsymbol{F}^{k-1}$。

这正是我们采用如下方式对 $\boldsymbol{F}^k$ 进行递归构建的目的：

$$\boldsymbol{F}^k = \boldsymbol{F}^{k-1} + \boldsymbol{u}^{k-1}(\boldsymbol{u}^{k-1})^{\mathrm{T}} \tag{A.112}$$

按此递归式逐一回推到 $\boldsymbol{F}^0$ 且初始为 $\boldsymbol{F}^0=\boldsymbol{I}_{N\times N}$，我们可将其等价地表示为

$$\boldsymbol{F}^k = \boldsymbol{I}_{N\times N} + (\boldsymbol{u}^0(\boldsymbol{u}^0)^{\mathrm{T}} + \cdots + \boldsymbol{u}^{k-1}(\boldsymbol{u}^{k-1})^{\mathrm{T}}) \tag{A.113}$$

将一个任意向量 $\boldsymbol{t}$ 与 $\boldsymbol{F}^k$ 相乘，则有

$$\boldsymbol{F}^k\boldsymbol{t} = \boldsymbol{I}_{N\times N}\boldsymbol{t} + (\boldsymbol{u}^0(\boldsymbol{u}^0)^{\mathrm{T}} + \cdots + \boldsymbol{u}^{k-1}(\boldsymbol{u}^{k-1})^{\mathrm{T}})\boldsymbol{t} \tag{A.114}$$

化简后得到

$$\boldsymbol{F}^k\boldsymbol{t} = \boldsymbol{t} + \boldsymbol{u}^0((\boldsymbol{u}^0)^{\mathrm{T}}\boldsymbol{t}) + \cdots + \boldsymbol{u}^{k-1}((\boldsymbol{u}^{k-1})^{\mathrm{T}}\boldsymbol{t}) \tag{A.115}$$

为了依式(A.115)计算 $\boldsymbol{F}^k\boldsymbol{t}$，我们只需要考虑向量 $\boldsymbol{t}$ 和 $\boldsymbol{u}^0$ 到 $\boldsymbol{u}^{k-1}$，且只需执行简单的向量内积。

对任意秩-1 或秩-2 拟牛顿替代公式，我们可以作几乎完全相同的讨论，这意味着对于前面例子中给出的任意迭代公式，都可以以同一种方法实现，且在这一方法中并不需要明确地构建一个割线矩阵或逆割线矩阵(如参考文献[14，72]中所述)。

510

导数和自动微分

B.1 简介

微积分中导数的概念是我们从直观且实际的角度理解局部优化技术的基础，而后者正是机器学习中的重要工具。由于其重要性，本附录中对导数、利用自动微分计算导数(包括后向传播算法思路)以及泰勒级数逼近进行了完备自足的概述。

B.2 导数

导数是理解局部(连续的)数学函数的一种简单工具，即在一个点或其附近对函数进行讨论。本节中我们首先回顾函数在一个点的导数的概念，以及它如何自然地定义了函数在这个点的最佳线性逼近(即，二维空间中的一条线或高维空间中的一个超平面)。

B.2.1 割线与切线

图B.1中绘出了一个单输入函数 $g(w)$ 以及在其输入域上不同点处的切线。在任一输入点处函数切线的斜率称为函数的导数。注意，在不同的输入点处，切线的斜率看上去总与函数在此处的局部倾斜度大致匹配。导数很自然地反映了这一信息。

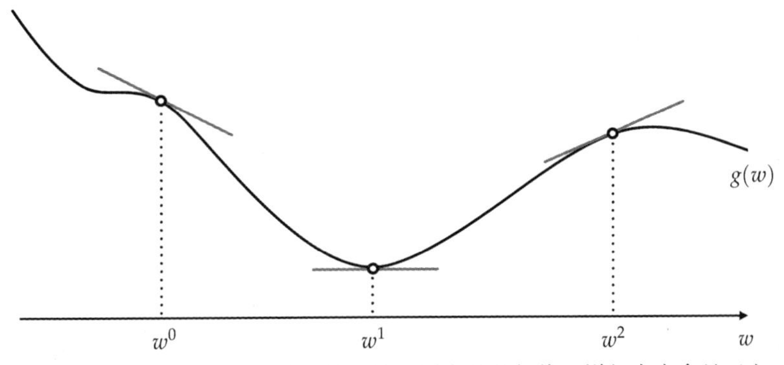

图B.1 一个普通函数及其在输入域不同点处的切线。详细内容参见正文

为了对导数进行形式化定义，我们先考虑割线。一条割线是指连接一个(单输入)函数上任意两点间的一条直线。容易给出任意按此方式构造的割线的方程，因为其斜率是由两点间单位区间上的高度差给出的，且任一直线方程总可由其斜率和线上任一点确定。对于一个普通单输入函数 g 及输入点 w^0 和 w^1，割线 h 穿过点 $(w^0, g(w^0))$ 和 $(w^1, g(w^1))$，其斜率定义为

$$\frac{g(w^1)-g(w^0)}{w^1-w^0} \tag{B.1}$$

割线的方程定义为

$$h(w)=g(w^0)+\frac{g(w^1)-g(w^0)}{w^1-w^0}(w-w^0) \tag{B.2}$$

现在假定我们固定点 w^0 的位置，然后慢慢将点 w^1 向其推近。当 w^1 距 w^0 越来越近时，割线就与点 w^0 处的切线越来越相似。也就是说，如果我们将 w^1 和 w^0 间的差值表示为ϵ：

$$w^1 = w^0 + \epsilon \tag{B.3}$$

则连接点$(w^0, g(w^0))$和$(w^1, g(w^1))$的割线的斜率是：

$$\frac{g(w^1) - g(w^0)}{w^1 - w^0} = \frac{g(w^0 + \epsilon) - g(w^0)}{w^0 + \epsilon - w^0} = \frac{g(w^0 + \epsilon) - g(w^0)}{\epsilon} \tag{B.4}$$

当$|\epsilon|$趋于无穷小时，这与点 w^0 处的切线斜率(即，点 w^0 处的导数)是一致的。注意，此处ϵ可能为正，也可能为负，这取决于 w^1 在 w^0 的左边还是右边。当ϵ趋近于0时，无论其值为正或负(即，w^1 是从哪个方向趋近 w^0 的)，对于要在点 w^0 处定义的导数，式(B.4)中的量需要收敛到同样的值。例如，函数 $g(w)=\max(0, w^2)$在点 $w^0=0$ 处的导数有定义，因为

512

$$\frac{g(w^0 + \epsilon) - g(w^0)}{\epsilon} = \frac{\max(0,\epsilon^2) - \max(0,0)}{\epsilon} = \frac{\epsilon^2}{\epsilon} = \epsilon \tag{B.5}$$

上式在ϵ趋近于0时收敛到0。另一方面，函数 $g(w)=\max(0, w)$在点 $w^0=0$ 处的导数无定义，因为

$$\frac{g(w^0 + \epsilon) - g(w^0)}{\epsilon} = \frac{\max(0,\epsilon)}{\epsilon} \tag{B.6}$$

当一个负的ϵ趋近于0时，上式等于0；而当一个正的ϵ趋近于0时，上式等于1。

要表示函数 g 在点 w^0 处的导数，常用的标识方法是

$$\frac{\mathrm{d}g(w^0)}{\mathrm{d}w} \tag{B.7}$$

其中符号 d 的意思是“值的无穷小的变化”。注意，这与式(B.4)中所表达的$|\epsilon|$趋于无穷小含义相同。还有一种常见的写法是将 $g(w^0)$从上式中单独提出来：

$$\frac{\mathrm{d}}{\mathrm{d}w}g(w^0) \tag{B.8}$$

实践中还有一些其他方法用于表示函数 g 在点 w^0 处的导数，比如 $g'(w^0)$。最后应注意，利用前面介绍的表达方式，可将函数 g 在点 w^0 处的切线方程写作

$$h(w) = g(w^0) + \frac{\mathrm{d}}{\mathrm{d}w}g(w^0)(w - w^0) \tag{B.9}$$

B.2.2 数值微分

为了避免以解析方式按式(B.4)求解导数(特别是在函数 g 非常复杂时)，我们将ϵ设置为一个(绝对值)非常小的数(比如$\epsilon=0.0001$)，则可构造一个导数计算器，用于估算 g 在用户定义的点 w^0 处的导数。为使对于导数的近似计算更为稳妥可靠，我们将式(B.8)中“单向的”割线斜率替换为左边和右边割线的平均斜率，即：

$$\frac{\mathrm{d}}{\mathrm{d}w}g(w^0) \approx \frac{g(w^0 + \epsilon) - g(w^0 - \epsilon)}{2\epsilon} \tag{B.10}$$

在任一种情形下，我们将ϵ的值设置得越小，对实际导数值的估算就越接近。但是，将ϵ值设置得太小则可能产生舍入误差，这是因为数值型的值(不论其是否由一个数学函数生成)在计算机中的表示只能到一个特定的最高精度，且式(B.4)和式(B.10)中的分子和分母将很快减小到0。数值稳定性问题并不会使得数值微分完全站不住脚，但确实值得注意。

513

B.3 初等函数和运算的导数法则

对于一些特定的初等函数和运算，我们并不需要通过数值微分对其求导，因为可以简单直接地求解出它们的导数。我们分别在表 B.1 和表 B.2 中列出了常见初等函数和运算的求导公式。在例 B.1 和例 B.2 中，还分别对表 B.1 中的一个初等函数(次数为 d 的单项式)和表 B.2 中的一个初等运算(乘法)的求导公式进行了形式化证明。通过类似讨论或使用通常的微积分知识可以很容易地证明表中其余的求导公式。

表 B.1 初等函数求导公式

初等函数	等式	导数
正弦函数	$\sin(w)$	$\cos(w)$
余弦函数	$\cos(w)$	$-\sin(w)$
指数函数	e^w	e^w
对数函数	$\log(w)$	$\frac{1}{w}$
双曲正切函数	$\tanh(w)$	$1-\tanh^2(w)$
线性整流函数	$\max(0, w)$	$\begin{cases}0 & w<0\\1 & w>0\end{cases}$

表 B.2 初等运算的求导公式

初等运算	公式	导数
与常量相加	$c+g(w)$	$\frac{\mathrm{d}}{\mathrm{d}w}g(w)$
与常量相乘	$cg(w)$	$c\frac{\mathrm{d}}{\mathrm{d}w}g(w)$
函数相加	$f(w)+g(w)$	$\frac{\mathrm{d}}{\mathrm{d}w}f(w)+\frac{\mathrm{d}}{\mathrm{d}w}g(w)$
函数相乘	$f(w)g(w)$	$\left[\frac{\mathrm{d}}{\mathrm{d}w}f(w)\right]g(w)+f(w)\left[\frac{\mathrm{d}}{\mathrm{d}w}g(w)\right]$
函数复合	$f(g(w))$	$\frac{\mathrm{d}}{\mathrm{d}g}f(g)\frac{\mathrm{d}}{\mathrm{d}w}g(w)$

514

例 B.1 一般单项式的导数

考虑函数形式是一个二次单项式的情形，即 $g(w)=w^2$，对于任一 w 和较小的ϵ值，我们有

$$\frac{g(w+\epsilon)-g(w)}{\epsilon}=\frac{(w+\epsilon)^2-w^2}{\epsilon}=\frac{(w^2+2w\epsilon+\epsilon^2)-w^2}{\epsilon}$$
$$=\frac{2w\epsilon+\epsilon^2}{\epsilon}=2w+\epsilon \tag{B.11}$$

若令ϵ趋于 0，得到

$$\frac{\mathrm{d}}{\mathrm{d}w}g(w)=2w \tag{B.12}$$

现在考虑函数是一个任意的 d 次单项式 $g(w)=w^d$ 的情形。此时需要将$(w+\epsilon)^d$ 展开后再进行适当调整，如下式：

$$(w+\epsilon)^d=\sum_{j=0}^{d}\binom{d}{j}\epsilon^j w^{d-j}=w^d+d\epsilon w^{d-1}+\epsilon^2\sum_{j=2}^{d}\binom{d}{j}\epsilon^{j-2}w^{d-j} \tag{B.13}$$

其中

$$\binom{d}{j}=\frac{d!}{j!(d-j)!} \tag{B.14}$$

将以上展开式插入导数的定义中，得到

$$\frac{(w+\epsilon)^{d}-w^{d}}{\epsilon}=dw^{d-1}+\epsilon\sum_{j=2}^{d}\binom{d}{j}\epsilon^{j-2}w^{d-j} \tag{B.15}$$

可以看到，由于$\epsilon\to 0$，等式右边的第二项没有了。

例 B.2　相乘法则

对于两个函数 $f(w)$和 $g(w)$，当ϵ趋于 0 时，我们想要计算

$$\frac{f(w+\epsilon)g(w+\epsilon)-f(w)g(w)}{\epsilon} \tag{B.16}$$

在分子上加上并减去一个 $f(w+\epsilon)g(w)$，得到

$$\frac{f(w+\epsilon)g(w+\epsilon)-f(w+\epsilon)g(w)+f(w+\epsilon)g(w)-f(w)g(w)}{\epsilon} \tag{B.17}$$

然后化简得到：

515

$$\frac{f(w+\epsilon)-f(w)}{\epsilon}g(w)+f(w+\epsilon)\frac{g(w+\epsilon)-g(w)}{\epsilon} \tag{B.18}$$

注意当$\epsilon\to 0$，式(B.18)中的第一项和第二项分别变为$\left[\frac{\mathrm{d}}{\mathrm{d}w}f(w)\right]g(w)$和 $f(w)\left[\frac{\mathrm{d}}{\mathrm{d}w}g(w)\right]$，然后得到

$$\frac{\mathrm{d}}{\mathrm{d}w}[f(w)g(w)]=\left[\frac{\mathrm{d}}{\mathrm{d}w}f(w)\right]g(w)+f(w)\left[\frac{\mathrm{d}}{\mathrm{d}w}g(w)\right] \tag{B.19}$$

B.4　梯度

梯度是导数这一概念对于多输入函数 $g(w_1,w_2,\cdots,w_N)$的直接推广。除第一个输入 w_1 外，将其他的输入都视为固定值(而不是变元)，暂且将函数 g 看作一个单输入函数。对于这一单输入函数，我们已经知道如何定义其(关于唯一的输入变元 w_1 的)导数。这是(关于 w_1 的)偏导数，写作$\frac{\partial}{\partial w_1}g(w_1,w_2,\cdots,w_N)$，它确定了在第一个输入维度的某个给定点上，与函数 g 相切的超平面的斜率对 g 中所有输入重复以上操作得到 N 个偏导数(其中每一个都是针对对应的一个输入维度而言)，这些偏导数共同定义了正切超平面斜率的集合。这与单输入情形下导数定义了切线的斜率是完全类似的。

为便于标识，这些偏导数统一写作一个向量，称为梯度，由$\nabla g(w_1,w_2,\cdots,w_N)$表示为：

$$\nabla g(w_1,w_2,\cdots,w_N)=\begin{bmatrix}\frac{\partial}{\partial w_1}g(w_1,w_2,\cdots,w_N)\\ \frac{\partial}{\partial w_2}g(w_1,w_2,\cdots,w_N)\\ \vdots\\ \frac{\partial}{\partial w_N}g(w_1,w_2,\cdots,w_N)\end{bmatrix} \tag{B.20}$$

将所有 N 个输入(w_1 到 w_N)表示为一个列向量：

$$\boldsymbol{w}=\begin{bmatrix} w_1 \\ w_2 \\ \vdots \\ w_N \end{bmatrix} \tag{B.21}$$

则在点$(\boldsymbol{w}^0, g(\boldsymbol{w}^0))$处正切于函数$g(\boldsymbol{w})$的超平面可写为以下紧凑形式：

$$h(\boldsymbol{w})=g(\boldsymbol{w}^0)+\nabla g(\boldsymbol{w}^0)^{\mathrm{T}}(\boldsymbol{w}-\boldsymbol{w}^0) \tag{B.22}$$

这实际上是式(B.9)中由单输入函数导数定义的切线公式在高维情形下的直接推广，如图 B.2 所示。

516

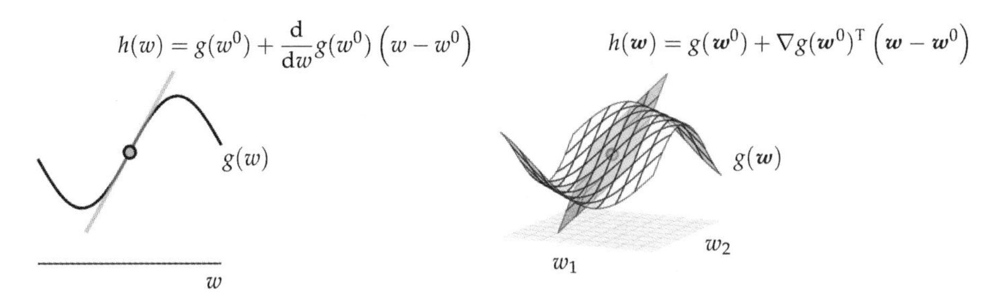

图 B.2　(左图)单输入函数的导数定义了某个点处函数切线的斜率。(右图)多输入函数的梯度类似地定义了某个点处函数正切超平面的斜率的集合。这里 $N=2$。每个子图中，切点在函数中以小圆圈标识

B.5　计算图

本质上，类似于自然物质可以分解为原子，任何一个函数 g 都可以拆解为一些初等函数(比如 $\sin(\cdot)$、$e^{(\cdot)}$、$\log(\cdot)$等)和运算(比如相加、相乘、复合等)的组合。计算图是对任一普通函数进行初等分解的一种非常有用的方法。一个函数的计算图不仅让我们更易于理解其作为初等函数和运算的组合的结构，也使得我们可以以一种程序化的方式对函数求值。这里我们通过两个简单的例子对计算图进行介绍，这两个例子分别讨论了单输入函数和多输入函数。

例 B.3　一个单输入函数的计算图

考虑下面的单输入函数：

$$g(w)=\tanh(w)\cos(w)+\log(w) \tag{B.23}$$

我们可将这个函数分解为几个最简单的成分，如图 B.3 的上排子图所示。这种图形化的描述类似于一个设计图，它准确地展示了函数 g 是怎么由一些初等函数和运算构造而成的。我们从输入结点 w 开始，从左到右读图，最后完成对 $g(w)$的完全计算。除标识为灰色的输入结点外，图中的每个黄色结点表示一个初等函数或一个运算，且进行了对应的标识。图中连接两个结点的有向箭头或边指明了对 $g(w)$求值时的计算流向。

对计算图中任意一对由有向图连接起来的结点，我们常使用父结点和子结点这两个术语来表示其局部拓扑结构。有向边/箭头射出的结点称为父结点，而其指向的结点则称为子结点。由于这种父-子关系是局部化的，某一特定结点可能是图中一些结点的父结点，同时又是另一些结点的子结点。例如，在图 B.3 的上排子图中，输入结点 w(标识为灰色)是结点 a、b 和 c 的父结点，而 a 和 b 自身又是结点 d 的父结点。

517

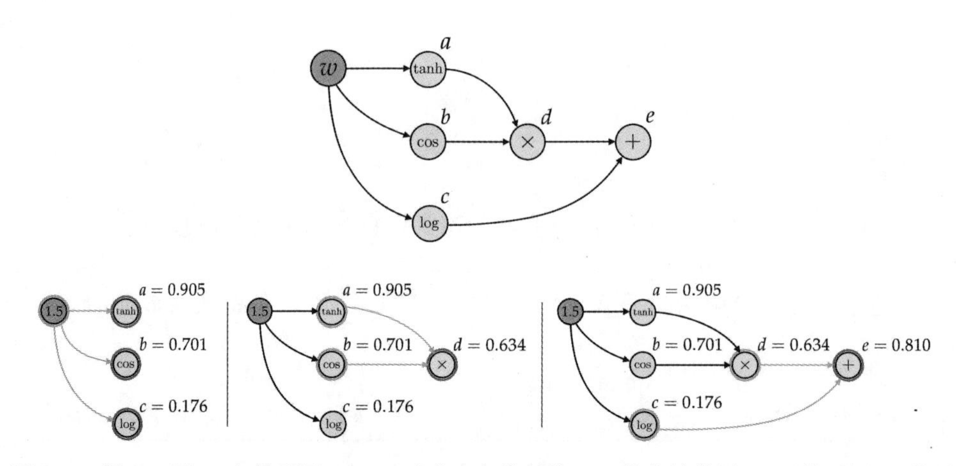

图 B.3 例 B.3 图。(上排子图)(B.23)式中定义的单输入函数的计算图。(下排子图)上排计算图中计算流向的图示。详细内容参见正文(见彩插)

如果我们想要将每个子结点用它的父结点来表示，将得到下列公式：

$$
\begin{aligned}
a &= \tanh(w) \\
b &= \cos(w) \\
c &= \log(w) \\
d &= a \times b \\
e &= c + d
\end{aligned} \tag{B.24}
$$

其中最后一个结点是对整个函数求值，即 $e=g(w)$。再次提醒，注意每个子结点是怎么表示为其父结点的一个函数的。这样，我们就能将 a 写为 $a(w)$，因为 w 是 a(唯一的)父结点，也可将 d 写为 $d(a,b)$，因为 a 和 b 都是 d 的父结点。同时，如果我们拆分开每个结点的定义，则最后每个结点实际上就只是输入 w 的一个函数。也就是说，我们可以将每个结点都表示为它们共同的祖先 w 的一个函数，比如，$d(w)=\tanh(w)\times\cos(w)$。

计算流向(从左到右)向前穿过图中每一组父-子结点。在图 B.3 的下排子图中描述了对于特定的输入结点 $w=1.5$，我们是如何使用图中上排子图的计算图对函数 $g(w)$ 求值的。在图的最左边，我们首先替换输入结点的值为 $w=1.5$，然后对输入结点的子结点求值，此时，有 $a(1.5)=\tanh(1.5)=0.905$，$b(1.5)=\cos(1.5)=0.701$，以及 $c(1.5)=\log(1.5)=0.176$，如图中下排左边子图所示，父结点高亮标识为蓝色，子结点为红色。接下来挑选任一个其父结点已被求值的结点进行计算(这里是结点 d)，如图 B.3 下排中间子图所示，其中使用了与前述相同的颜色标识方法表示父-子关系。注意，在计算 $d(1.5)=a(1.5)\times b(1.5)=0.634$ 时，我们只需要涉及它的已求出值的父结点，即 $a(1.5)$ 和 $b(1.5)$，此前确定已对这两个结点进行了求值。现在我们以输入值对图中最后一个结点 e 求值。同样，要计算 $e(1.5)=c(1.5)+d(1.5)=0.810$，我们只需要涉及其父结点的值，这里是 $c(1.5)$ 和 $d(1.5)$，这两个值在此前已经求出。

518

例 B.4 一个多输入函数的计算图

对于多输入函数，其计算图也可以以类似于单输入函数的方式构造。例如，在图 B.4 的上排子图中，我们绘出了以下简单的多输入二次函数的计算图：

$$
g(w_1, w_2) = w_1^2 + w_2^2 \tag{B.25}
$$

这里的两个输入 w_1 和 w_2 分别用不同的结点表示。与例 B.3 中单输入函数的情形一样，计算流向从左至右(或称前向)穿过计算图。同样，对计算图做一次前向遍历即可计算任意的 $g(w_1, w_2)$ 值。

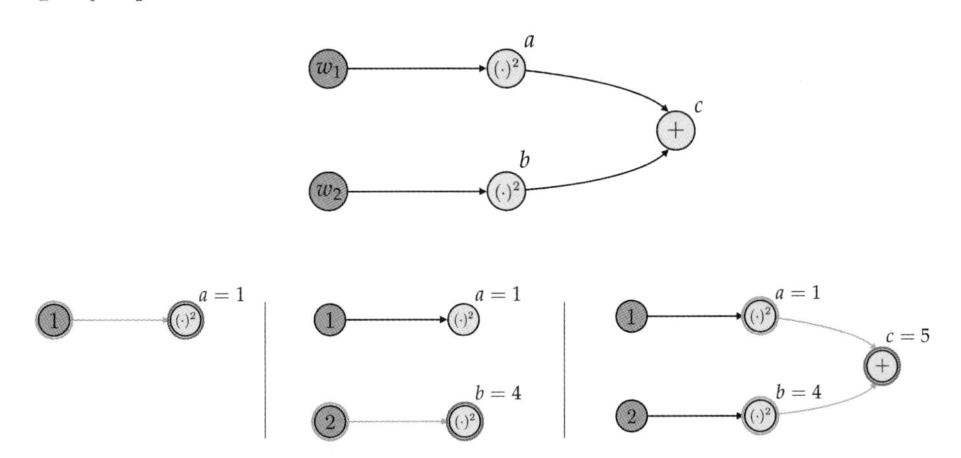

图 B.4 与例 B.4 相关的图。(上排子图)式(B.25)中定义的多输入二次函数的计算图。(下排子图)上排计算图中计算流向的图示。详细内容参见正文(见彩插)

在图 B.4 的下排子图中，我们描述了对于特定输入值 $w_1=1$ 和 $w_2=2$，是如何计算 $g(w_1, w_2)$ 的值的。在图的最左边，我们首先替换第一个输入值 $w_1=1$，然后计算其唯一的子结点 $a(1)=1^2$，如图中左下子图所示。接下来，对第二个输入结点做相似处理，替换其值为 $w_2=2$，然后计算其唯一的子结点 $b(2)=2^2$，如图中下排中间子图所示。最后，我们考虑最后一个结点，计算 $c=a(1)+b(2)=5$，其中 $a(1)$ 和 $b(2)$ 的值此前已经求出。 519

函数可以按多种不同的方式分解，因此对计算图的理解是非常多样的。这里我们将两个示例函数拆分为最简单也最基本的组成成分。但是，对于其他复杂得多的函数(如全连接神经网络，详见 13.2 节)，更有用的做法是将它们拆分为一些较复杂的基本成分，如矩阵相乘、向量函数等。

B.6 前向模式自动微分

如上一节所述，将函数表示为其计算图后，对于任一输入值，我们可通过从左至右前向遍历计算图来对函数求值，这一过程中需要针对函数的原始输入值，递归地对每个结点求值。类似地，也可以利用函数的计算图对函数的梯度进行构造和求解，这同样需要从左至右遍历函数的计算图，构造并求解每个结点关于函数原始输入值的梯度。在这一过程中，我们自然需要在每个结点求解原函数和对应的梯度值。这一递归算法称为前向模式自动微分，它易于编程实现。这使得我们可以将冗繁的梯度计算转换为一个计算机程序，相比于手工计算后硬编码为一个计算机程序的方式，前向模式自动微分算法能更快、更可靠地计算梯度。此外，不同于数值微分(见 B.2.2 节)的近似计算，自动微分方法能精确地计算导数或梯度。这里我们通过两个例子介绍如何利用前向模式自动微分法分别对一个单输入函数和一个多输入函数进行微分。

例 B.5 单输入函数的前向模式自动微分

考虑函数 $g(w)=\tanh(w)\cos(w)+\log(w)$，其计算图如图 B.3 所示。现在使用前向模式微分法求解导数 $\frac{\mathrm{d}}{\mathrm{d}w}g(w)$，我们按例 B.3 中计算 $g(w)$ 值时的方式遍历计算图。我们 520

从左边的输入结点开始，这里 w 和其导数值 $\frac{\mathrm{d}}{\mathrm{d}w}w$ 都是已知的：w 的值由用户确定，$\frac{\mathrm{d}}{\mathrm{d}w}w$ 则总是等于1。在得到结点及其导数值后，我们考虑输入结点的子结点，即结点 a、b 和 c。对每个子结点，针对输入值构造该结点及其导数并求值，即对第一个子结点是 a 和 $\frac{\mathrm{d}}{\mathrm{d}w}a$，对第二个子结点是 b 和 $\frac{\mathrm{d}}{\mathrm{d}w}b$，对第三个子结点是 c 和 $\frac{\mathrm{d}}{\mathrm{d}w}c$。图 B.5 的上排子图是这个函数的计算图，其中绘出了以上初始步骤，父结点(即输入结点)高亮标识为蓝色，子结点(结点 a、b 和 c)标识为红色。

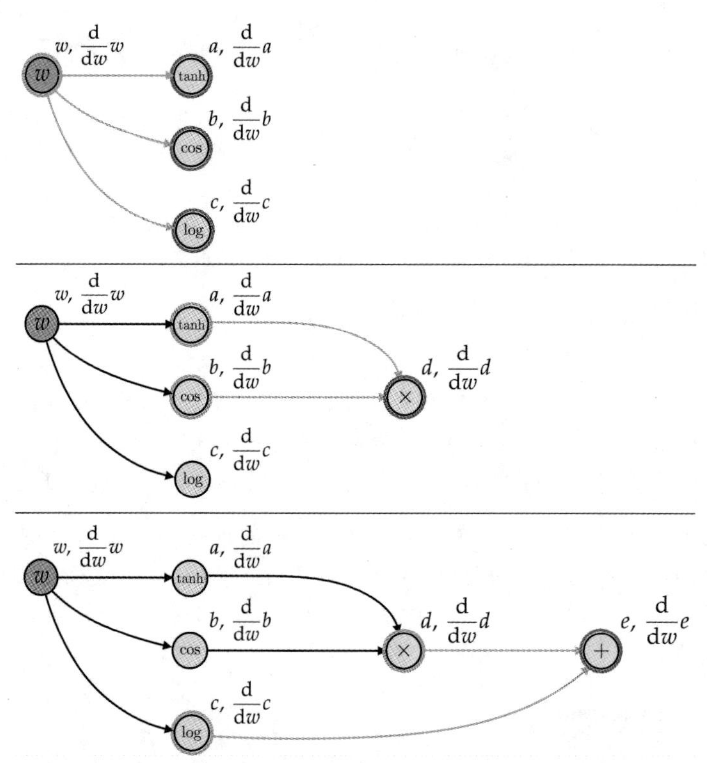

图 B.5　与例 B.5 相关的图。图中描述了式(B.23)中定义的单输入函数的前向模式导数计算过程。该过程的每一个步骤中一个子结点及其导数都是由输入 w 构成的，这是由其父结点及其导数值递归构造的。详细内容参见正文(见彩插)

在构成每个子结点及其导数时，只需要涉及其父结点的值以及节 B.3 中介绍的初等函数和运算的求导法则，这些法则告诉我们如何通过组合父结点的导数来计算子结点的导数。这里，对于每个子结点，通过查阅表 B.1，我们可以构造其关于输入 w 的导数为

521

$$
\begin{aligned}
\frac{\mathrm{d}}{\mathrm{d}w}a(w) &= 1-\tanh^2(w) \\
\frac{\mathrm{d}}{\mathrm{d}w}b(w) &= -\sin(w) \\
\frac{\mathrm{d}}{\mathrm{d}w}c(w) &= \frac{1}{w}
\end{aligned} \tag{B.26}
$$

在得到函数关于输入 w 的当前值/导数后，我们沿图中有向边向前移动到后续子结点，然后在这些子结点上按相同的方式确定它们及其导数是如何关于 w 构成的。观察图 B.5

上排子图中的计算图，可以看出我们已经构成了 d 的所有父结点(即结点 a 和 b)和它们的导数，因而可移动到结点 d，并利用此前已知的 $a(w)$ 和 $b(w)$ 的值得到 $d(w)=a(w)\times b(w)$。为计算导数 $\frac{\mathrm{d}}{\mathrm{d}w}d(a,b)$，我们使用链式法则将其表示为其父结点/输入的导数的形式：

$$\frac{\mathrm{d}}{\mathrm{d}w}d(a,b)=\frac{\partial}{\partial a}d(a,b)\times\frac{\mathrm{d}}{\mathrm{d}w}a(w)+\frac{\partial}{\partial b}d(a,b)\times\frac{\mathrm{d}}{\mathrm{d}w}b(w) \tag{B.27}$$

注意，由于我们已经得到 a 和 b 关于 w 的导数，现在只需要计算父-子导数 $\frac{\partial}{\partial a}d(a,b)$ 和 $\frac{\partial}{\partial b}d(a,b)$。由于这里的父子关系是相乘的，可以使用表 B.2 中的相乘法则来得到以上两个导数：

$$\begin{aligned}\frac{\partial}{\partial a}d(a,b)&=b\\ \frac{\partial}{\partial b}d(a,b)&=a\end{aligned} \tag{B.28}$$

合并后可得到结点 d 的导数的完整形式：

$$\frac{\mathrm{d}}{\mathrm{d}w}d(a,b)=(1-\tanh^2(w))\cos(w)-\tanh(w)\sin(w) \tag{B.29}$$

图 B.5 中间子图对此做了图示化描述。

我们已经构造出结点 d 及其导数，现在可以考虑最后一个结点 e 的计算。结点 e 是结点 d 和 c 的子结点，且由它们定义为 $e(d,c)=d+c$。同样，e 关于 w 的导数可使用链式法则表示为

$$\frac{\mathrm{d}}{\mathrm{d}w}e(d,c)=\frac{\partial}{\partial d}e(d,c)\times\frac{\mathrm{d}}{\mathrm{d}w}d(w)+\frac{\partial}{\partial c}e(d,c)\times\frac{\mathrm{d}}{\mathrm{d}w}c(w) \tag{B.30}$$

我们已经计算出 d 和 c 关于 w 的导数，因此，将 1 插入 $\frac{\partial}{\partial d}e(d,c)$ 和 $\frac{\partial}{\partial c}e(d,c)$ 中，即可得到要求的导数：

522

$$\frac{\mathrm{d}}{\mathrm{d}w}g(w)=\frac{\mathrm{d}}{\mathrm{d}w}e(d,c)=(1-\tanh^2(w))\cos(w)-\tanh(w)\sin(w)+\frac{1}{w} \tag{B.31}$$

得到图中每个结点的导数形式后，我们可以考虑将每个导数添加到它们在图中各自对应的结点上。这样，我们就得到函数 $g(w)$ 的一个升级的计算图，利用这个图我们能够计算得到函数及其导数的值。要完成这一任务，我们只需要在图的入口处插入 w 的值，然后在图中从左至右逐个结点向前传递计算函数及其导数的值。这正是此方法被称为前向模式自动微分的原因，因为所有计算都是通过在图中前向移动来完成的。例如，在图 B.6 中我们描述了 $g(1.5)$ 和 $\frac{\mathrm{d}}{\mathrm{d}w}g(1.5)$ 是如何在前向遍历计算图的过程中同时计算出来的。注意，在以此方式求解导数值的过程中，我们很自然地得到了函数值。

例 B.6　多输入函数的前向模式自动微分

对多输入函数，前向模式自动微分法同样有效，但只需在图中每个结点处计算梯度的形式(而不是计算单个导数的形式)。这里我们通过多输入二次函数 $g(w_1,w_2)=w_1^2+w_2^2$ 来介绍前向模式自动微分法在多输入函数中的应用。图 B.4 绘出了上述函数的计算图。

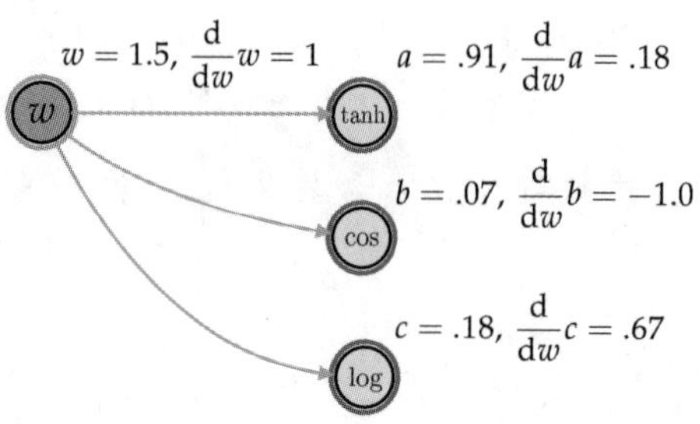

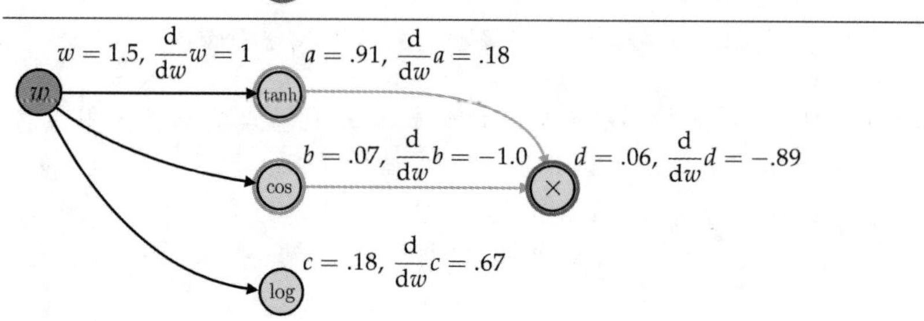

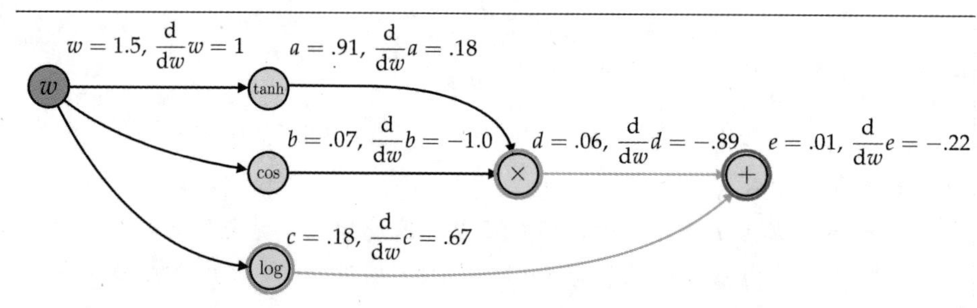

图 B.6　与例 B.5 相关的图。图中描述了在输入点 $w=1.5$ 处使用前向模式自动微分法求解式(B.23)中函数 $g(w)$ 及其导数的过程。详细内容参见正文(见彩插)

523

根据例 B.5 中单输入函数采用的模式，我们首先计算每个输入结点的梯度，容易得到

$$\nabla w_1 = \begin{bmatrix} 1 \\ 0 \end{bmatrix} \quad 且 \quad \nabla w_2 = \begin{bmatrix} 0 \\ 1 \end{bmatrix} \tag{B.32}$$

然后考虑输入结点的子结点，首先从结点 a 开始计算其梯度，即 $a(w_1)=w_1^2$ 关于 w_1 和 w_2 的偏导数：

$$\frac{\partial}{\partial w_1} a = 2w_1 \quad 且 \quad \frac{\partial}{\partial w_2} a = 0 \tag{B.33}$$

类似地，我们可计算 $b(w_1)=w_2^2$ 关于 w_1 和 w_2 的偏导数：

$$\frac{\partial}{\partial w_1} b = 0 \quad 且 \quad \frac{\partial}{\partial w_2} b = 2w_2 \tag{B.34}$$

图 B.7 的左子图中描述了这两个步骤。在得到结点 a 和 b 的梯度形式后，我们最后可计算它们共同的子结点 c 的梯度，使用链式法则可得到

$$\begin{aligned}
\frac{\partial}{\partial w_1} c &= \frac{\partial}{\partial a} c \, \frac{\partial}{\partial w_1} a + \frac{\partial}{\partial b} c \, \frac{\partial}{\partial w_1} b = 1 \times 2w_1 + 1 \times 0 = 2w_1 \\
\frac{\partial}{\partial w_2} c &= \frac{\partial}{\partial a} c \, \frac{\partial}{\partial w_2} a + \frac{\partial}{\partial b} c \, \frac{\partial}{\partial w_2} b = 1 \times 0 + 1 \times 2w_2 = 2w_2
\end{aligned} \tag{B.35}$$

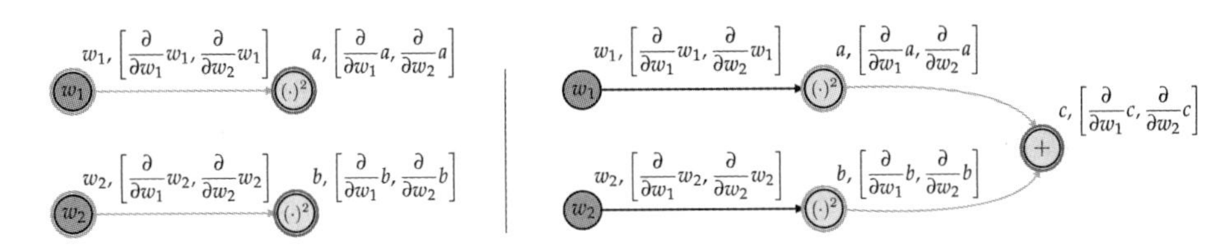

图 B.7 与例 B.6 相关的图。图中描述了式(B.25)中定义的多输入函数 $g(w_1, w_2)$的前向模式梯度计算过程。详细内容参见正文(见彩插)

524

这里讨论的前向模式自动微分并未给出一个函数导数的代数描述，但采用了一种程序化函数(一个计算图)来求解函数及其导数关于任意输入点集合的值。反过来，我们可以构造一个使用基本导数法则的算法来以代数方式求解导数，但这需要实现一个计算机代数系统。这样一个通过符号计算(即计算机上的代数)来处理导数的导数计算器称为一个符号微分器。但是，以代数方式来表示可能相当笨拙。例如，以下看上去稍显复杂的函数：

$$g(w) = \frac{w^2\sin(w^2+w)\cos(w^2+1)}{\log(w+1)} \tag{B.36}$$

其导数的代数化表示为

$$\begin{aligned}\frac{\mathrm{d}}{\mathrm{d}w}g(w) = &\frac{(2w+1)w^2\cos(w^2+1)\cos(w^2+w)}{\log(w+1)} \\ &- \frac{w^2\sin(w^2+w)\cos(w^2+1)}{(w+1)\log^2(w+1)} + \frac{2w\sin(w^2+w)\cos(w^2+1)}{\log(w+1)} \\ &- \frac{2w^3\sin(w^2+1)\sin(w^2+w)}{\log(w+1)}\end{aligned} \tag{B.37}$$

问题呈指数地变得复杂，在处理(机器学习中常会遇到的)多输入函数时，计算负担变得相当大。(前向模式)自动微分法生成了一个导数的计算图而不是代数形式，因而并不会出现这一问题。

最后需要注意的是，由于前向模式自动微分的计算中使用了给定函数 g 的计算图，我们需要从工程学的角度确定如何构建和处理计算图。我们通常有两种选择：1)通过仔细实现初等导数法则从而隐式地构造计算图；2)对输入函数 g 进行语法拆分并显式地构造计算图(正如本节中所介绍的过程)。隐式构造计算图的优势在于所需要的计算器是轻量级的(因为并不需要对计算图进行存储)，并且易于构造。另一方面，要实现一个显式构造计算图的计算器需要一些附加的工具(比如一个语法分析器)，但这种计算器更易于计算高阶导数。这是由于在后一种情形下，微分器对一个函数进行微分时将其看作一个计算图，且通常输出其导数的一个计算图，该计算图随后可重新输入到算法中以生成二阶导数，以此类推。

525

B.7 反向模式自动微分

尽管如前节所述，前向模式自动微分提供了一种非常好的可编程的导数计算方法，但对于很多类别的多输入函数(特别是机器学习中涉及全连接神经网络的函数)，可能效率并不高。这是由于尽管一个多输入函数的计算图中大多数结点也许只有少量的输入，但仍需在每个结点计算关于全部输入的完全梯度。这就产生了相当可观的计算浪费，因为我们知道在任一结点处，若其与函数的某个原始输入无关，则该结点处函数关于该输入的偏导数总是等于 0。

这显然存在计算浪费，而反向模式自动微分方法正是要解决这一问题。这一方法在机器学习中也称为后向传播算法。在反向模式下，我们首先对一个函数的计算图进行前向遍历(从输入结点出发，从左向右移动)，此过程中在计算图各结点处只计算需要的偏导数(忽略那些总是等于 0 的偏导数)。一旦这个前向遍历完成，又(从图中最后的结点出发)反向移动，对图进行后向遍历，收集并合并之前计算得到的偏导数，然后合适地构造其梯度。尽管这意味着我们必须显式地构造计算图并对其进行存储，但在处理机器学习中的函数时，由此换来的计算耗费减小是值得的。这就使得反向模式自动微分在机器学习领域中(比前节中介绍的前向模式自动微分)更受欢迎，对于在 autograd 中实现的自动微分器而言尤其如此，本书中我们推荐读者使用这一基于 Python 的自动微分器。

例 B.7　多输入函数的反向模式自动微分

在例 B.6 中，我们描述了如何利用前向模式自动微分法计算函数 $g(w_1, w_2)=w_1^2+w_2^2$ 的梯度。注意，在函数计算图的每个结点处计算其完全梯度时，我们还是执行了几个无用的计算：每当要计算某一结点关于某些输入的偏导数时，若这些输入与该结点无关(这可以通过在计算图中沿其复杂的父子关系网络回溯到函数的原始输入得知)，则该结点关于这些输入的偏导数总是等于 0。例如，因为 a 不是原始输入 w_2 的函数，则偏导数 $\frac{\partial}{\partial w_2}a=0$。

在图 B.8 中，我们重新绘出了上述二次函数的计算图，以及它在每个结点处由偏导数表示的梯度，其中标出了各点上值为 0 的偏导数。从图中可以看出大量的偏导数都等于 0。在这样前向遍历图构造各点的偏导数时，这些 0 耗费了大量的计算代价。

526

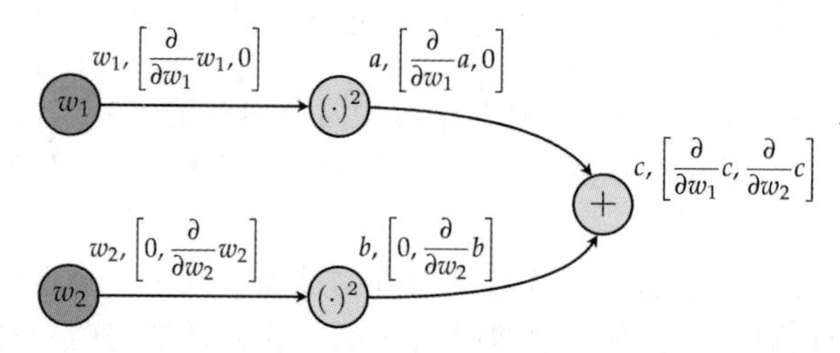

图 B.8　与例 B.7 相关的图。文中给出的二次函数的计算图，标出了值为 0 的偏导数。详细内容参见正文

对于读取大量输入变量的多输入函数而言，以上计算浪费问题变得更为严重。例如，在图 B.9 中，我们绘出了一个含 4 个输入的类似的二次函数 $g(w_1, w_2, w_3, w_4)=w_1^2+w_2^2+w_3^2+w_4^2$ 的计算图。此时，图中结点上超过半数的梯度元素都是 0，这是由于某些结点并不是某些输入的函数，这样它们的偏导数就总是 0。

为使这一计算耗费问题得到改进，也可以以反向模式执行自动微分过程。在这种模式下，计算过程由对函数计算图的一个正向遍历和一个反向(或后向)遍历组成。在正向遍历中，与前向模式自动微分一样，我们沿前向方向(从左至右)递归地遍历计算图，但在各结点只计算每个子结点关于其父结点的偏导数，而不是其关于函数输入的完全梯度。

527

图 B.10 的上排子图中描述了对二次函数 $g(w_1, w_2)=w_1^2+w_2^2$ 执行上述过程的情形。左上子图展示了子结点 a 和 b(标识为红色)的偏导数的计算，这里只与它们的父结点(即分别为 w_1 和 w_2，标识为蓝色)有关。右上子图中则描述了正向遍历中的下一步计算，即子结点 c(标识为红色)关于其父结点 a 和 b(标识为蓝色)的偏导数的计算。

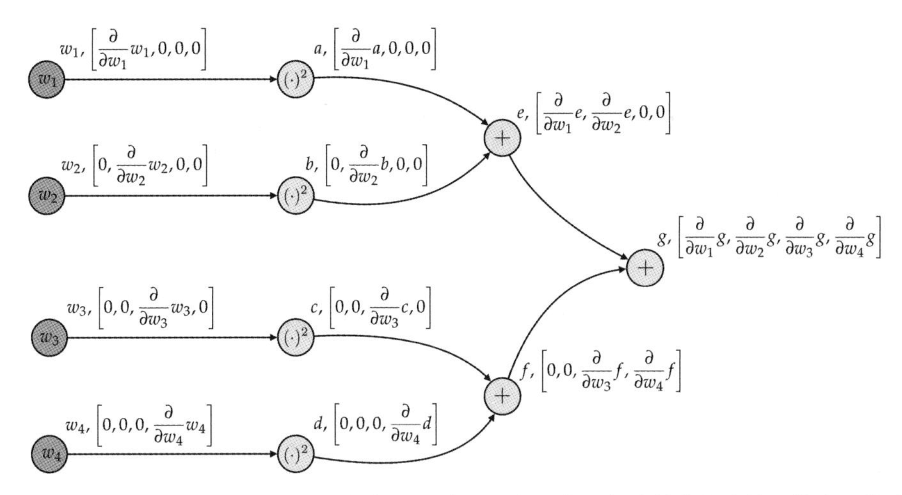

图 B. 9 与例 B. 7 相关的图。一个简单的 4 -输入二次函数，每个结点处由偏导数表示梯度。这里有超过一半的偏导数值为 0。详细内容参见正文

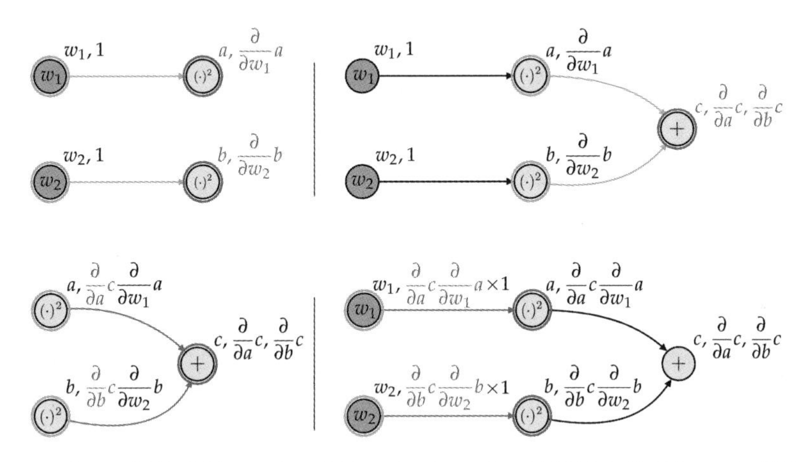

图 B. 10 与例 B. 7 相关的图。一个简单双输入二次函数的计算图中的正向(上排子图)和反向(下排子图)遍历过程。详细内容参见正文(见彩插)

当正向遍历完成后，我们改变方向，在计算图中进行反向遍历。从最后一个结点开始，从右至左递归地对各结点进行后向遍历，直到到达输入结点。在此过程的每一步，对每一个父结点的偏导数的更新是通过将其乘以其子结点的偏导数来进行的。后向遍历完成后，我们即以递归方式构造了函数关于其输入的梯度。

图 B. 10 的下排子图中描述了双输入二次函数的后向遍历过程。从前向遍历结束处的结点(即结点 c)开始，我们看到它有两个父结点：a 和 b。这样，我们对 a 的偏导数左乘 $\frac{\partial}{\partial a}c$ 得到 $\frac{\partial}{\partial a}c\ \frac{\partial}{\partial w_1}a$，类似地对 b 的偏导数左乘 $\frac{\partial}{\partial b}c$ 得到 $\frac{\partial}{\partial b}c\ \frac{\partial}{\partial w_2}b$。然后递归地对 a 和 b 的子结点重复此过程，最后得到 $\frac{\partial}{\partial a}c\ \frac{\partial}{\partial w_1}a\ \frac{\partial}{\partial w_1}w_1 = \frac{\partial}{\partial a}c\ \frac{\partial}{\partial w_1}a$ 和 $\frac{\partial}{\partial b}c\ \frac{\partial}{\partial w_2}b\ \frac{\partial}{\partial w_2}w_2 = \frac{\partial}{\partial b}c\ \frac{\partial}{\partial w_2}b$。这两式正是该二次函数关于其输入 w_1 和 w_2 的完全梯度的两个偏导数。

528

B.8 高阶导数

在前几节中我们已经知道，对于由初等成分构成的函数，如何有效地计算其导数，且这些导数自身也是由初等成分构成的函数。正因如此，我们可类似地计算导数的导数，通常称为高阶导数，这是本节将要讨论的主题。

B.8.1 单输入函数的高阶导数

现在我们通过一个简单的例子来学习单输入函数的高阶导数的概念。

例 B.8 高阶导数

对以下函数：

$$g(w)=w^4 \tag{B.38}$$

若要计算其二阶导数，我们首先得到其一阶导数：

$$\frac{\mathrm{d}}{\mathrm{d}w}g(w)=4w^3 \tag{B.39}$$

然后对其再次微分得到

$$\frac{\mathrm{d}}{\mathrm{d}w}\left(\frac{\mathrm{d}}{\mathrm{d}w}g(w)\right)=12w^2 \tag{B.40}$$

对所得函数再次求导，得到三阶导数：

$$\frac{\mathrm{d}}{\mathrm{d}w}\left(\frac{\mathrm{d}}{\mathrm{d}w}\left(\frac{\mathrm{d}}{\mathrm{d}w}g(w)\right)\right)=24w \tag{B.41}$$

类似地，对以下函数：

$$g(w)=\cos(3w)+w^2+w^3 \tag{B.42}$$

可明确求出其一、二、三阶导数：

$$\begin{aligned}\frac{\mathrm{d}}{\mathrm{d}w}g(w)&=-3\sin(3w)+2w+3w^2\\ \frac{\mathrm{d}}{\mathrm{d}w}\left(\frac{\mathrm{d}}{\mathrm{d}w}g(w)\right)&=-9\cos(3w)+2+6w\\ \frac{\mathrm{d}}{\mathrm{d}w}\left(\frac{\mathrm{d}}{\mathrm{d}w}\left(\frac{\mathrm{d}}{\mathrm{d}w}g(w)\right)\right)&=27\sin(3w)+6\end{aligned} \tag{B.43}$$

529

也可以用例 B.8 中给出的紧凑形式表示高阶导数。例如，二阶导数常可更紧凑地表示为

$$\frac{\mathrm{d}^2}{\mathrm{d}w^2}g(w)=\frac{\mathrm{d}}{\mathrm{d}w}\left(\frac{\mathrm{d}}{\mathrm{d}w}g(w)\right) \tag{B.44}$$

类似地，三阶导数也常更紧凑地表示为

$$\frac{\mathrm{d}^3}{\mathrm{d}w^3}g(w)=\frac{\mathrm{d}}{\mathrm{d}w}\left(\frac{\mathrm{d}}{\mathrm{d}w}\left(\frac{\mathrm{d}}{\mathrm{d}w}g(w)\right)\right) \tag{B.45}$$

通常，n 阶导数可写为

$$\frac{\mathrm{d}^n}{\mathrm{d}w^n}g(w) \tag{B.46}$$

B.8.2 多输入函数的高阶导数

我们已经知道，一个多输入函数的梯度包含了一组偏导数：

$$\nabla g(w_1, w_2, \cdots, w_N) = \begin{bmatrix} \frac{\partial}{\partial w_1} g(w_1, w_2, \cdots, w_N) \\ \frac{\partial}{\partial w_2} g(w_1, w_2, \cdots, w_N) \\ \vdots \\ \frac{\partial}{\partial w_N} g(w_1, w_2, \cdots, w_N) \end{bmatrix} \tag{B.47}$$

其中梯度以第 n 个偏导数 $\frac{\partial}{\partial w_n} g(w_1, w_2, \cdots, w_N)$ 作为其第 n 元。这一偏导数(与其原始函数一样)也是一个函数，涉及 N 个输入(简写为 $\boldsymbol{w}$)，这些输入可分别在不同的输入轴上进行微分。例如，我们可得到 $\frac{\partial}{\partial w_n} g(w_1, w_2, \cdots, w_N)$ 的第 m 个偏导数：

$$\frac{\partial}{\partial w_m} \frac{\partial}{\partial w_n} g(w_1, w_2, \cdots, w_N) \tag{B.48}$$

这是一个二阶导数。g 有多少个这样的二阶导数？g 的 N 个一阶偏导数中的每一个都是一个有 N 个输入的函数，且它们又有 N 个偏导数，则 $g(\boldsymbol{w})$ 共有 N^2 个二阶导数。

与梯度的概念一样，由二阶导数构成的这个较大集合通常以一种特别的方式组织，这样更易于相互联系和计算。Hessian 矩阵表示为 $\nabla^2 g(\boldsymbol{w})$，它是 $N \times N$ 个二阶导数构成的矩阵，其下标为 (m,n) 的元素是 $\frac{\partial}{\partial w_m} \frac{\partial}{\partial w_n} g(\boldsymbol{w})$，或简记为 $\frac{\partial}{\partial w_m} \frac{\partial}{\partial w_n} g$。完整的 Hessian 矩阵写作

530

$$\nabla^2 g(\boldsymbol{w}) = \begin{bmatrix} \frac{\partial}{\partial w_1} \frac{\partial}{\partial w_1} g & \frac{\partial}{\partial w_1} \frac{\partial}{\partial w_2} g & \cdots & \frac{\partial}{\partial w_1} \frac{\partial}{\partial w_N} g \\ \frac{\partial}{\partial w_2} \frac{\partial}{\partial w_1} g & \frac{\partial}{\partial w_2} \frac{\partial}{\partial w_2} g & \cdots & \frac{\partial}{\partial w_2} \frac{\partial}{\partial w_N} g \\ \vdots & \vdots & \ddots & \vdots \\ \frac{\partial}{\partial w_N} \frac{\partial}{\partial w_1} g & \frac{\partial}{\partial w_N} \frac{\partial}{\partial w_2} g & \cdots & \frac{\partial}{\partial w_N} \frac{\partial}{\partial w_N} g \end{bmatrix} \tag{B.49}$$

此外，由于总有 $\frac{\partial}{\partial w_m} \frac{\partial}{\partial w_n} g = \frac{\partial}{\partial w_n} \frac{\partial}{\partial w_m} g$，特别是对于机器学习中使用的函数而言，Hessian 矩阵总是对称的。

一个多输入函数的偏导数的个数随着阶数的增加呈指数增长。我们已看到一个含 N 个输入的函数有 N^2 个二阶导数。通常，一个函数有 N^D 个 D 阶偏导数。

B.9　泰勒级数

本节我们介绍一个函数的泰勒级数，这是一种基础的微积分工具，它对于(本书第 3 章和第 4 章中介绍的)一阶和二阶局部优化方法非常重要。我们首先在单输入函数中探讨这一关键的概念，然后再推广到多输入函数的情形。

B.9.1　线性逼近仅是开始

B.2 节中讨论导数时，我们将给定函数在一个点的导数定义为该函数在此点切线的斜率。对函数 $g(w)$，我们将其在 w^0 点处的切线形式化表示为

$$h(w) = g(w^0) + \frac{\mathrm{d}}{\mathrm{d}w} g(w^0)(w - w^0) \tag{B.50}$$

这里的斜率由导数$\frac{\mathrm{d}}{\mathrm{d}w}g(w^0)$给出。之所以选择从切线入手，原因很简单：在(点 w^0 附近的)局部，切线与函数图像非常接近。这样，如果我们想要更好地理解 g 在点 w^0 附近的情形，可以关注函数在此点的切线。这使得我们更易于处理，因为相比于一个一般的 g，一条线总是相对要简单一些，这样，对切线进行讨论就总是要容易一些。

如果仔细研究一下切线 $h(w)$的形式，我们可以以精确的数学术语描述其与函数 g 的关系。但首先要注意，在点 w^0 处切线与函数取相同的值，即

531

$$h(w^0) = g(w^0) + \frac{\mathrm{d}}{\mathrm{d}w}g(w^0)(w^0 - w^0) = g(w^0) \tag{B.51}$$

接下来，注意到这两个函数的一阶导数也是一致的。即，如果计算 h 关于 w 的一阶导数，将得到

$$\frac{\mathrm{d}}{\mathrm{d}w}h(w^0) = \frac{\mathrm{d}}{\mathrm{d}w}g(w^0) \tag{B.52}$$

简而言之，当切线 h 与函数 g 一致，使得在点 w^0 处函数与其导数的值相等时，我们可以写作

$$\begin{aligned} h(w^0) &= g(w^0) \\ \frac{\mathrm{d}}{\mathrm{d}w}h(w^0) &= \frac{\mathrm{d}}{\mathrm{d}w}g(w^0) \end{aligned} \tag{B.53}$$

如果反过来，我们尝试去找到一条满足以上两个性质的线又会如何？也就是说，若有以下一条普通的直线：

$$h(w) = a_0 + a_1(w - w^0) \tag{B.54}$$

其中系数 a_0 和 a_1 未知，我们想要确定它们的值以使得这条直线满足式(B.53)中的两条性质。这两条性质构成一个方程组，我们可从中求解出正确的 a_0 和 a_1 值。先计算每个方程的左边(其中 h 是式(B.54)中的普通直线)，我们得到一个平凡的方程组，可以从中同时求出两个未知数：

$$\begin{aligned} h(w^0) &= a_0 = g(w^0) \\ \frac{\mathrm{d}}{\mathrm{d}w}h(w^0) &= a_1 = \frac{\mathrm{d}}{\mathrm{d}w}g(w^0) \end{aligned} \tag{B.55}$$

这些系数正是切线的系数。

B.9.2　从切线到正切二次函数

假定函数及切线的导数值与原函数的导数值相匹配，是否有更好的结果？我们能否找到一个简单的函数，使其在点 w_0 处的值、一阶导数和二阶导数都与原函数的对应项相同？也就是说，是否可能确定一个简单函数 h，使其满足以下三个条件：

$$\begin{aligned} h(w^0) &= g(w^0) \\ \frac{\mathrm{d}}{\mathrm{d}w}h(w^0) &= \frac{\mathrm{d}}{\mathrm{d}w}g(w^0) \\ \frac{\mathrm{d}^2}{\mathrm{d}w^2}h(w^0) &= \frac{\mathrm{d}^2}{\mathrm{d}w^2}g(w^0) \end{aligned} \tag{B.56}$$

532

注意，一条(切)线 h 仅满足前两条性质而并不满足第 3 条，由于这是一个度为 1 的多项式，且对所有 w 有$\frac{\mathrm{d}^2}{\mathrm{d}w^2}h(w)=0$。这一事实暗示我们至少需要一个度为 2 的多项式。考虑一个普通的度为 2 的多项式：

$$h(w) = a_0 + a_1(w - w^0) + a_2(w - w^0)^2 \tag{B.57}$$

其中含三个未知系数 a_0、a_1 和 a_2，我们可对式(B.56)中每条性质的左边求值，得到一个含三个方程的方程组，可由此求解出以上三个系数：

$$h(w^0) = a_0 = g(w^0)$$

$$\frac{\mathrm{d}}{\mathrm{d}w}h(w^0) = a_1 = \frac{\mathrm{d}}{\mathrm{d}w}g(w^0)$$

$$\frac{\mathrm{d}^2}{\mathrm{d}w^2}h(w^0) = 2a_2 = \frac{\mathrm{d}^2}{\mathrm{d}w^2}g(w^0) \tag{B.58}$$

在(以 g 在点 w^0 处的导数表示)得到以上三个系数后，我们有一个满足前述三条性质的度为 2 的多项式：

$$h(w) = g(w^0) + \frac{\mathrm{d}}{\mathrm{d}w}g(w^0)(w - w^0) + \frac{1}{2}\frac{\mathrm{d}^2}{\mathrm{d}w^2}g(w^0)(w - w^0)^2 \tag{B.59}$$

这与切线相比是一个更为近似的二次函数，但应注意前两项正是切线本身。与切线相比，这样一个近似的二次函数在点 w^0 处能更好地匹配普通函数 g，如图 B.11 所示。

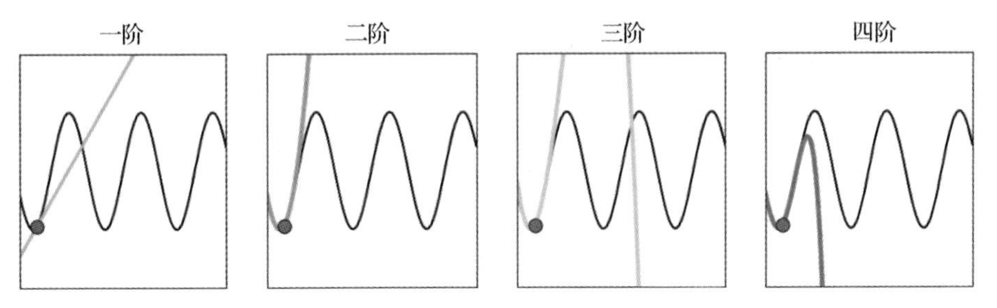

图 B.11　从左至右依次为函数 $g(w)=\sin(w)$的一阶、二阶、三阶和四阶泰勒级数逼近，它们都是针对同一输入点的值

B.9.3　构建更好的局部近似

我们基于切线得到以上二次函数后，很自然会考虑更进一步。即找到一个简单的函数 h，使得它比二次函数能多满足一个条件：

533

$$h(w^0) = g(w^0)$$

$$\frac{\mathrm{d}}{\mathrm{d}w}h(w^0) = \frac{\mathrm{d}}{\mathrm{d}w}g(w^0)$$

$$\frac{\mathrm{d}^2}{\mathrm{d}w^2}h(w^0) = \frac{\mathrm{d}^2}{\mathrm{d}w^2}g(w^0)$$

$$\frac{\mathrm{d}^3}{\mathrm{d}w^3}h(w^0) = \frac{\mathrm{d}^3}{\mathrm{d}w^3}g(w^0) \tag{B.60}$$

注意，没有度为 2 的多项式能满足最后一个条件，这是由于其三阶导数总是等于 0，我们能找到一个度为 3 的多项式。运用与之前相同的分析思路，基于一个普通的度为 3 的多项式构建对应的方程组，则使得下式满足式(B.60)中的所有条件：

$$h(w) = g(w^0) + \frac{\mathrm{d}}{\mathrm{d}w}g(w^0)(w - w^0) + \frac{1}{2}\frac{\mathrm{d}^2}{\mathrm{d}w^2}g(w^0)(w - w^0)^2 + \frac{1}{6}\frac{\mathrm{d}^3}{\mathrm{d}w^3}g(w^0)(w - w^0)^3 \tag{B.61}$$

与二次函数相比，这是一个在点 w^0 附近对函数 g 的更好的逼近，如图 B.11 中所示的特定例子。从图中可以看出，当我们增加近似的阶数时，逼近的效果会越来越好。这显然是合理的，因为随着度的增加，每个多项式中包含了更多原函数的导数信息。但是，我们并不期望它处处与整个函数完全匹配：我们构建的每一个多项式都是在一个单点上与 g 匹配的，这样无论函数的度是多少，我们都可以期望它只在点 w^0 附近与原始函数 g 匹配。

建立一个由 $N+1$ 个条件构成的集合，其中第一条要求 $h(w^0)=g(w^0)$，且其余的 N 条要求 h 的前 N 个导数与 g 的前 N 个导数在点 w^0 处是匹配的，这样构造得到以下度为 N 的多项式：

$$h(w) = g(w^0) + \sum_{n=1}^{N} \frac{1}{n!} \frac{\mathrm{d}^n}{\mathrm{d}w^n} g(w^0)(w - w^0)^n \tag{B.62}$$

这一普通的度为 N 的多项式称为 g 在点 w^0 处的泰勒级数。

B.9.4 多输入泰勒级数

我们已经看到，对于单输入函数，普通泰勒级数逼近可视为度更高的多项式逼近的切线的自然扩展。对多输入函数而言，思路是完全类似的。

如果我们想知道什么类型的度为 1 的多项式 $h(\boldsymbol{w})$在点 $\boldsymbol{w}^0$ 处与函数 $g(\boldsymbol{w})$匹配，即与其函数值和导数值相同：

534

$$\begin{aligned} h(\boldsymbol{w}^0) &= g(\boldsymbol{w}^0) \\ \nabla h(\boldsymbol{w}^0) &= \nabla g(\boldsymbol{w}^0) \end{aligned} \tag{B.63}$$

可以设立一个方程组(与单输入函数中讨论类似问题时所设立的方程组相似)，然后得到 B.4 节中的正切超平面(即一阶泰勒级数逼近)：

$$h(\boldsymbol{w}^0) = g(\boldsymbol{w}^0) + \nabla g(\boldsymbol{w}^0)^{\mathrm{T}}(\boldsymbol{w} - \boldsymbol{w}^0) \tag{B.64}$$

注意上式与单输入函数的一阶逼近是完全类似的，当 $N=1$ 时即归约为单输入函数的一阶逼近(一条切线)。

类似地，想知道什么类型的度为 2 的(二次)函数 h 在点 $\boldsymbol{w}^0$ 处与函数 g 匹配，即与其函数值及一阶、二阶导数值相同：

$$\begin{aligned} h(\boldsymbol{w}^0) &= g(\boldsymbol{w}^0) \\ \nabla h(\boldsymbol{w}^0) &= \nabla g(\boldsymbol{w}^0) \\ \nabla^2 h(\boldsymbol{w}^0) &= \nabla^2 g(\boldsymbol{w}^0) \end{aligned} \tag{B.65}$$

与单输入函数的处理方式相同，我们可以类似地得到二阶泰勒级数逼近：

$$h(\boldsymbol{w}) = g(\boldsymbol{w}^0) + \nabla g(\boldsymbol{w}^0)^{\mathrm{T}}(\boldsymbol{w} - \boldsymbol{w}^0) + \frac{1}{2}(\boldsymbol{w} - \boldsymbol{w}^0)^{\mathrm{T}} \nabla^2 g(\boldsymbol{w}^0)(\boldsymbol{w} - \boldsymbol{w}^0) \tag{B.66}$$

再次说明，上式与单输入函数的二阶逼近是完全类似的，当 $N=1$ 时即归约为单输入函数的二阶逼近。

在图 B.12 中，我们绘出了函数 $g(w_1, w_2)=\sin(w_1)$在原点附近一个点处的一阶和二阶泰勒级数逼近(分别标识为灰绿色和蓝绿色)。与单输入函数的情形一样，二阶逼近比一阶逼近能更好地在局部近似于原函数，因为它包含了更多该位置的导数信息。

535

与单输入情形一样，也可以准确定义高阶泰勒级数逼近。对于多输入函数，主要的差异在于从三阶导数开始，需要对偏导数的张量进行仔细考虑和处理。

尽管这并不是很复杂，但实际应用中最多只需用到二阶导数。这是由于随着导数阶数的增大，偏导数的个数呈指数增长(如 B.8.2 节所述)。这样，随着泰勒级数阶数的增加，即使我们得到一个更好的(局部)逼近，指数级别的计算/存储偏导数的负担也完全抵消了这一优势。

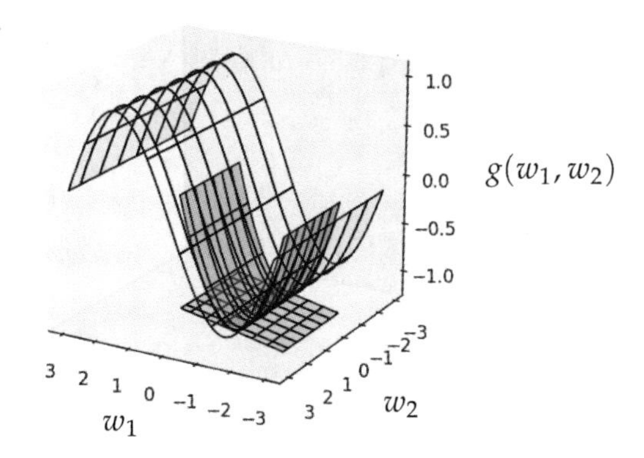

图 B. 12　函数 $g(w_1, w_2) = \sin(w_1)$ 在原点附近一个点处的一阶泰勒级数逼近(灰绿色)和二阶泰勒级数逼近(蓝绿色)(见彩插)

B. 10　autograd 函数库的使用

本节中我们介绍如何使用一个简单但有效的自动微分器。这个用 Python 实现的工具称为 autograd[10,11]，在本书中将会大量运用。

B. 10. 1　安装 autograd

autograd 是一个开源的、专业级别的梯度计算器，或称自动微分器，其工作模式默认为反向模式。对于由基本的 Python 和 NumPy 函数生成的任意复杂函数，都可利用 autograd 自动计算其导数。

autograd 的安装非常容易。只需要打开一个终端，然后键入

```
pip install autograd
```

即可开始安装。可以访问 autograd 的 github 资源库，链接为：https://github.com/HIPS/autograd。

下载与你的机器适配的文件包。由同一社区开发的另一个工具称为 JAX，这是 autograd 在 GPU 和 TPU 上的一个扩展，使用方式与 autograd 非常类似，其下载链接为：https://github.com/google/jax。

除了 autograd 外，我们高度推荐 Anaconda Python 3 安装包，可以通过链接 https://anaconda.com 安装它。

536

这个标准的 Python 安装包中包括大量有用的函数库，如 Numpy、Matplotlib 和 Jupyter notebook。

B. 10. 2　autograd 的使用

现在我们通过大量实例展示 autograd 自动微分器的基本使用。使用一些简单模块我们可以很容易地计算单输入函数的导数，以及由 Python 和 Numpy 实现的多输入函数的偏导数和完全梯度。

例 B. 9　计算单输入函数的导数

由于 autograd 的设计目标是自动计算 NumPy 代码中的导数，因而也提供了它在基本

NumPy 函数库中的封装。这正是定义(专用于 NumPy 功能的)微分法则的基础。你可以像使用标准版本的 autograd 一样使用它的 NumPy 版本，因为用户界面并没有实质上的改变。要导入这一 autograd 的 NumPy 封装版本，只需键入：

```
1  # import statement for autograd wrapped NumPy
2  import autograd.numpy as np
```

我们先描述 autograd 在以下简单函数中的使用：

$$g(w) = \tanh(w) \tag{B.67}$$

该函数导数的代数形式为

$$\frac{\mathrm{d}}{\mathrm{d}w}g(w) = 1 - \tanh^2(w) \tag{B.68}$$

Python 中可采用两种常用方法定义函数。第一种是如下所示的标准的 Python 函数声明：

```
1  # a named Python function
2  def g(w):
3      return np.tanh(w)
```

537

也可以使用 lambda 命令创建 Python 中的匿名函数(即在单行代码中定义的函数)：

```
1  # a function defined via lambda
2  g = lambda w: np.tanh(w)
```

无论以何种方式定义函数，从数学/计算意义上说都是相同的。

为了计算函数的导数，首先要导入梯度计算器 grad：

```
1  # import autograd's basic automatic differentiator
2  from autograd import grad
```

调用 grad 函数需要向其传递待微分的函数。grad 显式地计算得到输入函数的计算图，返回其导数，以备我们在需要时随时求值。它返回的并不是一个代数函数，而是一个 Python 函数。我们将输入函数的导数函数称为 dgdw：

```
1  # create the gradient of g
2  dgdw = grad(g)
```

我们可以递归地使用 autograd 计算输入函数的高阶导数，即将导数函数 dgdw 作为 autograd 的 grad 函数的输入，再次调用函数即得到二阶导数的 Python 函数，我们称之为 d2gdw2：

```
1  # compute the second derivative of g
2  d2gdw2 = grad(dgdw)
```

在图 B.13 中我们绘出了输入函数及其一阶和二阶导数。

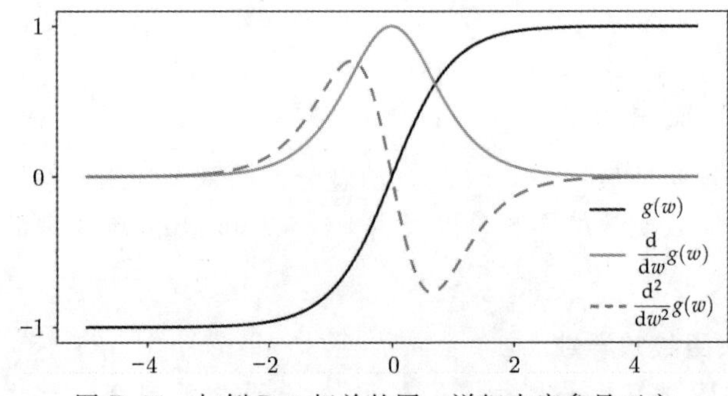

538

图 B.13 与例 B.9 相关的图。详细内容参见正文

例 B.10　函数和梯度求值

如前一节所述，当我们使用一个自动微分器对一个函数的梯度求值时，也得到了函数自身的值。也就是说，无论我们何时求解梯度值，都"免费"得到了函数的值。

但是，前一个例子中的 grad 函数只返回了一个导数值。函数值由 grad 在后台求解得到，并没有出现在返回值中。

还有另一个 autograd 方法称为 value_and_grad，它返回所有在后台计算得到的值，包括导数和函数的值。下面我们用这个 autograd 函数重新计算前面例子中的一阶导数值：

```
# import autograd's automatic differentiator
from autograd import value_and_grad

# create the gradient of g
dgdw = value_and_grad(g)

# evaluate g and its gradient at w=0
w = 0
g_val, grad_val = dgdw(w)
```

例 B.11　计算泰勒级数逼近

使用 autograd 我们可以很容易地计算任一单输入函数的泰勒级数逼近(见 B.9 节)。以函数 $g(w)=\tanh(w)$ 及其在点 $w^0=1$ 处的一阶泰勒级数逼近为例：

$$h(w) = g(w^0) + \frac{\mathrm{d}}{\mathrm{d}w}g(w^0)(w - w^0) \tag{B.69}$$

首先，我们在 Python 中按如下方式生成该函数及其一阶泰勒逼近：

```
# create the function g and its first derivative
g = lambda w: np.tanh(w)
dgdw = grad(g)

# create first-order Taylor series approximation
first_order = lambda w0, w: g(w0) + dgdw(w0)*(w - w0)
```

我们求出函数及其一阶泰勒逼近的值，并分别以黑色线和虚线绘制在图 B.14 中。计算二阶泰勒级数逼近也较为容易，其计算公式为

539

$$q(w) = g(w^0) + \frac{\mathrm{d}}{\mathrm{d}w}g(w^0)(w - w^0) + \frac{1}{2}\frac{\mathrm{d}^2}{\mathrm{d}w^2}g(w^0)(w - w^0)^2 \tag{B.70}$$

```
# create the second derivative of g
d2gdw2 = grad(dgdw)

# create second-order Taylor series approximation
second_order = lambda w0, w: g(w0) + dgdw(w0)*(w - w0) + 0.5*d2gdw2(w0
    )*(w - w0)**2
```

图 B.14 中绘出了二阶泰勒级数逼近(灰色曲线)，其中的展开/正切点标识为圆圈。

例 B.12　计算单个偏导数

我们可以通过很多方法利用 autograd 计算一个多输入函数的偏导数。首先介绍如何利用 autograd 逐个计算偏导数。考虑以下函数：

$$g(w_1, w_2) = \tanh(w_1 w_2) \tag{B.71}$$

该函数在 Python 中表示为：

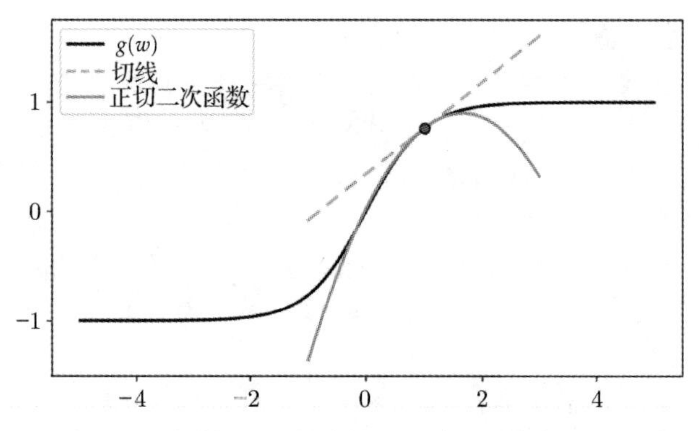

图 B.14 与例 B.11 相关的图。详细内容参见正文

```
1  # a simple multi-input function
2  def g(w_1, w_2):
3      return np.tanh(w_1*w_2)
```

该函数需读取两个输入，其三维图像如图 B.15 中左图所示。

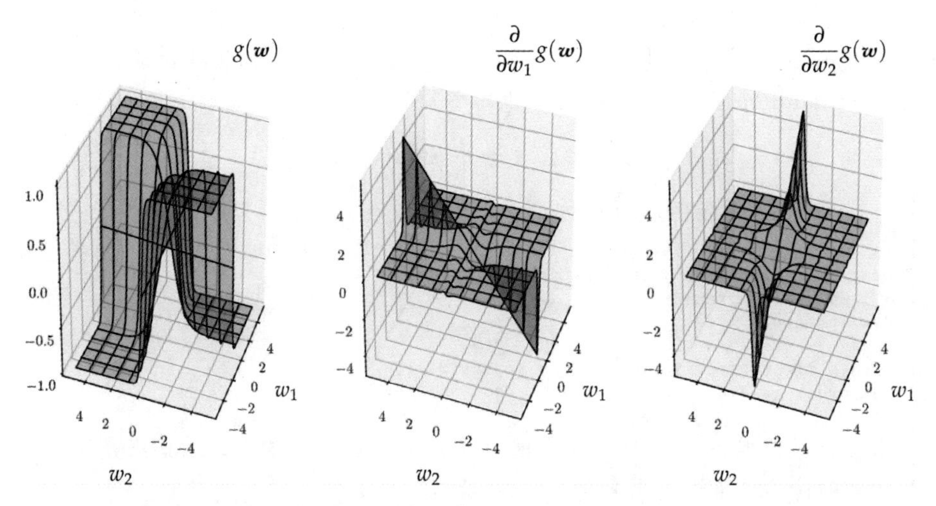

图 B.15 与例 B.12 相关的图。一个多输入函数(左图)及其第一个输入的偏导数(中图)和第二个输入的偏导数(右图)。详细内容参见正文

540

若我们采用与前例中完全相同的调用方式，即

```
grad(g)
```

由于函数有两个输入，这将返回第一个偏导数 $\frac{\partial}{\partial w_1}g(w_1, w_2)$。这是 autograd 中每个自动微分法的默认设置。

另外，我们也可以显式地向 grad 函数(或其他 autograd 方法)传递第二个参数，该参数作为一个索引值，用于指定我们想要计算哪一个偏导数。若以此方法计算第一个偏导数，我们将索引值 0(Python 中的索引值从 0 开始)作为第二个参数：

```
grad(g, 0)
```

类似地，要得到第二个偏导数，则需要将索引值 1 作为第二个参数：

```
grad(g, 1)
```

更一般地，如果 g 有 N 个输入(从 w_1 到 w_N)，则用如下调用方式得到其第 n 个偏导数：

```
grad(g, n-1)
```

图 B.15 的中图和右图分别绘出了这两个偏导数函数的图像。 541

例 B.13 几个偏导数或完全梯度的计算

在前例基础上，本例讨论对于一个多输入函数，如何利用 autograd 一次求出其几个偏导数或完全梯度。这里我们针对与前例相同的函数进行计算。

有两种方法使用 autograd。第一种是使用与前例中一样的标识方法，给出所有待求偏导数的索引值。例如，如果我们想要构建前例中 2-输入函数的完全梯度，则通过索引值组(0,1)按如下方式向 autograd 传递参数：

```
grad(g, (0,1))
```

更一般地，对一个有 N 个输入的函数，为同时构建其任意多个偏导数，我们同样采用这样的索引标识方法。注意，这种使用方法适用于 autograd 自动微分函数库中的所有方法。

第二种使用 autograd 同时构建几个偏导数的方法是将函数书写为 Numpy 形式，其中我们想要微分的变元是函数的所有输入，且写作一个单一的参数。例如，不再以如下的 Python 形式表示函数：

```
1 # a simple multi-input function defined in Python
2 def g(w_1, w_2):
3     return np.tanh(w_1*w_2)
```

其中参数 w_1 和 w_2 是同时传递的。若使用向量标识等价地表示为

```
1 def g(w):
2     return np.tanh(w[0]*w[1])
```

则以下调用：

```
grad(g)
```

或

```
grad(g, 0)
```

将得到 g 关于其第一个参数的导数，此处即是 g 的完全梯度。

一般情形下也可以采用以上的索引值格式，即，以下调用： 542

```
grad(g, n-1)
```

计算函数关于其第 n 个输入(无论其是单变元还是多变元)的导数。

B.10.3 autograd 对数学函数的扁平化处理

数学函数的形状和规模各不相同，而我们常常可以将一个函数表示为多种不同的代数形式。本节讨论函数扁平化，对于 Python 中的函数，这种方法可以方便地对其进行规范表示，这样颇为有益，比如，我们可以(在代码中)更快地应用局部优化方法，而不需要在一个特别复杂的函数上进行繁复的循环处理。

例 B.14 扁平化一个多输入函数

考虑以下函数：

$$g(a,\mathbf{b},\mathbf{C}) = (a+\mathbf{r}^{\mathrm{T}}\mathbf{b}+\mathbf{z}^{\mathrm{T}}\mathbf{C}\mathbf{z})^2 \tag{B.72}$$

其中输入变元 a 是一个标量，$\mathbf{b}$ 是一个 2×1 的向量，$\mathbf{C}$ 是一个 2×2 的矩阵，且无变元向量 $\mathbf{r}$ 和 $\mathbf{z}$ 分别是固定的，$\mathbf{r}=[1 \quad 2]^{\mathrm{T}}$ 且 $\mathbf{z}=[1 \quad 3]^{\mathrm{T}}$。与本书第 2～4 章讨论局部优化方法时不同，这里并未将函数表示为标准形式 $g(\mathbf{w})$。尽管这样，在第 2～4 章中介绍的那些原理和算法仍可应用于此函数。但很自然地，要在这种表示形式下实现那些方法，每一步骤都会麻烦得多。因为这要求以三个输入 a、$\mathbf{b}$ 和 $\mathbf{C}$ 显式地表示，这就复杂得多(也难于实现)。当函数有更多的输入变元时，这样的麻烦会变得更难于处理，而在机器学习中常常会涉及这样的函数。对于此类函数，为执行某些局部优化方法的一个下降步骤，我们必须循环处理其多个不同的输入变元。

值得庆幸的是，对每个数学函数，都将其全部输入变元表示为一个相连的向量 $\mathbf{w}$，可使得麻烦程度降低。例如，通过定义以下向量：

543

$$\mathbf{w} = \begin{bmatrix} w_1 \\ w_2 \\ w_3 \\ w_4 \\ w_5 \\ w_6 \\ w_7 \end{bmatrix} = \begin{bmatrix} a \\ b_1 \\ b_2 \\ c_{11} \\ c_{12} \\ c_{21} \\ c_{22} \end{bmatrix} \tag{B.73}$$

可将式(B.72)中的原函数等价地表示为

$$g(\mathbf{w}) = (\mathbf{s}^{\mathrm{T}}\mathbf{w})^2 \tag{B.74}$$

其中

$$\mathbf{s} = \begin{bmatrix} 1 \\ 1 \\ 2 \\ 1 \\ 3 \\ 3 \\ 9 \end{bmatrix} \tag{B.75}$$

再次提醒，这里我们将输入向量的元素以相连方式进行了重新索引，这样可以以一种不太麻烦的方法在一行代数式或 autograd 代码内实现局部优化法，而不需要循环处理每个输入变元。这样的变元重新索引方法称为函数扁平化，如图 B.16 所示。

图 B.16 与例 B.14 相关的图。式(B.72)中函数的扁平化处理的示意图。详细内容参见正文

尽管进行重新索引对于函数的扁平化很重要，但像导数的计算一样，对于用户而言，重新索引是一项乏味且耗时的操作。幸亏 autograd 函数库中有一个内置模块可用于函数扁平化，其使用方法如下：

544

```
1 # import function flattening module from autograd
2 from autograd.misc.flatten import flatten_func
```

下面我们按 Python 方式定义式(B.72)中的函数：

```
1 # Python implementation of g
2 r = np.array([[1],[2]])
3 z = np.array([[1],[3]])
4 def g(input_weights):
5     a = input_weights[0]
6     b = input_weights[1]
7     C = input_weights[2]
8     return (((a + np.dot(r.T, b) + np.dot(np.dot(z.T, C), z)))**2)
          [0][0]
```

要对 g 做扁平化，只需调用：

```
1 # flatten an input function g
2 g_flat, unflatten_func, w = flatten_func(g, input_weights)
```

这里右边的 `input_weights` 是函数 `g` 的输入变元的一组初始化值。输出 `g_flat`、`unflatten_func` 和 `w` 分别是扁平化后的函数 `g`、对输入做非扁平化的模块和初始输入的扁平化结果。

545

线性代数

C.1 简介

本附录中我们对线性代数的基本思想进行简短回顾，这是理解机器学习的基础。我们要介绍的内容包括向量和矩阵运算、向量和矩阵范式以及特征值分解。我们强烈希望读者在阅读本书其他部分前，确保对本章中涉及的所有概念都相当熟悉。

C.2 向量和向量运算

我们首先从一个向量的基础概念入手，然后介绍向量运算。

C.2.1 向量

一个向量是一组有序的数字，例如：

$$\begin{bmatrix} -3 & 4 & 1 \end{bmatrix} \tag{C.1}$$

是一个由三个元素(也称为元)构成的向量，也称为一个大小(或维度)为 3 的向量。一般而言，一个向量可以有任意多个元素，元素可以是数字、变元或二者皆有。例如：

$$\begin{bmatrix} x_1 & x_2 & x_3 & x_4 \end{bmatrix} \tag{C.2}$$

是一个含 4 个变元的向量。当一个向量中的数字或变元按水平方向(或以行的形式)列出时，称其为一个行向量。但也可将一个向量按垂直方向(或以列的形式)列出，这时称其为一个列向量。例如：

$$\begin{bmatrix} -3 \\ 4 \\ 1 \end{bmatrix} \tag{C.3}$$

是一个大小为 3 的列向量。我们可以通过转置操作将行向量和列向量互相转换。通常是在向量右上角标记一个上标 T 表示转置，表示将一个行向量转换为一个等价的列向量，反之亦然。例如，我们有：

$$\begin{bmatrix} -3 \\ 4 \\ 1 \end{bmatrix}^{\mathrm{T}} = \begin{bmatrix} -3 & 4 & 1 \end{bmatrix} \quad 且 \quad \begin{bmatrix} -3 & 4 & 1 \end{bmatrix}^{\mathrm{T}} = \begin{bmatrix} -3 \\ 4 \\ 1 \end{bmatrix} \tag{C.4}$$

为了更一般地讨论向量，我们需要使用代数符号标识，典型的是用加粗的小写字母(通常为 Roman 字体)，比如，$\boldsymbol{x}$ 表示一个向量。$\boldsymbol{x}$ 的转置则表示为 $\boldsymbol{x}^{\mathrm{T}}$。这样的符号标识并不能说明该向量是一个行向量还是列向量，或者它包含多少个元素。因而这些信息必须显式地进行说明。本书中，除非特别说明，我们默认所有的向量都是列向量。

长度为 2(或 3)的向量直观上易于理解，因为它们是位于二维(或三维)空间的，这与我们人类的感觉很相近。例如，下面的二维向量

$$\boldsymbol{x} = \begin{bmatrix} 1 \\ 2 \end{bmatrix} \tag{C.5}$$

可以图示化为二维平面上的一个箭头，它由原点射出，终止于横坐标和纵坐标分别为 1 和 2 的点，如图 C.1 中左子图所示。但是，如图 C.1 中右子图所示，$\boldsymbol{x}$ 也可以表示为一个单点，即左子图中箭头的终止点。当需要绘制机器学习中的低维度据集（通常是一组向量）时，我们常采用后一种图示方式。

547

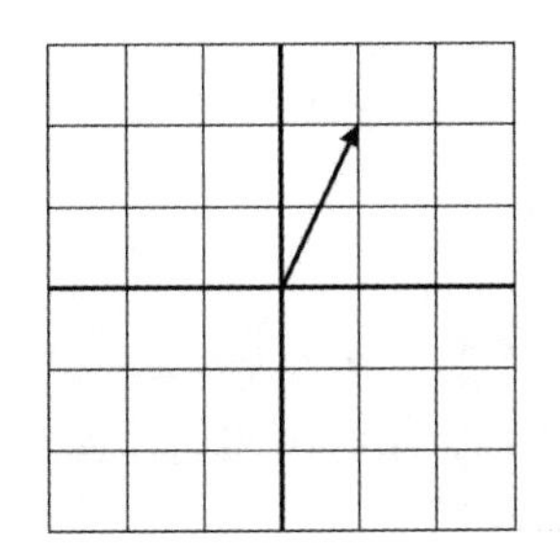
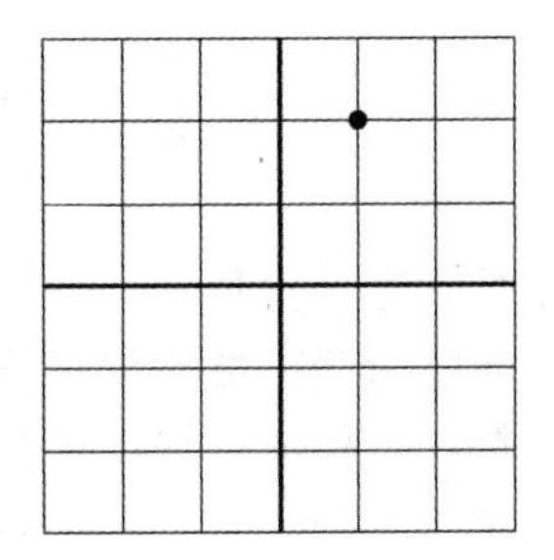

图 C.1　一个二维向量可以图形化表示为一个从原点射出的箭头（左子图），或等价地表示为二维平面上的一个单点（右子图）

C.2.2　向量相加

两个向量的加（和减）是按元素逐个进行的，注意，为了能实现这样的加减，两个向量必须具有相同个数的元素（或相同的度），且两者必须同为列向量或行向量。例如，向量

$$\boldsymbol{x}=\begin{bmatrix}x_1\\x_2\\\vdots\\x_N\end{bmatrix} \quad 且 \quad \boldsymbol{y}=\begin{bmatrix}y_1\\y_2\\\vdots\\y_N\end{bmatrix} \tag{C.6}$$

按元素相加后得到

$$\boldsymbol{x}+\boldsymbol{y}=\begin{bmatrix}x_1+y_1\\x_2+y_2\\\vdots\\x_N+y_N\end{bmatrix} \tag{C.7}$$

类似地，从 $\boldsymbol{x}$ 中减去 $\boldsymbol{y}$ 得到

$$\boldsymbol{x}-\boldsymbol{y}=\begin{bmatrix}x_1-y_1\\x_2-y_2\\\vdots\\x_N-y_N\end{bmatrix} \tag{C.8}$$

若将向量视为从原点射出的箭头，两个向量的相加则等于由它们构成的平行四边形的远角所对应的向量。这通常称为平行四边形法则，如图 C.2 所示，两个输入向量标识为黑色，它们的和显示为灰色。图中虚线是代表二向量之和的平行四边形的轮廓图示。

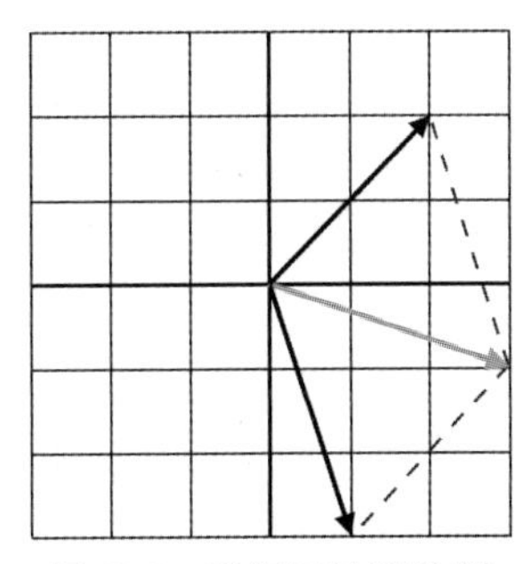

图 C.2　平行四边形法则

548

C.2.3　向量相乘

与相加不同，向量乘法可以通过多种方法定义。下面我们将依次回顾向量与标量的相乘、两向量按元素相乘以

及两向量的内积和外积。

一个向量与一个标量相乘

对任意向量 $\boldsymbol{x}$，我们可让一个标量与其相乘，其规则如下：

$$c\,\boldsymbol{x} = \begin{bmatrix} c\,x_1 \\ c\,x_2 \\ \vdots \\ c\,x_N \end{bmatrix} \tag{C.9}$$

两个向量按元素逐个相乘

按元素相乘的结果有时也称为阿达玛(Hadamard)积，其相乘法则是将两个向量的元素逐个相乘。注意，与相加一样，我们要求两个向量的大小必须相同。两个向量 $\boldsymbol{x}$ 和 $\boldsymbol{y}$ 按元素相乘的符号表示如下：

$$\boldsymbol{x} \circ \boldsymbol{y} = \begin{bmatrix} x_1 y_1 \\ x_2 y_2 \\ \vdots \\ x_N y_N \end{bmatrix} \tag{C.10}$$

两个向量的内积

内积(也称为点积)是两个大小相同的向量相乘的另一种方式。与按元素相乘不同，两个向量的内积的结果是一个标量。为求得两个向量的内积，我们首先将它们按元素相乘，然后将所得向量的所有元素相加。向量 $\boldsymbol{x}$ 和 $\boldsymbol{y}$ 的内积表示为

549

$$\boldsymbol{x}^{\mathrm{T}} \boldsymbol{y} = x_1 y_1 + x_2 y_2 + \cdots + x_N y_N = \sum_{n=1}^{N} x_n y_n \tag{C.11}$$

向量长度或大小

著名的毕达哥拉斯定理给出了一种在二维平面上衡量一个向量长度的方法。利用该定理我们可以将以下一般的二维向量：

$$\boldsymbol{x} = \begin{bmatrix} x_1 \\ x_2 \end{bmatrix} \tag{C.12}$$

看作一个直角三角形的斜边，写作

$$\boldsymbol{x}\text{ 的长度} = \sqrt{x_1^2 + x_2^2} \tag{C.13}$$

注意，我们也可以将 $\boldsymbol{x}$ 的长度用其内积表示为

$$\boldsymbol{x}\text{ 的长度} = \sqrt{\boldsymbol{x}^{\mathrm{T}} \boldsymbol{x}} \tag{C.14}$$

这可以扩展到任意维的向量。我们使用符号 $\|\boldsymbol{x}\|_2$ 来表示一个 N 维向量的长度，即

$$\|\boldsymbol{x}\|_2 = \sqrt{\boldsymbol{x}^{\mathrm{T}} \boldsymbol{x}} = \sqrt{\sum_{n=1}^{N} x_n^2} \tag{C.15}$$

内积的几何解释

两个向量 $\boldsymbol{x}$ 和 $\boldsymbol{y}$ 的内积：

$$\boldsymbol{x}^{\mathrm{T}} \boldsymbol{y} = \sum_{n=1}^{N} x_n y_n \tag{C.16}$$

可以由 $\boldsymbol{x}$ 和 $\boldsymbol{y}$ 的长度来表示，利用内积法则表示为

$$\boldsymbol{x}^{\mathrm{T}} \boldsymbol{y} = \|\boldsymbol{x}\|_2 \|\boldsymbol{y}\|_2 \cos(\theta) \tag{C.17}$$

其中 θ 是 $\boldsymbol{x}$ 和 $\boldsymbol{y}$ 间的夹角。这一法则稍作变换，得到一个直观的理解：

$$\left(\frac{\boldsymbol{x}}{\|\boldsymbol{x}\|_2}\right)^{\mathrm{T}}\left(\frac{\boldsymbol{y}}{\|\boldsymbol{y}\|_2}\right)=\cos(\theta) \tag{C.18}$$

其中向量$\frac{\boldsymbol{x}}{\|\boldsymbol{x}\|_2}$和$\frac{\boldsymbol{y}}{\|\boldsymbol{y}\|_2}$仍然分别指向与 $\boldsymbol{x}$ 和 $\boldsymbol{y}$ 相同的方向，但都经过归一化处理成为具有单位长度的向量，这是由于：

550

$$\left\|\frac{\boldsymbol{x}}{\|\boldsymbol{x}\|_2}\right\|_2=\left\|\frac{\boldsymbol{y}}{\|\boldsymbol{y}\|_2}\right\|_2=1 \tag{C.19}$$

注意，由于余弦值总在－1～1 之间，因此两个单位长度的向量的内积也在这一范围内。当它们指向同一方向时，$\theta=0$，且此时内积值最大(即为 1)。当两个向量的指向开始逐渐偏离时，θ 逐渐增大，内积则逐渐减小。当两向量互相垂直时，它们的内积等于 0。$\theta=\pi$ 时内积达到最小值－1，此时两个向量指向完全相反的方向(见图 C. 3)

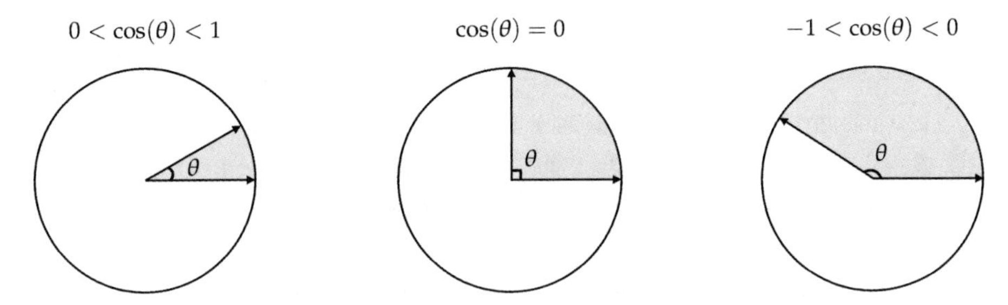

图 C. 3　两个单位长度向量的内积等于其夹角 θ 的余弦值

两个向量的外积

外积是另一种方式定义的两向量相乘。对两个(不一定维度相同的)列向量：

$$\boldsymbol{x}=\begin{bmatrix}x_1\\x_2\\\vdots\\x_N\end{bmatrix}\quad 且 \quad \boldsymbol{y}=\begin{bmatrix}y_1\\y_2\\\vdots\\y_M\end{bmatrix} \tag{C.20}$$

它们的外积写作 $\boldsymbol{x}\,\boldsymbol{y}^{\mathrm{T}}$，定义为：

$$\boldsymbol{x}\,\boldsymbol{y}^{\mathrm{T}}=\begin{bmatrix}x_1\\x_2\\\vdots\\x_N\end{bmatrix}\begin{bmatrix}y_1 & y_2 & \cdots & y_M\end{bmatrix}=\begin{bmatrix}x_1y_1 & x_1y_2 & \cdots & x_1y_M\\x_2y_1 & x_2y_2 & \cdots & x_2y_M\\\vdots & \vdots & & \vdots\\x_Ny_1 & x_Ny_2 & \cdots & x_Ny_M\end{bmatrix} \tag{C.21}$$

结果是一个 $N\times M$ 的矩阵，可将其看作 M 个长度为 N 的列向量并排放置在一起(或类似地看作 N 个长度为 M 的行向量堆叠在一起)。我们将在下一节进一步讨论矩阵。

551

C. 2. 4　向量的线性组合

向量的线性组合是两向量的简单相加的一般化，是相加和标量相乘这两种操作的组合。给定两个相同维度的向量 $\boldsymbol{x}_1$ 和 $\boldsymbol{x}_2$，它们的线性组合是二者分别与一个标量相乘后再将结果相加，即

$$\alpha_1\boldsymbol{x}_1+\alpha_2\boldsymbol{x}_2 \tag{C.22}$$

其中 α_1 和 α_2 是两个实数。注意，对于给定的一对值(α_1,α_2)，所得到的线性组合是与 $\boldsymbol{x}_1$ 和 $\boldsymbol{x}_2$ 维度相同的一个向量。图 C. 4 中绘出了以下向量：

$$\boldsymbol{x}_1 = \begin{bmatrix} 2 \\ 1 \end{bmatrix} \quad 且 \quad \boldsymbol{x}_2 = \begin{bmatrix} -1 \\ 1 \end{bmatrix} \tag{C. 23}$$

对于三组不同的(α_1,α_2)值所得的线性组合。由向量$\boldsymbol{x}_1$和$\boldsymbol{x}_2$经线性组合得到的所有向量的集合称为$\boldsymbol{x}_1$和$\boldsymbol{x}_2$生成的空间，写作

$$\boldsymbol{x}_1 \text{ 和 } \boldsymbol{x}_2 \text{ 生成的空间} = \{\alpha_1\boldsymbol{x}_1 + \alpha_2\boldsymbol{x}_2 \mid (\alpha_1,\alpha_2) \in \mathbb{R}^2\} \tag{C. 24}$$

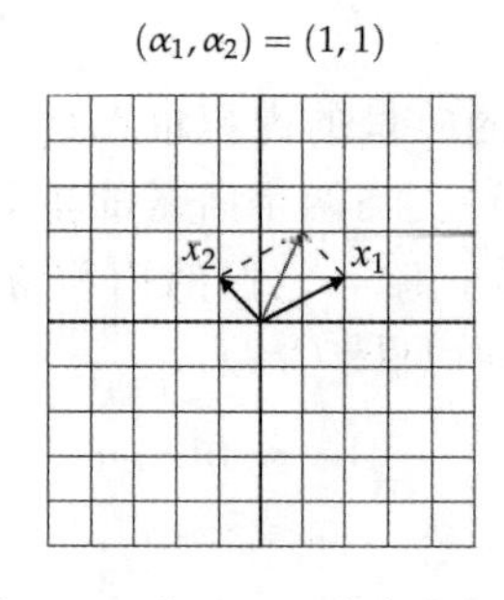

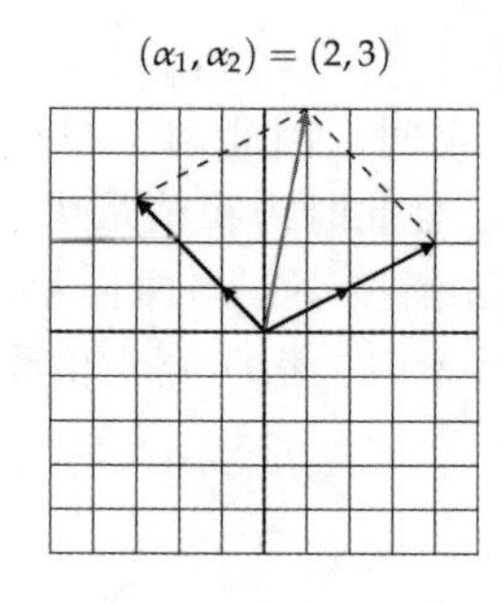

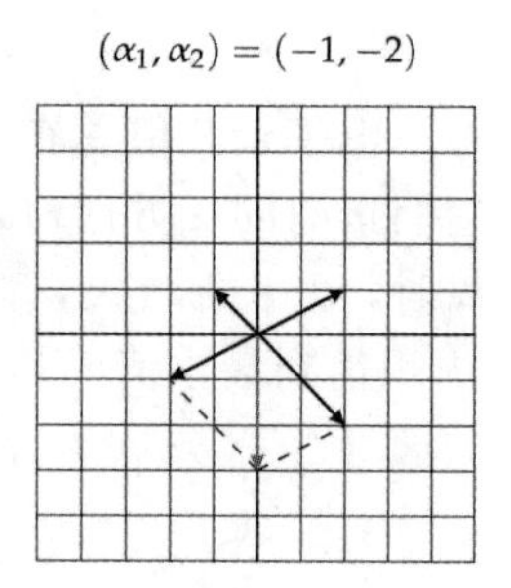

图 C. 4　式(C. 23)中定义的向量$\boldsymbol{x}_1$和$\boldsymbol{x}_2$对于三组不同的(α_1,α_2)值构成的线性组合。从中可以发现，通过改变$\alpha_1\boldsymbol{x}_1+\alpha_2\boldsymbol{x}_2$中$\alpha_1$和$\alpha_2$的值，我们每次都得到一个新的向量。所有这样的向量构成的集合称为$\boldsymbol{x}_1$和$\boldsymbol{x}_2$生成的空间，此处即是整个二维平面

对于式(C. 23)中的向量$\boldsymbol{x}_1$和$\boldsymbol{x}_2$，它们生成的空间是整个二维平面。但对任意两个向量$\boldsymbol{x}_1$和$\boldsymbol{x}_2$，并不一定总是这样。若取：

552

$$\boldsymbol{x}_1 = \begin{bmatrix} 1 \\ 1 \end{bmatrix} \quad 且 \quad \boldsymbol{x}_2 = \begin{bmatrix} 3 \\ 3 \end{bmatrix} \tag{C. 25}$$

由于这两个向量指向同一个方向(其中一个是另一个与一个标量的积)，它们的任意线性组合总是指向同一个方向。在这种情形下，$\boldsymbol{x}_1$和$\boldsymbol{x}_2$生成的空间不再是整个二维平面，而是一维的一条线，这条线可由这两个向量中的任一个与不同标量相乘得到。也就是说，给定$\boldsymbol{x}_1$或$\boldsymbol{x}_2$中任一个，另一个(在寻找它们生成的空间时)则成为冗余的。按线性代数的术语，称这样的向量是线性相关的。

向量的线性组合的概念也可以扩展到k个向量$\{\boldsymbol{x}_1,\boldsymbol{x}_2,\cdots,\boldsymbol{x}_k\}$的情形(所有这些向量维度相同)，形如

$$\sum_{i=1}^{k}\alpha_i\boldsymbol{x}_i = \alpha_1\boldsymbol{x}_1 + \alpha_2\boldsymbol{x}_2 + \cdots + \alpha_k\boldsymbol{x}_k \tag{C. 26}$$

如果这些向量生成一个k维的空间，则称它们是线性不相关的。否则，其中至少一个向量可被表示为其余向量的线性组合。

C. 3　矩阵和矩阵运算

本节中我们回顾矩阵的概念及矩阵的运算。这些内容与前节中介绍的向量知识十分相似，包括转置运算、加/减运算以及几种乘法运算。由于与向量的内容非常类似，所以本节的叙述相比于前一节要简短扼要得多。

C. 3. 1　矩阵

如果我们有N个行向量，每个都是M维的：

$$\boldsymbol{x}_1 = [x_{11} \quad x_{12} \quad \cdots \quad x_{1M}]$$
$$\boldsymbol{x}_2 = [x_{21} \quad x_{22} \quad \cdots \quad x_{2M}]$$
$$\vdots$$
$$\boldsymbol{x}_N = [x_{N1} \quad x_{N2} \quad \cdots \quad x_{NM}]$$

553

将它们按序上下堆叠，即得到一个矩阵：

$$\boldsymbol{X} = \begin{bmatrix} x_{11} & x_{12} & \cdots & x_{1M} \\ x_{21} & x_{22} & \cdots & x_{2M} \\ \vdots & \vdots & & \vdots \\ x_{N1} & x_{N2} & \cdots & x_{NM} \end{bmatrix} \tag{C.27}$$

其维度为 $N \times M$，其中第一个数字 N 是矩阵的行数，第二个数字 M 表示其列数。本书中我们使用大写加粗的字母(比如 $\boldsymbol{X}$)，来表示一个矩阵。与向量一样，这样的符号表示并不能说明矩阵的维度，必须要进行显式的说明。

向量的转置操作也可以扩展定义到矩阵上。对一个矩阵，转置操作是将整个矩阵进行翻转：每一列翻转为一行，这些行堆叠在一起，形成一个 $M \times N$ 的矩阵：

$$\boldsymbol{X}^{\mathrm{T}} = \begin{bmatrix} x_{11} & x_{21} & \cdots & x_{N1} \\ x_{12} & x_{22} & \cdots & x_{N2} \\ \vdots & \vdots & & \vdots \\ x_{1M} & x_{2M} & \cdots & x_{NM} \end{bmatrix} \tag{C.28}$$

C.3.2　矩阵相加

与向量的加法一样，维度相同的矩阵上的相加(及相减)运算也是按元素逐个执行的。例如，对以下两个 $N \times M$ 的矩阵：

554

$$\boldsymbol{X} = \begin{bmatrix} x_{11} & x_{12} & \cdots & x_{1M} \\ x_{21} & x_{22} & \cdots & x_{2M} \\ \vdots & \vdots & & \vdots \\ x_{N1} & x_{N2} & \cdots & x_{NM} \end{bmatrix} \quad 且 \quad \boldsymbol{Y} = \begin{bmatrix} y_{11} & y_{12} & \cdots & y_{1M} \\ y_{21} & y_{22} & \cdots & y_{2M} \\ \vdots & \vdots & & \vdots \\ y_{N1} & y_{N2} & \cdots & y_{NM} \end{bmatrix} \tag{C.29}$$

它们的和定义为

$$\boldsymbol{X} + \boldsymbol{Y} = \begin{bmatrix} x_{11} + y_{11} & x_{12} + y_{12} & \cdots & x_{1M} + y_{1M} \\ x_{21} + y_{21} & x_{22} + y_{22} & \cdots & x_{2M} + y_{2M} \\ \vdots & \vdots & & \vdots \\ x_{N1} + y_{N1} & x_{N2} + y_{N2} & \cdots & x_{NM} + y_{NM} \end{bmatrix} \tag{C.30}$$

C.3.3　矩阵相乘

和向量乘法一样，矩阵的相乘也有多种方式。

一个矩阵与一个标量相乘

我们可以将任一矩阵 X 与一个标量 c 相乘，这一运算是逐个元素进行的：

$$c\boldsymbol{X} = \begin{bmatrix} c\,x_{11} & c\,x_{12} & \cdots & c\,x_{1M} \\ c\,x_{21} & c\,x_{22} & \cdots & c\,x_{2M} \\ \vdots & \vdots & & \vdots \\ c\,x_{N1} & c\,x_{N2} & \cdots & c\,x_{NM} \end{bmatrix} \tag{C.31}$$

一个矩阵与一个向量相乘

一般而言，将一个 $N \times M$ 的矩阵 $\boldsymbol{X}$ 与一个向量 $\boldsymbol{y}$ 相乘，通常有两种方式。第一种称为左乘，这涉及与一个 N 维行向量 $\boldsymbol{y}$ 的相乘。左乘运算写作 $\boldsymbol{yX}$，相乘得到的结果是一个 M 维的行向量，其第 m 个元素是 $\boldsymbol{y}$ 和 $\boldsymbol{X}$ 的第 m 列元素的内积：

$$\boldsymbol{yX} = \left[\sum_{n=1}^{N} y_n x_{n1} \quad \sum_{n=1}^{N} y_n x_{n2} \quad \cdots \quad \sum_{n=1}^{N} y_n x_{nM} \right] \tag{C.32}$$

类似地，右乘定义为在矩阵 $\boldsymbol{X}$ 的右边乘以一个 M 维的列向量 $\boldsymbol{y}$，写作 $\boldsymbol{Xy}$。右乘运算的结果是一个 N 维的列向量，其第 n 个元素是 $\boldsymbol{y}$ 和 $\boldsymbol{X}$ 的第 n 行元素的内积：

$$\boldsymbol{Xy} = \begin{bmatrix} \sum_{m=1}^{M} y_m x_{1m} \\ \sum_{m=1}^{M} y_m x_{2m} \\ \vdots \\ \sum_{m=1}^{M} y_m x_{Nm} \end{bmatrix} \tag{C.33}$$

两个矩阵按元素相乘

我们可以用与向量相同的方法定义两个维度相同的矩阵的按元素相乘。两个 $N \times M$ 的矩阵 $\boldsymbol{X}$ 和 $\boldsymbol{Y}$ 按元素相乘的积定义为

555

$$\boldsymbol{X} \circ \boldsymbol{Y} = \begin{bmatrix} x_{11} y_{11} & x_{12} y_{12} & \cdots & x_{1M} y_{1M} \\ x_{21} y_{21} & x_{22} y_{22} & \cdots & x_{2M} y_{2M} \\ \vdots & \vdots & & \vdots \\ x_{N1} y_{N1} & x_{N2} y_{N2} & \cdots & x_{NM} y_{NM} \end{bmatrix} \tag{C.34}$$

两个矩阵的一般乘法

可基于向量的外积运算定义两个矩阵 $\boldsymbol{X}$ 和 $\boldsymbol{Y}$ 的通积(或简单积)，这需要 $\boldsymbol{X}$ 的列数与 $\boldsymbol{Y}$ 的行数相一致。也就是说，$\boldsymbol{X}$ 和 $\boldsymbol{Y}$ 的维度分别是 $N \times M$ 和 $M \times P$，它们的积定义为：

$$\boldsymbol{XY} = \sum_{m=1}^{M} \boldsymbol{x}_m \boldsymbol{y}_m^{\mathrm{T}} \tag{C.35}$$

其中 $\boldsymbol{x}_m$ 是 $\boldsymbol{X}$ 的第 m 列，$\boldsymbol{y}_m^{\mathrm{T}}$ 是 $\boldsymbol{Y}^{\mathrm{T}}$ 的第 m 列的转置(或等价地，是 $\boldsymbol{Y}$ 的第 m 行)。注意，式(C.35)中的每个加数本身又是一个 $M \times P$ 的矩阵，对于最后得到的矩阵 $\boldsymbol{XY}$ 也是如此。

利用向量内积，矩阵的通积也可以按元素定义，$\boldsymbol{XY}$ 的第 n 行和第 p 列的元素是 $\boldsymbol{X}$ 的第 n 行(的转置)和 $\boldsymbol{Y}$ 的第 p 列的内积。

C.4 特征值和特征向量

本节中我们回顾一般线性函数及它们与矩阵的关系，特别关注方阵的情形，我们将针对方阵讨论特征向量和特征值的重要内容。

C.4.1 线性函数和矩阵相乘

如前所述，一个 $N \times M$ 矩阵

$$\boldsymbol{X}=\begin{bmatrix} x_{11} & x_{12} & \cdots & x_{1M} \\ x_{21} & x_{22} & \cdots & x_{2M} \\ \vdots & \vdots & & \vdots \\ x_{N1} & x_{N2} & \cdots & x_{NM} \end{bmatrix} \tag{C.36}$$

与一个 M 维向量

$$\boldsymbol{w}=\begin{bmatrix} w_1 \\ w_2 \\ \vdots \\ w_M \end{bmatrix} \tag{C.37}$$

的积是一个 N 维的列向量，写作 $\boldsymbol{X}\boldsymbol{w}$。将向量 $\boldsymbol{w}$ 视作输入，$\boldsymbol{X}\boldsymbol{w}$ 定义了一个函数 g，其形如

$$g(\boldsymbol{w})=\boldsymbol{X}\boldsymbol{w} \tag{C.38}$$

556

$g(\boldsymbol{w})$显式地写作

$$g(\boldsymbol{w})=\begin{bmatrix} x_{11}w_1+x_{12}w_2+\cdots+x_{1M}w_M \\ x_{21}w_1+x_{22}w_2+\cdots+x_{2M}w_M \\ \vdots \\ x_{N1}w_1+x_{N2}w_2+\cdots+x_{NM}w_M \end{bmatrix} \tag{C.39}$$

显然它的每个元素都是一个线性函数，变元为 w_1 到 w_M，且称 g 为一个线性函数。

C.4.2　线性函数和方阵

若矩阵 $\boldsymbol{X}$ 的行数与列数相同，即 $N=M$，则称其为一个方阵。当 $N=M=2$ 时，通过查看函数 g 对二维点 $\boldsymbol{w}$ 进行变换的方式，我们可以观察到线性函数 $g(\boldsymbol{w})=\boldsymbol{X}\boldsymbol{w}$ 的效果。

图 C.5 中给出了 2×2 矩阵 $\boldsymbol{X}$ 的图示化效果，其元素值随机设置如下：

$$\boldsymbol{X}=\begin{bmatrix} 0.726 & -1.059 \\ -0.200 & -0.947 \end{bmatrix} \tag{C.40}$$

在图 C.5 的左子图中，我们给出了网格线的一个粗糙集。网格的点有助于图示构成网格线(及空间本身)的每个点是如何经过式(C.40)中的矩阵 $\boldsymbol{X}$ 进行变换的。为了便于图示，在网格上画了一个半径为 2 的圆，该圆也随之进行了变换。右子图中则描述了左子图中的空间经过函数 $g(\boldsymbol{w})=\boldsymbol{X}\boldsymbol{w}$ 转换后发生了怎样的变形。

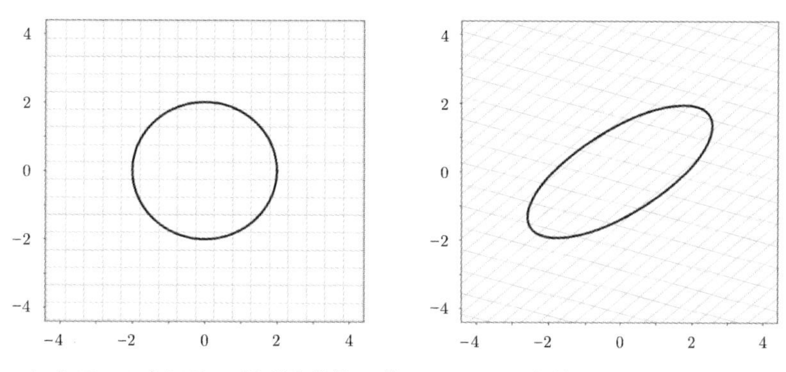

图 C.5　由式(C.40)中矩阵 $\boldsymbol{X}$ 得到的线性函数 $g(\boldsymbol{w})=\boldsymbol{X}\boldsymbol{w}$ 的输入空间(左子图)和输出空间(右子图)

557

C.4.3 特征值和特征向量

图 C.5 的右子图比较有趣，若仔细观察，我们可以由其引出特征向量的概念。所谓特征向量是指为数不多的几个方向，若与一个给定矩阵相乘，它们仅仅会被一个函数改变其大小比例，而不会像其他大多数方向那样发生变形或扭转。换句话说，特征向量是输入空间中的一些特殊的向量，在经过 g 作线性变换后，它们仍能保持原有的方向。图 C.6 中再次显示了式(C.40)中的随机矩阵 $\boldsymbol{X}$ 的变换情况。但这里将两个这样的特征向量突出显示为黑色箭头。比较其左、右子图，注意到两个方向经过变换后都没有发生变形或扭转，只是它们的大小发生了改变。

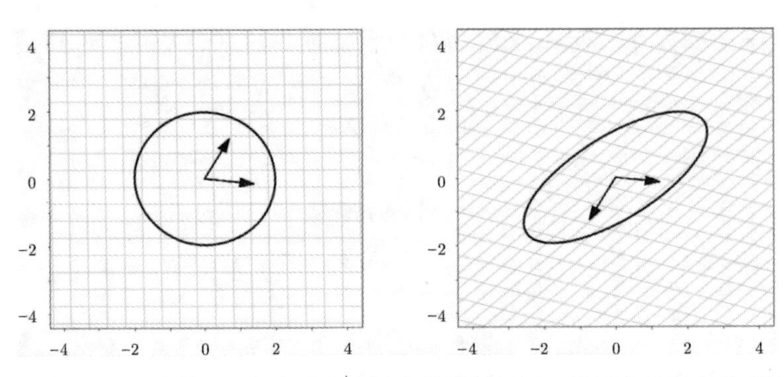

图 C.6 重绘图 C.5，在输入空间和输出空间中分别添加了 $\boldsymbol{X}$ 的两个特征向量(黑色箭头)

我们在前面了解了基于 2×2 方阵的线性函数的一些特性。对于更高维的情况，这些特性同样能得以保持。基于一个 $N\times N$ 矩阵的一个线性函数最多使得 N 个线性不相关的方向只改变大小而方向不变。对于一个 $N\times N$ 的矩阵 $\boldsymbol{X}$，每个满足

$$\boldsymbol{X}\boldsymbol{v} = \lambda\boldsymbol{v} \tag{C.41}$$

的方向 $\boldsymbol{v}\neq\boldsymbol{0}_{N\times1}$ 称为一个特征向量。这里的 λ 值正是 $\boldsymbol{X}$ 使得 $\boldsymbol{v}$ 缩放的量，称为特征值。通常，λ 的值是实数或复数。

C.4.4 特殊情形：对称矩阵

一个对称矩阵是一个满足 $\boldsymbol{X}=\boldsymbol{X}^{\mathrm{T}}$ 的方阵 $\boldsymbol{X}$，这是一种在很多场合(比如 Hessian 矩阵、协方差矩阵等)中都会出现的特殊方阵。这样的矩阵区别于一般方阵的一个主要优点在于：它们的特征向量总是相互正交的，且它们的特征值总是实数[74-76]。这一优点对于这类矩阵的分析有重要的作用，因为我们可以按下面的方法对它们进行对角化。

558

将 $\boldsymbol{X}$ 的所有特征向量按列排在一起，构成一个矩阵 $\boldsymbol{V}$，将对应的特征值沿矩阵 $\boldsymbol{D}$ 的对角线排列，我们可将式(C.41)写作同时包含所有特征向量/特征值的形式：

$$\boldsymbol{X}\boldsymbol{V} = \boldsymbol{V}\boldsymbol{D} \tag{C.42}$$

当所有特征向量都相互正交时，$\boldsymbol{V}$ 是一个正交归一化的矩阵㊀，且有 $\boldsymbol{V}\boldsymbol{V}^{\mathrm{T}}=\boldsymbol{I}$。这样在式(C.42)的两边同时右乘 $\boldsymbol{V}^{\mathrm{T}}$，我们可以将 $\boldsymbol{X}$ 完全用其特征向量/特征值表示：

$$\boldsymbol{X} = \boldsymbol{V}\boldsymbol{D}\boldsymbol{V}^{\mathrm{T}} \tag{C.43}$$

㊀ 这里我们假定每个满足式(C.41)的特征向量 $\boldsymbol{v}$ 都是单位长度的，即 $\|\boldsymbol{v}\|_2=1$。如果不是，我们总可以将 $\boldsymbol{v}$ 替换为 $\frac{\boldsymbol{v}}{\|\boldsymbol{v}\|_2}$ 后式(C.41)仍然成立。

C.5 向量和矩阵的范数

本节中我们介绍向量和矩阵的范数，这是我们在机器学习中会常常遇到的，特别是在讨论正则化时。一个范数是一个函数，它可以度量出实向量和矩阵的长度。长度这一概念非常有用，它使得我们可以定义任意两个位于同一空间的向量(或矩阵)间的距离(或相似度)。

C.5.1 向量范数

ℓ_2 范数

我们先介绍机器学习中使用最广泛的向量范数——ℓ_2 范数，对于一个 N 维向量 $\boldsymbol{x}$，它定义为

$$\|\boldsymbol{x}\|_2=\sqrt{\sum_{n=1}^{N}x_n^2} \tag{C.44}$$

利用 ℓ_2 范数我们可以通过 $\|\boldsymbol{x}-\boldsymbol{y}\|_2$ 度量任意两个点 $\boldsymbol{x}$ 和 $\boldsymbol{y}$ 间的距离，这正是连接 $\boldsymbol{x}$ 和 $\boldsymbol{y}$ 的向量的长度。例如，对以下两点：

$$\boldsymbol{x}=\begin{bmatrix}1\\2\end{bmatrix} \quad 且 \quad \boldsymbol{y}=\begin{bmatrix}9\\8\end{bmatrix} \tag{C.45}$$

它们之间的距离是 $\sqrt{(1-9)^2+(2-8)^2}=10$，如图 C.7 中红色线段所示。

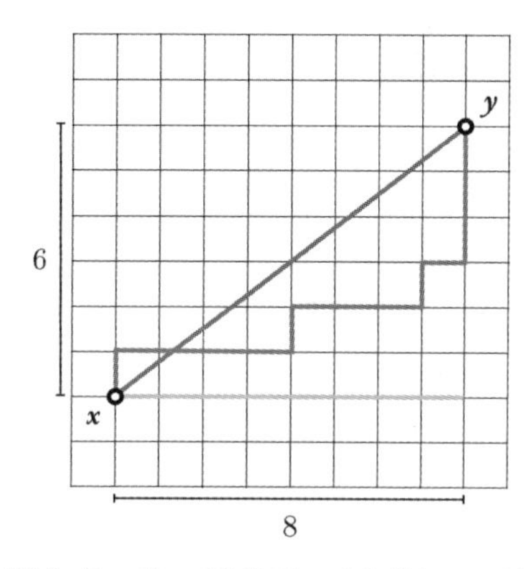

图 C.7 式(C.45)中定义的两个点 $\boldsymbol{x}$ 和 $\boldsymbol{y}$ 间基于 ℓ_1(蓝色)、ℓ_2(红色)和 ℓ_∞(绿色)的距离(见彩插)

ℓ_1 范数

一个向量 $\boldsymbol{x}$ 的 ℓ_1 范数是另一种度量该向量的长度的方法，这一范数定义为向量中各元素绝对值之和：

$$\|\boldsymbol{x}\|_1=\sum_{n=1}^{N}|x_n| \tag{C.46}$$

以 ℓ_1 范数的形式，$\boldsymbol{x}$ 和 $\boldsymbol{y}$ 间的距离表示为 $\|\boldsymbol{x}-\boldsymbol{y}\|_1$，这是一种与 ℓ_2 范数不同的距离度量方法。如图 C.7 所示，由 ℓ_1 范数定义的距离是由相互垂直的线段构成的一条路径的长度(图中蓝色折线段)。由于这样的路径多少有些类似于一辆汽车在网格化城市中的两个位置 $\boldsymbol{x}$ 和 $\boldsymbol{y}$ 间的行驶路线，汽车必须穿过一条条相互垂直的街区路径，有时也将 ℓ_1 范数称为出租车范数，由 ℓ_1 范数度量的距离称为曼哈顿距离。式(C.45)中的 $\boldsymbol{x}$ 和 $\boldsymbol{y}$ 之间的曼哈顿距离是 $|1-9|+|2-8|=14$。

ℓ_∞ 范数

一个向量 $\boldsymbol{x}$ 的 ℓ_∞ 范数等于其最大元(的绝对值)，数学定义为

$$\|\boldsymbol{x}\|_\infty = \max_n |x_n| \tag{C.47}$$

559~560

例如，式(C.45)中 $\boldsymbol{x}$ 和 $\boldsymbol{y}$ 之间以 ℓ_∞ 范数计算的距离为 $\max(|1-9|,|2-8|)=8$，如图 C.7 中绿色线段所示。

C.5.2　向量范数的共有属性

ℓ_2、ℓ_1 和 ℓ_∞ 范数有很多共同的属性。由于这些属性通常对任一向量范数都是成立的，我们暂时去掉下标，将 $\boldsymbol{x}$ 的一般范数简单表示为 $\|\boldsymbol{x}\|$。这些范数的共有属性有：

1. 范数总是非负的，即对任一 $\boldsymbol{x}$ 有 $\|\boldsymbol{x}\|\geqslant 0$。此外，当且仅当 $\boldsymbol{x}=0$ 时相等的情形才成立，这意味着任一非零向量的范数总是大于 0。

2. 一个标量与 $\boldsymbol{x}$ 的乘积 $\alpha\boldsymbol{x}$ 的范数可以用 $\boldsymbol{x}$ 的范数来表示：$\|\alpha\boldsymbol{x}\|=|\alpha|\,\|\boldsymbol{x}\|$。若取 $\alpha=-1$，则有 $\|-\boldsymbol{x}\|=\|\boldsymbol{x}\|$。

3. 范数也满足三角不等式，即对任意三个向量 $\boldsymbol{x}$、$\boldsymbol{y}$ 和 $\boldsymbol{z}$，有 $\|\boldsymbol{x}-\boldsymbol{z}\|+\|\boldsymbol{z}-\boldsymbol{y}\|\geqslant\|\boldsymbol{x}-\boldsymbol{y}\|$。如图 C.8 所示，对于 ℓ_2 范数(左子图)、ℓ_1 范数(中间子图)和 ℓ_∞ 范数(右子图)，三角不等式直接表明了 $\boldsymbol{x}$ 和 $\boldsymbol{y}$ 间的距离总是小于(或等于)$\boldsymbol{x}$ 和 $\boldsymbol{z}$、$\boldsymbol{z}$ 和 $\boldsymbol{y}$ 间的距离的和。换句话说，如果我们想要从一个给定点 $\boldsymbol{x}$ 移动到另一个给定点 $\boldsymbol{y}$，直接从 $\boldsymbol{x}$ 移动到 $\boldsymbol{y}$ 总是优于经过第三个点 $\boldsymbol{z}$ 再到 $\boldsymbol{y}$。把变元表示为 $\boldsymbol{u}=\boldsymbol{x}-\boldsymbol{z}$ 和 $\boldsymbol{v}=\boldsymbol{z}-\boldsymbol{y}$，三角不等式有时也写为更简单一些的形式，即对所有向量 $\boldsymbol{u}$ 和 $\boldsymbol{v}$，$\|\boldsymbol{u}\|+\|\boldsymbol{v}\|\geqslant\|\boldsymbol{u}+\boldsymbol{v}\|$。

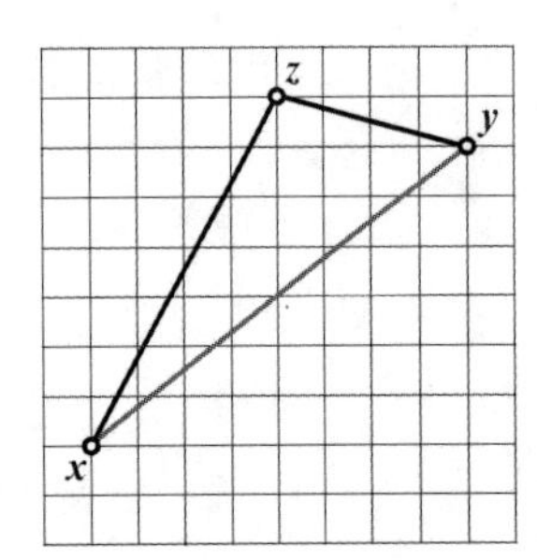

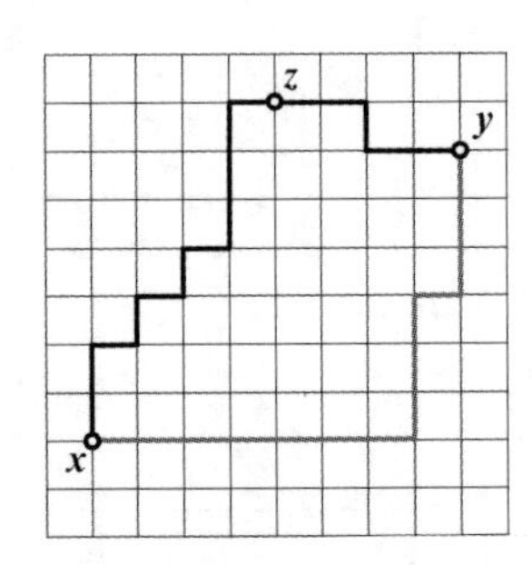

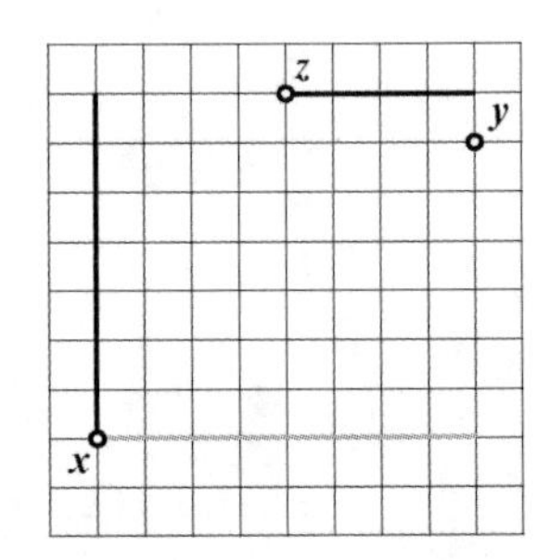

图 C.8　ℓ_2 范数(左子图)、ℓ_1 范数(中间子图)和 ℓ_∞ 范数(右子图)的三角不等式(见彩插)

除了以上介绍的对每种范数都成立的通适性质外，ℓ_2、ℓ_1 和 ℓ_∞ 范数间还存在一种更强的纽带：它们都是 ℓ_p 范数家族的成员。ℓ_p 范数通常定义为，对所有 $p\geqslant 1$，有：

561

$$\|\boldsymbol{x}\|_p = \left(\sum_{n=1}^{N}|x_n|^p\right)^{\frac{1}{p}} \tag{C.48}$$

我们可以很容易地验证，当 $p=1$，$p=1$ 和 $p=\infty$时，ℓ_p 范数分别约简为 ℓ_1、ℓ_2 和 ℓ_∞。

ℓ_p 范数球

一个范数球是所有范数相同的向量 $\boldsymbol{x}$ 构成的集合，即，对某一常量 $c\geqslant 0$，所有满足 $\|\boldsymbol{x}\|=c$ 的 $\boldsymbol{x}$ 构成的集合。当 $c=1$ 时，这个集合称为单位范数球，简称为单位球。图 C.9 绘出了 ℓ_1、ℓ_2 和 ℓ_∞ 范数的单位球。

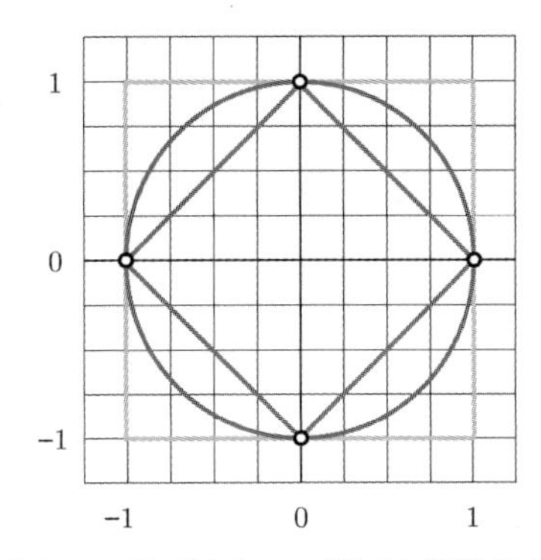

图 C.9 ℓ_1（蓝色）、ℓ_2（红色）和 ℓ_∞（绿色）范数的单位球（见彩插）

ℓ_0 范数

ℓ_0 范数同样是一种定义向量长度的方法：

$$\|\boldsymbol{x}\|_0 = \text{number of nonzero entries of } \boldsymbol{x} \tag{C.49}$$

将 ℓ_0 范数称为一个范数从技术上说有些用词不当。因为它并不具备其他向量范数具备的缩放性质。即，$\|\alpha \boldsymbol{x}\|_0$ 通常不等于 $|\alpha| \|\boldsymbol{x}\|_0$。尽管如此，在对含大量零元素的向量（也称为稀疏向量）进行建模时，还是会经常用到 ℓ_0 范数。

C.5.3 矩阵范数

弗罗贝尼乌斯范数

回顾一下，一个向量的 ℓ_2 范数定义为其各元素平方之和的二次根。弗罗贝尼乌斯（Frobenius）范数是 ℓ_2 范数从向量到矩阵的直观扩展。类似地，将其定义为矩阵中各元素平方之和的二次根，对一个 $N\times M$ 的矩阵 $\boldsymbol{X}$，其弗罗贝尼乌斯范数定义为

$$\|\boldsymbol{X}\|_F = \sqrt{\sum_{n=1}^{N}\sum_{m=1}^{M} x_{nm}^2} \tag{C.50}$$

562

例如，矩阵 $\boldsymbol{X}=\begin{bmatrix}-1 & 2\\ 0 & 5\end{bmatrix}$的弗罗贝尼乌斯范数是 $\sqrt{(-1)^2+2^2+0^2+5^2}=\sqrt{30}$。

ℓ_2 范数和弗罗贝尼乌斯范数间还有更进一步的联系：将 $\boldsymbol{X}$ 中的所有单个值集中到向量 $\boldsymbol{s}$ 中，我们有

$$\|\boldsymbol{X}\|_F = \|\boldsymbol{s}\|_2 \tag{C.51}$$

谱范数和核范数

前面已经知道，一个矩阵的所有单个值形成的向量的 ℓ_2 范数等于该矩阵的弗罗贝尼乌斯范数，这也使得向量 $\boldsymbol{s}$ 上的其他 ℓ_p 范数得到应用。特别地，$\boldsymbol{s}$ 的 ℓ_1 范数定义了 $\boldsymbol{X}$ 的核范数，记为$\|\boldsymbol{X}\|_*$：

$$\|\boldsymbol{X}\|_* = \|\boldsymbol{s}\|_1 \tag{C.52}$$

$\boldsymbol{s}$ 的 ℓ_∞ 范数定义了 $\boldsymbol{X}$ 的谱范数，记为$\|\boldsymbol{X}\|_2$：

$$\|\boldsymbol{X}\|_2 = \|\boldsymbol{s}\|_\infty \tag{C.53}$$

由于实矩阵的单个值总是非负的，因此一个矩阵的谱范数和核范数就分别是其最大值和所有单个值的和。

563

参考文献

[1] J. Elson, J. R. Douceur, J. Howell, and J. Saul, "Asirra: a CAPTCHA that exploits interest-aligned manual image categorization," *Proceedings of ACM Conference on Computer and Communications Security*, pp. 366–374, 2007.

[2] D. Lee, W. Van der Klaauw, A. Haughwout, M. Brown, and J. Scally, "Measuring student debt and its performance," *FRB of New York Staff Report*, no. 668, 2014.

[3] R. Panaligan and A. Chen, "Quantifying movie magic with google search," *Google Whitepaper*, 2013.

[4] S. Asur and B. A. Huberman, "Predicting the future with social media," *Proceedings of IEEE/WIC/ACM International Conference on Web Intelligence and Intelligent Agent Technology (WI-IAT)*, vol. 1, pp. 492–499, 2010.

[5] N. Dalal and B. Triggs, "Histograms of oriented gradients for human detection," *Proceedings of IEEE Computer Society Conference on Computer Vision and Pattern Recognition*, vol. 1, pp. 886–893, 2005.

[6] M. Enzweiler and D. M. Gavrila, "Monocular pedestrian detection: survey and experiments," *IEEE Transactions on Pattern Analysis and Machine Intelligence*, vol. 31, no. 12, pp. 2179–2195, 2009.

[7] S. Maldonado-Bascon, S. Lafuente-Arroyo, P. Gil-Jimenez, H. Gomez-Moreno, and F. López-Ferreras, "Road-sign detection and recognition based on support vector machines," *IEEE Transactions on Intelligent Transportation Systems*, vol. 8, no. 2, pp. 264–278, 2007.

[8] B. Pang, L. Lee, and S. Vaithyanathan, "Thumbs up?: sentiment classification using machine learning techniques," *Proceedings of the ACL-02 Conference on Empirical Methods in Natural Language Processing*, vol. 10, pp. 79–86, 2002.

[9] R. Hammer, J. R. Booth, R. Borhani, and A. K. Katsaggelos, "Pattern analysis based on fMRI data collected while subjects perform working memory tasks allowing high-precision diagnosis of ADHD," *US Patent App. 15317724*, 2017.

[10] D. Maclaurin, D. Duvenaud, and R. P. Adams, "Autograd: reverse-mode differentiation of native Python," *ICML Workshop on Automatic Machine Learning*, 2015.

[11] M. Johnson, R. Frostig, and C. Leary, "Compiling machine learning programs via high-level tracing," *Systems and Machine Learning (SysML)*, 2018.

[12] A. G. Baydin, B. A. Pearlmutter, A. A. Radul, and J. M. Siskind, "Automatic differentiation in machine learning: a survey," *Journal of Marchine Learning Research*, vol. 18, pp. 1–43, 2018.

[13] R. D. Neidinger, "Introduction to automatic differentiation and MATLAB object-oriented programming," *SIAM Review*, vol. 52, no. 3, pp. 545–563, 2010.

[14] D. G. Luenberger, *Linear and Nonlinear Programming*. Springer, 2003.

[15] S. P. Boyd and L. Vandenberghe, *Convex Optimization*. Cambridge University Press, 2004.

[16] D. Harrison Jr and D. L. Rubinfeld, "Hedonic housing prices and the demand for clean air," *Journal of Environmental Economics and Management*, vol. 5, no. 1, pp. 81–102, 1978.

[17] D. Dua and C. Graff, *Auto MPG dataset*. UCI Machine Learning Repository available at https://archive.ics.uci.edu/ml/datasets/auto+mpg, 2017.

[18] C. Cortes and V. Vapnik, "Support-vector networks," *Machine Learning*, vol. 20, no. 3, pp. 273–297, 1995.

[19] S. Boyd, N. Parikh, E. Chu, B. Peleato, and J. Eckstein, "Distributed optimization and statistical learning via the alternating direction method of multipliers," *Foundations and Trends® in Machine Learning*, vol. 3, no. 1, pp. 1–122, 2011.

[20] B. Schölkopf and A. J. Smola, *Learning with Kernels: Support Vector Machines, Regularization, Optimization, and Beyond*. MIT Press, 2002.

[21] L. Bottou, "Large-scale machine learning with stochastic gradient descent," pp. 177–186, 2010.

[22] O. Chapelle, "Training a support vector machine in the primal," *Neural Computation*, vol. 19, no. 5, pp. 1155–1178, 2007.

[23] D. Dua and C. Graff, *Spambase dataset*. UCI Machine Learning Repository available at https://archive.ics.uci.edu/ml/datasets/spambase, 2017.

[24] D. Dua and C. Graff, *Statlog dataset*. UCI Machine Learning Repository available at https://archive.ics.uci.edu/ml/datasets/statlog+(german+credit+data), 2017.

[25] R. Rifkin and A. Klautau, "In defense of one-vs-all classification," *Journal of Machine Learning Research*, vol. 5, pp. 101–141, 2004.

[26] Y. Tang, "Deep learning using support vector machines," *CoRR, abs/1306.0239*, 2013.

[27] D. Dua and C. Graff, *Iris dataset*. UCI Machine Learning Repository available at https://archive.ics.uci.edu/ml/datasets/iris, 2017.

[28] D. P. Bertsekas, "Incremental gradient, subgradient, and proximal methods for convex optimization: a survey," *Optimization for Machine Learning*, vol. 2010, pp. 1–38, 2011.

[29] Y. LeCun and C. Cortes, *MNIST handwritten digit database*. Available at http://yann.lecun.com/exdb/mnist/, 2010.

[30] B. A. Olshausen and D. J. Field, "Sparse coding with an overcomplete basis set: a strategy employed by V1?" *Vision Research*, vol. 37, no. 23, pp. 3311–3325, 1997.

[31] D. D. Lee and H. S. Seung, "Algorithms for nonnegative matrix factorization," *Advances in Neural Information Processing Systems*, pp. 556–562, 2001.

[32] C. D. Manning and H. Schütze, *Foundations of Statistical Natural Language Processing*. MIT Press, 1999.

[33] H. Barlow, "The coding of sensory messages," *Current Problems in Animal Behaviour*, pp. 331–360, 1961.

[34] H. Barlow, "Redundancy reduction revisited," *Network: Computation in Neural Systems*, vol. 12, no. 3, pp. 241–253, 2001.

[35] S. J. Prince, *Computer Vision: Models, Learning, and Inference*. Cambridge University Press, 2012.

[36] Y. LeCun, K. Kavukcuoglu, and C. Farabet, "Convolutional networks and applications in vision," *Proceedings of IEEE International Symposium on Circuits and Systems (ISCAS)*, pp. 253–256, 2010.

[37] Y. LeCun and Y. Bengio, "Convolutional networks for images, speech, and time series," *The Handbook of Brain Theory and Neural Networks*, vol. 3361, no. 10, 1995.

[38] A. Krizhevsky, I. Sutskever, and G. E. Hinton, "Imagenet classification with deep convolutional neural networks," *Advances in Neural Information Processing Systems*, pp. 1097–1105, 2012.

[39] S. Marčelja, "Mathematical description of the responses of simple cortical cells," *JOSA*, vol. 70, no. 11, pp. 1297–1300, 1980.

[40] J. P. Jones and L. A. Palmer, "An evaluation of the two-dimensional gabor filter model of simple receptive fields in cat striate cortex," *Journal of neurophysiology*, vol. 58, no. 6, pp. 1233–1258, 1987.

[41] X. Huang, A. Acero, and H. W. Hon, *Spoken Language Processing: A Guide to Theory, Algorithm and System Development*. Prentice Hall, 2001.

[42] L. R. Rabiner and B. H. Juang, *Fundamentals of Speech Recognition*. Prentice Hall, 1993.

[43] D. Dua and C. Graff, *Breast cancer Wisconsin (diagnostic) dataset*. The University of California, Irvine (UCI) Machine Learning Repository available at https://archive.ics.uci.edu/ml/datasets/breast+cancer+wisconsin+(diagnostic), 2017.

[44] G. Galilei, *Dialogues Concerning Two New Sciences*. Dover, 1914.

[45] S. Straulino, "Reconstruction of Galileo Galilei's experiment: the inclined plane," *Physics Education*, vol. 43, no. 3, p. 316, 2008.

[46] J. Lin, S. M. Lee, H. J. Lee, and Y. M. Koo, "Modeling of typical microbial cell growth in batch culture," *Biotechnology and Bioprocess Engineering*, vol. 5, no. 5, pp. 382–385, 2000.

[47] G. E. Moore, "Cramming more components onto integrated circuits," *Proceedings of the IEEE*, vol. 86, no. 1, pp. 82–85, 1998.

[48] V. Mayer and E. Varaksina, "Modern analogue of Ohm's historical experiment," *Physics Education*, vol. 49, no. 6, p. 689, 2014.

[49] W. Rudin, *Principles of Mathematical Analysis*. McGraw-Hill New York, 1964.

[50] G. Cybenko, "Approximation by superpositions of a sigmoidal function," *Mathematics of Control, Signals and Systems*, vol. 2, no. 4, pp. 303–314, 1989.

[51] J. Park and I. W. Sandberg, "Universal approximation using radial-basis-function networks," *Neural Computation*, vol. 3, no. 2, pp. 246–257, 1991.

[52] K. Hornik, M. Stinchcombe, and H. White, "Multilayer feedforward networks are universal approximators," *Neural Networks*, vol. 2, no. 5, pp. 359–366, 1989.

[53] A. Rahimi and B. Recht, "Uniform approximation of functions with random bases," *Proceedings of the 46th Annual Allerton Conference on Communication, Control, and Computing*, pp. 555–561, 2008.

[54] A. Rahimi and B. Recht, "Random features for large-scale kernel machines," *Advances in Neural Information Processing Systems*, pp. 1177–1184, 2008.

[55] H. Buhrman and R. De Wolf, "Complexity measures and decision tree complexity: a survey," *Theoretical Computer Science*, vol. 288, no. 1, pp. 21–43, 2002.

[56] B. Osgood, *Lectures on the Fourier Transform and Its Applications*. American Mathematical Society, 2019.

[57] D. J. MacKay, "Introduction to Gaussian processes," *NATO ASI Series F Computer and Systems Sciences*, vol. 168, pp. 133–166, 1998.

[58] C. M. Bishop, *Pattern Recognition and Machine Learning*. Springer, 2011.

[59] F. Rosenblatt, *The Perceptron, A Perceiving and Recognizing Automaton*. Cornell Aeronautical Laboratory, 1957.

[60] X. Glorot, A. Bordes, and Y. Bengio, "Deep sparse rectifier networks," *Proceedings of the 14th International Conference on Artificial Intelligence and Statistics*, vol. 15, pp. 315–323, 2011.

[61] I. J. Goodfellow, D. Warde-Farley, M. Mirza, A. Courville, and Y. Bengio, "Maxout networks," *arXiv preprint arXiv:1302.4389*, 2013.

[62] S. Ioffe and C. Szegedy, "Batch normalization: accelerating deep network training by reducing internal covariate shift," *arXiv preprint arXiv:1502.03167*, 2015.

[63] G. Huang, Y. Li, G. Pleiss, Z. Liu, J. E. Hopcroft, and K. Q. Weinberger, "Snapshot ensembles: train 1, get M for free," *arXiv preprint arXiv:1704.00109*, 2017.

[64] L. N. Smith, "Cyclical learning rates for training neural networks," *Proceedings of 2017 IEEE Winter Conference on Applications of Computer Vision (WACV)*, pp. 464–472, 2017.

[65] L. Breiman, J. Friedman, C. J. Stone, and R. A. Olshen, *Classification and Regression Trees*. Chapman and Hall CRC, 1984.

[66] J. H. Friedman, "Greedy function approximation: a gradient boosting machine," *Annals of Statistics*, pp. 1189–1232, 2001.

[67] T. Chen and C. Guestrin, "XGBoost: a scalable tree boosting system," *Proceedings of the 22nd ACM SIGKDD International Conference on Knowledge Discovery and Data Mining*, pp. 785–794, 2016.

[68] A. Liaw and M. Wiener, "Classification and regression by randomForest," *R News*, vol. 2, no. 3, pp. 18–22, 2002.

[69] D. P. Kingma and J. Ba, "Adam: a method for stochastic optimization," *arXiv preprint arXiv:1412.6980*, 2014.

[70] T. Tieleman and G. Hinton, *Lecture 6a: Overview of Mini?Batch Gradient Descent*. Neural Networks for Machine Learning (Coursera Lecture Slides), 2012.

[71] C. M. Bishop, *Neural Networks for Pattern Recognition*. Oxford University Press, 1995.

[72] R. Fletcher, *Practical Methods of Optimization*. John Wiley & Sons, 2013.

[73] C. G. Broyden, "The convergence of a class of double-rank minimization algorithms," *Journal of the Institute of Mathematics and Its Applications*, vol. 6, no. 3-4, pp. 76–90, 1970.

[74] S. Boyd and L. Vandenberghe, *Introduction to Applied Linear Algebra: Vectors, Matrices, and Least Squares*. Cambridge University Press, 2018.

[75] M. Lobo, L. Vandenberghe, S. Boyd, and H. Lebret, "Applications of second-order cone programming," *Linear Algebra and Its Applications*, vol. 284, no. 1, pp. 193–228, 1998.

[76] L. N. Trefethen and D. Bau III, *Numerical Linear Algebra*. SIAM: Society for Industrial and Applied Mathematics, 1997.

索　　引

索引中的页码为英文原书页码，与书中页边标注的页码一致。

推荐阅读

计算机视觉基础

作者：Wesley E. Snyder 等 ISBN：978-7-111-66379 定价：119.00元

高能效类脑智能：算法与体系架构

作者：Nan Zheng 等 ISBN：978-7-111-68299 定价：99.00元

AI嵌入式系统：算法优化与实现

作者：应忍冬 刘佩林 ISBN：978-7-111-69325 定价：99.00元

计算机系统：嵌入式方法

作者：Ian Vince McLoughlin ISBN：978-7-111-65722 定价：139.00元